国家科学技术学术著作出版基金资助出版

双疏型强封堵钻井液理论与技术

Theory and Technology of Amphiphobic Strong Plugging Drilling Fluid

蒋官澄 著

科学出版社
北京

内 容 简 介

本书全面、系统阐述了双疏和强封堵新理论，以及如何利用创建的新理论使水基钻井液的“抑制性、润滑性和保护油气层效果”达到甚至超过油基钻井液，解决国际上长期未解决的技术难题，满足非常规油气安全、高效、经济钻井需要，并介绍了面向2035年以后非常规油气井钻井液技术的发展方向，构成的“双疏型强封堵钻井液理论与技术”与“仿生钻井液理论与技术”共同促成了钻井液理论与技术进步，为中国模式“页岩革命”的创建提供了一项“卡脖子”技术。

本书可供从事石油钻井的现场技术人员、管理人员和科研院所研究人员参考，也可作为石油院校相关专业师生的教材。

图书在版编目(CIP)数据

双疏型强封堵钻井液理论与技术=Theory and Technology of Amphiphobic Strong Plugging Drilling Fluid/ 蒋官澄著. —北京：科学出版社，2020.10

(国家科学技术学术著作出版基金资助出版)

ISBN 978-7-03-064761-0

Ⅰ. ①双… Ⅱ. ①蒋… Ⅲ. ①钻井液–研究 Ⅳ. ①TE254

中国版本图书馆 CIP 数据核字(2020)第 054858 号

责任编辑：吴凡洁 / 责任校对：王萌萌
责任印制：师艳茹 / 封面设计：蓝正设计

科 学 出 版 社 出版
北京东黄城根北街16号
邮政编码：100717
http://www.sciencep.com

北京九天鸿程印刷有限责任公司 印刷
科学出版社发行 各地新华书店经销
*
2020年10月第 一 版 开本：787×1092 1/16
2020年10月第一次印刷 印张：25 1/4
字数：579 000

定价：350.00 元

(如有印装质量问题，我社负责调换)

序

2019 年我国石油对外依存度为 72.5%、天然气对外依存度为 45.3%，并仍在逐年升高，且我国 87.4%以上的石油进口需通过霍尔木兹海峡、马六甲海峡等“咽喉”要道，变幻莫测的国际风云使我国油气进口通道时刻面临严峻风险，油气供应安全面临巨大威胁，增加国内油气产量是破解该困局的重要途径。此外，我国乃至全球新发现的油气资源大多是非常规油气，更加复杂的地质和地面条件给钻井“血液”的钻井液技术、钻井成本、环保带来了前所未有的挑战，依靠现有钻井液理论与技术已无法解决钻探中遇到的钻井液技术难题。中国石油大学(北京)蒋官澄教授带领团队成员，突破传统思维模式，融合多学科前沿理论，针对不同非常规油气井的共性与特殊性，首先创建了井下岩石表面双疏性理论和井壁岩石孔缝强封堵理论；继而分别建立了：①超双疏强自洁强封堵高效能水基钻井液，被国际著名的斯伦贝谢公司引进并规模应用，并被俄罗斯同行院士(Сян Хуа、В. В. Кадет、А. С. Оганов 和 С. Л. Симонянц)在 *Нефть газ и новации* 中评价为，继 20 世纪 60 年代末至 70 年代人们发明“不分散低固相聚合物钻井液”以来的最大进步；②双疏无固相可降解聚膜清洁煤层气井钻井液，提高了煤层气井日产气量，解决了以前难以解决的钻井液技术难题，已在 80%以上煤层气高难度井上推广应用；③瞄准国际最前沿和难度最大的无土相油基钻井液，解决了油基钻井液井塌、提切、封堵、防漏、降滤失等国际难题，创建了国际先进的高温高密度双疏无土相强封堵油基钻井液；最后，给出了包括深层页岩气和煤层气、页岩油、油页岩、极地油气、天然气水合物在内的非常规油气井钻井液技术的发展趋势与展望。上述理论与技术不仅为非常规等复杂油气井“安全、高效、经济”钻探提供了一项“卡脖子”的核心技术，也为中国模式“页岩革命”的实现奠定了坚实的理论与技术基础。

总之，《双疏型强封堵钻井液理论与技术》的出版，不但对广大科技工作者、管理人员、石油院校师生等具有重要参考价值，而且对缓减油气供需矛盾、推动石油工业科技进步、建设美丽中国和创新性国家等也具有重大的理论意义和深远的现实意义。

孙金声

中国工程院院士

2020 年 1 月 20 日

前　言

美国经过长期探索研究与工程实践，成功实现了“页岩革命”，为美国能源独立奠定了坚实基础，特别是天然气工业因此得到了迅速发展，现已实现自给自足。我国作为最大的发展中国家和最大油气消费国与进口国，国内油气供需缺口不断扩大，2019 年的石油对外依存度已达 72.5%、天然气对外依存度达 45.3%，油气供应安全面临巨大挑战。2017～2019 年，习近平总书记和李克强总理曾多次明确指示，要大力提升国内油气勘探开发力度。作为油气储量居世界第二位的国家，非常规油气的高效经济勘探开发被提到了战略高度，其中页岩油气、煤层气、致密油气已成为我国非常规油气主战场，但距“降本增效”的目标相差甚远。因此，大幅提高非常规天然油气综合开发水平与油气自给能力，确保国内原油年产量较长时期保持在 2.0 亿 t 以上，天然气年产量跨越倍增发展至 2600 亿～3000 亿 m^3 的国家油气供应安全红线之上，创建与推进中国模式“页岩革命”，已刻不容缓。

“页岩革命”实质上是一场“技术革命”，实现我国“页岩革命”的关键在于工程技术的创新突破，并推进“井工厂”作业模式。与国际先进水平相比，我国工程技术还存在一定差距，特别是在“降本增效”方面面临着巨大挑战。此外，与国外非常规油气相比，我国非常规油气面临诸多技术挑战：埋藏的深度更深，地层压力和地层温度更高，钻遇长段页岩层、地质构造与地层岩性更复杂等。例如，美国页岩埋深主体上介于 1500～3500m，而我国页岩埋深约有 65%都超过 3500m；我国非常规油气比较富集的区域一般分布在水资源比较缺乏的丘陵山区，环境优美但不利于施工。因此，在钻探过程中遭遇的技术难题——井壁坍塌、油气层损害、阻卡与卡钻、井漏、环境污染、高成本、低产量、低或负经济效益等更具特殊性、复杂性和严重性。

作为钻井工程“血液”的钻井液技术，是解决上述技术难题的核心技术，但实践证明：国内目前的钻井液技术不能解决；充分借鉴甚至全套引进北美“页岩革命”的开发模式、技术方案、工程技术与实践经验等，仍难以达到理想目标；依靠现有钻井液理论、方法进一步发展的钻井液新技术也难以满足我国非常规油气井“降本增效”的基本要求，特别在环保要求日益严格和油价大幅波动的新形势下，钻井液面临前所未有的挑战，已成为世界性钻井液技术难题，并成为制约非常规油气“安全、高效、经济、环保”钻探的“卡脖子”技术。因此，必须创建新的钻井液理论，发展原创性的钻井液新技术。

基于此，作者作为国家“十三五”科技重大专项（2017ZX05009）项目长、863 项目（2013AA064800）首席专家、国家自然科学杰出青年基金项目（50925414）和国家自然科学基金重点项目（U1262201）负责人，分别在“复杂油气田地质与高效钻采新技术”、“致密砂岩气高效钻井与压裂改造关键技术”、“多孔介质油气藏气湿性基础理论研究”、“页岩气钻探中的井壁稳定及高效钻完井基础研究”项目的支持下，以及在国家自然科学基金创新群体项目“复杂油气井钻井与完井基础研究(51221003、51521063 和 51821092)”、国家自然科学基金面上项目“钻探天然气水合物中井壁稳定性及钻井液低温流变性的控制方法研究(51474231)”与“复杂地层条件下，提高井壁稳定性新方法研究(51074173)”、国家“十二五”科技重大专项子课题“复杂结构井钻井液与完井液技术(2011ZX05009-005-03A)”等系列项目的支持下，针对不同非常规油气井的特殊性，带领团队成员，经过十余年时间持续研究，攻克了系列技术难题。

第一，以多孔介质油气藏为研究对象，发现油气藏岩石表面在特殊情况下存在一种特殊润湿现象——双疏性(或气湿性)，继而提出了双疏润湿性的定义，建立了两种油气藏岩石双疏评价方法，揭示了双疏性岩样表面性质及渗吸规律，提出了双疏反转机理和控制方法，厘清了单直毛细管气-水体系驱替特性和双疏性对多孔介质中气-水-油分布特征的影响，从而创建了井下地层岩石表面双疏性理论。

第二，综合研究了颗粒紧密堆积封堵理论、“应力笼”强封堵理论、“多元协同”井壁稳定及封堵理论、物理化学膜封堵理论，结合非常规油气井面临的封堵难题，将仿生学引入钻井液领域，发展了可封堵纳微米孔缝的仿生强封堵理论，不但阻止了压力传递，而且胶结了破碎地层岩石、提高了井壁岩石强度、实现了“固化”，达到了强封堵的目的。

第三，揭示了使岩石表面在高温高压和多组分流体共存等恶劣环境中，通过形成纳微米乳突结构和降低表面能，实现岩石表面超双疏的机理，发明了水基钻井液用多功能超双疏剂，首次使毛细管吸力反转为阻力，并使表面呈“强自洁性”；以此为核心，发明了超双疏强封堵高效能水基钻井液，在页岩与致密油气井上得到成功应用，实现了从仅提高钻井液自身性能的“高性能”转变为达到“安全、高效、经济、环保”目标的“高效能”，首次使抑制性、润滑性、保护油气层效果超过油基钻井液。

第四，利用井下岩石表面双疏理论，发明了煤层成膜井壁稳定剂，首次使煤岩强度不但不降低反而提高，避免井壁坍塌；同时首次使钻具与井壁间的直接摩擦转变为吸附膜间的滑动，大幅降低摩阻与托压。首次将超分子化学引入水基钻井液领域，发明了通过分子间和分子内静电力作用、分子链缠绕作用和氢键作用形成三维网络状结构，使其成为具有低残渣、高黏弹性、强剪切稀释性能等特性的自降解煤层清洁保护剂，形成了用于不同煤阶煤层气井的聚膜清洁强封堵煤层气井水基钻井液，已在我国 80%以上高难度煤层气井上规模应用，效果显著。

第五，利用井下岩石表面双疏理论，发明了油基钻井液用润湿固壁剂，首次实现了岩石表面油湿性反转为疏油性、毛细管吸力反转为阻力，使原有技术不利于井壁稳定反转为“固化”井壁、提高抗压强度和井壁稳定性；发明了油基钻井液用胶结型微纳米封堵剂，建立了强封堵高承压防漏堵漏技术；首次将超分子化学引入油基钻井液领域，发明了能快速形成高强度凝胶而又脆弱、可代替有机土的提切剂，实现了大幅提切而不增加塑性黏度的目的；继而形成了高温高密度双疏无土相油基钻井液新技术，并得到规模应用。

构成的双疏型强封堵钻井液理论与技术，在国内外得到规模推广应用，效果显著，并被国际著名专业化公司(如斯伦贝谢公司、Greka 公司、AAG 公司)引进，解决了原有国内外先进技术不能很好解决的钻井液技术难题，保障了非常规油气井“安全、高效、经济、环保”钻探，为缓减我国油气供需矛盾做出了贡献，为中国模式“页岩革命”的创建提供了一项“卡脖子”技术。

为使广大科研工作者和技术人员掌握该理论与技术，以便为石油企业创造更大的经济效益和社会效益，特撰写《双疏型强封堵钻井液理论与技术》原创性著作。全书由中国石油大学(北京)蒋官澄教授撰写与审核。

本书能够得以顺利出版，需感谢科学出版社、中国石油大学(北京)、中国石油天然气集团公司、中国海洋石油总公司，以及各大油田企业等单位的大力支持与帮助；并衷心感谢为双疏型强封堵钻井液理论、方法和技术的研究工作付出辛勤汗水和心血的各位同事与各位同学，衷心感谢他们为本书顺利出版做出的杰出贡献。

由于作者的水平有限，其中难免有不当之处，恳请使用本书的师生和广大读者批评指正。同时，由于本理论、方法和技术属于原创性研究工作，虽在国内外油田已取得很好的应用实效，但这些研究还有待于进一步深入，特别是双疏理论在其他入井流体方面的应用还需开展研究工作。因此，本书的出版不但旨在推动钻井液理论、方法和技术进入新高度，而且旨在鼓励广大科技工作者利用双疏和强封堵理论研发性能更优的其他入井流体(如修井液、压裂液、完井液等)，特别是鼓励广大科技工作者突破传统思维模式，创建新的理论基础，实现多学科融合，研发创新性、甚至原创性科研成果，为石油工业科技进步做出贡献。

作　者

2020 年 5 月

目　录

第一章 井下地层岩石表面双疏性理论

地层岩石表面润湿性是岩石表面和流体的综合特性[1]，它与孔隙度、渗透率、孔隙结构和流体饱和度等性质同等重要。石油工业领域将岩石表面润湿性划分为油湿、水湿和中性润湿三类，国内外学者对此进行了长期而深入的研究工作，对油气勘探开发做出了重要贡献。但作者带领的研究团队发现，在特殊情况下岩石表面润湿性还存在“双疏性”的特殊润湿现象，即疏水疏油性。与常规润湿性相比，双疏性对毛细管压力、相对渗透率、水驱动态、电学性质、吸附性、阳离子交换容量、Zeta 电位、膨胀分散性、束缚水饱和度和残余油饱和度、油-气-水分布、油气钻探、注水效率和采收率等具有同等重要的影响[2-12]。在勘探开发非常规油气过程中，双疏性不但影响非常规油气井的高效钻探，而且对油气产量的影响也较大，必须建立井下地层岩石表面双疏理论，指导系列钻采新技术的研发。

第一节 双疏性概念及研究现状

一、双疏性的提出

(一)液体对固体表面的选择性润湿

我们通常所说的“润湿”，是指液体在分子力作用下沿固体表面流散的肉眼可视现象。固体表面的润湿性可以有几种不同的定义方式。从热力学角度，某种液体对某种固体的润湿性是指“由固体的单位表面与液体之间接触而引起的吉布斯(Gibbs)自由能的变化”[13]。将不同的液体对某一固体的润湿性数值进行比较，可预测该固体孔隙中的某种液体是否可以被另一种液体驱替。该定义可对理想体系(互不相溶的液体及均质固体体系)做润湿性定量评价。然而，实际体系通常是较为复杂的，一般使用另一种定义，即润湿性是指“固体表面被所考虑流体中的某一种流体所覆盖的相对优先选择性”[14]。最常见的润湿现象是一种液体从固体表面置换空气，也就是说该液体对固体选择性润湿。

润湿性是固体表面的重要特征之一，其应用极其广泛，如矿物的泡沫浮选、石油的开采、工业生产中的黏附与黏结、防水、洗涤等方面。研究表明，固体表面的润湿性是由其化学组成、微观几何结构和宏观几何形状共同决定的[15]。润湿性主要受固体表面化学组成的影响，固体表面自由能越大，就越容易被一些液体所润湿，反之亦然。人们往往利用接触角作为液体对固体润湿程度的判据，接触角是指从固液气三相交叉点作气液界面的切线，此切线与固液交界线之间的夹角就是接触角(图 1.1)。实际上，固体表面液滴的接触角是固-液-气界面间表面张力平衡的结果，液滴的平衡使得体系的总能量趋于最小，因而使液滴在固体表面上处于稳态或亚稳态。

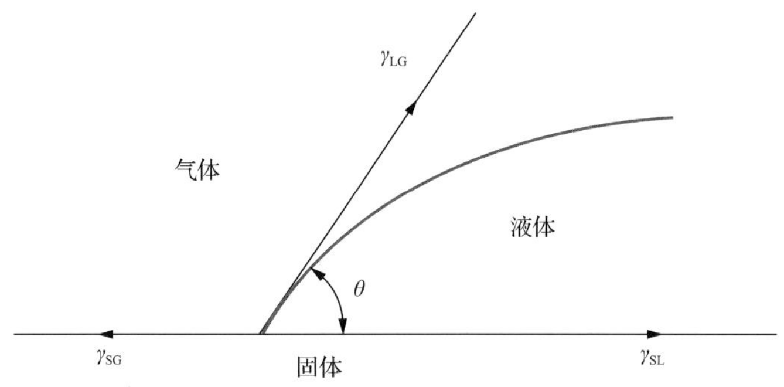

图 1.1　液滴接触角定义及示意图

(二)地层岩石的润湿性及影响因素

一般认为，地层岩石的润湿性分为三种类型：亲水(water-wet)、亲油(oil-wet)和中间润湿(intermediate-wet)。岩样的润湿性可根据润湿接触角的大小来进行分类，也可根据岩石吸油或吸水量的大小进行分类；而实际岩石的润湿性要复杂得多。

统计表明，对于油气藏岩石来说，27%的岩石属于亲水性、28%的岩石属于亲油性、其余的为中间润湿。所以，实际油气藏的润湿性是不确定的，需要根据实验结果确定。

影响油气藏岩石润湿性的主要因素也较为复杂，主要有以下几点：

1. 岩石的矿物组成对润湿性的影响

组成岩石成分中的黏土矿物，特别是蒙脱石和泥质胶结物的存在都会增加岩石的亲水性，不同矿物成分的润湿程度各异。

2. 油气藏流体性质对润湿相的影响

在同一固体表面，不同的两种流体组合，其接触角不同；同种流体在不同的矿物表面接触角也不同。例如，水和空气两种流体在亲水性岩石表面，水对岩石选择性润湿；水银和空气两种流体在同类岩石表面，空气对岩石选择性润湿。

3. 表面活性剂或表面活性物质对润湿相的影响

水溶性表面活性剂(物质)能够使岩石表面亲水化，油溶性表面活性剂(或物质)能够使岩石表面亲油化。

4. 岩石孔隙表面的非均质及粗糙度的影响

在实际油气藏条件下，岩石表面粗糙不平，导致不同位置处表面能分布不均匀。因此，岩石的润湿性也存在“非均质性”，尤其是矿物颗粒的尖锐突出部分及棱角对润湿性的影响较为显著。

5. 流体饱和顺序对润湿性的影响

在原先的岩石孔隙中，水首先占据了岩石的表面和小孔隙，当后来运移的油接触到岩石表面后很难克服岩石和水的结合功而将水排走，因此造成绝大多数的油气藏岩石都是亲水的。

（三）气体对油气藏岩石的选择性润湿

《油层物理》中认为，液体远比气体能够润湿固体[16]。在石油工业研究领域，也通常假设在气-液-岩石体系中液体为强润湿相，气体被视为非润湿相[17]，因此将油气藏岩石的润湿性划分为水湿、油湿和中性润湿。然而大量的理论和实验现象证实，气体所具有的润湿性或气体对固体的选择性润湿能力并不能被忽略。

当水在岩石表面的接触角$\theta_{水}$＜90°时，水对岩石表面选择性润湿，水为润湿相流体，岩石亲水或称水湿岩石，且$\theta_{水}$越小，岩石的亲水性越强；当油在岩石表面的接触角$\theta_{油}$＜90°时，油对岩石表面选择性润湿，油为润湿相流体，岩石亲油或称油湿岩石，且$\theta_{油}$越小，岩石的亲油性越强。假设存在这种现象：在同一岩石表面，$\theta_{水}$＞90°且$\theta_{油}$＞90°时，可认为气体（空气）对岩石表面选择性润湿，即固体表面呈现“双疏性”，气体（空气）为润湿相流体，而诸多实践证明该假设在一定条件下成立。

早在1976年，Morrow和McCaffery[18]便发现在光滑的低表面自由能聚四氟乙烯（PTFE）表面上，水相对于空气的固有接触角为108°。这种条件下，空气和水这组流体中，空气对PTFE表面选择性润湿。

1983年，Penny等[12]在气井压裂改造中使用了一种“非润湿”（即通过将水-岩石的接触角提高到90°，实现零毛细管压力）的方法，以提高相对渗透率。现场应用证明，通过这种特殊的方法提高了裂缝的破裂长度和导流能力，改造井比传统方法压裂井的产能提高了2～3倍。他认为是润湿性转变提高了气井的产能，但是并没有给出有力的实验数据证明。

1987年5月，周祖康等[19]在其著作《胶体化学基础》中提出气体对固体的“润湿性”与液体对固体的润湿性恰好相反。他认为固体越是憎液，就越易被气体所“润湿”，越易附着在气泡上；反之，固体越是亲液，就越易为液体所润湿，越难附着在气泡上。泡沫浮选就是利用气体和液体对固体的这种“润湿性”或“润湿能力”差异来分离矿苗和矿渣的。

1997年，Al-Siyabi[20]等在油藏条件下测定了4组气-油（$C_1/n\text{-}C_4$、$C_1/n\text{-}C_8$、$C_1/n\text{-}C_{10}$和$C_1/n\text{-}C_{14}$）体系中，油在岩石表面的接触角。结果表明，当表面张力大于0.2dyn①/cm时，油的接触角大约为20°。

2000年，李克文等[21]采用简单的唯象网络模型研究证实（图1.2），对井壁附近储层进行双疏性处理能够提高凝析气藏产量，并在实验室内利用氟碳聚合物FC754和FC722将多孔介质的润湿性从优先液润湿转变为优先气润湿（即双疏）。

因此，气-液-固体系中，液体相对于气体并不总是能够完全润湿固体表面的，气体对固体的润湿能力在不同体系中存在较大差异。

---

① 1dyn=10^{-5}N。

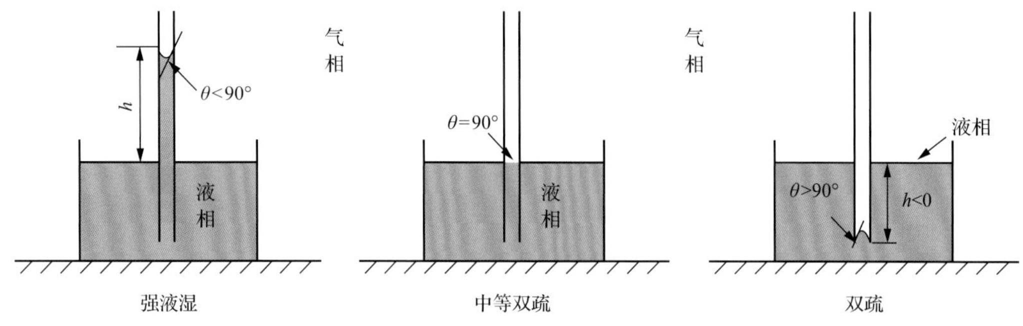

图 1.2　不同双疏条件下毛细管上升实验

二、双疏性的概念

尽管胶体化学实验通常在气相(空气或惰性气体)中进行，然而亲气性作为憎液表面的典型特征却常常被忽略，因此，石油工业中一般将气体视为非润湿相[13]。近年来，气湿性(即双疏性)逐渐受到研究者的重视[22]。

润湿性的本质是固体-流体1-流体2体系中，优先润湿相在固体表面取代较弱润湿相，从而引起吉布斯自由能下降的现象。润湿性在微观上表现为吉布斯自由能的下降，在宏观上表现为润湿性强的流体在固体表面上取代润湿性弱的流体。从润湿性的热力学定义中可以看出，润湿性一方面与固体表面的固有理化性质有关，另一方面与润湿性评价时采用的“流体对”有关。

综上所述，双疏性或气湿性定义为：在气-液-固体系中，气体相对于与其不互溶的液体在固体界面优先覆盖的能力。这一定义符合润湿性的传统解释，同时也符合国内外学者对双疏性的理解。

第二节　双疏性评价方法和影响因素

目前国内外针对双疏性评价未开展系统研究。部分研究者采用传统“液湿性”评价方法来评价双疏性，然而，气体黏度低且可压缩性强，常用的液湿性定量评价方法是否适用双疏性评价亟待商榷。此外，传统润湿性评价方法在油-水-固体系中也有一定的适用范围和局限性，因此有必要探讨双疏性评价方法和影响因素。

一、双疏性评价方法的建立

(一)停滴法

1. 评价原理及评价指标

1)评价原理

气相中，在固体表面滴一滴液体(油和水)不扩展，则该固体表面为双疏性(或气湿性)[21,23]。液滴在固体表面扩展，微观上是液体与气体竞争优先覆盖固体表面的过程，宏观上便是液体相对于气体对固体表面的润湿过程。液滴的接触角 $\theta_{液}$ 越小，该液体相对于气体对固体表面的润湿能力越好，亦即气体相对于该液体对固体表面的润湿能力越差。因此，液滴在固体表面接触角的补角（$180°-\theta_{液}$）可以作为气体相对于该液体对固体表面润湿能力的一个表征。

2）评价指标

用气体相对于某种液体在固体表面润湿能力参数 $\zeta_{气\text{-}液}$ 来表征双疏性强弱，并根据式（1.1）计算润湿能力参数 $\zeta_{气\text{-}液}$（或双疏性参数 $\zeta_{气\text{-}液}$）。

$$\zeta_{气\text{-}液}=\cos(180°-\theta_{液}) \tag{1.1}$$

气体相对于某种液体在固体表面的润湿性与润湿参数 $\zeta_{气\text{-}液}$ 和液体接触角 $\theta_{液}$ 的关系如图 1.3 所示。

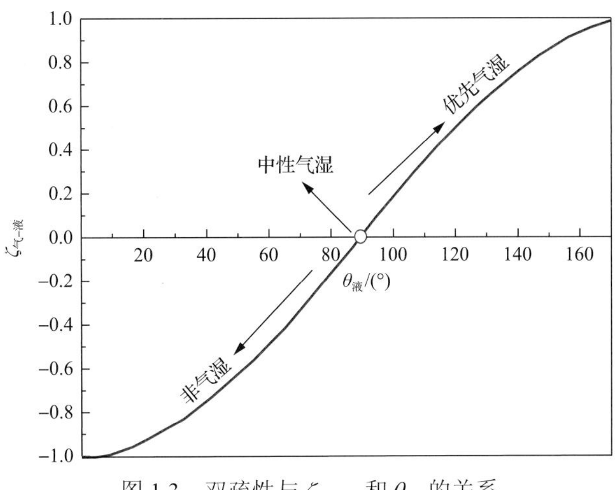

图 1.3　双疏性与 $\zeta_{气\text{-}液}$ 和 $\theta_{液}$ 的关系

由图 1.3 可以看出，$\zeta_{气\text{-}液}$ 的取值范围为[−1,1]，双疏性强弱随着液体接触角 $\theta_{液}$ 和 $\zeta_{气\text{-}液}$ 值增大而增大。气相中，固体表面双疏性的可视化定量评价指标见表 1.1。

表 1.1　双疏性的定量评价指标（停滴法）

液体接触角 $\theta_{液}$ /(°)	双疏性参数 $\zeta_{气\text{-}液}$	双疏性强弱
(90,180]	(0,1]	双疏
90	0	中等双疏
[0,90)	[−1,0)	非双疏

2. 停滴法对双疏性的实验评价

停滴法的特点及其适用性：气相中，当原始固体表面被气相覆盖时，液相相对于该气相在固体表面的优先覆盖能力。通过液相的润湿能力，反映出气相在固体表面润湿性强弱，即双疏性强弱。因为在气-液-固体系中，某种气相润湿固体与否，总是相对于另一相的液体而言的。如果该相液体能够润湿固相，则另一相的气体不润湿固相。

1）实验材料

实验中为克服固相的理化性质对双疏性的影响，采用蒸馏水为水相、正十六烷和中性煤油为油相、空气作为气相，石英载玻片（1cm×1cm×0.2cm）和石英玻璃毛细管（内径1mm）为测试基质。温度为20℃时，水的表面张力$\sigma_{水}$为72.8mN/m，正十六烷的表面张力$\sigma_{正十六烷}$为27.6mN/m，去极性的中性煤油的表面张力$\sigma_{煤油}$为24.0mN/m。另外，载玻片及毛细管均为石英材质。

双疏反转剂采用美国杜邦公司生产的阳离子型氟碳聚合物Zonyl8740，由于石英玻璃表面带负电，所以该表面处理剂能吸附在带有负电性的石英载玻片和石英毛细管表面形成一层防水、防油、气体可覆盖的保护膜。

2）实验方法

将载玻片和玻璃毛细管先用酒精清洗，接着采用蒸馏水冲洗，在高压氮气流下吹干，密闭保存。将洗净的载玻片放入不同浓度的Zonyl8740水溶液中，浸泡4h后取出，经过蒸馏水冲洗后于室温下密闭晾干。用洗净的玻璃毛细管吸入不同浓度的Zonyl8740水溶液，放置4h后，于室温下密闭晾干。

空气中，停滴法对双疏性的定量评价采用JC2000D3接触角测量仪进行测量，分别测出蒸馏水、中性煤油和正十六烷在载玻片表面的接触角$\theta_{水}$、$\theta_{中性煤油}$和$\theta_{正十六烷}$。测量过程中，液滴的大小均为5μL。

3）实验结果与讨论

空气中，载玻片经过不同浓度的Zonyl8740溶液处理过后，正十六烷的接触角（$\theta_{正十六烷}$）、水的接触角（$\theta_{水}$）和中性煤油的接触角（$\theta_{中性煤油}$）的变化规律见图1.4。

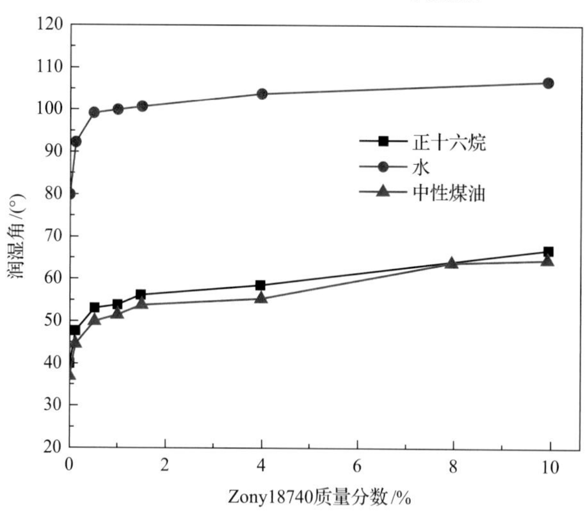

图1.4　液体接触角随着Zonyl8740浓度的变化规律

由图1.4可知，随着Zonyl8740浓度的增加，$\theta_{水}$、$\theta_{正十六烷}$、$\theta_{中性煤油}$增大。这是由于Zonyl8740为阳离子型氟碳类聚合物，能吸附在载玻片表面，在成膜干燥过程中，聚合物的含氟侧链[—$(CF_2)nCF_3$]向空气中伸展并占据聚合物与空气的界面，显著降低载玻片的表面自由能[24]。同时，Zonyl8740中的氟原子难以极化，氟碳链的极性比碳氢链小，使氟碳链疏水作用比碳氢链强，且疏油（碳氢类化合物）。因此，随着Zonyl8740浓度增大，固体表面含氟基团增加，$\theta_{水}$、$\theta_{正十六烷}$、$\theta_{中性煤油}$增大，即憎水憎油性增强。

根据图 1.4 中的液体接触角实验结果，结合公式(1.1)，空气中气体对于水、正十六烷和中性煤油在载玻片表面的双疏性能力参数($\zeta_{气\text{-}液}$)与载玻片表面自由能的关系如图 1.5 所示。$\zeta_{气\text{-}水}$、$\zeta_{气\text{-}正十六烷}$ 和 $\zeta_{气\text{-}中性煤油}$ 分别代表气体相对于水、正十六烷和中性煤油在固体表面的双疏性参数。

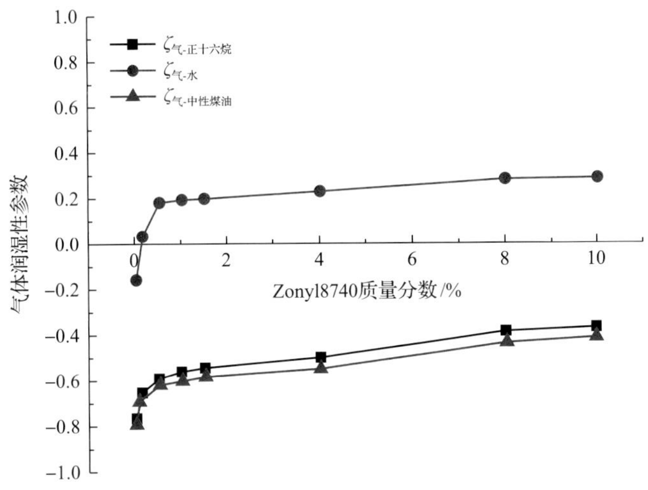

图 1.5 双疏性参数与 Zonyl8740 浓度的关系

由图 1.5 可知，随着 Zonyl8740 浓度增加，气体相对于液体的润湿能力参数 $\zeta_{气\text{-}水}$、$\zeta_{气\text{-}正十六烷}$ 和 $\zeta_{气\text{-}中性煤油}$ 逐渐增大，即气体的润湿能力增大。在空气-水-载玻片体系中，随着 Zonyl8740 浓度的增加，双疏性参数由−0.163 增至 0.302，载玻片表面由非双疏转变为双疏润湿；在空气-正十六烷(中性煤油)-载玻片体系中，随着 Zonyl8740 浓度的增加，尽管载玻片表面始终保持非双疏性，但是双疏性逐渐增强，且空气-正十六烷体系和空气-中性煤油体系具有相似的变化规律。根据 Zisman 理论，同一固体表面，液体的表面张力越小，对固体的表面的润湿能力越大，亦即对于某种液体，固体的表面能越低，液体的润湿能力越小[25]。所以随着固体表面能的降低，载玻片表面的憎液亲气能力增强，即双疏性增强。

(二)气泡捕获法

长期以来，气泡捕获法是液体润湿性的一种评价方法，根据液体中附着于固-液界面上的气泡形状测量液体接触角[26,27]。所以，当气泡在固-液界面上稳定后，由于固-液界面双疏性程度不同，液相中气泡在固-液界面形态不同，如图 1.6 所示。

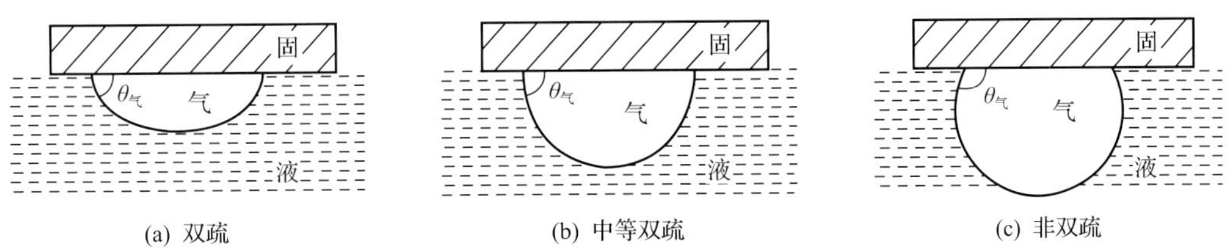

图 1.6 气泡在不同双疏性固体表面上的吸附状态

1. 评价原理及评价指标

将液体接触角的补角定义为气体接触角 $\theta_{气}$，$\theta_{气}$ 的大小反映了液相中气体相对该液相在固体表面的双疏性强弱。

液相中采用气泡捕获法进行固体表面双疏性大小评价的指标如表 1.2 所示。

表 1.2　双疏性的定量评价指标(气泡捕获法)

气体接触角 $\theta_{气}$/(°)	[0,90)	90	(90,180]
双疏性	双疏	中等双疏	非双疏

2. 气泡捕获法对双疏性的实验评价

气泡捕获法的特点及其适用性：液相中，当固体界面被液相覆盖时，气相相对于该液相在固体界面的优先覆盖能力。通过气泡的形态直接判断固体界面的双疏性大小。

1)实验材料

同停滴法的实验材料。

2)实验方法

将载玻片和玻璃毛细管先用酒精清洗，接着采用蒸馏水冲洗，在高压氮气流下吹干，密闭保存。将洗净的载玻片放入不同浓度的 Zonyl8740 水溶液中，浸泡 4h 后取出，经过蒸馏水冲洗后于室温下密闭晾干。用洗净的玻璃毛细管吸入不同浓度的 Zonyl8740 水溶液，放置 4h 后，于室温下密闭晾干。

液相中气体接触角采用气泡捕获法来进行测量，气泡大小为 5μL，实验测量界面如图 1.7 所示。接触角测量方式为五点拟合法(图 1.8)，在气泡与固体交界面选取两点和圆的外轮廓上选取三个点，计算机软件自动拟合圆进行图像处理，并计算出接触角。

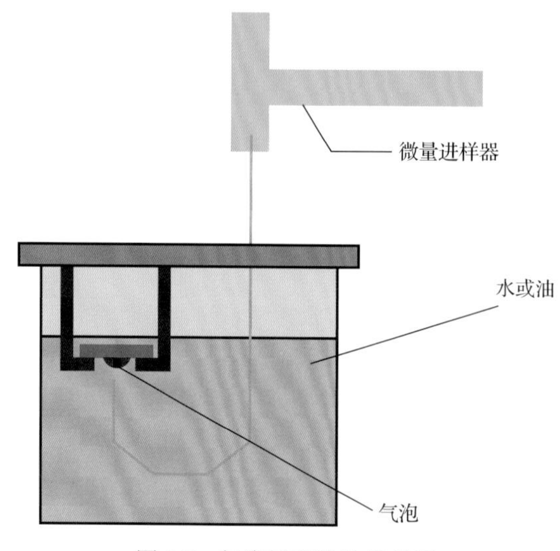

图 1.7　气泡捕获法的原理图

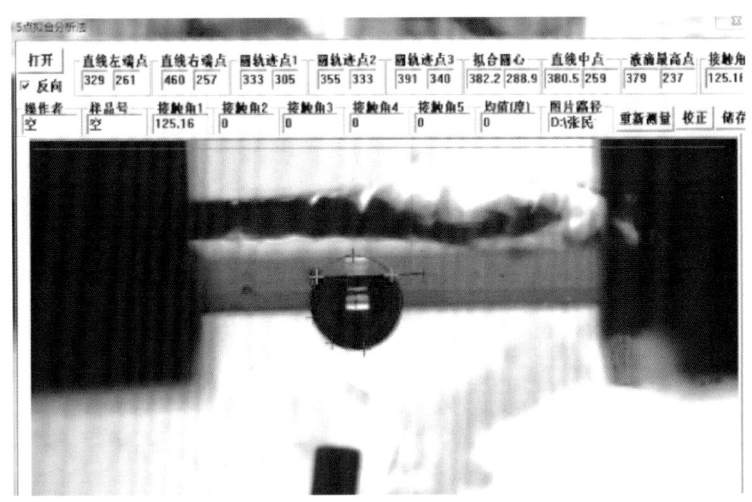

图 1.8 五点拟合法测量 $\theta_{气}$ (125.16°) 示意图

3) 实验结果与讨论

蒸馏水(中性煤油)中，采用气泡捕获法进行气体接触角测量，研究双疏性随着Zonyl8740 浓度的变化规律。实验中发现，液相中当空气泡与固体界面接触时，气泡与固体界面之间存在拉伸现象，类似空气中停滴法时液滴与固体表面之间形成的拉伸现象(图 1.9)，这说明气泡与双疏性固体界面之间存在作用力。

(a) 液滴 (b) 气泡

图 1.9 液滴和气泡在固体表面的拉伸现象

实验中，中性煤油为液相，气泡在载玻片表面的气体接触角记为 $\theta_{气\text{-}中性煤油}$；以蒸馏水为液相，气泡在载玻片表面的气体接触角记为 $\theta_{气\text{-}水}$。$\theta_{气\text{-}中性煤油}$ 和 $\theta_{气\text{-}水}$ 与 Zonyl8740 浓度的关系如表 1.3 所示。

表 1.3 油(水)相中气湿角与 Zonyl8740 浓度的关系

Zonyl8740 的浓度/%	水中气体的接触角 $\theta_{气\text{-}水}$/(°)	中性煤油中气体的接触角 $\theta_{气\text{-}中性煤油}$/(°)
0.01	168.72	171.71
0.1	135.5	138.0
0.5	134.2	136.7
1.0	133.8	136.0
1.5	132.9	134.2

续表

Zonyl8740 的浓度/%	水中气体的接触角 $\theta_{气-水}$/(°)	中性煤油中气体的接触角 $\theta_{气-中性煤油}$/(°)
4.0	131.4	132.5
8.0	126.3	129.8
10.0	125.1	127.6

由表 1.3 可见，相同 Zonyl8740 浓度处理的载玻片，$\theta_{气-中性煤油} < \theta_{气-水}$，且随着 Zonyl8740 浓度的增大，水(油)相中的气体接触角 $\theta_{气-水}$（$\theta_{气-中性煤油}$）逐渐降低，双疏性增强。同时，经过同一浓度的 Zonyl8740 溶液处理的载玻片表面在水中的双疏性大于在油中的双疏性。这说明气-液-固体系中，双疏性的大小与液相的性质有关。

采用气泡捕获法与停滴法测量，双疏性与 Zonyl8740 溶液浓度的关系变化规律一致，但是双疏程度却不同，这与固体表面的饱和历史不同有关：停滴法是固-液界面取代固-气界面的过程，而气泡捕获法是固-气界面取代固-液界面的过程。

(三) 双疏性评价方法的实验验证

为了进一步证明所建立的双疏性评价方法的有效性，采用毛细管上升实验对上述两种可视化定量评价方法进行实验证明[21]。

用不同浓度的 Zonyl8740 溶液处理玻璃毛细管，然后在中性煤油（$\rho_{煤油}$=0.8g/cm^3）和蒸馏水（$\rho_{水}$=1g/cm^3）中进行毛细管上升实验，水在毛细管中上升高度记为 $h_{水}$，中性煤油在毛细管中上升高度记为 $h_{中性煤油}$，实验结果如图 1.10 所示。

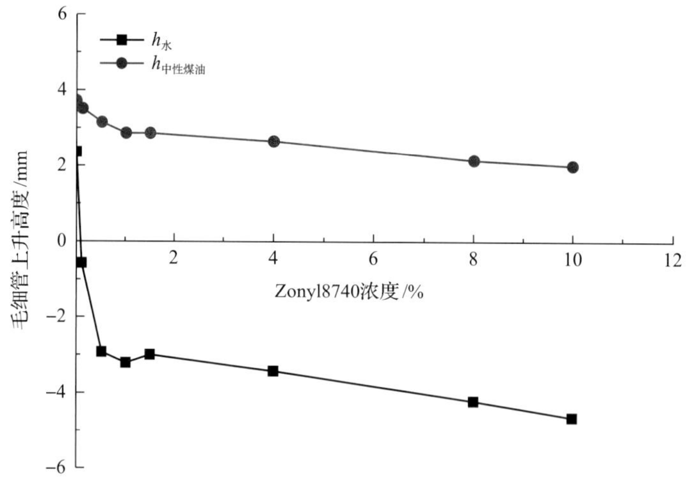

图 1.10　水(中性煤油)中毛细管上升高度与 Zonyl8740 浓度的关系

从图 1.10 可以看出，随着 Zonyl8740 浓度的升高，$h_{水}$ 和 $h_{中性煤油}$ 均降低，说明随着 Zonyl8740 浓度的增加，玻璃毛细管表面的憎液(水或油)亲气性增强、即双疏性增强，且随着 Zonyl8740 浓度的增大，固体表面的憎液(水或油)亲气性的变化规律与前面实验结果是一致的，证明了通过润湿能力参数 $\xi_{气-液}$ 和气体润湿角 $\theta_{气}$ 对双疏性进行定量评价方法的合理性和适用性。

二、影响双疏性的因素

双疏性评价方法的建立，为双疏性研究提供了研究方法。前文中采用不同浓度的阳离子型氟碳聚合物 Zonyl8740 溶液处理载玻片，在气-水体系获得了不同双疏程度的载玻片(强双疏、中等双疏和非双疏)，且双疏性的程度随着 Zonyl8740 溶液浓度的增加逐渐增强。在气-油(中性煤油或正十六烷)体系尽管始终为非双疏性，但是载玻片表面的双疏性呈现出与气-水体系相似的变化规律。因此，针对具有不同程度双疏性的载玻片表面，可采用建立的双疏性评价方法，研究表(界)面能对双疏性的影响规律。此外，作者对粗糙度对固体表面双疏性的影响规律也进行了深入研究。

(一)双疏性的过程及实质

润湿是指在固体表面上一种液体取代另一种与之不相混溶的流体的过程。因此，润湿作用必须涉及三相，其中两相是流体。润湿现象是固体表面结构与性质、液体表(界)面性质以及固-液两相分子相互作用等微观特性的宏观表现[22]。润湿性涉及的三相之间，由于两相性质的不同，界面可以分为气-液界面、气-固界面、液-液界面、固-液界面和固-固界面五类。各类界面中气相参与构成的常被称为表面，即液相表面和固相表面。

气-液-固体系中，润湿过程可以分为三类：沾湿、浸湿和铺展，它们各自在不同的实际问题中起作用。下面分别讨论这三种润湿过程的实质及自发进行的条件。

(1)沾湿：在气-液-固体系中，指液滴与固体从不接触到接触，液-气界面和固-气界面变为固-液界面的过程(图 1.11)。例如，日常生活中的雨滴会不会粘到衣服上及一个分散的液珠能否重新回到岩石表面。

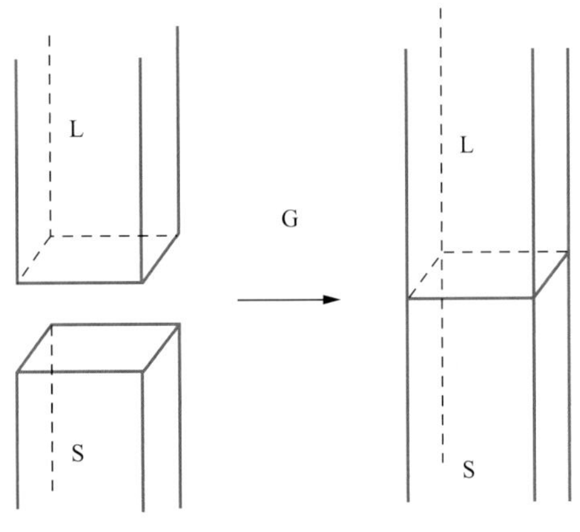

图 1.11 沾湿过程

S. 固相；L. 液相；G. 气相

对沾湿问题做热力学分析，可得出其自发进行的条件。设接触面积为单位值，此过程体系的自由能降低值 W_a 应为

$$W_a = \gamma_{SG} + \gamma_{LG} - \gamma_{SL} \tag{1.2}$$

式中，γ_{SG}为气-固界面自由能；γ_{LG}为气-液界面自由能；γ_{SL}为固-液界面自由能；W_a为黏附功。

黏附功W_a是黏附体系对外所能做的最大功，也就是欲将固-液自接触交界处拉开，外界所需做的最小功。此值越大，固-液界面结合越牢。

根据热力学第二定律，在恒温恒压条件下，$W_a \geqslant 0$的过程为天然过程的方向，这就是沾湿发生的条件。

(2)浸湿：在气-液-固体系中，固体浸入液体之中的过程。制备固体在液体中的分散体系或油藏水驱油过程中，该液体对固体的浸湿是基础条件。此过程的实质是固-气界面被固液介质所代替，而液体表面在过程中无变化(图 1.12)。

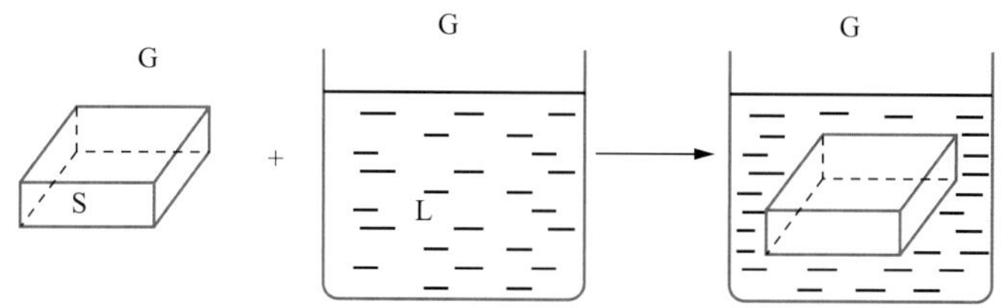

图 1.12　浸湿过程

在浸润面积为单位值时，过程的自由能降低为

$$W_i = \gamma_{SG} - \gamma_{SL} \tag{1.3}$$

式中，W_i为浸润功，它反映液体在固体表面上取代气体的能力，在铺展过程中它是对抗液体收缩表面的能力(液体表面张力)而产生铺展的力量，故又称为黏附功或黏附张力，以A表示。$W_i \geqslant 0$是恒温恒压浸湿发生的条件。

(3)铺展：气-液-固体系中，铺展过程的实质是在固-液界面代替固气界面的同时，液体表面也同样铺展(图 1.13)。

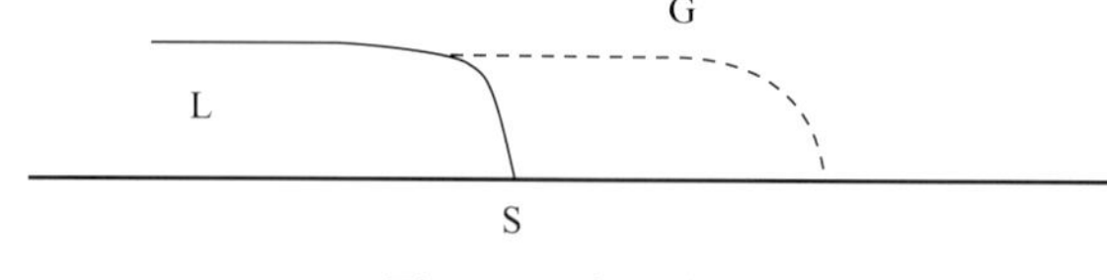

图 1.13　铺展过程

在铺展面积为单位值时，体系自由能如式(1.4)所示：

$$S = \gamma_{SG} - (\gamma_{LG} + \gamma_{SL}) \tag{1.4}$$

式中，S为铺展系数。恒温恒压下，$S \geqslant 0$时，液体可在固体表面上自动铺展，连续地在固体表面上取代气体。

综上所述，气-液-固体系中，不论是哪种润湿均为界面现象，其过程的实质都是界面的性质及界面能量的变化。不同润湿类型的特点见表 1.4。

表 1.4 不同润湿类型的特点

润湿类型	润湿过程消失的界面	润湿过程生成的界面	自发进行的条件
沾湿润湿	GL、GS	LS	$W_a=\gamma_{SG}+\gamma_{LG}-\gamma_{SL}\geqslant 0$ 或 $W_a=A+\gamma_{LG}$
浸湿润湿	GS	LS	$W_i=\gamma_{SG}-\gamma_{SL}\geqslant 0$ 或 $W_i=A\geqslant 0$
铺展润湿	GS	GL、LS	$S=\gamma_{SG}-\gamma_{LG}-\gamma_{SL}\geqslant 0$ 或 $S=A-\gamma_{LG}$

气-液-固体系中，一方面，固-气界面能和固-液界面能对体系的三种润湿过程的贡献是一致的，都以黏附功 A 的形式起作用，即 γ_{SG} 越大，γ_{SL} 越小，$\gamma_{SG}-\gamma_{SL}$ 值越大越有利于润湿。液体表面能对三种润湿过程的贡献各不相同，对于沾湿 γ_{LG} 大有利，对于铺展 γ_{LG} 小有利，而对于浸湿 γ_{LG} 的大小则全无关系。

无论沾湿、浸湿还是铺展的界面变化均含有固-气界面的消失及固-液界面的生成，且各种润湿类型的自发进行条件都可用黏附功 A 来表达，黏附功 A 越大，液体相对于气体在固体表面的润湿能力越强，即双疏性越差。例如，浸湿过程中 A 直接反映了液体在固体表面取代气体的能力。

另外，理论上确定了所涉及的润湿类型，在有关界面能的数值已知的情况下，即可判断润湿能否进行，而通过改变相应的界面能的办法即可达到所需的润湿效果。但是实际上，气-液-固体系所涉及的三种润湿类型中，只有 γ_{LG} 可以方便地测得，所以利用上述各润湿类型自发进行的条件进行润湿类型判断很困难。

综上所述，在固-液-气体系中，有必要讨论固体表面双疏性与其表面自由能、黏附功及液体表(界)面自由能之间的关系，研究固体表面自由能、液体表(界)面自由能对双疏性的影响。

(二)表(界)面自由能对双疏性的影响

1. 表(界)面自由能对双疏性影响的理论研究

1)停滴法研究表(界)面自由能对双疏性的影响

(1)固体表面自由能对双疏性影响的理论研究。

对于固相而言，由于表面上原子或分子的流动差异性，气-液-固体系中，气体能否润湿固体表面与固体的表面自由能有关。空气中可由 Owens 双液法模型建立固体表面自由能与液体接触角的关系。

Owens 双液法计算表面自由能[28]：

$$\gamma_S=\gamma_S^d+\gamma_S^p \tag{1.5}$$

$$\gamma_L=\gamma_L^d+\gamma_L^p \tag{1.6}$$

$$\gamma_L(1+\cos\theta)=2(\gamma_S^d\gamma_L^d)^{\frac{1}{2}}+2(\gamma_S^p\gamma_L^p)^{\frac{1}{2}} \tag{1.7}$$

式中，γ_S 为固体表面自由能，可以分解为色散部分 γ_S^d 和极性部分 γ_S^p；γ_L 为液体表面自由能，也可以分解为色散部分 γ_L^d 和极性部分 γ_L^p。

由式(1.7)可知，如果已知液体的表面自由能 γ_L 和其色散部分 γ_L^d 和极性部分 γ_L^p，并测出液体在固体表面的接触角 θ，则公式中还有两个未知数 γ_S^d 和 γ_S^p。为了求得这两个未知数，就需要两个方程，因此必须采用两种测试液体，建立如下的方程组：

$$\gamma_{L1}(1+\cos\theta_1)=2(\gamma_S^d\gamma_{L1}^d)^{\frac{1}{2}}+2(\gamma_S^p\gamma_{L1}^p)^{\frac{1}{2}} \tag{1.8}$$

$$\gamma_{L2}(1+\cos\theta_2)=2(\gamma_S^d\gamma_{L2}^d)^{\frac{1}{2}}+2(\gamma_S^p\gamma_{L2}^p)^{\frac{1}{2}} \tag{1.9}$$

表 1.5　测试液体的表面能

测试液体	γ_L^p / (mJ/m^2)	γ_L^d / (mJ/m^2)	γ_L / (mJ/m^2)	γ_L^p / γ_L^d	极性
水	51	21.8	72.8	2.36	极性
正十六烷	0	27.6	27.6	0	非极性

将表 1.5 数据代入式(1.5)～式(1.9)

水：

$$\gamma_{水}(1+\cos\theta_{水})=2(\gamma_S^d\gamma_{水}^d)^{\frac{1}{2}}+2(\gamma_S^p\gamma_{水}^p)^{\frac{1}{2}} \tag{1.10}$$

正十六烷：

$$\gamma_{烷}(1+\cos\theta_{烷})=2(\gamma_S^d\gamma_{烷}^d)^{\frac{1}{2}}+2(\gamma_S^p\gamma_{烷}^p)^{\frac{1}{2}} \tag{1.11}$$

将水和正十六烷的极性部分和色散部分代入公式(1.10)和(1.11)得

$$72.8(1+\cos\theta_{水})=2\sqrt{51}\sqrt{\gamma_S^p}+2\sqrt{21.8}\sqrt{\gamma_S^d} \tag{1.12}$$

$$27.6(1+\cos\theta_{烷})=2\sqrt{0}\sqrt{\gamma_S^p}+2\sqrt{27.6}\sqrt{\gamma_S^d} \tag{1.13}$$

解式(1.12)和式(1.13)联立的方程得

$$\sqrt{\gamma_S^p}=\frac{126.8+191.23\cos\theta_{水}-64.43\cos\theta_{烷}}{37.52} \tag{1.14}$$

$$\sqrt{\gamma_S^d}=\frac{13.8(1+\cos\theta_{烷})}{5.254} \tag{1.15}$$

由式(1.14)和式(1.15)得固体表面自由能与水润湿角和正十六烷润湿角的关系：

$$\gamma_S=\gamma_S^d+\gamma_S^p=\left(\frac{126.8+191.23\cos\theta_{水}-64.43\cos\theta_{烷}}{37.52}\right)^2+\left[\frac{13.8(1+\cos\theta_{烷})}{5.254}\right]^2 \tag{1.16}$$

由式(1.16)可知固体表面能与$\theta_{水}$和$\theta_{烷}$的关系如图 1.14 所示。

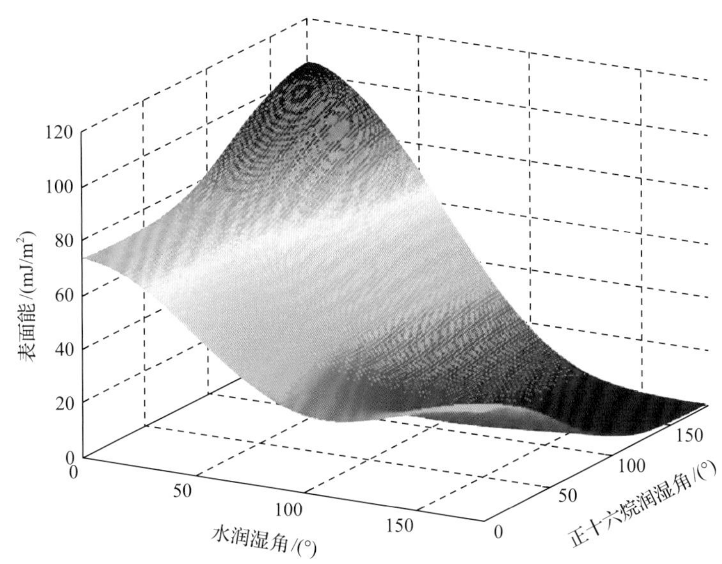

图 1.14 双疏性与液体润湿角的关系

由图 1.14 可知，空气中以水和正十六烷为测试液体，采用 Owens 双液法计算得到的固体表面自由能在理论上存在一个区域，在此区域内水相对于空气在固体表面的接触角大于 90°；也存在另一个区域，在该区域，正十六烷相对于空气在固体表面的接触角大于 90°。这上述两个区域的公共部分所对应的固体表面自由能使得固体表面上水和正十六烷的接触角均大于 90°。因此，随着固体表面自由能的降低，固体表面可实现双疏性(既憎水又憎油)，同时实现气-水体系和气-油体系的气湿性。

根据 Zisman 的理论[22]，随着同系列液体表面自由能的降低，它们在同一固体表面上的接触角变小，即同一固体表面上，液体的表面自由能越低，则其在该表面的液体润湿性越好，双疏性越差。当固体表面自由能小于某液体的表面自由能时，气体相对于液体在固体表面有一定的润湿性，固体表面能越低，双疏性越强。

(2)液体表面自由能、固-液界面自由能对双疏性影响的理论研究。

气-液-固体系中，双疏性对固体表面的润湿是三相周界相互作用的结果(图 1.15)，当其达到平衡时满足杨氏(Young's)方程：

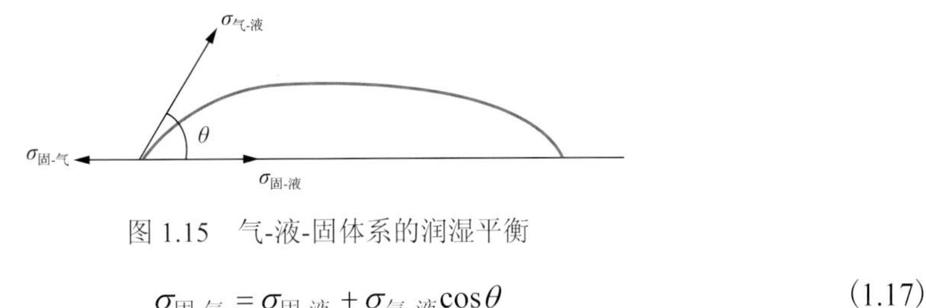

图 1.15 气-液-固体系的润湿平衡

$$\sigma_{固-气} = \sigma_{固-液} + \sigma_{气-液}\cos\theta \tag{1.17}$$

移项得

$$\sigma_{固-气} - \sigma_{固-液} = \sigma_{气-液}\cos\theta = A \tag{1.18}$$

由式(1.17)结合式(1.18)可得双疏性参数与表(界)面张力之间的关系为

$$\zeta_{气-液} = \frac{\sigma_{固-气} - \sigma_{固-液}}{\sigma_{气-液}} = \frac{A}{\sigma_{气-液}} \tag{1.19}$$

式中，$\sigma_{固-气}$、$\sigma_{固-液}$和$\sigma_{气-液}$分别为固-气界面、固-液界面和液体表面的张力。表面自由能为容量性质的变量，而表面张力为强度性质的变量。在数值上，$\sigma_{固-气}=\gamma_{固-气}$，$\sigma_{固-液}=\gamma_{固-液}$，$\sigma_{气-液}=\gamma_{气-液}$，所以由式(1.19)可知

$$\zeta_{气-液} = \frac{\gamma_{固-气} - \gamma_{固-液}}{\gamma_{气-液}} = \frac{A}{\gamma_{气-液}} \tag{1.20}$$

由式(1.20)可知：

强双疏：$0<\zeta_{气-液}\leqslant 1$，$\gamma_{固-气}<\gamma_{气-液}$，$A<0$。

中等双疏：$\zeta_{气-液}=0$，$\gamma_{固-气}=\gamma_{气-液}$，$A=0$。

非双疏：$-1\leqslant\zeta_{气-液}<0$，$\gamma_{固-气}>\gamma_{气-液}$，$A>0$。

2)气泡捕获法研究表(界)面自由能对双疏性的影响

(1)固体表面自由能对双疏性影响的理论研究。

如图1.16所示，在蒸馏水中，对空气泡和正辛烷液滴在固体表面的接触角进行测量(θ_{Air}代表空气的接触角，θ_{Oct}代表正辛烷的接触角)。水中气泡和正辛烷液滴在固体表面形态稳定后，根据Young's方程我们可以得到式(1.21)和式(1.22)。

$$\sigma_{SV} = \sigma_S - \pi_e = \sigma_{SW} - \sigma_{WV}\cos\theta_{Air} \tag{1.21}$$

$$\sigma_{SW} = \sigma_{SO} + \sigma_{WO}\cos\theta_{Oct} \tag{1.22}$$

式中，σ_{SV}为固体-空气(饱和水蒸气)界面张力，mN/m；σ_S为真空中固体的表面张力，mN/m；π_e为水蒸气平衡扩展压力，mN/m；σ_{SW}为固体-水界面张力，mN/m；σ_{WV}为水的表面张力，mN/m；σ_{SO}为固体-正辛烷界面张力，mN/m；σ_{WO}为水-正辛烷的界面张力，mN/m。

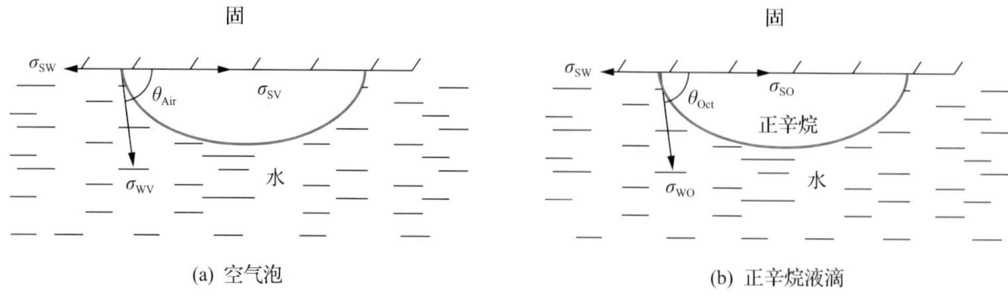

图1.16　水中固体界面上正辛烷液滴和空气泡的形态

S. 固相；V. 空气；W. 水；O. 正辛烷

数值上，表面自由能与表面张力相等，所以，固体-空气（饱和水蒸气）界面自由能 $\gamma_{SV}=\sigma_{SV}$，真空中固体的表面自由能 $\gamma_S=\sigma_S$，固体-水界面自由能 $\gamma_{SW}=\sigma_{SW}$，水的表面自由能 $\gamma_{WV}=\sigma_{WV}$，固体-正辛烷界面自由能 $\gamma_{SO}=\sigma_{SO}$，水-正辛烷的界面自由能 $\gamma_{WO}=\sigma_{WO}$。水与空气、正辛烷均不互溶，因此我们假设 $\pi_e=0$，所以 $\gamma_{SV}=\gamma_S$。

由式(1.21)和式(1.22)可得

$$\gamma_{SV}=\gamma_S-\pi_e=\gamma_{SW}-\gamma_{WV}\cos\theta_{Air} \tag{1.23}$$

$$\gamma_{SW}=\gamma_{SO}+\gamma_{WO}\cos\theta_{Oct} \tag{1.24}$$

式(1.23)和式(1.24)中，γ_{WV} 和 γ_{WO} 为已知量（表 1.6），θ_{Air} 和 θ_{Oct} 可通过仪器测得。γ_{SV}、γ_{SW} 和 γ_{SO} 可通过“captive bubble two-probe method”模型中的调和方程式[29](1.25)和式(1.26)联立 Young's 方程式(1.23)和式(1.24)进行计算。

$$\gamma_{SO}=\gamma_{SV}+\gamma_{OV}-4\left(\frac{\gamma_{SV}^{d}\gamma_{OV}^{d}}{\gamma_{SV}^{d}+\gamma_{OV}^{d}}\right)-4\left(\frac{\gamma_{SV}^{p}\gamma_{OV}^{p}}{\gamma_{SV}^{p}+\gamma_{OV}^{p}}\right) \tag{1.25}$$

$$\gamma_{SW}=\gamma_{SV}+\gamma_{WV}-4\left(\frac{\gamma_{SV}^{d}\gamma_{WV}^{d}}{\gamma_{SV}^{d}+\gamma_{WV}^{d}}\right)-4\left(\frac{\gamma_{SV}^{p}\gamma_{WV}^{p}}{\gamma_{SV}^{p}+\gamma_{WV}^{p}}\right) \tag{1.26}$$

20℃、一个大气压下，水、正辛烷和空气的表面能及各自表面能的色散部分和极性部分如表 1.6 所示，水-正辛烷的界面自由能与水的表面能的极性部分相等，即 $\gamma_{WO}=\gamma_W^p=50.5\text{mJ/m}^2$。

表 1.6 测试流体的表面能

流体	表面自由能/(mJ/m^2)	表面自由能的色散部分/(mJ/m^2)	表面自由能的极性部分/(mJ/m^2)	流体的极性
蒸馏水	72.1	21.6	50.5	极性
正辛烷	21.6	21.6	0	非极性
空气	0	0	0	非极性

由式(1.23)～式(1.26)可得

$$\frac{\gamma_{SV}^{d}\gamma_{WV}^{d}}{\gamma_{SV}^{d}+\gamma_{WV}^{d}}+\frac{\gamma_{SV}^{p}\gamma_{WV}^{p}}{\gamma_{SV}^{p}+\gamma_{WV}^{p}}=\frac{\gamma_{WV}-\gamma_{WV}\cos\theta_{Air}}{4} \tag{1.27}$$

$$\frac{\gamma_{SV}^{d}\gamma_{OV}^{d}}{\gamma_{SV}^{d}+\gamma_{OV}^{d}}+\frac{\gamma_{SV}^{p}\gamma_{OV}^{p}}{\gamma_{SV}^{p}+\gamma_{OV}^{p}}=\frac{\gamma_{OV}+\gamma_{WO}\cos\theta_{Oct}-\gamma_{WV}\cos\theta_{Air}}{4} \tag{1.28}$$

将各已知量代入式(1.27)和式(1.28)，可得

$$\frac{21.6\gamma_{SV}^{d}}{\gamma_{SV}^{d}+21.6}+\frac{50.5\gamma_{SV}^{p}}{50.5+\gamma_{SV}^{p}}=\frac{72.1-72.1\cos\theta_{Air}}{4} \tag{1.29}$$

$$\frac{21.6\gamma_{SV}^{d}}{\gamma_{SV}^{d}+21.6}=\frac{21.6+50.5\cos\theta_{Oct}-72.1\cos\theta_{Air}}{4} \tag{1.30}$$

由式(1.29)和式(1.30)可得到固体表面自由能的色散部分、极性部分及固体表面自由能分别如下所示：

$$\gamma_{SV}^{d}=\frac{466.56+1090.8\cos\theta_{Oct}-1557.36\cos\theta_{Air}}{64.8-50.5\cos\theta_{Oct}+72.1\cos\theta_{Air}} \tag{1.31}$$

$$\gamma_{SV}^{p}=\frac{2550.25(1-\cos\theta_{Oct})}{151.5+50.5\cos\theta_{Oct}} \tag{1.32}$$

$$\gamma_{SV}=\gamma_{SV}^{d}+\gamma_{SV}^{p}=\frac{466.56+1090.8\cos\theta_{Oct}-1557.36\cos\theta_{Air}}{64.8-50.5\cos\theta_{Oct}+72.1\cos\theta_{Air}}+\frac{2550.25(1-\cos\theta_{Oct})}{151.5+50.5\cos\theta_{Oct}} \tag{1.33}$$

将式(1.31)～式(1.33)计算得出的固体表面自由能及表面自由能的色散部分和极性部分代入式(1.25)和式(1.26)，便可以得到固-水界面自由能γ_{SW}和固-正辛烷界面自由能γ_{SO}。同时，由式(1.14)和式(1.15)可以看出，固体表面能的色散部分γ_{SV}^{d}与空气泡在固-水界面上的接触角θ_{Air}有关，色散部分和极性部分不是相互独立的。固体的表面能γ_{SV}由空气泡接触角θ_{Air}和正辛烷液滴的接触角θ_{Oct}共同决定。

(2)液体表面自由能、固-液界面自由能对双疏性影响的理论研究

气-液-固体系中，气泡捕获法常用来测试固-液界面自由能和液体的表面自由能，在医学领域得到了广泛应用[30,31]。气泡捕获法中的液体接触角是因为固-液界面缩小且被固-气界面取代，测得的接触角为液体的后退角(θ_R)，见图1.17。θ_R越大，则气体在固体表面驱替液体的能力越强。因此，将气体在固-液界面的接触角(θ_G)作为气体在固-液界面润湿性的表征。

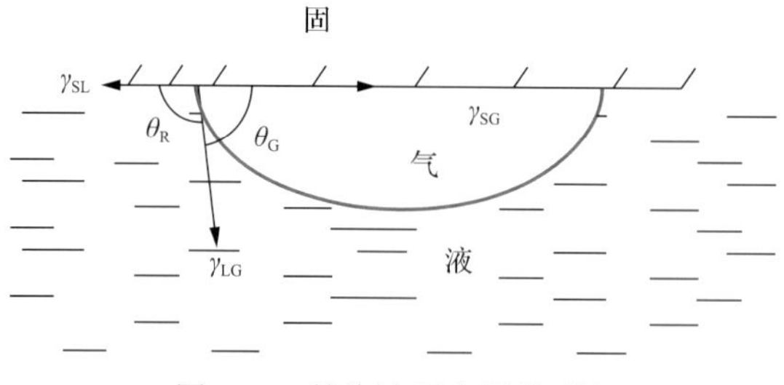

图1.17　捕泡法示意图(气泡)

S. 固相；L. 液相；G. 气相

当气泡的相态在固体界面上稳定后，满足Young’s方程：

$$\gamma_{SL}=\gamma_{SG}+\gamma_{LG}\cos\theta_{G} \tag{1.34}$$

即

$$\cos\theta_G = \frac{\gamma_{SL} - \gamma_{SG}}{\gamma_{LG}} = \frac{-A}{\gamma_{LG}} \tag{1.35}$$

式中，γ_{SL} 为固-液界面自由能，mJ/m²；γ_{SG} 为固-气界面自由能，mJ/m²；γ_{LG} 为液-固界面自由能，mJ/m²；A 为黏附功，mJ/m²。

由式(1.35)可以看出，A 与 $\cos\theta_G$ 呈线性关系，随着黏附功的增大，θ_G 变大，双疏性变差。双疏性评价指标如下：

(1)强双疏：$0°<\theta_G<90°$ 且 $\gamma_{SL}>\gamma_{SG}$，即 $A<0$。

(2)中等双疏：$\theta_G=90°$ 且 $\gamma_{SL}=\gamma_{SG}$，即 $A=0$。

(3)非双疏：$\theta_G>90°$ 且 $\gamma_{SL}<\gamma_{SG}$，即 $A>0$。

2. 表(界)面自由能对双疏性的影响的实验研究

1)停滴法研究表(界)面自由能对双疏性的影响

(1)固体表面自由能对双疏性影响的实验研究

根据图 1.14 和图 1.15，结合上面的理论推导，可得空气中固-液-气体系的双疏性与固体表面自由能、液体接触角的数据(见表 1.7)，三者之间的关系如图 1.18 所示。

表 1.7　载玻片表面双疏性参数、液体接触角和表面自由能的关系

$C_{Zonyl8740}$ /%	$\gamma^{d}_{载玻片}$ /(mJ/m²)	$\gamma^{p}_{载玻片}$ /(mJ/m²)	$\gamma_{载玻片}$ /(mJ/m²)	$\theta_{水}$ /(°)	$\zeta_{气-水}$	$\theta_{烷}$ /(°)	$\zeta_{气-烷}$
0.01	22.72	7.90	30.615	80.64	–0.163	35.455	–0.815
0.1	19.79	3.99	23.778	92.16	0.038	46.08	–0.694
0.5	18.15	1.64	19.785	101.69	0.203	51.55	–0.622
1.0	17.48	1.69	19.318	102.02	0.208	53.67	–0.592
1.5	17.17	1.67	18.845	102.40	0.215	54.72	–0.578
4.0	16.67	1.52	18.188	103.57	0.235	56.33	–0.554
8.0	13.62	1.34	14.959	107.43	0.300	66.11	–0.405
10.0	13.49	1.33	14.820	107.60	0.302	66.54	–0.398

由表 1.7 和图 1.18 可知，随着氟碳聚合物 Zonyl8740 溶液浓度的增加，所处理的载玻片表面的自由能、液体接触角和气体润湿大小呈现以下规律：随着氟碳聚合物 Zonyl8740 浓度的增加，所处理的载玻片表面的表面自由能逐渐降低，液体在载玻片表面的接触角逐渐变大，气体相对于液体在载玻片表面的润湿性增加。在研究范围内，当 $C_{Zonyl8740}>0.1\%$时，空气中水-气-载玻片体系的载玻片表面一直为强双疏性($\zeta_{气-水}>0$)，而正十六烷-气-载玻片体系，载玻片表面也随着 $C_{Zonyl8740}$ 的增大，$\zeta_{气-烷}$ 逐渐增大，即双疏性逐渐增强。

(2)液体表面自由能、固-液界面自由能对双疏性影响的实验研究。

空气中，载玻片-水-空气和载玻片-正十六烷-空气体系的双疏性参数、载玻片表面自由能($\gamma_{载玻片}$)、载玻片-水界面自由能($\gamma_{载玻片-水}$)、载玻片-正十六烷界面自由能($\gamma_{载玻片-烷}$)、载玻片-水-空气体系的黏附功 A^{W} 和载玻片-正十六烷-空气体系的黏附功 A^{Hex} 的大小可由表 1.7 结合 2.2.1 节中的理论关系式(1.35)推导求出，结果见表 1.8。

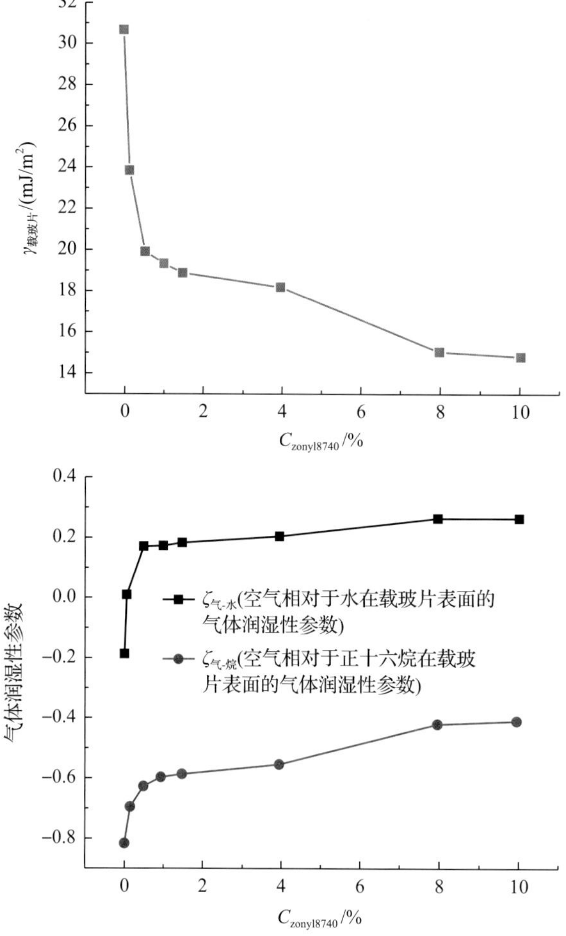

图 1.18　$C_{Zonyl8740}$ 与 $\gamma_{载玻片}$、$\zeta_{气-水}$、$\zeta_{气-烷}$ 之间的关系

表 1.8　载玻片-水-空气和载玻片-正十六烷-空气体系参数计算结果

$C_{Zonyl8740}$ /%	$\gamma_{载玻片-水}$ /(mJ/m^2)	$\gamma_{载玻片-烷}$ /(mJ/m^2)	$\gamma_{载玻片}$ /(mJ/m^2)	A^W/(mJ/m^2)	A^{Hex}/(mJ/m^2)	$\theta_{水}$ /(°)	$\zeta_{气-水}$	$\theta_{烷}$ /(°)	$\zeta_{气-烷}$
0.01	18.771	29.800	30.615	11.844	0.815	80.64	−0.163	35.46	−0.815
0.1	26.518	23.084	23.778	−2.74	0.694	92.16	0.038	46.08	−0.694
0.5	34.535	19.163	19.785	−14.75	0.622	101.69	0.203	51.55	−0.622
1.0	34.475	18.726	19.318	−15.157	0.592	102.02	0.208	53.67	−0.592
1.5	34.478	18.267	18.845	−15.633	0.578	102.40	0.215	54.72	−0.578
4.0	35.269	17.634	18.188	−17.081	0.554	103.57	0.235	56.33	−0.554
8.0	36.766	14.554	14.959	−21.807	0.405	107.43	0.300	66.11	−0.405
10.0	36.833	14.422	14.82	−22.013	0.398	107.60	0.302	66.54	−0.398

载玻片-水-气体系中，$\zeta_{气-水}$ 与正十六烷-水界面自由能、载玻片表面自由能 $\gamma_{载玻片}$ 之间的关系见图 1.19。$\zeta_{气-水}$ 与黏附功 A^W 的关系如图 1.20 所示。

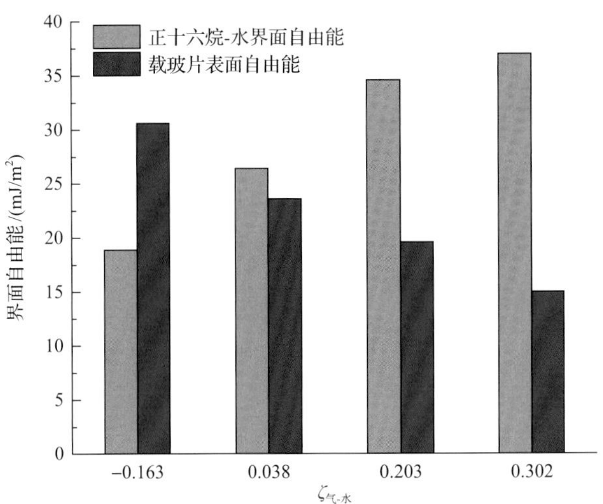

图 1.19 双疏性参数 $\zeta_{气-水}$ 与界面自由能间的关系

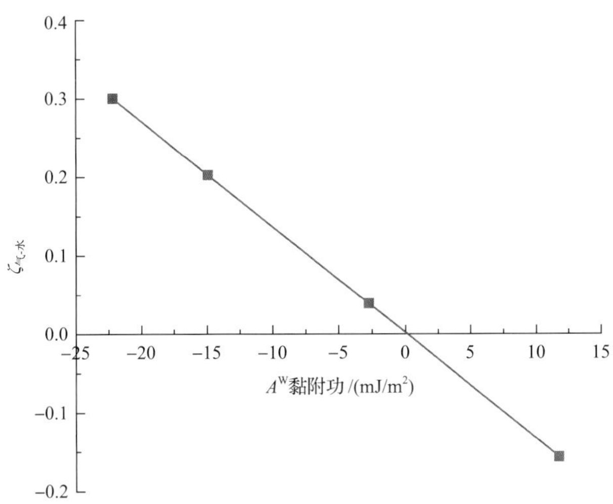

图 1.20 $\zeta_{气-水}$ 与黏附功 A^{W} 的关系

由图 1.19 和图 1.20 可见：①当 $\gamma_{载玻片} < \gamma_{载玻片-水}$ 时，$A^{W}<0$，空气相对于水对载玻片表面优先润湿，双疏性参数 $\zeta_{气-水} >0$；②当 $\gamma_{载玻片} > \gamma_{载玻片-水}$ 时，$A^{W}>0$，空气相对于水对载玻片表面不润湿，双疏性参数 $\zeta_{气-水} <0$；③随着 $\gamma_{载玻片-水}$ 的增大，$\gamma_{载玻片}$ 降低，即 A^{W} 的逐渐减小，空气相对于水对载玻片表面的润湿性增强，当 $\gamma_{载玻片-水}=\gamma_{载玻片}$ 时，$A^{W}=0$，此时载玻片表面中性气润湿。这是由于从热力学角度上讲，润湿过程为固体表面能降低的过程。所以，载玻片-空气界面自由能小于载玻片-水界面自由能时，空气优先润湿载玻片表面。黏附功 A^{W} 表征了水在载玻片表面取代空气的能力，所以，随着 A^{W} 变小，$\zeta_{气-水}$ 增大，即双疏性增强。

载玻片-正十六烷-气体系中，空气相对于正十六烷在载玻片表面的双疏性参数 $\zeta_{气-烷}$ 与载玻片-正十六烷界面自由能 $\gamma_{载玻片-烷}$、载玻片的表面自由能 $\gamma_{载玻片}$ 之间的关系见图 1.21，$\zeta_{气-烷}$ 与该体系的黏附功 A^{Hex} 的关系见图 1.22。

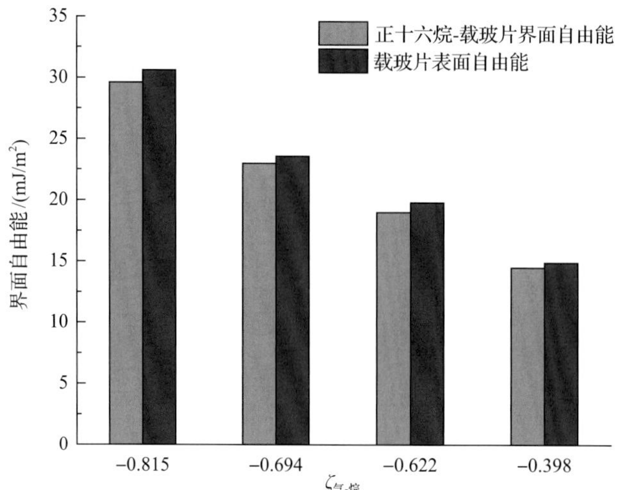

图 1.21　双疏性参数 $\zeta_{气\text{-}烷}$ 与界面自由能的关系

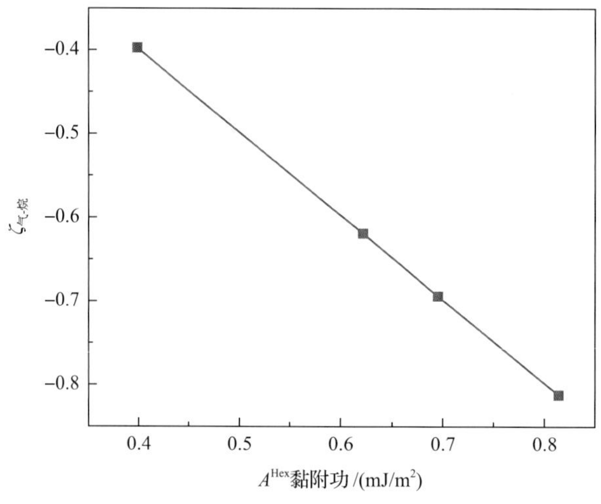

图 1.22　$\zeta_{气\text{-}烷}$ 与黏附功 A^{Hex} 的关系

从图 1.21 和图 1.22 可见，在实验范围内，$\gamma_{载玻片} > \gamma_{载玻片\text{-}烷}$，$A^{\mathrm{Hex}}>0$，$\zeta_{气\text{-}烷}<0$，气体为非润湿相。且随着黏附功 A^{Hex} 的增大，$\zeta_{气\text{-}烷}$ 变小，双疏性变差。这是因为 $\gamma_{载玻片\text{-}烷} < \gamma_{载玻片}$，正十六烷比空气更能降低载玻片的表面能，$A^{\mathrm{Hex}}>0$ 说明正十六烷取代空气的能力较强，所以空气相对于正十六烷在载玻片表面为非润湿相。

2)气泡捕获法研究表(界)面自由能对双疏性的影响

(1)实验材料。

实验中，以空气和正辛烷为水中接触角测试的介质，以经过不同浓度氟碳聚合物 Zonyl8740 溶液处理的载玻片为测试基质。

(2)实验方法。

将载玻片用酒精清洗，然后采用蒸馏水进行冲洗，在高压氮气流下吹干后立即放入不同浓度的 Zonyl8740 溶液中，浸泡 4h 后取出密闭晾干。20℃，一个大气压下，采用接触角测量仪进行水中空气泡和正辛烷液滴接触角的测量。气泡和液滴的大小均为 5μL。

(3) 实验结果与讨论。

由室内实验测定经过不同浓度的 Zonyl8740 溶液处理的载玻片在蒸馏水中的气泡和液体的接触角的测量数值，结合式(1.35)推导，可以计算出气泡捕获法中载玻片-水界面自由能($\gamma_{载玻片-水}$)、载玻片的表面自由能($\gamma_{载玻片}$)和黏附功(A)，实验测得的接触角及计算的界面自由能见表 1.9。

表 1.9 空气泡和正辛烷液滴的接触角

$C_{Zonyl8740}$ /%	θ_{Air} /(°)	θ_{Oct} /(°)	γ_{SW} /(mJ/m^2)	γ_{SV} /(mJ/m^2)	A/(mJ/m^2)
0.02	166.36	144.65	2.260	72.33	70.07
0.04	152.48	132.02	4.476	68.413	63.95
0.06	135.84	125.36	3.726	55.45	51.73
0.10	135.52	122.54	4.560	56.00	51.45

从表 1.9 可以看出，随着 Zonyl8740 浓度的升高，黏附功 A 逐渐降低，气泡和正辛烷液滴的接触角(θ_{Air} 和 θ_{Oct})均逐渐降低，且 $\theta_{Air} > \theta_{Oct} > 90°$。说明随着 Zonyl8740 浓度升高，双疏性(即气体润湿能力)增强，空气、水和正辛烷对载玻片的润湿能力大小为空气＜正辛烷＜水。尽管液体相对于气体优先润湿固体表面，但是气体对固体表面的润湿性也是不可忽略的(即双疏性是不可忽略的)。随着黏附功降低，气体接触角可以小于90°，此时，$\gamma_{SV} < \gamma_{SW}$，即气体比液体降低固体表面能的能力更强。本研究结论与 King[32]等的实验结论相一致。

(三) 测试基质性质对双疏性的影响

前面均采用经过不同浓度的阳离子型氟碳聚合物 Zonyl8740 溶液处理的石英载玻片为测试基质，分别应用停滴法和气泡捕获法进行双疏性评价实验，通过实验数据说明了表(界)面自由能对双疏性的影响，也进一步证明了两种双疏性可视化定量评价方法的有效性。根据双疏性与固体表面自由能的关系，本部分直接采用高能表面和低能表面研究表面能对双疏性的影响，观察低能表面上的双疏性现象。

1) 实验材料

实验过程中，分别以石蜡、塑料、玻璃、铁片为测试基质，蒸馏水为水相，去极性的中性煤油为油相。

2) 实验方法

室温为 20℃，空气中各种测试基质表面的双疏性采用停滴法进行评价，测量过程中，液滴大小为 5μL。水的接触角记为 $\theta_{水}$，中性煤油的接触角记为 $\theta_{油}$。水(油)中气体的接触角采用气泡捕获法进行测量，气泡大小为 5μL，水中气体的接触角记为 $\theta_{气-水}$，中性煤油中气体的接触角记为 $\theta_{气-油}$，分别表示气体相对于水和煤油对基质表面的润湿强度。

1. 停滴法研究

空气中，水和中性煤油在不同测试基质上的接触角如图 1.23 所示。由图 1.23 可知，同一测试基质上水的接触角大于煤油的接触角。水和煤油接触角在不同测试基质上的变化规律是一致的，即 $\theta_{水(石蜡)} > \theta_{水(塑料)} > \theta_{水(玻璃)} > \theta_{水(铁片)}$ 以及 $\theta_{油(石蜡)} > \theta_{油(塑料)} > \theta_{油(玻璃)} > \theta_{油(铁片)}$。

根据 Zisman 理论，基质表面能越小，液体的接触角越大[3]，所以测试基质的表面能从小到大的顺序为：石蜡、塑料、玻璃、铁片。

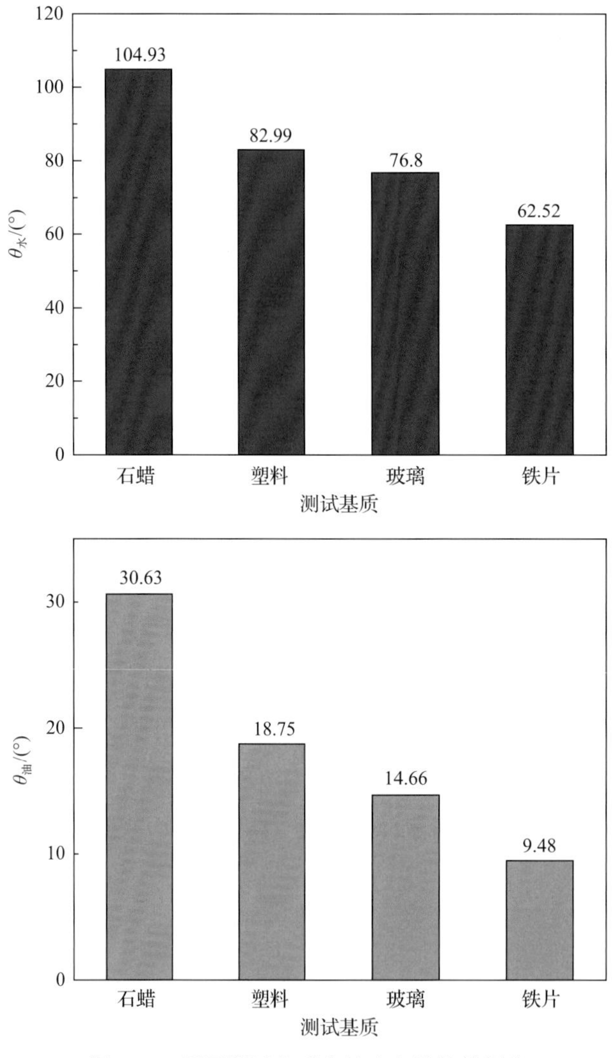

图 1.23 不同测试基质上的水和油的接触角

空气中不同测试基质的双疏性参数见图 1.24。由图 1.24 可见，不同基质表面的双疏性强度大小顺序为：石蜡＞塑料＞玻璃＞铁片，且水-石蜡-空气体系中，石蜡表面为强双疏(即优先气润湿)。空气相对于水对基质表面润湿性强于空气相对于油对同一基质表面的润湿性。这是由于随着憎液性的增强，双疏性增强，油在同一基质表面的润湿性比水强。

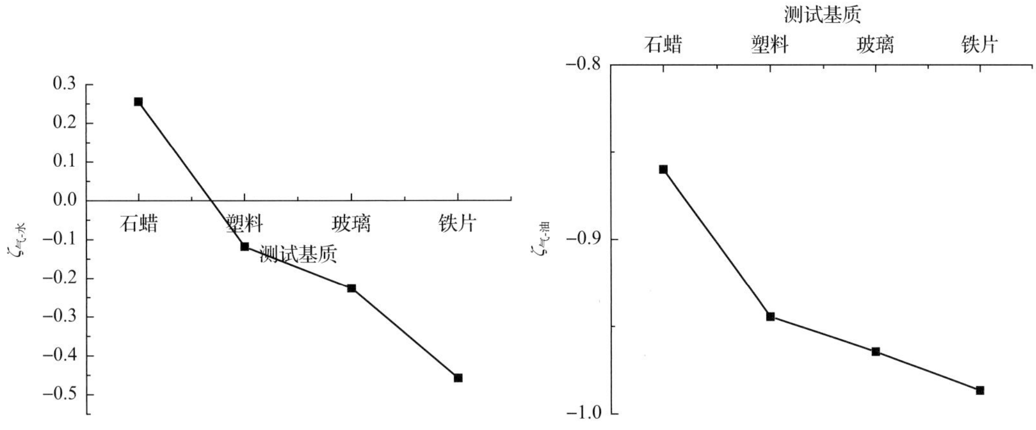

图 1.24　不同测试基质的双疏性参数

2. 气泡捕获法研究

采用气泡捕获法对不同测试基质的双疏性进行评价，实验结果如图 1.25 所示，图 1.26 为石蜡分别置于水中和油中是测得的气体接触角。

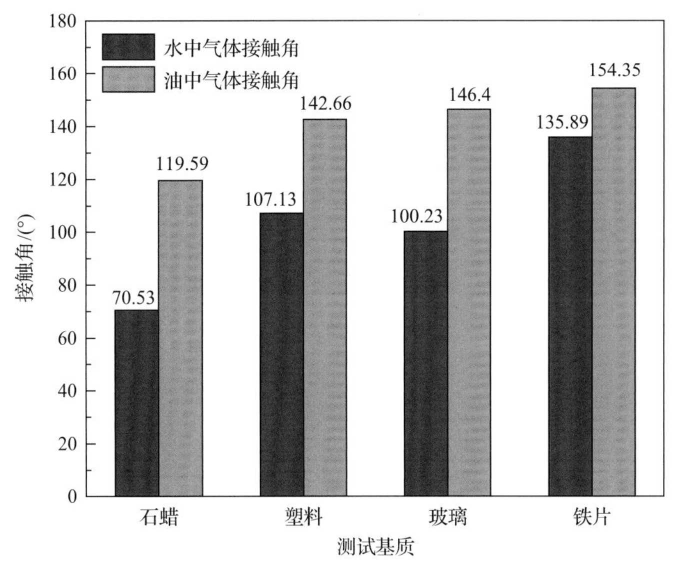

图 1.25　气泡捕获法对不同基质的双疏性评价

由图 1.25 可知，水中气体接触角由小到大的顺序为：石蜡＜塑料＜玻璃＜铁片，中性煤油中不同基质表面的气体接触角也具有相同的规律，且同一基质表面空气在水中的接触角要小于在煤油中的接触角。所以双疏性石蜡的强，铁片表面的双疏性最差，且同一基质表面的双疏性置于水中时要强于置于煤油中。

通过图 1.26 可以看到，在水中气体对石蜡表面强双疏(即优先气润湿)，接触角为 70.53°，此时油中空气在石蜡表面也具有比其他基质表面小的接触角 119.59°。这一实验规律与停滴法对双疏性评价是一致的。

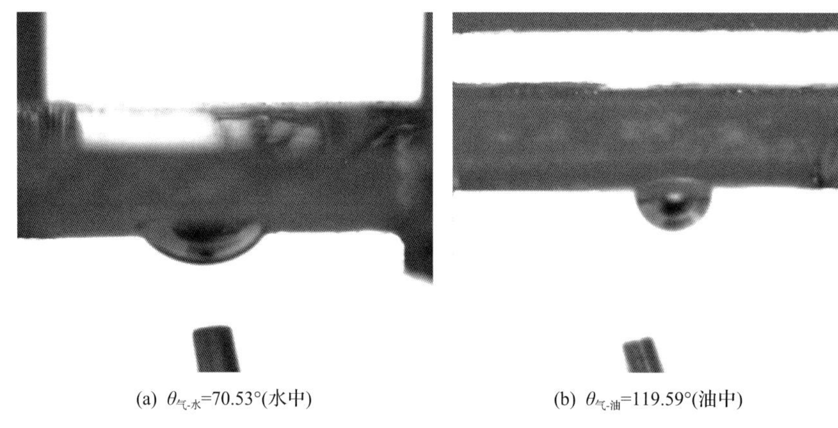

(a) $\theta_{气-水}$=70.53°(水中)　　(b) $\theta_{气-油}$=119.59°(油中)

图 1.26　水和油中石蜡表面的气体接触角

(四)表面粗糙度对双疏性的影响

1)实验材料

实验温度为 20℃，载玻片作为测试基质，蒸馏水作为水相，正十六烷作为油相，空气作为气相。氢氟酸(含 5%的氟化氨)为表面粗糙度的处理剂，Zonyl8740 为双疏反转剂。

2)实验方法

(1)配制质量浓度为 0.01%和 0.5%的 Zonyl8740 溶液。

(2)将氢氟酸溶液倒入塑料烧杯中，放入 4 块载玻片，每隔 20s 取出两块载玻片用蒸馏水冲洗干净，并烘干。

(3)根据实验方案(表 1.10)对不同粗糙度的载玻片进行双疏性反转处理。

(4)分别采用停滴法和气泡捕获法对具有不同粗糙度和双疏性的载玻片进行双疏性评价。

表 1.10　粗糙度对双疏性影响实验方案

测试体系	Zonyl8740 浓度/%	氢氟酸处理的时间/s		
		0	20	40
气-水	0	W_{0-0}	W_{0-20}	W_{0-40}
	0.01	$W_{0.01-0}$	$W_{0.01-20}$	$W_{0.01-40}$
	0.5	$W_{0.5-0}$	$W_{0.5-20}$	$W_{0.5-40}$
气-油	0	O_{0-0}	O_{0-20}	O_{0-40}
	0.01	$O_{0.01-0}$	$O_{0.01-20}$	$O_{0.01-40}$
	0.5	$O_{0.5-0}$	$O_{0.5-20}$	$O_{0.5-40}$

注：A_{a-b} 表示载玻片的编号，每个编号的载玻片均准备 2 块，分别用于停滴法和气泡捕获法对双疏性的评价。A=W 时代表水相，A=O 时代表油相；a 代表气湿反转剂的质量浓度，其值为 0、0.01 和 0.5；b 代表氢氟酸的处理时间，其值为 0、20 和 40。

1. 停滴法研究

空气中，不同粗糙度且双疏性不同的载玻片采用停滴法进行双疏性评价的结果见表 1.11。

表 1.11 粗糙度对双疏性的影响(停滴法)

气-水体系			气-油体系		
载玻片编号	水的接触角 $\theta_{水}$/(°)	双疏性参数 $\zeta_{气-水}$	载玻片编号	油的接触角 $\theta_{油}$/(°)	双疏性参数 $\zeta_{气-油}$
W_{0-0}	63.9	−0.440	O_{0-0}	13.7	−0.972
W_{0-20}	45.8	−0.697	O_{0-20}	9.8	−0.985
W_{0-40}	32.2	−0.846	O_{0-40}	4.7	−0.997
$W_{0.01-0}$	80.6	−0.163	$O_{0.01-0}$	35.5	−0.815
$W_{0.01-20}$	62.0	−0.469	$O_{0.01-20}$	28.6	−0.878
$W_{0.01-40}$	54.5	−0.581	$O_{0.01-40}$	17.9	−0.952
$W_{0.5-0}$	101.7	0.203	$O_{0.5-0}$	51.6	−0.622
$W_{0.5-20}$	109.5	0.334	$O_{0.5-20}$	38.5	−0.782
$W_{0.5-40}$	111.4	0.365	$O_{0.5-40}$	22.3	−0.925

由表 1.11 可知，同一浓度 Zonyl8740 溶液处理的载玻片表面，当载玻片为非双疏性(优先液润湿)时，随着粗糙度的增加，双疏性参数逐渐降低，固体表面的双疏性逐渐减弱；当载玻片表面为优先双疏性(非液润湿)时，随着粗糙度的增加，双疏性参数逐渐增加，固体表面的双疏性逐渐增强。经过相同时间的氢氟酸溶液处理的具有相同粗糙度的载玻片表面的双疏性则随着 Zonyl8740 溶液浓度的增加，双疏性逐渐增强。同一浓度 Zonyl8740 溶液处理的或者具有相同粗糙度的载玻片表面在气-水体系中的双疏性要大于气-油体系的双疏性。上述结论说明，双疏性与固体表面的形态和化学组成有关。

2. 气泡捕获法研究

液体中，不同粗糙度且双疏性程度不同的载玻片采用气泡捕获法进行双疏性评价的结果见表 1.12。

由表 1.12 可见，气体接触角均大于 90°，载玻片表面均为非双疏性。同一浓度的 Zonyl8740 溶液处理的载玻片表面随着粗糙度的增加，气体接触角逐渐减小，双疏性增强。同一粗糙度的表面，随着 Zonyl8740 溶液浓度的增加，双疏性增强，且气-水体系的双疏性要强于气-油体系的双疏性。比较停滴法和气泡捕获法可看出，由于饱和历史不同，同一固体表面在停滴法中的双疏性要强于在气泡捕获法中的双疏性。

表 1.12 粗糙度对双疏性的影响(气泡捕获法)

气-水体系		气-油体系	
载玻片编号	气体接触角 $\theta_{气}$/(°)	载玻片编号	气体接触角 $\theta_{气}$/(°)
W_{0-0}	170.1	O_{0-0}	173.5
W_{0-20}	167.7	O_{0-20}	169.7
W_{0-40}	165.4	O_{0-40}	167.3
$W_{0.01-0}$	168.7	$O_{0.01-0}$	171.7
$W_{0.01-20}$	162.6	$O_{0.01-20}$	166.5
$W_{0.01-40}$	158.4	$O_{0.01-40}$	163.2
$W_{0.5-0}$	134.2	$O_{0.5-0}$	136.7
$W_{0.5-20}$	129.9	$O_{0.5-20}$	133.4
$W_{0.5-40}$	124.7	$O_{0.5-40}$	128.8

(五)不同液体在双疏性岩样表面的润湿情况

1)实验材料

实验试剂：NaCl、n-C_5、n-C_6、n-C_7、n-C_{10}、甲醇、乙醇、异丙醇、乙二醇。

实验仪器：接触角测量仪、烧杯、玻璃棒、磨刀石、粗砂纸、细砂纸。

2)实验方法

(1)配置不同浓度的 NaCl 溶液，然后将溶液滴在双疏性岩心的表面，分别测定不同浓度 NaCl 在双疏性岩样表面的润湿角。

(2)将不同碳链长度的烷烃(n-C_5、n-C_6、n-C_7、n-C_{10})滴在双疏性岩心表面，用接触角法测定其在岩心表面的接触角，评价烷烃在双疏性岩心表面的润湿性。

(3)将一系列浓度的各种醇溶液滴在双疏性岩心表面，用接触角法测定其在岩心表面的接触角，评价烷烃在双疏性岩心表面的润湿性。

1. 不同浓度的 NaCl 溶液在双疏性岩样表面的润湿性

表 1.13　不同浓度的 NaCl 溶液在双疏性岩样表面的润湿性

NaCl 浓度/(mg/L)	0	0.1	0.5	1	1.5	2
接触角/(°)	144	145	145	144	144	138

表 1.13 显示，随着 NaCl 溶液浓度的增加，接触角起初基本保持不变，为 145°左右，当浓度增加至 2%时，接触角会明显变小为 138°。由此可知，NaCl 溶液在双疏性岩样表面是不润湿的，是排斥的，但是随着 NaCl 溶液浓度增大这种排斥性有所减小。

2. 不同碳链长度的烷烃在双疏性岩样表面的润湿性

由表 1.14 可以看出，随着烷烃碳链的增长，烷烃在双疏性岩样表面的接触角逐渐增大，润湿性变差。碳链长度增大到 10 时，烷烃在双疏性岩样表面是非润湿的，即排斥的。

表 1.14　不同碳链长度的烷烃在双疏性岩样表面的润湿性

烷烃	碳链长度	接触角/(°)
正戊烷	5	47
环己烷	6	72
正庚烷	7	88
正癸烷	10	93

3. 不同的醇溶液在双疏性岩样表面的润湿性

1)甲醇溶液在双疏性岩样表面的润湿性

由表 1.15 可知，甲醇的水溶液在双疏性岩样的表面是不润湿的，但是 100%的甲醇在双疏性岩样的表面是铺展的。

表 1.15　不同浓度的甲醇溶液在双疏性岩样表面的润湿情况

甲醇浓度/%	0	10	50	70	80	100
接触角/(°)	137	129	126	122	118	68

2) 乙醇溶液在双疏性岩样表面的润湿性

由表 1.16 可知，随着乙醇溶液浓度的升高，溶液在双疏性岩样表面的润湿性逐渐增强，从非润湿变为润湿。

表 1.16　不同浓度的乙醇溶液在双疏性岩样表面的润湿情况

乙醇浓度/%	0	10	30	50	80	100
接触角/(°)	137	130	119	110	94	70

3) 异丙醇溶液在双疏性岩样表面的润湿性

由表 1.17 可以看出，异丙醇在双疏性岩心表面的润湿性随着浓度的增大逐渐增强，当异丙醇浓度小于 20%时，溶液在双疏性岩样表面是排斥的，当异丙醇浓度大于 20%以后润湿性逐渐增强。

表 1.17　不同浓度的异丙醇溶液在双疏性岩样表面的润湿情况

异丙醇浓度/%	0	10	30	50	80	100
接触角/(°)	137	108	60	50	37	35

4) 乙二醇溶液在双疏性岩样表面的润湿性

由表 1.18 可知，乙二醇的水溶液在双疏性岩样表面是不润湿的，直到浓度达到 100%，它在岩样表面仍然是排斥的。

表 1.18　不同浓度的乙二醇溶液在双疏性岩样表面的润湿情况

乙二醇浓度/%	0	10	30	50	80	100
接触角/(°)	137	128	109	108	122	126

第三节　双疏反转机理

前面已对采用阳离子型氟碳聚合物 Zonyl8740 引起固体表面双疏反转，讨论了双疏评价原理、方法和指标，以及影响因素与规律。当然，除氟碳类材料外的其他材料也具有双疏功能(如纳米材料)，但氟碳类双疏剂的优越性体现在：含氟材料的表面自由能较低，全氟基团既憎水又憎油(双疏)，能明显地改善介质的润湿、渗透性能；且引入氟原子形成的全氟烷烃化合物具有独特的化学稳定性，当吸附到材料表面以后，很难因为淋洗和挥发而被除去，因而具有较好的耐久性。本节在所建立的双疏性评价方法基础上，继续采用氟碳类双疏剂研究双疏反转作用机理。

一、双疏反转机理的实验研究

(一)含氟丙烯酸酯共聚物胶膜表面氟元素分布

对于两组分共聚体系，例如一组分为共聚物中的无氟部分，另一组分为含氟部分，由 Gibbs 吸附公式可知：若组分 1 具有比组分 2 更低的表面张力，则组分 1 在表面的过剩量将大于零，即组分 1 会在共聚物表面富集。推导至多组分共聚体系，在成膜过程中，表面能越低的组分，越容易在膜表面富集[33]。

根据无规共聚物配方计算出氟元素的理论含量，与通过扫描电镜的能谱分析得出共聚物胶膜表面实际氟含量进行对比，结果见表 1.19。

表 1.19　氟元素理论含量与实测含量对比

共聚物中单体化学名称	单体含量	氟元素含量理论值	表面氟元素含量实测值
甲基丙烯酸十三氟辛酯(F08)	5%	2.40%	9.71%
	10%	4.60%	16.31%
	15%	6.63%	20.31%
	20%	9.10%	30.02%

由表 1.19 可以看出，共聚物胶膜表面层中的氟元素含量远高于其理论值，该结果证实了全氟烷基基团具有很强的趋表现象，在成膜过程中，含氟侧链有强烈的向共聚物-空气界面聚集的趋势，从而使胶膜表面氟元素含量增加，表面自由能降低，呈现出疏水疏油性质。也就是说，降低固体表面能是实现双疏性的机理。当然，使固体表面微结构呈现为微纳米乳突结构也是实现双疏性的根本原因所在，这将在第二章中讨论。

(二)温度对含氟丙烯酸酯共聚物双疏反转效果影响

将人造岩心切片，浸泡在不同浓度双疏反转剂水溶液中 4h，待双疏反转剂在岩心表面充分吸附后取出，于室温下自然晾干 30min，分别测量蒸馏水、正十六烷液滴在处理前后的岩心表面接触角。岩心老化处理采取以下两种方式：①岩心自然晾干后再于室温下自然老化 12h；②岩心自然晾干后再置于 100℃烘箱中热处理，老化 12h。实验结果见图 1.27。

由图 1.27 可以看出，采用双疏反转剂处理后，人造岩心的表面润湿性发生了明显变化。随着双疏反转剂浓度的增加，岩心表面由初始亲水亲油逐渐向疏水疏油方向转变，经 10%双疏反转剂溶液处理并经 100℃热处理 12h 后的岩心，蒸馏水在其表面的接触角可达 124.98°，正十六烷接触角在其表面的接触角可达 84.69°。这说明，经过双疏反转剂处理后的岩心表面已经转变为疏水疏油性的中等双疏性。

经 100℃热处理 12h 后，蒸馏水和正十六烷在岩心表面接触角都明显提高。2%双疏反转剂处理过的岩心高温处理后的效果与 10%双疏反转剂处理过岩心未热处理时的效果相当。由此可见，使用低浓度双疏反转剂在 100℃热处理后就能使岩心表面变得高疏水疏油。此外，该处理剂还具有良好的热稳定性，这是由于双疏反转剂在岩石表面成膜、高温处理后，膜表面的含氟烷基进一步向聚合物-空气界面迁移，富集于岩石表面，氟原子含量增加。高温老化在含氟共聚物成膜过程中的作用机理示意图见图 1.28，100℃热处理 12h 后岩心表面水相和油相接触角照片见图 1.29。

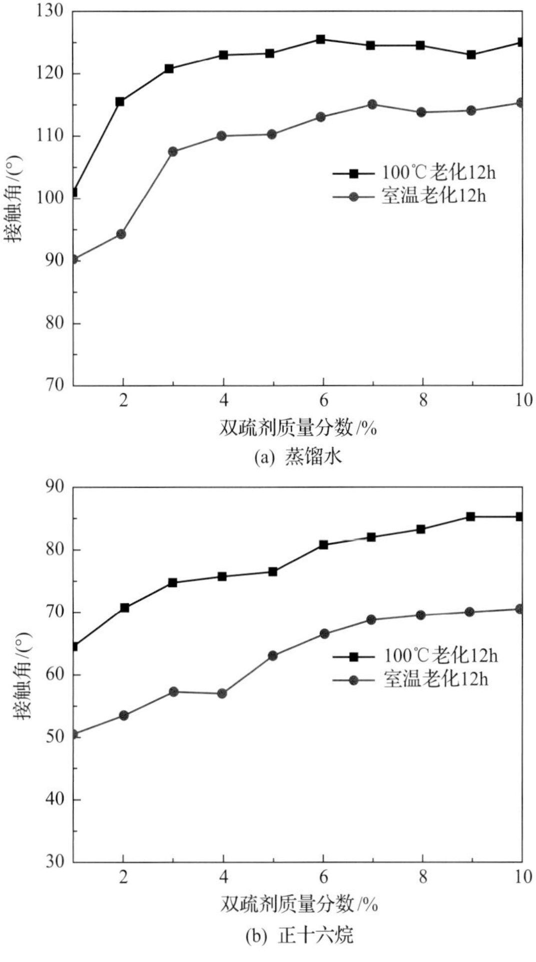

图 1.27　蒸馏水和正十六烷在经不同浓度双疏反转剂溶液处理后的岩心表接触角

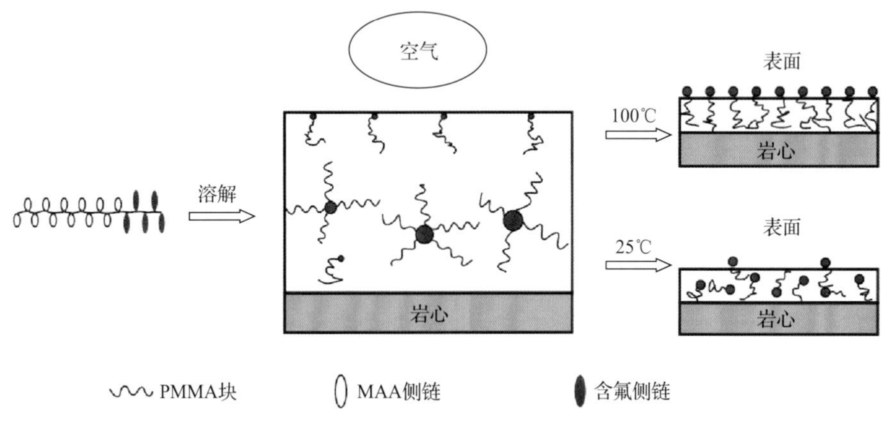

图 1.28　双疏反转剂成膜过程示意图

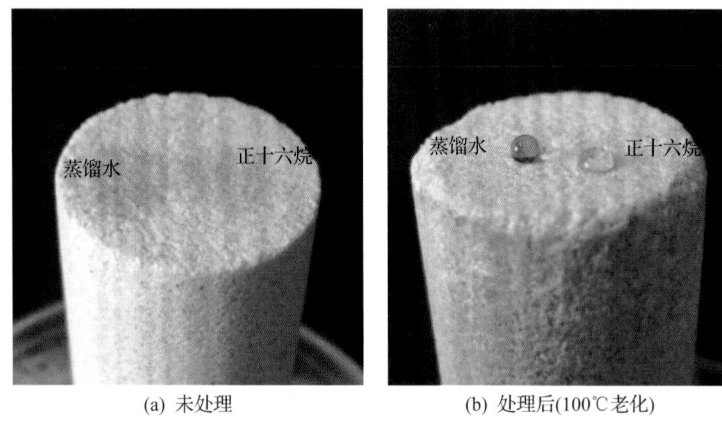

(a) 未处理　　(b) 处理后(100℃老化)

图 1.29　双疏反转剂处理前后岩心表面润湿性

根据水相和油相在处理前后人造岩心表面的接触角数据，采用 Owens 二液法计算表面能变化(图 1.30)。

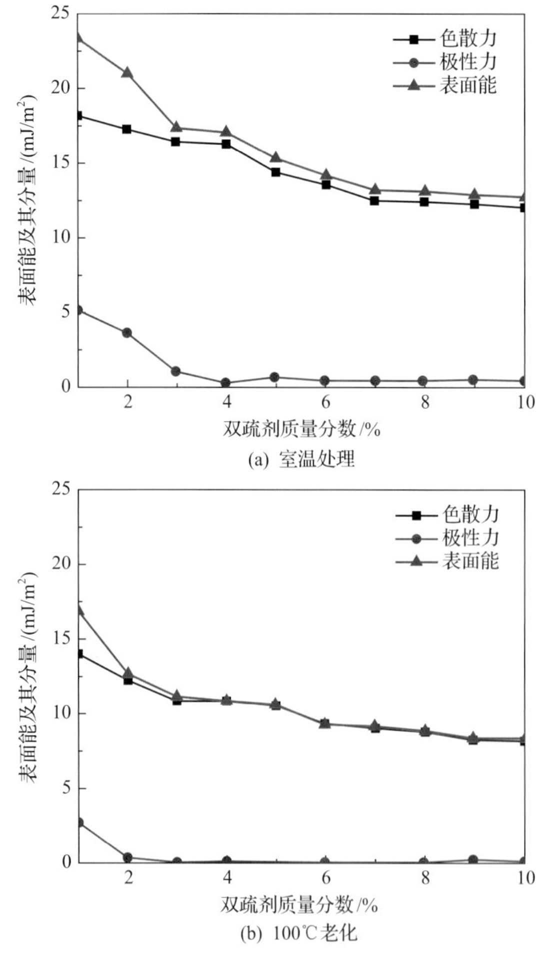

(a) 室温处理

(b) 100℃老化

图 1.30　经不同浓度双疏反转剂处理后的岩心热处理前后表面能变化

由图 1.30 可以看出，随双疏反转剂浓度的增加，处理过的岩心表面能明显降低，再经热处理后表面能进一步降低。双疏反转剂吸附在岩心表面，其含氟侧链富集在聚合物-空气界面上，表面能降低至 10mN/m 以下，远低于蒸馏水(72.8mN/m)和一般油类的表面张力(25～35mN/m)，因此，很难被一般液体所润湿，呈现出低表面能特征。

(三)X 射线光电子能谱(XPS)分析

采用 X 射线光电子能谱仪对吸附了双疏反转剂的石英载玻片进行 XPS 分析，吸附平衡后石英载玻片的 XPS 实验结果见图 1.31。

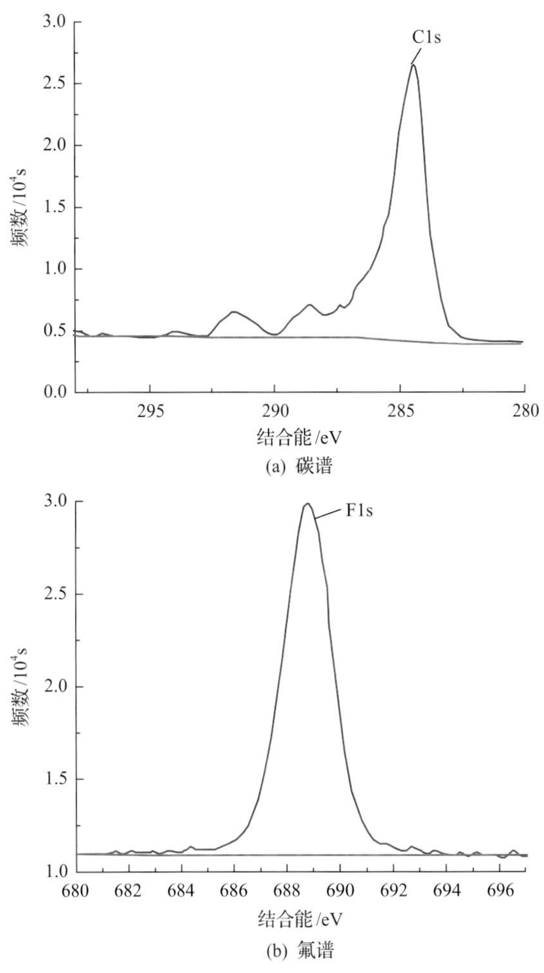

图 1.31 吸附平衡后石英载玻片 XPS

根据图 1.31 结果分析可知，吸附膜表面几个到十几个纳米厚度内，主要基团有—CF_3、—CF_2、—$(CF_2)_n$—、—$(C—C)_n$—、—$(CF_2CFH)_n$—，但是未见—CH_3、—CH_2—、—$(CH_2)_n$—、—COOH 的峰，说明双疏反转剂在基材表面吸附成膜后，氟碳侧链在固-气界面紧密排布，对内部极性基团的屏蔽保护非常牢固。主链中的基团基本未出现，进一步证明了低表面能基团的趋表现象。

二、双疏性反转机理的量子化学研究

上面的实验结果表明，具有极低表面能的含氟官能团是氟碳类双疏反转剂的主要作用基团，这里采用量子化学理论对其作用过程和机理进行研究。采用 Gaussian03 量子化学模拟软件分别建立了两组砂岩和两种含氟丙烯酸酯共聚物类双疏反转剂的原子簇模型，利用“超分子方法”计算双疏反转剂与砂岩表面的相互作用，并计算了水分子在双疏性反转处理前后砂岩表面的结合情况和吸附势阱，从分子相互作用角度解释了双疏反转处理剂改变储层岩石表面性质的作用过程和作用机理[34]。

(一)计算模型的建立

1. 砂岩模型的建立

用二氧化硅晶体标准模型来模拟砂岩表面，而晶体表面是一个无限延伸的平面，这个表面上的信息无法直接用于量子化学计算之中[35]。因此，将二氧化硅晶体标准模型表面简化成 2 个可计算的原子簇模型，如图 1.32 所示。砂岩模型 1#共 68 个原子，含 18 个 Si 原子、22 个 O 原子和 28 个补偿 H 原子；砂岩模型 2#共 33 个原子，含 5 个 Si 原子、16 个 O 原子和 12 个补偿 H 原子。

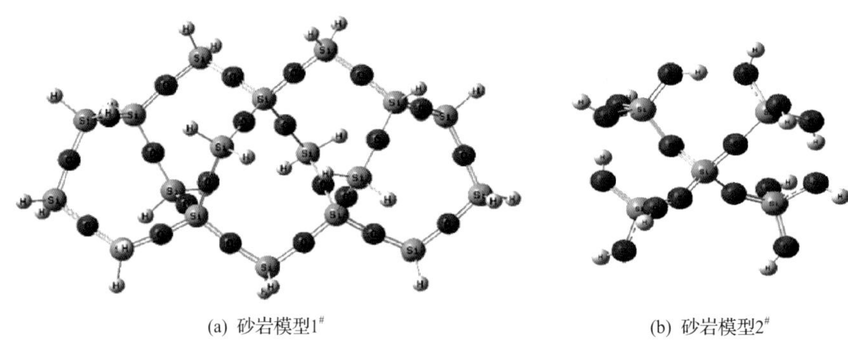

(a) 砂岩模型1#　　(b) 砂岩模型2#

图 1.32　砂岩简化模型

2. 双疏反转剂模型的建立

对两种氟碳双疏反转剂 FC-MMA 和 FC-AM-MAA 建立简化的可计算原子簇模型为双疏反转剂模型 1#和 2#，如图 1.33 所示。双疏反转剂模型 1#共 50 个原子，含 16 个 C

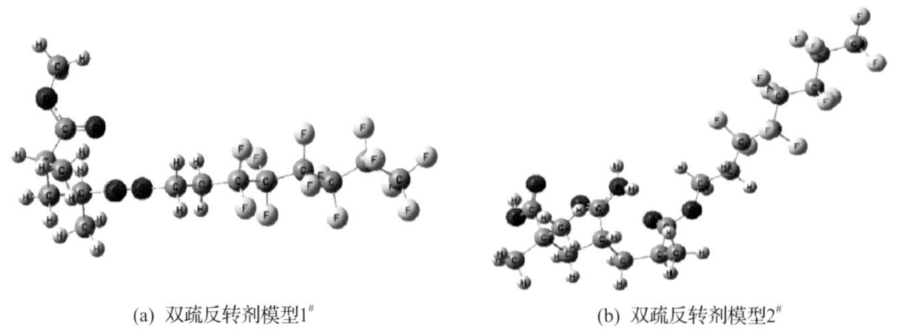

(a) 双疏反转剂模型1#　　(b) 双疏反转剂模型2#

图 1.33　氟碳双疏反转剂简化模型

原子、4 个 O 原子、17 个 H 原子和 13 个 F 原子；双疏反转剂模型 2#共 60 个原子，含 19 个 C 原子、5 个 O 原子、22 个 H 原子、13 个 F 原子和 1 个 N 原子。

（二）计算方法

一个吸附分子 M 与一个表面位置 S 形成表面化合物 M-S，那么其相互作用可以通过三个相关体系的总能量的计算，即三者的差求得

$$\Delta E=E(M\text{-}S//M\text{-}S)-E(M//M)-E(S//S)$$

式中，“//”表示每个体系的能量都是在各自平衡构型的条件下求得的，这种处理方法称为超分子方法。一般规定，对于相互吸引体系的相互作用能，其值为负值。有时也用“结合能”来表示，它指的是相互作用能为负值的情形[36]。

采用这种超分子方法进行计算，使用优化后的模型，基组选用 HF-3-21G，全部轨道参数均为标准值[35]。

（三）计算结果

1. 模型的前线分子轨道

前线分子轨道理论认为，在分子之间的化学反应过程中，首先是前线分子轨道的相互作用，即一个分子的 HOMO 轨道和另一个分子的 LUMO 轨道作用。作用过程须同时满足前线分子轨道对称性匹配原则和能量匹配原则。计算出的四个模型的前线分子轨道及其能量见图 1.34～图 1.37。图中网状结构表示其 HOMO 或 LUMO 轨道的位置。可以

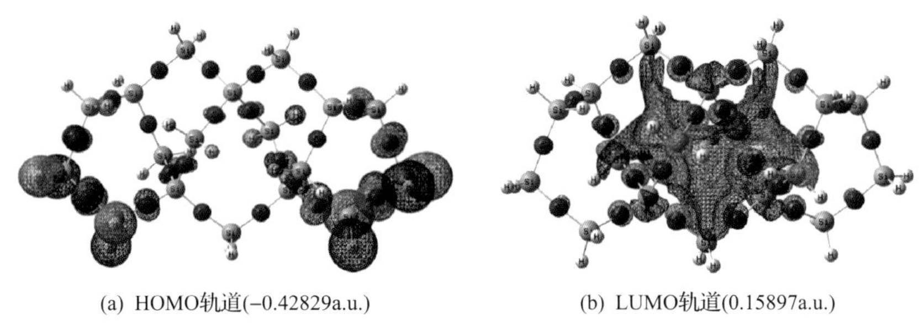

(a) HOMO轨道(−0.42829a.u.)　　(b) LUMO轨道(0.15897a.u.)

图 1.34　砂岩模型 1#的前线分子轨道

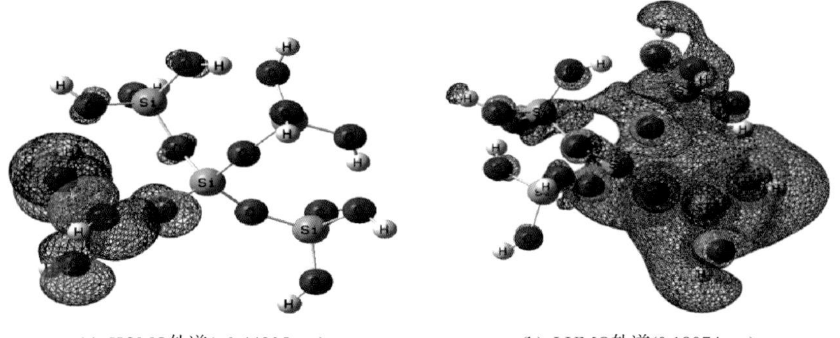

(a) HOMO轨道(−0.44805a.u.)　　(b) LUMO轨道(0.18074a.u.)

图 1.35　砂岩模型 2#的前线分子轨道

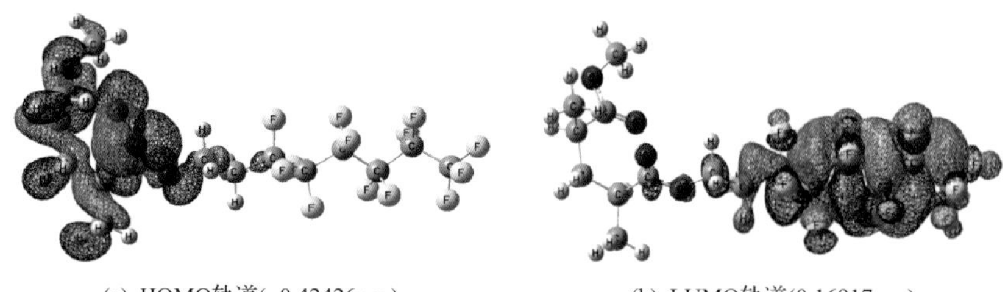

(a) HOMO轨道(−0.42426a.u.)　　(b) LUMO轨道(0.16917a.u.)

图 1.36　双疏反转剂 1#的前线分子轨道

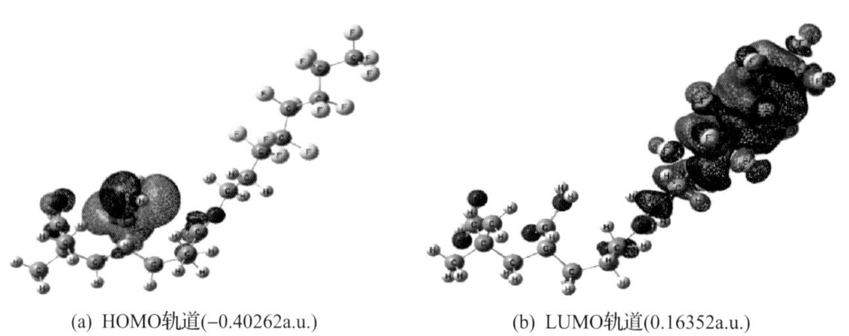

(a) HOMO轨道(−0.40262a.u.)　　(b) LUMO轨道(0.16352a.u.)

图 1.37　双疏反转剂 2#的前线分子轨道

看出，两种双疏反转处理剂的 HOMO 轨道均位于不含氟基团，而其 LUMO 轨道占据氟碳官能团。

根据前线分子轨道原理，相互吸引的两个分子 A 和 B，分子 A 的 HOMO 轨道和分子 B 的 LUMO 轨道作用，分子 A 的 LUMO 轨道和分子 B 的 HOMO 轨道作用，这两组轨道作用过程中能量差值的绝对值小的易于结合。四个模型相互结合后各组轨道作用能量差的绝对值见表 1.20。

表 1.20　吸附模型轨道能量差

吸附模型	能量差绝对值 1 (砂岩 $_{HOMO}$-双疏反转剂 $_{LUMO}$) /a.u.	能量差绝对值 2 (砂岩 $_{LUMO}$-双疏反转剂 $_{HOMO}$) /a.u.
砂岩 1#-双疏反转剂 1#	0.59746	0.58323
砂岩 1#-双疏反转剂 2#	0.59181	0.56159
砂岩 2#-双疏反转剂 1#	0.61722	0.60500
砂岩 2#-双疏反转剂 2#	0.61157	0.58336

由表 1.20 可以看出，四个吸附模型中，“能量差绝对值 2”均小于“能量差绝对值 1”，也就是说，两种双疏反转处理剂均倾向于以 HOMO 轨道和砂岩的 LUMO 轨道结合。从图 1.36 和图 1.37 可以看出，两种双疏反转处理剂的 HOMO 轨道均位于不含氟原子的基团。因此可以得出结论，双疏反转处理剂是以不含氟基团吸附在砂岩上，而含氟基团伸向外部，由于其极低的表面能和良好的热稳定性，对内部基团和砂岩均起到了屏蔽保护的作用，这就从分子角度解释了低表面能含氟基团的“趋表现象”(图 1.38)。并且，由于外部的含氟基团形成牢固的屏蔽膜，砂岩表面能急剧下降，双疏性增强。

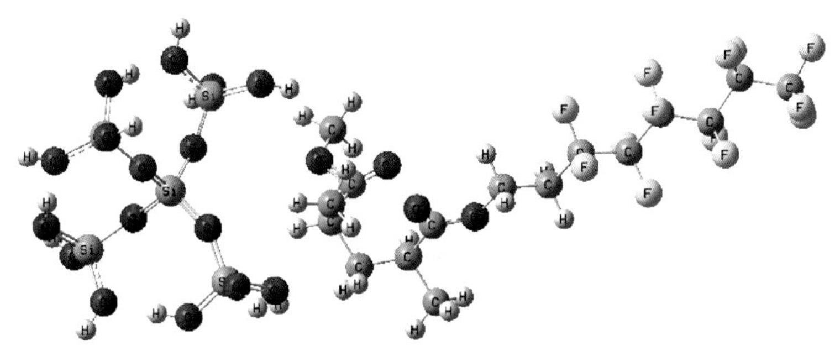

图 1.38 双疏反转处理剂与砂岩的结合方式

2. 水分子在模型表面的作用

根据前面的研究结果，双疏反转处理剂吸附在岩石表面后，其含氟基团向外伸展，对内部起到屏蔽保护作用，降低了表面能，实现了双疏性反转。为进一步证明氟碳共聚物类双疏反转处理剂的作用效果，计算水分子模型在砂岩及双疏反转处理剂表面的结合能力，计算其吸附势阱和吸附距离，结果见表 1.21。

表 1.21 水分子在不同表面的吸附计算结果

吸附模型	吸附距离 R_e/nm	吸附势阱 D_e/(kJ/mol)
砂岩 1#-水分子	0.283	–39.100
砂岩 2#-水分子	0.203	–41.948
双疏反转剂 1#-水分子	0.405	–6.886
双疏反转剂 2#-水分子	0.410	–8.532

从表 1.21 可以看出，水分子与不同表面的结合能力相差很大。在砂岩模型表面的吸附势阱高达–40kJ/mol 左右，为典型的氢键键能，说明水分子在砂岩表面形成强氢键(氢键键能为 25～40kJ/mol)，因此砂岩表面是水润湿的。而水分子在氟碳双疏反转剂表面的吸附势阱仅为–7kJ/mol 左右，为物理吸附；吸附距离也比砂岩表面大一倍左右，进一步说明双疏反转处理剂能够使岩石表面润湿性发生剧烈变化，与水分子的结合力明显减弱。这就解释了双疏反转处理后的岩石表面水相接触角增大的原因。

第四节 双疏性对岩石表面性质的影响

一、岩石的气体吸附能力

(一)岩石气体吸附基础理论

1. 吸附现象及分类

当气体分子碰撞岩石表面时，受剩余力场的作用，有些气体分子会停留在岩石表面上一段时间，这样的总结果是使气体分子在岩石表面上的密度增加，相应地在气相中的密度减少，这种现象称为气体在岩石表面的吸附。通常固体物质称为吸附剂，被吸附的气体称为吸附质。

吸附是固体表面分子或原子与气体分子相互作用的结果，按作用力的性质可分为物理吸附和化学吸附两种类型(表 1.22)。前者的作用力是范德瓦耳斯引力，后者的是化学键，因而两类吸附的一些性质和规律有很大的差异。

表 1.22　物理吸附和化学吸附

性质	物理吸附	化学吸附
吸附力	范德瓦耳斯力	化学键
选择性	无	有
吸附热	近于液化热(0～20kJ/mol)	近于反应热(80～400kJ/mol)
吸附速率	快，易平衡，不需要活化能	较慢，难平衡，需要活化能
吸附层	单分子层或多分子层	单分子层
可逆性	可逆	不可逆

2. 吸附量

吸附量 q 通常是用单位质量 m 的吸附剂所吸附气体的体积 V[一般换算成标准状况(STP)下的体积]或物质的量 n 表示，如

$$q=\frac{V}{m}\quad 或\quad q'=\frac{n}{m} \tag{1.36}$$

3. 吸附等温线

1)吸附等温线分类

实验表明，对一定体系来讲，达到平衡时的吸附量与温度 T、气体的压力 p 有关，即

$$q=f(T,p) \tag{1.37}$$

式(1.37)中共有三个变量，为了找到它们的规律性，常常固定一个变量，然后求出其他两个变量之间的关系。

若 T 为常数，则 $q=f(p)$，称为吸附等温式(adsorption isltherm)。

若 p 为常数，则 $q=f(T)$，称为吸附等压式(adsorption isobar)。

若 q 为常数，则 $p=f(T)$，称为吸附等量式(adsorption isostere)。

一般实验常常测定吸附等温线，随着实验数据的积累，人们从所测得的各种等温线中总结出吸附等温线大致有如图 1.39 所示五种类型。

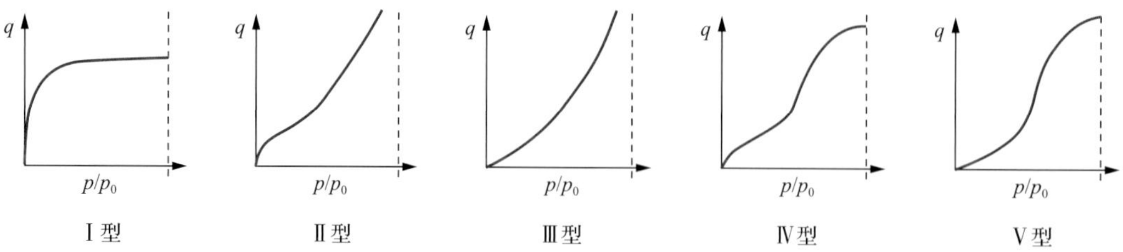

图 1.39　五种类型的吸附等温线

q 为吸附量；p_0 为饱和蒸汽压

2) 双疏性岩石对混合气体的 Langmuir 吸附等温式

基本假设：①气体分子单层吸附；②气体分子之间无相互作用；③双疏性岩石表面是均质/均匀的。

如果在岩石表面吸附了 A、B 两种气体分子，或者是吸附的气体分子 A 在岩石表面发生反应后，生成的产物 B 也被吸附，则 A 的吸附速率应为

$$r_a = k_a p_A (1-\theta_A-\theta_B) \tag{1.38}$$

式中，p_A 为 A 的分压；θ_A 为 A 在岩石表面的覆盖率；θ_B 为 B 在岩石表面的覆盖率；k_a 为 A 的吸附速率系数。

A 的解吸速率应当是 $r_d = k_d \theta_A$（k_d 为常数），平衡时，$r_a = r_d$，所以

$$\frac{\theta_A}{1-\theta_A-\theta_B} = ap_A \tag{1.39}$$

式中，$a=\dfrac{k_a}{k_d}$。同理，当 B 达到平衡时，应有如下的关系：

$$\frac{\theta_B}{1-\theta_A-\theta_B} = a'p_B \tag{1.40}$$

式中，p_B 为 B 的分压；a' 为 B 气的吸附系数。

将式(1.39)和式(1.40)联立求解，得

$$\theta_A = \frac{ap_A}{1+ap_A+a'p_B} \tag{1.41}$$

$$\theta_B = \frac{a'p_B}{1+ap_A+a'p_B} \tag{1.42}$$

从式(1.41)和式(1.42)可以看出，p_B 增加使 θ_A 变小，即气体 B 的存在可以使气体 A 的吸附受到阻止。同理，气体 A 的吸附也要妨碍气体 B 的吸附。从式(1.41)和式(1.42)很容易推广到多种气体吸附的情况。对于分压为 p_B 的第 B 组分的气体，其 Langmuir 等温式一般可以写为

$$\theta_B = \frac{a_B p_B}{1+\sum_B a_B p_B} \tag{1.43}$$

式(1.43)虽描述的是 θ 与 p 之间的关系，但因为 $\theta = \dfrac{V}{V_m}$（V_m 为单分子层饱和吸附量），所以实际上也是 V 与 p 的关系（V 是被吸附气体的体积）。

4. 影响吸附量的因素

1) 温度

气体吸附是放热过程，因此无论物理吸附还是化学吸附，温度升高时吸附量均降低。

2) 压力

无论物理吸附还是化学吸附，压力增大，吸附量皆增大。

3) 岩石和气体分子的性能

岩石易于吸附极性气体分子；一般气体分子越复杂，沸点越高，吸附能力越高；岩石的孔结构和孔径大小，对吸附速率和吸附量也有很大影响。

(二) 岩石气体吸附能力的实验研究

油气储层岩石的润湿性不仅会影响液体在孔隙中的位置和分布，其对气体的吸附作用的影响也不容忽视。采用 AST-2000 型大样量煤层气吸附/解吸仿真实验仪，以石英砂模拟油气储层岩石，对双疏反转前后的甲烷气的吸附能力进行了实验研究。双疏反转后，石英砂对甲烷气的吸附能力下降大约一个数量级，其根本原因是表面能的降低导致气体吸附能力变弱。

1. 固体表面润湿性与表面自由能的关系

固体表面和体相内部的结构、化学组成及原子间的相互作用力存在很大的差别，体相内原子间相互作用达到统计学平衡，而表面上的原子力场处于不饱和状态，存在剩余的表面自由力场，并且由于固体表面结晶不规整而出现晶格缺陷、空位、位错等现象，导致固体表面普遍存在不均一性。固体表面的剩余自由力场和不均一性的存在，导致固体表面存在不同大小的表面能，而油气储层岩石是典型的高能表面[37]。

任何表面都有自发降低表面能的倾向，但在常温条件下，固体表面的原子或分子是不能自由移动的，不会像液体那样通过收缩来降低表面能，只有依靠降低界面张力来降低表面能。当一种液体与固体表面接触时，若该液体的表面张力低于所接触固体的表面能，就会在固体表面铺展而发生润湿作用。由表面物理化学理论可知，固体的表面能越高，越容易被液体所润湿，因此推导出固体表面润湿性与表面自由能的关系：

气-水-固体系中，固体的表面自由能越低，水润湿性越差。

气-油-固体系中，固体的表面自由能越低，油润湿性越差。

气-液-固体系中，固体的表面自由能越低，双疏性越好。

2. 气体吸附实验

1) 基材的双疏反转

Shafrin 等提出，固体表面的润湿性能是由表面原子或暴露的原子团性质和堆积决定的，与内部原子及分子的性质和排列无关[38]。因此，可通过低表面能物质修饰固体表面对其进行双疏反转。

在室温条件下，将人造砂岩岩心片置于盛有不同浓度气湿反转剂水溶液的磨口瓶中，充分震荡后至于室温下静置，每 1h 充分振荡一次，以一定的时间间隔取出液体样品，采用分光光度计测定溶液的浓度，待溶液浓度不再变化时，视为吸附平衡。

将吸附平衡后的人造岩心片，用蒸馏水冲洗 3 遍，置于烘箱中，100℃恒温干燥 24h。采用 JC2000D3 接触角测量仪分别测量油、水两相在其表面的接触角，油相采用测试液为正十六烷，水相采用测试液为蒸馏水。液滴体积为 5μL，对于每个样品至少选取 3 个不同点进行测量，取平均值。

根据测得的接触角，通过 Owens 二液法计算岩心片吸附气湿反转剂前后的表面能，其中蒸馏水的表面张力、色散力、极性力分别为 72.8mJ/m^2、21.8mJ/m^2 和 51.0mJ/m^2，正十六烷的表面张力、色散力、极性力分别为 27.6mJ/m^2、27.6mJ/m^2 和 0mJ/m^2，结果见表 1.23。

表 1.23 气润湿岩石接触角和表面能

双疏反转剂浓度	接触角/(°)		表面能/(mJ/m^2)		
	蒸馏水	正十六烷	色散力	极性力	表面能
1%	101.23	64.53	14.11	2.73	16.83
2%	115.14	70.19	12.37	0.39	12.77
3%	120.45	74.21	11.17	0.11	11.27
4%	122.89	75.38	10.82	0.03	10.85
5%	123.32	76.02	10.64	0.03	10.66
6%	124.98	80.57	9.35	0.03	9.38
7%	124.20	81.31	9.14	0.06	9.21
8%	123.84	82.63	8.78	0.10	8.89
9%	123.44	84.65	8.25	0.17	8.42
10%	124.45	84.75	8.21	0.14	8.35

由表 1.23 可以看出，吸附了双疏反转剂后，人造岩心的表面润湿性发生了明显变化。随着处理浓度的增加，水、油两相的接触角均逐渐升高，处理后岩心表面蒸馏水的接触角最高达到 124.45°，正十六烷接触角最高达到 84.75°，表面能降低至 8.35mJ/m^2，远低于一般液体的表面张力，难以被液相所润湿。以上结果说明，双疏反转剂在岩心片表面发生了化学吸附作用，其稳定的吸附膜使岩心表面实现了双疏反转。

2) 石英砂吸附甲烷实验

考虑到天然岩心化学组成和孔隙结构的非均质性，以及人造岩心胶结物对气体吸附量的影响，选用 20～40 目石英砂模拟油气储层岩石，采用 AST-2000 型大样量煤层气吸附/解吸仿真实验仪，对水润湿石英砂和双疏反转后的石英砂进行甲烷气的吸附/解吸实验。每组实验测试的石英砂质量为 2000g，吸附气体为 CH_4，实验结果见表 1.24。

表 1.24 不同润湿性石英砂的 CH_4 吸附量

水润湿石英砂		双疏石英砂	
平衡压力/MPa	吸附量/(m^3/t)	平衡压力/MPa	吸附量/(m^3/t)
0.00	0.00000	0.00	0.00000
1.36	0.00070	1.24	0.00000
2.54	0.13549	2.31	0.00480
4.05	0.13722	3.64	0.00925
5.69	0.19423	4.78	0.04634
6.58	0.19931	5.47	0.08537

从表 1.24 可以看出，水湿石英砂对 CH_4 有一定的吸附能力，随着压力的逐渐升高，气体吸附量逐渐升高，当压力达到 6.58MPa 时，吸附量达到 0.19931m^3/t。

双疏石英砂对 CH_4 的吸附量明显低于水润湿石英砂，在平衡压力达到 2.31MPa 时仪器才能检测到吸附量，在同等平衡压力条件下，双疏石英砂对 CH_4 的吸附量大约比水润湿石英砂低一个数量级，可见，对固体表面的双疏反转处理使其对甲烷气的吸附能力降低。分析其原因，由于固体表面存在不同数量的表面能，固体表面会通过吸附某些外来分子以降低表面能。当固体处于水溶液中时，会吸附溶液中的溶质，而当固体处于气体环境中时，气体分子碰到固体表面，其中一部分就被吸附，并释放出吸附热。所以固体的表面自由能是其具有吸附作用的根本原因，表面能越高，吸附气体的能力就越强。因此，当对固体表面进行双疏反转处理后，其表面自由能急剧降低，导致对 CH_4 的吸附量降低。

固体表面能的大小直接影响表面的吸附性能。对比水润湿石英砂和煤粉对 CH_4 的吸附量，实验结果见表 1.25。

表 1.25　石英砂与煤粉的 CH_4 吸附量对比

水润湿石英砂		煤粉	
平衡压力/MPa	吸附量/(m^3/t)	平衡压力/MPa	吸附量/(m^3/t)
0.00	0.00000	0.00	0.00000
1.36	0.00070	0.79	1.93189
2.54	0.13549	1.79	3.50931
4.05	0.13722	2.74	4.50770
5.69	0.19423	3.74	5.41357
6.58	0.19931	4.69	6.25737

由表 1.25 可以看出，在平衡压力差别不大的条件下，煤对 CH_4 的吸附量比水润湿石英砂大约高一个数量级。通常情况下，大块固体的表面积是较小的，故表面能的作用不明显，对气体的吸附现象也不明显。但是对于高分散的固体粉末以及多孔介质来说，每单位重量的物质所具有的表面积就很可观，表面能的作用即吸附作用就显得很突出了。此外，颗粒内部细孔的内表面积通常比外表面积大几个数量级，孔越小、孔越多，表面积就越大。所以，本实验采用石英砂来模拟构成储层岩石的骨架，比采用岩心来测试更能真实反映润湿性的改变对气体吸附能力的影响，消除了比表面积和孔隙结构对实验结果的干扰。

（三）岩石气体吸附能力的量子化学理论

固体物质都具有或大或小地把周围介质中的分子、原子或离子吸附到自己表面的能力，这一性能被称为物质的吸附性能。国内外研究者对 H_2O、CH_4、CO_2 和 N_2 与煤表面相互作用的理论研究较多，一致认为煤表面模型对不同气体分子的吸附顺序为 H_2O＞CO_2＞CH_4＞N_2[39-43]。然而，对于不同润湿性储层岩石表面与气体的相互作用的理论研究较少。

使用 Gaussian03 软件建立液湿润性岩石和双疏性岩石表面两类原子簇模型，采用量子化学研究了液润湿性和双疏性岩石表面与不同流体(气、水两相共四种流体)分子间的相互作用，从微观角度阐述润湿性对流体吸附性能的影响。

1. 固体对不同流体的吸附作用

不同的化学组分在固体表面的吸附能力不同，主要是由于化学组分和固体之间作用力的不同引起的。这种作用力与一个大气压下各种吸附质的沸点、临界温度、临界压力、电离势和固有偶极矩等物理化学参数有关(表 1.26)。

根据理论推测，固体表面对以上四种流体的吸附顺序为 $H_2O>CO_2>CH_4>N_2$。然而，对于物理吸附(吸附剂与吸附质之间的作用力由 Debye 诱导力和 London 色散力构成，吸附热一般小于 20kJ/mol)来说，其吸附势阱深度与吸附质分子的极化率和电离势有关，且极化率和电离势越大，诱导力和色散力越大，势阱越深。而对于半化学吸附(氢键吸附)和化学吸附(通过电子转移或电子对共用形成化学键或生成表面配位化合物等方式产生的吸附)而言，吸附势阱深度与氢键键能、化学键键能有关，键能越大，势阱越深。

表 1.26 不同吸附质与吸附能力相关的一些物理化学参数

参数	N_2	CH_4	CO_2	H_2O
沸点 T_b/℃	–195.81	–161.49	–78.48	100.00
临界温度 T_c/℃	–146.90	–82.01	31.04	374.15
临界压力 p_c/MPa	3.398	4.641	7.530	22.265
临界密度 ρ_c/(kg/m^3)	314	426	466	329
电离势 I/eV	13.0	13.79	15.6	
有效直径 d/nm	0.374	0.414	0.456	
固有偶极矩 μ/deb①	0	0	0	2.3878
E(RHF)/a.u.	–108.301	–39.977	–186.561	–75.586
电子能和零点能加和/a.u.	–108.2951	–39.929	–186.549	–75.564
吸附能力(理论)	小——————————————→大			

①1deb=3.33564×10^{-30}C·m。

2. 计算方法的选择

近年来，对甲烷分子在固体表面的吸附和相互作用的理论计算研究较多，余华根等[44]用 LEPS 近似方法计算势能面来研究 CH_4 在金属 Ni 表面的活化化学吸附与解离概率。马晨生等[45]则用 MS-X_α 方法研究了 CH_4 在 Ni 表面的吸附解离反应，并用密置层原子族模型 Ni_7 来模拟金属的表面。Bennett 等采用 EHMO 和 CNDO/2 半经验方法研究了 H、C、O、N、F 等多种原子在石墨(002)面上的化学吸附[35]。Lukovits 曾用 Lennard-Jones 经验势研究了 CH_4 与石墨(002)面的相互作用[46]，而 Phillips 和 Hammerbacher 使用“全部 C 原子”进行了计算[47]。

尽管经验性的势函数法可以从理论上计算分子间的相互作用势，但量子化学方法更为严格，无需引入任何经验参数，即可对分子间的弱相互作用进行较为精确的计算[48]。2000 年，Chen 等设计简单模型用来代替煤表面结构，采用量子化学法计算了该模型与甲烷的吸附势阱，获得了较好的结果[49]。本部分根据陈昌国简化模型的思路，研究不同润湿性表面对不同流体的吸附能力。

3. 不同润湿性模型的建立

1) 液润湿岩石模型

用二氧化硅标准模型来模拟储层岩石表面(图 1.40)。二氧化硅标准模型中，表层缩合环 Si 原子与第二层缩合环 Si 原子的距离为 0.506nm，表层 O 原子与第二层缩合环中 O 原子的距离也为 0.506nm。从表层缩合环表面垂直视线观察，二氧化硅模型可看做是以缩合环连接而成的片层结构，层间距为 d=0.506nm，大于 H_2O、CO_2、CH_4 和 N_2 的有效直径。因此，简化的二氧化硅模型可以只取表面一层，选择 3 个缩合环和 6 个缩合环两种吸附模型，引入补偿 H 原子，程序优化后得到最稳定模型(图 1.41)。

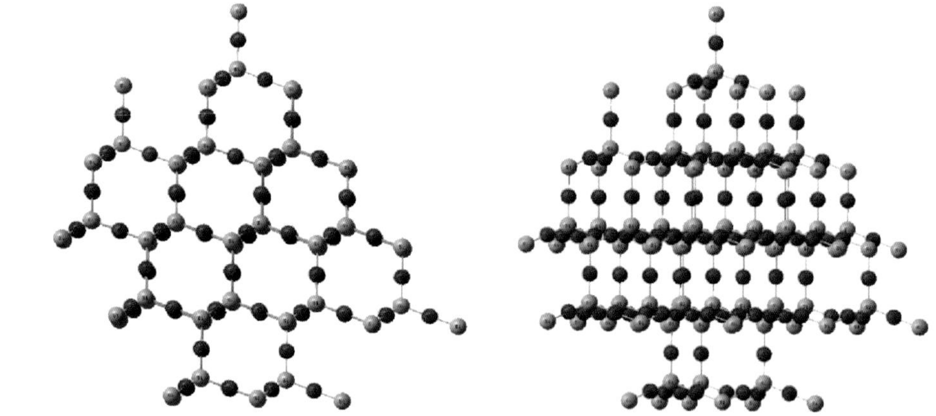

图 1.40　SiO_2 标准模型示意图

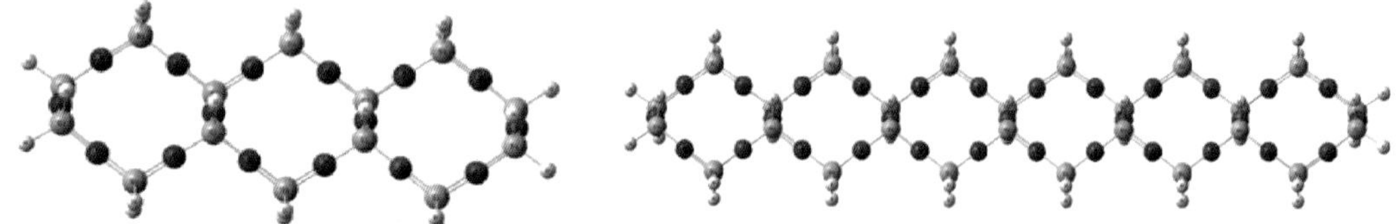

图 1.41　液润湿岩石简化模型

2) 气润湿岩石模型

双疏反转剂中起到双疏反转作用的官能团为—$(CF_2)_5CF_3$，成膜后以长链结构整齐排列。且根据气湿反转剂 XPS 实验结果，气湿反转剂膜表面几个到十几个纳米厚度内，主要基团有—CF_3、—CF_2、—$(CF_2)_n$—、—(C—C)$_n$—、—$(CF_2CFH)_n$—，但是未见—CH_3、—CH_2—、—$(CH_2)_n$—、—COOH 的峰。因此，对于气润湿岩石表面，取最外层原子，分别建立碳原子为 3 个和 6 个两种模型，根据其结构特征，引入补偿 F 原子，程序优化后得到最稳定模型(图 1.42)。

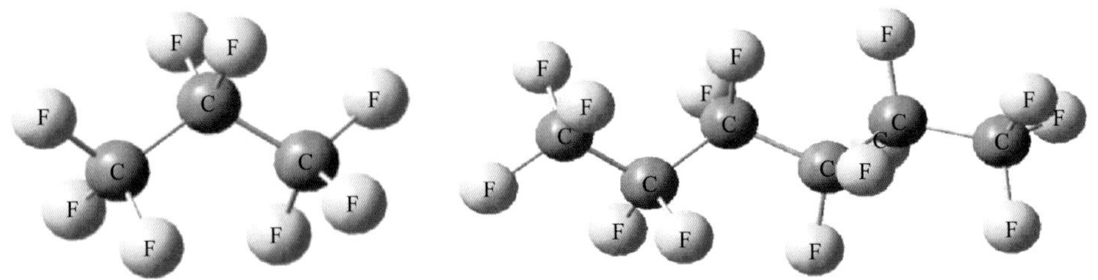

图 1.42　双疏岩石简化模型

4. 不同吸附质的计算

1) 计算方法

在计算时，采用的原子间距即键长为标准值，对标准值进行优化，得到最稳定模型的原子间距见表 1.27 和表 1.28，全部轨道参数均为标准值[48]。首先，优化计算不同模型吸附不同吸附质的最稳定吸附状态，再计算此状态下的吸附势阱深度，测量其吸附距离，为最稳定吸附势能。

表 1.27　液润湿模型硅氧缩合环键长

化学键	键长/nm	化学键	键长/nm	化学键	键长/nm
Si—O_1	0.16397	Si—O_5	0.16314	Si—O_9	0.16386
Si—O_2	0.16386	Si—O_6	0.16314	Si—O_{10}	0.16397
Si—O_3	0.16391	Si—O_7	0.16302	Si—O_{11}	0.16393
Si—O_4	0.16303	Si—O_8	0.16398	Si—O_{12}	0.16393

表 1.28　气润湿模型中共价键键长

化学键	键长/nm	化学键	键长/nm	化学键	键长/nm	化学键	键长/nm
端基 $_{C\text{-}F}$	0.13370	C—C	0.15098	C—F	0.13548	端基 $_{C\text{-}F}$	0.13365
端基 $_{C\text{-}F}$	0.13402	C—C	0.15096	C—F	0.13549	端基 $_{C\text{-}F}$	0.13372
端基 $_{C\text{-}F}$	0.13365					端基 $_{C\text{-}F}$	0.13403

2) 不同润湿性模型吸附甲烷分子

甲烷分子在不同润湿性模型上的计算结果见表 1.29 和图 1.43。甲烷分子在双疏模型表面吸附距离大于液润湿模型表面约 0.1nm，且双疏模型表面甲烷的吸附势阱略低于水润湿表面，表明双疏表面由于其表面能的急剧降低，对甲烷的吸附能力变弱；另外，吸附势阱数据说明，甲烷分子在液润湿和双疏岩石表面的吸附属于物理过程(表面凝聚)。

表 1.29　甲烷分子吸附作用计算结果

岩石润湿性	吸附模型	吸附距离/nm	吸附势阱 $D(r)$/(kJ/mol)
液润湿岩石	液润湿(3 个缩合环模型)	0.261	−5.490
	液润湿(6 个缩合环模型)	0.228	−4.834
双疏岩石	双疏(3 个碳原子模型)	0.375	−4.592
	双疏(6 个碳原子模型)	0.387	−4.689

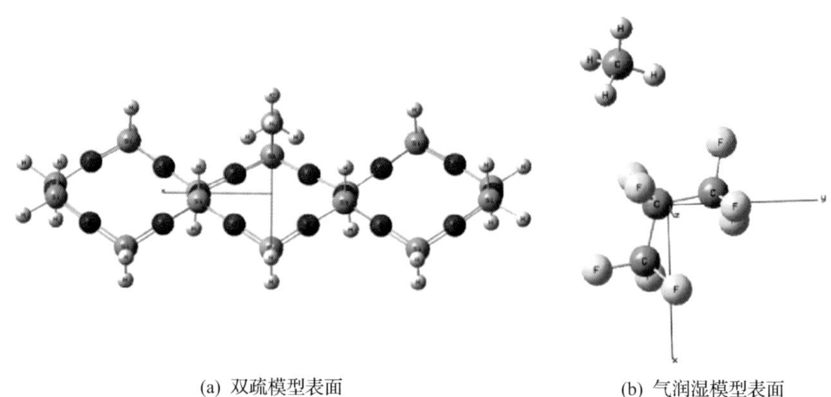

(a) 双疏模型表面　　(b) 气润湿模型表面

图 1.43　不同润湿性模型吸附甲烷分子最稳定状态示意图

3) 不同润湿性模型吸附水分子

水分子在不同润湿性模型上的计算结果见表 1.30 和图 1.44。

表 1.30　水分子吸附作用计算结果

岩石润湿性	吸附模型	吸附距离 R_e/(r/nm)	吸附势阱 D_e/(kJ/mol)	偶极 μ/deb
液润湿岩石	液润湿	0.103	–41.948	2.0323
双疏岩石	双疏	0.303	–7.320	2.8837

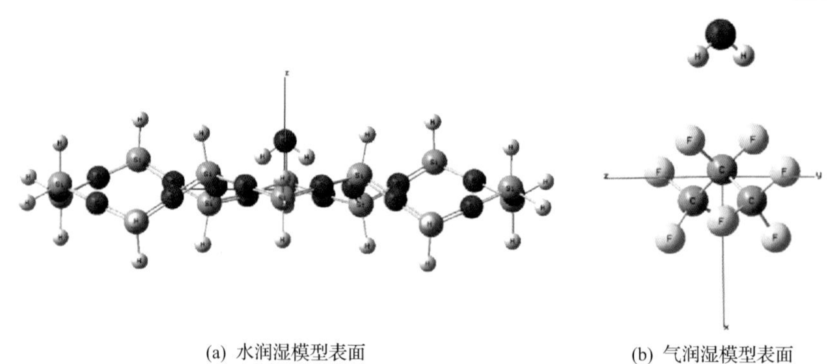

(a) 水润湿模型表面　　(b) 气润湿模型表面

图 1.44　不同润湿性模型吸附水分子最稳定状态示意图

不同润湿性模型表面水分子的吸附势阱差别很大，水分子在液润湿岩石表面的吸附势阱高达–41.948kJ/mol，对应的吸附距离为 0.103nm，为典型的强氢键键能和氢键键长，说明水分子在液润湿岩石表面形成强氢键，为半化学吸附。而水分子在双疏模型表面的吸附势阱深度仅为–7.320kJ/mol，对应的吸附距离为 0.303nm，说明水分子在双疏岩石表面的吸附为物理过程(表面凝聚)。双疏反转后的岩石表面，由于双疏反转剂的趋表现象，其表面为整齐排列的 F 原子。表层氟碳链中的 C—C 键能为 360kJ/mol(而碳氢化合物中的 C—C 键能为 348kJ/mol)，而 C—F 键的键能高达 485kJ/mol(最强的单键键能)。C—C 链被 F 原子以螺旋状所包围，由于对称分布，整个分子表现为非极性，水分子不会在其表面形成氢键。

另外，从偶极矩数据可以看出，液润湿模型吸附水分子后其偶极矩由水分子的 2.3878D 降低到 2.0323D，而双疏模型吸附水分子后期偶极矩升高到 2.8837 D，偶极矩数据也说明水分子在水润湿模型上的吸附非常稳定，而在双疏表面仅为物理凝聚过程。

4) 不同润湿性模型吸附二氧化碳分子

二氧化碳分子在不同润湿性模型上的计算结果见表 1.31 和图 1.45。

表 1.31　二氧化碳分子吸附计算结果

岩石润湿性	吸附模型	吸附距离 R_e/(r/nm)	吸附势阱 D_e/(kJ/mol)
液润湿岩石	液润湿(3 个缩合环模型)	0.263	–26.964
	液润湿(6 个缩合环模型)	0.253	–25.321
双疏岩石	双疏(3 个碳原子模型)	0.337	–10.499
	双疏(6 个碳原子模型)	0.339	–10.547

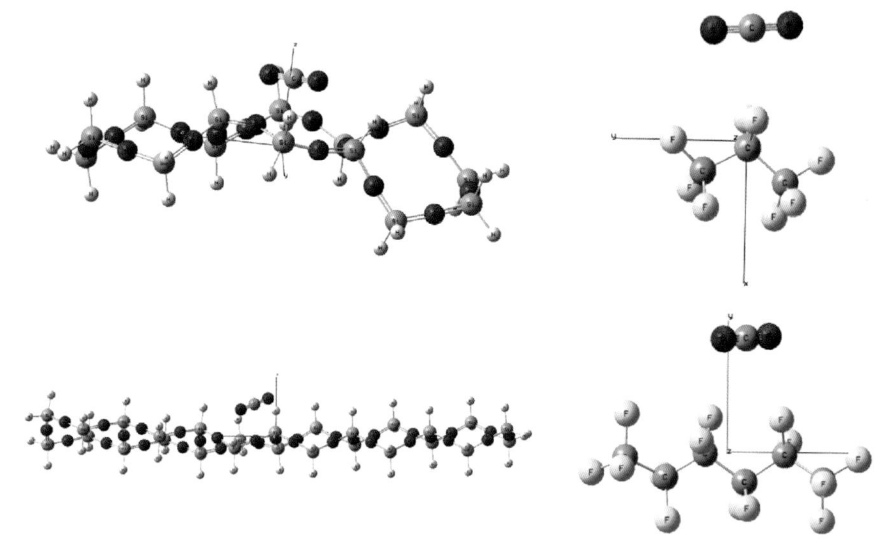

(a) 水润湿模型表面　　(b) 气润湿模型表面

图 1.45　不同润湿性模型吸附 CO_2 分子最稳定状态示意图

不同润湿性模型表面二氧化碳分子的吸附势阱差别明显，二氧化碳分子在液润湿岩石表面的吸附较为牢固，吸附势阱高达–25kJ/mol 左右，吸附距离约为 0.25nm；而在双疏模型表面，二氧化碳分子的吸附距离增加到 0.33nm，吸附势阱降低至–10kJ/mol 左右，说明当岩石表面实现双疏反转后，其对二氧化碳气体的吸附能力变弱，其吸附强度由弱氢键强度的半化学吸附降低到范德瓦耳斯力强度的物理过程(表面凝聚)。

5) 不同润湿性模型吸附氮气分子

氮气分子在不同润湿性模型上的计算结果见表 1.32 和图 1.46。

表 1.32　氮气分子吸附计算结果

岩石润湿性	吸附模型	吸附距离 R_e/(r/nm)	吸附势阱 D_e/(kJ/mol)
液润湿岩石	液润湿(3 个缩合环模型)	0.264	–10.058
	液润湿(6 个缩合环模型)	0.254	–10.877
双疏岩石	双疏(3 个碳原子模型)	0.388	–4.009
	双疏(6 个碳原子模型)	0.399	–4.689

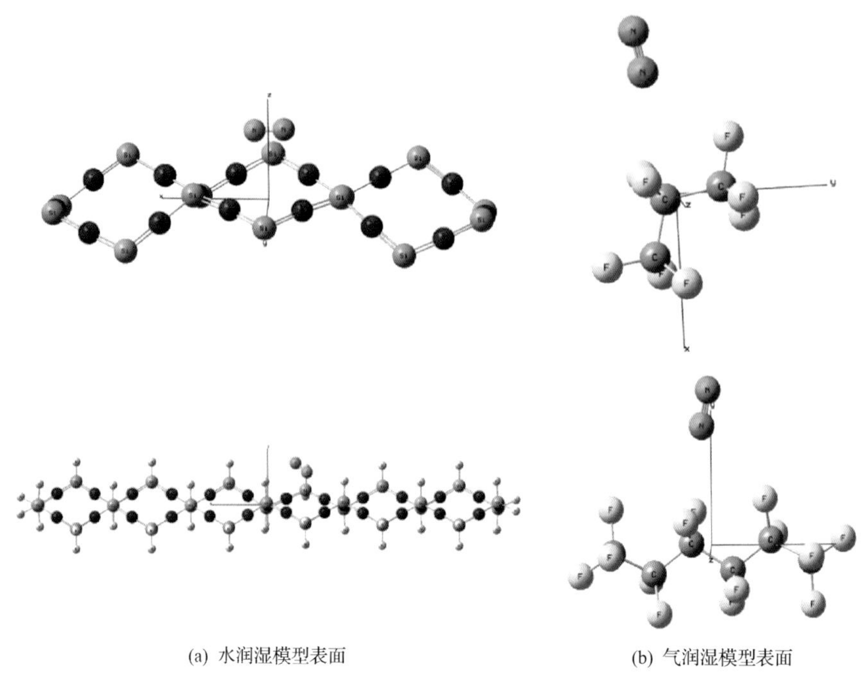

(a) 水润湿模型表面　　(b) 气润湿模型表面

图 1.46　不同润湿性模型吸附氮气分子最稳定状态示意图

不同润湿性模型表面氮气分子的吸附势阱有一定差别，氮气分子在气润湿表面的吸附距离比液润湿表面高大约 0.12nm，说明氮气在液润湿岩石表面吸附较为牢固。对比吸附势阱，当岩石实现双疏反转后，吸附势阱急剧降低，说明氮气分子与气润湿表面间的相互作用非常弱。吸附势阱深度数据说明，氮气在液润湿岩石和双疏岩石表面均为物理过程(表面凝聚)。

6)液润湿模型表面不同分子的吸附能力

由表 1.33 可知，在液润湿岩石表面，吸附能力由强到弱的顺序为：水＞二氧化碳＞氮气＞甲烷。水在液润湿岩石表面形成强氢键，为氢键作用的半化学吸附；其次是二氧化碳，吸附势阱深度数据属于弱氢键范围，在考察的三种气体中，二氧化碳与液湿岩石的相互作用力最强。根据文献调研，以上四种吸附剂在煤岩表面的吸附能力由强到弱的顺序为：水＞二氧化碳＞甲烷＞氮气，可见在煤层气中，采用注二氧化碳，可将甲烷气体“置换”出来，提高煤层气的采气率，而注氮气并不能够将甲烷气体有效“置换”出来；而本计算结果表明，在液润湿岩石储层中，采用注二氧化碳和氮气均能将甲烷气体“置换”出来，但二氧化碳的置换能力优于氮气。

表 1.33　液润湿模型表面吸附计算结果

吸附模型	吸附质	吸附距离 R_e/(r/nm)	吸附势阱 D_e/(kJ/mol)
液润湿 (3 个缩合环模型)	甲烷	0.261	–5.490
	水	0.103	–41.948
	二氧化碳	0.263	–26.964
	氮气	0.264	–10.058

续表

吸附模型	吸附质	吸附距离 R_e/(r/nm)	吸附势阱 D_e/(kJ/mol)
液湿（6个缩合环模型）	甲烷	0.228	–4.834
	水	0.142	–30.513
	二氧化碳	0.253	–25.321
	氮气	0.254	–10.877

7) 双疏模型表面不同分子的吸附能力

在双疏岩石表面(表 1.34)，吸附能力由强到弱的顺序为：二氧化碳＞水＞甲烷＞氮气。吸附势阱深度数据说明，所考察的四种吸附剂在双疏岩石表面均为范德瓦耳斯力作用的物理过程(表面凝聚)，其吸附势阱均小于 20kJ/mol，二氧化碳为四种吸附剂中与双疏模型表面作用力最强，但吸附势阱深度也仅为–10.547kJ/mol 左右。以上结果表明，当岩石表面实现了双疏反转后，与各种吸附剂分子的相互作用急剧降低。在双疏储层中，二氧化碳和水均能将甲烷气“置换”出来，而采用注氮气不能提高气润湿储层中甲烷的采气率。

表 1.34 双疏模型表面吸附计算结果

吸附模型	吸附质	吸附距离 R_e/(r/nm)	吸附势阱 D_e/(kJ/mol)
双疏（3个碳原子模型）	甲烷	0.375	–4.592
	水	0.303	–7.320
	二氧化碳	0.337	–10.499
	氮气	0.388	–4.009
双疏（6个碳原子模型）	甲烷	0.387	–4.689
	水	0.310	–9.103
	二氧化碳	0.334	–10.547
	氮气	0.399	–4.170

另外，不同润湿性模型对四种流体分子最稳定吸附势阱所对应的吸附距离 r 分布在 0.25～0.40nm，小于其有效直径。因此，从理论上可以推测所测试四种流体分子在液润湿和双疏岩石表面主要为单分子层吸附。

二、黏土矿物的膨胀分散特性

储层岩石润湿性的变化会影响构成岩石的黏土矿物膨胀分散性能的变化，对井壁稳定性造成影响。近年来，针对黏土矿物或钻屑的膨胀分散性研究较为成熟，考察的影响因素分别有黏土矿物化学组成和晶体结构、黏土的分散度(比表面)、以及pH对其影响规律[50,51]。然而，尚未有人对黏土矿物表面润湿性变化引起的膨胀分散性能变化进行过研究。

构成岩石的黏土矿物中，蒙脱石由于层间以分子间力连接，连接力弱，水分子易进入晶层之间而引起晶格膨胀，且蒙脱石有较多的负电荷，永久负电荷约占负电荷总和的95%，这些都导致蒙脱石极易水化膨胀分散[52]。

本部分研究了经过双疏反转剂处理前后蒙脱土的分散性能，包括 Zeta 电位、膨胀性能、阳离子交换容量(CEC)的变化情况，讨论了蒙脱土分散性能与双疏性关系以及作用机理。

(一)蒙脱土的双疏反转

取 100～200 目及 200～400 目蒙脱土若干克，浸泡在不同浓度双疏反转剂溶液中 4h，待双疏反转处理剂在蒙脱土表面充分吸附后，将混合溶液置于 105℃的烘箱中烘干 24h，室温冷却、研磨。实验选用的蒙脱土性能测定结果如表 1.35 所示。

表 1.35　蒙脱土性能测定报告

黏土矿物相对含量/%						混层比/%S	
S	I/S	I	K	C	C/S	I/S	C/S
91		3	6				

注：S 为蒙脱石；I 为伊利石；K 为高岭石；C 为绿泥石。

从表 1.35 黏土矿物 X 射线衍射分析报告可以看出，试验所选用的蒙脱土样品，主要成分为蒙脱石，相对含量达到 91%，并含有少量的高岭石和伊利石。

(二)Zeta 电位

用蒸馏水将双疏反转剂处理后的蒙脱土配制成质量分数为 1%的悬浮液，高速搅拌 30min、静置 24h 后，再高速搅拌 5min，稀释至质量分数为 0.05%，取适量采用 Zeta Sizer NanoZS 测试悬浮液的 Zeta 电位。实验在室温 22℃±3℃下进行，测试用悬浮液的 pH 为 7 左右。双疏膨润土 Zeta 电位变化规律见图 1.47。

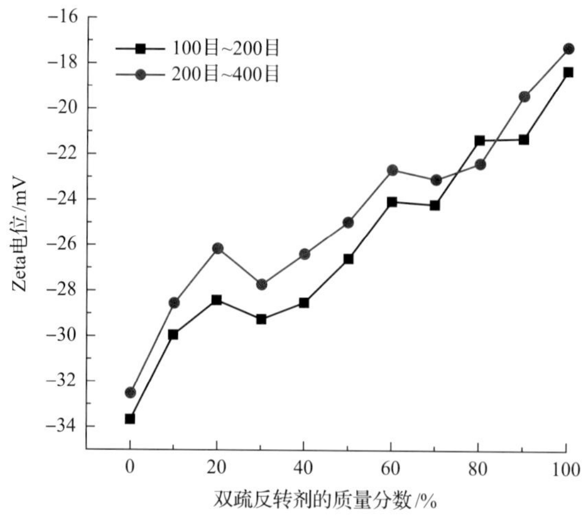

图 1.47　双疏反转剂浓度与 Zeta 电位关系

当黏土的 Zeta 电位小于–60mV 时，属于强分散；Zeta 电位为–40mV 时，属于较强分散；Zeta 电位为–20mV 左右时，属于可能分散；Zeta 电位为–10mV 左右时，属于不分散。从图 1.47 可以看出，随着双疏反转剂浓度的逐渐升高，处理后蒙脱土的 Zeta 电位逐渐升高，Zeta 电位从未处理时的较强分散状态逐渐转变至可能分散，最终当双疏反转剂的处理浓度达到 100%时，Zeta 电位升高到–17.27mV，逐渐接近不分散状态。

此外，在同等条件双疏反转处理后，200～400 目蒙脱土比 100～200 目的蒙脱土 Zeta 电位升高幅度大，分析其原因，可能是由于 200～400 目蒙脱土的比表面积大，双疏反转剂在其表面充分吸附成膜，使其表面负电荷减小导致 Zeta 电位升高。

（三）阳离子交换能力

1. 岩石的阳离子交换容量及影响因素

岩石的阳离子交换容量是指分散介质在 pH 为 7 的条件下，100g 黏土所能交换下来的阳离子毫摩尔数来表示，用 CEC 表示（cation exchange capacity）。组成岩石的黏土矿物种类不同，其阳离子交换容量有很大差别。例如，蒙脱石的阳离子交换容量一般为 70～130mmol/（100g 土），伊利石为 20～40mmol/（100g 土），高岭石的阳离子交换容量为 3～15mmol/（100g 土）。影响岩石阳离子交换容量的因素主要有以下三点：

1）岩石的组成

岩石的化学组成和晶体构造不同，阳离子交换容量会有很大差异。因为引起岩石阳离子交换的因素是晶格取代和氢氧根中的氢的解离所产生的负电荷，其中晶格取代愈多的岩石矿物，其阳离子交换容量愈大。

2）岩石的比表面积

当岩石的化学组成相同时，其阳离子交换容量随比表面积（或分散度）的增加而变大。

3）环境的酸碱性

在岩石化学组成和其分散度相同的情况下，在碱性环境中，阳离子交换容量大；酸性环境中，阳离子交换容量小。

2. 阳离子交换能力测试

通过测定亚甲基蓝容量 MBC 法来表征不同双疏反转程度蒙脱土的阳离子交换能力。用蒸馏水将双疏反转后的蒙脱土配制成质量分数为 4%的悬浮液，室温静置 24h。再次搅拌均匀后，取 2mL 悬浮液加入到盛有 10mL 蒸馏水的锥形瓶中，加入 15mL 质量分数 3%的过氧化氢溶液和 0.5mL 浓度 2.5mol/L 的稀硫酸，缓慢煮沸 10min，但不蒸干，用水稀释至 50mL。

以每次 0.1mL 的量将浓度 0.01mol/L 的亚甲基蓝溶液滴加到锥形瓶中，并旋摇 30s。在固体悬浮的状态下，用搅拌棒取一滴液体于滤纸上，当燃料在染色固体周围显出蓝绿色的圆环时，再旋摇锥形瓶 2min，取一滴滴在滤纸上，若蓝绿圆环仍然明显，则滴定达到终点。若圆环不再出现，继续之前操作，直至旋摇 2min 后在滤纸上显出蓝绿色圆环为滴定终点。实验结果见图 1.48。

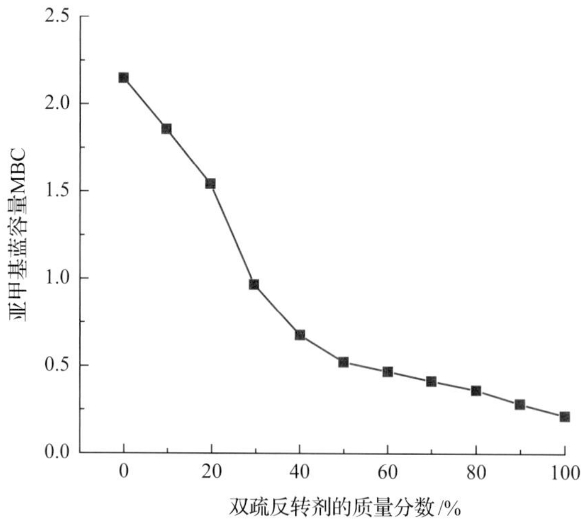

图 1.48　双疏反转剂浓度与 MBC 关系

按式(1.44)计算蒙脱土水溶液的亚甲基蓝交换容量 MBC：

$$MBC = \frac{V_m}{V} \tag{1.44}$$

式中，MBC 为亚甲基蓝容量；V_m 为亚甲基蓝溶液消耗体积，mL；V 为样品体积，mL。

从图 1.48 可以看出，随着双疏反转剂浓度的升高，蒙脱土的阳离子交换容量急剧下降，MBC 从未处理时的 2.14 下降至 0.2。由此可见，双疏反转后蒙脱土的阳离子交换能力下降，稳定性增强。分析其原因，可能是由于双疏反转剂在蒙脱土颗粒表面吸附成一层稳定的膜，将其内部的负电荷屏蔽保护起来，阻止其与阳离子中和反应，这与前面阐述的 Zeta 电位升高原因类似。

(四)膨胀性能

1. 黏土的水化膨胀

膨胀性是指黏土矿物吸水后体积增大的特性。根据晶体结构，黏土矿物可分为膨胀型和非膨胀型。黏土矿物膨胀受三种力制约：表面水化力、渗透水化力和毛细管作用。表面水化是黏土晶体表面(膨胀性黏土表面包括外表面和内表面)吸附水分子与交换性阳离子水化而引起的。渗透水化是由于晶层之间的阳离子浓度大于溶液内部的浓度，水发生浓度扩散进入层间，由此增加晶层间距，从而形成扩散双电层。

2. 黏土膨胀性能测试

采用 NP-01 型双通道泥页岩膨胀仪，测定双疏反转蒙脱土的膨胀性能。取蒙脱土 10g±0.01g 装入加有滤纸的测量筒内，将蒙脱土铺平，将活塞杆插入测量筒内，放在液压机上逐渐均匀加压到 10MPa，稳压 5min。加入一张滤纸，将测量筒安装在膨胀仪上，加入蒸馏水，测定 16h 的膨胀量，结果见图 1.49。

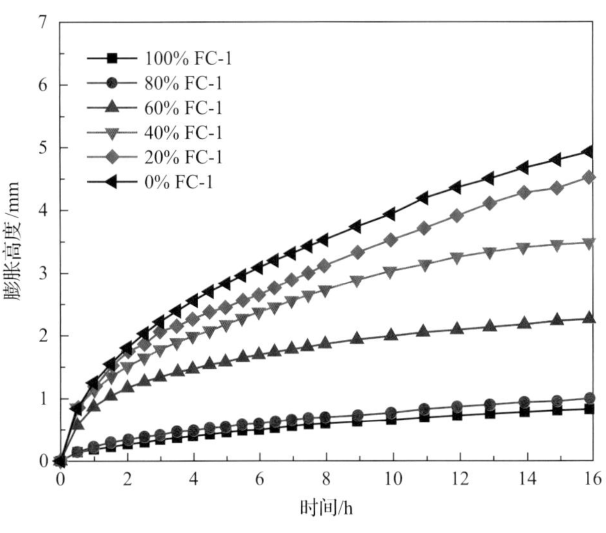

图 1.49　双疏性黏土膨胀性能

由图 1.49 可以看出，随着双疏反转剂浓度的增加，蒙脱土膨胀性能逐渐减弱。双疏反转剂浓度为 100%时，16h 后蒙脱土最大膨胀高度为 0.83mm。蒙脱石晶层上下面皆为氧原子，各晶层之间以分子间力连接，连接力弱，水分子易进入晶层之间，引起晶格膨胀。经过双疏反转剂处理后的蒙脱土膨胀性能大大降低，是由于双疏反转剂在蒙脱土颗粒表面吸附形成一层稳定的双疏保护膜，既疏水又疏油，毛细管吸力反转为毛细管阻力，阻止了水分子进入蒙脱石晶层，也就阻止了其水化膨胀，维持了蒙脱石的稳定性能。

3. 微观结构分析

1) 扫描电镜能谱分析

将双疏反转前后的蒙脱土压片制样，采用 Quanta 200F 场发射扫描电子显微镜对其进行表面能谱分析，结果见表 1.36。

表 1.36　双疏处理前后蒙脱土表面元素含量

元素	未处理		处理	
	质量分数/%	体积分数/%	质量分数/%	体积分数/%
C	0.00	0.00	15.91	25.05
O	36.66	50.02	29.05	34.34
F	0.00	0.00	10.30	10.25
Na	2.44	2.31	1.66	1.37
Mg	3.86	3.47	1.83	1.42
Al	11.81	9.55	7.46	5.23
Si	43.05	33.46	31.76	21.38
Ca	2.18	1.19	2.04	0.96

从表 1.36 可以看出，未经处理的蒙脱土样品表面主要存在硅、氧元素，其中硅元素占大部分，其质量分数为 43.05%，氧元素为 36.66%，氟元素的含量为 0.00%。双疏反转

处理后，蒙脱土表面的孔隙变小，氧元素的含量降低到 29.05%，氟元素的含量升高到 10.30%，表明双疏反转剂中的含氟烷基已经附着在蒙脱土颗粒表面上，形成一层气湿反转膜，维持了蒙脱土的稳定性能。

2）透射电镜分析

将双疏反转前后的蒙脱土配置成 5%的乙醇悬浮液，超声波清洗 40min 后采用 JEM-2100 LaB6 高分辨透射电子显微镜对样品进行微观形貌分析，结果见图 1.50。

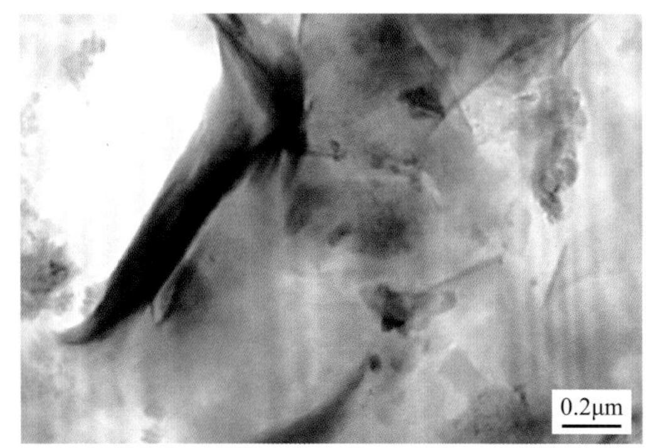

(a) 未处理蒙脱土

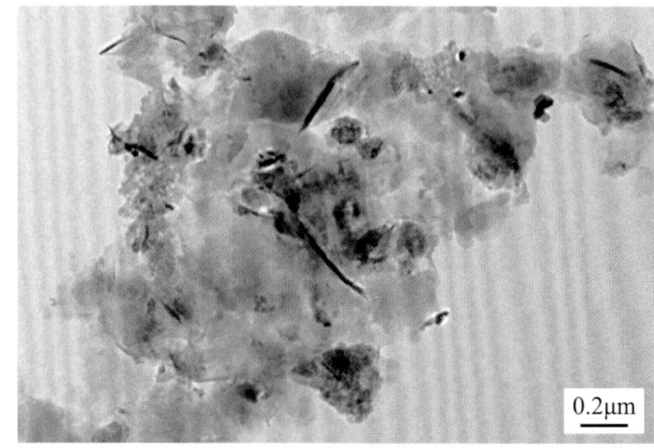

(b) 处理后蒙脱土

图 1.50 蒙脱土 TEM 图像

由图 1.50 可以看出，双疏反转剂的氟碳链缠绕包裹在蒙脱土颗粒表面，形成球形结构。与扫描电镜实验结果综合分析，双疏反转剂在蒙脱土表面吸附后，由于其含氟烷基侧链在蒙脱土表面的有序排列，避免了与外界接触，使处理后的蒙脱土润湿性由优先液湿转变为疏水疏油的双疏性，维持了蒙脱土稳定性能。

三、岩石的导电能力

岩石实现双疏反转能够大幅改善井眼质量和提高采收率等，然而，润湿性的变化对岩石导电性质带来的影响也不容忽视，会影响流体在孔隙中的位置和分布，改变岩石的电性，最终影响电测井识别油水层的准确度等[53,54]。

国外一些研究者针对岩石润湿性与电阻率的关系进行了诸多研究，Keller 采用自然晾干法测量了亲油性和亲水性岩心的电阻率，岩心电阻率随含水饱和度的降低呈逐渐升高的趋势，但采用自然晾干法降低含水饱和度会引起含盐浓度的改变而产生较大误差。Graham 在砂岩岩样中测量以水银作为非润湿流体时的岩石电阻率，随着水银饱和度的下降电阻率呈上升趋势，并且电阻率在束缚水银饱和度下几乎是无穷大[55]。Slobod 和 Blum 测定了润湿性对碳酸盐岩心电阻率的影响，发现油润湿性岩石的电阻率变化有两种不同特性，在一些岩石中，即使盐水饱和度非常高，电阻率依旧很高；而另一类岩心的电阻率随含水饱和度降低逐渐升高，直到含水饱和度降低到大约 35%之后，电阻率迅速上升[17]。Tavana 和 Simon 应用合成聚四氟乙烯岩心来研究润湿性对电阻率的影响，他们的研究结果与 Sweeney 和 Jennings 的结果相似，当盐水饱和度降低到某一特定数值之后，岩心中的部分盐水变得不连续，电阻率会以更快的速度上升[27]。

在此采用研发的双疏反转剂将水润湿性人造砂岩岩心实现双疏性反转后，对其导电性质变化规律进行了室内实验研究，对比水润湿性岩心和双疏性岩心在不同含气饱和度下电阻率的变化规律，并对岩石电阻率与岩石双疏性的关系及作用机理进行研究。实验用人造砂岩岩心参数见表 1.37，同时对岩心进行洗盐、洗油、称重等预处理。

表 1.37 人造砂岩岩心参数

编号	直径/mm	长度/mm	干重/g	渗透率/mD	孔隙度/%
1	24.60	50.80	52.70	50.36	11.34
2	24.72	50.52	52.34	48.34	
3	24.62	50.28	52.28	54.97	
4	24.68	49.88	51.44	58.67	
5	24.72	50.06	50.34	62.62	

(一)饱和流体条件下岩心电阻率

1. 不同饱和流体对水湿岩心电阻率影响

1) 实验步骤

(1) 水润湿性岩心饱和及测量

将 1 号、2 号、3 号岩心置于岩心室抽真空 3～4h，降至–0.1MPa，继续抽 4h 后将模拟地层水抽入岩心室，施加 10MPa 饱和压力，饱和过程持续 2 天。在模拟地层水淋过的潮湿滤纸上擦拭待测岩心至表面无明显反光后，放入岩心夹持器，对饱和后的岩心进行电极法扫频测量，频率范围为 100Hz～1MHz，取点 100～200 个。

(2) 岩心双疏性反转

将饱和模拟地层水后的岩心，使用岩心流动仪，取 1#和 2#岩心分别将 1%和 2%的双疏反转剂水溶液驱替进入岩心，待驱替达到平衡后，取出岩心采用上面的步骤测量其电阻率。

2) 不同饱和流体对水湿岩心电阻率影响

不同饱和流体岩心电阻率变化见图 1.51。

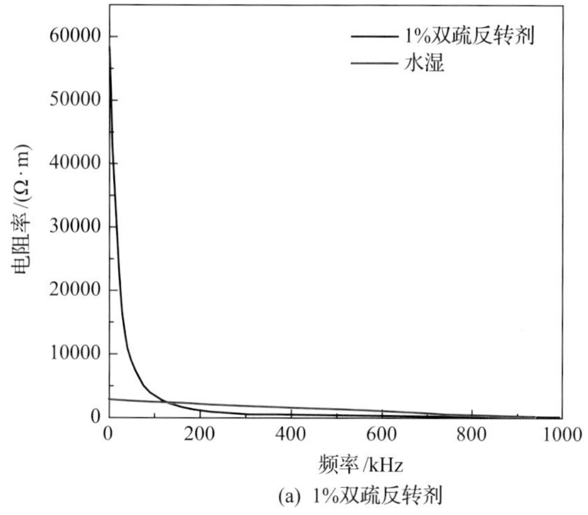

(a) 1%双疏反转剂

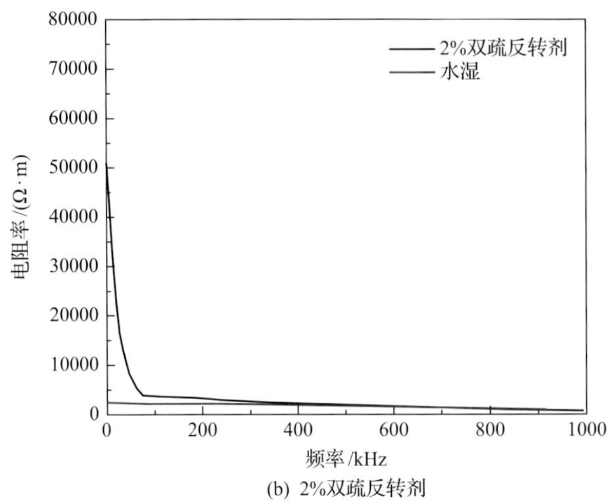

(b) 2%双疏反转剂

图 1.51　岩心不同饱和流体电阻率变化

由图 1.51 可以看出，不同浓度双疏反转剂驱替后岩心的电阻率较地层水饱和岩心变化很大，在低频范围内岩石电阻率明显升高，可以达到 76846Ω·m。模拟地层水 NaCl 水溶液为电解质溶液，导电能力较强；而双疏反转剂为丙烯酸酯类共聚物，其水溶液的导电能力较弱，当双疏反转剂水溶液进入岩心孔隙中，由于不导电的岩心骨架减小了电流能够通过的横截面积，同时增加了导电路径的长度，因此岩心的电阻率比同体积双疏反转剂水溶液的电阻率要高得多。

2. 润湿性对饱和地层水岩心电阻率影响

1) 实验步骤

将双疏反转后的岩心在 100℃条件下烘干 24h，然后将岩心置于岩心室抽真空 3～4h，压差降至–0.1MPa，继续抽 4h 后将模拟地层水抽入岩心室，施加 10MPa 饱和压力，饱和过程持续 2 天。在模拟地层水淋过的潮湿滤纸上擦拭待测岩心至表面无明显反光后，放入岩心夹持器，对饱和后的岩心进行电极法扫频测量，频率范围为 100HZ～1MHZ，取点 100～200 个。双疏性反转前后岩心饱和模拟地层水条件下的电阻率变化见图 1.52。

2) 不同润湿性岩心饱和地层水电阻率

由图 1.52 可以看出，水润湿性岩心和双疏性岩心在饱和了模拟地层水之后，测量其电阻率变化趋势相同，电阻率均随着频率的增大而减小，其数值相差不大。可见，在高含水饱和度条件下，传导电流的主要成分为连通孔隙中的连续水，此时电阻率大小主要取决于模拟地层水的矿化度及岩心孔隙的结构，所以水润湿性岩心和双疏性岩心在高含水饱和度条件下电阻率相差不大。

(二) 含气饱和度与岩石电阻率的关系

1. 岩心不同含气饱和度下的电阻率

将用模拟地层水饱和的不同润湿性岩心，使用全自动气体渗透率测定仪 JHGP，由低向高逐级增大流压，施加实验围压 p 和温度 T，在每个压力点，当岩样不再出水后，关闭流压，将岩样取出，称重并按式(1.45)计算其含气饱和度

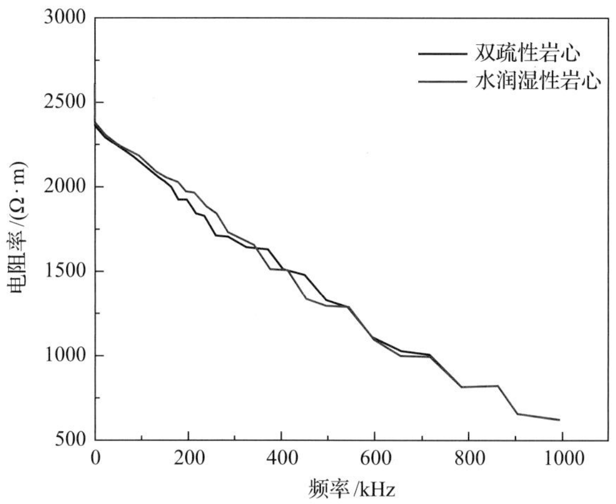

图 1.52　不同润湿性岩心饱和模拟地层水电阻率变化

$$含气饱和度=(饱和岩心质量-气吹后岩心质量)/孔隙体积 \tag{1.45}$$

使用 TH28110B 型 LCR 数字电桥测定其频率 1000Hz 时岩心电阻率(图 1.53)。从图 1.53 可以看出，当岩心含气饱和度很低时，模拟地层水在孔隙中为连续相，电阻率为低到中等。当含气饱和度升高，含水饱和度下降时，润湿性对岩心电阻率的影响变得非常重要。在水润湿性岩心中，电阻率随着含气饱和度的升高而逐渐增长，当含气饱和度超过大约 40%，孔隙中连续水会产生不稳定的水珠，打破了导电路径的连续性，电阻率迅速升高，将该含气饱和度成为临界含气饱和度。在双疏性岩心中，电阻率变化规律与水润湿岩心类似，也在含气饱和度大约 40%处，电阻率会因为导电路径模拟地层水的连续性被破坏而迅速升高。

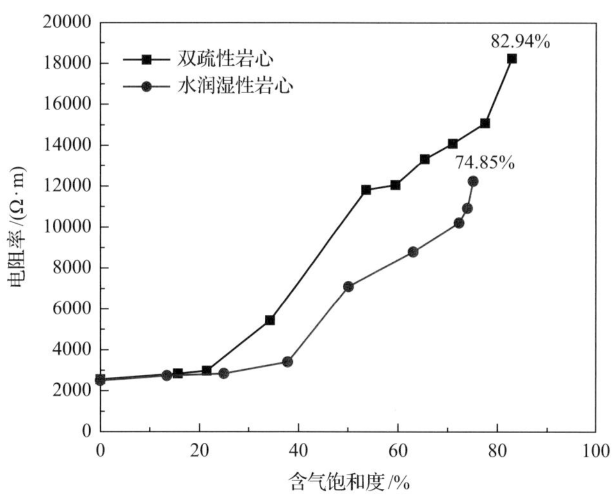

图 1.53　不同含气饱和度岩心电阻率

从图 1.53 还可以看出，水润湿性岩石的最大含气饱和度为 74.85%，其对应的束缚水饱和度为 25.15%；而双疏性岩心的最大含气饱和度达到 82.94%，其束缚水饱和度仅为

17.06%。

2. 不同润湿性岩心导电能力对比

水润湿性岩心与双疏性岩心导电性质的区别见表 1.38，不同润湿性岩心导电性质的差异是由两种岩心孔隙表面化学性质的变化引起的。双疏反转剂为具有极低表面能和极高附着能力的含氟丙烯酸酯共聚物，附着于岩心表面成膜后，会大幅度降低岩心表面能，使其实现疏水疏油的气润湿性特征，影响孔隙内流体的分布状态，最终对导电性质造成影响。

表 1.38　不同润湿性岩心导电能力对比

项目	水润湿性岩心	双疏性岩心
最大含气饱和度/%	74.85	82.94
导电路径	连续水，水膜	连续水，孤立水
低含气饱和度下导电路径	连续水	连续水
高含气饱和度下导电路径	水膜，空气	孤立水，空气
模拟地层水作用	润湿相	非润湿相

从表 1.38 可以看出，在束缚水饱和度条件下，水润湿性岩心和双疏性岩心的电阻率都非常高，但其导电路径是完全不同的。在含水饱和度极低的水润湿性岩石中，孔隙表面会形成水相薄膜，这层水膜为导电路径，由于这些水膜横截面积小且长度长，其电阻率相对较高。在含水饱和度极低的双疏性岩石中，非润湿相地层水主要以孤立水的形式串入或者位于树枝状孔隙中的，其对电导没有贡献。

四、岩石的渗析过程

渗吸是润湿相在毛细管力的作用下自发吸入多孔介质中，驱替非润湿相的过程[32]。当润湿相的吸入方向和非润湿相的排出方向相同时，称为单向渗吸(又称顺向渗吸)；当润湿相的吸入方向和非润湿相的排出方向相反时，称为逆向渗吸(又称反向渗吸)。润湿相渗吸的数量、速度和效率受岩心几何形状、边界条件、岩心润湿性、流体性质、岩心性质以及流体与岩心的相互作用等因素影响[22]。本节针对“气-液(水或油)-岩”体系分别进行单向自吸和逆向自吸实验，研究双疏性对渗吸采气率、渗吸速率及捕集气饱和度的影响规律。

(一)岩心的双疏反转

1. 岩心预处理

1)渗吸实验步骤

渗吸过程影响因素较多，为了考察双疏性对岩心渗吸的影响，同时消除其他因素的干扰，一方面，实验过程中采用渗透率和孔隙度相同的同一批人造岩心(空气渗透率为 $177\times10^{-3}\mu m^2 \pm 10\times10^{-3}\mu m^2$，孔隙度为 14%±3%)进行渗吸实验；另一方面，在相同的实验条件下，以去极性的中性煤油和去离子蒸馏水作为液相，以空气作为气相进行渗吸实验。整个实验流程见图 1.54。

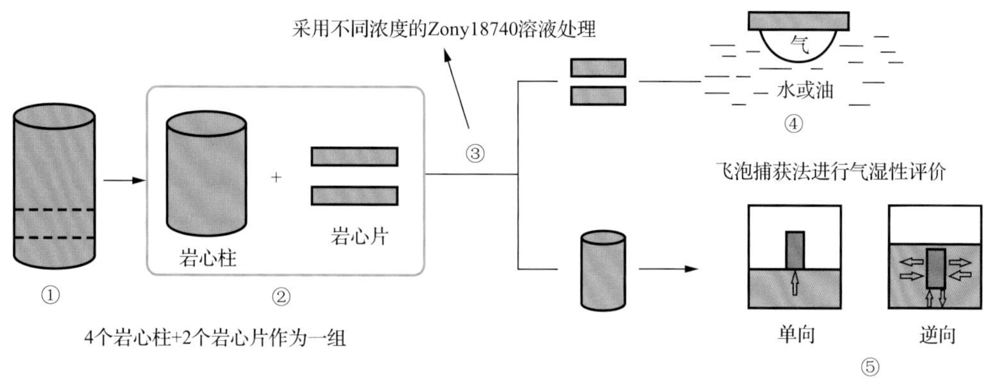

图 1.54　渗吸实验流程图

2) 岩样预处理步骤

(1) 采用 60～80 目的露头砂和硅酸盐胶结剂，压制若干人造岩心。

(2) 对所制备的岩心进行气测渗透率测量，选取渗透率满足 $177\times10^{-3}\mu m^2\pm10\times10^{-3}\mu m^2$ 的人造岩心。

(3) 将挑选出的人造岩心采用称重法进行孔隙度测量，进一步选取孔隙度满足 14%±3%的人造岩心作为实验岩样。

(4) 将每根人造岩心柱截成一块较短的岩心柱(长 7cm，直径 2.54cm) 和两块岩心薄片(厚 1.5cm，直径 2.54cm)。然后，将每四块截短后的岩心柱和两块对应的岩心片作为一个样品组，用有机溶剂清洗 24h，清洗完毕后放入 80℃真空干燥箱中烘干。

(5) 随后将一组岩心柱和岩心片放入不同浓度的双疏反转剂水溶液(0%、3%、6%和 9%，在此选用阳离子型氟碳聚合物 Zonyl8740 作为双疏反转剂) 中进行抽真空饱和处理 24h，直至无气泡冒出，老化 24h 后进行密闭烘干，备用。

2. 岩心双疏性的气泡捕获法评价

经过不同浓度的双疏反转剂溶液处理的岩心具有不同的双疏性，由于多孔介质表面存在润湿的毛细作用[56]，为此采用气泡捕获法对经过处理的岩心进行双疏性评价。

从双疏反转剂溶液处理过的一组样品中取出两片干燥的岩心薄片，分别置于水中和煤油中，采用气泡捕获法进行岩样表面的双疏性评价。该组样品剩下的四个岩心柱留做气-水体系和气-油体系的单向和逆向渗吸实验。

采用气泡捕获法对不同浓度的双疏反转剂溶液处理过的岩心片进行双疏性评价，结果见图 1.55。

从图 1.55 可知：

(1) 水中或油中的气体初始接触角(第 0s 时的气体接触角) 随着双疏反转剂浓度的增大而降低，9%双疏反转剂浓度处理的干岩心片的初始接触角最小($\theta_{气-水}=75°$，$\theta_{气-油}=90°$)。

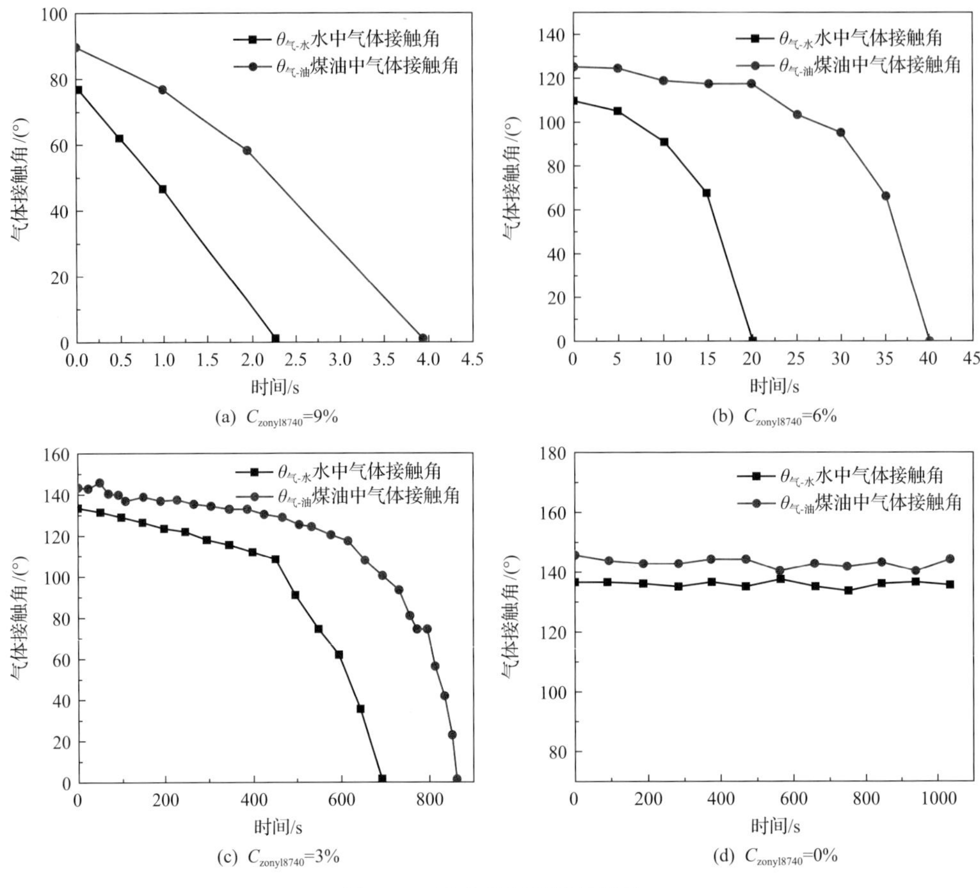

图 1.55 岩心片双疏性的评价

(2) 对于同一浓度双疏反转剂处理的岩心片，水中气体的初始接触角小于油中气体的接触角。

(3) 除了空白岩样表面的气体接触角比较稳定外，气泡在其他岩心表面的接触角逐渐减小至消失。双疏反转剂的处理浓度越大，气泡消失得越快。图 1.56 为气体接触角变化的实例。

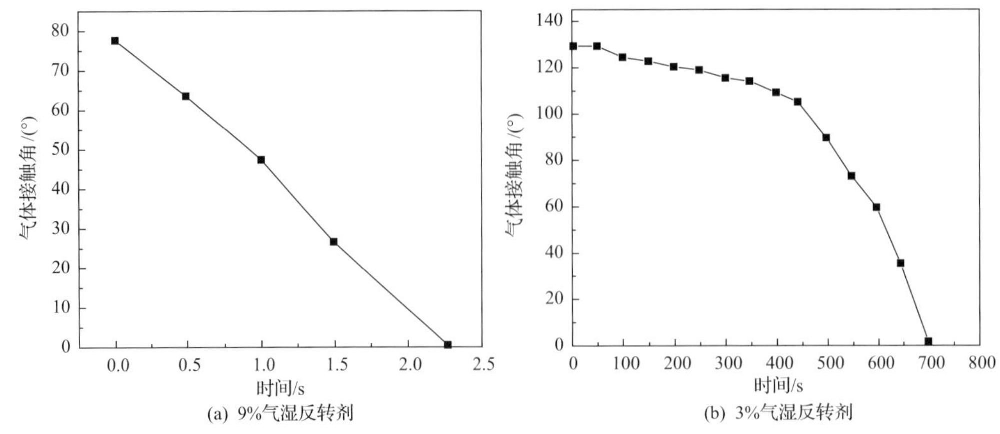

图 1.56 水中气体接触角随时间变化实例

阳离子型氟碳聚合物双疏反转剂浓度越大，经过处理的岩石的表面能越低，表面的憎液亲气性越强、双疏程度越大，与实验结果一致。双疏反转剂浓度越大，其处理的岩心表面的气湿初始接触角越小，气泡越不稳定，即在岩心表面消失得越快。气泡之所以消失，是由于气泡黏附在固-液界面上，撕裂固-液界面，形成固-液-气三相周界，此时，气泡与干岩心内部饱和的空气形成连续相，导致气泡消失。双疏性愈强，气泡在固-液界面铺展的面积越大，气泡消失得越快。

(二)岩石单向渗析过程

1. 岩心的单向自吸实验步骤

如图 1.57 所示，从相同浓度双疏反转剂溶液处理过的一组样品中取出两块干燥岩心柱(饱和空气)，将其周面用密封带密封好后，分别置于恒温恒湿箱内，挂在天平(±0.001g)下端进行自吸水和自吸油实验。天平通过拉力传感器将渗吸过程中岩心质量变化转化为电信号传到计算机，实时记录岩心的动态渗吸量并进行数据存储和处理。由式(1.46)和式(1.47)求得岩心渗吸采气率：

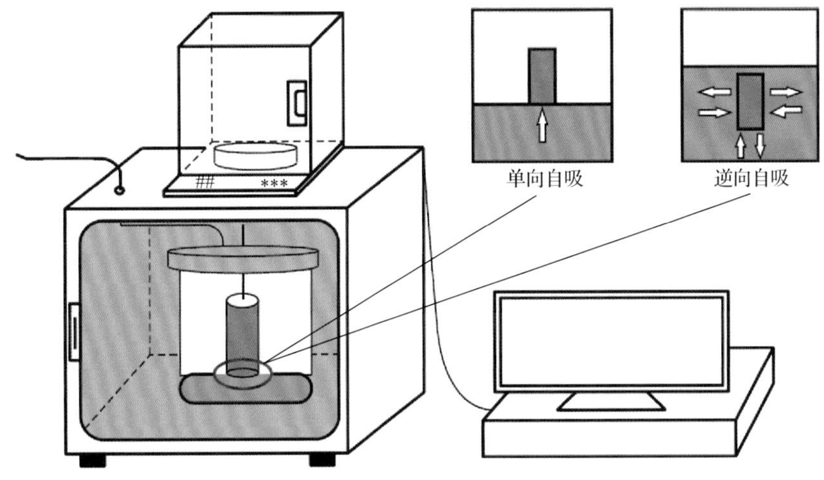

图 1.57 渗吸实验装置简图

水-气-岩体系：

$$S_{气\text{-}水}=\left(1-\frac{M_{水}}{\rho_{水}V}\right)\times100\% \tag{1.46}$$

油-气-岩体系：

$$S_{气\text{-}油}=\left(1-\frac{M_{油}}{\rho_{油}V}\right)\times100\% \tag{1.47}$$

式中，$S_{气\text{-}水}$ 为单向自吸水采气率，%；$M_{水}$ 为单向自吸水的质量，g；$\rho_{水}$ 为水的密度，g/cm^3；V 为岩心的孔隙体积，cm^3；$S_{气\text{-}油}$ 为单向自吸油采气率，%；$M_{油}$ 为单向自吸油的质量，g；$\rho_{油}$ 为油的密度，g/cm^3。

实验开始时，从入口管线注入液体，当杯内液面与岩心下端相切时，对天平清零，同时启动渗吸处理软件进行数据采集和处理。为了减少外部因素对实验的干扰，实验在密封的环境下进行(温度：25℃，湿度：75%)。

2. 双疏性对岩心单向渗吸的影响规律

不同双疏性的岩心柱在油中和水中的单向渗吸实验结果如图 1.58 所示。由图 1.58 可知，随着岩心双疏程度的增强，通过同一浓度双疏反转剂溶液处理的岩心进行单向自吸油和单向自吸水曲线对比发现，单向自吸水和单向自吸油均呈现以下特征：

(1) 单向自吸采气率逐渐降低。

(2) 自吸液速率逐渐降低，达到平衡所需时间逐渐增加。

(3) 岩心单向自吸油采气率高于单向自吸水采气率。

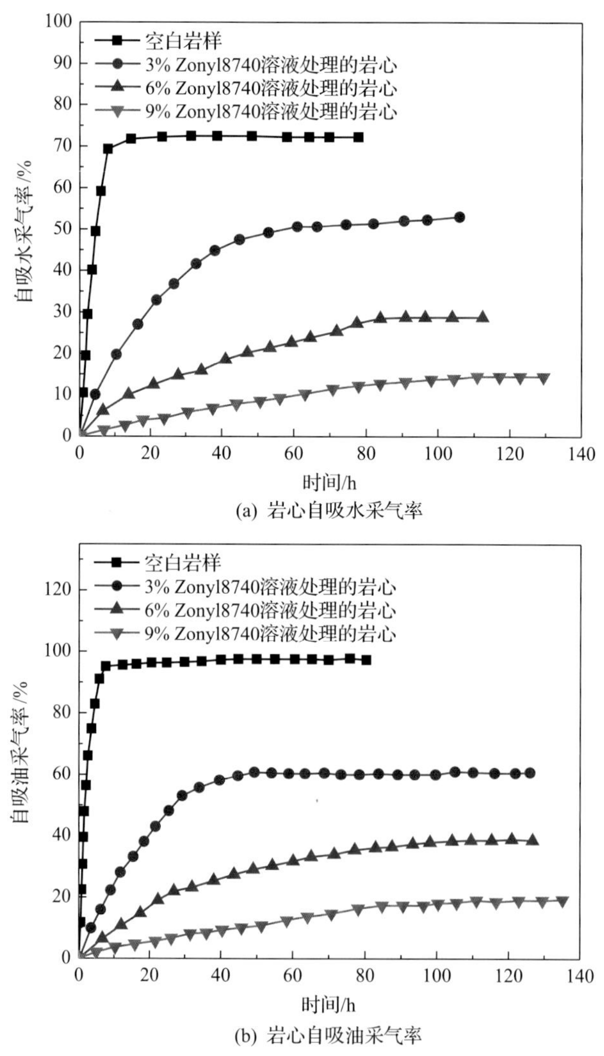

(a) 岩心自吸水采气率

(b) 岩心自吸油采气率

图 1.58　不同双疏性的饱和空气的岩心自吸液采气率随时间的变化

(4) 单向自吸油速度高于单向自吸水速度。

(5) 同一浓度双疏反转剂处理的岩心，气-油-岩体系的双疏性比气-水-岩体系的双疏性弱。

(三) 岩石逆向渗析过程

1. 岩心的逆向自吸实验步骤

同一浓度双疏反转剂溶液处理过的同一组样品(四个岩心柱和两个岩心片)在进行气-水和气-油体系气泡捕获法实验、自吸水和自吸油实验后，余下的两个岩心柱用作逆向自吸水和逆向自吸油实验。逆向自吸实验与单向自吸实验不同的是，逆向自吸实验要求将整个岩心柱没入自吸液相中。

实验过程中，由于液体渗吸进入岩心，岩心中的气体被驱替出来，岩心质量增加。当岩心质量不再变化时，将岩心取出，除去表面附着的水或油后马上进行称量，此时岩心的质量记为 $M'_{水}$ 或 $M'_{油}$。上述岩心进行抽真空饱和水或油后，再次进行称量，质量记为 $M''_{水}$ 或 $M''_{油}$。

由式(1.48)和式(1.49)计算逆向自吸捕集气饱和度：

水-气-岩体系：

$$S'_{气\text{-}水}=\frac{M''_{水}-M'_{水}}{\rho_{水}V}\times 100\% \tag{1.48}$$

油-气-岩体系：

$$S'_{气\text{-}油}=\frac{M''_{油}-M'_{油}}{\rho_{油}V}\times 100\% \tag{1.49}$$

式中，$S'_{气\text{-}水}$ 为单向自吸水捕集气饱和度，%；$S'_{气\text{-}油}$ 为单向自吸油捕集气饱和度，%。

2. 双疏性对岩心逆向渗吸的影响规律

不同双疏性岩心柱的逆向自吸捕集气饱和度与双疏反转剂浓度的关系如图 1.59 所示。

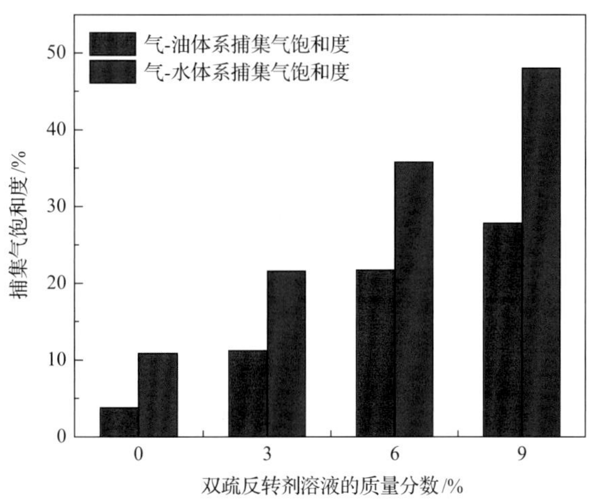

图 1.59 双疏反转剂溶液浓度与捕集气饱和度之间的关系

由图 1.59 可见：

(1) 不论是气-油-岩体系还是气-水-岩体系，随着双疏反转剂浓度的增加，岩心逆向自吸捕集气饱和度逐渐增加。例如，经过 9%双疏反转剂溶液处理的岩心柱的逆向自吸捕集气饱和度最大(48%)。

(2) 同一浓度双疏反转剂处理的岩心柱，水中的逆向自吸捕集气饱和度大于油中的逆向自吸捕集气饱和度。

第五节　双疏性对毛细管力、油气水分布和渗流状态的影响

理论和实验证实，非常规油气藏中多孔介质岩石表面可由优先液润湿性转变为优先双疏性，且双疏性对维持或提高非常规油气藏的油气产能有重要影响。目前的双疏性研究主要通过岩心驱替等宏观实验进行定性研究，为了从孔隙级别观察双疏性对流体流动过程的影响，本部分分别采用单直毛细管和刻蚀玻璃网络模型进行双疏性微观可视化研究，跟踪流体的流动界面，研究双疏性对驱替前缘和流体分布的影响。最后，进行不同双疏性的岩心驱替实验，研究双疏性对流体渗透率和采收率的影响。

一、单直毛细管的双疏性

单直毛细管是最简单的润湿性研究微观模型，很早便用于流体-流体-固体的相互作用的研究，可以对润湿性进行直观有效的观察。在拟静态条件下，分别在单直毛细管中进行了气-水体系和气-油体系互相驱替的微观实验，研究双疏性对驱替前缘和流体分布的影响。

(一) 毛细管中水驱气

1. 实验理论

1) 单直毛细管的双疏性评价

单直毛细管经过不同浓度氟碳聚合物气湿反转剂溶液处理后，使其具有不同的双疏性，为了直观准确地评价毛细管内壁表面的双疏性，同时结合拟静态条件下的水驱气过程，选择停滴法作为双疏性评价方法。因为停滴法进行润湿性评价的过程是水在固体表面取代空气的过程，与拟静态条件下的水驱气过程相似。停滴法要求测试基质水平、光滑且均匀，因此我们采用与石英毛细管具有相同材质且经过相同浓度双疏反转剂溶液处理的石英载玻片表面的双疏性表征该毛细管内壁表面的双疏性。

2) 不同双疏性的直毛细管中水驱气实验

拟静态条件系下(水驱气速度为 0.3mL/h)，在不同双疏性的毛细管中进行水驱气实验时，水驱气前缘由于毛细管力的不同呈现不同的弯曲形态。图 1.60 代表拟静态条件下，非双疏性毛细管中水驱气的过程。

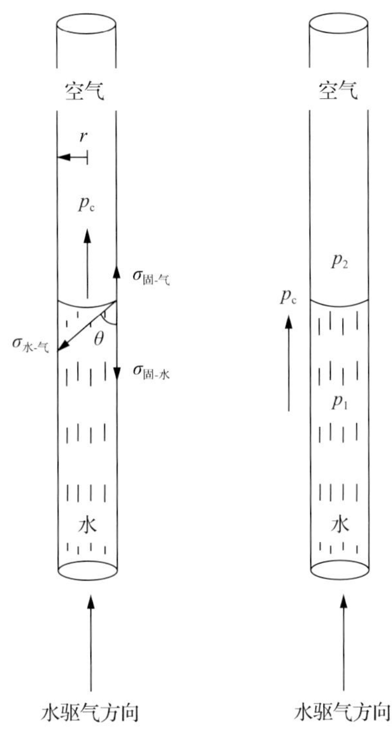

图 1.60 毛细管中水驱气前缘形态与毛细管力

由图 1.60 可知

$$p_c = p_2 - p_1 = \frac{2(\sigma_{固-气} - \sigma_{固-水})}{r} = \frac{2\sigma_{水-气}\cos\theta}{r} \tag{1.50}$$

式中，p_c 为毛细管力；p_1 和 p_2 分别为水驱前缘气-水界面前后的压力；$\sigma_{固-气}$ 为固-气界面张力；$\sigma_{固-水}$ 为固-水界面张力；$\sigma_{水-气}$ 为水的表面张力；r 为毛细管半径；θ 为水驱前缘的前进角。

拟静态条件下的水驱气过程为固-水界面取代固-气界面的过程，当 $\sigma_{固-气} > \sigma_{固-水}$ 时，固-水界面取代固-气界面为能量降低的自发过程，此时接触角 $0° < \theta < 90°$，$\cos\theta > 0$，水驱气前缘为凹形，水驱气方向为正，毛细管力 $p_c > 0$，毛细管力为水驱气的动力；反之，当 $\sigma_{固-气} < \sigma_{固-水}$ 时，固-水界面取代固-气界面为能量增强的过程，此时接触角 $90° < \theta < 180°$，$\cos\theta < 0$，水驱气前缘为凸形，水驱气方向为正，毛细管力 $p_c < 0$，毛细管力为水驱气的阻力。

2. 实验部分

1) 实验材料及仪器

实验材料：蒸馏水、氟碳聚合物双疏反转剂、石英载玻片、石英毛细管(ϕ=0.8mm，L =40mm)。

实验仪器：空气中液滴的接触角采用 JC2000D3 接触角测量仪进行测量。拟静态条件下，毛细管中的水驱气实验装置示意图见图 1.61。

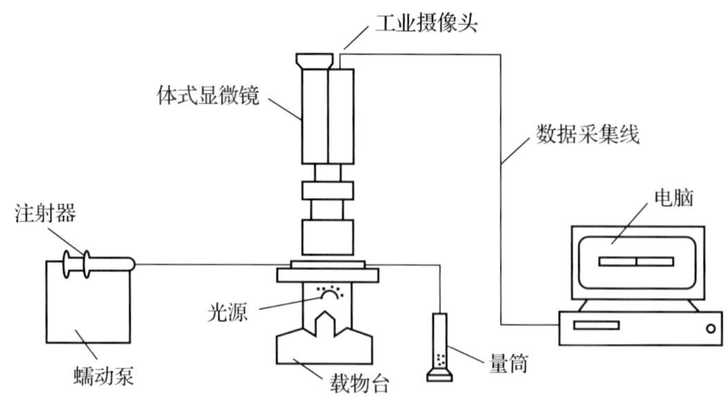

图 1.61　微观可视化实验装置

2）实验方法

（1）配制氟碳聚合物双疏反转剂溶液，质量分数分别为 0%、0.2%和 8%。

（2）将一片载玻片和一根毛细管放入到相同浓度的双疏反转剂溶液中，浸泡 4h 后取出烘干，作为一个实验样品组。

（3）经过某一浓度双疏反转剂溶液处理的载玻片采用停滴法测量水的接触角（$\theta_{水}$），进行载玻片表面双疏性的评价。

（4）用载玻片表面的双疏性强弱表征该样品组的毛细管内壁表面的双疏性程度，并做好标记。

（5）将不同双疏性的毛细管放置放到显微镜下进行拟静态（驱替速度 0.3mL/h）水驱气可视化实验。

（6）采用图形处理软件对水驱气过程中的驱替前缘进行分析。

3. 实验结果与讨论

1）直毛细管壁面双疏性定量评价

经过处理的载玻片表面的双疏性评价结果见图 1.62。

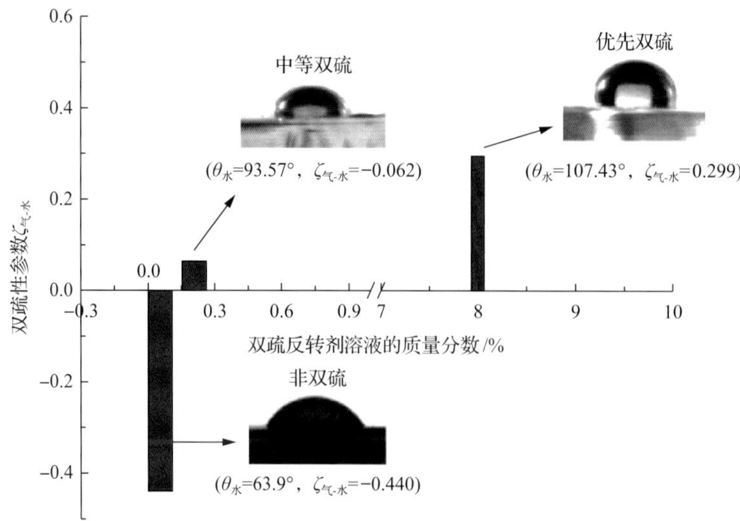

图 1.62　直毛细管壁面双疏性评价（气-水）

由图 1.62 可见，随着氟碳聚合物双疏反转剂溶液浓度的增大，双疏性参数$\zeta_{气-水}$升高，说明载玻片表面(直毛细管壁)的双疏性越好。其中，经过浓度为 0%、0.2%和 8%的双疏反转剂溶液处理的表面分别为非双疏性、中等双疏性和优先双疏性。

2) 不同双疏性的直毛细管中水驱气特征

经过不同浓度双疏反转剂溶液处理的毛细管的壁面具有不同的双疏性，拟静态条件下，0%、0.2%和 8%的双疏反转剂溶液处理的毛细管可视化实验结果见图 1.63。

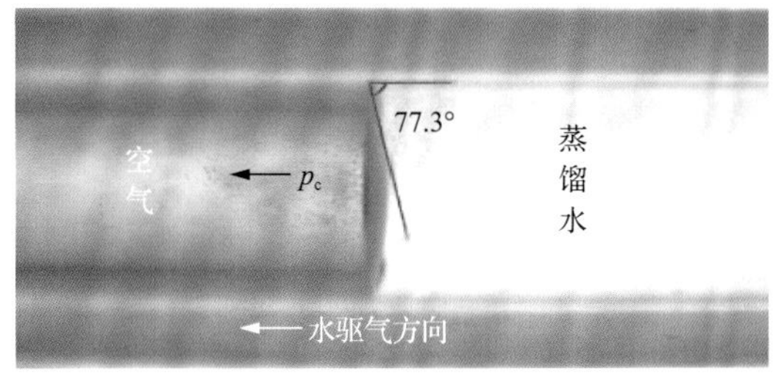

(a) 非双疏(凹面，$\theta_{水}$=77.3°)

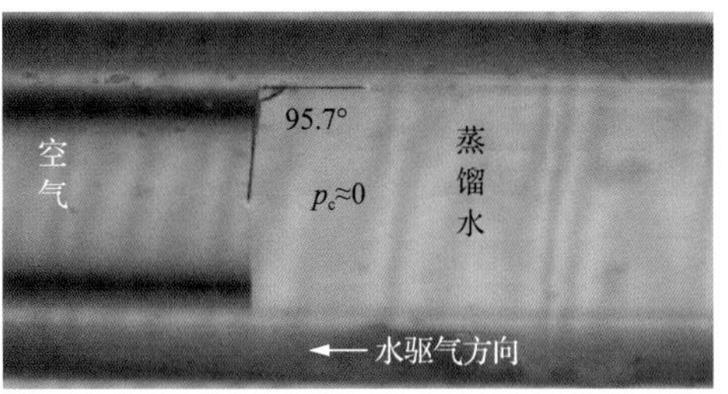

(b) 中等双疏(平面，$\theta_{水}$=95.7°)

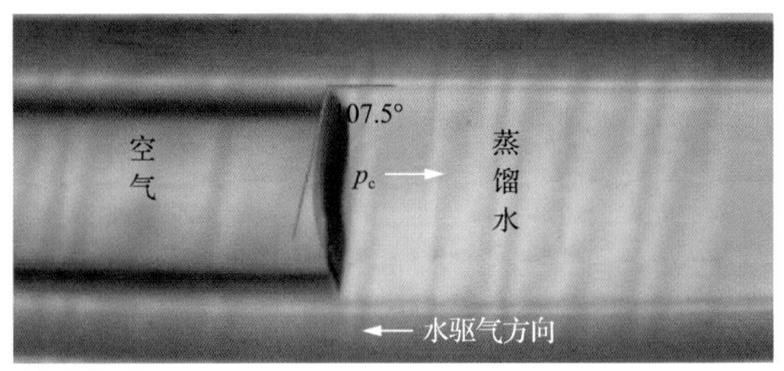

(c) 优先双疏(凸面，$\theta_{水}$=107.5°)

图 1.63 不同双疏性毛细管中的水驱气前缘形态

由图 1.63 可见，不同双疏性的毛细管壁中，水驱气前缘具有不同的形态。非双疏性毛细管壁中，水驱气前缘为凹面，中等双疏性为平面，优先双疏性为凸面。在三种双疏性状态下，毛细管力的方向如图 1.63 中p_c所示。非双疏性条件下毛细管力为水驱气的动力，中等双疏性条件下毛细管力对水驱气没有影响，优先双疏性条件下毛细管力为水驱气的阻力。另外，在经过某浓度双疏反转剂处理的毛细管中测得水的前进角大于相同浓度溶液处理的载玻片上水的接触角，这说明相同的表面在驱替条件下比静态条件下的双疏性略微增强。

(二) 毛细管中气驱水

1.实验理论

1) 单直毛细管的双疏性评价

单直毛细管经过不同浓度氟碳聚合物双疏反转剂溶液处理后，具有不同的双疏性，为了直观准确地评价毛细管的内壁表面的双疏性，同时结合拟静态条件下的气驱水过程，选择气泡捕获法作为双疏性评价方法。因为气泡捕获法对双疏性评价的过程是空气在固-水界面形成三相周界的过程，与拟静态条件下的气驱水过程相似。与单直毛细管中水驱气的实验过程相类似，采用与石英毛细管具有相同材质且经过相同浓度双疏反转剂溶液处理的石英载玻片表面的双疏性表征该毛细管内壁表面的双疏性。

2) 不同双疏性的直毛细管中气驱水实验

拟静态条件系下(气驱水速度为 0.3mL/h)，在不同双疏性的毛细管中进行气驱水实验时，气驱水前缘由于润湿性的不同呈现不同的弯曲形态。图 1.64 代表拟静态条件下，非双疏性毛细管中气驱水的过程。

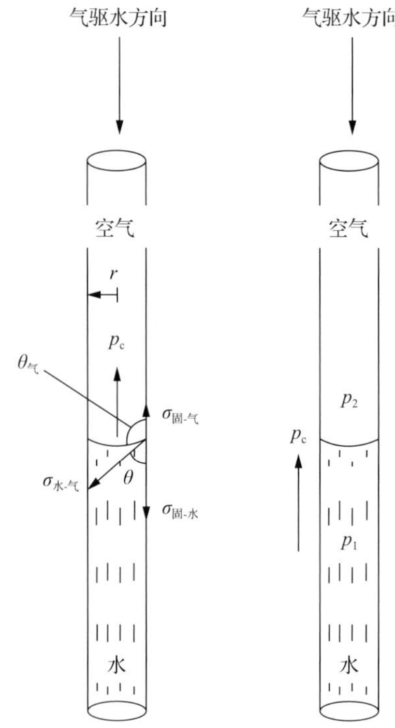

图 1.64　毛细管中气驱水前缘形态与毛细管力

由图 1.64 可知

$$p_c = p_2 - p_1 = \frac{2(\sigma_{固\text{-}气} - \sigma_{固\text{-}水})}{r} = \frac{2\sigma_{水\text{-}气}\cos\theta}{r} = \frac{2\sigma_{水\text{-}气}\cos\theta_{气}}{r} \tag{1.51}$$

式中，$\theta_{气}$ 为气驱水前缘的前进角；θ 为 $\theta_{气}$ 的补角。

非双疏性条件下：$\theta_{气} \in (90°, 180°]$，$\cos\theta_{气} < 0$，毛细管力 p_c 方向与气驱水方向相反，为气体流动的阻力。在此范围内，随着双疏性的增强，即 $\theta_{气}$ 减小，p_c 方向不变，p_c 值减小，水的流动度将变大，气体流动的阻力将变小。

中等双疏性条件下：$\theta_{气}=90°$，毛细管力 p_c 为零。

优先双疏性条件下：$\theta_{气} \in [0°, 90°)$，$\cos\theta_{气} > 0$，毛细管力 p_c 方向与气驱水方向相

同，为气体流动的动力。在此范围内，随着双疏性的增强，即 $\theta_{气}$ 减小，p_c 方向不变，p_c 值变大，水的流动度将变大，气体的流动阻力将变小。

由此可见，双疏性的改变可以改变气井井底周围气体的渗流环境，随着双疏性的增强，水的流动度增大，气体渗流阻力减小，利于水锁效应的解除，保护油气层、恢复或提高油气井产能。

2. 实验方法

不同双疏性的直毛细管中气驱水实验与水驱气实验的仪器及药品均相同，采用气泡捕获法测定经过不同浓度双疏反转剂溶液(0.04%，2%和 8%)处理的毛细管内壁的双疏性程度，在进行毛细管微观实验时空气作为驱替相、蒸馏水作为被驱替相。室温下毛细管中气驱水与水驱气的实验操作一致，气体的驱替速度为 0.3mL/h。

3. 实验结果与讨论

1) 直毛细管壁面双疏性定量评价

经过处理的载玻片表面的双疏性评价结果见图 1.65。

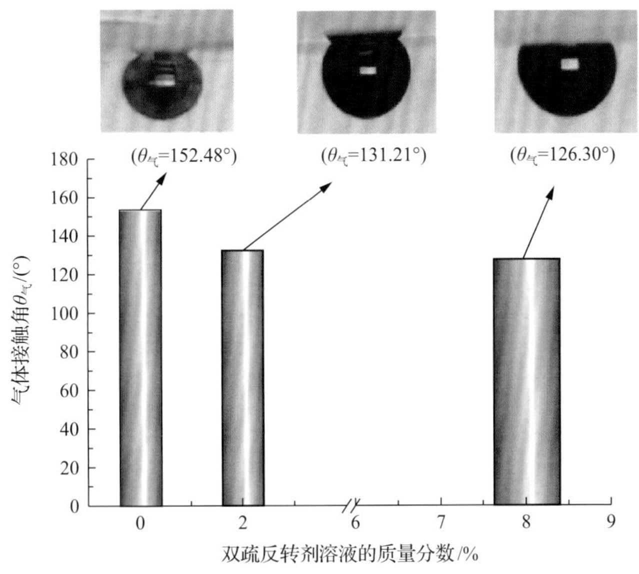

图 1.65 直毛细管内壁表面双疏性评价(气-水)

由图 1.65 可知，随着氟碳聚合物双疏反转剂溶液浓度的增大，其处理的载玻片表面放到蒸馏水中时，其表面的气体接触角 $\theta_{气}$ 逐渐减小，即表面的双疏性逐渐增强。

载玻片和毛细管具有相同的材质，因此载玻片表面的双疏性代表了经过相同浓度的氟碳聚合物双疏反转剂溶液处理后的毛细管内壁表面的双疏性程度。

2) 不同双疏性的直毛细管中气驱水特征

内壁表面具有不同双疏性的毛细管进行拟静态气驱水实验，实验结果见图 1.66。

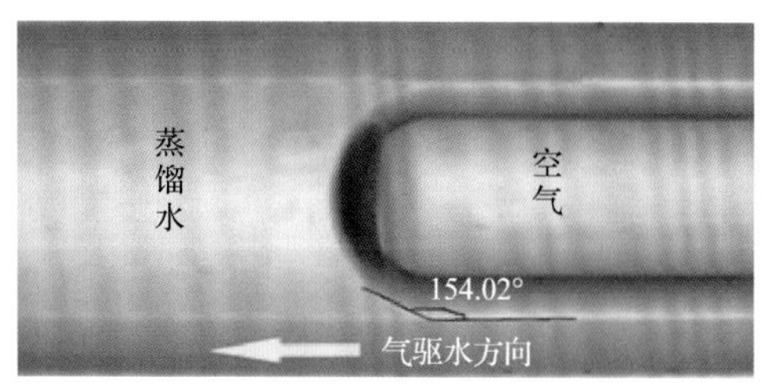

(a) 非双疏(凸面，$\theta_{气}$=154.02°)

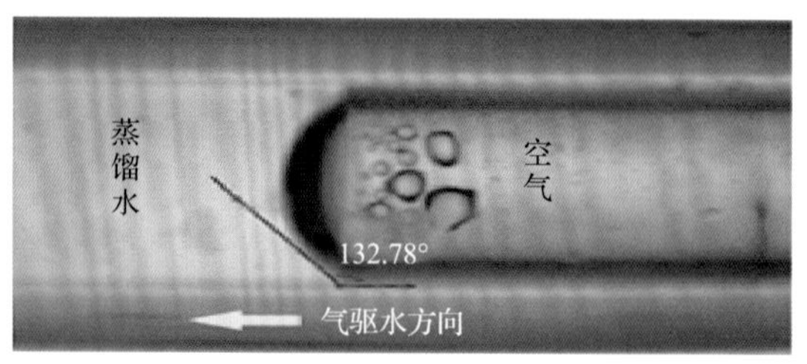

(b) 非双疏(凸面，$\theta_{气}$=132.78°)

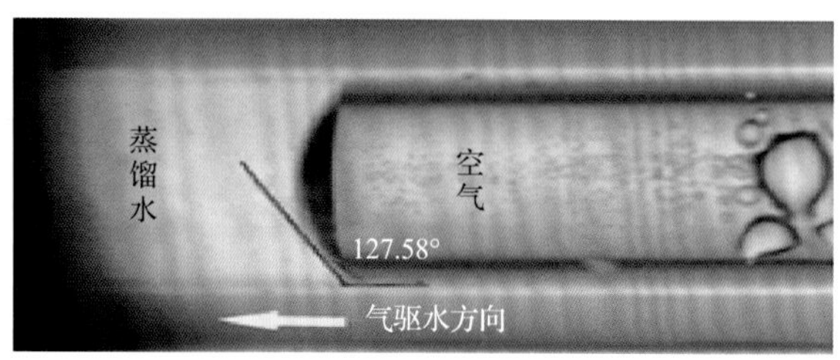

(c) 非双疏(凸面，$\theta_{气}$=127.58°)

图 1.66　不同双疏性毛细管中的气驱水前缘形态

由图 1.66 可见，不同气体润湿相的毛细管中，气驱前缘具有不同的形态，前进角$\theta_{气}$随着双疏性的增大而逐渐减小。在非双疏条件下，随着前进角$\theta_{气}$的减小，水的流动度将变大，气体流动的阻力将变小。当气藏或凝析气藏井壁周围出现水锁时，采用双疏反转材料处理可以减轻或解除水锁效应，恢复或保持油气井的产能。

(三)毛细管中油驱气

1. 实验方法

采用浓度为 0.1%、2%和 10%的双疏反转剂溶液处理具有相同材质的石英载玻片和石英毛细管内壁，改变载玻片表面和毛细管内壁表面的双疏性。在空气中，采用停滴法对具有不同双疏性的载玻片表面进行双疏性评价，载玻片表面的双疏性表征了与其经过相同浓度双疏反转剂溶液处理的毛细管内壁表面的双疏性。拟静态条件下(油驱气速度为0.3mL/h)，在不同双疏性的单直毛细管中进行油驱气微观实验。实验过程中，以空气为气相，经过少量苏丹红染色的中性煤油为油相。在驱替过程中，对油驱气的驱替前缘形态进行摄像，并对驱替前缘的角度进行测量。

2. 实验结果与讨论

采用停滴法对经过不同浓度的双疏反转剂溶液处理后的载玻片表面的双疏性测量结果如图 1.67 所示。由图 1.67 可见，随着双疏反转剂溶液浓度的增大，载玻片表面的双疏性逐渐增强，双疏性参数$\zeta_{气\text{-}油}$逐渐增大。

内壁表面具有不同双疏性的毛细管进行拟静态油驱气实验，实验结果如图 1.68 所示。由图 1.68 可见，毛细管中油驱气的前进角$\theta_{油}$均小于 90°，毛细管表面亲油憎气。随着双疏性的增强，驱替前缘的曲率变小，憎油亲气性增强。

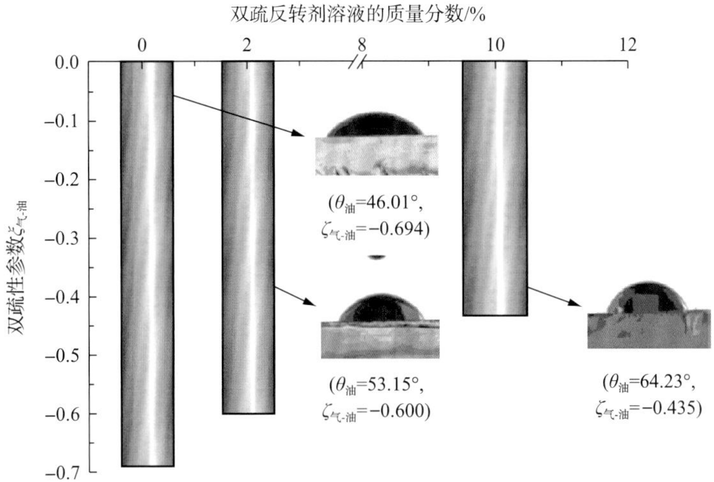

图 1.67 直毛细管壁面双疏性评价(气-油)

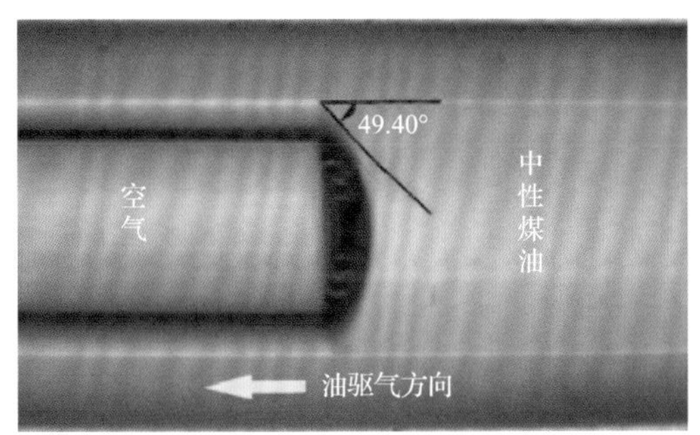

(a) 非双疏(凹面，$\theta_{油}$=49.40°)

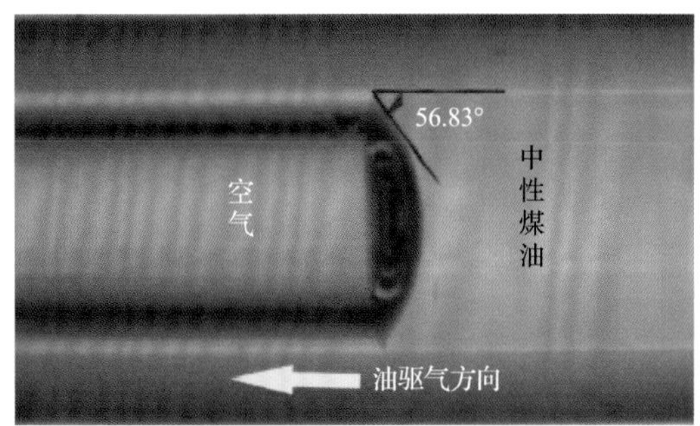

(b) 非双疏(凹面，$\theta_{油}$=56.83°)

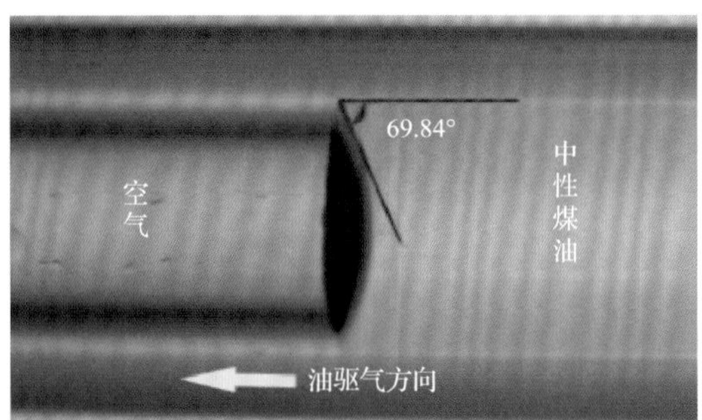

(c) 非双疏(凹面，$\theta_{油}$=69.84°)

图 1.68 不同双疏性毛细管中的油驱气前缘形态

(四) 毛细管中气驱油

1. 实验部分

采用浓度为 0.1%、2%和 10%的双疏反转剂溶液处理具有相同材质的石英载玻片和石英毛细管内壁，改变载玻片表面和毛细管内壁表面的双疏性。在油中，采用气泡捕获法对具有不同双疏性的载玻片表面进行双疏性评价，载玻片表面的双疏性表征了与其经过相同浓度双疏反转剂溶液处理的毛细管内壁表面的双疏性。拟静态条件下（油驱气速度为 0.3mL/h），在不同双疏性的单直毛细管中进行气驱油微观实验。实验过程中，以空气为气相，经过少量苏丹红染色的中性煤油为油相。在驱替过程中，对气驱油的驱替前缘形态进行摄像，并对驱替前缘的角度进行测量。

2. 实验结果与讨论

采用气泡捕获法对经过不同浓度的双疏反转剂溶液处理后的载玻片表面的双疏性测量结果如图 1.69 所示。

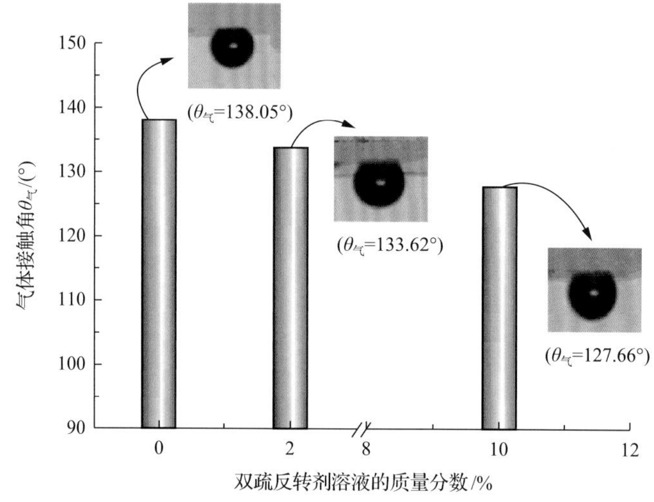

图 1.69　直毛细管内壁表面双疏性评价（气-油）

由图 1.69 可见，随着双疏反转剂溶液浓度的增大，载玻片表面的双疏性逐渐增强，气体接触角 $\theta_{气}$ 逐渐降低。由于载玻片与毛细管材质相同，气泡捕获法对某载玻片表面的双疏性评价结果可以用来表征与该载玻片经过相同浓度的双疏反转剂溶液处理的直毛细管内壁的双疏性程度。

内壁表面具有不同双疏性的毛细管进行拟静态气驱油实验，实验结果见图 1.70 所示。

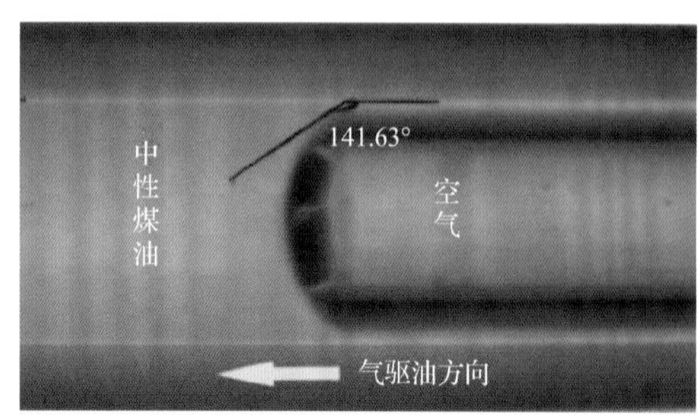

(a) 非双疏性(凸面，$\theta_{气}$=141.63°)

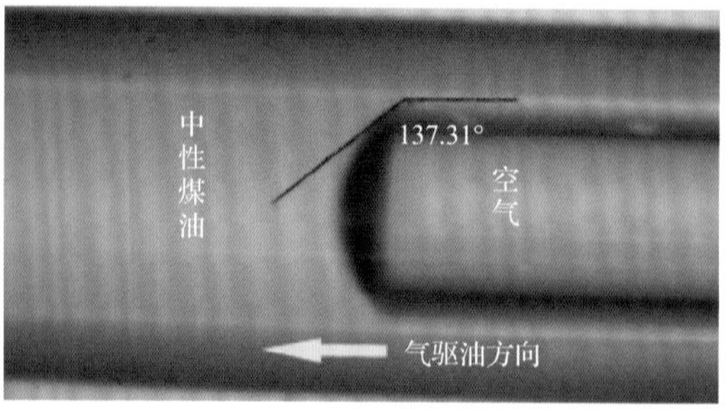

(b) 非双疏性(凸面，$\theta_{气}$=137.91°)

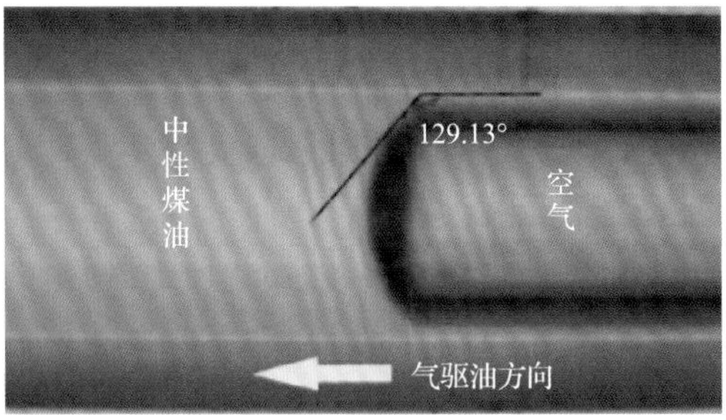

(c) 非双疏性(凸面，$\theta_{气}$=129.13°)

图 1.70 不同双疏性毛细管中的气驱油前缘形态

由图 1.70 可见，双疏性程度不同的毛细管中，气驱油的前进角 $\theta_{气}$ 均大于 90°，三种不同浓度的双疏反转剂溶液处理的毛细管内壁均为非双疏性，但是双疏性随着双疏反转剂溶液浓度的增大而增强。0.1%溶液处理的毛细管中，$\theta_{气}$ 为 141.63°；2%溶液处理的毛细管中，$\theta_{气}$ 为 137.91°；10%溶液处理的毛细管中，$\theta_{气}$ 为 129.13°。

二、刻蚀玻璃网络模型的双疏性

刻蚀微观模型是由孔隙和吼道组成的透明网络结构，这里主要介绍采用理想网络模型从微观级别观察流体的分布及跟踪界面通过多孔网络系统的运动，研究气-液-固体系中双疏性对流体分布状态和驱替前缘的影响。

(一)刻蚀玻璃网络模型研究气-水体系在不同双疏程度条件下的气-水流动状态与分布

多孔介质中气-水两相微观渗流机理的研究是水驱气藏开发的理论基础。润湿性是多孔介质表面物理性质的重要方面，对多孔介质中气-水两相微观渗流有显著影响。但是，目前的两相微观渗流机理主要是针对油藏开发而进行的，关于水驱气藏微观渗流机理研究比较少，且气藏中气-水两相微观渗流机理主要是从孔隙结构、注入速度对气-水两相渗流机理的影响方面进行的研究[57-59]。因此，多孔介质的润湿性对气-水两相微观渗流机理的研究具有重要价值。

根据单直毛细管中水驱气实验可知，经过浓度为 0%、0.2%和 8%的双疏反转剂溶液处理的表面分别为非双疏性、中等双疏性和优先双疏性。采用这 3 种浓度的双疏反转剂溶液处理刻蚀玻璃网络模型，分别对具有不同双疏性的模型进行水驱气实验，研究双疏性对气-水体系渗透特征、分布状态的影响。

1. 双疏性对气-水渗流状态的影响

非双疏性模型：水刚进入模型引槽即发生非常严重的毛细管自吸现象，水沿着孔道壁瞬间突破到模型的末端。水对气体的驱替是非活塞式的，不论在模型的吼道还是孔隙中，水优先沿着孔道壁进入吼道和孔隙。在水驱替气体的前缘，气-水界面为明显的弯月面，水呈凹面，如图 1.71(a)所示。

中等双疏性模型：如图 1.71(b)所示，水在孔道中均匀推进，驱气比较彻底，为活塞式驱替。驱替前缘的水-气界面呈一平面，毛细管力为零。

优先双疏性模型：如图 1.71(c)所示，水始终在吼道中央运移，水凸入道交叉处的孔隙中。驱替前缘呈弯月面，水呈凸形，可以明显观察到在孔吼的边壁处附着了一层气膜。

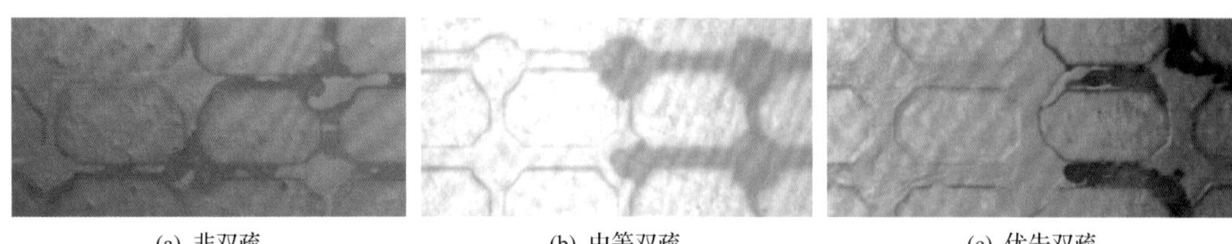

(a) 非双疏　　(b) 中等双疏　　(c) 优先双疏

图 1.71　双疏性对气-水渗流状态的影响

2. 双疏性对气-水分布的影响

非双疏性模型：如图 1.72(a)所示，水主要靠毛细管力驱气。在孔隙处由于半径变大，毛细管力变小，流动速度变慢，导致孔隙中捕集了大量的气体。随着驱替的进行，由于水的黏滞力拖动气体，部分气体被拖长，伸入到吼道中，部分气体被分散成气珠分布在吼道中。在孔道壁上形成一层润湿膜，甚至在膜较厚的局部地方，水收缩为形态不规则的珠形水滴。

中等双疏性模型：如图 1.72(b)所示，水驱气比较彻底，水几乎饱和了整个模型，只有少量的残余气体。

优先双疏性模型：如图 1.72(c)所示，水驱气过后，水分布在孔喉的中央，气体呈膜状附着在孔道壁上。

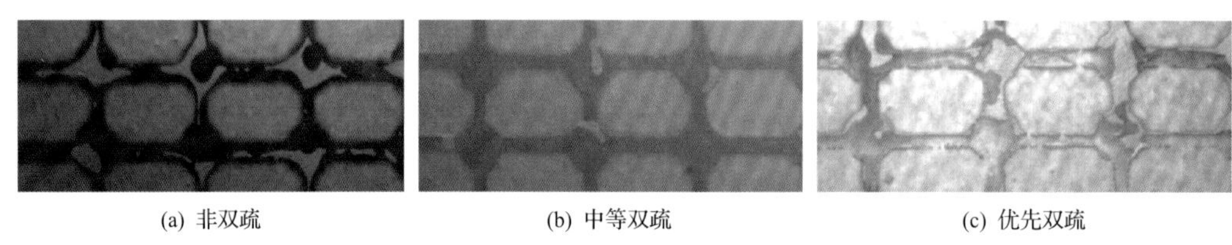

(a) 非双疏　　(b) 中等双疏　　(c) 优先双疏

图 1.72　双疏性对气-水分布和气体采收率的影

(二)刻蚀玻璃网络模型研究气-油体系在不同双疏程度条件下的气-油流动状态与分布

同一固体表面，气-油体系的双疏性弱于气-水体系的润湿性，室内实验程中发现，当单直毛细管和刻蚀玻璃网络模型经过双疏反转剂溶液(浓度为 25%和 40%)溶液处理时，分别实现了中等双疏性和优先双疏性。

1. 单直毛细管气-油体系双疏性评价

经过浓度为 0.01%、25%和 40%的双疏反转剂溶液处理的单直毛细管进行拟静态油驱气实验时，气-油体系的驱替前缘分别如图 1.73 所示。其中，中性煤油采用低浓度苏丹红染色处理。从图 1.73 可知，随着双疏反转剂溶液浓度的增加，油相接触角逐渐增大、油湿性变弱，当浓度大于 40%时，反转为疏油性，双疏性增强。

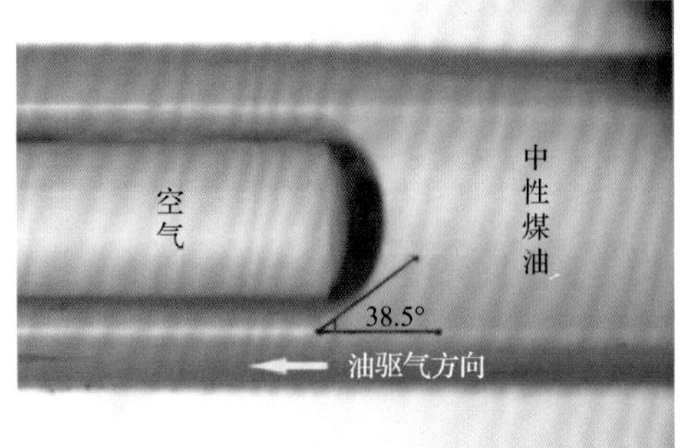

(a) 非双疏性(凹面，$\theta_{油}$=38.50°)

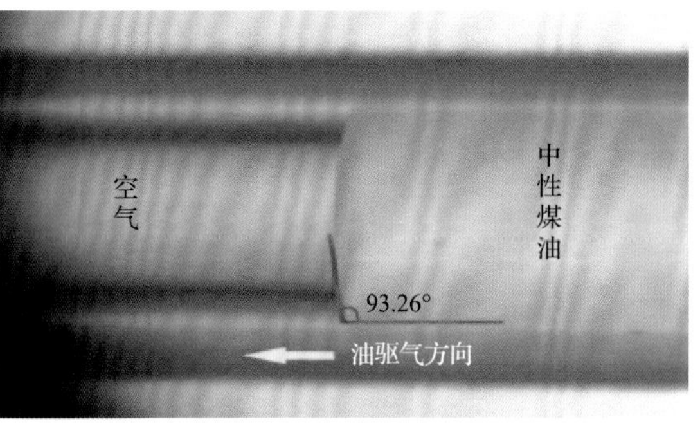

(b) 中等双疏性(平面，$\theta_{油}$=93.26°)

(c) 优先双疏性(凸面，$\theta_{油}$=110.86°)

图 1.73　不同双疏性毛细管中油驱气前缘形态

2. 双疏性对气-油渗流状态的影响

非双疏性模型：如图 1.74(a)所示，毛细管自吸现象严重，油以非活塞方式优先沿孔喉壁面进入模型，突破到模型出口端，油驱气前缘呈弯月面，油呈凹面。

中性双疏性模型：如图 1.74(b)所示，油以活塞方式在孔吼中驱替气体，油与气的界面呈一平面。

优先双疏性模型：如图 1.74(c)所示，气-油驱替前缘呈弯月面，油呈凸形。孔隙边壁处有气膜，且在驱替前缘可观察到在孔隙边壁间有气膜存在。

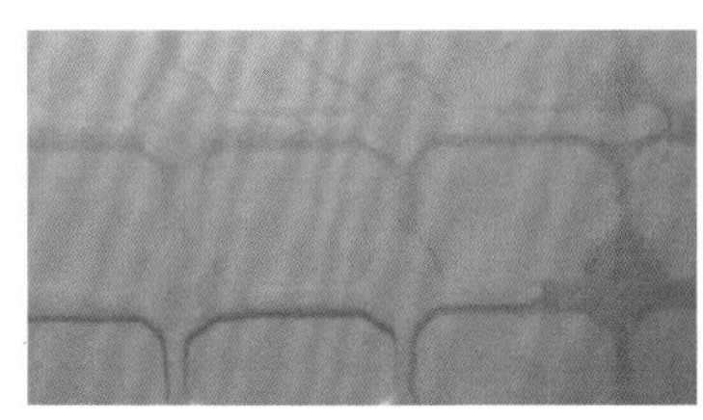

(a) 非双疏性

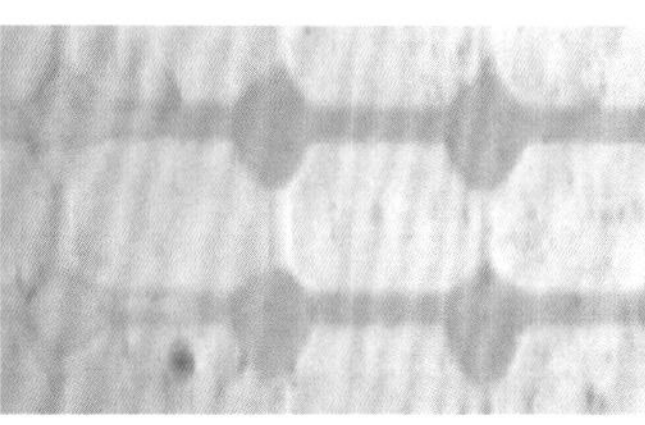

(b) 中等双疏性

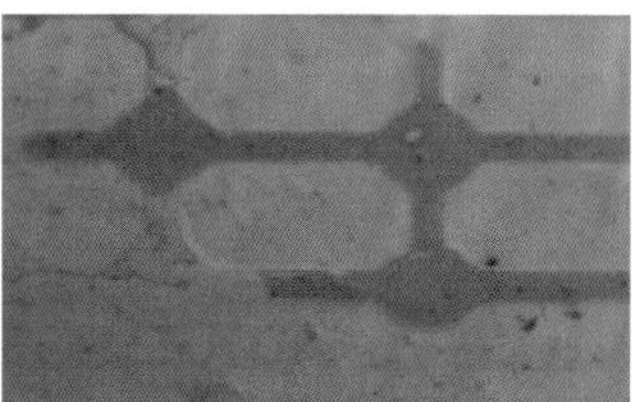

(c) 优先双疏性

图 1.74　双疏性对气-油渗流状态的影响

3. 双疏性对气-油分布及采收率的影响

非双疏性模型：如图 1.75(a)所示，在整个模型中气-油-水分布状态为气体被油或油膜包围，残余有大量的气体，其中气体在孔隙中的分布比吼道中多，多呈连续分布。

中等气湿模型：如图 1.75(b)所示，活塞式油驱气比较彻底，残余气少。残余的气体呈孤岛状分布在孔隙和吼道中，主要分布于孔隙中。

优先气湿模型：如图 1.75(c)所示，残余气主要分布在孔隙或吼道边壁处，呈块状或膜状。

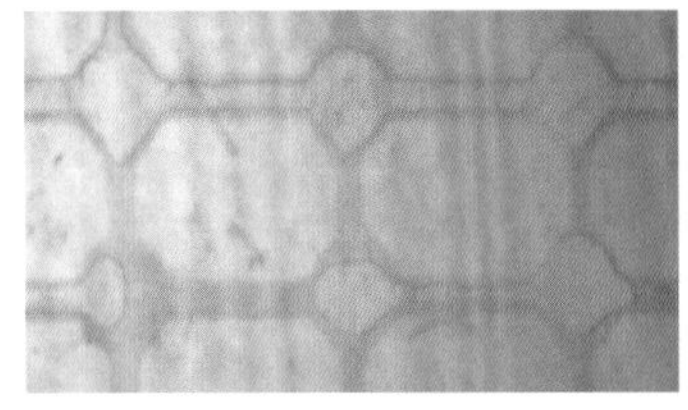

(a) 非双疏性

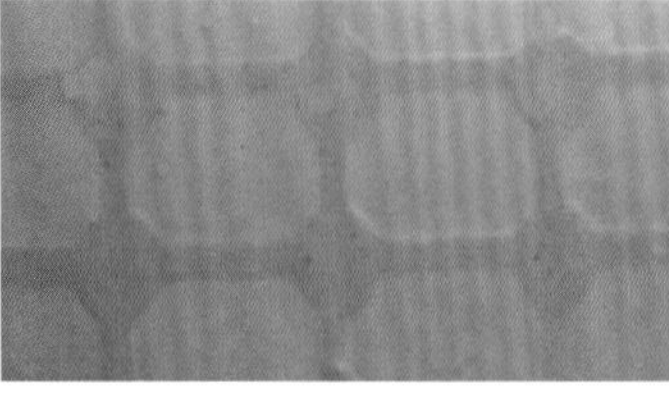

(b) 中等双疏性

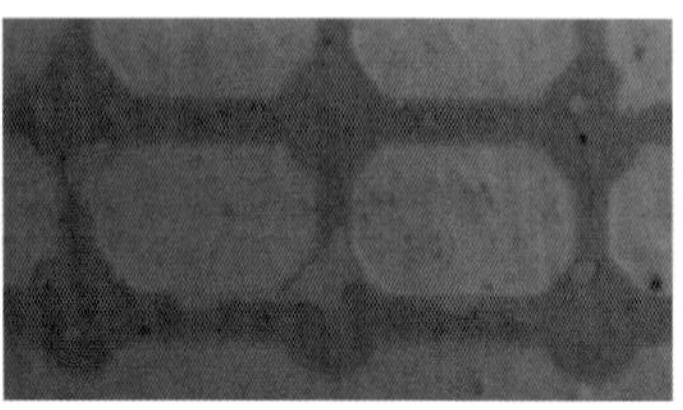

(c) 优先双疏性

图 1.75 双疏性对气-油分布和气体采收率的影响

三、人造岩心的双疏性研究

单直毛细管和刻蚀玻璃网络模型均是采用理想微观模型进行双疏性理论研究，在此采用物理胶结的人造岩心对气-液体系双疏性进行研究，进一步为非常规油气藏的高效开发提供理论基础。

(一)岩心气测渗透率的影响

1. 驱替实验

筛选物理性质相似的岩心，考察润湿性对岩心驱替效果的影响。

1)岩心的预处理

(1)配制浓度为 7%和 15%的氟碳聚合物双疏反转剂水溶液。

(2)取出 1 根岩心柱，将其切成 6 块岩心片，每块厚度为 1.5cm。

(3)以 2 根岩心柱附加 2 块岩心片为一个实验组，共两组，分别放入浓度为 7%和 15%的双疏反转剂溶液中抽真空饱和，另外，预留 4 根岩心柱和 4 块岩心片作为空白样，留作对比实验。

(4)将经过双疏反转剂溶液处理的岩心柱和岩心片放入真空干燥箱干燥处理。

(5)对处理过的岩心柱进行气测渗透率测量，对应的岩心片于水或中性煤油中采用气泡捕获法进行双疏性评价。

实验岩样具体参数和特性见表 1.39。

表 1.39 实验岩样参数及处理

岩样编号	双疏反转剂溶液浓度/%	长度/cm	直径/cm	孔隙度/%	气测渗透率/$10^{-3}\mu m^2$		对应岩心片的初始气体接触角/(°)	
					处理前 K_g	处理后 K_g'	气-水体系	气-油体系
0-1	0	9.02	2.52	35.6	1505.2	1505.2	138.4	143.4
0-2		8.96	2.56	36.2	1500.5	1500.5	137.8	143.2
7-1	7	9.01	2.54	36.1	1500.0	1455.0	94.2	105.8
7-2		9.00	2.52	35.8	1507.3	1454.5	93.8	103.2
15-1	15	8.96	2.54	35.4	1504.2	1420.0	68.3	76.8
15-2		8.98	2.54	35.0	1498.6	1420.7	69.0	77.3

2) 实验方案

方案一：气-水体系不同双疏性岩心驱替实验。

(1) 取岩样 0-1 和岩样 7-1 抽真空饱和蒸馏水，然后立即将岩样 0-1 放入 1 号岩心夹持器，7-1 放入 2 号岩心夹持器。

(2) 调节氮气瓶的出口压力，使气体流量为 0.05mL/min，进行气驱水实验。

(3) 分别记录 1 号夹持器和 2 号夹持器见水时的时间及压力。

(4) 分别记录两个夹持器停止出水时的时间及实验结束时间，对应水的体积。

(5) 驱替实验结束后，立刻将岩心取下来，进行气测渗透率测量。

(6) 将岩样 0-1 和岩样 15-1 进行抽真空饱和，重复实验步骤 (2)～(5)。

(7) 实验数据整理及分析。

方案二：气-油体系不同双疏性岩心驱替实验。

(1) 取岩样 0-2 和岩样 7-2 抽真空饱和中性煤油，然后立即将岩样 0-2 放入 1 号岩心夹持器，7-2 放入 2 号岩心夹持器。

(2) 调节氮气瓶的出口压力，使气体流量为 0.05mL/min，进行气驱油实验。

(3) 分别记录 1 号夹持器和 2 号夹持器见油时的时间及压力。

(4) 分别记录两个夹持器停止出油时的时间及实验结束时间，对应油的体积。

(5) 驱替实验结束后，立刻将岩心取下来，进行气测渗透率测量。

(6) 将岩样 0-2 和岩样 15-2 进行抽真空饱和，重复实验步骤 (2)～(5)。

(7) 实验数据整理及分析。

2. 实验结果与讨论

对各个实验组的岩心柱的气测渗透率及岩心片的气体接触角进行测量，双疏性对气测渗透率和气体接触角的影响规律见图 1.76 和图 1.77。

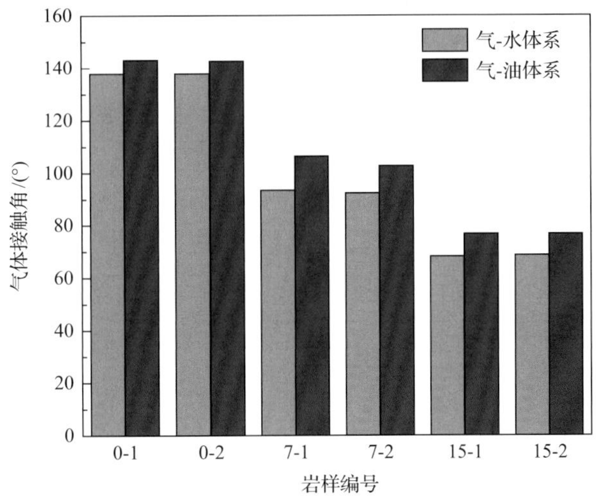

图 1.76 处理后的岩心在气-液（水或油）体系中的双疏性评价

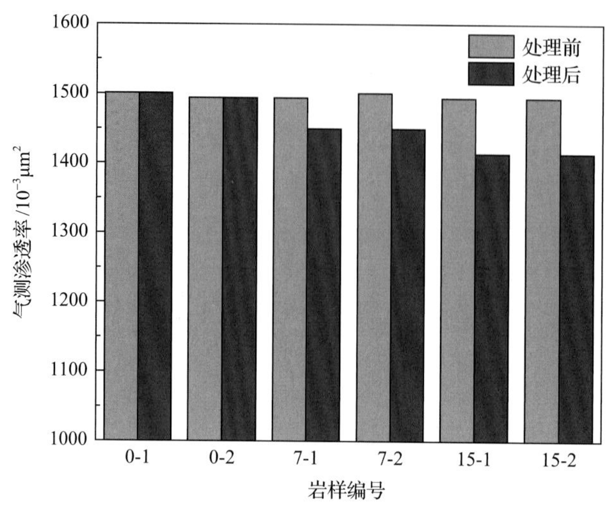

图 1.77　双疏性对气测渗透率的影响

由图 1.76 可见，空白岩样的双疏性最差，随着双疏反转剂溶液浓度的增加，其处理的岩心片表面的双疏性增强。相同浓度双疏反转剂溶液处理的岩心片在气-水体系中的双疏性大于气-油体系的双疏性。实验过程中，液相中气泡在固体表面的初始接触角越小，则气泡在固体表面消失得越快。

由图 1.77 可见，随着岩心柱双疏性的增强，气测渗透率略有降低，双疏反转剂溶液浓度越高，气测渗透率降低的相对越大。测得的气测渗透的降低值最大一组为 15%双疏反转剂溶液处理过后的岩心，岩心的气测渗透率下降了 6%。

（二）岩心驱替特性的影响

1. 气-水体系不同双疏性岩心驱替实验

岩心气驱水过程中，双疏性对岩心出水的时间、气体突破压力和残余水饱和度的影响见表 1.40。由表 1.40 可见，随着岩心表面气体初始接触角的减小，进行气驱水实验时，岩心见水时间逐渐缩短，气体突破该岩心时的压力降低，残余水饱和度逐渐降低。这说明随着岩心双疏性的增强，流体的流动度增加，对气体的流动阻力减小。这一结论与采用单直毛细管进行双疏性研究的结论一致：随着双疏性增强，液体流动度增加，毛细管力为气体流动的动力。实验 No.1 为岩心 0-1 和岩心 7-1 的并联实验，实验 No.2 为岩心 0-1 和岩心 15-1 并联实验，岩心 7-1 的双疏性弱于岩心 15-1。

表 1.40　双疏性对气驱水驱替特性的影响

实验编号	岩心号	见水时间/min	气体突破时压力/MPa	残余水饱和度/%	气体初始接触角/(°)
No.1	0-1	93	1.24	65.3	138.4
	7-1	68	1.09	57.8	94.2
No.2	0-1	111	1.25	65.5	138.4
	15-1	54	0.78	37.8	69.0

由表 1.40 可见，实验 No.1 和 No.2 的实验结果对比，岩心 0-1 的气体突破压力保持不变，但是见水时间相差较大，这是由于实验 No.2 中与岩心 0-1 并联的岩心 15-1 的双疏性大于实验 No.1 中与岩心 0-1 并联的岩心 7-1，并联的两块岩心中水的流动度差异较大，导致岩心 15-1 相对于岩心 7-1 见水早，气体突破压力小，且实验 No.2 中岩心 0-1 见水时间延长，但是气体突破压力不变，这是由于岩心 0-1 的润湿性没有发生变化。实验过程中，一旦气体优先突破岩心，则水不再产出或基本不产出。

每组并联实验结束后进行气测渗透率测量的实验结果如表 1.41 所示。

表 1.41 驱替实验后气测渗透率结果

岩样编号	气体接触角/(°)	驱替前气测渗透率/$10^{-3}\mu m^2$	驱替后气测渗透率/$10^{-3}\mu m^2$	渗透率降低率/%
0-1	138.4	1505.2	447.5	70.27
7-1	94.2	1455.0	756.4	48.01
15-1	69.0	1420.7	1100.2	22.56

由表 1.41 可见，当气体从饱和水的岩心突破后，不同双疏性的岩心的气体渗透率比饱和水前干岩心的气体渗透率都有不同程度的降低，双疏性越强，渗透率降低越小。这是由于气驱水后，双疏性强，则岩心的残余水饱和度低，气体的渗透率恢复值大。

2. 气-油体系不同双疏性岩心驱替实验

岩心气驱油过程中，双疏性对岩心出油的时间、气体突破压力和残余油饱和度的影响见表 1.42。

表 1.42 双疏性对气驱油驱替特性的影响

实验编号	岩心号	见油时间/min	气体突破时压力/MPa	残余油饱和度/%	气体初始接触角/(°)
No.3	0-2	110.4	1.43	72.6	143.2
	7-2	87.9	1.26	65.5	103.2
No.4	0-2	123.1	1.42	73.0	143.2
	15-2	68.7	1.09	43.7	77.3

由表 1.42 可见，气-油体系中岩样双疏性对驱替特性的影响规律与气-水体系中的实验结果一致。随着岩心表面气体初始接触角的减小，双疏性的增加，岩心见油时间逐渐缩短，气体突破该岩心时的压力降低，残余油饱和度逐渐降低。但是与气-水体系相比，见油时间增长，气体突破压力和残余油饱和度增大。这是由于经过相同浓度气湿反转剂溶液处理的岩心，在气-水体系中的气体接触角小于气-油体系中气体接触角，气-水体系中双疏性要强于气-油体系的双疏性。

每组并联实验结束后进行气测渗透率测量的实验结果如表 1.43 所示。

表 1.43 驱替实验后气测渗透率结果

岩样编号	气体接触角/(°)	驱替前气测渗透率/$10^{-3}\mu m^2$	驱替后气测渗透率/$10^{-3}\mu m^2$	渗透率降低率/%
0-2	143.2	1500.5	447.5	75.43
7-2	103.2	1454.5	756.4	52.9
15-2	77.3	1420.7	1100.2	27.3

由表 1.43 可见，当气体从饱和油的岩心突破后，不同双疏性岩心的气体渗透率比饱和油前干岩心的气体渗透率都有不同程度的降低，双疏性越强，渗透率降低越小。与表 1.41 气-水体系的实验结果相比，同一浓度气湿反转剂溶液处理的岩心，气-油体系的气体渗透率降低率要大于气-水体系的气体渗透率降低率。

参 考 文 献

[1] He G S. Petrophysics. Beijing: Petroleum Industry Press, 1994.

[2] Morris E E, Wieland D R. A microscopic study of the effect of variable wettability conditions on immiscible fluid displacement // Fall Meeting of the Society of Petroleum Engineers of AIME, New Orleans, 1963.

[3] Donaldson E C, Thomas R D. Microscopic observations of oil displacement in water-wet and oil-wet systems//Fall Meeting of the Society of Petroleum Engineers of AIME, New Orleans, 1971.

[4] Menezes J L, Yan J, Sharma M M. The mechanism of wettability alteration due to surfactants in oil-based muds//SPE International Symposium on Oilfield Chemistry, Houston, 1989.

[5] Cockcroft P J, Guise D R, Waworuntu I D. The effect of wettability on estimation of reserves//SPE Asia-Pacific Conference, Sydney, 1989.

[6] Jia D, Buckley J S, Morrow N R. Control of core wettability with crude oil//SPE International Symposium on Oilfield Chemistry, Anaheim, 1991.

[7] Buckley J S, Bousseau C, Liu Y. Wetting alteration by brine and crude oil: From contact angles to cores. SPE Journal, 1996, 1(3): 341-350.

[8] Wagner O R, Leach R O. Improving oil displacement efficiency by wettability adjustment. Transactions of the AIME, 1959, 216(1): 65-72.

[9] Froning H R, Leach R O. Determination of chemical requirements and applicability of wettability alteration flooding. Journal of Petroleum Technology, 1967, 19(6): 839-843.

[10] Kamath K I S. A fresh look at wettability detergent flooding an secondary recovery mechanisms//SPE Production Techniques Symposium, Wichita Falls, 1970.

[11] Morrow N R, Cram P J, McCaffery F G. Displacement studies in dolomite with wettability control by octanoic acid. Society of Petroleum Engineers Journal, 1973, 13(4): 221-232.

[12] Penny G S, Conway M W, Briscoe J E. Enhanced load water-recovery technique improves stimulation results//SPE Annual Technical Conference and Exhibition, San Francisco, 1983.

[13] Briant J, Cuiec L. Comptes-rendus du 4 eme colloque ARTEP. Rueil-Malmaison, Technip, Paris, 1971: 7-9.

[14] Amott E. Observations relating to the wettability of porous rock. Petroleum Transaction, 1959, 216: 156-162.

[15] 蒋文贤. 特种表面活性剂. 北京: 中国轻工业出版社, 1995.

[16] 秦积舜, 李爱芬. 油层物理学. 东营: 中国石油大学出版社, 2003.

[17] Slobod R L, Blum H A. Method for determining wettability of reservoir rocks. Journal of Petroleum Technology, 1952, 4(1): 1-4.

[18] Morrow N R, McCaffery F G. Displacement studies in uniformly wetted porous media// Wetting, Spreading, and Adhesion. New York: Academic Press, 1978: 289-319.

[19] 周祖康, 顾惕人, 马季铭. 胶体化学基础. 北京: 北京大学出版社, 1987.

[20] Al-Siyabi Z K , Danesh A , Tohidi B, et al. Measurement of gas-oil contact angle at reservoir conditions//European Symposium on Improved Oil Recovery, The Hague, 1997.

[21] Li K W, Firoozabadi A. Experimental study of wettability alteration to preferential gas-wetting in porous media and its effects. SPE Reservoir Evaluation & Engineering, 2000, 3(2): 139-149.

[22] Zisman W A. Relation of the equilibrium contact angle to liquid and solid constitution//Contact Angle, Wettability, and Adhesion. Washington, DC: American Chemical Society. 1964: 1-51.

[23] Liu Y, Zheng H, Huang G, et al. Improving production in gas/condensate reservoir by wettability alteration to gas wetness//SPE/DOE Symposium on Improved Oil Recovery, Tulsa, 2006.

[24] Shimizu M, Hiyama T. Modern synthetiv methods for fluorine-substituted target molecules. Angewandte Chemie, 2004, 44(2): 214-231.

[25] Berett M K, Zisman W A. Wetting properties of tetrafluoroethylene and hexafluoropropylene copolymers. The Journal of Physical Chemistry, 1960, 64(9): 1292-1299.

[26] Ruch R J, Bartell L S. Wetting of solids by solutions as a function of solute adsorption. The Journal of Physical Chemistry, 1960, 64(5): 513-519.

[27] Tavana H, Simon F, Grundke K, et al. Interpretation of contact angle measurements on two different fluoropolymers for the determination of solid surface tension. Journal of Colloid and Interface Science, 2005, 291(2): 497-506.

[28] Owens D K, Wendt R C. Estimation of the surface free energy of polymers. Journal of Applied Polymer Science. 1969, 13(8): 1741-1747.

[29] Wu S. Polar and non-polar interactions in adhesion. The Journal of Adhesion, 1973, 5(1): 39-55.

[30] Schoel W M, Schürch S, Goerke J. The captive bubble method for the evaluation of pulmonary surfactant: surface tension, area, and volume calculations. Biochimica et Biophysica Acta (BBA)-General Subjects, 1994, 1200(3): 281-290.

[31] Zuo Y Y, Ding M, Bateni A, et al. Improvement of interfacial tension measurement using a captive bubble in conjunction with axisymmetric drop shape analysis (ADSA). Colloids and Surfaces A: Physicochemical and Engineering Aspects, 2004, 250(1-3): 233-246.

[32] King R N, Andrade J D, Ma S M, et al. Interfacial tensions at acrylic hydrogel-water interfaces. Journal of Colloid and Interface Science, 1985, 130(1): 62-75.

[33] 侯吉瑞, 赵凤兰. 界面化学及其在 EOR 中的应用. 北京: 科学出版社, 2014.

[34] 俞稼镛, 孙涛垒, 陈邦林, 等. 界面或表面扩张粘弹性测定仪: 01220193. 6. 2001-04-27.

[35] 廖沐真, 吴国是, 刘洪霖. 量子化学从头计算方法. 北京: 清华大学出版社, 1984: 80-221.

[36] 洪汉烈, 闵新民. 量子化学方法研究矿物的表面化学. 武汉: 中国地质大学出版社, 2004: 45-46.

[37] 沈钟, 赵振国, 王果庭. 胶体与表面化学. 北京: 化学工业出版社, 2004.

[38] 赵国玺. 表面活性剂物理化学. 北京: 北京大学出版社, 1991.

[39] Bennetta J, Mccarroll B, Messmer R P. Molecular orbital approach to chemisorption: Atomic H, C, N, O and F on graphite. Physical Review B, 1971, 3(4): 1397.

[40] Lukovits I. Harmonic force field between the (0001) surface of graphite and adsorbed methane. Vibrational Spectroscopy, 1990, 1(2): 135-137.

[41] Phillips J M, Hammerbacher M D. Methane adsorbed on graphite. I. Intermolecular potentials and lattice sums. Physical Review B, 1984, 29(10): 5859.

[42] 陈昌国, 魏锡文, 鲜学福. 用从头计算研究煤表面与甲烷分子相互作用. 重庆大学学报(自然科学版), 2000, 23(3): 77-79.

[43] 马东民. 煤层气吸附解吸机理研究. 西安: 西安科技大学, 2008.

[44] Yu H G, Cheng J Y. The activated chemisorption of methane on lickel: III-dissociation probability of CH_4 on Ni(100) surface. Journal of Natural GAS Chemistry, 1993, (3): 212-218.

[45] 马晨生, 马理, 杨忠志. 用 Xα 方法对 CH_4 在 Ni(111)表面吸附解离反应的理论研究. 高等学校化学学报, 1994, 15(11): 1704.

[46] 苏长明, 付继彤, 郭保雨. 粘土矿物及钻井液电动电位变化规律研究. 钻井液与完井液, 2002, 19(6): 1-4.

[47] 马福善, 张军, 于捷, 等. 分散介质 pH 值对蒙脱土性能的影响. 工业催化, 1998, (6): 28-32.

[48] 郝月清, 朱建强. 膨胀土胀缩变形的有关理论及其评析. 水土保持通报, 1999, 19(6): 58-61.

[49] Chen H L, Wilson S D, Monger-McClure T G. Determination of relative permeability and recovery for North Sea gas condensate reservoirs//SPE Annual Technical Conference and Exhibition, Dallas, 1995.

[50] Anderson W G. Wettability literature survey-part 1: Rock/oil/brine interactions and the effects of core handling on wettability. Journal of Petroleum Technology, 1986, 38(10): 1125-1144.

[51] Keller G V. Effect of wettability on the electrical resistivity of sand. Oil and Gas Journal, 1953, 51 (34): 62-65.

[52] Sweeney S A, Jennings Jr H Y. Effect of wettability on the electrical resistivity of carbonate rock from a petroleum reservoir. The Journal of Physical Chemistry, 1960, 64(5): 551-553.

[53] Mungan N, Moore E J. Certain wettability effects on electrical resistivity in porous media. Journal of Canadian Petroleum Technology, 1968, 7(01): 20-25.

[54] Bobek J E, Mattax C C, Denekas. Reservoir rock wettability-its significance and evaluation. Petroleum Transaction, AIME, 1958, 213: 155-160.

[55] Graham J W, Richardson J G. Theory and application of imbibition phenomena in recovery of oil. Journal of Petroleum Technology, 1959, 11 (02): 65-69.

[56] Aissaoui A. Etude théorique et expérimentale de l'hystérésis des pressions capillaires et des perméabilités relatives en vue du stockage souterrain de gaz. Thesis Ecole des Mines de Paris, 1983: 223.

[57] Amiell P, Billotte J, Meunier G, et al. The study of alternate and unstable gas/water displacements using a small-scale model//SPE Gas Technology Symposium, Dallas, 1989.

[58] 周克明, 李宁, 张清秀, 等. 气水两相渗流及封闭气的形成机理实验研究. 天然气工业, 2002, 22 (S1): 122-125.

[59] Sohrabi M, Tehrani D H, Danesh A, et al. Visualisation of oil recovery by water alternating gas (WAG) injection using high pressure micromodels-oil-wet & mixed-wet systems//SPE Annual Technical Conference and Exhibition, New Orleans, 2001.

第二章　井壁岩石孔缝强封堵理论

随着全球油气资源的勘探开发逐步走向深部、非常规、复杂地层和处于开发中后期的衰竭地层等油气资源，井下复杂事故控制、安全高效钻井和储集层保护都对井壁岩石的孔缝封堵理论提出了更高的要求。井壁强封堵理论是在常规井壁封堵理论的基础上进一步发展起来的，是指既要封堵包括纳米、微米级尺寸在内的不同孔缝尺寸，更重要的是通过增强封堵材料与孔缝壁面、封堵材料内部间的胶结力等方式而大幅度提高封堵效果，甚至满足一趟钻的需要。

第一节　井壁岩石孔缝的分类与封堵的意义

在介绍井壁岩石强封堵理论之前，有必要对钻井工程所遇到的井下岩石的特征尤其是孔缝特征进行介绍。导致钻井流体漏失的井壁岩石漏失通道可以大致分为两类，一种是自然漏失通道，一种是人为漏失通道(一般指人为诱导裂缝)，其中前者较后者更为普遍存在。一般来说，尽管各种地层的成因不尽相同，从第四系至元古界的各种岩性地层如黏土岩、砂砾岩、碳酸盐岩、岩浆岩和变质岩中均存在各种各样的钻井流体漏失通道。黏土岩如泥岩、页岩和黄土等可能因风化作用形成溶孔或受构造运动而破碎形成裂缝。砂、砾岩因沉积颗粒间胶结性差，或因原生孔隙、次生孔隙及混合孔隙的存在而具有很高的孔隙度，同时受构造作用影响易形成断层而导致内部各种走向、尺寸的裂缝交错存在。碳酸盐岩如石灰岩、白云岩等碳酸盐矿物组成的沉积岩的颗粒之间一般发育着由各种成岩作用形成的孔、洞及构造作用所形成的构造裂缝。火成岩如玄武岩和安山岩等由于岩浆喷发、溢流、冷却、结晶、风化作用及构造运动等因素，在内部存在着气孔、收缩孔、膨胀孔、风化裂缝、成岩裂缝和收缩裂缝等漏失通道。变质岩中也普遍存在着因物理风化、化学淋溶和构造作用等形成的风化裂缝和溶蚀孔隙，形成漏失通道。井壁岩石封堵的对象就是存在于井壁岩石中的各种各样的未被固体物质占据的不连续空间，主要包括孔隙、裂缝和溶洞等。为更详细地了解井壁岩石存在各类孔缝特征，需要首先对井壁岩石孔缝进行系统分类。

一、井壁岩石孔缝的分类

井壁岩石存在的漏失通道总体划分为孔隙型、裂缝型、洞穴型、孔隙裂缝型和洞穴裂缝型等五种类型。下面主要对前三种类型进行介绍，后两种可认为是前三种的组合。

（一）井壁岩石孔隙型漏失通道的特征及分类

井壁岩石存在的孔隙型漏失通道是以孔隙为基础、由喉道所连通形成的，孔隙和喉道的组合关系一般称为孔隙结构。井壁岩石存在的孔隙按照尺寸级别可分为大型、中型和小型孔隙。孔隙之间由喉道连通，喉道是两个颗粒间连通的狭窄部分或者两个较大空间之间的收缩部分。每一条喉道可以连通两个孔隙，而一个孔隙至少可以和 3 条以上的喉道相连接，最多的可以与 6 条和 8 条连通。喉道可分为粗、中、细和微细型。孔隙和喉道的具体划分标准见表 2.1。

表 2.1　孔隙结构类型划分标准[1]

孔隙级别	孔隙平均孔宽/μm	喉道级别	喉道平均直径/μm	最大连通喉道半径/μm	主要连通平均喉道半径/μm
大	＞100	粗	＞50	＞100	＞100
中	20～100	中	10～50	55～100	30～100
小	＜20	细	1～10	5～55	5～30
		微细	＜1	＜5	＜5

砂、砾岩和碳酸盐岩由于成因不同导致具有的孔隙型通道的基本形态有所差别。对于砂、砾岩而言，其孔隙基本类型有四种：粒间孔、溶蚀孔、微细孔和裂隙。常见的孔隙喉道有四种：①喉道是孔隙的缩小部分，特点为孔隙大、喉道粗，孔隙与喉道直径比接近 1，粒间胶结物少，固结疏松；②喉道断面是可变收缩部分，特点是孔隙大（或较大）、喉道细，孔隙与喉道直径比很大；③片状或弯片状喉道，特点是结构细小，孔喉比由中等到大；④管束状喉道，常见于砂岩骨架颗粒间的杂基支撑及孔隙和基底胶结类型之中，孔喉比近似于 1。砂、砾岩的孔隙和喉道有大小和粗细之分（表 2.2），并可以按照一定的搭配关系组合成十种孔喉组合类型，主要包括：粗喉道-大孔型、粗孔喉道-中孔型、中喉道-大孔型、中喉道-中孔型、中喉道-小孔型、细喉道-中孔型、细喉道-小孔型、细喉道-微孔型、微喉道-中孔型和微喉道-小孔型等[1]。

表 2.2　砂、砾岩孔喉分类[1]

孔隙		喉道	
类型	中值直径界限/μm	类型	分级界限/μm
大孔	＞60	粗喉道	＞7.5
中孔	30～60	中喉道	7.5
小孔	10～30	细喉道	1.2
微孔	＜10	微喉道	＜0

对于碳酸盐岩来说，其孔隙类型可分为原生孔隙和次生孔隙[2]，原生孔隙包括残余粒间孔隙、生物遮蔽孔隙、生物体腔孔隙等，次生孔隙包括晶间孔隙、晶间溶孔、铸模孔隙、粒内溶孔、粒间溶孔等。孔隙之间连通的喉道的类型可分为管状喉道、缩颈喉道、片状喉等，喉道大小及分布有四种类型，具体分布见表 2.3[1]。

表 2.3 碳酸盐岩喉道大小及类型分布表[1]

吼道类型	平均孔喉直径/μm
反阶梯型	0.01～0.09
单峰细歪度型	0.09～1
单峰粗歪度型	1～10
多峰型	4～20

(二) 井壁岩石裂缝型漏失通道的特征及分类

通过对井壁岩心的观察和成像测井资料分析[3]，发现井壁岩石中的裂缝型漏失通道具有诸多特点。裂缝在各类地层中分布和发育是不均匀的，形状可能为直线式、曲线式、波浪式等，表面可能光滑或粗糙，且延伸长度不一。同时裂缝可能以张开状态存在，也可能以闭合状态存在。张开裂缝的开度大小可以反映裂缝规模，这对钻井流体的漏失具有重要影响。砂、砾岩和碳酸盐岩根据裂缝开度的具体划分方法见表 2.4[1]。

表 2.4 根据裂缝开度的裂缝分类[1]

砂、砾岩地层		碳酸盐岩地层	
裂缝类别	开度/μm	裂缝类别	开度/μm
大裂缝	＞15000	大裂缝	＞100
宽裂缝	4000～15000	小裂缝	50～100
中裂缝	1000～4000	微裂缝	10～15
细裂缝	60～1000	毛细管裂缝	＜10
毛细管裂缝	0.25～60		
超毛细裂缝	＜0.25		

井壁岩石的裂缝按照倾角大小可分为垂直裂缝(倾角为 70°～90°)、斜交裂缝(20°～70°)、水平裂缝(0°～20°)和网状裂缝(各种裂缝交叉成网)[1]。裂缝按照成因可分为构造裂缝和非构造裂缝。构造裂缝是在一定的岩石应力作用下形成的，包括张性缝、剪切缝、张剪性缝等。非构造缝是在非构造应力作用下的形成的，此类裂缝按照形成时期与沉积或成岩作用时期的先后序列，可分为原生裂缝和后生裂缝两种，其中原生裂缝又可分为干燥收缩失水裂缝、脱水裂缝、热收缩裂缝及矿物相变裂缝等；后生裂缝包括抬升作用造成应力释放形成的裂缝，由于风化、剥蚀、岩溶等表面作用形成的裂缝，以及钻完井过程或压裂过程中形成的诱导裂缝(水力裂缝)等。裂缝形成后内部可以形成各种后生矿物，从而也可以形成填充式裂缝。

(三) 裂缝岩石洞穴型漏失通道的分类及特征

井壁岩石中存在的洞穴一般形状不规则且大小不一[4]，如溶蚀洞穴小者 0.2m，而碳酸盐岩洞穴大者可达十多米，其根据其空间形态可以简单分为四种类型：①廊道型：洞穴长度≥宽度，一般有一个延伸方向稳定的主通道；②厅堂型：洞穴长度≈宽度，洞顶和洞壁比较平整；③倾斜型：洞顶向里倾斜，洞口向外成喇叭形，断面常呈三角型；④迷宫型：洞穴呈网状交织分布，各通道不规则交汇分叉，互相连通，洞口、洞壁、洞顶形状不规则。洞穴大多分布在碳酸盐岩、黄土及煤层所形成的烧变岩中，分布非均质性很强。当洞穴中存在水等地层流体时，会给钻井堵漏施工带来更大难度。

二、井壁岩石孔缝强封堵的意义

正是由于井壁岩石存在上述各种各样的漏失通道，在钻完井、固井、测试或者修井等各种井下作业过程中，各种工作流体(包括钻井液、完井液、水泥浆和修井液等流体)在压差存在下可以通过各种漏失通道进入地层内，引发井漏、井壁失稳，继而诱发阻卡与卡钻等井下复杂情况与事故。例如，当钻井液体系对硬脆性泥岩内部的膨胀性黏土矿物如蒙脱石、伊蒙混层等抑制能力不足，硬脆性泥岩与侵入微裂缝的滤液接触后会发生水化膨胀，硬脆性岩石层间距增大、强度降低，导致硬脆性泥岩的剥落与掉块，从而引发井径扩大，极易造成井壁失稳。当井漏发生时，不仅会损失昂贵的工作流体，还会引发井塌、卡钻、井喷等一系列复杂情况，延误钻井作业时间，延长钻井周期，甚至导致井眼报废，极大地增加了建井的综合成本；当井漏发生在储层段时，会导致严重的储层损害进而影响产能，对油气资源的勘探开发工作带来严重的影响并造成巨大的经济损失。因此，使用各种堵漏材料如桥接堵漏材料、高失水堵漏材料、暂堵材料、化学堵漏材料、无机胶凝堵漏材料和软硬塞堵漏材料等封堵井壁岩石孔缝、降低井漏风险或减小井漏程度具有重要意义。

为提高井壁岩石的封堵程度，国内外学者提出了多种封堵理论、方法与技术。如Abrams[5]首次提出孔隙型储集层的1/3架桥理论、罗向东、罗平亚等[6-8]先后提出针对孔隙型和裂缝性储集层漏失的屏蔽暂堵技术；张金波、鄢捷年等[9-11]基于颗粒堆积效率最大值原理，提出理想充填理论和d_{90}(指90%的颗粒直径小于该值)原则；Aston等[12]提出了避免裂缝进一步扩展的“应力笼”理论等。井壁岩石强封堵理论是指封堵材料不但可对井壁岩石孔缝实现全尺寸封堵，而且封堵材料与漏失壁面和封堵材料内部间通过某种作用形成更高强度的封堵、阻止井筒钻井液压力向地层内部传递等，防止井漏的发生。

第二节　颗粒紧密堆积封堵理论

实现井壁岩石孔缝强封堵的方法虽然很多，但一般可分为物理法、化学法、物理化学法、生物法等，本节介绍利用刚性颗粒通过紧密堆积的方式实现强封堵的方法，主要包括屏蔽封堵、多级粒子精细封堵(如分形几何封堵、d_{90}理想充填封堵、广谱封堵、碱性微米纤维封堵、d_{50}原则封堵)。这些方法和技术最早用于保护油气层的钻井液，同样也可用于封堵非油气层井段，达到防漏堵漏、稳定井壁等目的。

一、屏蔽封堵理论

该理论也称为“屏蔽暂堵理论”。在钻井过程中，钻井液在正压差(即钻井液液柱压力与孔隙压力之差为正值）的作用下，使钻井液中的固相颗粒和液相进入油气层内部，造成油气层损害，其中固相颗粒可造成近井壁油气层渗透率下降 90%以上[11]。为解决固相颗粒的损害难题，1977 年 Abrams 等[5]提出了“1/3 架桥规则”，即往钻井液中加入架桥颗粒，并使架桥颗粒的平均粒径等于或者略大于油气层孔隙尺寸的 1/3，同时架桥颗粒的含量大于钻井液固相含量的 5%，此时可很好地封堵油气层孔喉，阻止钻井液中的固相颗粒进入油气层内部损害油气层，如图 2.1(a)所示。

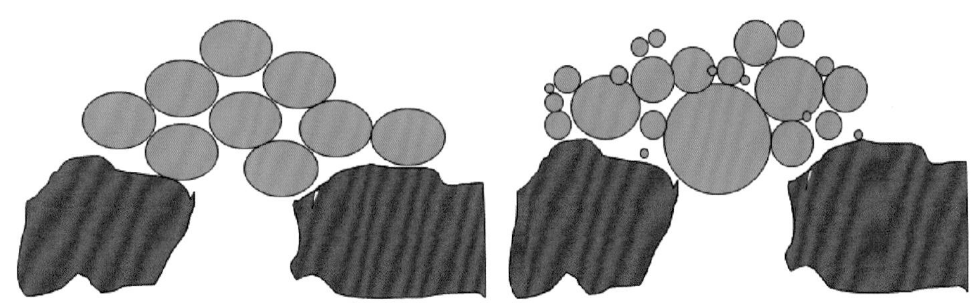

图 2.1 架桥封堵规则

我国从“七五”开始全面开展了保护油气层技术的研究工作，罗向东、罗平亚等[7]研究者于“七五”、“八五”期间(1986～1990 年、1991～1995 年)对 Abrams 的 1/3 架桥规则进行改进，提出往钻井液中分别加入 1/2～2/3 孔喉直径的架桥粒子(含量大于 3%)、约 1/4 孔喉直径的充填粒子(加量大于 1.5%)，以及软化点与油气层温度相适应、粒径与充填粒子相当的可变形粒子(加量一般为 1%～2%)，使在极短时间内，利用正压差，使架桥粒子、充填粒子和可变形粒子进入油气层孔喉，在近井壁处形成渗透率接近“零”的屏蔽堵塞带，阻止后续固相和液相继续侵入油气层，避免油气层被损害，完钻后利用射孔、化学溶解、返排等方法解除该堵塞带，恢复油气流动。该技术的本质是实现了将不利因素“压差、固相”转变为对保护油气层有利的因素，并称为“屏蔽暂堵技术”[7, 13-19]，如图 2.1(b)所示。该技术主要用来解决裸眼井段多压力层系的保护油气层技术难题。利用钻进油气层过程中对油气层损害的两个不利因素(压差和钻井完井液中固相颗粒)，将其转变为保护油气层的有利因素，使得钻井完井液、固井水泥浆滤液、压差和浸泡时间等对油气层损害的因素所诱发的油气层损害尽可能减小。

屏蔽暂堵材料一般包括架桥粒子、充填粒子和可变形粒子。根据暂堵材料的溶解方式可将其分为酸溶性、碱溶性、油溶性、水溶性暂堵剂。酸溶性暂堵剂主要以超细 $CaCO_3$ 为主，在碳酸盐岩储层中的应用极为广泛。

油溶性暂堵剂主要以各种油溶性树脂为主，王松等[20]、任占春等[21]分别评价了 JHY 油溶性树脂暂堵剂、HP-15 暂堵剂和 TB-1 暂堵剂的暂堵、解堵性能，它们在室内实验及现场应用中都有较好的效果。还有学者研究了应用破胶剂解堵的化学暂堵材料[22, 23]。HPG 延缓交联型屏蔽暂堵剂(由增稠剂、交联剂、破胶剂、黏土稳定剂、助排剂、杀菌剂和 pH 调节剂等组成)的稠化、交联、暂堵性能很好，屏蔽环在破胶剂及适当温度下可高效解除。

对高含 H_2S 及 CO_2 气的碳酸盐岩储层无法使用碱溶性暂堵剂，因为在钻井完井过程中，为了防止 H_2S 及 CO_2 腐蚀设备，保证作业、人员安全，必须使用高 pH 的钻井完井液，pH 最高可达 11～12。在这种情况下，碱溶性暂堵剂根本不能形成屏蔽环。油溶性暂堵滤饼解除时需要使用油基材料，而油基材料成本较高并会带来环境污染等问题，因此限制了其广泛应用。水溶性暂堵材料很少应用到钻井完井作业中，多数应用在修井作业时。很明显，酸溶性暂堵材料以及化学暂堵材料更适用于高含 H_2S 及 CO_2 气的碳酸盐岩储层钻井完井作业，当然酸溶性暂堵材料以超细 $CaCO_3$ 为主的局面应当有所改变，因为 $CaCO_3$ 性脆且强度较低，有时无法满足高压作业要求。

水溶性暂堵剂以不同粒径、不同种类的盐粒为主，完钻后通过低矿化度水溶解暂堵环而解除堵塞，恢复油气层渗透率和油气流动通道。该暂堵技术因采用低矿化度水时，会对水敏性油气层造成水敏性损害等因素而使用较少。

据《中国油气田开发志》记载[24]：1991 年 1 月屏蔽暂堵保护油气层技术首次在塔里木油田轮南 2-1-2 井现场试验成功，1992 年在低孔、低渗透油气藏——下二门油田下 J5-907 井上首次试验成功。继而在“八五”、“九五”期间，人们对屏蔽暂堵技术进行了大面积推广应用，甚至在某些油田沿用至今，取得了很好的保护油气层效果。例如，1993 年，杨金荣等[25]将屏蔽暂堵技术运用到水包油完井液中，并在夏子街油田应用，使单井产油量提高 50%左右；张育慈等[26, 27]将屏蔽暂堵技术在新疆的夏子街油田和彩南油田大规模应用了 1000 多口井，单井出油量均有 10%～20%以上的提升。屏蔽暂堵技术在国内各大油田数万口井的成功应用，都使单井油气产量得到明显提高，并可解决裸眼井段多压力层系保护油气层的技术难题，实现了井壁岩石孔缝强封堵。

二、多级粒子精细封堵理论

屏蔽封堵理论实现强封堵的方法是采用单一种类封堵剂作为架桥粒子，配合充填粒子和可变形粒子，但由于井壁岩石孔缝尺寸分布范围宽，单一种类封堵剂的粒径分布范围有限、难以封堵所有尺寸的井壁岩石孔缝，影响封堵效果。为此，蒋官澄等[28]首次针对该问题提出了改进方法，并于 1999 年在《石油钻探技术》第一次报道了如何改进屏蔽封堵技术、如何对孔径分布范围很宽的井壁岩石孔缝都实现封堵的新思路——同时加入几种不同粒径和种类的架桥粒子。后来的研究者按照该思路发展了包含分形几何封堵、d_{90} 理想充填封堵、广谱封堵、碱性微米纤维封堵、d_{50} 原则封堵在内的多级粒子精细封堵理论。

(一)分形几何暂堵理论

经过科学研究总结发现[29]，破碎体的粒度尺寸分布具有分形性质，可以用幂函数关系来描述。其中最具有代表性的是 *G-S* 分布和 *R-R* 分布[30]。这两种分布函数都是经验总结。

若暂堵剂颗粒粒径分布具有分形性质，则根据分形理论中盒维的概念，粒径为 d 的颗粒数目 $n(d)$ 同分维数 D 之间存在着如下的幂函数关系：

$$n(d) \sim d^{-D} \tag{2.1}$$

式中，D 为颗粒尺寸分布分形维数。

设粒径分布是连续的，可以用积代替求和，则粒径大于 d 的颗粒累积质量 $M(>d)$ 为

$$M(>d)\propto\int_{d}^{d_{\max}}m(d)\mathrm{d}(d) \tag{2.2}$$

式中，$d_{\max}$ 为最大粒径；$m(d)$ 代表粒径为 d 的颗粒质量。

设暂堵剂的密度为ρ，粒径为 d 的颗粒体积为 $V(d)$，则有

$$m(d)=\rho V(d)=\rho\frac{4}{3}\pi d^3\propto d^3 \tag{2.3}$$

将式(2.1)和式(2.3)代入(2.2)，得

$$M(>d)\propto\int_{d}^{d_{\max}}d^{2-D}\mathrm{d}(d) \tag{2.4}$$

将式(2.4)积分得到

$$M(>d)=A(d_{\max}^{3-D}-d^{3-D}) \tag{2.5}$$

式中，A 为常数。将式(2.5)中 d 换为最小粒径 $d_{\min}$，得到颗粒总质量 M 的表达式为

$$M=A(d_{\max}^{3-D}-d_{\min}^{3-D}) \tag{2.6}$$

联立式(2.5)和式(2.6)，得到粒径小于 d 的颗粒累积质量分数 $\varphi(<d)$ 为

$$\varphi(<d)=1-\frac{d_{\max}^{3-D}-d^{3-D}}{d_{\max}^{3-D}-d_{\min}^{3-D}} \tag{2.7}$$

由于 $d_{\max}\gg d_{\min}$，式(2.7)可简化为

$$\varphi(<d)=\left(\frac{d}{d_{\max}}\right)^{3-D} \tag{2.8}$$

式(2.8)即为暂堵剂粒度尺寸分布的分形模型构造表达式。

采用激光粒度分析仪对物料进行粒度分析，通常得到的是该物料的颗粒体积尺寸分布资料。如果设小于粒径 d 的粒子累积颗粒体积几率为 $P(<d)$，则式(2.8)又可写成

$$P(<d)=\left(\frac{d}{d_{\max}}\right)^{3-D} \tag{2.9}$$

储层孔隙尺寸分布和暂堵剂颗粒分布均在自相似范围内具有分形特征。储层孔隙分布分维值和暂堵剂颗粒尺寸分布分维值表示了砂岩孔隙空间和颗粒尺寸分布的复杂程度，能够较好地反映孔隙和颗粒尺寸的真实分布情况。因此，可以根据储层砂岩孔隙分布的分维值，选取具有相同或相近颗粒分布分维值的暂堵剂作为此储层优选的暂堵剂。

基于此思想建立了暂堵剂优选分形理论模型[31]。

其主要流程分以下几个步骤：

(1) 根据图像分析等方法得出砂岩岩样孔隙体积累积分布曲线，利用对砂岩孔隙尺寸分布所建立的分形模型，测定和计算出岩样孔隙尺寸分布的分维数 D_1 和平均孔隙直径。

(2) 根据“2/3 架桥规则”，确定要采用的暂堵剂中刚性粒子的平均直径，并据此初选出暂堵剂中的刚性粒子暂堵剂。

(3) 按 1/3～1/4 的充填规则和其他要求(如荧光、油溶等)，确定提供充填粒子和可变形颗粒暂堵剂的平均颗粒直径。

(4) 根据粒度分析仪对暂堵剂进行粒度分析，得到颗粒尺寸分布资料，利用暂堵剂颗粒粒度分布分形模型测定和计算出各种暂堵剂的分形维数。

(5) 对初选的几种暂堵剂进行各种比例的复配。

(6) 采用与步骤(4)相同的方法测定各复配暂堵剂粒度尺寸分布的分形维数 D_2。

(7) 选择 D_2 最接近 D_1 的复配暂堵剂配方，将其作为在分维数为 D_1 的储层中钻进时储层保护的最优暂堵剂配方，也就是说作为最优的封堵方案。

(二) d_{90} 理想充填理论

理想充填理论主要体现在：对于保护储层的钻井液需要根据孔喉尺寸加入具有连续粒径序列分布的暂堵剂颗粒来有效地封堵储层大、中、小不等的各种孔喉，以及暂堵颗粒之间形成的孔隙。只有形成这种合理的粒径序列分布，才能确保形成滤失量极低的致密泥饼，防止钻井液和固相颗粒侵入储层。经论证，当暂堵剂颗粒累积体积分数与粒径的平方根($\sqrt{d}$)成正比时，可实现颗粒的理想充填。也就是说，如果在直角坐标系中暂堵剂颗粒的累积体积分数与 $\sqrt{d}$ 之间呈直线关系，则表明该暂堵剂满足理想充填的必要条件。Hands 等[32]依据“理想充填理论”，进一步提出了便于现场实施的 d_{90} 经验规则，即当暂堵剂颗粒在其粒径累积分布曲线上的 d_{90} 值(指 90%的颗粒粒径小于该值)与储层的最大孔喉直径或最大裂缝宽度相等时，可取得理想的暂堵效果。

根据理想充填理论和 d_{90} 规则，优选新方法的基本操作程序如下：

(1) 选用具有代表性岩样进行铸体薄片分析或压汞实验，测出储层最大孔喉直径(即 d_{90})。d_{90} 也可从孔喉尺寸累积分布曲线上读出。

(2) 在暂堵剂颗粒累积体积分数-$\sqrt{d}$ 坐标图上，将 d_{90} 与原点之间的连线作为该井段的基准线。优化设计的暂堵剂颗粒粒径的累积分布曲线越接近基准线，则颗粒的堆积效率越高，所形成泥饼的封堵效果越好。

(3) 若无法得到最大孔喉直径(如探井)，则可用储层渗透率上限值进行估算，即 $2\sqrt{k_{\max}} \approx d_{90}$。若已知储层平均渗透率 $k_{平均}$，可先确定 d_{50}，即 $2\sqrt{k_{平均}} \approx d_{50}$。然后将 d_{50} 与坐标原点的连线延长，可外推出 d_{90}。或者根据储层渗透率和孔隙度上限值估算最大孔喉直径 d_{90}，即 $2\sqrt{\dfrac{8k_{\max}}{\phi}} \approx d_{90}$；根据储层渗透率和孔隙度平均值估算平均孔喉直径 d_{50}，即$2\sqrt{\frac{8k_{平均}}{\phi}} \approx d_{50}$，一般情况下该计算值较前者精度高。

（三）广谱暂堵理论

由于井壁岩石孔缝尺寸分布范围很宽，以及为解决孔缝尺寸较大井段的封堵，应依据待封堵井段纵向、横向、层内、层间孔喉直径的变化规律确定多种与粒径架桥粒子相匹配的广谱型屏蔽暂堵保护油气层钻井液技术。

选用相匹配的多种粒径的架桥粒子和多种粒径的充填粒子，有效地封堵不均质油气层流动孔喉，在近井眼形成渗透率接近零的屏蔽暂堵带，阻止钻井液固相和滤液进入油气层，实现减少钻井液对油气层损害的目的[33]。

(1) 应用所研究区块目的油气层取心井岩心实测的渗透率与孔喉特性数据，计算出不同渗透率段下的平均$d_{流动50}$（或$d_{主要流动50}$）和d_{max}，$d_{流动50}$为岩心的孔喉尺寸分布百分数达到50%时对应的孔喉尺寸。

(2) 依据油气层的$d_{流动50}$和d_{max}确定多种暂堵粒子的直径。按1/2～2/3储层的$d_{流动50}$选择架桥粒子的d_{50}，使其在钻井液中的含量大于4%；按1/4储层的$d_{流动50}$选择充填粒子的d_{50}，其加量大于1.5%。选择架桥粒子时，必须考虑其d_{90}应等于1/2～2/3储层的d_{max}。

(3) 分析研究油气层渗透率和孔喉直径分布的规律，确定所需各种粒径架桥粒子和填充粒子的比例。

(4) 选用沥青等类产品作为可变形粒子，加量为2%，但其软化点应高于油气层井下温度10～50℃；如地质录井要求使用低荧光钻井液，则可使用乳化石蜡、树脂、聚合醇等类产品。

（四）碱性微米纤维暂堵理论

传统的钻井液暂堵技术主要使用酸溶性、水溶性和油溶性的暂堵剂，特别是酸溶性超细 $CaCO_3$ 的应用最为普遍。近来，国外提出使用碱性微米级的超细纤维素取代超细$CaCO_3$，在钻遇储层时用作钻井液的暂堵剂和滤失控制剂。Verret 等[34]详细介绍了这种新型处理剂在保护储层方面的作用原理及应用。他们认为，尽管使用超细$CaCO_3$具有酸化解堵的优点，但由于它是一种质脆且几乎不可压缩的无机矿物，因而在正压差作用下，其颗粒在孔喉或裂缝处仅能够起到一种架桥作用，而难以通过变形起到有效的封堵作用。同时，$CaCO_3$颗粒的脆性使其在长时间的循环过程中容易被磨细而侵入深部储层，并且只有在钻井液有较高固相含量时才能起到暂堵作用。相比之下，微米级纤维素是由一种具有很强压缩性和轻微膨胀性的纤维状颗粒组成的，因此根据储层特性优选出的这种暂堵剂能够对井壁进行快速封堵，从而最大限度地减少钻井液中的固相和液相侵入储层；并且它在钻井液中的加量比传统的酸溶性暂堵剂$CaCO_3$少得多。Verret 等[34]开发出了一种微米级纤维素暂堵剂，直径在20μm左右、长为2～200μm、粒度中值约50μm，既能对很小的孔喉和裂缝进行封堵，又能通过卷曲对较大的孔喉和裂缝进行充填，难溶于酸却易溶于浓度较大的碱液。刘志明等[35]介绍了一种性脆易加工成要求粒度的新型碱溶钻井液暂堵剂 LZ-1，它含有羟基、羧基、羰基等官能团，在 pH＞9 的碱液中溶解率大于 60%。

微米级纤维素的暂堵机理主要是：

(1) 在钻井液流动过程中，它具有一定的定向作用，趋向靠近剪切速率最低的井壁附近区域，在井壁处滞留并形成多点吸附，迅速形成封堵层。同时一部分纤维状颗粒也会进入近井壁的孔喉或裂缝中，增加泥饼的强度及完整性，使形成的泥饼具有很强的抗冲蚀能力。

(2) 其颗粒尺寸的分布范围很广，几乎是无限可变的。经光电显微镜测定，用于暂堵的微米级纤维素的颗粒尺寸大致是：直径为 20μm 左右，2～200μm。粒度中值 (d_{50}) 约为 50μm。它既能对很小的孔喉和裂缝进行封堵，又能通过卷曲作用实现对较大的孔喉和裂缝的封堵。

实验表明，尽管这种微米级纤维素难溶于酸，但它易溶于浓度较大的碱液中。若使用浓度为 15%的 KOH，足以将其溶解而实现解堵。

(五) d_{50} 暂堵理论

根据 McGeary 的充填理论[36]，可将暂堵剂的粒级按照 1∶7∶38∶316 分为 4 个窄粒级。在这 4 个窄粒级内不会相互充填，下层粒级都能恰好完全充填到上层的孔隙中去，并且每个窄粒级的充填效率都是相同的，并假设充填效率均为 x。第二级充填到第一级的空隙中时，其恰好能完全填充，也就是其表面积不变。

设第二级颗粒充填后，其充填效率为 Q，则

$$Q = x + (1 - x)x \tag{2.10}$$

第一粒级占的百分含量为

$$C_1 = x / Q = \frac{1}{2 - x} \tag{2.11}$$

第二粒级占的百分含量为

$$C_2 = \frac{(1 - x)x}{Q} = \frac{1 - x}{2 - x} \tag{2.12}$$

对于 N 级颗粒系统，按照以上推理，可得到

$$Q_{N+1} = Q_N + (1 - Q_N)x \tag{2.13}$$

$$Q_N = 1 - (1 - x)^N \tag{2.14}$$

每一粒级颗粒的体积分数为

$$C_n = \frac{x(1-x)^n}{1-(1-x)^N} \tag{2.15}$$

对于4个窄粒级系统，McGeary计算得出4个窄粒级的体积分数

$$C_1=0.638;\ C_2=0.239;\ C_3=0.090;\ C_4=0.034;\ Q_N=0.980$$

由此可以得出表2.5。

表2.5 暂堵颗粒的分级堆积特征（N=4）

序号	累计体积分数 V	粒径比（d/d_1）
1	0.034	1/316
2	0.124	1/38
3	0.362	1/7
4	1	1

注：d 为任意粒径；d_1 为窄粒级粒径。

将表2.5中的数据回归后可得到以下回归方程：

$$V = 0.97\sqrt{\frac{d}{d_1}} + 0.031 \tag{2.16}$$

当分窄粒级 $N \to \infty$ 时，上述回归方程可近似变为

$$V = \left(\frac{d}{d_1}\right)^{1/2} \tag{2.17}$$

因此，达到最紧密堆积时，颗粒的累计体积分数与粒径比的平方根成正比。

同样，根据Fuller经验曲线[33]，对于这种连续分布的颗粒体系，当其分布模数 n=0.5时，达到最佳紧密堆积状态，此时，暂堵剂的充填效率最高。也就是说，当暂堵剂颗粒累积体积分数与粒径的平方根（即 $d_{1/2}$）成正比时，可实现颗粒的紧密堆积。因此，钻井液中暂堵剂达到紧密堆积时的粒度分布模型为

$$\text{CPFT} = \left(\frac{d}{d_{\max}}\right)^{1/2} \tag{2.18}$$

式中，CPFT为直径小于等于 d 的所有颗粒的累计体积（或质量）分数；d 为任意粒径；$d_{\max}$ 为颗粒体系中的最大直径。

根据McGreay的充填理论和Fuller经验曲线，可以看出，当钻井液中暂堵剂颗粒满

足式(2.18)时，暂堵剂颗粒体系堆积密度最大，空隙率最低，形成的泥饼也就最为致密，从而可以实现理想充填。

据此，Kaeuffer[36]首先提出了适合石油工业暂堵剂颗粒的“理想充填理论”，又称作“$d_{1/2}$理论”。该理论认为：如果在直角坐标系中暂堵剂颗粒的累计体积分数与粒径的平方根(即$d_{1/2}$)之间呈直线关系，则表明该暂堵剂满足理想充填的必要条件，可实现暂堵剂颗粒的理想充填，达到最佳暂堵效果。

第三节 “应力笼”强封堵理论

在国内外钻井实践中，钻井液工程师发现在钻井液中加入一些颗粒类添加剂如碳酸钙等能够有效减少井漏的发生频率和严重程度，并且通过加入颗粒类材料来预防井漏和减缓漏失已经成为钻井液工程师的通用做法，如在第二节介绍的屏蔽封堵和多级粒子精细封堵。然而，这些颗粒类添加剂预防井漏和减缓漏失的作用机理当初并没有形成共识，“应力笼”物理模型的提出成功地解释了作用机理，并已成为国内外提高薄弱地层承压能力、强化井眼、预防井漏和减缓井漏程度的关键理论方法之一。

一、“应力笼”物理理论模型及拓展

(一)“应力笼”理论

“应力笼”理论又称“定向楔”理论。当钻进压力衰竭地层时，由于上部地层有正常压力梯度，需要平衡上部压力地层的钻井液密度很可能超过下部压力衰竭地层的地层破裂压力当量密度，从而致使地层被压裂发生钻井液流向裂缝内的漏失。当在深水区域如北海等钻井时，泥线附近区域地层压力与地层破裂压力接近，因此钻井液安全密度窗口较窄，钻井作业施工中极易因地层承压能力较低而引发诱导裂缝，增加钻井液的漏失。这类薄弱地层或承压能力低的地层的钻井作业引发了因钻井液密度过大导致地层出现诱导裂缝型漏失的风险。因此提高这类地层的承压能力对安全钻井作业有着重要意义。为了实现这一目的，英国BP公司的工程师Aston等[12]首次提出“应力笼”理论，即钻井过程中允许井眼中小的诱导裂缝出现，钻井液中架桥颗粒会迅速在裂缝开口处形成桥塞，此桥塞必须足够致密，一方面对井壁诱导裂缝起支撑压缩作用，另一方面则避免钻井液压力进一步向裂缝尖端传递引发裂缝进一步延伸。小型诱导裂缝中的桥塞能够增加井壁周向应力，从而提高地层的承压能力。“应力笼”指钻井液中颗粒类封堵材料在井壁浅裂缝开口处形成致密封堵后的近井地带“笼状”高应力区域。

固相颗粒在新形成的裂缝开口处或近开口处形成致密架桥堆积[37](图2.2)，如果地层渗透性相对于封堵层渗透性足够高，封堵层裂缝中的流体将会通过裂缝壁面渗滤散失，此时封堵层内部裂缝内的压力会逐渐降低，最终恢复到地层压力，则裂缝将会在此压力下重新闭合，同时挤压架桥封堵层，从而使井眼周向应力升高[37](图2.3)。

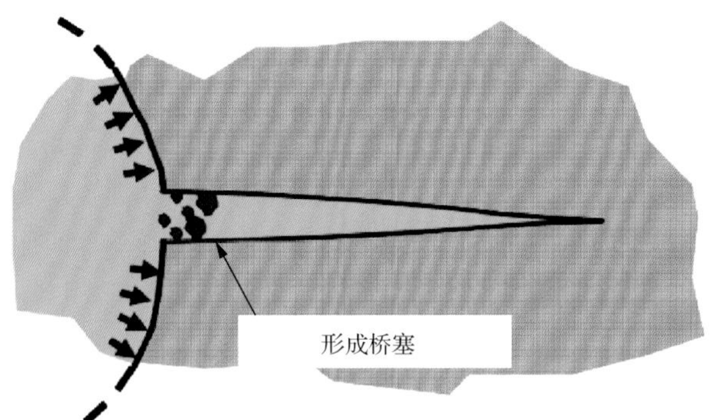

图 2.2 在裂缝开口处建立架桥封堵层[37]

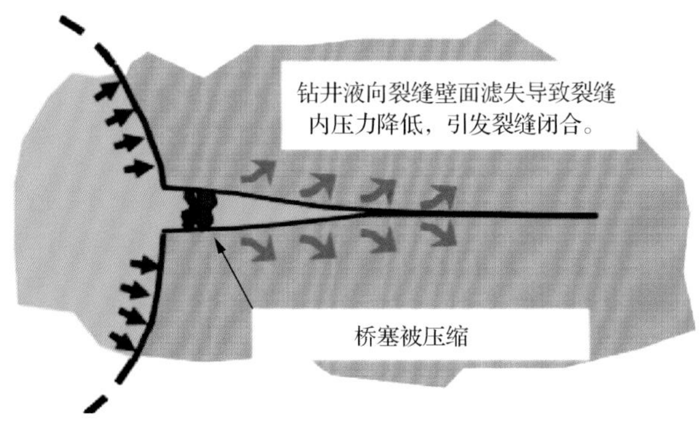

图 2.3 架桥封堵层内流体和压力的散失以及裂缝对架桥封堵层造成挤压[37]

假设井壁上形成了小型诱导裂缝，则钻井液保持诱导裂缝开启的压力与裂缝尺寸、地层岩石参数等因素有关，关系式为[1]

$$\Delta p = \frac{\pi}{8} \cdot \frac{w}{R} \cdot \frac{E}{1-\nu^2}$$

式中，Δp 为保持裂缝开启的压力；w 为裂缝开度；R 为裂缝半径；E 为井壁岩石的杨氏模量；ν 为井壁岩石的泊松比。

虽然在“应力笼”理论中保持裂缝张开的不再是钻井液的压力而是致密桥塞的支撑应力，但是此关系式仍可以用来分析上述关键因素对提高井眼周向应力的影响。上述因素的敏感性分析表明，在井壁形成浅诱导裂缝更有利于提高井眼强度。用于形成致密桥塞的架桥颗粒首先需要有合适的颗粒尺寸分布，能够快速有效地在近井壁地带诱导裂缝入口处或近入口处形成致密桥塞，保护地层不被进一步压裂。另外，架桥颗粒需要有足够的强度而不至于在裂缝闭合压力下破碎导致封堵层渗透率提高或封堵失效。井周应力增加的程度将取决于封堵层形成位置、封堵程度、岩石硬度和封堵层内裂缝中的压力降低程度。如果地层孔隙压力远低于钻井液液柱压力，封堵层后裂缝中的压力将会降低很多，同时裂缝壁面对封堵层的挤压力将越高，井周应力增加程度也越大。相反，在高压地层，钻井液液柱压力与地层孔隙压力之间的压差较小，因此裂缝壁面对封堵层的挤压力将越小，井周应力增加程度也越小。

（二）“应力笼”理论的拓展

此后，国内外学者进一步对“应力笼”理论进行了发展。Aston 等[38]提出针对泥页岩地层井眼强化的新措施，论证了在泥页岩地层通过“应力笼”方法强化井眼的可行性，即通过支撑和有效封堵裂缝端面，形成致密封堵带阻止流体向裂缝内进一步滤失。如李家学[39]根据“应力笼”理论提出了封缝即堵钻井液堵漏技术，即封堵剂在钻井液漏失量很少且很短时间内在裂缝中架桥、填充，形成低渗透率、高强度的填塞层。

侯士立等[40]提出了刚性楔入承压封堵技术。刚性承压封堵技术主要通过一定尺寸级配的刚性架桥颗粒在大裂缝中架桥，沉积出坚实的“填塞段”，阻止裂缝进一步扩张、延伸，从而降低漏失量，提高地层的承压能力。所使用的刚性封堵剂具有高强度、可酸溶的特点，也适用于储层段的承压封堵施工。另外，还配合使用了可膨胀封堵剂和低渗透封堵剂，进一步提高了填塞段的致密性和封堵强度。此技术已在大港油田、冀东油田和长庆油田获得成功应用。

四川油气田海相碳酸盐岩地层灰岩天然致漏裂缝的壁面比较光滑，桥塞型堵漏材料难以在裂缝内“立足生根”，不能形成稳定的承压带，直接导致承压堵漏失败。贺明敏等[41]通过研究架桥堵漏材料在裂缝内的堆积状态和封堵类型，提出了“笼状结构体封堵裂缝”的理论，剖析了笼状结构体的组成，建立了理想物理模型，研制出了形成笼状结构体的关键材料 SWDJ，得到了能稳定封堵光滑壁面裂缝的堵漏材料配方和堵漏钻井液体系配方，该配方的承压能力大于 5.0MPa，抗温能力大于 150℃。笼状结构体堵漏技术在处理四川油气田海相地层恶性井漏事故方面具有一定可行性。

李大奇等[42]从裂缝承压失稳机理出发，建立了考虑封堵层和裂缝扩展的承压堵漏新模型，得出裂缝性地层承压能力由封堵层承压和裂缝扩展共同决定，提高承压能力要求堵漏材料抗压强度高、封堵层摩擦系数大、弹性变形率高、渗透率低，封堵层尽量封至缝口及封堵层厚度适中；新型交联成膜堵漏配方对 1～5mm 宽的裂缝，封堵层承压可达 20MPa，抗返吐达 3MPa 以上，现场应用显著提高了地层承压能力。据此指导研发了高承压堵漏配方，形成了新型交联成膜堵漏技术，并开展了现场应用。

此后，基于“应力笼”理论或其拓展理论所形成的承压堵漏技术得到了广泛应用并取得了很好的应用效果[43-47]。“应力笼”理论为低压薄弱地层或恶性漏失地层的井漏处理方法及承压堵漏机理提供了有效的理论基础。

二、“应力笼”理论强化井眼机理

王贵等[48]依据线弹性岩石力学理论和岩石断裂力学基本理论，揭示了钻井液在裂缝内形成致密封堵层阻止诱导裂缝延伸并提高裂缝重启压力，从而提高地层承压能力的作用机理，对“应力笼”理论如何提高裂缝重启压力进行了力学分析。

设堵漏材料在裂缝内某位置形成桥塞，则裂缝被分为“缝尖段”和“隔墙段”两部分，则缝尖段内的钻井液压力介于井筒内钻井液压力与地层孔隙压力之间：

$$p_{\mathrm{p}} < p_{\mathrm{t}} < p_{\mathrm{w}} \tag{2.19}$$

式中，p_p 为地层孔隙压力，MPa；p_t 为缝尖段流体压力，MPa；p_w 为井筒内钻井液压力，MPa。

人工隔墙在裂缝中的形成过程是流体占据部分裂缝空间逐渐转变成由堵漏材料占据、由液压支撑裂缝壁面转变成堵漏材料支撑裂缝壁面的过程。承压堵漏后裂缝内压力分布可以表示为

$$p_f = \begin{cases} p_w, & r_w \leqslant x \leqslant x_b \\ \lambda p_w, & x_b \leqslant x \leqslant r_w + L_f \end{cases} \tag{2.20}$$

式中，p_f 为缝内压力，MPa；$\lambda = \dfrac{p_t}{p_w}$，且 $\dfrac{p_p}{p_w} < \lambda < 1$；$r_w$ 为井眼半径，m；L_f 为裂缝单翼长度，m；x_b 为堵漏材料封堵位置坐标。

假定井壁岩石为均质各向同性弹性体，且裂缝为 I 型断裂，诱导裂缝为无限大板内孔轴对称垂直双翼裂缝，所建立的诱导裂缝断裂力学模型如图 2.4 所示。

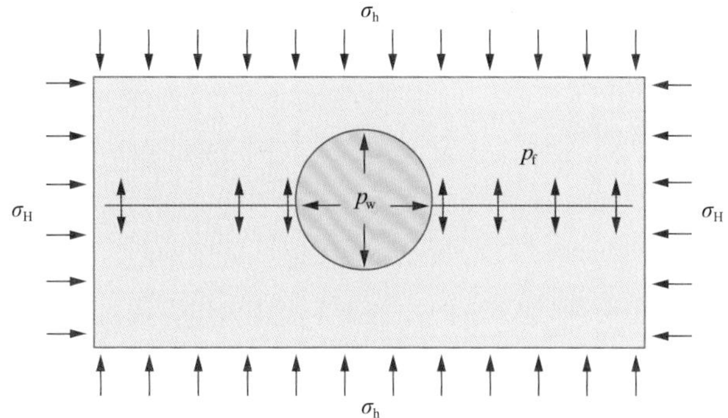

图 2.4 诱导裂缝的断裂力学模型[11]

根据线弹性岩石断裂力学，当裂缝尖端应力强度因子小于地层岩石的断裂韧性时，裂缝停止延伸，即满足以下条件[49]：

$$K_I < K_{IC} \tag{2.21}$$

式中，K_I 为 I 型裂缝尖端应力强度因子，$MPa \cdot m^{1/2}$；K_{IC} 为地层岩石的 I 型断裂韧性，$MPa \cdot m^{1/2}$。

根据线弹性力学的叠加原理，裂缝尖端应力强度因子由边界载荷和缝内压力引起的裂缝尖端应力强度因子的线性叠加，即

$$K_I = K_I(\sigma_H) + K_I(\sigma_h) + K_I(p_w) + K_I(p_f) \tag{2.22}$$

式中，σ_H 为最大水平主应力，MPa；σ_h 为最小水平主应力，MPa；$K_I(\sigma_H)$、$K_I(\sigma_h)$、$K_I(p_w)$、$K_I(p_f)$ 分别为 σ_H、σ_h、p_w、p_f 引起的裂缝尖端应力强度因子，$MPa \cdot m^{1/2}$。

缝内压力引起的强度因子与封堵层位置关系密切。对于堵漏材料在裂缝入口处实现封堵，即封门时，$x_b = r_w$，计算而得的 $K_I(p_f)$ 取得最小值，则 K_I 也取得最小值。虽然

从断裂力学角度此情况最有利于裂缝停止延伸，但实际中易造成封堵层脱落、破坏导致封堵失败。对于堵漏材料在裂缝末端处实现封堵，即封尾时，$x_b = r_w + L_f$，计算而得的 $K_I(p_f)$ 取得最大值，则 K_I 也取得最大值，最不利于裂缝止裂。对于堵漏材料在裂缝内部处实现封堵，即封喉时，$r_w < x_b < r_w + L_f$，K_I 获得适宜大小满足裂缝止裂条件。综上所述，封门、封喉、封尾三种形式中，封喉对阻止裂缝延伸最优。当封堵位置一定时，缝尖段内压力只有小于最小水平主应力时才能阻止裂缝延伸，且缝尖段内压力越小，裂缝延伸长度越短。

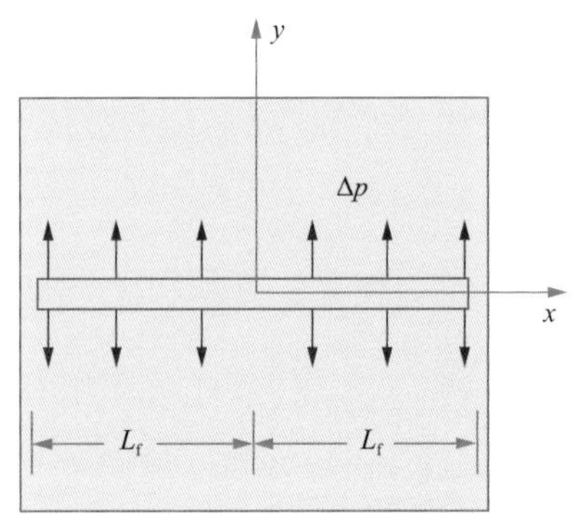

图 2.5　线性裂缝物理模型[48]

根据线弹性理论，缝内压力对裂缝壁面附近岩石产生压缩变形，从而开启诱导裂缝，则裂缝壁面附近会产生附加诱导应力场[50]，裂缝重启压力的提高取决于井眼周围岩石裂缝诱导应力场，根据图 2.5 线性裂缝物理模型，各诱导应力分量包括：平行裂缝方向上的诱导应力分量 $\Delta\sigma_x(x,y)$、垂直裂缝方向上的诱导应力分量 $\Delta\sigma_y(x,y)$、诱导剪切应力 $\Delta\tau_{xy}(x,y)$。对于垂直裂缝，$\Delta\tau_{xy}(x,y)=0$。

裂缝闭合应力为水平最小主应力与周向诱导应力之和[51](图 2.6)：

$$\sigma_{FCS}(x,0) = \sigma_h + \Delta\sigma_y(x,0) \tag{2.23}$$

式中，$\sigma_{FCS}(x,0)$ 为裂缝闭合应力，MPa；$\Delta\sigma_y(x,0)$ 为缝面周向诱导应力，MPa。

裂缝重启压力为使裂缝刚好张开而不闭合时的井内流体压力，因此，裂缝重启压力等于裂缝入口处的闭合应力：

$$p_{re} = \sigma_{FCS}(r_w,0) \tag{2.24}$$

式中，p_{re} 为裂缝重启应力，MPa；$\sigma_{FCS}(r_w,0)$ 为裂缝入口处的闭合应力，MPa。

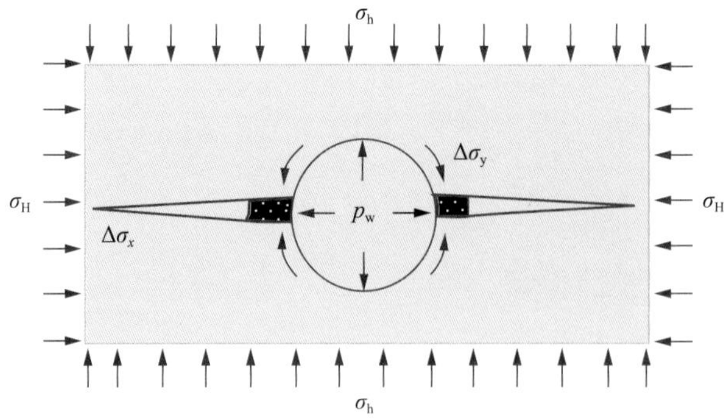

图 2.6　增加裂缝闭合应力示意图[48]

因此，王贵等[48]认为诱导并维持一定大小的周向诱导应力是承压堵漏提高裂缝重启压力的实质。

综上所述，“应力笼”理论成功应用的关键在于两点：①封堵材料具有快速、致密封堵性能(合理的颗粒级配)，能够在诱导裂缝刚形成时快速在裂缝内部形成致密架桥封堵，且承受井筒内钻井液压力而不破坏；②封堵材料具有良好的机械性能(足够刚度和强度)，能够承受裂缝壁面闭合应力而不破碎。这样才能实现裂缝内的楔入桥塞能够隔离裂缝尖端，阻止流体压力向裂缝尖端传递，进而降低缝尖应力强度因子，保持裂缝系统稳定，同时有效维持一定的裂缝周向诱导应力，从而提高裂缝重启压力，起到强化井眼的作用[52]。

“应力笼”理论需要支撑裂缝张开，进而压缩井周地层，提高井周切向应力，还要求地层岩石具有较高的弹性模量，主要适用于裂缝发育程度低的孔隙性地层。地层强化施工过程中，根据安全钻进所需的地层承压能力，可反算“应力笼”理论所需的支撑缝宽，进而优选材料粒径和级配。表 2.6 为颗粒材料典型粒度级别划分[53]。

表 2.6 颗粒材料粒度级别划分[53]

粒级	粒径/mm	目数
A	＞2.000	＜10
B	0.900～2.000	10～20
C	0.400～0.900	20～40
D	0.200～0.400	40～80
E	0.074～0.200	80～200

对于裂缝发育程度低的地层，可人为压开地层，利用钻井液中固相颗粒在缝端架桥，阻碍压力传递或者封堵裂缝。架桥和封堵裂缝，都可以保持裂缝张开从而压缩周围岩石，形成附加周向应力，从而强化地层承压能力。

三、“应力笼”理论现场应用

“应力笼”理论在国内外已得到规模应用，解决了很多井壁失稳、井漏技术难题，下面简要介绍几个“应力笼”理论的现场应用案例。

(一)应用案例 1：北海 W-A 井[53]

北海油田处于开发中后期，地层压力衰竭，深度 5210m 的砂岩段储集层地层压力梯度当量钻井液密度仅为 1.05g/cm^3，破裂压力梯度当量钻井液密度为 1.77g/cm^3。砂岩储集层上部为泥页岩段，坍塌压力梯度当量钻井液密度为 2.40g/cm^3。W-A 井钻遇该压力衰竭层段时，为保证安全钻进，在确保上部泥页岩层段井壁稳定的同时，根据应力笼理论提高下部砂岩层段的地层承压能力。结合地应力和地层岩石力学参数，计算达到目标承压能力所需的支撑裂缝宽度为 1500μm。采用表 2.6 中的 B、C、D 级碳酸钙颗 2 粒作为添加剂加入原钻井液中，通过室内堵漏实验分析确定 B、C、D 级颗粒浓度分别为 10%、7%、5%。加入添加剂强化砂岩段地层后，钻井过程中在井筒液柱压力高出地层孔隙压力程度较大情况下砂岩层段无漏失发生。

（二）应用案例 2：歧探 1 井[5]

歧探 1 井是一口定向预探井，五开井身结构，此井目的层为沙河街沙三段。该井在钻探至井深为 5036m 时出现溢流情况，现场循环加重钻井液密度至 1.72g/cm^3 时出现井漏，井漏速度为 6.8m^3/h，加入单向封闭剂和低渗透封堵剂无效，而且因为井下带有 MWD 仪器，限制了大颗粒堵漏剂的使用，于是决定采用刚性楔入承压封堵技术进行循环封堵。首先停止钻进，使用现场井浆作为配制堵漏浆的基浆，按照现场井浆+2%BZ-RPA-Ⅰ+2%BZ-RPA-Ⅱ+2%BZ-DFT+3%BZ-RPA-Ⅲ+1%BZ-RPA-Ⅳ的堵漏配方配制随钻堵漏浆，小排量泵入 10m^3 堵漏浆进入井筒，堵漏浆到达裸眼后以正常排量继续钻进，堵漏浆直接进入循环系统，现场一次封堵成功。该井最终使用密度为 1.84g/cm^3 压井液压井成功，承压能力提高到 6MPa[44]。

（三）应用案例 3：滨深 2 井[40]

滨深 2 井是一口直井生产井，三开井身结构。该井目的层为沙河街组沙二段。该井使用密度为 1.62g/cm^3 的钻井液钻探至 4006m 时出现失返性井漏，决定使用刚性楔入承压封堵技术进行停钻承压封堵。使用井浆作为基浆，按现场井浆+2%BZ-RPA-Ⅰ+2%BZ-RPA-Ⅱ+2%BZ-DFT+3%BZ-RPA-Ⅲ+1%BZ-RPA-Ⅳ+1%BZ-RPA-Ⅰ+6%BZ-SPA 配方配制封堵浆。下钻至井底，小排量泵入 48m^3 堵漏浆，但漏失仍存在，导致堵漏失败。起钻至套管鞋，增加大粒径刚性封堵剂的浓度，按现场井浆+1%BZ-RPA-0+4%BZ-RPA-Ⅰ+2%BZ-RPA-Ⅱ+3%BZ-RPA-Ⅲ+10%BZ-SPA+5%BZ-DFT 的配方配制堵漏浆，下钻至井底，小排量泵入 35m^3 封堵浆(钻杆内预留 8m^3 封堵浆)，起钻至套管鞋，关闭封井器，以排量 9L/s 憋堵漏浆，憋入 5m^3 钻井液，憋压至 10MPa，稳压 10min 不降。由于裸眼内均为封堵浆，易出现封门效应导致堵漏失败。于是下钻干通，每下 10 柱转动钻具 15min，下钻至井底转动 30min 后，起钻至技术套管内，关井憋压，憋压 10MPa，稳压 30min 不降，堵漏成功。

（四）应用案例 4：南堡 3 井[40]

南堡 3 井是一口定向评价井，四开井身结构。目的层为东营组东三段、沙河街组沙一段。该井四开钻进期间分别在 4450m、4812m、5025m 和 5285m 发生 4 次漏失。由于沙河街段发生多次漏失，地层承压能力不能满足固井要求，随即使用刚性楔入承压封堵技术进行承压封堵。下光钻杆至套管鞋处，此时钻井液密度为 1.42g/cm^3。按现场井浆+1%BZ-RPA-0+4%BZ-RPA-Ⅰ+2%BZ-RPA-Ⅱ+3%BZ-RPA-Ⅲ+10%BZ-SPA+5%BZ-DFT 配制堵漏浆。下钻至井底，小排量泵入 40m^3 封堵浆，起钻至套管脚，关井以 8L/s 的排量憋封堵浆，泵压每升高 0.5～1MPa，停泵稳压 15min，压力不下降则继续憋压，逐步憋压至 13MPa，稳压 15min 不降，憋入 6m^3 钻井液。下钻干通，每下 10 柱旋转钻杆 15min，下钻到底，旋转钻杆 30min 后，起钻至套管脚，关井憋压，憋入 2m^3 钻井液，最终立管压力为 9MPa，套管压力为 6MPa，稳压 30min 不降。重复上述过程，憋入 2m^3 钻井液，最终立管压力为 10MPa，套管压力为 7MPa，稳压 30min 不降。然后下钻到底，将井内封堵浆全部替出，起钻至套管脚，再次进行承压试验，最终泵压升至 8.0MPa，稳压 30min 不降，承压封堵成功，达到固井施工方案要求。

“应力笼”理论成功解释了为什么钻井液中添加碳酸钙等架桥封堵材料能够提高薄弱地层的承压能力，为强化井眼提供了重要理论支撑，促使了各种承压堵漏技术如“定向楔”理论、“刚性楔入”理论的快速发展，从而为世界范围内的衰竭地层钻井和深水钻井等存在薄弱地层的钻井作业的成功提供了有效的方法和指导，对避免钻井过程中井眼坍塌、井漏具有重要意义。

第四节 “多元协同”井壁稳定及封堵理论

井壁稳定问题是力学、物理化学等多学科交叉融合且流体、岩石等多因素共同影响的世界性技术难题。由于井壁稳定问题的高度复杂性，以及研究思路的单一性和研究手段的局限性，井壁稳定问题始终没有被很好的解决。

从力学角度分析，井壁失稳的主要原因是岩石的原始强度不足以抵抗破坏应力所导致的。基于这个观点，从 19 世纪 40 年代开始，国内外研究学者进行了大量研究工作并发表了大量研究文献[54, 55]，充分研究了井眼周围应力分布及弹塑性、黏弹性等岩石本构关系，同时也提出了一系列岩石破坏准则，如 Mohr-Coulomb 强度准则、Drucker-Prager 强度准则及近年来发展起来的考虑裂纹损伤和裂纹扩展的 Griffith 强度准则等。在开展井壁稳定研究的前二十余年里，人们一直认为井壁失稳是一个纯力学问题，直到 20 世纪 50 年代中期采用气体钻井在某些泥页岩地层获得了稳定的结果，人们才认识到泥页岩与钻井液的接触导致的水化才是绝大部分井壁失稳的真正原因。60 年代末期，Darly 等[56]明确指出，井壁失稳不是纯力学问题，泥页岩水化也是井壁失稳的最重要原因，此后大量关于泥页岩水化与井壁失稳关系的文献被发表，学者主要从泥页岩由于水化导致井壁岩石强度参数(如泊松比和弹性模量等)发生变化而造成井壁失稳几率增加的角度进行了充分研究，开始了泥页岩化学与力学耦合研究。此后，人们逐渐也认识到由于钻井液温度导致井壁岩石热应力的变化也会对井壁稳定产生影响[57]，因此将力学、化学和热力学等多场耦合方法应用于井壁稳定研究中，但由于问题的高度复杂性，各项研究成果互相存在差异，井壁稳定多场耦合问题需要更为真实的理论基础，进行深入的机理研究。

一、“多元协同”井壁稳定理论

(一)“多元协同”井壁稳定理论及其应用

油田现场钻井过程中，除了控制井筒内钻井液密度在钻井液安全密度窗口内，更主要的是通过提高钻井液的物理封堵性、化学封堵性与抑制性的井壁稳定技术来维持易失稳地层的井壁稳定，尽量避免井壁泥页岩接触钻井液滤液导致泥页岩水化问题，引起井壁失稳。邱正松等[58]通过分析井壁稳定机理及条件，认为加强封固及阻缓孔隙压力传递是提高井下液柱压力对井壁有效力学支撑作用的前提，有效应力支撑是井壁力学稳定的必要条件，增强抑制、维持化学位活度平衡是防治泥页岩(存在不完全半透膜效应)井壁失稳的有效手段，因此提出“物化封固井壁阻缓压力传递-加强抑制水化-化学位活度平衡-合理密度有效应力支撑”的“多元协同”稳定井壁理论。该理论要点如下[58]：

(1)物化封固井壁阻缓压力传递-加强抑制水化：钻井液滤液和压力向地层的传递是泥页岩井壁发生井壁失稳的首要因素，泥页岩表面水化应力可达几千甚至上万个大气压[59]，会造成孔隙压力增加和岩石颗粒有效应力的下降，从而引发井壁失稳。因此需要通过物理化学方法封堵井壁孔缝，阻止因钻井液滤液的侵入导致泥页岩内部膨胀性黏土矿物的水化应力增加和由于水力压力传递到泥页岩内部诱发沿节理面的“水力劈裂”，避免岩石强度的降低导致井壁失稳。

(2)化学位活度平衡：泥页岩由于具有极低的渗透率，能阻止部分离子通过，近井壁泥页岩可被视为存在于井筒钻井液和深部泥页岩之间的“半透膜”，通过调节钻井液类型及水活度改善此半透膜的效率，从而使化学渗透压部分抵消井壁水力压差引起的压力传递和滤液侵入作用，即利用活度差诱导的“化学反渗透”，促进井壁稳定，泥页岩渗透压表达式为[58]

$$\Delta p = \sigma \frac{RT}{V_{\mathrm{w}}} \ln \frac{a_{\mathrm{w}}^{\mathrm{sh}}}{a_{\mathrm{w}}^{\mathrm{df}}} \tag{2.25}$$

式中，Δp 为泥页岩-钻井液体系半透膜诱导渗透压，MPa；σ 为泥页岩-钻井液体系半透膜效率，无因次；R 为理想气体常数，8.314cm$^3\cdot$MPa/(mol·K)；T 为绝对温度，K；V_{w} 为纯水的偏摩尔体积，18cm^3/mol；$a_{\mathrm{w}}^{\mathrm{sh}}$ 和 $a_{\mathrm{w}}^{\mathrm{df}}$ 分别表示泥页岩和钻井液的水活度，无因次。

相关实验结果[58]表明，某些泥页岩与钻井液之间的半透膜效应是不完全的，其半透膜效率可高达 0.246，可产生的诱导渗透压约为 2MPa，但此效应维持时间一般小于 5～6h，可部分平衡钻井液与地层孔隙压力之差。因此，对于存在不完全半透膜效应的低渗透致密泥页岩，可以控制钻井液的化学位水活度平衡来减少钻井液滤液向井壁孔缝的渗透。

(3)合理密度有效应力支撑：由于钻井液滤液的侵入及水力压差的传递会改变井壁岩石强度参数，影响井壁坍塌压力，从而改变钻井液安全密度窗口，因此，需要根据泥页岩物理化学-力学耦合分析模型，综合考虑钻井液物理化学防塌性能和钻井液密度力学平衡对井壁稳定的影响。

“四元协同”井壁稳定理论综合考虑了造成井壁失稳的多重因素，通过物理化学、力学等多角度促进了井壁稳定，基于此理论形成的防塌配方在渤海油田[60]、胜利油田[58]、塔河油田[58]、吐哈油田[58]、临盘油田[61]等的现场应用均取得了良好的井壁稳定效果。

吉 171 井是准噶尔盆地东部隆起吉木萨尔凹陷吉 17 井二叠系梧桐沟组岩性圈闭上的一口评价井，完钻井深为 3100m。该井所在区域的新近系和古近系地层膏质、灰质泥岩发育，水敏性强，易发生造浆、缩径、卡钻等现象；侏罗系西山窑组、八道湾组煤层及炭质泥岩易发生硬脆性垮塌或水化剥落，且地层孔隙裂缝发育，承压能力低，易漏失；三叠系下统烧房沟组、韭菜园组褐色泥岩水敏性强，易水化分散；二叠系—三叠系各组地层伊蒙无序混层泥岩发育，易水化膨胀垮塌；二叠系梧桐沟组裂缝孔隙发育，石炭系顶部风化壳裂缝孔洞发育，均易漏失。针对吉 171 井存在井壁失稳难题，吕开河等[62]基于“四元协同”井壁稳定理论，通过使用有机胺、铝基聚合物和可变形弹性微球，形成了一套防塌钻井液体系，体系配方：4%膨润土+ 0.2% KOH +0.5% SP-8 + 0.5% FA-367 + 3% SMP-1 + 5% KCl+ 1%有机胺+1%铝基聚合物+2%可变形弹性微球+重晶石。现场试验表明，该井机械钻速为 6.03m/h，2 口邻井分别为 3.38m/h 和 4.22m/h；井眼扩大率为 8.19%，2 口邻井分别为 16.1%和 15.7%，表明“多元协同”钻井液具有良好的抑制泥页岩水化膨胀和分散的能力，能有效地防止钻头泥包、提高钻井速度，在提高井壁稳定性、控制钻井液流变性和减少井下复杂等方面效果显著。

乌参 1 井是中石化在准噶尔盆地乌伦古拗陷索索泉凹陷的一口四开制重点参数井。此井三开ϕ311.2mm 钻头从 2240m 钻进至 4286.00m 中完，裸眼段长达 2000m。三开钻遇的下部中生界地层为砂泥岩互层，虽然成岩性好但性脆，当井眼钻开后因地应力释放导致井壁失稳严重；钻遇的西山窑组、八道湾组及黄山街组地层为泥岩及砂质泥岩夹薄-中厚层状煤层，煤层性脆，节理微裂缝发育，极易发生“水力劈裂”失稳；泥岩发生水化后强度降低，加剧煤层垮塌。邱春阳等[63]采用“合理钻井液密度支撑-双重封堵防塌-多元强化抑制”的“多元协同”井壁稳定技术，形成铝胺“多元协同”防塌钻井液体系，体系配方如下：(3.0%～4.0%)膨润土+(0.1%～0.2%)NaOH+(0.1%～0.2%)Na_2CO_3+(0.3%～0.6%)KPAM+(1.0%～2.0%)磺酸盐聚合物降滤失剂+(1.0%～2.0%)有机胺+(2.0%～3.0%)无水聚合醇+(2.0%～3.0%)沥青类防塌剂+(2.0%～3.0%)超细碳酸钙+(2.0%～3.0%)磺化酚醛树脂 SMP-1+(2.0%～3.0%)褐煤树脂 SPNH+(0.3%～0.5%)聚合铝防塌剂+(0.5%～1.5%)非渗透成膜处理剂。体系中聚合铝、有机胺及无水聚合醇分别从“化学键合”、“层间镶嵌”及“浊点效应”机理抑制泥页岩水化膨胀；非渗透成膜处理剂、沥青及超细碳酸钙分别通过“软化点”机理和“膜封堵”机理对地层孔隙及微裂缝进行有效封堵，从而达到“多元协同”防塌目的。铝胺“多元协同”防塌钻井液体系具有强抑制和强封堵的特点(表 2.7 和表 2.8)，现场应用表明，此钻井液体系成功保持了长裸眼段的井壁稳定性，井下安全，起下钻畅通无阻，下套管一次到底；三开井段取芯收获率 100%，电测成功率 100%，并取得了一定的勘探成果，实现了预定的钻探目的。

表 2.7　铝胺“多元协同”防塌钻井液抑制性评价[63]

钻井液体系	16h 岩心膨胀高度/mm	岩屑回收率/%
清水	3.35	45.6
常规聚磺钻井液	1.65	72.4
铝胺“多元协同”防塌钻井液	0.73	95.2

表 2.8　铝胺“多元协同”防塌钻井液封堵性评价[63]

钻井液体系	钻井液侵入砂床深度/cm	
	15min	60min
6%膨润土浆	全失	
常规聚磺钻井液	0.9	2.6
铝胺“多元协同”防塌钻井液	0.8	0.9

此后，国内学者针对各油田钻井过程中出现的井壁失稳问题，提出了一系列“多元协同”防塌钻井液技术对策。艾贵成等[64]为解决玉门鸭儿峡油田煤层、破碎带、低压低渗储藏保护等难题，开发应用了有机硅醇多元协同防塌钻井液技术，有效解决了鸭儿峡四口易塌地层的坍塌问题；罗曦[65]针对吐哈油田玉果区块钻井过程出现的井壁失稳问题，提出“物化封堵-抑制水化-有效应力支撑”的多元协同聚胺防塌钻井液技术对策，解决了该油田复杂区块的坍塌问题。王艳[66]提出了抑制与封堵协同防塌，固液协同润滑防卡解决该地层井壁复杂问题的防塌钻井液技术对策，基于对现场钻井资料的分析，确定了稳定该地层所需钻井液密度，从而研究出具有强抑制性能与强封堵性能的“多元协同”防塌水基钻井液体系。

井壁失稳不仅与钻井液性质、地层特性有关，还与钻井工艺参数有关，不合理的钻井工艺参数如钻井液排量、钻具组合、起下钻速度、转盘转速等工艺技术措施同样为诱发井壁失稳的重要因素。因此，“多元协同”井壁稳定理论正进一步发展为从钻井液强封堵抑制、化学活度平衡、流体密度保持力学平衡和合理钻井工艺多个角度综合稳定井壁。

（二）“五元协同”井壁稳定理论及其应用

1. “五元协同”聚胺防塌钻井液技术

李琼等[67]针对博格达山北缘山前带地质构造在钻井施工中出现的严重井壁失稳问题，在分析井壁失稳机理的基础上，提出了“复合封堵固壁-强效抑制水化-有效应力支撑-增强润滑防卡-合理控制流变”的“五元协同”聚胺防塌钻井液技术对策，并构建了聚胺多元防塌钻井液体系，体系配方为：(3%～5%)膨润土浆+(2%～4%)聚胺抑制剂+(2%～5%)复合表面活性剂+(2%～3%)渗透成膜处理剂+(3%～5%)多级配纳米封堵剂+(2%～3%)柔性粒子+(3%～5%)KCl+(2%～3%)SMP-Ⅱ+(2%～3%)液体润滑剂 NMR+加重剂。“五元协同”防塌技术中，①“复合封堵井壁”指固相粒度分布调节与封堵材料柔韧性相结合，引入纳米封堵剂弥补常规微米级封堵剂不能进入纳米孔缝形成内滤饼的不足，引入渗透成膜处理剂在井壁表面形成保护层，提高封堵层致密性；同时利用柔性材料的缠绕、拉扯和多点吸附作用，提高封堵层强度。②“强效抑制水化”指引入聚胺抑制剂，其吸附在黏土表面后，在增强黏土表面疏水性的同时可有效阻止自由水进入黏土片层，降低黏土矿物的水化程度；引入 KCl，利用钾离子嵌入黏土矿物晶层之间来防止黏土矿物吸水膨胀；引入复合表面活性剂，增大钻井液与井壁岩石的接触角，减少钻井液滤液的侵入。③“有效应力支撑”指依据所钻地层地应力、孔隙压力、坍塌压力、破裂压力来确定合理的钻井液密度，保持井壁的力学平衡，防止地层坍塌与塑性变形。④“增强润滑防卡”指引入纳米乳液，其通过在钻具上形成一层油膜来降低施工中由于低密度固相的积累等因素导致的高摩阻和大扭矩；同时纳米乳液的小尺寸效应能够改善泥饼性质，避免黏附卡钻的发生。⑤“合理控制流变”指及时、合理控制由于地层造浆性强而导致的钻井液流变性恶化，从而避免井壁被过分冲刷加剧井壁失稳问题。

“五元协同”聚胺防塌钻井液在高温老化前后流变参数基本稳定，无严重稀释、显著增稠、固相聚沉、高温胶凝现象，且滤失量适中，表明钻井液体系具有优良的抗温能力(表 2.9)。同时线性膨胀和岩屑回收测试表明，该钻井液体系具有较强的抑制性(表 2.10)。由此钻井液形成的泥饼渗透率低且承压能力好，有助于降低钻井液滤液侵入及流体压力向井壁内部传递，从而维持井壁稳定(表 2.11)。

表 2.9 “五元协同”聚胺防塌钻井液流变性和滤失造壁性评价[63]

状态	ρ/(g/cm^3)	PV/(mPa·s)	YP/Pa	初切/终切	FL_{API}/mL	FL_{HTHP}/mL
常温	1.8	95	20	1.5Pa/2.5Pa	1.5	4.2
150℃/16h	1.79	86	19	4.0Pa/7.0Pa	3.6	10.0

注：PV 为塑性黏度；YP 为动切力；Gel 为静切力；FL_{API} 为中压滤失量；FL_{HTHP} 为高温高压滤失量。

表 2.10 “五元协同”聚胺防塌钻井液抑制性评价[63]

钻井液体系	16h 岩心膨胀率/%	岩屑回收率/%
清水	40.3	14.60
常规聚磺钻井液	16.3	76.4
“五元协同”聚胺防塌钻井液	4.5	95.54

表 2.11 “五元协同”聚胺防塌钻井液封堵性能评价[63]

参数	K_0 (1MPa/30min)	K_1 (1MPa/30min)	K_2 (2MPa/30min)	K_3 (3MPa/30min)
泥饼渗透率/mD	0.0630	0.0125	0.0138	0.0146
泥饼渗透率降低率/%		82	78	76

ML2 井是博格达山北缘木垒凹陷地区的一口重点预探井，设计井深 3200m，完钻井深 3300m，此井现场应用表明，“五元协同”聚胺防塌钻井液能够有效维持井壁稳定，电测一次成功率 100%，平均井径扩大率 8.8%，施工中井眼通畅，起下钻和下套管作业顺畅，井眼清洁效率高，取得了良好的防塌应用效果。

2. “五元协同”胺基聚醇防塌钻井液技术

李钟等[61]针对临盘油田探井钻井过程中常因沙河街组泥页岩井壁失稳而导致井下故障频发这一难题，考虑钻井过程中因钻井液密度过低，钻井液抑制、封堵防塌能力差，结合钻井工艺措施不匹配，如大排量冲刷井壁、长时间定点循环或定向、井身轨迹变化大、起下钻速度过快、裸眼段浸泡时间长等诱发泥页岩垮塌的工艺诱导因素，指出合理的钻井液流变性、排量、钻具组合、起下钻速度、转盘转速等工艺技术措施对井壁稳定的控制极其重要，研发了一套“强封堵-强抑制-低滤失-合理密度支撑-合理工艺匹配”的“五元协同”胺基聚醇防塌钻井液技术。此技术用超细碳酸钙(粒径 4～6 μm)架桥，低荧光磺化沥青(GL-1)和乳化石蜡(DTNM)充填、镶嵌成膜，形成多级匹配，实现“强封堵”。利用胺基聚醇(AP-1)的层间镶嵌作用配合聚丙烯酰胺(PAM)的包被作用实现体系的“强抑制”，结合抗高温抗盐防塌降滤失剂(KFT)、磺酸盐共聚物降滤失剂(KJ-3)与磺甲基酚醛树脂(SMP-2)等复配实现“低滤失”，用硅氟高温降黏剂(DXH-2)调节流型，研发了一套“多元协同”防塌钻井液，体系配方：5%钠膨润土+ 0.3%PAM+0.5%AP-1+3%超细碳酸钙(2500 目与 4000 目质量比为 1∶1)+(2%～3%)DTNM+(2%～3%)GL-1+1%KFT+2% SMP-2+(0.5%～1.0%)KJ-3+(0.5%～1.0%)DXH-2+其他。此钻井液体系在 150℃老化 16h 后各流变参数基本稳定，API 滤失量小于 2.6mL，HTHP 滤失量小于 10mL，动塑比在

0.5 左右，流变及滤失造壁性良好(表 2.12)。对于油泥岩、油页岩和泥岩的岩屑滚动回收率均在 95.0%以上，膨胀率在 5.0%以下，抑制性较强(表 2.13)。经粒径为 0.250～0.425mm 的石英砂床侵入实验(0.69MPa，30min)评价，而“多元协同”防塌钻井液的砂床最大侵入深度只有 1.1cm，明显低于聚磺钻井液的侵入深度 3.6cm。同时，此钻井液体系具有良好的润滑防卡效果和油气层保护效果。

表 2.12 “五元协同”胺基聚醇防塌钻井液流变性和滤失造壁性评价[61]

状态	ρ/(g/cm^3)	PV/(mPa·s)	YP/Pa	初切/终切	FL_{API}/mL	FL_{HTHP}(4.2MPa，150℃)/mL
室温	1.2	19	10.0	4.8Pa/8.0Pa	2.4	9
老化后	1.2	18	9.0	3.5Pa/7.5Pa	2.6	10

表 2.13 “五元协同”胺基聚醇防塌钻井液抑制性评价[61]

钻井液	岩屑滚动回收率/%			膨胀率/%		
	褐灰色油泥岩	灰褐色油页岩	深灰色泥岩	褐灰色油泥岩	灰褐色油页岩	深灰色泥岩
清水	33.8	37.4	28.2	16.8	15.5	17.6
聚磺钻井液	73.5	76.8	72.4	9.9	8.9	10.7
“多元协同”防塌钻井液	95.8	96.4	95.0	4.6	4.3	5.0

同时，现场应用时还保持了合理的工艺操作，如尽可能避免或减少开泵及起下钻激动压力和抽吸，减小钻具对井壁扰动或撞击；采用合理钻井液流变参数和排量，避免水力冲蚀井壁，推荐保持动塑比 0.5 左右，黏切低时补充水化好的膨润土浆，黏切高时采用 0.5%～1.0% DXH-2 调节流型剂等工艺措施。

采用“五元协同”防塌钻井液技术的 16 口中深探井，在沙河街组平均井径扩大率小于 10%，均未发生由于井壁失稳而造成的井下故障。完钻电测一次成功率由原来的低于 60.00%提升至 93.75%，平均机械钻速由 11.23m/h 提升至 20.07m/h，累计节约周期 130.75 天，直接经济效益达 1000 多万元[61]。

“多元协同”井壁稳定理论的实质为在全方位深入分析导致井壁失稳问题发生的钻井流体、地层和钻井工艺的诱发原因基础上，从物理化学、力学角度深入解析失稳机理，从钻井液性质和钻井工艺参数入手，改善钻井液封堵性、抑制性、活度、流变性和润滑性等性质，同时保持合理的钻井施工参数(如排量、起下钻速度等)，各因素协同发挥作用，综合保持井壁稳定。“多元协同”井壁稳定理论有助于突破井壁稳定问题研究思路的单一性，促进井壁稳定这一技术难题的解决。

二、“多元协同”封堵理论

钻井液或其他工作流体在井下作业过程中无法控制地漏入地层的现象为井漏。井漏问题具有高度复杂性，与地层性质(地层孔缝性质与应力状态)、钻井液性质(流变和封堵性)、井底循环压力和钻井操作(起下钻、开关泵)等因素密切相关。井漏的高度复杂性直接导致防漏堵漏工程面临巨大困难，如井下孔缝性质难以确定导致防漏堵漏材料与地层不匹配，钻井液流变性和封堵性易受到井下恶劣环境如高温高压、地层水侵和盐膏污染等影响而恶化，地层应力状态预估存在误差导致井底循环压力偏离钻井液安全压力窗口而压漏地层，钻井操作不当，如起下钻速度过快造成压力激动或开泵过快而诱发和加剧井漏。上述因素均是导致油田现场井漏频发、漏失严重和防漏堵漏作业一次成功率低、堵漏成本高的直接原因。

防漏堵漏工程的成功实现，除了保持合适的井底循环压力及钻井液流变性以外，主要依赖各种防漏堵漏材料的使用。各类防漏堵漏材料普遍存在功能、性质单一和封堵能力有限的问题。例如，惰性颗粒类和纤维类材料(如核桃壳、棉籽壳、碳酸钙等)具有尺寸大、易于架桥、刚性强的特点；聚合物凝胶类颗粒材料(如吸水树脂、交联微球等)具有可膨胀与变形、剪切强度低的特点；弹性颗粒材料(如橡胶、石墨等)具有可变形的特点；高失水类固化材料具有滤失速率快、封堵层强度高的特点；水泥类无机交联固化材料具有整体固化但易受污染、易于流走的特点；聚合物凝胶类有机交联材料具有整体交联、黏附力强但抗温性有限、易于流走的特点。因此，各种防漏堵漏材料之间通过种类复配、加量优化有助于实现优势功能的互补。同时，现阶段国内外防漏堵漏理论主要依靠防漏堵漏材料对孔隙型漏失和低开度裂缝性漏失的架桥封堵和对大裂缝、大溶洞性漏失的隔断式封堵，以形成致密、高强度封堵层，阻断钻井液漏失通道和防止流体压力向漏失内部的传递。因此，封堵层或隔断层的形成速度、在低渗透和高压差下的承受能力成为影响防漏堵漏工程成功的关键。“多元协同”防漏堵漏理论就是指通过各类堵漏材料的复合使用，协同发挥各类防漏堵漏材料的优势作用，以形成高性能封堵层或隔断层，避免昂贵钻井液的大量损失，顺利实现钻探目的。

(一)“多元协同”理论形成高性能封堵层

从前面章节的介绍可知，针对孔隙性地层的致密封堵理论已经趋于完善。封堵层的致密性和承压能力主要受材料类型及尺寸匹配的影响，不同类型材料匹配下参数测定结果(表 2.14)表明[68]：通过刚性颗粒、纤维和弹性颗粒的结合，可有效增加封堵层表面摩擦系数、体积分数、弹性变形率和强度；弹性材料的加入可极大提高材料的弹性变形量，降低材料 d_{90} 降级率；纤维对材料体积分数的贡献最大，因为纤维可以充填到颗粒材料的孔隙中，提高封堵层致密性；纤维和弹性颗粒等低圆球度和高表面粗糙度材料可有效增加材料表面摩擦系数。通过不同类型材料匹配，封堵承压能力显著提高(图 2.7)[53]。因此，刚性颗粒、纤维和弹性颗粒发挥“多元协同”封堵作用，有助于快速形成高强度封堵层。

表 2.14 钻井液防漏堵漏材料的特性精细化表征实验结果[68]

材料类型	粒度 d_{90} 降级率/%		弹性变形率/%		颗粒表面摩擦系数	颗粒堆积体积分数/%
	5MPa	30MPa	15MPa	30MPa		
刚性颗粒	8.24	12.09	6.42	5.66	0.24	71.46
刚性颗粒＋弹性颗粒	6.58	8.81	12.12	18.68	0.29	84.34
刚性颗粒＋弹性颗粒＋纤维	3.63	5.75	19.67	22.69	0.41	91.61

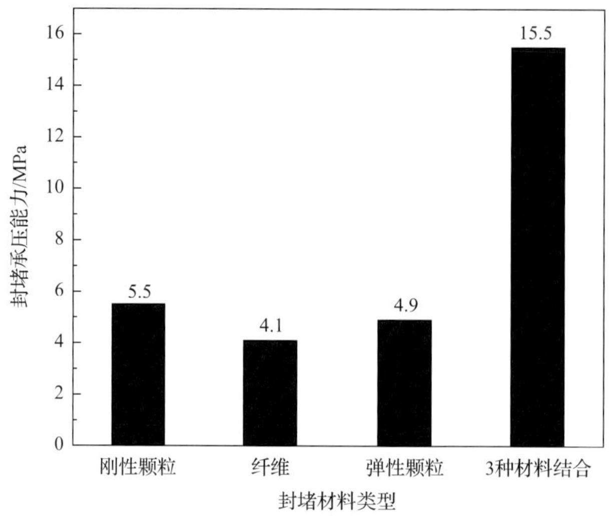

图 2.7　不同材料匹配的封堵承压能力[53]

（二）“多元协同”理论形成高性能隔断层

1. 无机固化材料复合架桥类堵漏材料

固井期间发生钻井液漏失导致水泥低返及水泥堵漏时无法有效滞留是影响固井质量和一次堵漏率的重要技术难题。在水泥中添加纤维发挥“二元协同”作用或再添加核桃壳、橡胶粒等架桥材料进行“三元协同”作用是改善固井质量和水泥防漏堵漏性能的重要措施，其效果在室内研究和现场应用中均已得到验证。

Effendhye 等[69]报道了添加纤维的水泥在印度尼西亚油田的应用，证明纤维防漏增韧水泥在控制井漏作业中可产生显著的经济效益。何德清等[70]通过向常规水泥中添加纤维形成了 ZRF 防漏增韧水泥，并与常规水泥的性能进行了对比。ZRF 防漏增韧纤维材料具有一定辅助降失水功能，可提高水泥浆的沉降稳定性，能够降低水泥石的渗透率和体积收缩。

常规水泥浆符合受阻沉降规律，不论团粒大小如何，均以相同的速度沉降，而添加纤维的ZRF防漏增韧水泥浆在水化的水泥颗粒间以及管壁之间可以形成不同类型互相搭接的网状结构阻止水泥颗粒下沉，增强水泥浆沉降稳定[70]（图 2.8）。

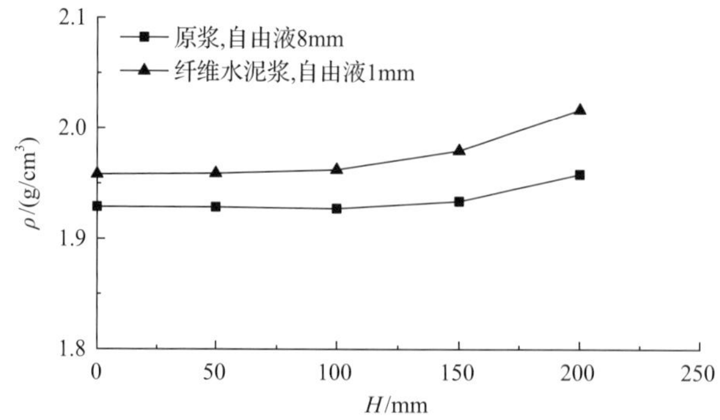

图 2.8　水泥浆沉降稳定性实验结果（38℃、21MPa、24h）[70]

ρ 为水泥浆密度；H 为自由液面高度

原浆水泥石渗透率为 $5.91\times10^{-7}\mu m^2$，ZRF 水泥石渗透率为 $4.16\times10^{-7}\mu m^2$，比原浆水泥石渗透率降低 29.6%[70]。这主要是因为纤维能有效承受水泥凝结收缩时产生的部分拉应力，有效降低微裂缝尖端的应力集中，阻止水泥石微裂缝的产生与扩展，从而避免水泥石渗透率提高和强度降低。另外，纤维在水泥石内部的空间网络结构减少了内部的贯穿孔隙，加上各网络面层在三维空间的叠加强化，有效降低了水泥石渗透率。

ZRF 防漏增韧水泥浆能封堵缝宽在 3mm 以下的裂缝性漏失和封堵孔隙直径小于 0.45mm 的渗漏性漏失，具体实验结果见表 2.15 和表 2.16[70]。这主要是由于纤维在水泥浆内部具有较大的摩擦、挂组和滞留作用，同时其容易曲张变形，能够在漏层内形成网状堆砌，从而有效改善水泥防漏堵漏性能。

表 2.15　ZRF 防漏增韧水泥浆与常规水泥浆的漏失性能对比（裂缝模拟的裂缝性漏失）[70]

体系	缝板尺寸	0.7MPa		3.5MPa		封堵效果
		$t_{漏失}$/s	FL/mL	$t_{漏失}$/s	FL/mL	
原浆	3mm×35mm	15	2000	10	2000	完全漏失
	4mm×35mm	10	2000	8	2000	完全漏失
ZRF 防漏增韧水泥浆	3mm×35mm	65	530	80	850	基本堵住
	4mm×35mm	80	860	95	1200	漏失

表 2.16　ZRF 防漏增韧水泥浆与常规水泥浆的漏失性能对比（滤网模拟的渗透性漏失）[70]

体系	滤网孔径/mm	0.7MPa		3.5MPa		封堵效果
		$t_{漏失}$/s	FL/mL	$t_{漏失}$/s	FL/mL	
原浆	0.45	20	2000	17	2000	完全漏失
	0.90	15	2000	10	2000	完全漏失
ZRF 防漏增韧水泥浆	0.45	16	430	10	650	基本堵住
	0.90	10	630	8	1100	漏失

此后，贾应林等[71]对纤维复合水泥浆堵漏技术进行了进一步的室内性能评价。庞茂安[72]除了在水泥浆中添加纤维外还使用了橡胶颗粒，形成了“三元协同”水泥浆改性技术，进一步改善水泥浆防漏堵漏效果。“多元协同”纤维改性水泥浆技术在四川盆地川东北地区[73]、长庆油田陇东油区[74]等区块均取得了良好的堵漏效果。

2. 聚合物交联凝胶复合架桥类堵漏材料

聚合物交联凝胶和无机堵漏材料如惰性架桥封堵材料、化学固结材料在防漏堵漏应用上有各自不同的机理，如聚合物交联凝胶具有黏附力强、整体成胶的特点，但同时在注入漏层初始阶段由于尚未交联而容易沿井壁孔缝流走导致无法在近井筒地带有效滞留；无机架桥类材料如核桃壳、弹性石墨等具有架桥迅速、易于形成致密封堵的特点，但同时也存在不形成自身强度、易复漏等缺点。因此，将两类材料复合使用，可以充分发挥每种堵漏材料的长处，一方面提高堵漏浆在近井井筒地带的滞留概率从而形成近井地带的整体隔断，另一方面也可以提高隔断层与漏失通道的黏结力，避免堵漏材料“返吐”引发复漏，起到“二元协同”增效堵漏的作用。

Aziz 等[75]将不同尺寸的无机纤维颗粒和有机聚合物凝胶颗粒进行复配形成了一种复合堵漏材料 BLCM（blend of lost circulation materials）。当其进入漏层后可以通过吸水膨胀形成堵漏网络结构，利用聚合物凝胶颗粒的自适应性和无机纤维颗粒的架桥作用封堵不同尺寸、形态的漏层。此种复合堵漏材料在 Trinidad 东海岸的堵漏施工中获得了成功。Lecolier 等[76]也利用有机复合凝胶材料、有机增韧剂和无机膨胀增强剂制备了复合有机/无机凝胶堵漏剂，室内试验表明此复合堵漏剂具有较好的封堵密封性和抗温性。

李志勇等[77]以部分水解聚丙烯酰胺为成胶聚合物，有机酸作为交联剂，刚性颗粒和架桥纤维作为支撑剂，研制了一套抗高温高强度凝胶堵漏配方：1.5%水解聚丙烯酰胺+1.2%耐温聚合物+0.8%高温稳定剂+0.8%有机交联剂+0.5%延迟成胶剂+12%桥堵剂。室内评价表明，此配方对缝宽 5mm 的钢岩心模拟裂缝突破压力达 1.0MPa。彭振斌等[78]以 3%聚乙烯醇（PVA）+0.8%硼砂+0.3%二丁酯+0.3%羧甲基纤维素钠作为配方，在温度 35℃、pH 为 10 时制备出一种 PVA 凝胶堵漏剂，复配木屑后可对 4mm 缝板承压 6.0MPa，具有较强的裂缝、溶洞或含水地层封堵能力。

3. 无机固化材料复合聚合物交联凝胶

利用无机化学固结材料和聚合物交联凝胶本身特性形成复合凝胶堵漏技术，可充分发挥两类材料的堵漏优势，提高复杂恶性漏失的堵漏成功率。

张新民等[79]根据结构流体理论和超分子化学原理，在大分子链上引入特种功能单体制备出一种水溶性高分子材料 ZND，使特种凝胶在地面较高的剪切速率下具有较低的黏度（100～200mPa·s），而在地下漏失通道内较低的剪切速率下具有较高的黏度（5×10^4～10×10^4mPa·s）。特种凝胶在漏失通道内因剪切速率降低而迅速恢复超分子结构，从而产生足够的静切力抵抗外力的破坏，实现有效驻留。特种凝胶本体虽然力学强度有限，但能够在到达漏失通道后自动止流并充满漏失通道，且很难与油、气、水相混合，从而形成凝胶堵漏隔断塞，为复合使用的其他堵漏材料如堵漏水泥等有效发挥堵漏效果创造了必要前提。特种凝胶复合水泥“二元协同”堵漏技术在达州双庙 1 井、川东北罗家 2 井等恶性漏失井[80-84]实现了应用，完成对大裂缝性、大孔洞性、破碎性漏失地层或含水含气漏失层、喷漏同层等恶性漏失的成功封堵。

陈曾伟等[85]针对塔河油田缝洞连通性好、漏失地层温度高、漏失压差大、地层水矿化度高等特点，基于双液法提出了抗高温井下交联固结（二元）复合堵漏技术，其堵漏原理示意图见图 2.9。该技术由可反应化学凝胶堵漏材料 SF-1 和无机化学固结堵漏材料 HDL-1 组成。SF-1 由丙烯酰胺单体与聚多糖类高分子聚合得到，初始配制时为部分交联状态，当在漏失通道内与地层水或 DHL-1 中的高浓度 Ca^{2+}、Mg^{2+}相遇可产生二次立体交联增稠反应，从而增大凝胶黏度，提高滞留驱水能力。HDL-1 为含大量 Ca^{2+}、Mg^{2+}的微膨胀化学固结材料，与 SF-1 反应后可生成高强度封堵层，有效提高封堵承压能力。室内堵漏实验表明，对 10mm 缝宽的裂缝，在封堵 24h 后抗压强度可达 15MPa。该技术在塔河 TH12179CH 井实现了成功应用，为此类恶性复杂漏失地层的问题解决提供了新的思路。

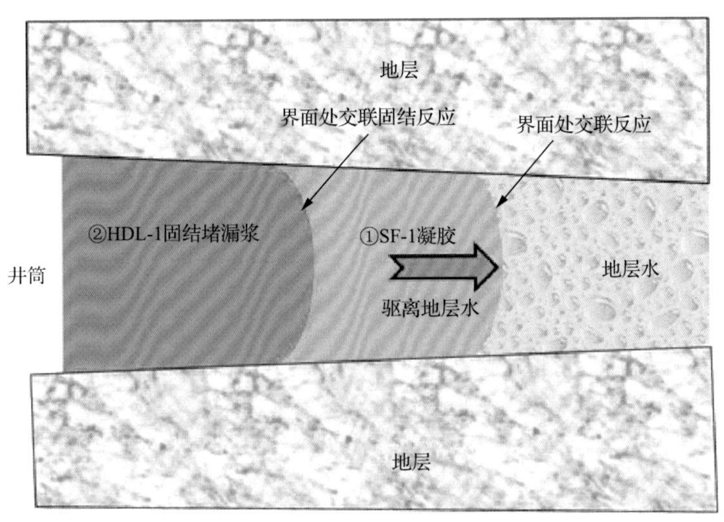

图 2.9 抗高温井下交联固结复合堵漏技术示意图[86]

山西腰站矿区 ZK6004 孔在钻进过程中因地层破碎导致漏失速率快，井口基本失返，存在含水漏失层，且井壁掉块频繁，扫孔过程中易发生憋泵、卡钻等复杂情况。现场曾尝试水泥封堵，但因漏失层内含有冲洗液或地层水，造成水泥被冲稀而凝固困难导致封堵失效。于保国[86]针对 ZK6004 孔漏失特点采用快速凝胶复合堵漏技术有效解决了漏失及塌孔问题，成功实现堵漏护壁。该快速凝胶复合堵漏技术同样由可发生接触化学反应的无机固结堵漏材料和有机聚合物凝胶堵漏材料组成，一方面充分发挥凝胶排水作用，防止无机固结材料因被冲稀而失效，另一方面利用二者之间会发生接触化学反应而迅速失去流动性的特点，增强堵漏效果。

第五节 物理化学膜封堵理论

实现颗粒紧密堆积封堵(屏蔽封堵、多级粒子精细封堵)的前提是需要准确预知封堵井段的孔缝尺寸分布规律，以便选择暂堵粒子的粒径，形成高质量的封堵环。分析测试存在“井塌、井漏”等风险井段岩心是准确获得孔缝尺寸分布规律的唯一途径，但这是难以实现的，导致对封堵剂粒径的选择必然带有一定盲目性，只能对某一井段达到较好的封堵效果，而不能对整个风险井段起到封堵作用，影响封堵效果，这也成为颗粒紧密堆积封堵技术的致命缺点。为解决该技术难题，蒋官澄等[87]、孙金声等[88]为通过封堵(或暂堵)油气层井段达到保护油气层的目的，采取物理与化学封堵相结合的手段，分别建立了油膜法、成膜法，不用考虑与孔喉尺寸严格匹配，即可实现对油气层很好的保护。这两种技术已成为具有代表性的物理化学膜暂堵保护技术，同样适合于非油气层井段的强封堵。

一、广谱油膜封堵钻井液技术

自从 20 世纪 50 年代 Staverman[89]首次提出泥页岩成膜理论以来，后来的一些学者对此进一步进行了深入研究，如 van Oort 等[90]、Ewy 等[91]、Zhang 等[92]、Osuji 等[93]研究了膜效率及影响因素。van Oort 等[90]认为水基钻井液也可以与页岩形成高度选择性的半透膜，使其从页岩孔隙中移除水分。这些研究成果为阻止钻井液进入油气层内部提供了新的思路。结合平衡活度油包水乳化钻井液理论[94]，认为如果在油气层井壁上形成一层油膜，可隔离井壁与钻井液的直接接触，并可阻止滤液和固相侵入油气层，保护油气层。

根据该思路，蒋官澄等[95, 96]开发了一种油膜暂堵剂，并在 2005 年[97]、2006 年[98]、2010 年[99]从不同角度率先报道了该油膜暂堵剂可在一定温度和压差作用下，发生软化、变形，如楔子状封堵油气层孔喉，并可通过静电力、化学键力快速在近井壁处形成一层韧性强、渗透性低的“油膜”暂堵屏障，最大限度地阻止钻井液中的固相和液相侵入油气层，最早实现了从物理暂堵向物理化学膜暂堵的转变，避免了以前需准确预知油气层孔径的致命缺点；同时，完钻后通过射孔或原油返排、溶解解除形成的油膜屏障，恢复油气流动通道，达到油层保护的目的。

该技术的实施方案简单，在上部井浆中加入 3%的广谱“油膜”暂堵剂即可改造为广谱“油膜”保护油气层钻井液体系，并已在大港、胜利、吉林、冀东、新疆等国内外油田 1000 余口井上得到成功试验与推广应用。结果表明，不但钻井顺利、安全，而且渗透率恢复率大于 97%、采油指数增加 2.7 倍以上[97, 99, 100]。与精细屏蔽暂堵技术相比，该技术在大港官 27-55 和枣 76-13 井上实施后，矿场测试表皮系数降低了 86.48%～90.00%，采油指数平均提高了 2.96 倍，钻井液费用降低了 15%以上。

总之，广谱“油膜”钻井液技术具有以下优点：对油气层孔径依赖性小、广谱性；抗温 40～200℃；暂堵性与成膜能力强、油层保护效果好；一种材料代替了以前三种以上材料、成本低；适应范围广、应用方便。

二、成膜封堵钻井液技术

成膜钻井液类似于油膜钻井液，都是在井壁上形成膜状物达到保护油气层的目的。

成膜钻井液是在 Staverman、van Oort、Ewy、Zhang、Osuji 等[89-93]研究者建立的成膜理论的指导下，以及在 EDIT 公司研制的无侵害钻井液体系[101-106]——DMC2000 钻井液的启发下研制成功的。自 1998 年以来，美国 EDIT 公司成功研制了一种新的无侵害钻井液体系——DMC2000 钻井液，该钻井液主要由成膜剂 FLC2000、剪切稠化堵漏剂 LCP2000 和润滑剂 KFA2000 组成，其储层保护效果优异。其中成膜剂 FLC2000 主要通过物理化学作用在井壁上逐步封堵形成封堵膜，达到保护油气层的目的。同时，Schlemmer、Mody 等[107, 108]研究了不同钻井液-页岩体系的膜效率，表明增加膜效率最好的是硅酸盐，其膜效率可达 55%～85%，但硅酸盐钻井液存在流变性难以调控等缺点而未规模推广应用。2002 年，Mody 等[109]进一步提出了隔离膜的概念，至此，水基钻井液的页岩成膜问题已在石油工业界得到肯定，并提出从半透膜转变到隔离膜以增强膜效率的方法。

随后雷刚、蒲晓林等[110, 111]应用浓差极化理论阐述了“隔离膜”的概念，以及从半透膜转变到隔离膜的原理，认识到隔离膜是在半透膜形成的基础上经过浓差扩散或者多次物质的沉积“污染”而形成的，使钻井液中的自由水在隔离膜上的渗透率大为降低甚至为零。在此基础上，成功研制了成膜剂，并形成一套成膜水基聚合物钻井液配方。

孙金生[88]成功研制了一种有机硅酸盐半透膜处理剂 BTM-2 和隔离膜剂 CMJ-1 和 CMJ-2，形成了成膜保护油气层水基钻井液技术，并在吐哈油田、青海油田、新疆油田、中原油田、吉林油田等进行了数十口井的现场试验[112, 113]，保护油气层效果显著。

贺明敏、苏俊霖等[114, 115]合成了一种两亲性嵌段聚合物纳米复合乳液等成膜剂，以此为主剂配制的钻井液体系在岩心表面形成的膜效率为普通钻井液的 6 倍以上。Wu 等[116]开发了一套以 BTM-2 为主要处理剂的半透膜水基钻井液，并在涩北油田成功应用。Bai 等[117]研发了由纳米胶乳颗粒 NM-1 和无机纳米粒子 NMTO 为主要处理剂的成膜钻井液，其膜效率达 65%，可以有效阻挡水通过。

除上述几种具有代表性的产品外，还涌现出大量成膜剂，如成膜封堵剂 PF-PAAMT[118]、耐温耐盐隔离膜屏蔽剂 QAT-2[119]、聚合物乳液成膜剂 SBR[120]、温压成膜剂 HCM 等[121]。但在所有的成膜剂类产品中，孙金生研发的隔离膜剂 CMJ-1 和 CMJ-2 相对较成功[88]，并得到现场验证，推广应用较广泛，保护油气层效果相对较好。

油膜和成膜暂堵钻井液技术都是利用油膜剂或成膜剂分子的物理、化学共同作用，在井壁外层形成一种能够屏蔽井壁和钻井液的膜状物，达到阻止滤液和固相进入油气层的目的；无需精确预知油气层孔喉尺寸大小及分布情况，解决了屏蔽暂堵和精细暂堵的技术瓶颈，已成为比较活跃的研究方向[121, 122]，并推动了保护油气层钻井液技术从惰性颗粒物理紧密堆积阶段过渡到物理化学膜暂堵保护阶段，实现了保护油气层钻井液技术质的飞跃。同样，油膜和成膜暂堵钻井液技术同样适用于非油气层井段的封堵，扩大钻井液安全密度窗口，避免或减少井漏、井塌等风险的发生。

第六节 仿生强封堵理论

物理化学封堵技术虽很好地实现了从物理封堵到物理化学膜封堵的转变，解决了需准确预知井壁岩石孔缝尺寸分布规律的缺点，但建立物理化学膜封堵技术的理论基础是水基钻井液在岩石表面的成膜理论[108, 109, 123-127]，国内外研究者至今没有从理论上证实水基钻井液确实可在所有类型的井壁岩石表面(如砂岩)形成较高膜效率的膜状物。van Oort 等[122]、Hemphill 等[128]、Bybee 等[129]证实，水基钻井液在页岩上的膜效率远小于油基钻井液在页岩上形成的油膜效率，封堵效果远不如油基钻井液。通常情况下，膜状物强度远低于颗粒堆积形成的屏蔽环强度，大压差(如压力激动、多套压力层系等)容易破坏膜状物，使保护油气层失效，特别是高渗、特高渗油气层。通过物理、化学作用形成膜状物也需要一段时间，在膜状物形成之前，由于瞬时滤失等原因，仍会破坏封堵、降低封堵效果等。为此，蒋官澄等[130-139]师从自然，向自然界学习，采用仿生学理论，分别建立了保护油气层的仿生封堵理论、仿生井眼强化理论和仿生防漏堵漏理论，并掀起了仿生学在钻井液领域应用研究热潮，下面分别进行简要介绍。

一、保护油气层的仿生封堵理论

渗透率大小不同的油气层具有不同的损害机理，为实现更好保护油气层的目的，针对不同渗透率油气层损害的特殊性，蒋官澄教授团队首次将仿生学理论引入保护油气层理论中，提出了保护油气层仿生水基钻井液理论与技术，并在各大油田得到了现场验证与推广应用，使油气层保护效果达到了新高度[130-139]。该技术同样适用于非油气层井段的封堵，下面分别进行简要介绍。

（一）保护低渗特低渗油气层的双疏封堵理论

一般来说，低、特低渗透性油气层的水敏、水锁、贾敏等损害程度高达 70%～90% 以上，且几乎是在高质量“内、外滤饼”形成之前造成的严重损害，严重影响油气井产量，而固相颗粒造成的损害程度相对很小。

蒋官澄等[130-133, 140-142]受猪笼草口缘区具有超双疏表面[图 2.10(a)]，阻止油水吸附或渗入的启发，研发了可在油气层井壁岩石表面形成微纳米乳突结构、降低岩石表面自由能的超双疏剂[图 2.10(b)]。该双疏剂由尺径在 100nm 以下的两种不同结构纳米材料组成，且长条结构外接枝了许多佛珠串、纳微米颗粒小球，可进一步聚集形成更复杂的

(a) 猪笼草口缘区超双疏表面

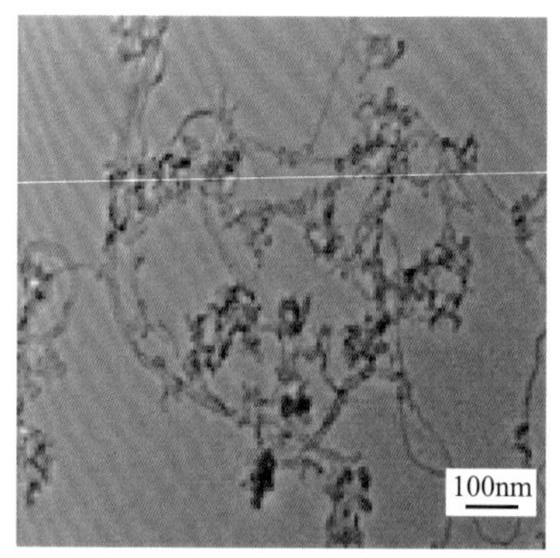

(b) 双疏处理剂透射电镜

(c) 岩石表面原始结构

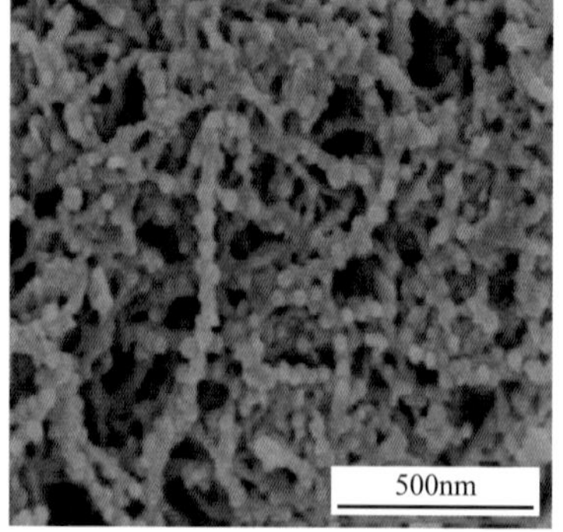

(d) 岩石表面形成微纳米乳突结构

图 2.10　猪笼草超双疏表面、超双疏剂分子结构与改变岩石表面微观结构图

多级结构，该多级结构中间存在许多小凹槽，铺获气泡而阻止表面与液相相接触，达到双疏效果。

由超双疏剂处理岩心前后的扫描电镜可知，处理后岩心表面层层堆叠了一串串佛珠状结构[图 2.10(c)、(d)]。实验表明，随着超双疏剂加量增加，岩心表面自由能急剧下降，当浓度达到3%时，自由能由61.80mN/m降至0.80mN/m。纳微米佛珠结构和低表面能为岩心表面呈现“双疏”特性提供了保障，当超双疏剂浓度为3%时，岩心的油、水接触角 θ 分别由原来的1°、2°增加到165°、152°，呈现强疏水强疏油的超双疏性。

由毛细管力 $\Delta p=\dfrac{2\sigma\cos\theta}{r}$ 可知，当接触角 $\theta>90°$后，$\cos\theta$ 为负数，毛细管力 Δp 也由原来的正值反转为了负值，改变毛细管力的方向，使毛细管吸力反转为毛细管阻力，阻止油、水渗入岩心内部，特别是对于低渗、特低渗油气层，由于曲率半径 r 较小，效果更显著，即 Δp 越负、阻力越大，外来液相更难进入油气层孔喉、更难破坏油气层原有平衡，从而可解决低渗、特低渗油气层的损害难题。

通过室内评价往钻井液体系中加入3%超双疏剂前后对岩心渗透率的损害情况可知，3%超双疏剂对 $100\times10^{-3}\mu m^2$ 以内的低渗、特低渗岩心的封堵率和渗透率恢复值都较空白岩心大幅度增加，封堵率和渗透率恢复值分别达到92%和95%以上，证明了超双疏剂具有很好地保护低渗、特低渗油气层免遭钻井液损害的特点。同时，对该处理剂进行的生物毒性检测结果表明，半最大效应浓度 EC_{50} 值达到 3.12×10^5mg/L，无毒、环境可接受。

超双疏保护油气层钻井液技术现场使用方便，在上部钻井液中加入3%超双疏剂，即可将上部钻井液改造为超双疏型低渗油气层保护体系。该体系在我国各大油田得到了很好的现场验证与推广应用，达到了预期的目的。例如，胜利潍北油气田昌68断块属于低孔超低渗油气层，孔隙尺寸小(最大孔喉尺寸为0.494～1.4835μm)，中等偏强的水敏性和酸敏性、中等盐敏性油气层，临界矿化度为30000mg/L，油气层潜在的伤害因素主要包括黏土的水化膨胀和分散、水锁等。因此，在现场施工过程中，快钻至油气层顶部时，加入3%超双疏剂，将上部钻井液改性为保护低渗特低渗油气层的“超双疏”钻井完井液体系。改性后体系的滤失量和页岩膨胀率得到降低、岩屑回收率和渗透率恢复值得到大幅提高等，投产后的日产量是临井的2.6倍，实现了对低渗特低渗油气层的保护。部分应用井数据如表2.17所示。

(二)保护中渗油气层的生物膜封堵理论

生物膜经过长期进化，形成了近乎完美的结构，具有许多独特的功能。对生物膜的结构与功能进行模拟，制成“仿生物膜”是科学研究领域的一个热点方向；同时，对高分子聚合膜进行改性，赋予高分子聚合膜某些生物特性，已成为制备具有生物活性仿生膜的重要方法之一。蒋官澄等[134-137, 143, 144]将仿生物膜引入保护油气层领域，通过在井壁上形成仿生物超疏水膜状物，阻挡钻井液中液相和固相颗粒进入油气层，达到保护中渗透油气层的目的。

表 2.17　双疏封堵与其他技术现场测试效果对比(低渗透油气层，胜利纯梁油田)

应用井				对比井				增产倍数
井名	储层厚度/m	生产压差/MPa	日产量/(m^3/d)	井名	储层厚度/m	生产压差/MPa	日产量/(m^3/d)	
纯 64-4	10	5	1.2	纯 64-3	6.6	3	0.9	1.3
樊 143-斜 10	6.6	4.7	5.2	樊 143-13	8.3	5	4.7	1.1
梁 38-平 4	131.3	12	10.8	梁 38-平 2	50	11	7.3	1.5
梁 23-斜 36	4.1	12	5.9	梁 23-12	7	13	0.5	12
梁 38-平 7	172.6	5	3.4	梁 38-平 3	42	4.8	2.2	1.5
樊 147-9	5.5	3	5	樊 147-1	3.2	3.5	2	2.5

自然界中，荷叶表面的疏水性质和自清洁功能为研究仿生超疏水性膜材料提供了理论依据和实践证明(图 2.11)。研究表明，荷叶具有超疏水效应的奥秘是荷叶表面上的微米结构乳突、纳米级结构绒毛分支、表面上疏水蜡状物质，以及微纳米复合结构间的凹陷共同决定的。根据该思路研发了贴膜型两亲聚合物油气层保护剂，达到超疏水效果。

图 2.11　荷叶表面的超疏水性能

扫描电镜(SEM)表明，未处理岩心表面在纳-微尺度是非常光滑的，只具有很小表面粗糙度[图 2.12(a)]；用超疏水剂处理后的岩心，表面覆盖了很多纳米级别小颗粒，小颗粒间互相连接在一起，形成纳微结构[图 2.12(b)]。通过岩心表面能计算可知，当超疏水剂浓度达 3%时，使岩心表面能由 62mN/m 降低至 17mN/m(图 2.13)；水相在岩心、滤饼的接触角分别达到了 150°以上，实现了井壁岩石、滤饼的超疏水(图 2.14、图 2.15)和自清洁性(图 2.16)；超疏水后岩心的自渗吸水量由原来的 8.38mL 降低到 0.025mL(仅在岩心孔喉表面形成疏水膜，图 2.17)，可很好地阻止外来物质附着或进入油气层，保护中渗透油气层。需要说明的是，超双疏剂不同于超疏水剂，前者不使用于中渗油气层。

选用 33-531-4 井上部聚合物钻井液作为基础浆和中渗透岩心，室内评价了贴膜型两亲聚合物油气层保护剂(即超疏水剂)形成仿生膜的油气层保护效果。结果表明，与井浆相比，采用保护油气层技术后，堵塞率和渗透率恢复值明显提高；同时，超双疏剂与超疏水剂复配使用具有协同增效作用；当体系中超疏水剂的含量大于 2%时，可使渗透率堵

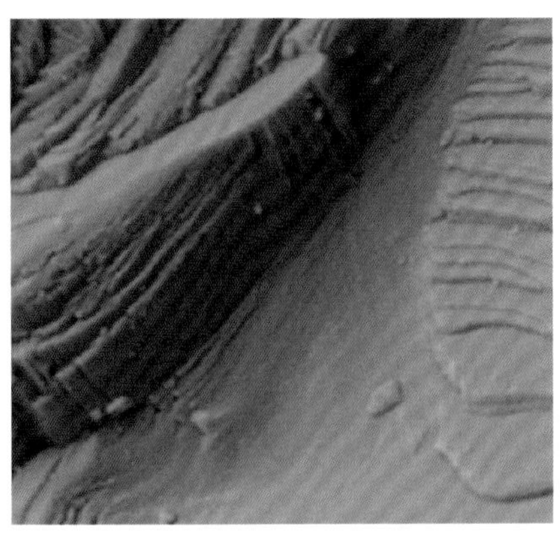

(a) 超疏水剂处理岩心前扫描电镜

(b) 超疏水剂处理岩心后扫描电镜

图 2.12 超疏水处理岩心效果

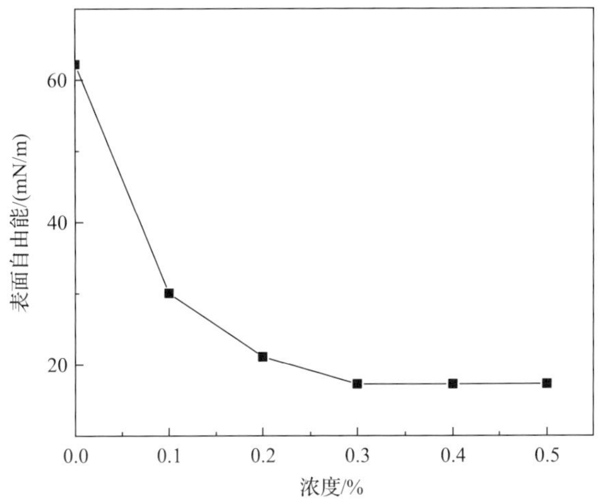

图 2.13 超疏水剂处理后岩心表面自由能变化

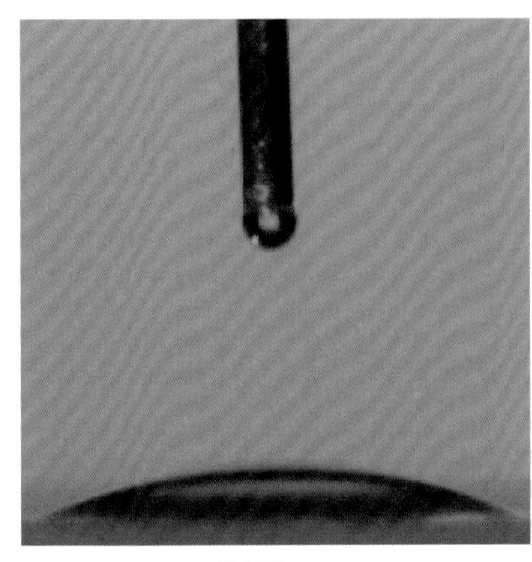

(a) 处理前，18.11°

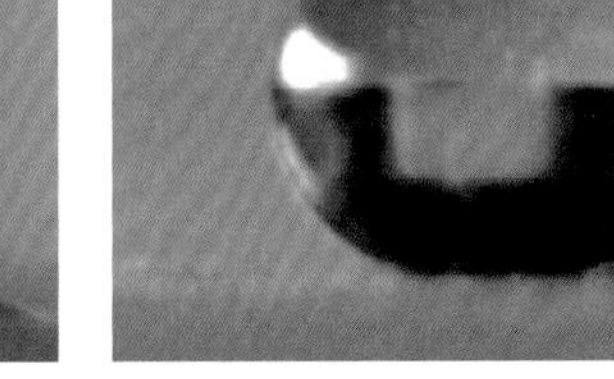

(b) 处理后，165°

图 2.14 超疏水剂处理岩心前水相接触角

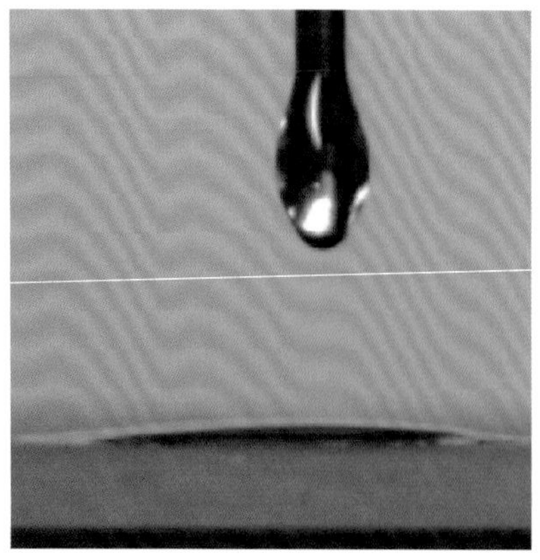

(a) 处理前，2.67°

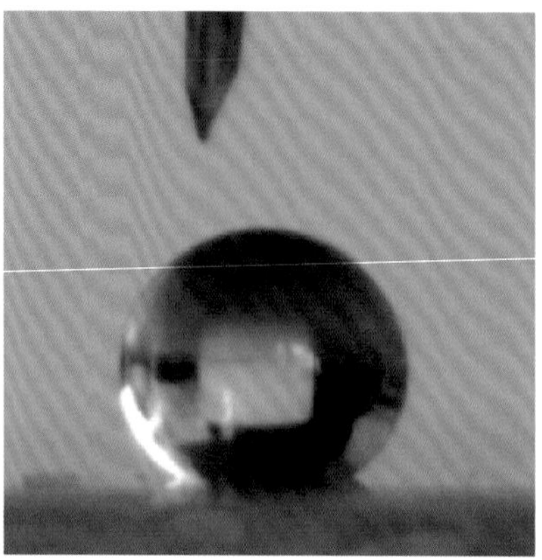

(b) 处理后，161°

图 2.15　超疏水剂处理滤饼前水相接触角

(a) 处理前，黏附

(b) 处理后，清洁

图 2.16　钻井液滤饼表面黏附墨水状况

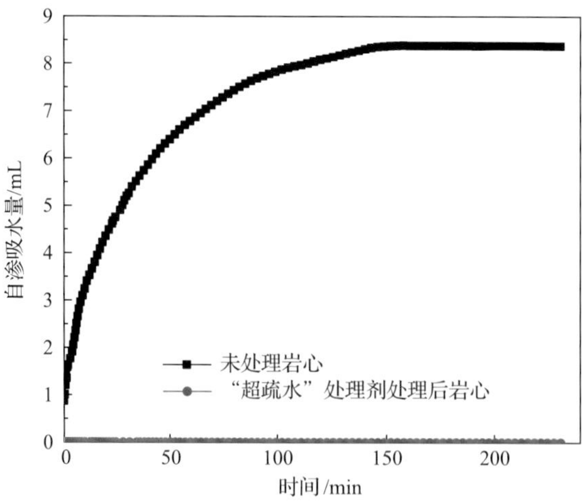

图 2.17　岩心自然渗吸水含量随时间变化规律

塞率达到 90%以上，加量大于 2%后幅度不大。因此，当超疏水剂加量为 2%时，即可很好保护中渗油气层。

该技术在我国中渗透油气田得到了工业化推广应用，现场测试表明，与可对比井比较，矿场测试表皮系数较以前技术降低了99%以上，实现了“零”损害目标，在相同条件下的每米采油指数提高了54%～103%，在水井上每米视吸水指数提高139%～750%，从而将钻井液对中渗油气层保护技术推向了一个新的高度。例如，大港油田30%的试验井实现了自喷采油，这是以前从未出现过的情况。部分应用井数据如表2.18所示。

表2.18　生物膜与其他技术现场测试效果对比(中渗透油气层)

井别	井号	钻井液体系	表皮系数	每米采油指数/[m^3/(d·m·MPa)]	每米采油指数提高率/%
试验井	27-55	“超低”损害生物膜暂堵	0.01	0.048	71.43/54.84
对比井	25-51	其他储层保护技术	3.55	0.031	
	25-53	其他储层保护技术	3.26	0.028	
试验井	393-1	“超低”损害生物膜暂堵	0.01	0.81	42.11
对比井	41×1	其他储层保护技术	3.41	0.51	
试验井	393-1	“超低”损害生物膜暂堵	0.02	6.18	63.49
对比井	8-26	其他储层保护技术	3.45	3.78	
试验井	76-13	“超低”损害生物膜暂堵	0.02	0.634	103.21
对比井	74-13	其他储层保护技术	5.33	0.312	

(三)保护高渗特高渗油气层的协同增效封堵理论

对于高渗透、特高渗透油气层，孔喉直径较大，固相颗粒和液相都可能造成油气层损害。若采用生物膜保护技术，较大正压差容易造成“膜”破损；超双疏技术也难以解决固相颗粒堵塞问题等。为解决该技术难题，蒋官澄等[145]以“砖-泥”交替贝壳多层复合结构为模本，将生物膜技术与理想充填技术相结合，利用理想充填技术将大孔喉改变成小孔喉，然后在小孔喉上形成生物膜，提高膜质量，即通过两者之间的协同增效作用，实现高渗透、特高渗透油气层“零”损害目标。

贝壳是生活在水边软体动物的外套膜，对贝壳的形成机理、增韧机制，以及贝壳的有机质成分和性质研究已成为国际热点。研究表明，贝壳的主要成分为95%无机矿物质和少量有机质，有机质层和矿物层以“砖-泥”相间排列(图2.18)，裂纹偏转、纤维拔出以及有机基质桥接是贝壳增韧的主要机制，其中有机质起到了很重要的作用[146]。蒋官澄等[147]将该机制应用到保护高渗油气层中，选用理想充填剂作为无机矿物质，生物膜技术中使用的两亲聚合物贴膜剂作为有机质，研究出了能保护高渗油气层的仿生高强度超韧性层状复合材料，通过多尺度、多级次“砖-泥”组装结构方式，以及贴膜剂与理想充填剂之间、贴膜剂与井壁岩石之间相互黏合，增加韧性，吸收能量，增加滑移和扩展阻力，形成牢固、致密的屏蔽暂堵带，阻止油气层遭受破坏，

图2.18　贝壳的“砖-泥”交替结构

达到保护高渗油气层的目的(图 2.19、图 2.20)。

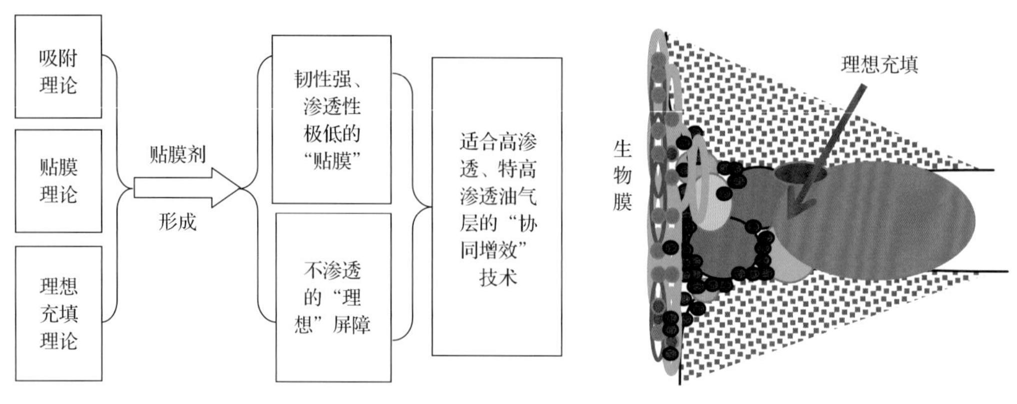

图 2.19 “协同增效”法原理　　　图 2.20 “协同增效”法示意图

该技术的实施方案为：上部钻井液+1%～2%贴膜剂＋2%～3%理想充填剂。采用现场使用的两性离子聚合物井浆对协同增效保护技术进行渗透率损害评价，结果表明，往井浆中加入 2%贴膜剂和 3%理想充填剂，可使高渗透岩心(原始渗透率 $354.8\times10^{-3}\mu m^2$)的渗透率恢复值达 93.5%，保护油气层效果优良。协同增效技术在我国高渗油田推广应用表明，与其他先进技术相比，可使单井产量平均提高 3.2 倍以上。部分应用井数据如表 2.19 所示。

表 2.19　协同增效封堵与其他技术现场测试效果对比(高渗透油气层)

施工井			对比井			增产倍数
施工井的井号	油气层厚度/m	每米采油指数/[m^3/(m·MPa)]	可对比井的井号	油气层厚度/m	每米采油指数/[m^3/(m·MPa)]	
中 30-斜更 533	10.5	0.952	中 31-更 533	7.3	0.452	2.11
中 32-斜 533	15	0.58	中 31-斜 533	7.3	0.452	1.28
中 30-斜更 528	19.1	0.733	中 31-斜 529	15.3	0.085	8.63
中 31-排 532	6.8	1.103	中 31-531	12	0.108	10.2
中 33-排 528	10.8	0.269	中 33-更 529	12.1	0.223	1.2
中 35-斜 528	10.2	0.451	中 33-526	14.1	0.348	1.3

二、仿生井眼强化理论

井壁稳定问题是油气钻井过程中普遍存在的世界性工程技术难题，一直没有得到彻底解决。根据 van Oort 建立的泥页岩破坏强度方程[148]，如果钻井液能够很好地抑制黏土矿物渗透水化和表面水化、封堵包括微纳米级孔缝在内的所有孔缝而阻止压力传递、提高泥页岩胶结强度等，则可使井塌问题得到很好的解决。但原有国内外先进技术难以抑制表面水化，难以封堵纳米级孔缝，更无法提高岩石颗粒间的胶结力，使井壁失稳频繁发生。

蒋官澄教授带领团队成员首次将仿生学引入钻井液领域，创建了仿生井眼强化钻井液理论，主要包括通过模拟具有超强水下黏附特性的海洋贻贝蛋白的化学结构，发明了能够有效提高泥页岩胶结强度和内聚力的仿生固壁剂，从内在因素角度解决井壁坍塌难题，同时抑制泥页岩水化分散、特别是能抑制页岩表面水化；同时，通过模仿纳米级细菌表面附有无数菌毛的结构特点，发明了仿生微纳米封堵剂[149-151]，并利用这些仿生处理剂形成了井眼强化钻井液新技术。

贻贝黏附蛋白具有超强水下黏附性能的关键在于蛋白中含有的一种吸附能极高的特殊氨基酸——L-3,4-二羟基苯丙氨酸(L-dopa，L-多巴)。首先通过模拟L-多巴的化学结构合成了仿生页岩抑制剂多巴胺(Dopamine，DA)。线性膨胀实验、热滚回收实验、黏土造浆实验及黏土层间距等评价结果表明，多巴胺能够极大程度地抑制泥页岩的水化分散，效果优于目前常用的几种抑制剂，且解决了以前难以解决的页岩表面水化抑制难题。

通过模拟贻贝黏附蛋白的化学结构，将与L-多巴结构相似的多巴胺接枝到醇类主链上合成了仿生固壁剂。仿生固壁剂具有贻贝蛋白强水下黏附特性，能够在井壁泥页岩近表面黏附并与表面Ca^{2+}、Mg^{2+}发生螯合交联反应形成具有黏附性和内聚力的水凝胶，从而有效改善泥页岩胶结强度，起到泥页岩强化作用。岩心单轴抗压强度和点载荷强度试验结果表明，仿生固壁剂处理后的岩心抗压强度甚至高于原始岩心，表现出了优异的泥页岩强化能力。

通过模仿细菌结构，以纳米二氧化硅为仿细菌核质体，在其表面分别形成仿细胞质和带菌毛的仿细胞膜，发明了平均粒径在纳米级的可变形仿生微纳米封堵剂。封堵剂进入不同孔径的孔隙后，可通过氢键、离子键等吸附到岩石的表面及孔隙的内表面，通过进入纳米孔隙和吸附到岩石表面的协同作用，增强封堵剂与微纳米孔缝的吸附、封堵能力，进一步提高井壁稳定性。通过常规滤失实验、BET孔结构测试和岩心动态压力传递实验对微纳米封堵剂的封堵性能进行了评价，结果表明，仿生微纳米封堵剂能够有效封堵纳微米级的孔隙和微裂缝，并具有较好的抗温和抗盐性能。

下面简要介绍仿生抑制剂、仿生固壁剂、仿生微纳米封堵剂的作用机理。

(一)仿生抑制剂作用机理

海洋生物贻贝分泌的足丝线能够通过足丝蛋白(MAPs)的黏附特性于水环境下附着在几乎任何基材表面。黏附蛋白中含有的L-多巴被证明是其具有极强水下黏附特性的关键[152-157]。多巴胺通常是作为一种荷尔蒙或神经传递素而为人们所知，然而由于其化学结构和特性与L-多巴相似，因此近年来被广泛用于合成仿贻贝蛋白的黏附性聚合物[157-159]。由于多巴胺的化学结构与贻贝黏附蛋白的核心基团相似，研究人员发现在弱碱性液体环境下[160]，多巴胺能够在多种基材表面牢固吸附并自发聚合形成类似黑色素(eumelanin，人体皮肤中含有的一种生物聚合物)的聚多巴胺膜[161-163]。此外，大量研究证明，多巴胺在无机氧化物基材(如亲水性的SiO_2)表面的吸附主要是通过邻苯二酚羟基和SiO_2表面氧原子之间的氢键作用，并且这种氢键作用在高温下也极其稳定[164, 165]，强度远高于普通氢键。由于多巴胺不仅含有低水化能的氨基官能团，还具有独特的强黏附性、热稳定性及海洋环境无毒性，能够作为一种高性能仿生页岩抑制剂用于水基钻井液中。

(二)仿生固壁剂作用机理

如图 2.21 所示，海洋生物贻贝分泌的足丝线能够通过足丝蛋白(MAPs)独一无二地黏附特性于水环境下附着在岩石表面，并且这种天然性黏附不存在合成黏合剂在水环境下的黏结性能不好的缺陷[165]，因而备受关注。黏附蛋白中 L-多巴中的邻苯二酚基团具有很强的配位能力，能与很多氧化物配位形成有机络合物，而且邻苯二酚被氧化成邻苯醌后能与许多基团反应形成共价键。由于这种强共价和非共价相互作用[166, 167]，L-多巴被证明是贻贝黏附蛋白具有极强水下黏附特性的关键。此外，目前的研究表明，黏附蛋白在海水中能够固化形成具有高强度和高韧性的足丝线的原因是碱性环境下黏附蛋白通过 L-多巴与海水中的 Fe^{3+}发生了螯合交联反应[168-171]。Ca^{2+}、Mg^{2+}等二价金属离子也能够被 L-多巴所螯合，但是相对 Fe^{3+}而言交联产物的内聚力较弱[172]。

由于贻贝蛋白能够在碱性水环境下黏附在岩石表面，并通过与 Fe^{3+}的交联固化反应形成具有高强度和韧性的足丝线，那么如果将这种贻贝蛋白加入到钻井液中，这种水下黏附极强的蛋白是否可以牢固附着在井壁泥页岩近表面，并通过与泥页岩表面 Fe^{3+}(或 Ca^{2+}、Mg^{2+})之间的螯合交联反应，形成一层防水且具有较强内聚力的凝胶，以起到提高泥页岩内聚力并进而稳定井壁的作用。

然而，尽管从贻贝中直接提取或基因工程的方法已经可以获得天然黏附蛋白，但是这两种方法的成本很高，不具备实际应用的可行性。因此，我们考虑模仿贻贝黏附蛋白分子结构，将与 L-多巴结构和性能类似的多巴胺接枝到醇类主链上，从而发明出具有贻贝黏附特性的水溶性聚合物仿生材料——仿生固壁剂。

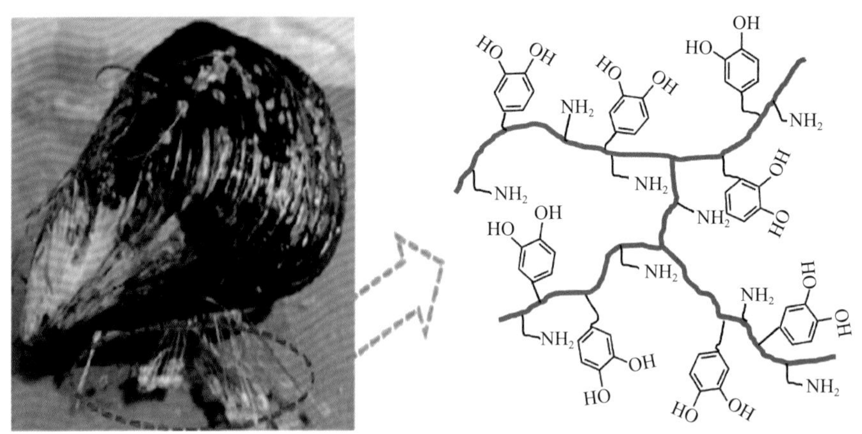

图 2.21　海洋贻贝足丝线外观及黏附蛋白的化学结构[173]

(三)仿生微纳米封堵剂作用机理

钻井液自由水以及压力向近井壁泥页岩地层的侵入和传递是造成井壁失稳的重要原因，因此必须采取有效手段阻止钻井液渗入泥页岩底层。然而，由于泥页岩极低的渗透率(10^{-11}～10^{-5}μm^2)，钻井液中膨润土无法在泥页岩井壁表面形成外滤饼[174]。而且，传统的钻井液封堵材料(如磺化沥青和石墨)由于自身较大的颗粒粒度，无法渗入并封堵泥页岩纳微米级的孔隙和微裂缝[175]。因此，蒋官澄带领团队成员采用仿生学方法解决该难题。

细菌的结构对细菌的生存、致病性和免疫性等均有一定作用。细菌的结构按分布部位大致可分为：表层结构，包括细胞壁、细胞膜、荚膜；内部结构，包括细胞浆、核蛋白体、核质、质粒及芽孢等；外部附件，包括鞭毛和菌毛。习惯上又把一个细菌生存不可缺少的或一般细菌通常具有的结构称为基本结构，而把某些细菌在一定条件下所形成的特有结构称为特殊结构(图 2.22)。

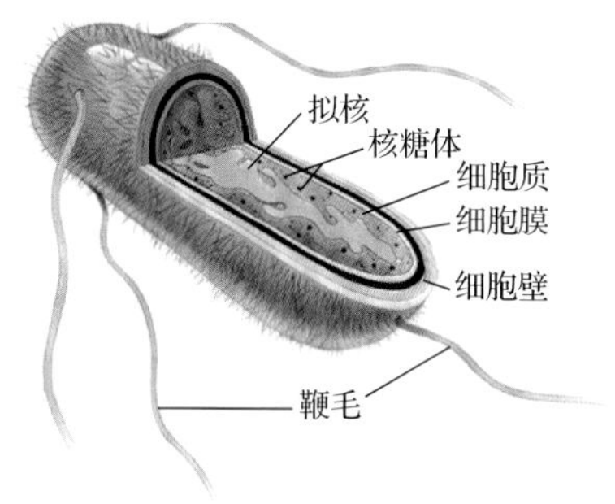

图 2.22 细菌的结构[176]

由于细菌具有上述特殊结构，且可通过肽桥或肽链连接、交联成机械性很强的网状结构等，使细菌在孔喉或孔道处具有驻留、堵塞作用。采用结构仿生法，合成具有细菌结构和特性的仿生微纳米封堵剂，可阻止压力传递、稳定井壁。

三、仿生防漏堵漏理论

前面介绍的保护油气层的仿生封堵理论、仿生井眼强化理论主要用于保护油气层和防治井眼坍塌，但钻遇易漏地层时的适应性较差，为此中国石油大学(北京)继续采用仿生学理论，分别创建了仿生随钻堵漏理论和停钻堵漏理论。

(一)仿生随钻堵漏理论

自然界中的生物经过亿万年的进化形成的各种各样的性能优异、构造精微的生物结构，为人类解决工程技术问题提供了大量的设计原型和创造性的改进方法。通过对王莲叶脉构型规律的分析，提取王莲叶结构中有益的构型规律或准则，可用于解决钻井液防漏堵漏技术难题[177]。

1. 基于哺乳动物自动止血原理的仿生随钻堵漏

血浆相当于结缔组织的细胞间质，为浅黄色半透明液体，其中除含有 90%～91%水分以外，还有无机盐、纤维蛋白原、白蛋白、球蛋白、酶、激素、各种营养物质、代谢产物等。这些物质无一定形态，但具有重要的生理功能[178]。血浆中电解质含量与组织液基本相同，正常情况下血浆基本代表组织液中这些物质的浓度；血浆蛋白浓度是血浆和组织液的主要区别，血浆蛋白的分子很大，不能透过毛细管[179-181]。人类和脊椎动物血浆蛋白分为白蛋白、球蛋白与纤维蛋白三大类。血浆蛋白的生理功能主要是凝血和抗凝血，其中的凝血因子在血管破裂时能够被激活、起到止血作用。

血液凝固分为内源凝血途径和外源凝血途经两种。

完全依靠血浆内的凝血因子逐步使因子Ⅹ激活从而发生凝血过程，称为内源性激活途径[182, 183]。内源性途径的过程为：血管胶原纤维暴露→Ⅻ激活成Ⅻa→激肽释放酶正反馈促进大量生成Ⅻa→Ⅻa 激活Ⅺ成为Ⅺa(表面激活)→Ⅺa 激活Ⅸ生成Ⅸa(Ca^{2+}参与)→

Ⅸa与因子Ⅷ和 PF_3 及 Ca^{2+} 组成因子Ⅷ复合物→激活Ⅹ生成Ⅹa。Ⅹa激活因子Ⅱ，Ⅱa使因子Ⅰ变成纤维蛋白单体(Ⅰa)，在因子XIII的作用下形成纤维蛋白多聚体。

依靠血管外组织释放的因子Ⅲ来参与因子Ⅹ的激活过程，称为外源性凝血途径。外源性途径的过程为：Ⅶ与因子Ⅲ和 Ca^{2+} 组成复合物→激活Ⅹ生成Ⅹa→Ⅹa与因子Ⅴ复合物→激活因子Ⅱ生成Ⅱa→活化因子Ⅰ变成Ⅰa[184]。

上述内源凝血途径类似于钻井过程中的随钻堵漏，因此，以内源凝血的原理、功能等为模本，研发仿生随钻堵漏钻井液新材料和新技术，创建了仿生随钻堵漏理论。

2. 仿生随钻堵漏新材料

模拟哺乳动物血液利用血小板、纤维蛋白原自动止血的原理，发明由纳米晶须、弱凝胶与微粒构成的随钻堵漏钻井液新材料。微粒模拟血小板、纳米晶须与弱凝胶模拟纤维蛋白原，从而利用凝胶变形、纤维拔出、有机质桥接和微粒桥等作用，在钻井过程中遇到井漏时自动实现堵漏；无井漏发生时，在井壁上有助于形成致密滤饼，降低滤失量。

仿生随钻堵漏该材料不仅可实现智能随钻封堵，还避免了以前随钻堵漏材料采用惰性物质利用架桥、充填等原理来实现随钻封堵时，要求堵漏材料与漏失孔缝尺寸严格匹配的缺点，大大提高了堵漏成功率。

(二)仿生停钻堵漏理论

1. 基于王莲叶结构的仿生停钻堵漏

王莲叶子之所以具有巨大浮力，在于王莲叶片背面有类似于蜘蛛网的粗壮叶脉。王莲叶子背面正中间位置处是叶柄，从叶柄处放射状排列着无数粗大而空心的叶脉，大叶脉之间又连着镰刀形状较细的叶脉，叶脉里面还有气室，形成了相互交错的叶脉骨架结构。正是这种结构，使王莲叶子具有了超大的承重力，并且稳稳地浮在水面上[160, 185, 186]。

在钻井过程中，当发生钻井液大量漏失(如失返性漏失)时，通常是往钻井液体系中加入堵漏材料，堵塞漏失地层，使钻井液在正压差的作用下不会通过孔缝流向地层内部，提高井壁的承压能力。因此，堵漏材料的堵漏原理与漂浮于水面上、具有较大承压力的王莲叶类似。

2. 基于贝壳结构的仿生停钻堵漏

贝壳和珍珠为一种典型的天然生物矿化复合材料，其构成含有令人佩服的特殊组装方式[161, 186]，因而具有强韧性的最佳配合，对其结构和性能的研究将有助于钻井液防漏堵漏仿生材料的研制。

最典型的贝壳是由角质层、棱柱层和珍珠层组成，如图2.23～图2.25所示。角质层是贝壳的最外层，很薄，由壳质蛋白即贝壳素构成，它是硬蛋白质的一种，能耐酸的腐蚀；棱柱层又称“中间层”，是相对较厚的一层，一般由方解石棱柱构成，为贝壳提供硬度和耐溶蚀性；珍珠层也称为“底层”，由多边形文石薄片层叠而成，类似“砖墙”结构，为贝壳提供强度和韧性。

图 2.23 贝壳的角质层

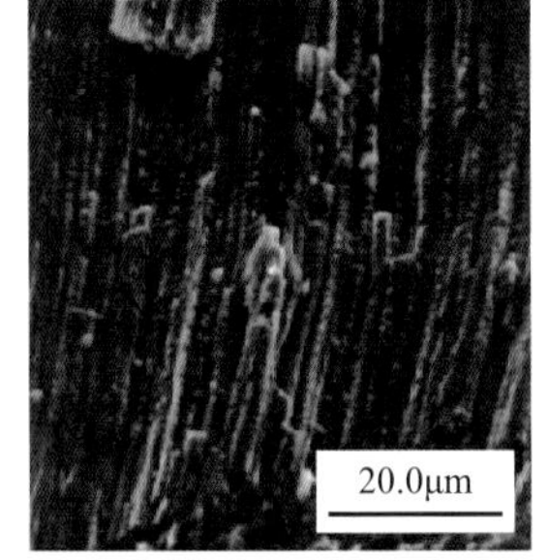

图 2.24 贝壳的棱柱层

图 2.25 贝壳的珍珠层

贝壳是自下而上自组装的自然纳米复合材料的最好例子，这种材料由约 95%的无机相 $CaCO_3$(方解石和文石)和百分之几的有机生物聚合物组成，具有良好的综合力学性能[62, 160, 161]。

高韧性是贝壳最优异的力学性能之一。贝壳的韧化机制及其对材料设计、制备的指导作用意义重大，这种生物复合材料的韧化过程中，存在四种主要韧化机制——裂纹偏转、纤维拔出、有机质桥接和矿物桥作用。纤维拔出能吸收更多的能量而使材料韧化，这是纤维增强复合材料一种重要的韧化机制。有机相与文石层的结合力与摩擦力将阻止晶片的拔出，同时文石板片表面下的微凸体也对相邻板片相互移动具有锁住作用，从而增加裂纹扩展和纤维拔出的阻力，使材料的韧性增加。

3. 仿生停钻堵漏新材料

模拟王莲叶片通过多节点连接成高强度、高韧度、空间受力均匀的叶脉网格结构，并结合贝壳的多层复合结构与组成，发明成功了由可变形纤维丝网、高强度凝胶与刚性颗粒构成的仿生停钻承压堵漏新材料和新技术。利用可变形纤维丝网模仿王莲叶片的叶脉网格结构；高强度凝胶与刚性颗粒复合物模仿贝壳由最外层的角质层、中层的棱柱层与底层的珍珠层构成的多层结构，该结构由 95%以上无机物和 5%以内有机物组成；靠分子识别生长、靠氢键等化学键层层自组装在一起的仿“贝壳矿化”过程，从而实现封堵层的结构仿生、化学组成仿生、过程仿生和原理仿生的复合仿生，有效提高封堵层承压能力。

第七节 井壁岩石强封堵理论的发展趋势

近年来，随着钻遇的地层情况越来越复杂，如高温高压(井底温度大于 240℃、钻井液密度大于 2.4g/cm^3)同时存在、严重破碎性地层、高陡构造地层等，利用上述强封堵理论虽然可解决大部分问题，但新问题不断涌现，如抗温性不够、与岩石间的胶结能力不够大等，亟须发展新的井壁岩石强封堵理论。

一、破碎地层强封堵

天然无胶结或弱胶结地层破碎程度高，钻井过程中极易坍塌掉块，引起扩径、卡钻等井下复杂问题，虽然目前研究者基于井壁岩石孔缝封堵理论，开展了提高破碎地层井壁稳定的钻井液强封堵研究，形成了提高破碎地层井壁稳定的强封堵型钻井液，并取得了一定效果，然仍难以满足“安全、高效”钻井需要。

例如，准噶尔盆地南缘，地质结构复杂，地层黏土矿物含量高、地层倾角大、地应力作用明显，是典型的山前高陡构造区[187-189]。施工中常发生复杂情况，轻者反复划眼，延长钻井周期；严重者卡钻，甚至井眼报废，造成巨大的经济损失，严重制约了勘探与开发进程。又如新疆顺北油气田的地层极其复杂——志留系柯坪塔格组和奥陶系桑塔木组等地层发育大段泥岩，水敏性强、井眼易失稳；志留系地层裂缝发育，压力敏感性强，漏失风险大；奥陶系地层破碎程度高、胶结差，易坍塌掉块，引起卡钻等井下故障[190, 191]。

建议在保持合理钻井液密度的前提下，将仿生强封堵理论融入原有的“多元协同”井壁稳定基本理论中，增强钻井液对天然无胶结或弱胶结性地层岩石颗粒的二次胶结力，使破碎岩石成为整体，并在井壁岩石表面形成致密封堵层，阻缓压力传递和钻井液滤液侵入，防止裂缝开启及延伸，达到防漏的目的，从而形成解决破碎性地层井塌、井漏难题的新型“多元协同”井壁强化理论。

二、油基钻井液强封堵

油基钻井液具有优良的抑制性、润滑性和油气层保护能力，使其在高难度井的应用逐渐扩大，如在川渝地区页岩气井、涪陵页岩气井、新疆玛湖致密油井、吉木萨尔页岩油井、新疆南缘深层油藏等，但油基钻井液的封堵、防漏能力欠缺，目前国际上没有一套很好的理论、方法和技术，亟需开展该研究[192-199]。如新疆南缘呼探 1 井钻井过程中，曾因井塌发生严重卡钻事故，国内外钻井液服务商皆未提供很好地技术解决该难题。

油基钻井液钻遇微裂缝发育、富含有机质、破碎严重的页岩地层时，因油基钻井液从微裂缝进入页岩地层将造成有机质溶解，提高井周钻井液波及范围，软化岩石强度，引发井壁失稳。因此要求钻井液具有较强的封堵能力和滤失控制能力。

页岩地层的高黏土含量、微裂缝发育、完整性差的性质为油基钻井液强封堵研究提供了实践基础[200-202]。目前油基钻井液强封堵理论主要依靠多类型封堵材料协同作用封堵井壁岩石孔缝，减少体系滤液的侵入量，避免井壁岩石强度的降低，从而防止井壁坍塌。多类型封堵材料及主要作用为：刚性粒子如超细碳酸钙提供刚性架桥基础，柔性封堵粒子如沥青进行致密填充，成膜材料如乳胶发挥“糊壁”作用等。多类型封堵材料按照一定配合比例加入到油基钻井液中，可以有效提高油基钻井液体系对井壁岩石孔缝的封堵速率和封堵层强度，进而大幅度降低滤液侵入，起到稳定井壁的作用。但是目前所使用的材料几乎都是水基钻井液中的常用材料，缺少油基钻井液专用封堵材料，特别是油基钻井液中的润湿剂使岩石表面已经反转为油湿性，增强对油相的毛细管吸力，且普通封堵材料已难以与岩石表面结合、胶结力差，“站不住”，对封堵效果大打折扣[203-208]。因此，需重点研发适合油基钻井液的封堵材料，以及研发阻止井壁岩石孔缝对油相对自吸作用的新材料，通过刚性颗粒架桥即时封堵、柔性变形粒子致密封堵及成膜封堵材料协同增效作用，有效增强油基钻井液强封堵能力，显著降低滤失量，从而形成防塌、防漏、防溢流的油基钻井液强封堵技术。

三、高温高压地层强封堵与高承压

从各封堵技术的抗温性来看，屏蔽封堵、多级粒子精细封堵、“应力笼”封堵的抗温性相对较高，物理化学膜封堵、仿生封堵的抗温性相对较低[209-216]。随着勘探开发高温高压油气藏的逐步深入，如地层温度高达 240℃、同时钻井液密度高达 2.4g/cm^3 的青海深部储层[217]，地层温度高达 220℃、同时钻井液密度高达 2.2g/cm^3 的南海深水油气藏[218]等都已成为目前勘探开发重点，在钻井过程中井壁失稳、失返性恶性漏失等井下复杂情况或事故频繁发生，前面阐述的物理化学膜封堵和仿生封堵技术的抗温性难以满足要求，屏蔽封堵、多级粒子精细封堵和“应力笼”封堵技术的效果欠佳，能同时满足高温高压(240℃、钻井液密度 2.4g/cm^3，及其以上)的钻井液强封堵技术已成为国际难题，亟需攻克。

自然界是人类学习的老师，是科学技术原始创新的源泉。在以后研究中，应寻求抗高温动植物种类，模仿其抗高温原理、功能与特点等，研发抗高温仿生封堵新材料，结合“多元协同”井壁稳定理论，创建基于仿生技术的高温高压“多元协同”强封堵理论与技术。

四、智能封堵

从石油工业技术革命的发展历程可知，20 世纪 20～30 年代、60～70 年代、80～90 年代和本世纪初所经历的四次石油工业技术革命都实现了全球油气产量的大幅提升。目前，在大数据、人工智能技术飞速发展的背景下，以智能油田、智能钻井等新一代智能化勘探开发技术为代表的第五代技术革命正蓄势待发，成为二十一世纪石油工业的重要发展趋势[219, 220]。

实现井壁稳定和防漏堵漏为目的的智能封堵技术是智能钻井的重要组成部分，智能封堵主要由智能封堵材料组成，可根据井壁岩石孔缝尺寸自动调节封堵材料尺寸以达到强封堵的目的，并具有与井壁岩石壁面强胶结能力。也就是说，智能封堵具有“自识别、自调节、自适应”的特点，目前，国际上在这方面的研究仅处于概念阶段[221]。为满足深层油气、非常规油气、低渗透油气、深水油气资源和特殊资源的“安全、高效、经济、环保”钻井需要，以及为迎接第五次油气技术革命的早日到来，利用其他学科的先进理论，需尽快研发智能强封堵钻井液处理剂和智能强封堵钻井液技术。

参考文献

[1] 徐同台, 刘玉杰. 钻井工程防漏堵漏技术. 北京: 石油工业出版社, 1997.

[2] 郑求根, 张育民, 赵德勇. 太康隆起下古生界碳酸盐岩孔隙类型及特征. 石油地质与工程, 1996, (5): 1-5.

[3] 罗利, 胡培毅, 周政英. 碳酸盐岩裂缝测井识别方法. 石油学报, 2001, (3): 5-6, 44-47.

[4] 康毅力, 闫丰明, 游利军, 等. 塔河油田缝洞型储层漏失特征及控制技术实践. 钻井液与完井液, 2010, (1): 44-46, 49, 93-94.

[5] Abrams A. Mud design to minimize rock impairment due to particle invasion. Journal of Petroleum Technology, 1977, 29(5): 586-592.

[6] 罗向东, 蒲晓琳, 魏治明, 等. 用屏蔽暂堵技术封堵水平井裂缝性漏层. 石油钻采工艺, 1995, 17(2): 28-31, 98.

[7] 罗向东, 罗平亚. 屏蔽式暂堵技术在储层保护中的应用研究. 钻井液与完井液, 1992, 9(2): 1-2, 19-27.

[8] 黄立新, 罗平亚. 裂缝性储集层的屏蔽式暂堵技术. 江汉石油学院学报, 1993, (3): 53-57.

[9] 张金波, 鄢捷年, 赵海燕. 优选暂堵剂粒度分布的新方法. 钻井液与完井液, 2004, (5): 6-9, 69.

[10] 张金波, 鄢捷年. 钻井液中暂堵剂颗粒尺寸分布优选的新理论和新方法. 石油学报, 2004, (6): 88-91, 95.

[11] 张金波, 鄢捷年. 钻井液暂堵剂颗粒粒径分布的最优化选择. 油田化学, 2005, (1): 1-5.

[12] Aston M, Alberty M, McLean M, et al. Drilling fluids for wellbore strengthening// IADC/SPE Drilling Conference, Dallas, 2004.

[13] 罗平亚, 康毅力, 孟英峰. 我国储层保护技术实现跨越式发展. 天然气工业, 2006, 26(1): 84-87.

[14] 张绍槐, 罗平亚. 保护储集层技术. 北京: 石油工业出版社, 1993.

[15] 李克向. 保护油气层钻井完井技术. 北京: 石油工业出版社, 1993.

[16] 万仁溥. 现代完井工程. 北京: 石油工业出版社, 1996.

[17] 罗英俊. 油田开发生产中的保护油层技术. 北京: 石油工业出版社, 1996.

[18] 罗平亚. 储集层保护技术. 北京: 石油工业出版社, 1999.

[19] 汪建军, 罗向东. 中低渗透性岩心的屏蔽式暂堵研究. 钻井液与完井液, 1992, 9(3): 29-34.

[20] 王松, 胡三清, 罗觉生, 等. JHY 油溶性树脂在小拐断块屏蔽暂堵保护储层技术中的应用. 江汉石油学院学报, 1998, 20(2): 66-69.

[21] 任占春, 张光焰, 韩文峰, 等. HT-10 高温屏蔽暂堵剂研制与应用. 油田化学, 2002, 19(2): 109-111.

[22] 张洪才, 马爱文, 任占春, 等. HPG 延缓交联型屏蔽暂堵剂的应用. 钻井液与完井液, 2003, 20(4): 42-43.

[23] 阙军仁, 王法新, 徐景润, 等. 冻胶型化学暂堵剂在石西油田酸化、酸压中的应用. 新疆石油科技, 2006, 16(4): 22-25, 33.

[24] 刘宝和. 中国油气田开发志. 北京: 石油工业出版社, 2011.

[25] 杨金荣, 张育慈, 叶挺. 夏子街油田屏蔽暂堵技术研究. 油田化学, 1993, 10(2): 110-115.

[26] 张育慈, 杨金荣, 潘仁杰. 屏蔽暂堵技术的应用. 钻井液与完井液, 1993, (4): 15-18, 34.

[27] 张育慈, 杨金荣, 刘德军, 等. 屏蔽暂堵技术在新疆油田的应用. 钻井液与完井液, 1995, 12(3): 77-79.

[28] 蒋官澄, 鄢捷年, 王富华, 等. 新型屏蔽暂堵技术在大宛齐地区的应用. 石油钻探技术, 1999, 27(6): 21-23.

[29] Xie H, Bhaskar R, Li J. Generation of fractal models for fine particle characterization. Minerals and Metallurgical Processing, 1993, 30(1): 36-42.

[30] 谢和平. 分形岩石力学导论. 北京: 科学出版社, 1996: 116-117.

[31] 崔迎春, 张琰. 分形几何理论在屏蔽暂堵剂优选中的应用. 石油大学学报(自然科学版), 2000, (2): 10, 17-20.

[32] Hands N, Kowbel K, Maikranz S, et al. Drilling-in fluid reduces formation damage, increases production rates. Oil and Gas Journal, 1998, 96(28): 65-68.

[33] 吕军, 许绍营, 危常兵, 等. 广谱屏蔽暂堵技术在大港油田的应用. 钻采工艺, 2004, (5): 18-21.

[34] Verret R, Robinson B, Cowan J, et al. Use of micronized cellulose fibers to protect producing formations//SPE International Symposium on Formation Damage Control, Lafayette, 2000.

[35] 刘志明, 李芹, 杨宇, 等. 保护储层的碱溶性暂堵剂 LZ-1. 油田化学, 2002, 19(3): 201-204.

[36] Kaeuffer M. Determination de l'optimum de remplissage granulometrique et quelques proprietes s'y rattachant//Congres de l'AFTPV, Rouen, 1973.

[37] Alberty M W, McLean M R. A physical model for stress cages// SPE Annual Technical Conference and Exhibition, Houston, 2004.

[38] Aston M S, Alberty M W, Duncum S D, et al. A new treatment for wellbore strengthening in shale// SPE Annual Technical Conference and Exhibition, Anaheim, 2007.

[39] 李家学. 裂缝地层提高承压能力钻井液堵漏技术研究. 成都: 西南石油大学, 2011.

[40] 侯士立, 黄达全, 杨贺卫, 等. 刚性楔入承压封堵技术. 钻井液与完井液, 2015, 32(1): 49-52.

[41] 贺明敏, 李洪兴, 王明华, 等. 笼状包络桥堵承压堵漏技术研究// 2017 年全国天然气学术年会, 杭州, 2017.
[42] 李大奇, 曾义金, 刘四海, 等. 裂缝性地层承压堵漏模型建立及应用. 科学技术与工程, 2018, 18(2): 79-85.
[43] 李维斌, 张阳, 张永清, 等. 东胜气田裂缝性地层承压堵漏技术. 内蒙古石油化工, 2015, (17): 106-109.
[44] 马新中, 张申申, 方静, 等. 塔河 10 区碳酸盐岩裂缝型储层承压堵漏技术. 钻井液与完井液, 2018, 35(5): 36-40.
[45] 郭振华. 低压易漏失地层完井承压技术. 青岛: 中国石油大学(华东), 2015.
[46] 刘应民, 初毅, 黄学刚, 等. 裂缝型渗漏地层承压堵漏试验技术探讨. 钻采工艺, 2012, 35(6): 6-7, 23-24.
[47] 郝惠军, 田野, 贾东民, 等. 承压堵漏技术的研究与应用. 钻井液与完井液, 2011, (6): 18-20, 96.
[48] 王贵, 蒲晓林. 提高地层承压能力的钻井液堵漏作用机理. 石油学报, 2010, 31(6): 1009-1012.
[49] 阿特金森 B K. 岩石断裂力学. 尹祥础, 修济刚译. 北京: 地震出版社, 1992: 231-254.
[50] 陈勉, 金衍, 张广清. 石油工程岩石力学. 北京: 科学出版社, 2008: 274-276.
[51] Dupriest F E. Fracture closure stress (FCS) and lost returns practices// SPE/IADC Drilling Conference, Amsterdam, 2005.
[52] 许成元, 康毅力, 李大奇. 提高地层承压能力研究新进展. 钻井液与完井液, 2011, 28(5): 84-88, 91, 104, 105.
[53] 康毅力, 许成元, 唐龙, 等. 构筑井周坚韧屏障: 井漏控制理论与方法. 石油勘探与开发, 2014, 41(4): 473-479.
[54] Westergard H M. Plastic state of stress around a deep well. Journal of the Boston Society of Civil Engineers, 1940, 27: 387-391.
[55] Roegiers J. Well modeling: An overview. Oil & Gas Science and Technology, 2002, 57(5): 569-577.
[56] Darly H. Advantages of the polymer of borehole stability. Journal of Petroleum Technology, 1969.
[57] Maury V, Guenot A. Practical advantages of mud cooling systems for drilling. SPE Drilling & Completion, 1995, 10(1): 42-48.
[58] 邱正松, 徐加放, 吕开河, 等. “多元协同”稳定井壁新理论. 石油学报, 2007, (2): 117-119.
[59] 邱正松. 井壁泥页岩与水基钻井液作用机理研究. 北京: 中国石油大学(北京), 2001.
[60] 胡成军, 陈强, 张鹏, 等. 渤海油田中深部地层井壁稳定对策. 石油钻采工艺, 2018, 40(S1): 94-97.
[61] 李钟, 罗石琼, 罗恒荣, 等. 多元协同防塌钻井液技术在临盘油田探井的应用. 断块油气田, 2019, 26(1): 97-100.
[62] 吕开河, 朱道志, 徐先国, 等. “多元协同”钻井液研究及应用. 钻井液与完井液, 2012, 29(2): 1-4, 89.
[63] 邱春阳, 王宝田, 司贤群, 等. 铝胺多元协同防塌钻井液在乌参 1 井三开井段的应用. 新疆石油天然气, 2013, 9(4): 5, 24-27.
[64] 艾贵成, 路克崇, 张禄远, 等. 多元协同防塌钻井液技术在鸭儿峡油田易塌井段的应用. 西部探矿工程, 2013, 25(1): 46-48.
[65] 罗曦. 吐哈油田玉果区块复杂泥岩地层防塌钻井液技术研究. 青岛: 中国石油大学(华东), 2013.
[66] 王艳. 多元协同井壁稳定水基钻井液研究. 成都: 西南石油大学, 2016.
[67] 李琼, 邱春阳, 姜春丽, 等. 博格达山北缘山前带高效防塌钻井液研究及应用. 精细石油化工进展, 2018, 19(6): 19-23.
[68] 邱正松, 刘均一, 周宝义, 等. 钻井液致密承压封堵裂缝机理与优化设计. 石油学报, 2016, 37(S2): 137-143.
[69] Effendhye, 申屠春海, 郑伯华, 等. 纤维水泥在井漏控制中的应用. 石油石化节能, 2004, (7): 8-9.
[70] 何德清, 罗云, 赵金青, 等. 纤维水泥防漏实验研究. 钻井液与完井液, 2006, (3): 34-36, 84.
[71] 贾应林, 杨启华, 邓建民, 等. 纤维堵漏低密度水泥浆的室内研究. 钻采工艺, 2009, 32(1): 87, 88, 91, 117.
[72] 庞茂安. 适用于孔缝漏失地层防漏水泥浆体系研究. 成都: 西南石油大学, 2018.
[73] 刘铮, 张宏军, 刘传仁, 等. 复合纤维水泥浆在川东北钻井承压堵漏中的应用. 钻采工艺, 2007, (6): 116-118.
[74] 狄强. 防漏增韧低密度水泥浆体系在固平 27-29 井的应用. 石化技术, 2018, 25(2): 221.
[75] Aziz A, Kallo C L, Singh U B. Preventing lost circulation in severely depleted unconsolidated sandstone reservoirs. SPE Drilling & Completion, 1994, 9(1): 32-38.
[76] Lecolier E, Herzhaft B, Rousseau L, et al. Development of a nanocomposite gel for lost circulation treatment// SPE European Formation Damage Conference, Sheveningen, 2005.
[77] 李志勇, 杨超, 李岩, 等. 抗高温高强度恶性漏失堵漏凝胶室内研究. 新疆石油科技, 2015, 25(4): 40-45.
[78] 彭振斌, 张闯, 李凤, 等. 聚乙烯醇凝胶堵漏剂的室内研究. 天然气工业, 2017, 37(6): 72-78.

[79] 张新民, 聂勋勇, 王平全, 等. 特种凝胶在钻井堵漏中的应用. 钻井液与完井液, 2007, 24(5): 83-84.

[80] 王平全, 罗平亚, 聂勋勇, 等. 双庙 1 井喷漏同存复杂井况的处理. 天然气工业, 2007, 27(1): 60-63.

[81] 王平全, 聂勋勇, 张新民, 等. 特种凝胶在处理"井漏井喷"中的应用. 天然气工业, 2008, 28(6): 81-82.

[82] 王小勇, 杨立华, 何治武, 等. 智能凝胶尾追微膨胀水泥套损井化学堵漏技术. 钻井液与完井液, 2013, 30(6): 17-20.

[83] 吉永忠, 韩烈祥, 贺彬, 等. 凝胶堵漏剂 ZND-2 在阿姆河右岸试气复杂井漏处理的应用. 钻采工艺, 2015, 38(6): 1-3.

[84] 成挺, 梁大川, 冯泽远. 特种凝胶堵漏技术在元坝 204-2 井的应用. 辽宁化工, 2017, 46(5): 455-457.

[85] 陈曾伟, 王悦坚, 李大奇, 等. 抗高温井下交联固结堵漏技术在塔河油田的应用. 钻井液与完井液, 2015, 32(3): 42-46.

[86] 于保国. 快速凝胶堵漏技术在山西腰站矿区 ZK6004 孔中的应用. 地质装备, 2016, 17(4): 33-35.

[87] 蒋官澄, 胡成亮, 熊英, 等. 广谱暂堵保护油气层钻井完井液体系研究. 钻采工艺, 2005, 28(5): 101-104.

[88] 孙金生. 水基钻井液成膜技术研究. 成都: 西南石油大学, 2006.

[89] Staverman A J. Non-equilibrium thermodynamics of membrane processes. Transactions of the Faraday Society, 1952, 48: 176-185.

[90] van Oort E, Hale A H, Mody F K. Manipulation of coupled osmotic flows for stabilisation of shales exposed to water-based drilling fluids// SPE Annual Technical Conference and Exhibition, Dallas, 1995.

[91] Ewy R T, Stankovich R J. Pore pressure change due to shale-fluid interactions: Measurements under simulated wellbore conditions// 4th North American Rock Mechanics Symposium, Seattle, 2000.

[92] Zhang J, Al-Bazali T M, Chenevert M E, et al. Factors controlling the membrane efficiency of shales when interacting with water-based and oil-based muds. SPE Drilling & Completion, 2008, 23(2): 150-158.

[93] Osuji C E, Chenevert M E, Sharma M M. Effect of porosity and permeability on the membrane efficiency of shales// SPE Annual Technical Conference and Exhibition, Denver, 2008.

[94] 鄢捷年, 黄林基. 钻井液优化设计与实用技术. 东营: 石油大学出版社, 1993.

[95] 胡成亮, 熊英, 蒋官澄. 新型广谱暂堵剂 GPJ 的性能评价. 油气田地面工程, 2005, 24(11): 19-20.

[96] 熊英, 胡成亮, 蒋官澄, 等. 钻井液用 GPJ 系列广谱暂堵剂的研制. 钻井液与完井液, 2006, 23(1): 1-4.

[97] 蒋官澄, 胡成亮, 熊英, 等. 广谱"油膜"暂堵钻井液体系研究. 中国石油大学学报: 自然科学版, 2006, 30(4): 53-57.

[98] Jiang G C, Bao M T, Ji C F, et al. Study and application on the oil-film method used for reservoir protection drilling and completion fluid systems. Journal of Dispersion Science and Technology, 2010, 31(9): 1273-1277.

[99] 蒋官澄, 纪朝凤, 马先平, 等. 大港油田重点区块保护油层钻井完井液体系设计与应用. 石油钻采工艺, 2008, 30(6): 58-61.

[100] 蒋官澄, 马先平, 纪朝凤, 等. 广谱"油膜"暂堵剂在油层保护技术中的应用. 应用化学, 2007, 24(6): 665-669.

[101] 蒋官澄, 胡冬亮, 关勋中, 等. 新型广谱"油膜"暂堵型钻井完井液体系研究与应用. 应用基础与工程科学学报, 2007, 15(1): 74-83.

[102] Santos H, Villas-Boas M B, Lomba R F T, et al. API filtrate and drilling fluid invasion: Is there any correlation//Latin American and Caribbean Petroleum Engineering Conference, Caracas, 1999.

[103] Labenski F, Reid P, Santos H. Drilling fluids approaches for control of wellbore instability in fractured formations// SPE/IADC Middle East Drilling Technology Conference and Exhibition, Abu Dhabi, 2003.

[104] Santos H, Olaya J. No-damage drilling: How to achieve this challenging goal//IADC/SPE Asia Pacific Drilling Technology, Jakarta, 2002.

[105] Semmelbeck M E, Dewan J T, Holditch S A. Invasion-based method for estimating permeability from logs// SPE Annual Technical Conference and Exhibition, Dallas, 1995.

[106] Reid P, Santos H. Novel drilling, completion and workover fluids for depleted zones: Avoiding losses, formation damage and stuck pipe// SPE/IADC Middle East Drilling Technology Conference and Exhibition, Abu Dhabi, 2003.

[107] Santos H, Perez R. What have we been doing wrong in wellbore stability//SPE Latin American and Caribbean Petroleum Engineering Conference, Buenos Aires, 2001.

[108] Schlemmer R, Friedheim J E, Growcock F B, et al. Membrane efficiency in shale-an empirical evaluation of drilling fluid chemistries and implications for fluid design// IADC/SPE Drilling Conference, Dallas, 2002.
[109] Mody F K, Tare U A, Tan C P, et al. Development of novel membrane efficient water-based drilling fluids through fundamental understanding of osmotic membrane generation in shales//SPE Annual Technical Conference and Exhibition, San Antonio, 2002.
[110] 雷刚. 水基聚合物成膜钻井液研究. 成都: 西南石油学院, 2004.
[111] 蒲晓林, 雷刚, 罗兴树, 等. 钻井液隔离膜理论与成膜钻井液研究. 钻井液与完井液, 2005, 22(6): 1-4.
[112] 张金山, 王卫国, 张振友, 等. 水基成膜钻井液在神北 6 井的应用. 钻井液与完井液, 2006, 23(6): 42-44, 87.
[113] 杨立国. 成膜钻井液理论及应用技术研究. 大庆: 东北石油大学, 2011.
[114] 贺明敏, 蒲晓林, 苏俊霖, 等. 水基成膜钻井液的保护油气层技术研究. 钻采工艺, 2010, 33(5): 93-95.
[115] 苏俊霖, 蒲晓林, 任茂, 等. 钻井液用有机/无机纳米复合乳液成膜剂研究. 油田化学, 2011, 28(3): 237-240.
[116] Wu J X, Li X C, Liu Y C, et al. Application of water-base semipermeable membrane drilling fluid technology in sebei natural gas field// IADC/SPE Asia Pacific Drilling Technology Conference and Exhibition, Tianjin, 2012.
[117] Bai X D, Pu X L. Formation mechanisms of semi-permeable membranes and isolation layers at the interface of drilling fluids and borehole walls. Acta Petrolei Sinica, 2010, 3: 854-857.
[118] 都伟超. 油气田开发储层保护成膜封堵剂的研制与性能研究. 成都: 西南石油大学, 2014.
[119] 尚正华, 都伟超. 耐温耐盐钻井液隔离膜剂的研制及性能研究. 精细与专用化学品, 2014, 22(5): 40-43.
[120] 宋涛, 刘永贵, 杨东梅, 等. 井壁强化可成膜钻井液技术. 钻井液与完井液, 2014, 31(5): 25-27.
[121] 王伟吉, 邱正松, 暴丹, 等. 温压成膜封堵技术研究及应用. 特种油气藏, 2015, (1): 144-147.
[122] van Oort E, Vargo R F. Improving formation-strength tests and their interpretation. SPE Drilling & Completion, 2008, 23(3): 284-294.
[123] Staverman A J. Non-equilibrium thermodynamics of membrane processes. Transactions of the Faraday Society, 1952, 48: 176-185.
[124] Wang L, Ma G C, Liu B, et al. Probe on anti-sloughing film-forming drilling fluid technology to be used when drilling medium changed to drilling fluid during gas drilling//IADC/SPE Asia Pacific Drilling Technology Conference and Exhibition, Tianjin, 2012.
[125] Salathiel R A. Oil recovery by surface film drainage in mixed-wettability rocks. Journal of Petroleum Technology, 1973, 25(10): 1216-1224.
[126] Zhang J, Al-Bazali T M, Chenevert M E, et al. Factors controlling the membrane efficiency of shales when interacting with water-based and oil-based muds. SPE Drilling & Completion, 2008, 23(2): 150-158.
[127] Osuji C E, Chenevert M E, Sharma M M. Effect of porosity and permeability on the membrane efficiency of shales// SPE Annual Technical Conference and Exhibition, Denver, 2008.
[128] Hemphill T, Abousleiman Y N, Tran M H, et al. Direct strength measurements of shale interaction with drilling fluids// Abu Dhabi International Petroleum Exhibition and Conference, Abu Dhabi, 2008.
[129] Bybee K. Membrane efficiency of shales interacting with water-based and oil-based muds. Journal of Petroleum Technology, 2007, 59(11): 79-80.
[130] Jiang G C, Li Y Y, Xu W X, et al. Study and application of formation protection drilling-in completion fluid in developing low and extra low permeability reservoirs//2011 International Conference on Mechanical, Industrial, and Manufacturing Engineering (MIME 2011), Melbourne, 2011: 405-409.
[131] 蒋官澄, 宣扬, 王玺, 等. 适用于低渗透特低渗透储层的润湿反转剂和储层保护剂组合物及其应用: ZL 201510569878. 1. 2017-08-11.
[132] 蒋官澄, 张县民, 王乐, 等. 双阳离子氟碳表面活性剂及其制备方法和作为双疏型润湿反转剂的应用和钻井液及其应用: ZL 201710038133. 1. 2018-02-06.
[133] Jiang G C, Xuan Y, Wang X, et al. A preparation method of a wettability reversal agent: US9296936. 2016-03-29.

[134] Jiang G C, Xuan Y, Wang X, et al. Reservoir protecting agent composition, drilling fluid for middle permeability reservoirs and use thereof: US9353305. 2016-05-31.

[135] 蒋官澄, 宣扬, 王玺, 等. 储层保护剂组合物和用于中渗透储层的钻井液及其应用: ZL 201510073629. 3. 2015-05-27.

[136] Jiang G C, Xuan Y, Wang X, et al. Amphiphilic reservoir protecting agent and reparation method thereof and drilling fluid: US9399692. 2016-07-26.

[137] 蒋官澄, 宣扬, 王玺, 等. 两亲性储层保护剂及其制备方法和应用和钻井液及其应用: ZL 201510064715. 8. 2015-05-13.

[138] Jiang G C, Xuan Y, Wang X, et al. Protecting agent composition for high ultra-high permeability reservoirs and drilling fluid and use thereof: US9267068. 2016-02-23.

[139] 蒋官澄, 宣扬, 王玺, 等. 高渗特高渗储层的保护剂组合物和钻井液及其应用: ZL 201510073306. 4. 2015-05-27.

[140] 蒋官澄, 宣扬, 王玺, 等. 润湿反转剂及其制备方法和储层保护剂组合物以及用于低渗透特低渗透储层的钻井液及应用: ZL 201510072893. 5. 2015-05-27.

[141] 蒋官澄, 马莉, 王彦玲, 等. 一种用阳离子氟碳表面活性剂实现岩心表面气湿反转的方法: ZL 201110353364. 4. 2012-06-20.

[142] 蒋官澄, 李颖颖, 黎凌. 钻井液用防水锁剂及其制备方法: ZL 201210388177. 4. 2013-01-23.

[143] 蒋官澄, 宣扬, 王玺, 等. 储层保护剂组合物和广谱型钻井液及其应用: ZL 201510072867. 2. 2015-05-20.

[144] Jiang G C, Xuan Y, Wang X, et al. Reservoir protecting agent composition and broad-spectrum drilling fluid and use thereof: US9279076. 2016-03-08.

[145] Jiang G C, Xuan Y, Wu X Z, et al. Method for preparation of biomimetic polymer for stabilizing wellbore and drilling fluid: US9410068. 2016-08-09.

[146] 贾贤. 天然生物材料及其仿生工程材料. 北京: 化学工业出版社, 2007.

[147] Jiang G C, Xuan Y, Zhang X M, et al. Bionic drilling fluid and preparation method thereof: US9528041. 2016-12-27.

[148] van Oort E. On the physical and chemical stability of shales. Journal of Petroleum Science and Engineering, 2003, 38(3): 213-235.

[149] 宣扬, 蒋官澄, 李颖颖, 等. 环保型高效页岩抑制剂聚赖氨酸的制备与评价. 天然气工业, 2016, 36(2): 84-91.

[150] 蒋官澄, 宣扬, 王金树, 等. 仿生固壁钻井液体系的研究与现场应用. 钻井液与完井液, 2014, 31(3): 1-5, 95.

[151] 宣扬, 蒋官澄, 李颖颖, 等. 基于仿生技术的强固壁型钻井液体系. 石油勘探与开发, 2013, 40(4): 497-501.

[152] Carroll M M. Mechanics response of fluid saturated porous materials//Theoretical and Applied Mechanics, Toronto, 1980.

[153] Bowen R M. Compressible porous media models by use of the theory of mixtures. International Journal of Engineering Science, 1982, 20(6): 697-735.

[154] 黄荣樽, 陈勉, 邓金根, 等. 泥页岩井壁稳定力学与化学的耦合研究. 钻井液与完井液, 1995, 12(3): 18-24, 28.

[155] 刘平德, 李瑞营, 张梅. 斜井中泥页岩井眼稳定性研究. 石油钻采工艺, 2000, (2): 35-37, 82.

[156] 唐林, 罗平亚. 泥页岩井壁稳定性化学与力学耦合研究现状. 西南石油学院学报, 1997, (2): 93-96.

[157] 孟英峰, 罗平亚, 杨龙. 国外低压钻井技术调研分析. 成都: 电子科技大学出版社, 1996.

[158] Yew C H, Chenevert M E, Wang C L, et al. Wellbore stress distribution produced by moisture adsorption. SPE Drilling Engineering, 1990, 5(4): 311-316.

[159] 韩玉琢. 伊通盆地泥页岩井壁稳定弹塑性分析. 青岛: 中国石油大学(华东), 2008.

[160] Wei Q, Zhang F L, Li J, et al. Oxidant-induced dopamine polymerization for multifunctional coatings. Polymer Chemistry, 2010, 1(9): 1430-1433.

[161] Muller M, Kebler B. Deposition from dopamine solutions at Ge substrates: An in-situ ATR-FTIR study. Langmuir, 2011, 27(20): 12499-12505.

[162] Jiang J L, Zhu L P, Zhu L J, et al. Surface characteristics of a self-polymerized dopamine coating deposited on hydrophobic polymer films. Langmuir, 2011, 27(23): 14180-14187.

[163] Ball V, Del Frari D, Michel M, et al. Deposition mechanism and properties of thin polydopamine films for high added value applications in surface science at the nanoscale. BioNanoScience, 2012, 2(1): 16-34.

[164] Chirdon W M, O'brien W J, Robertson R E. Adsorption of catechol and comparative solutes on hydroxyapatite. Journal of Biomedical Materials Research Part B: Applied Biomaterials, 2003, 66(2): 532-538.

[165] Yang L P, Phua S L, Teo J K H, et al. A biomimetic approach to enhancing interfacial interactions: polydopamine-coated clay as reinforcement for epoxy resin. ACS Applied Materials & Interfaces, 2011, 3(8): 3026-3032.

[166] Waite J H, Tanzer M L. Polyphenolic substance of Mytilus edulis: novel adhesive containing L-dopa and hydroxyproline. Science, 1981, 212(4498): 1038-1340.

[167] Sagert J, Sun C J, Waite J H. Chemical subtleties of mussel and polychaete holdfasts. Biological adhesives, 2006: 125-143.

[168] Anderson T H, Yu J, Estrada A, et al. The contribution of DOPA to substrate-peptide adhesion and internal cohesion of mussel inspired synthetic peptide films. Advanced Functional Materials, 2010, 20(23): 4196-4205.

[169] Wilker J J. Marine bioinorganic materials: Mussels pumping iron. Current opinion in chemical biology, 2010, 14(2): 276-283.

[170] Zeng H, Hwang D S, Israelachvili J N, et al. Strong reversible Fe^{3+}-mediated bridging between dopa-containing protein films in water. Proceedings of the National Academy of Sciences, 2010, 107(29): 12850-12853.

[171] Holten-Andersen N, Harrington M J, Birkedal H, et al. pH-induced metal-ligand cross-links inspired by mussel yield self-healing polymer networks with near-covalent elastic moduli. Proceedings of the National Academy of Sciences, 2011, 108(7): 2651-2655.

[172] Harrington M J, Masic A, Holten-Andersen N, et al. Iron-clad fibers: A metal-based biological strategy for hard flexible coatings. Science, 2010, 328(5975): 216-220.

[173] Hwang D S, Zeng H, Masic A, et al. Protein-and metal-dependent interactions of a prominent protein in mussel adhesive plaques. Journal of Biological Chemistry, 2010, 285(33): 25850-25858.

[174] 马学勤. 大庆油田侧斜井井壁失稳机理及预防技术研究与应用. 北京：中国石油大学(北京), 2002.

[175] Neuzil C. How permeable are clays and shales. Water Resources Research, 1994, 30(2): 145-150.

[176] Bobko C, Ulm F-J. The nano-mechanical morphology of shale. Mechanics of Materials, 2008, 40(4): 318-337.

[177] 侯文生. 载银4A沸石抗菌剂及载银锌纳米SiO_2抗菌纤维的制备、结构与性能的研究. 太原：太原理工大学, 2007.

[178] 薛福敏. 细菌鞭毛蛋白在溃疡性结肠炎中的致病作用研究. 郑州：郑州大学, 2011.

[179] Subianto S. Electrochemical synthesis of melanin-like polyindolequinone. Brisbane: The Queenslands University of Technology, 2006.

[180] Zajac G, Gallas J, Cheng J, et al. The fundamental unit of synthetic melanin: a verification by tunneling microscopy of X-ray scattering results. Biochimica at Biophysica Acta (BBA)-General Subjects, 1994, 1199(3): 271-278.

[181] Meredith P, Sarna T. The physical and chemical properties of eumelanin. Pigment Cell Research, 2006, 19(6): 572-594.

[182] Kang E, Neoh K, Tan K. X-ray photoelectron spectroscopic studies of electroactive polymers. Polymer Characteristics, 1993, 106: 136-190.

[183] Ju K Y, Lee Y, Lee S, et al. Bioinspired polymerization of dopamine to generate melanin-like nanoparticles having an excellent free-radical-scavenging property. Biomacromolecules, 2011, 12(3): 625-632.

[184] Benaissa S, Clapper D K, Parigot P, et al. Oil field applications of aluminum chemistry and experience with aluminum-based drilling fluid additive// SPE International Symposium on Oilfield Chemistry, Houston, 1997.

[185] 张世锋, 邱正松, 黄维安, 等. 高效铝-胺基封堵防塌钻井液体系探讨. 西南石油大学学报(自然科学版), 2013, 35(4): 159-164.

[186] 汪帅. 采用聚合左旋多巴涂覆及MPEG-NH_2接枝对PVDF膜亲水改性的研究. 上海：东华大学, 2014.

[187] 杨天方, 王晨, 李秀彬, 等. 准噶尔盆地南缘工程复杂原因分析及对策. 录井工程, 2017, 28(3): 65-68, 157-158.

[188] 朱忠喜, 刘颖彪, 路宗羽, 等. 准噶尔盆地南缘山前构造带钻井提速研究. 石油钻探技术, 2013, 41(2): 34-38.

[189] 杜青才. 准噶尔南缘复杂构造地质力学分析与井下复杂机理研究. 成都：西南石油学院, 2004.

[190] 王昱翔, 顾忆, 傅强, 等. 顺北地区中下奥陶统埋深碳酸盐岩储集体特征及成因. 吉林大学学报(地球科学版), 2019, 49(4): 932-946.

[191] 高晓歌, 吴鲜, 洪才均, 等. 顺北油田1号断裂带奥陶系原油地球化学特征. 石油地质与工程, 2018, 32(6): 37-40, 118.

[192] 王中华. 国内外油基钻井液研究与应用进展. 断块油气田, 2011, 18(4): 533-537.

[193] 王中华. 国内钻井液技术进展评述. 石油钻探技术, 2019, 47(3): 95-102.

[194] 徐安, 岳前升. 油基钻井液及其处理剂研究进展综述. 长江大学学报(自然科学版), 2013, 10(8): 77-79.

[195] 刘政, 李俊材, 蒋学光. 强封堵高密度油基钻井液在新疆油田高探 1 井的应用. 石油钻采工艺, 2019, 41(4): 467-474.

[196] 李茂森, 刘政, 胡嘉. 高密度油基钻井液在长宁——威远区块页岩气水平井中的应用. 天然气勘探与开发, 2017, 40(1): 88-92.

[197] 罗陶涛. 四川页岩气井井壁失稳机理及其油基钻井液技术研究// 2016 年全国天然气学术年会, 银川, 2016.

[198] 郝晨. 威远地区龙马溪组页岩气水平井油基钻井液研究. 成都: 西南石油大学, 2015.

[199] 何振奎, 刘霞, 韩志红, 等. 油基钻井液封堵技术在页岩水平井中的应用. 钻采工艺, 2013, 36(2): 12, 101-104.

[200] 于雷, 张敬辉, 刘宝锋, 等. 微裂缝发育泥页岩地层井壁稳定技术研究与应用. 石油钻探技术, 2017, 45(3): 27-31.

[201] 王伟吉. 页岩气地层水基防塌钻井液技术研究. 青岛: 中国石油大学(华东), 2017.

[202] 张雅楠. 钻井液封堵性能对硬脆性泥页岩井壁稳定的影响. 北京: 中国石油大学(北京), 2017.

[203] 刘政, 李茂森, 何涛. 抗高温强封堵油基钻井液在足 201-H1 井的应用. 钻采工艺, 2019, 42(6): 122-125.

[204] 马文英, 刘昱彤, 钟灵, 等. 油基钻井液封堵剂研究及应用. 断块油气田, 2019, 26(4): 529-532.

[205] 王伟, 赵春花, 罗健生, 等. 抗高温油基钻井液封堵剂 PF-MOSHIELD 的研制与应用. 钻井液与完井液, 2019, 36(2): 153-159.

[206] 赵海锋, 王勇强, 凡帆. 页岩气水平井强封堵油基钻井液技术. 天然气技术与经济, 2018, 12(5): 33-36, 82.

[207] 万伟. 抗高温高密度油基钻井液高效封堵剂研究与应用. 钻采工艺, 2017, 40(3): 13, 87-89, 116.

[208] 匡绪兵. 具核结构的油基钻井液封堵剂的研制. 钻井液与完井液, 2015, 32(5): 15-18, 102.

[209] 蒋官澄, 毛蕴才, 周宝义, 等. 暂堵型保护油气层钻井液技术研究进展与发展趋势. 钻井液与完井液, 2018, 35(2): 1-16.

[210] 康毅力, 高原, 邱建君, 等. 强应力敏感裂缝性致密砂岩屏蔽暂堵钻井完井液. 钻井液与完井液, 2014, 31(6): 28-32, 97.

[211] 张琰, 崔迎春. 屏蔽暂堵分形理论与应用研究. 天然气工业, 2000, (6): 5, 54-56.

[212] 张云宝, 卢祥国, 王婷婷, 等. 渤海油藏优势通道多级封堵与调驱技术. 油气地质与采收率, 2018, 25(3): 82-88.

[213] 文田. 刚性契入多级封堵承压堵漏技术在白 6 库 1 井成功应用. 石油钻采工艺, 2012, 34(5): 83.

[214] 朱杰, 熊汉桥, 吴若宁, 等. 裂缝性气藏成膜堵气钻井液体系室内评价研究. 石油钻采工艺, 2019, 41(2): 147-151.

[215] 韩月, 郝树青, 全方凯. 煤层气钻井低密度水基成膜钻井液研制与性能测试. 中国科技论文, 2017, 12(9): 1059-1063.

[216] 朱金智, 许定达, 任玲玲, 等. 封堵防塌成膜剂 PF-HCM 在钻井液中的应用. 当代化工, 2016, 45(11): 2530-2533.

[217] 王猛, 杨永恒, 王晔桐, 等. 青海柴达木盆地北缘构造带九龙山地区侏罗系储层特征. 沉积与特提斯地质, 2019, 39(2): 94-102.

[218] 林闻, 周金应. 世界深水油气勘探新进展与南海北部深水油气勘探. 石油物探, 2009, 48(6): 17, 601-605, 620.

[219] 王以法. 人工智能钻井系统展望. 石油钻探技术, 2000, 28(2): 36-38.

[220] Fatai Adesina Anifowose. Artificial intelligence application in reservoir characterization and modeling: Whitening the black Box// SPE Saudi Arabia section Young Professionals Technical Symposium, Dhahran, 2011.

[221] Jiang G C, He Y B, Cui W G, et al. A saturated saltwater drilling fluid based on salt-responsive polyampholytes. Petroleum Exploration and Development, 2019, 46(2): 401-406.

第三章　超双疏强自洁强封堵高效能水基钻井液新技术

第一节　不分散低固相聚合物钻井液与高性能水基钻井液技术现状

一、聚合物钻井液技术现状

(一)不分散低固相聚合物钻井液的提出与意义

20 世纪 60 年代以来，从事石油工程的科研人员和现场工作人员们逐渐认识到，钻井液类型、组成和性能直接影响钻速和钻井成本，尤其钻井液中固相含量是影响钻速和成本的主要因素。随后科技工作者经过多年研究，分别研发了絮凝剂、包被剂、抑制剂等，抑制钻井液中固相颗粒进一步分散变细，并将微细颗粒絮凝、聚集变粗，再结合地面固控设备清除钻井液中的固相颗粒，特别是无用固相，从而达到提高钻速和降低钻井液成本的目的。例如，1966 年泛美石油公司首次在加拿大西部油田使用了不分散低固相聚合物钻井液，使钻速得到大幅度提高，两年后在该地区的推广面已达 90%，使用深度在 3000m 左右，同时使直接成本下降了 2.5%；1970 年，美国德拉湾盆地油田一个调查报告指出，不分散低固相聚合物钻井液在这个油田钻的井，从 1967 年的 3%增加到 1969 年的 70%；1972～1974 年又进行了大量钻井现场试验，都证明了不分散低固相聚合物钻井液比其他类钻井液性能优越，钻井速度提高 17%～28%，钻井成本下降 20%以上。在我国，1973 年山东大学与胜利油田合作，首次把部分水解聚丙烯酰胺引入钻井液中，并在现场得到成功应用；到 1975 年 6 月，全国已有 260 口井使用了该钻井液体系，降低了钻井液密度，提高机械钻速 20%以上，得到了第二次全国钻井液会议的肯定。

该技术经多年时间不断完善，直到 20 世纪 60 年代末至 70 年代初，形成了成熟的，以絮凝、包被、抑制等聚合物为钻井液主处理剂的“不分散低固相聚合物钻井液”。“不分散”指钻井液中包含的各种固相粒子的粒度分布一直保持在所需的范围内，对新钻出岩屑的进一步分散起抑制作用，不再进一步分散变细；“低固相”指钻井液中低密度固相含量较低(特别是活性固相膨润土，其次是钻屑)，并彻底清除无用固相。“不分散是方法、低固相是途径、高性能是目标”，不分散是为了尽量减少亚微米颗粒的含量，以便保持优良的钻井液性能，减少亚微米颗粒对钻速的不利影响，提高钻速；低固相则是要求阻止所有的钻屑分散变细，利于地面清除，不至于因钻屑混入而引起钻井液中低密度固相含量增加，使钻速降低。也就是说“采用不分散的方法、通过低固相的途径、实现了聚合物水基钻井液优越性能的目标”，并得到了现场验证和推广应用。如美国学者小罗伯特在20 世纪 70 年代初的莫斯科世界石油大会上做“钻井新技术”的报告中，明确提出“近几年来钻井速度大幅提高的原因有三个方面：即不分散低固相聚合物钻井液的应用、新型钻头的研制与使用、钻井技术的优化，其中不分散低固相聚合物钻井液技术是对降低钻井成本影响最大的进展之一”。

不分散低固相聚合物钻井液技术的出现，使聚合物钻井液技术得到了飞速的发展。在半个多世纪的时间里，科技工作者研发了许多种类和功能的聚合物钻井液处理剂，形成了以抑制、包被、絮凝等为基本功能的聚合物钻井液体系，主要包括清水或盐水钻井液、水包油乳化钻井液、低或无膨润土含量的聚合物钻井液等，这些钻井液解决了很多以前难以解决的钻井液技术难题。

例如，在 20 世纪 60 年代初期，在深入研究了聚丙烯酰胺的分子量、水解度与性能的关系的基础上，研制成功了两类具有选择性絮凝作用的聚合物——部分水解聚丙烯酰胺及其衍生物(代号：PHP、PHPA)、醋酸乙烯酯与马来酸酐的共聚物(代号：VAMA)，继而形成了两类不分散低固相聚合物钻井液体系，其中的部分水解聚丙烯酰胺钻井液体系至今仍在我国各大油田使用(如目前中国海洋石油公司广泛使用的 PLUS 钻井液体系，该体系是以部分水解聚丙烯酰胺 PLUS 为主处理剂配制而成)，为安全、高效钻井发挥作用。科技工作者通常将这一阶段的钻井液称为第一代聚合物钻井液。

针对第一代聚合物钻井液存在处理剂品种少、不配套，钻井液性能指标较低，不适应复杂地层和 3000m 以上深井的需要，特别是现场钻井液净化条件差、钻井液密度难以控制等技术难题，先后研制成功了 80A 系列(如 80A51、80A46、80A40 等型号)、PAC 系列(如 PAC141、PAC142、PAC143 等型号)、SK 系列(如 SK-Ⅰ、SK-Ⅱ、SK-Ⅲ型号)等，使聚合物钻井液主处理剂的品种由单一的部分水解聚丙烯酰胺及其衍生物发展到多种金属盐类、大中小分子量级配(分子量由 1 万至 400 万以上)、不同水解度(30%～60%)、多种功能(稀释、流型改进、降滤失、防塌、抗温、抗盐等)的多元共聚物产品，初步改善了处理剂品种少、不配套的情况，初步形成了可适应不同地区、不同地层条件要求的多种聚合物钻井液体系，并在生产中见到了明显效果，从而形成了第二代聚合物钻井液技术。例如，在河南油田使用单一的 PAC 系列产品复配方案，顺利钻成了 5000m 以上超深井，极大地扩大了聚合物钻井液的使用范围。但是，第二代聚合物钻井液仍存在凝胶强度过大、滤饼质量较差、在极限高剪切速率下的黏度偏高、钻井液固相含量高、密度大、不能满足优化钻井的需要等缺点。

(二)聚合物钻井液的流变参数优化

1. 流变参数优选理论依据

实践证明，第一代和第二代聚合物钻井液都存在不同的缺点，难以满足优化钻井的需要。改进这些缺点需要从钻井液流变参数优化的角度进行分析。

为更好地发挥喷射钻井和优化钻井的效果，除尽可能降低固相含量和固相分散度之外，还需要对钻井液性能对喷射钻井和优化钻井的影响规律进行考虑，从而对钻井液性能提出了更高的要求。

因为钻井液流变性不仅直接影响井眼清洁度、携屑效率，还可通过影响循环压耗，直接影响喷射钻井的效率。同时，钻井液在井下循环钻井过程中，不同的位置处于不同的流态。例如，在环空几乎呈层流流动、在钻头喷咀和井底则是紊流。长期以来，国内外钻井液工艺一直沿用层流的概念，基本上没有讨论钻井液在紊流下的特性，一成不变地沿用 τ_0、η_p、n、K 等流变参数来描述和评价钻井液的流变特性，忽略了钻井液在井下循环过程中，不同部位应具有不同的黏度要求。因此，未能从流变特性的研究与应用方面，适应和满足喷射钻井和优化钻井的要求。喷射钻井的实质就是优化能量分配，充分发挥喷咀这个水力机械的作用。要求泵压高、泵功率分配合理、尽量减少钻井液的循环压耗，使泵功率的大部分(至少 50%以上)分配在喷咀上，充分发挥喷咀的水马力以获得良好的井底流场，保持井底清洁，减少重复破碎岩石，从而显著提高钻速。

为了减少循环压耗，钻井液排量不能太大，故钻井液在环空中的上返速度应相应较低。为了保证低返速条件下能有效地携带岩屑，钻井液在环空应有较高的有效黏度。为减少钻井液对井壁的冲蚀，钻井液在环空的流态最好呈平板型层流。

为了发挥喷咀水马力的作用，钻井液在钻头水眼处的紊流条件下，紊流流动阻力应当很小，即习惯上所说的卡森极限黏度应很小，才能使钻井液穿过喷咀时的能量损耗相应较小。在喷咀压降相同的情况下，钻井液射流的能量越高，清洗井底的效果越好。

综上所述，为了提高喷射钻井的效率，必须要求钻井液在井下循环过程中，不同部位所具有的不同黏度间应有一个最优组合。一方面减少循环压耗，使泵功率分配最合理(即喷咀压降 $\Delta p_{喷}$ 最大)；另一方面，在相同 $\Delta p_{喷}$ 条件下，使穿过喷咀的钻井液射流获得更大的水力能量(或最高的喷射速度)，以充分发挥喷咀水马力的作用，最大限度利用泵功率，尽可能提高钻速。

因此必须进行钻井液流变参数优选，包括紊流条件下的流变参数优选。

实践证明，在泵压、排量、钻具组合相同的情况下，通过钻井液流变参数优选可以降低钻井液循环压耗 $\Delta p_{循}$。显然，由于钻井液的循环压耗 $\Delta p_{循}$ 较小，分配到钻头喷咀的水功率较大，即 $\Delta p_{喷}$ 较大，对高压喷射钻井较为有利。也就是说，进行钻井液流变参数优选后，使用较低的泵压即可获得较高泵压的效果。

Eckel[1]研究了钻井液在钻头水眼处黏度 $\eta_{喷}$ 与机械钻速的关系得到，在其他条件相同时，钻井液在钻头水眼处的黏度 $\eta_{喷}$ 越低，钻速指数 DRI(drilling rate index)值就越大，相应地它的钻速就越快。

Galloway[2]计算了不同流动特性的钻井液在井下的水力分配与流动特性的关系得到，在排量相同、受设备条件限制立管压力 $p_{立}$ 不能进一步提高的情况下，通过优化钻井液的流变参数可以获得更大的井底水马力或井底射流冲击力，达到提高机械钻速的目的。

综上所述，优选钻井液流变参数，特别是尽量降低钻井液通过喷咀时紊流流动阻力，可以降低循环压耗，改善水力能量分配，增加钻头水马力，提高钻速，更好地满足喷射钻井和优化钻井的要求。这就是优选流变参数的理论依据。

2. 流变参数优选的理论要求

需要优选的流变参数主要有两项：钻井液在环空中的有效黏度 $\eta_{环}$ 和钻井液通过喷咀

时的紊流黏度$\eta_{紊}$。实际上，钻井液在喷咀紊流条件下不存在“黏度”的概念，所谓“黏度”，实际反映的是紊流流动的阻力。由于采用高压毛细管黏度计测定紊流流动阻力有一定困难，因此，目前都由层流条件下测得的流变参数来推测紊流条件下的流动阻力。

大量的研究和现场经验证明，现有聚合物钻井液体系的90%以上的流变方程可用卡森流变方程来描述。作为相对比较标准，由卡森流变方程计算出的卡森极限黏度可以描述钻井液的紊流流动阻力。

根据卡森流变方程和卡森流变参数计算公式可知，能够定量优选的钻井液流变参数实际上有三项：卡森极限黏度η_{∞}、卡森动切力τ_c、剪切稀化特性指数I_m。

Eckel[1]曾对此进行理论计算，得到流变参数优化的理想值，以更好地发挥喷射钻井的效果。

$$\eta_{环}=15\sim30\text{mPa}\cdot\text{s}$$

$$\eta_{\infty}=2\sim6\text{mPa}\cdot\text{s}$$

$$\tau_c=0.5\sim3.0\text{Pa}$$

$$I_m=300\sim600$$

（三）聚合物钻井液实际与理想流变参数的差距及原因分析

实际上要控制钻井液流变参数水平满足上述组合要求是很难的，也是目前国内外先进聚合物钻井液技术难以达到的。对于第一代和第二代聚合物低密度钻井液而言，大多数聚合物钻井液只能达到如下水平：

$$\eta_{\infty}=8\sim16\text{mPa}\cdot\text{s}$$

$$\tau_c=0.3\sim1.5\text{Pa}$$

$$I_m=100\sim280$$

为什么第一代和第二代聚合物低密度钻井液的流变参数无法达到理想范围呢？需要分析影响卡森极限黏度η_{∞}的因素。因为流变参数优选的核心问题就是在保证钻井液井壁稳定、携砂良好的前提下，尽量降低卡森极限黏度η_{∞}，达到提高钻速、降低成本的目的。

第一，在影响卡森极限黏度η_{∞}的所有因素中，密度（固相含量）是最主要的影响因素，随着钻井液密度的不断降低，卡森极限黏度η_{∞}也不断降低；同时，钻井液塑性黏度与卡森极限黏度η_{∞}几乎成比例变化。因此，降低卡森极限黏度η_{∞}完全可以采取传统的降低塑性黏度的方法，即尽量清除钻井液中的无用固相颗粒，保持合理的膨润土含量，使钻屑与膨润土的比值尽量小（小于2∶1）。

第二，保持合理的动塑比范围不仅有利于携带岩屑、清洗井底，还有利于降低卡森极限黏度η_{∞}。通过研究证明，动塑比的合理范围与平板型层流带砂原理提出的标准一致，高于或低于该范围都会引起卡森极限黏度η_{∞}增加。

第三，不仅膨润土含量直接影响卡森极限黏度η_∞，不同造浆率的膨润土对卡森极限黏度η_∞的影响规律也不同。低造浆率土，随着膨润土加量增加，卡森极限黏度η_∞逐渐升高；高造浆率土，随着膨润土加量增加(在一定范围内)，卡森极限黏度η_∞反而下降，当然如果膨润土加量超此范围则不符合此规律。

第四，膨润土的分散度对钻井液流变性也有一定影响，分散度高的钻井液，其η_∞、τ_c和I_m都比分散度低的钻井液高，特别是I_m值。因此，控制膨润土的加量和分散度是降低卡森极限黏度η_∞的重要途径。

第五，聚合物也是影响卡森极限黏度η_∞的关键因素。在同样浓度下，高分子量聚合物钻井液的卡森极限黏度η_∞通常是低分子量聚合物钻井液的一倍以上，但所有聚合物都会增加钻井液的卡森极限黏度η_∞。

第六，在固相含量较高的钻井液中，降黏剂促进黏土颗粒分散，使卡森极限黏度η_∞上升。因此，降黏剂虽能降低低剪切速率条件下的钻井液有效黏度，但因不利于流变参数优选，应尽量避免使用。

第七，聚合物与黏土粒子间的相互作用是影响卡森极限黏度η_∞和卡森动切力τ_c的主要因素，适当削弱吸附强度，是降低钻井液体系卡森极限黏度η_∞的重要途径。

第八，对于不分散聚合物加重钻井液而言，由于在钻井液体系中含有大量的加重材料重晶石，虽然重晶石的化学活性不活泼，而且是电中性的，但是粒子本身彼此碰撞和摩擦会产生黏滞力，增加钻井液的塑性黏度，继而增加钻井液的卡森极限黏度η_∞等，降低钻速。为解决该问题，可往钻井液中加入双功能聚合物或选择性聚合物把重晶石粒子包被起来，减小这种黏滞力。

从室内测定和现场实践证明，与 Eckel 的理论指标相比，第一代和第二代聚合物低密度钻井液的流变参数尚处于低限。从目前的钻井液理论可知，调控η_∞主要靠降低膨润土含量和加强固控。严格控制膨润土含量可使η_∞的平均水平降至 7mPa·s 以内，但τ_c仅为 0.15～0.75Pa，I_m仅为 30～100。由于钻井液的黏切力偏低，钻遇泥页岩地层时容易引起井壁失稳，开泵时容易形成砂桥、引起组卡，划眼时甚至出现井塌。如果提高膨润土含量，增加黏切力，往往使η_∞急剧增加。因此，对于第一代和第二代聚合物钻井液，调节η_∞、τ_c和I_m，总是难以兼顾，流变性优选和井壁稳定性难以协调[3]。为解决该矛盾，发展了以两性离子聚合物钻井液和阳离子聚合物钻井液为代表的第三代聚合物钻井液，使该矛盾得到了一定程度的缓减，这是我国“七五”期间开展钻井液流变参数优选研究以来取得的主要研究成果之一。

最后需要说明的是，钻井液流变参数优选只不过是一种概念更新，即用一种新的钻井液参数调控标准去代替原来的塑性黏度 PV、动切应力 YP、流型指数 n 和稠度系数 K 等流变参数标准，在处理剂种类和应用工艺等方面并未做大的改动，因而并未增加投入成本。但是，由于它抓住了影响钻速的关键因素，更符合钻井液在井下流动的实际情况，因而取得了明显的效果。同时，正因为在处理剂种类和应用工艺等方面没有大的改进和提高，使聚合物钻井液的性能提高幅度有限。

（四）不分散聚合物钻井液的改进与提高

1. 第一代和第二代聚合物钻井液存在的问题

虽然第一代和第二代聚合物钻井液具有许多优越性，在现场也得到了很好的推广应用，但他们的流变参数除难以达到理想数值以外，还存在如下一些不足：

（1）钻速快时，固相不能及时用化学或机械的方法满意地清除，维持低固相很难，在造浆井段尤其如此。

（2）配制容易，但维护困难，要求现场技术人员具有丰富的知识。

（3）钻井液静结构强，特别是在钻井液使用后期，井下温度较高，静置时间较长后，该问题更突出。这种强的静结构经搅拌可以破坏，因此从井口钻井液性能难以发现，这往往是电测一次成功率低的原因。

（4）静滤失量与滤饼质量之间难以兼顾。滤失量低时，滤饼质量反而不好，滤饼发泡、发虚。

（5）在造浆地层，不易真正实现低固相；不适合钻速很快的“软”地层（一般指泥岩和砂泥岩等结构松软的地层）。随着钻屑进入，体系的黏度、切力上升很快。为维持合理的流变性，降低黏土含量，只好稀释，致使处理剂耗量大、用水量多，井浆大量增加，被迫大量放浆。对于钻速很快的“软”地层，由于钻屑太多，难以及时清除，不适合使用不分散聚合物钻井液[4]。

（6）当 pH＞9.5 以后，存在严重稠化问题，致使电测一次成功率低，多次发生卡钻事故，使聚合物钻井液的使用受到一定的限制。

总之，第一代和第二代聚合物钻井液存在的主要问题有：钻井液的静结构过强，滤饼质量差，钻头卡森极限黏度η_∞偏高（虽然通过加入无机盐，可适当降低卡森极限黏度η_∞，但仍无法达到理想值）；钻井液固相含量高、密度大，不能适应优化钻井的需要等。

2. 聚合物钻井液的改进

针对上述技术难题，我国科技工作者经过十几年的努力，于 20 世纪 80、90 年代初分别研发成功了阳离子聚合物钻井液和两性离子聚合物钻井液，分别在全国各大油田得到了很好的现场验证和推广应用，效果显著。随后，人们又研发许多聚合物钻井液处理剂，发展了许多类型的聚合物钻井液技术，以适应不同井型和不同地层条件的需要。但是，这些处理剂和技术几乎都是以阳离子和两性离子聚合物处理剂和体系为指导思想，也就是说，后来发展的处理剂和技术都是针对现场使用过程中出现的新问题，仅仅是在改变阳离子和阴离子基团的种类及调整阴阳离子的比例等方面做了一些研究工作，几乎都是沿用以前阳离子和两性离子聚合物处理剂和体系的作用机理，使钻井液处理剂和钻井液体系的性能指标得到进一步提高与完善，但其性能仍未解决以前聚合物钻井液存在的“静结构过强、滤饼质量差、卡森极限黏度η_∞偏高”的三大技术难题。因此，下面对我国最早研发成功的阳离子和阴离子聚合物处理剂和钻井液体系进行简要介绍。

1）阳离子聚合物钻井液

泥页岩中的黏土矿物具有较强的水化膨胀和水化分散的能力，这是导致井下复杂情况的重要原因。为了减小井下复杂情况，钻井液必须提供抑制性化学环境，使钻出的岩屑在这种环境中不易水化、膨胀和分散。这种化学环境可来自两个方面：一是某些无机盐，二是某些高聚物。使用无机盐，如氯化钾来达到抑制性的要求时，如果加量较大，会给测井解释带来困难，并会加剧钻具的电化学腐蚀。

使用高聚物，特别是使用能稳定黏土，防止黏土水化和运移的阳离子聚合物，由于其分子中带有大量的正电荷，能够中和黏土表面的负电荷，降低黏土的水化和分散，从而有效提高井眼稳定性。同时，大分子阳离子聚合物还能包被岩屑，防止其分散，从而抑制地层造浆。加之阳离子聚合物稳定黏土能力强、加量少(仅为氯化钾加量的 1/10)、效能高(可长期稳定黏土)，适用于各种地层。因此，为阳离子聚合物钻井液技术的建立的发展提供了条件。

我国在 20 世纪 80 年代[5]研发成功了作为黏土包被抑制剂的高分子量阳离子聚合物钻井液处理剂和作为黏土稳定剂的小分子量阳离子聚合物钻井液处理剂，并在此基础上配合增黏剂、降滤失剂、封堵剂等配制成功了阳离子聚合物钻井液技术。

小分子阳离子聚合物的作用机理：小阳离子的分子量较小，并带有正电荷，易于吸附于黏土表面，并进入到黏土晶层间，取代可交换性阳离子而吸附于其中。而其吸附分子处的表面是含有碳氢基团的憎水表面，有利于阻止水分子的进入，故能有效地抑制黏土的水化膨胀和分散。还因有机阳离子基团与黏土之间的静电吸附，其吸附力很强，不易被脱附，表现出比钾离子更强的吸附作用。使用小阳离子，不会影响钻井液的矿化度，因而不会影响测井解释。还由于吸附小阳离子的钻屑表面所具有的憎水性，因而不易吸附在亲水性的钻头、钻铤和钻杆表面，有利于防止泥包，并进一步提高钻速。

大分子阳离子聚合物的作用机理：由于大分子阳离子聚合物的分子链上含有正电荷基团，在与黏土的作用中，除氢键作用外，主要为黏土表面的负电荷与聚合物分子链上的正电荷之间的静电作用，以及大分子的包被和桥接作用，因而具有较强的包被、絮凝、抑制能力。此外，阳离子聚合物不会像阴离子聚合物那样，不会与钙、镁、铁等高价金属离子作用后产生沉淀而失效，它对高价阳离子具有特殊的稳定性。

大、小阳离子协同作用，能有效抑制黏土水化和岩屑分散，提高井壁稳定。由大、小阳离子聚合物为主剂形成的阳离子聚合物钻井液体系一般分为含膨润土体系(属解絮凝体系)和不含膨润土体系(属不分散体系)两种。目前已在二连等油田得到很好的应用。结果表明：抑制黏土水化膨胀和稳定井壁的能力强，接近油基钻井液[6]，流变性稳定、维护间隔时间长，可较好地防止起下钻遇阻、遇卡及防泥包等作用，具有较好的抗高温、抗盐、抗钙、抗镁等高价阳离子污染的作用，以及抗膨润土和岩屑污染的能力等。

20 世纪 80 年代发展起来的、很有发展前途的强抑制性的阳离子聚合物钻井液虽然具有很多优越性，但是阳离子特性易引起黏土颗粒絮凝，同时存在配套的处理剂较少，特别是与其他阴离子钻井液处理剂的配伍性差，导致体系流变性调控困难、成本较高、阳离子聚合物生物毒性大、不符合环保要求等缺点，使其现场应用受限，至今未得到很好的推广应用。

2) 两性离子聚合物钻井液

从 20 世纪 80 年代开始，国际钻井液界围绕解决聚合物钻井液存在的“卡森极限黏度η_{∞}偏高、滤饼松软和结构过强”的三大技术难题，深入开展研究工作；同时，为解决聚合物钻井液抗温、抗污染能力差等问题，促使聚合物钻井液朝着抗高温、耐高盐、强抑制、多功能、低成本等方向发展。

国内外聚合物钻井液的现场应用实践表明，配制出性能优良的不分散低固相聚合物钻井液并不难。但是，入井以后，特别是在造浆井浆，要长时间维护不分散低固相非常难，即使固控设备配套，使用良好，也不易真正实现不分散和低固相。

现场使用聚合物钻井液过程中存在的普遍现象是：在造浆井浆，聚合物钻井液的黏切上升速度比分散型钻井液快，且加入常规降黏剂以后虽然能有效降低结构黏度(包括AV、YP、GS)，但其非结构黏度(特别是η_{∞})反而上升；同时，由于分散剂(降黏剂)的加入会引起抑制性降低，使钻井液抑制钻屑分散的能力削弱，土粒分散变细，结果钻屑进一步分散造浆，导致黏切迅速上升。为了降低黏切，又被迫加降黏剂，从而再次使非结构黏度η_{∞}升高，钻井液的抑制性进一步削弱。由于抑制性削弱，钻屑造浆更为严重，钻井液黏切再次升高。钻井液黏切高、卡森极限黏度η_{∞}高、黏土含量大、体系不分散本质丧失，自动转化为分散体系，流变参数优选成为空谈。为了降低黏切和固相含量，不得不大量加水冲稀，同时大量排放钻井液，这种大冲大放不仅消耗了大量处理剂，还极大增加了工人的劳动强度。

解决这个问题的关键是需要一种新型的聚合物降黏剂，该降黏剂在降低结构黏度(AV、YP、GS)的同时，不仅不增加卡森极限黏度η_{∞}，反而促使卡森极限黏度η_{∞}下降，还能增强钻井液体系的抑制能力，使降黏和抑制相统一。

我国科技人员经过近10年攻关，于20世纪80年代初研发成功了以XY-27为代表的聚合物降黏剂XY系列[7,8]，在一定程度上解决了上述技术难题，并与新型强包被剂FA系列[9](代表产品FA367)组成了多种类两性离子聚合物钻井液体系[10](如无固相两性离子盐水体系、低固相不分散两性离子体系、低密度混油两性离子体系、暂堵型两性离子完井液体系、高密度两性离子盐水体系等)，在很大程度上解决了抑制地层造浆的问题，并经国内油田大面积推广应用证明，取得了很好的效果，扩大了聚合物钻井液的使用范围[11,12]。

这里研发的聚合物降黏剂XY系列能够削弱钻井液静结构强度，其分子量较低(＜10000)，分子链中同时具有阳离子基团(10%～40%)、阴离子基团(20%～60%)和非离子基团(0%～40%)，属于线性两性离子聚合物。其作用机理是：降黏剂XY系列优选吸附在黏土平表面，适当削弱主聚合物(如FA367等)与黏土间的作用力，却不会导致黏土分散，从而在适当降低过强的结构强度(即降低τ_c)的同时，降低体系的卡森极限黏度η_{∞}。

通过现场应用证明，两性离子聚合物钻井液具有以下特点：

(1)阳离子吸附基团通过静电作用中和黏土表面负电荷，降低黏土水化斥力；水化基团(如羧基)能在黏土颗粒周围形成致密水化膜，阻缓黏土与水分子接触，防止黏土水化膨胀。该钻井液抑制性强，剪切稀化特性好，具有较好的防塌作用，能较好地防止地层造浆，提高抗岩屑污染能力，为实现不分散、低固相创造条件。

(2)两性离子聚合物分子间易缔合形成链束，当吸附在黏土表面时，链束中的网状结构可对黏土实现完整的包被，因而钻出的岩屑成形，棱角分明，内部是干的，易于清除，有利于充分发挥固控设备的效率。

(3) 可以配制成低、中、高不同密度的钻井液，用于浅、中、深不同的井段，且在高密度盐水钻井液中具有独特的应用效果。

(4) 黏土表面吸附两性离子聚合物后形成溶剂化层，颗粒之间的静电排斥减弱了絮凝作用，提高了体系的稳定性。

(5) 反聚电解质效应：通常聚合物在盐溶液中会发生盐析现象，但是无机盐对处于等电点的两性离子聚合物的影响正好相反，此时分子链由于离子间的相互排斥而伸展，聚合物溶解性和黏度都增大[13]。

但是，通过现场应用表明，该钻井液仍存在如下缺点：

(1) 没有很好地解决聚合物钻井液面临的三大技术难题，仅仅缓减了这三大技术难题。

(2) 对于造浆特别严重的井段，仍难以实现不分散和低固相，对钻速的影响仍较大，没有彻底解决大冲大放的问题，现场工人的劳动强度仍较大。

(3) 黏土的容量限尚不够大，当钻屑含量超过 20%时，钻井液性能就显著变差，对固控设备的要求仍很高。

(4) 抗盐能力有限。当矿化度超过 10 万 ppm①时，钻井液性能开始恶化。

综上所述，以阳离子和两性离子聚合物钻井液为代表的第三代聚合物钻井液虽然较以前的钻井液性能有所提高，但仍未彻底解决钻头水眼处的黏度较高、滤饼软、静切力大等技术难题，即使后来的科技工作者通过几十年的科技攻关，研发了多种其他类型、性能更优良的聚合物钻井液，上述问题仍未解决。可见，依靠原有的理论基础已无法解决这些难题，必须在深入揭示内在机理、弄清性能与结构的关系的同时，重点结合最新的化学理论及其他学科的前沿理论知识，实行多学科融合，发明新的钻井液处理剂，发展全新的第四代聚合物钻井液技术，将聚合物钻井液工艺技术提高到一个新的水平，真正实现优化钻井、满足“安全、高效、环保、经济”钻井的需要。

二、高性能水基钻井液技术现状

在前面已阐述，以“不分散、低固相”为指导思路研发的系列聚合物钻井液虽然性能得到提高，但由于新发现的油气田几乎都属于非常规与复杂油气藏，与常规油气藏相比，钻遇的地质条件更具复杂性和特殊性，钻井作业的难度和油气井开发成本都在急剧增加。如超深井、高温井、高压井、超长泥页岩井段、高陡构造、厚或巨厚盐岩层或盐膏层、高酸性和高矿化度地层流体、高价金属盐地层流体、大位移井和深水井等越来越多，在多数情况下，经常钻遇与钻井液密切相关的起下钻遇阻、卡钻、机械钻速低、井眼失稳、井漏和油气层损害等复杂情况，依靠以前的聚合物水基钻井液技术难以解决问题，而抑制性和润滑性优越的油基和合成基钻井液却因环境污染和成本问题难以规模推广。因此，国内外科技工作者针对非常规与复杂油气钻探中的极端地层情况，将“抑制钻井液中岩屑进一步分散变细”扩展到“同时抑制井壁岩石水化、分散、膨胀，提高井壁稳定性等”，并继续实现钻井液中膨润土和无用固相含量低(或者无膨润土)，研发了系列聚合物钻井液处理剂，提高了水基聚合物钻井液的综合性能(如抑制性、润滑性、防漏

① $1ppm=10^{-6}$。

堵漏和保护油气层等)，特别是尽可能使其抑制性和润滑性接近油基钻井液的水平，满足“安全、高效、环保、经济”钻探的需要，并尽可能满足优化钻井的要求[14-18]。

(一)国内高性能水基钻井液现状

广义上说，高性能水基钻井液种类较多，如用于保护油气层的环保型防塌钻井液主要有[19,20]：钙醇络合水基钻井液、硅酸盐钻井液[21-23]、氯化钙/聚合物钻井液、正电胶(MMH)钻井液[24]、甲基葡萄糖甙(MEG)钻井液[25-27]、聚合醇[28-31]钻井液、甲酸盐钻井液体系[32,33]等。下面重点介绍几种在我国具代表性的高性能水基钻井液。

1. 铝基钻井液

一般情况下，当介质 pH 为 9～12 时，铝的无机化合物极难溶解。为了增加溶解态铝在钻井液中的溶解度以提高其有效浓度，可将铝离子与灰黄霉酸、腐植酸复合形成螯合物，称为铝复合物(AHC)。当 pH＞10 时，铝复合物能够稳定存在于钻井液中。随着钻井液进入地层孔隙，遇到地层流体后滤液 pH 下降，铝复合物析出沉淀，形成封堵，阻止滤液进一步侵入。铝酸钠碱性更高，有时也被使用，其加量一般为 0.5%～3%，且可与浓度为 3%～15%的纸浆废液一起使用。铝酸钠的作用方式也是溶解态铝进入地层孔隙后，因介质 pH 下降形成沉淀产生封堵作用。但是铝酸钠的高碱度使得钻井液性能难以调控，不利于其推广应用。近年来，铝化合物与聚胺抑制剂配合使用于高性能水基钻井液中，通过聚胺抑制泥页岩水化和铝化合物封堵泥页岩孔隙，协同稳定泥岩井壁，取得了良好的应用效果[34,35]。

2. 低自由水钻井液

根据钻井液中水分子的存在形式[36,37]，研制出一种适度交联的聚电解质聚合物作为自由水络合剂，能有效束缚体系中自由水，降低钻井液滤失量。优选的润湿转相剂能增大水分子进入地层的毛细管阻力，减少滤液侵入。以自由水络合剂和润湿转相剂为基础，同时辅以流型调节剂，优化出低自由水钻井液体系。该体系与传统钻井液的防塌原理不同，通过限制自由水的流动、降低滤液侵入来提高井壁稳定，目前已在现场取得了较好的应用效果。

3. 聚胺高性能水基钻井液

针对复杂井防塌、防泥包和防阻卡等技术难题，以及满足环保和降低钻井液成本的需求，研究人员在分析油基逆乳化钻井液特性，并借鉴国外研究成果的基础上，2007 年以后开始自主研发聚胺强抑制剂及高性能水基钻井液体系，并取得成功[38]。《世界石油》杂志已将聚胺高性能水基钻井液单独列为一类，对其高度重视。聚胺高性能水基钻井液被认为是一类可能替代油基钻井液、性能更全面、更优异的新型水基钻井液[39-47]。

与传统设计思路不同，聚胺高性能水基钻井液采取了“强抑制、多功能”的设计理念，即在稳定泥页岩的同时，全面改善其他主要性能，如有利于预防钻具泥包、提高机械钻速、降低扭矩和摩阻等。该体系配方主要由聚胺强抑制剂、强包被剂、清洁润滑剂、封堵防塌剂、流型调节剂和降滤失剂等组成，综合性能与油基钻井液相近[16]。

其中，聚胺强抑制剂为新型低分子多功能胺基聚合物，能有效抑制活性泥页岩的水化膨胀，提高固相清除效率和防止钻头泥包。该处理剂完全水溶、低毒，与常规处理剂配伍性良好，在水溶液中呈碱性从而起到 pH 缓冲作用。该处理剂分子结构独特，表现出强抑制性能。强包被剂为阳离子类聚丙烯酰胺，主要用于降低黏土水化分散。该处理剂抗盐能力较强，对钻井液流变性影响较小。通过调节分子量可应用于不同密度的钻井液中。清洁润滑剂由高效表面活性剂和润滑剂等组成，通过覆盖在钻屑和金属表面，阻止水化黏土在金属表面的黏附，从而有效预防阻卡，有利于提高机械钻速。封堵防塌剂由铝盐和有机酸络合而成。

聚胺高性能水基钻井液适用于淡水、海水和饱和盐水等不同体系中，体系组成较简单，配制使用方便，具有油基逆乳化钻井液的许多优良性能，包括显著的泥页岩井壁稳定性、优良的润滑性、较好的温度稳定性，同时，储层保护和环保性能较好，天然气水合物的抑制性较好等[48]。

由于缺乏聚胺强抑制剂的微观作用机理及特性评价实验方法研究，关键产品研制及体系配伍性优化具有盲目性，与国外对比存在较大差距[59-72]。

4. 反渗透型钻井液

反渗透型钻井液主要通过调节钻井液水活度、改善泥页岩膜效率等方法抑制钻井液自由水向地层的侵入，达到稳定井壁的目的。

1) 甲基葡萄糖甙钻井液

甲基葡萄糖甙(MEG)[73]是含有多个羟基官能团的聚糖类高分子单体衍生物。根据半透膜机理，MEG 分子中的羟基基团能够吸附到泥页岩井壁上，并在井壁上形成一种具有亲油性能的半透膜。该半透膜一方面可以阻止钻井液滤液进入地层并减少地层孔隙与井筒间的压力传递，起到抑制泥页岩分散的作用；另一方面该膜使得井壁与钻具间的摩擦系数减小，扭矩减小，降低了卡钻等复杂事故几率。

MEG 钻井液的主要优点有：①强抑制泥页岩水化性能，良好的润滑性能；②环境可接受性好，具有生物降解性；③良好的稳定性，可有效保护油气层，钻速高；④井眼规则，井径扩大率较邻井低，油层段井径扩大率低。

目前，MEG 钻井液主要用于水平井和大位移井钻井等复杂结构井中。在使用中应尽量清除岩屑，减小 MEG 的消耗，更有利于发挥 MEG 钻井液的优点。

然而，由于 MEG 的理想加量为 30%～60%，加量低时防塌效果不明显。同时由于该钻井液成本太高，MEG 在实际应用过程中会受到限制，目前还没有进行大范围推广应用。

2) 甲酸盐钻井液

甲酸盐钻井液具有流变性能及降滤失性能好，钻井液无用固相含量低[74]的优点。在使用过程中由于体系中自由水的活度小于地层自由水活度，在井筒钻井液与井壁地层之间会形成渗透压，在渗透压的驱使下地层中的水会反向渗入井筒钻井液中。同时，甲酸盐中的甲酸根离子可以与水分子形成氢键，从而对钻井液中自由水具有较强的束缚作用。渗透压和氢键两种作用机理使得甲酸盐钻井液对泥页岩井壁具有较强的抑制能力，从而起到稳定井壁并减小储层损害的作用。

甲酸盐钻井液早已在国外现场应用中取得了很好的效果。采用甲酸钾取代 KCl 形成的甲酸钾钻井液体系，在国内现场应用也取得了明显效果。但是与 MEG 一样，甲酸盐也需要较大的浓度才能发挥良好的反渗透作用，因此由于过高的成本而难以在各大油田推广应用。

5. 多元协同高性能水基钻井液

通过胺基聚醇、铝基聚合物和聚合物弹性微球三种核心处理剂的协同作用，研发成功了新型高性能水基钻井液[75-84]，可达到井壁稳定、保护油气、提高钻速的效果。三种处理剂的作用机理如下：

1) 胺基聚醇作用原理

(1) 抑制黏土的水化。胺基聚醇是在传统聚醚的分子链中引入了胺基官能团，使它同时具有非离子和阳离子表面活性剂的特征，这种独特的分子结构使其能很好地镶嵌在黏土层间，并使黏土层紧密结合在一起，限制黏土吸水膨胀。

(2) 防钻头泥包。胺基聚醇一方面通过抑制黏土的水化作用，减少黏土的塑性以降低钻头泥包的可能性；另一方面可通过吸附产生润湿反转，使钻具表面由亲水转变为亲油。

2) 铝基聚合物的作用

在适当的条件下，铝元素会生成一种两性氢氧化物。在 pH 较高时，它会生成水溶性的四羟基铝阴离子，而当 pH=5～6 时，它又会生成氢氧化铝沉淀。

钻井液一般呈碱性，在钻井液中加入的铝基聚合物是以溶解的络离子形式存在，而当铝离子随钻井液滤液进入地层时，遇到地层水(pH 一般在 5～6)，即会生成氢氧化铝沉淀，在页岩孔喉内或微裂缝内的沉积可显著增强井壁稳定性，实现化学固壁，该作用类似硅酸盐处理剂。

3) 聚合物弹性微球的作用

(1) 良好的封堵作用。在压差作用下会发生弹性变形，以适应不同形状的孔喉，克服了刚性颗粒适应性差及沥青类封堵强度低的缺陷，对孔喉产生良好的封堵作用，降低钻井液向地层滤失。

(2) 有效抑制黏土的水化分散。聚合物弹性微球呈正电性，它可在泥页岩表面吸附形成一层吸附膜，同时降低泥页岩的负电性，有效阻止泥页岩水化膨胀及分散。

该体系的典型配方：基浆+聚丙烯酰胺(PAM)+胺基聚醇(AP-1)+铝基聚合物(DLP-1)+聚合物弹性微球(JW-1)+天然高分子降滤失剂(WNP-2)+磺酸盐共聚物降滤失剂(DSP-2)。

目前已在胜利油田及新疆油田等推广应用，累积应用 100 余口井，通过现场应用表明：

(1) 胺基聚醇 AP-1 具有优良的页岩抑制性，对钻井液常规性能无不良影响，其性能好于国外同类产品。

(2) 铝基聚合物能有效抑制岩心的分散，其独特的封堵特性对解决微裂缝发育的泥页岩的垮塌具有良好作用。

(3) 聚合物弹性微球能有效抑制黏土的分散，封堵能力强，具有较好的高温降滤失作用，对钻井液无不良影响。

(4) 具有优良的页岩抑制性、抗污染能力、热稳定性好，有效解决了复杂地层的井壁稳定问题，且是对付复杂地层的优良的钻井液体系。

6. 适合页岩气水平井的Ⅱ型高性能水基钻井液

针对 2015 年、2016 年在威远、长宁页岩气水平井中使用Ⅰ型高性能水基钻井液存在流变稳定性不足、润滑性和环保性差、封堵防塌效果有限等缺点，中国石油集团川庆钻探工程有限公司与西南石油大学、中国石油大学(北京)合作，于 2017 年研发成功了Ⅱ型高性能水基钻井液。该钻井液属于不含磺化处理剂、能够抗 150℃井下高温、密度为 $2.2g/cm^3$ 的全聚合物高性能水基钻井液，并在威远 204HH11-4 井、长宁 H13-3 井上得到成功应用。威远 204HH11-4 井的水平段长 1800m，创造了威远东区块页岩水平段长新纪录；长宁 H13-3 井的水平段长 1500m，平均机械钻速每小时 8.1m，与同片采用油基钻井液的钻进水平段相比，平均机械钻速提高 35.7%[85]。

通过实践表明，Ⅱ型高性能水基钻井液体系能够较好解决页岩钻井施工中的油基岩屑处理难题，克服了Ⅰ型高性能水基钻井液摩阻和扭矩偏大的问题，并且流变性更稳定、润滑性更优、封堵防塌效果更好，可以解决传统聚合物钻井液体系不耐高温的问题；同时，返出的岩屑为片状、颗粒状，棱角分明，井眼净化能力更强[86]。

与油基钻井液相比，Ⅱ型高性能水基钻井液具有更经济、安全环保性好、配制维护简单、可循环再利用等优点，但是该钻井液的抑制性和润滑性与油基钻井液间的差距仍较大，特别是为提高该水基钻井液的润滑性而添加的润滑剂毒性大、加量也大。

此外，中国石油集团大庆钻探工程公司也研发成功了高性能水基钻井液，截至 2016 年 8 月 19 日，已完成 16 口特殊工艺井、大位移水平井技术服务，平均成本降低 50%以上，实现了控制环保风险和降低施工成本等效果。如在徐深 7-平 1 井中的成功应用(该井属于深气田，目的层位为登娄库组、营城组砾岩/火山岩，气孔发育，不规则横向、纵向裂隙裂缝较多，井底温度达 160℃，完钻井深 5087m、完钻垂深 3761.9m、水平段长 1215m)，成为大庆油田应用水基钻井液完成的水平段最长的深层气井，创下了水基钻井液应用效果新纪录。

7. 阳离子乳液聚合物钻井液

该钻井液对泥页岩抑制性强(页岩岩屑一次滚动回收率在 95%以上)，储层保护效果好；同时具有良好的高温稳定性，抗岩屑污染能力强，润滑性能与 5%乳化原油聚磺钻井液相当。

基本配方：5%膨润土+0.1%NaOH+0.1%Na_2CO_3+2%～4%乳化石蜡(RHJ-l)+0.4%DS-302+0.3%DS-301+1.5%SMP-1+2%SPNH+0.5%KD-20+0.05%CMC-HV。

该钻井液在湘页 1 井二开井段(井深 519.00～2067.85m)和彭页 1 井三开井段(井深 893.78～2208.00m)应用。实钻表明，该钻井液包被抑制性强，钻屑完整性好，棱角分明；钻进中井壁稳定，起下钻顺利，平均井径扩大率分别为 7.19%，6.43%。

8. 泥页岩快速钻井液

泥页岩快速钻井液是在钾盐聚合物钻井液中加入聚胺抑制剂、防泥包快钻剂、铝基聚合物等，强化钻井液抑制、封堵、润滑性能。

基本配方：3%膨润土+0.2%包被抑制剂(PLH)+0.5%羧甲基纤维(LV-CMC)+0.2%XC+4%KCl+2%胺基聚醇(AP-1)+1%聚胺抑制剂(HIB)+1%防泥包快钻剂(KZJ)+l%铝基聚合物(DLP-1)+重晶石，该配方抗温 120℃；加入 2%抗高温降滤失剂后，抗温 150℃。

该钻井液在 NP-xl511(定向井)951～2944m 井段应用。实钻表明，与邻井相比，该钻井液滤失低、钻速快、井眼较规则。

9. 强抑制强封堵聚胺仿油基钻井液

该钻井液中加入了聚胺抑制剂、MEG、硅醇、纳米乳液、国外高分子封堵剂、国外防塌剂等多种抑制剂、封堵剂，增强钻井液的抑制性、封堵性。

基本配方：普通聚磺钻井液+5%高效液体润滑剂+2%固体润滑剂+8%甲基葡萄糖甙+0.04%$CaCl_2$+1.5%超细碳酸钙+2%纳米乳液+0.8%聚胺+1%硅醇+1.2%国外降滤失剂+2.1%国外高分子封堵剂+2%国外防塌剂+0.3%消泡剂+0.3%杀菌剂。

该钻井液在川西新页 HF-1 井水平段 3281.0～3417.8m 应用，施工顺利，无复杂情况[87]。

10. GOF 环保水基钻井液

GOF 环保水基钻井液是中石化研发的一种新型钻井液体系[70]，具备优异的抑制性和润滑性，并且安全环保，可重复使用，尤其适用于页岩储层和致密储层勘探与开发。GOF 高性能水基钻井液是由多元高性能井眼稳定剂、纳米成膜封堵剂、抑制剂、高效润滑剂及特殊提速剂等核心处理剂科学配比而成，每一种核心材料的针对性都很强，均致力于解决泥页岩井钻井过程中井壁稳定、钻井液流变性、井眼润滑和钻井提速等技术难题。

该钻井液中的多功能复合剂 GOFBS 是含纤维的阴离子聚合物与非离子聚合物的混合物，对盐水、水泥浆、矿化度和黏土具有较好的抗污染性；防塌剂 GOFCLC 可在高滤失岩层和自然断裂、孔喉处进行封堵，形成薄而坚固的滤饼，提高井壁稳定，防漏失；抑制剂 GOFCC 能牢固地吸附在黏土晶片之间，有效地抑制黏土的分散、水化和膨胀；雷特纳米成膜剂 NT-LS 是一种纳米级、脂类、可变形密封高分子聚合物，通过封堵孔喉和细小的裂缝，以及在井筒分界面形成一层半渗透膜，来减少孔隙压力的传递；提速及润滑剂 GOFRLUBE 通过防止钻具泥包，以提高页岩或其他地层的机械钻速。

11. 仿生水基钻井液

上面介绍的几种具有代表性的高性能水基钻井液，在一定程度上提高了水基钻井液的性能，解决了一些现场钻井液技术难题，但形成的各高性能水基钻井液技术都是在现有钻井液理论和方法的基础上发展来的，难以满足日益复杂的地质和地面条件需要[20,88-90]，特别是对成本和环保要求越来越高的新形势下更是如此。为此，中国石油大学(北京)蒋官澄教授带领团队成员，首次将仿生学引入钻井液领域，研究贻贝、细菌、蚯蚓、王莲叶、哺乳动物血液、猪笼草、荷叶和贝壳等的特性、功能、原理、结构与组成等用于解决钻井过程中遭遇的井塌、高摩阻、井漏、储层损害、携屑等钻井液难题，研发侧链含儿茶酚功能团的仿生固壁剂和抑制剂、具细菌特性和结构的仿生微纳米封堵剂、使钻具与井壁间的直接摩擦转变为吸附膜间滑动的键合型润滑剂、纳米晶须和矿物颗粒有规律地嵌入超分子凝胶内的防漏堵漏剂、保护油气层用超双疏剂[91]、类荷叶效应保护中渗储层的贴膜型两亲聚合物、类贝壳“砖-泥”交替多层复合结构的高渗储层保护剂，并从宏观和微观研究了它们的作用机理、影响因素和效果，以这些仿生钻井液处理剂为核心，实现了“井眼固化、微纳米封堵、水化抑制、键合型润滑、防漏堵漏、岩石表面性质改性与贴膜”等，建立了“仿生钻井液理论与技术”[92]，并经现场检验和推广应用，解决了现有技术手段难以解决的多项钻井液技术难题，且其抑制性和润滑性达到了接近油基钻井液的水平，对“安全、高效、经济、环保”钻井具有重要意义，成为目前钻井液主流技术，标志着聚合物钻井液技术进入第四代。

1) 仿生水基钻井液与典型油基钻井液性能对比

典型仿生水基钻井液基本配方：2%～3%仿生固壁剂＋1%～2%仿生抑制剂＋2%～3%仿生纳米封堵剂+1%～3%仿生键合型润滑剂+0.2%～1%保护油气层用双疏剂＋配套处理剂(或者上部井段钻井液体系)。

如果钻遇易漏地层时，往钻井液中加入仿生随钻堵漏剂；在钻井过程中，如果发生恶性漏失，往钻井液中加入仿生停钻堵漏剂，从而实现“安全、高效、经济、环保”钻井。

典型油基钻井液配方：80%3#白油+3%辅乳化剂+1%主乳化剂+4%润湿剂+20%氯化钙溶液+1%有机土+0.5%提切剂+4%超细钙+4%超细钙(2000 目)+2.67%封堵降滤失剂+0.5%增黏降滤失剂+5%石灰+重晶石。

(1) 基本性能对比。

通过与典型油基钻井液基本性能对比发现：仿生水基钻井液的流变性、滤失造壁性相当，甚至中压滤失量、动塑比略优于油基钻井液，如表 3.1 所示。

表 3.1 仿生水基钻井液与油基钻井液基本性能对比

配方	实验条件	密度/(g/cm³)	API 滤失/(mL/30min)	AV/(mPa·s)	PV/(mPa·s)	YP/Pa	动塑比	初切/终切	FL_{HTHP}(130℃)/mL	pH
仿生水基	滚后	2.41	0	103	82	21	0.26	5.5Pa/25Pa	2.4	9
油基	滚后	2.41	0.2	129.5	105	24.5	0.23	4.5Pa/18Pa	2.4	9

(2) 抑制性、润滑性对比。

通过膨润土膨胀高度实验对比可知：仿生水基钻井液体系抑制泥岩水化分散和膨胀性能接近油基钻井液，如图 3.1 所示。从表 3.2 可知：仿生水基钻井液使岩屑的回收率从 3.69%提高到 97.87%，油基钻井液的回收率为 99.27%，仿生水基钻井液的润滑性接近了油基钻井液水平。

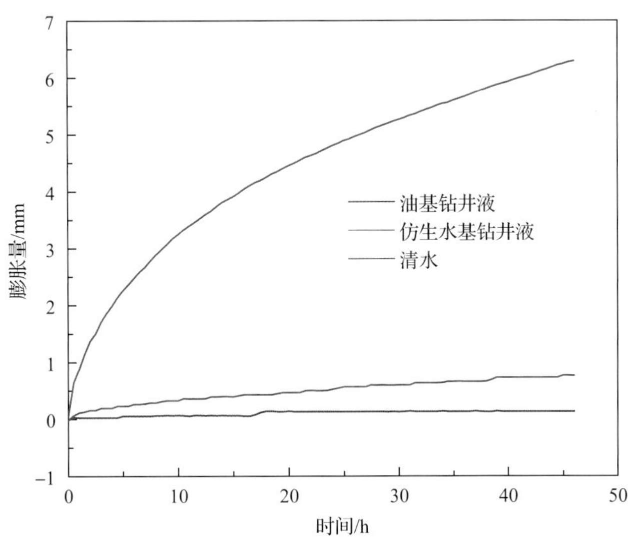

图 3.1 仿生水基钻井液与油基钻井液膨润土膨胀高度对比

表 3.2　仿生水基钻井液与油基钻井液润滑性对比

对比	回收率/%	FL_{API}/mL	泥饼厚/mm	黏滞系数
仿生水基钻井液	97.87	0	1	0.037
油基钻井液	99.27	0.2	1	0.026

注：清水回收率 3.69%。

(3) 环保性评价。

通过环保监测结果表明，仿生水基钻井液体系无毒，可生物降解，安全环保(表 3.3、表 3.4)。

表 3.3　仿生水基钻井液重金属含量测定

项目	检测结果/(mg/kg)	最高允许含量/(mg/kg)
镉(Cd)	0	20
汞(Hg)	2.41×10^{-3}	15
铅(Pb)	17.2	1000
总铬(TCr)	14.3	1000
砷(As)	0.62	75

注：重金属含量均远在标准值以下。

表 3.4　仿生水基钻井液生物毒性、BOD、COD、生物降解性评价

EC_{50}/(mg/L)	COD_{Cr}/(mg/L)	BOD_5/(mg/L)	BOD_5/COD_{Cr}
3.18×10^4	1.32×10^5	2.54×10^4	0.192

同时，以系列仿生钻井液处理剂为核心，不仅可形成满足不同密度(～2.4g/cm^3)和温度(～150℃)要求的高性能仿生水基钻井液体系，还可形成不含氯化钾和氯化钠的高性能环保型仿生水基钻井液体系，这些体系都在现场得到了成功应用。

2) 仿生水基钻井液的现场应用效果

以系列仿生钻井液处理剂为核心形成的高性能、低成本、环保型仿生水基钻井液新技术在新疆油田、华北油田、长庆油田、吉林油田、胜利油田等进行了现场试验与应用，并被斯伦贝谢公司引进，取得了良好的应用实效，已成为环保型钻井液的主体技术。

例如，2017 年中国石油集团西部钻探工程有限公司在新疆油田不同地区进行了几十口井的现场应用，取得了良好效果。

(1) 与同区块邻井其他先进技术相比，钻井液性能更稳定，抑制性和润滑性更优良，且与油基钻井液相当，环保性好。

(2) 电测成功率 100%(提高 40.8%)。

(3) 井下复杂情况降低 81.9%。

(4) 机械钻速平均提高 16%以上。

(5) 钻井周期平均降低 30%。

(6) 钻井液费用平均降低 30%。

仿生水基钻井液技术已成为西部钻探的特色和主体钻井液技术(XZ-新型水基钻井液技术)，解决了以前难以解决的钻井液技术难题。

又如，利用仿生钻井液技术在吉林松南泥岩油新 371 井和新 380 井成功实现了“一趟钻”钻井，为油田降本增效探索出了新的技术路线：

新 371 井的上部和下部地层压力相差较大，存在井塌、井漏风险。针对该情况，以前需分别对上部地层固井后再对下部地层钻井，但采用仿生钻井液技术后，实现了井眼强化，使上部和下部地层的两开钻完井转变为一开钻完井，钻井安全、无井下复杂情况发生，节省了钻井成本。

新 380 井的地层情况与新 371 井类似。采用仿生钻井液技术成功实现了由原来的四开完钻改为三开钻完井，很好解决了上部与下部地层矛盾问题，并保证了取芯、电测顺利进行。

总的来说，以自然界动植物为学习模本创建的仿生钻井液理论、方法和技术，不但推动了钻井液理论与技术的发展，对石油工业和环境保护的协调发展具有重要的参考价值，而且向科技工作者提供了一种从事科学研究的新的思维方式和新的研究途径，为形成更加完善、成熟的第四代系列钻井液技术，以及非常规油气井钻井液理论与技术指明了研究方向。

12. XZ-Ⅱ仿生高性能水基钻井液

中国石油集团西部钻探工程有限公司钻井液分公司(以下简称西部钻探钻井液公司)将第一阶段的仿生钻井液技术命名为 XZ-Ⅰ高性能水基钻井液，并针对第一阶段使用过程中存在的问题，继续在仿生钻井液理论指导下，研发了仿生包被剂，形成了第二代仿生钻井液技术——XZ-Ⅱ仿生高性能水基钻井液，进一步提高了抑制性和抗污染能力，在新疆环玛湖等油田得到成功应用。现场应用表明，优于同区块使用的钾钙基聚胺有机盐、有机盐、反渗透钻井液体系，解决了井壁失稳、阻卡卡钻、储层损害、钻速低、成本高、环境污染严重等钻井液技术难题，并使现场抑制性和润滑性更接近油基钻井液水平(表 3.5～表 3.7)。

表 3.5 环玛湖油田玛 18 井区与其余钻井液体系对比

体系	平均复杂率/%	平均机械钻速/(m/h)	平均钻井周期/天	平均口井费用/万元	备注
XZ 高性能水基	0.55	5.73	96.75	398.81	6 口井
钾钙基聚胺有机盐	1.53	3.89	140.22	439.31	15 口井

表 3.6 玛湖 131 井区钻井液成本对比

体系	二开成本/(元/m^3)	三开成本/(元/m^3)
XZ 高性能水基	1136	4230
钾钙基聚胺有机盐	1230	5004
有机盐	1733	4265
反渗透	1815	4383

表 3.7　吉木萨尔致密油区块与其他体系成本对比

井号	井深/m	口井成本/万元	成本/(元/m)	井眼尺寸	钻井液体系
JHW023	4145	190.5	460	445mm/311mm/216mm	XZ 高性能水基
JHW025	4210	230	546	445mm/311mm/316mm	钾钙基聚胺有机盐
JHW015	4750	371	781	445mm/241mm/152mm	钾钙基混油
JHW016	4718	329	697.3	445mm/241mm/152mm	
JHW017	5220	738	1413.7	311mm/241mm/152mm	
JHW035	4310	275.17	638.45	381mm/241mm/216mm	反渗透

因此，XZ 高性能水基钻井液有效解决了新疆油田环玛湖、致密油区块钻井难题，为新疆油田复杂地层钻井提供了必要的技术支撑，为降本增效、环保钻井提供了坚实的技术基础。

综上所述，以“不分散、低固相”为基本原则研发的高性能水基钻井液各具特色、种类也远不止这些，还有如低渗透钻井液、水基成膜钻井液和以纳米处理剂为主的钻井液[93-95]、PDF-PLUS 聚胺聚合物钻井液[58]、适合冀东油田的无黏土相聚胺强抑制钻井液[59]、以胺基抑制剂为主剂的钻井液[66]等。但是，这些不同类型的高性能水基钻井液体系均是建立在对泥页岩井壁稳定的力学-化学耦合机理认识的基础上，利用页岩抑制剂与其他处理剂的某些协同效应，尽可能实现井壁稳定，仍属于第三代聚合物钻井液。这些钻井液在不同程度上仍存在局限性，如与油基钻井液防塌能力和润滑性相比，存在一定差距等。仿生水基钻井液理论与技术的问世，将高性能水基钻井液技术推向了一个新的高度，并使钻井液理论得到了发展。即使如此，以仿生钻井液技术为代表的第四代钻井液技术仍有很大的发展空间，特别是随着勘探开发的进行，新问题和新矛盾不断涌现，应在大自然的启发下，进一步发展仿生钻井液处理剂和仿生钻井液技术，使之形成更加完善、成熟的第四代钻井液技术，为降本增效做出更大贡献。

(二)国外高性能水基钻井液现状

1. ULTRADRILL 高性能水基钻井液体系

MI SWACO 公司 Patel 等研制出了一套安全环保的 UltraDrill 水基钻井液[40,96]，聚醚二胺为体系的抑制剂，它的抑制性和润滑性堪比油基钻井液体系。该体系由主抑制剂 UitraHib、辅抑制剂 UltraCap、增黏剂 MC-VIS、降滤失剂 PAC-LV、防泥包提速剂 UltraFree 和其他处理剂组成。UitraHib 是一种不水解、低毒、完全溶于水的聚醚二胺，能够与其他添加剂配伍，它嵌入黏土片层防止水分子进入，减弱水化膨胀。UltraCap 是一种聚合物包被剂，主要起包被钻屑、抑制水化分散的作用，避免了钻屑相互黏结及钻屑黏糊振动筛，在钻井过程配合使用固控设备，控制固相含量，从而有效地减少对储层的损害。UltraDrill 钻井液具有优异的抑制性和润滑性，且钻井产生的钻屑可以直接排放，完钻后的钻井液可回收使用，大大降低了钻井成本。

目前，该钻井液在墨西哥湾、美国大陆、巴西、澳大利亚、利比亚、沙特阿拉伯及中国(渤海地区等)等得到应用，均取得较好的效果[47,62,97,98]。

与常规 KCl 聚合物体系相比，该钻井液增强了润滑性能，在污染环境下更加稳定，对储层没有副作用，对密封材料和井下工具没有副作用，适用的密度和温度范围广。

与普通的水基钻进液体系相比，UltraDrill 钻井液体系可以有效地防泥包和结核现象(图 3.2、图 3.3)，现场返出的钻屑完整性较好、棱角分明，说明该体系具有较好的抑制性(图 3.4)。

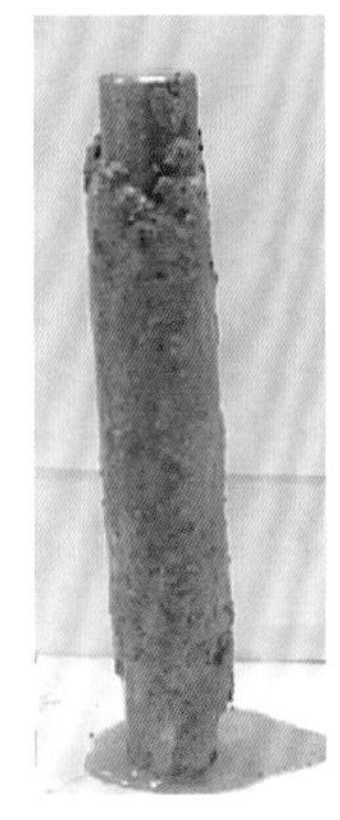

图 3.2 泥包试验(普通钻井液)

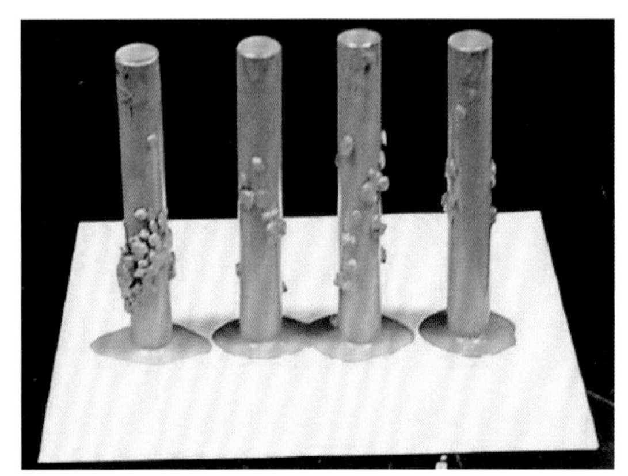

图 3.3 结核试验(普通钻井液)

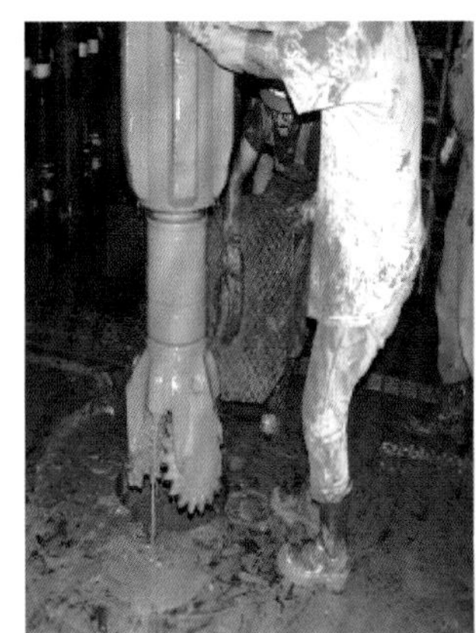

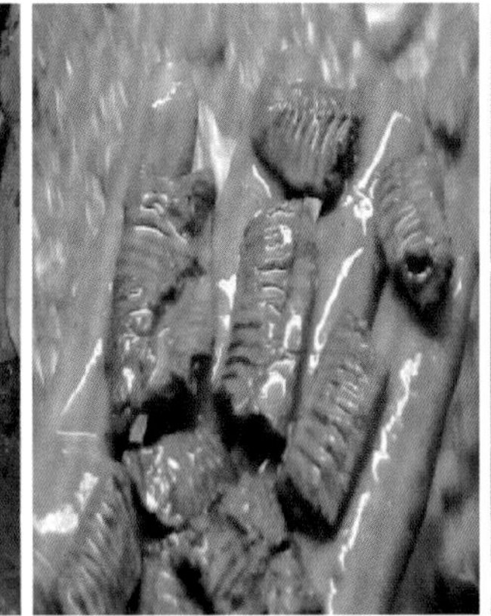

图 3.4 返出的钻屑

此外，UltraDrill 钻井液具有较好的润滑性，摩擦系数与油基钻井液相当，并得到了很好的应用，在我国大港油田、冀东油田及湛江油田等的应用效果见表 3.8。采用该钻井液钻井产生的钻屑可以直接排放，完钻后的钻井液可回收使用，大大降低了钻井成本。

表 3.8 不同体系的摩擦系数(使用 OFI 测试仪，测定金属-金属润滑性)

体系	油基	硅酸盐(4%)	聚合醇(3%)	UltraDrill(2% UltraFree)
摩擦系数	0.08	0.28	0.11	0.09

2. HydraGlyde 高性能水基钻井液体系

MI SWACO 公司开发的 HydraGlyde 体系具有较好的抑制性，同时能够降低造斜井段和水平井段的扭矩、摩阻，提高机械钻速。该体系高效廉洁的化学配方还具有良好的润滑性，克服了陆上成熟页岩储层钻井时出现的大多数问题，比如井壁黏土堆积、井壁不稳定、中部井段钻井液漏失、固相聚集及水平段井眼清洁的问题等。除了具有优异的钻井性能，HydraGlyde 体系还可产生薄而致密的光滑泥饼，便于下入套管和完井工具。

为了同时实现高性能和灵活性，HydraGlyde 体系在设计时主要添加了以下几种组分：①HydraSpeed ROP 润滑剂：与昂贵的、摩擦系数很小的润滑剂相比，它可将钻井液的摩擦系数降至更低。这种独特的非烃类化学试剂同时实现了润滑、稳定井壁和提高泥饼强度。②HydraHib 页岩抑制剂：它是一种胺基添加剂，具有优异的稳定井壁的性质，并可通过调节其浓度，灵活地控制钻井液性质。③HydraCap 包被剂：它可以代替传统的部分水解聚丙烯酰胺(PHPA)，抑制黏土膨胀、分散，提高井壁稳定性。与 PHPA 相比，HydraCap 在水中的分散程度更高，溶解后的黏度更低。④为了增加钻井液的井眼清洗能力，HydraGlyde 体系补加了 DUO-VIS 生物聚合物添加剂，增加钻井液的剪切黏度，以携带和悬浮岩屑。⑤还加入了 POLYPAC UL 超低黏度聚阴离子纤维素(几乎不增加黏度)，降低钻井液滤失量。

该钻井液在现场得到了很好的应用。例如，对极具挑战的 Wolfcamp 页岩层进行钻井时，HydraGlyde 钻井液体系通过降低扭矩，将钻速提高了 16%；西得克萨斯州 Midland 盆地中的 Wolfcamp 地层有互层的页岩和灰岩，对钻井中的扭矩和钻速有很大的限制作用，并且钻穿上部的 Spraberry 地层造斜井段同样面临较大困难，因为与水平井段相比，该井段需要更高的页岩抑制性能，而使用该钻井液则效果显著。

3. 超高性能水基钻井液体系(UHPWBM)——Pure-Bore 钻井液

Pure-Bore 钻井液体系是英诺斯派有限公司研发的一种超高性能水基钻井液体系，该体系简单，仅一两个处理剂，性能优异。

Pure-Bore 是一种超高抑制性与表面活性的水溶性聚合物，可与钻屑和新钻开的井眼表面发生相互作用，形成微型包被作用，增强钻井液的抑制性能；是一种高剪切稀释聚合物，分子之间可以相互作用，交联并形成网状结构，大幅度降低钻井液的当量循环密度 ECD，优化钻井液水眼处的水力参数，提高井眼清洁效力，尤其是提高大口径井眼和长水平段井眼的清洁效力；是一种纳米材料封堵物质，对地层微孔隙具有强封堵作用，从而形成更好的滤失控制和抑制地层水化的作用；是一种可降解物质，可保护油气层，将对环境冲击减轻到最低。

4. HYDRO-GUADR^{TM} 高性能水基钻井液

哈利伯顿公司针对墨西哥湾地层情况研制了 HYDRO-GUADR^{TM} 高性能水基钻井液[99]，于 2002 年初进行了现场试验。该体系中通过聚胺盐和铝酸络合物提高体系的抑制性，采用快钻剂防止钻头泥包，可变形聚合物封堵剂紧密填充页岩微裂缝。通过室内 Berea 砂岩试验表明，这种钻井液能在井壁上形成薄而光滑的滤饼。现场试验表明，HYDRO-GUADR^{TM} 钻井液体系不但可产生良好的井眼稳定性、较高的机械钻速，与逆乳化钻井液相似，而且在较大的温度范围内具有较好的流变性，同时是一种对环境无影响和易生物降解的钻井液。该钻井液已成功应用于沙特、埃及、非洲、墨西哥湾等地的活性泥页岩地层及深水钻井中。

为进一步提高页岩稳定性，哈利伯顿公司还研制了 EZ-MUD GOLD 体系，主要通过 KCl、NaCl 和乙二醇类处理剂 GEM™ 的协同作用来增强对页岩的抑制性，适用于高活性页岩、易卡钻泥包地层，已应用于页岩气水平井和深水钻井。

同时，哈利伯顿公司针对北美 Haynesville、Fayetteville、Barnett 三大页岩气产区，分别研发了 SHALEDRIL H、SHALEDRIL F、SHALEDRIL B 钻井液，抑制了页岩水化膨胀，保持了井壁稳定，取得了良好的应用效果(表 3.9、表 3.10)。

表 3.9　哈里伯顿公司针对三大页岩气产区的钻井液体系设计

页岩产区	岩心成分	特点	目标	主要添加剂
Haynesville	黏土、碳酸盐、黄铁矿及石英	黏土以伊利石为主，易水化；CO_2入侵	提高体系热稳定性，抑制黏土水化	表面活性剂、高温降黏剂、分散剂、降滤失剂、页岩稳定剂、缓冲剂(抗CO_2污染)
Fayetteville	黏土及石英	黏土主要为蒙脱石-绿泥石混层，裂缝发育	封堵裂缝，防止井壁失稳	硅酸盐、磺化沥青、聚合醇
Barnett	黏土及石英	黏土主要为伊利石、伊-蒙混层，易水化、膨胀	抑制黏土水化、膨胀，提高井壁稳定	钾离子、聚合醇、硅酸盐、磺化沥青

表 3.10　哈里伯顿公司三大页岩钻井液体系的现场应用

钻井液体系	井深/m	AV/(mPa · s)	PV/(mPa · s)	YP/Pa	FL_{API}/mL	FL_{HTHP}/mL
SHALEDRIL H	3792.3	50.5	41	9.5	5.0	16.2
SHALEDRIL F	1726.0	38.5	21	17.5	4.8	
SHALEDRIL B	2124.5	30.5	20	10.5	6.0	

注：常规性能测定温度为 49℃，高温性能测定温度为 149℃。

5. PERFORMAX、LATIDRILL 高性能水基钻井液

贝克休斯公司开发了专用于页岩气储层的 PERFORMAX 水基钻井液[100,101]，主要由成膜封堵剂 MAX-SHIELD™、稳定剂 MAX-PLEX™、抑制剂 MAX-GUARD™、聚合物包被剂 NEW-DRILL™ 和防泥包剂 PENETREX™ 组成(表 3.11)。该体系主要是把聚合醇的浊点和铝的化合作用相结合，极大提高了水基钻井液抑制性，对页岩孔隙和微裂缝具有有效的封堵作用，能够提高机械钻速，适用于大斜度、大位移井以及井下情况复杂但因环保限制而不能使用油基钻井液的情况。

表 3.11　PERFORMAX 水基钻井液的主要成分和功能

组成	功能	描述
MAX-SHIELD™	泥页岩稳定剂	生成半透膜
MAX-PLEX™	泥页岩稳定剂	生成半透膜
MAX-GUARD™	泥页岩抑制剂	抑制水化
NEW-DRILL™	钻屑稳定剂	聚合物包被
PENETREX™	提高机械钻速，减少扭矩、磨阻，减少钻头泥包	钻头、管柱和井壁表面产生憎水膜

2012 年，他们进一步开发了新型的高性能页岩水基钻井液体系——LATIDRILL，该体系主要采用一种特殊的井壁稳定剂，在物理性能上保证井壁的完整性和抑制页岩水化膨胀；采用一种特殊的润滑剂来降低摩阻和提高钻度；通过降低孔隙压力传递，将钻井液漏失降至最低甚至为零，表现出可与油基钻井液相媲美的性能和成本效益，且具有更好的环境友好性。经实验室评价和现场应用证实，LATIDRILL 水基钻井液成本效益与油基钻井液相当，有时甚至高于油基钻井液。针对沙特的非常规水平井和大位移井的技术难点，以及高分辨率成像测井需求，贝克休斯公司研究人员分析了该区的各种岩心和钻屑样品，将 LATIDRILL 体系进行改进，引入纳米材料以进一步封堵页岩微裂缝和避免流体入侵地层，设计了专用的高性能水基钻井液体系，现场应用水平井垂深 1500～3000m，水平段长 1000～2000m，摩擦系数由 0.29 降到 0.11，但钻井液密度只有 1.12g/cm^3[102]。

2013 年，贝克休斯公司引入纳米技术，将铝基高性能水基钻井液改进，在喀麦隆海上平台应用了 5 口井，这是纳米技术在水基钻井液中的第一批商业应用[103]。现场应用表明，所选的高性能水基钻井液具有优异的页岩稳定性和黏土-钻屑抑制性，能够提高机械钻速(ROP)，减少泥包和沉积，减少摩阻和扭矩，实现现场施工所需的作业性能和对环境零影响的目标。

6. Evolution 高性能水基钻井液

Newpark 公司研制了环保型高性能水基钻井液 Evolution®体系，该体系无黏土，核心处理剂包括聚合物增黏剂 EvoVis®、专有环保型润滑剂 EvoLube®和流型调节剂 EvoMod®，已用于北美密西西比河、Haynesville 页岩、Barnett 页岩和加拿大页岩区块，钻速和润滑性能优于或与油基钻井液相当[104-106]，还可用于高度裂缝性碳酸盐岩储层，现场试验水平段长达 2010m[107,108]。Newpark 钻井液公司的另一高性能水基钻井液体系 FLEXDRILL™ 是一种特殊的硅酸盐体系，采用一种 0.5%～1.5%(质量分数)无水硅酸钾粉末，克服了一般硅酸盐体系的缺点；该体系现场易配制，可节约运输成本，同时满足环保要求，钻屑可直接排放，具体组分及功效如表 3.12 所示。

表 3.12　Newpark 水基钻井液体系

体系	组成	功效
HIPERM	高纯度黄原胶、交联羟丙基淀粉、氧化镁、碳酸钙、HiPerm(一种不含氯化物，多价有机阳离子黏土抑制剂)、深井抑制剂	良好的润滑性、抑制性、井壁稳定性，不含盐类物质，能有效保护储层
DEEPDRILL	MEG、活性聚甘油	较传统的二羟基化合物体系在页岩上有更强的吸附力、良好润滑性、井壁稳定性，抗盐及地层水污染
FLEXDRILL	DEEPDRILL 的衍生产品，添加剂的种类及加量不定	现场配制，节约运输成本，满足环保要求，钻屑可不经处理

总之，高性能水基钻井液已经在世界各地得到了广泛应用[16,34,39,48]。在巴西[35]、阿根廷[100]、哥伦比亚[109]、美国[110]、墨西哥[111]、澳大利亚、沙特阿拉伯、意大利、尼日

利亚、突尼斯、英国海域、阿拉伯海湾及阿拉伯半岛等进行了现场应用，并取得很好的效果，取代了近5%原本计划采用油基或合成基钻井液的井[112-119]。

大量实践表明，高性能水基钻井液的抑制性突出，使用维护方便，整体性能远远优于其他水基钻井液体系，显著提高了钻井综合效益。特别在保持井壁稳定及提高机械钻速方面，与油包水钻井液类似。

近年来高性能水基钻井液已开始应用于页岩气储层钻井中，有利于泥页岩层段井壁稳定及保护储层[120,121]。不同的页岩之间存在实质性的差异，油基或合成基钻井液却可以应用在几乎所有的页岩，而水基钻井液则不同。水基钻井液比油基钻井液更活跃，对一些条件的变化比油基或合成基钻井液敏感，包括温度、矿化度、pH和二氧化碳等污染物。页岩稳定是使用水基钻井液时最重要的一个问题。简而言之，页岩之间的差异是很重要的，因此不能期望一种水基钻井液能够广谱性地适用所有页岩。根据这个事实，就需要针对不同的页岩气成藏设计不同的页岩气高性能水基钻井液[94,122-132]，这也是涌现出不同类型高性能水基钻井液的重要原因之一。

第二节　超双疏钻井液新材料的研发与性能评价

正如前面阐述的那样，自20世纪60年代初期以来，经过半个多世纪科技工作者的艰辛努力，发展形成了四代聚合物钻井液技术：以部分水解聚丙烯酰胺及其衍生物(代号PHP、PHPA)、醋酸乙烯酯与马来酸酐的共聚物(代号VAMA)为代表的第一代聚合物钻井液；以多种金属盐类、大中小分子量级配、不同水解度、多种功能的多元共聚物为主处理剂，形成适应不同地区、不同地层条件要求的多种第二代聚合物钻井液；以阳离子和两性离子聚合物为主处理剂的聚合物钻井液，以及后来发展起来的、建立在对泥页岩井壁稳定的力学-化学耦合机理认识上，利用页岩抑制剂与其他处理剂的某些协同效应，提高井壁稳定等功能的高性能水基钻井液是第三代聚合物钻井液；中国石油大学(北京)首次将仿生学引入钻井液领域，模仿自然界动植物的结构、功能、特点等来解决钻井液技术难题，研发系列仿生钻井液处理剂，并以这些处理剂为核心，结合钻遇的地层情况配套其他处理剂而发展的仿生水基钻井液技术是第四代聚合物钻井液。

虽然新一代聚合物钻井液的出现都较前一代有长足的进步，但由于勘探开发的地质情况越来越复杂、难度越来越大、遭遇的钻井液技术难题越来越严峻，甚至是以前从未出现和遇到过的，因此，仿生水基钻井液也难以彻底解决这些技术难题，仍需发展更先进的聚合物钻井液技术。超双疏强封堵钻井液技术就是在该背景下研发成功的。

一、聚合物类超双疏剂的研发

根据聚合物类超双疏剂合成的技术思路，以纳米材料为基质，在其表面进行功能性官能团改性，最终合成具有超双疏性能的产物，合成路线如图3.5所示。

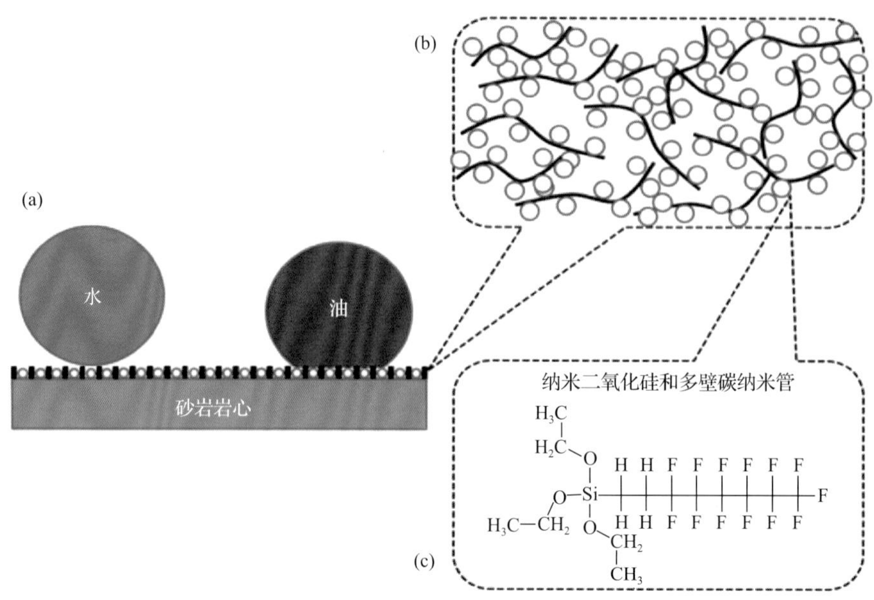

图 3.5 聚合物类超双疏剂设计思路

二、聚合物类超双疏剂的性能表征

1. 聚合物类超双疏剂的透射电镜(TEM)实验

聚合物类超双疏剂的透射电镜图如图 3.6 所示。由图 3.6 可知，聚合物类超双疏剂粒径都小于 100nm，其中有部分颗粒尺寸小于 50nm，另一部分颗粒尺寸介于 50～100nm；聚合物类超双疏剂颗粒表面有许多粗糙结构，颗粒与颗粒之间存在着互相连接的枝杈，这些特殊的物理结构对其超双疏的特殊性质起到了至关重要的作用。

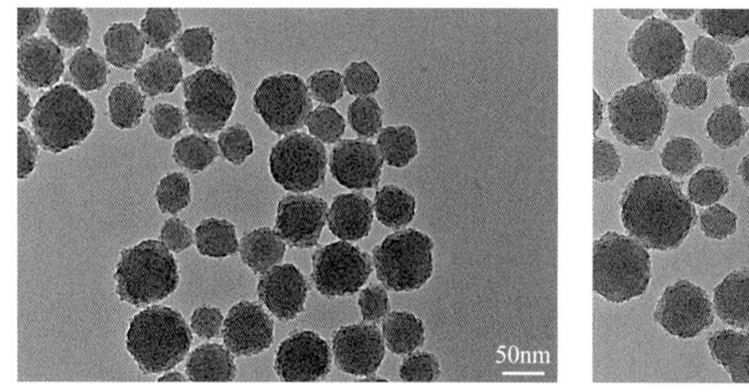

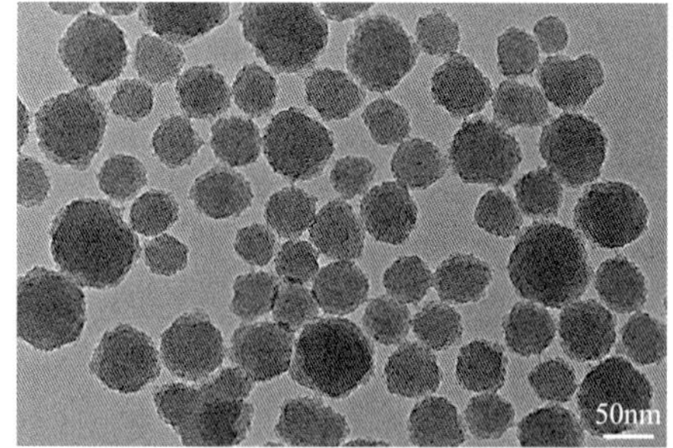

图 3.6 聚合物类超双疏剂透射电镜图

2. 聚合物类超双疏剂的扫描电镜(SEM)实验

由图 3.7 聚合物类超双疏剂处理前后岩心表面的扫描电镜图可知，未处理过的岩心表面在纳微尺度是非常光滑的平面，只存在少量的层状结构，具有很小的表面粗糙度，因而最初的岩心表面表现出强亲水的润湿特性；当使用聚合物类超双疏剂对岩心表面进行处理后，岩心表面覆盖了很多纳米级别的小颗粒，小颗粒与小颗粒互相连接在一起，整体体现出一种微米尺度的物理结构，再加上其本身的纳米结构而形成了纳微结构。而纳微多级尺度的物理结构能够在纳米尺度的空间内捕获大量的空气而与液相隔离，从而使得处理后的岩心表面具备“超双疏”性能。

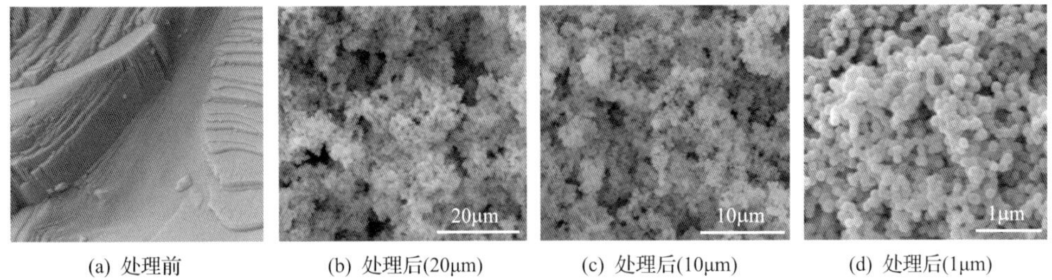

图 3.7　聚合物类超双疏剂处理前后岩心表面扫描电镜图

3. 接触角测量

采用接触角测量仪分别测量经过不同浓度超双疏处理剂处理后岩石表面、滤饼表面及金属表面前后的水相、油相接触角变化，如图 3.8、图 3.9 所示。

图 3.8　处理前后固体表面水相接触角：岩心(左)、滤饼(中)、金属(右)

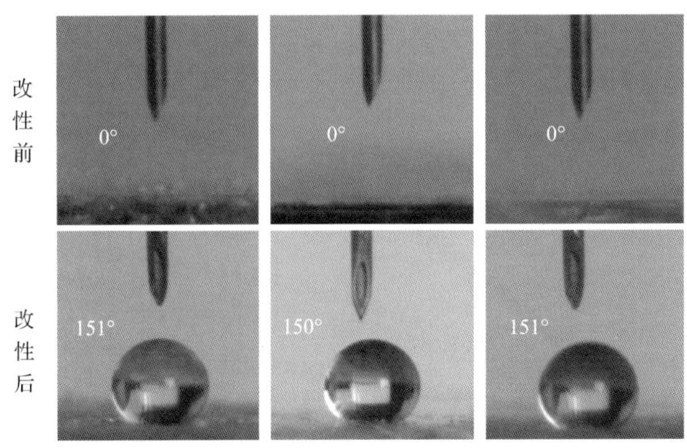

图 3.9　处理前后固体表面油相接触角：岩心(左)、滤饼(中)、金属(右)

可见，岩心、滤饼、金属经 3%聚合物超双疏剂处理后，水相接触角由小于 20°增大到 150°以上、油相接触角由 0°增大到 150°以上。岩心、滤饼、金属表面由原来的亲水性、亲油性反转为超疏水性、超疏油性，实现了超双疏。

此外，测定了在水相环境中，高温高压条件下的气相和油相在岩心表面的接触角，如图 3.10 所示。可见，在 80℃、3MPa、去离子水条件下，气体在岩心表面铺展，接触角 59.5°、小于 90°，具有一定气湿性；油相（正十六烷代表）在岩心表面完全不铺展，接触角达 150.8°，疏油性强。

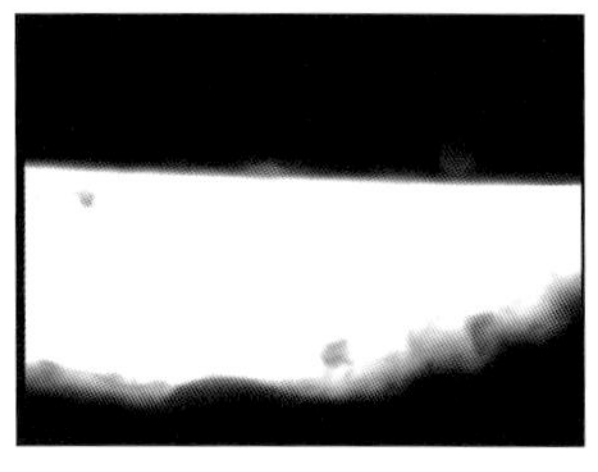

(a) 原始状态纯去离子水溶液

(b) 59.5°气相在岩心表面接触角

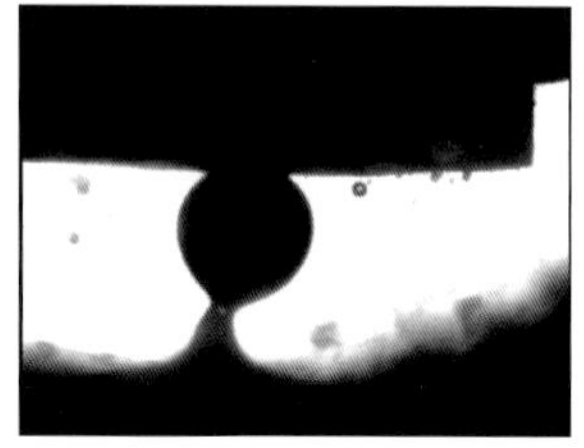

(c) 150.8°正十六烷在岩心表面接触角

图 3.10　80℃、3MPa 条件下，气相和油相在岩心表面接触角

三、聚合物类超双疏剂性能评价

聚合物类超双疏剂能够有效改善固体表面润湿性能，从而达到稳定井壁、保护油气层、润滑、提速、携屑效果。下面分别评价其作用效果。

（一）聚合物类超双疏剂抑制性（井壁稳定性）

1. 线性膨胀、滚动回收率实验

1）线性膨胀实验

通过膨润土在不同抑制剂溶液中的线性膨胀实验，将聚合物超双疏剂与国内外抑制剂的抑制性能进行对比。实验分别配制清水、8%KCl、3%DMDAAC、3%聚醚胺、3%ETPAC 和 3%聚合物超双疏剂溶液，测定的实验结果如图 3.11 所示。从图 3.11 中可

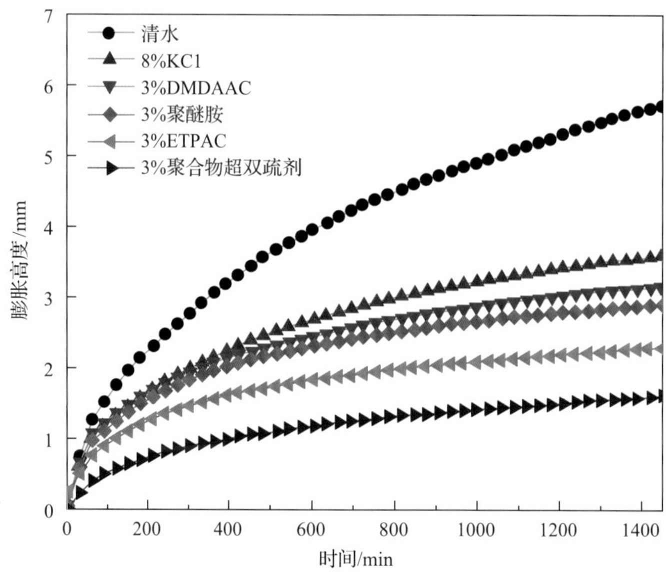

图 3.11　不同种类抑制剂溶液中膨润土线性膨胀高度

知，经过 24h 浸泡，在清水中岩心片的膨胀高度为 5.74mm。常规国内外抑制剂能够有效降低膨润土岩心片线性膨胀高度，8%KCl、3%DMDAAC、3%聚醚胺、3%ETPAC 的岩心片膨胀高度分别为 3.61mm、3.17mm、2.90mm、2.28mm，而 3%浓度的聚合物超双疏剂中膨润土线性膨胀高度仅为 1.59mm，远远小于其他常规抑制剂中膨润土岩心片的膨胀高度。说明聚合物超双疏剂能够有效抑制膨润土水化膨胀，同时具有比国内外常规抑制剂更优的效果。

2）滚动回收实验

泥页岩在清水和国内外不同抑制剂及聚合物超双疏剂中的滚动回收实验结果如图 3.12 所示。在 120℃高热滚动条件下，岩屑在清水、8%KCl、3%DMDAAC、3%聚醚胺和 3%ETPAC 的溶液中，泥页岩滚动回收率分别为 14.26%、30.95%、46.85%、57.20%和 68.41%，而在 3%聚合物超双疏剂中，泥页岩的滚动回收率达到 78.79%，大于常规国内外使用的抑制剂的滚动回收率，说明聚合物超双疏剂不但能够很好地抑制泥页岩水化膨胀，而且其抑制泥页岩分散、剥落的能力也优于同类抑制剂产品。

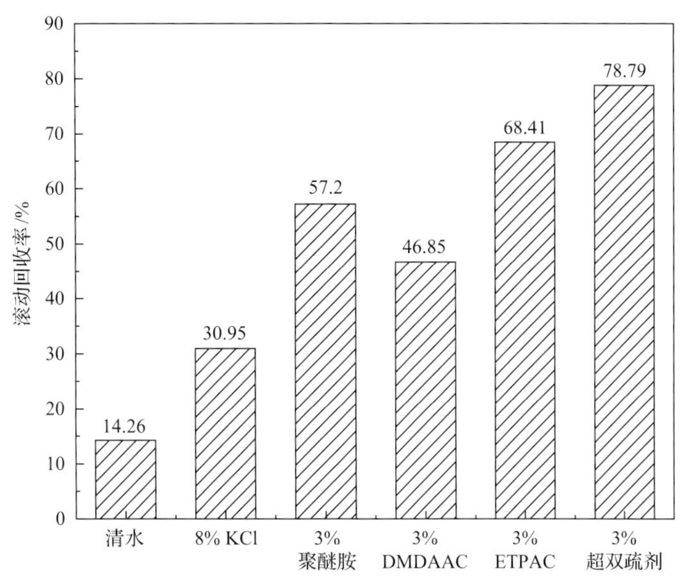

图 3.12　不同抑制剂对滚动回收率的影响

2. 黏土层间距

黏土层间距可通过 X 射线衍射仪进行测定。根据 Braggs 定律，晶体的衍射面间距与半衍射角符合

$$2d_{hkl}\sin\theta=\lambda \tag{3.1}$$

式中，d_{hkl} 为层间距，mm；θ 为半衍射角，(°)；λ 为入射射线波长，0.154nm。

实验配制 4%的膨润土基浆，然后配置成 8%KCl、3%DMDAAC、3%聚醚胺、3%ETPAC 和 3%的聚合物超双疏剂的钻井液基浆溶液，与清水基浆进行对比。一部分直接用于 XRD 测试，另一部分置于 105℃条件下干燥 24h，取出研细，进行 XRD 干样测试，如表 3.13 所示。

表 3.13　不同抑制剂干样、湿样的 XRD 实验数据

抑制剂种类	湿样间距/nm	干样间距/nm
3%聚合物类超双疏剂	1.386	1.472
3%ETPAC	1.394	1.467
3%聚醚胺	1.434	1.425
3%DMDAAC	1.570	1.394
8%KCl	1.877	1.356
清水	1.985	1.002

由表 3.13 可知，在湿样中，随着抑制剂的加入使得膨润土层间距变小，含有 8%KCl、3%DMDAAC、3%聚醚胺、3%ETPAC 和 3%聚合物超双疏剂的膨润土晶层间距由清水的 1.985nm 分别减小到 1.877nm、1.570nm、1.434nm、1.394nm 和 1.386nm，说明抑制剂的加入有效减小了膨润土的晶层间距，具有抑制效果；在干样中，含有 8%KCl、3%DMDAAC、3%聚醚胺、3%ETPAC 和 3%的聚合物超双疏剂的膨润土晶层间距由清水的 1.002nm 分别增加到 1.356nm、1.394nm、1.425nm、1.467nm 和 1.472nm，晶层间距的增大说明抑制剂进入了膨润土晶层。由以上两部分实验可知，聚合物超双疏剂与国内外常规抑制剂一样能够进入晶层，可有效改善膨润土的水化膨胀且效果优于常规抑制剂。

3. 抑制造浆性

抑制膨润土造浆实验是体现抑制剂抑制效果的较直观的方法。在 12%的膨润土浆分别中加入 8%KCl、3%DMDAAC、3%聚醚胺、3%ETPAC 和 3%聚合物超双疏剂，测定溶液的表观黏度和塑性黏度，如表 3.14 所示。由表 3.14 可知，空白清水样的表观黏度 AV 为 45.5mPa·s、塑性黏度 PV 为 33.5mPa·s，而添加抑制剂的溶液的表观黏度和塑性黏度都有不同程度的降低，表明抑制剂有抑制黏土水化分散、抑制造浆的效果，且聚合物超双疏剂的降低程度最大，抑制效果最好。

表 3.14　不同抑制剂(最优浓度)对膨润土基浆流变性的影响

抑制剂种类	AV/(mPa·s)	PV/(mPa·s)
3%聚合物超双疏剂	3.0	2.5
3%ETPAC	4.5	3.0
3%聚醚胺	16	6.5
3%DMDAAC	10.5	4.5
8%KCl	5.5	3.0
清水	45.5	33.5

4. 复配后的膨胀性、回收率

为考察聚合物超双疏剂与国内外其他抑制剂的配伍性和协同效果，3%超双疏剂分别与 8%KCl、3%DMDAAC、3%聚醚胺和 3%ETPAC 复配，测定混合物的膨胀性和回收率。

1) 复配后线性膨胀实验

从图 3.13 中可知，经 24h 浸泡，岩心片在清水中的膨胀高度为 5.74mm，3%聚合物

超双疏剂分别与 8%KCl、3%DMDAAC、3%聚醚胺、3%ETPAC 复配后岩心片膨胀高度分别降低为 1.55mm、1.49mm、1.15mm、1.43mm，小于在清水中的膨润土膨胀高度，并小于 3%聚合物超双疏剂的膨润土线性膨胀高度(1.59mm)。也就是说，聚合物超双疏剂与常规抑制剂配伍性良好，具有很好的协同增效作用，能达到更好抑制膨润土水化膨胀效果。

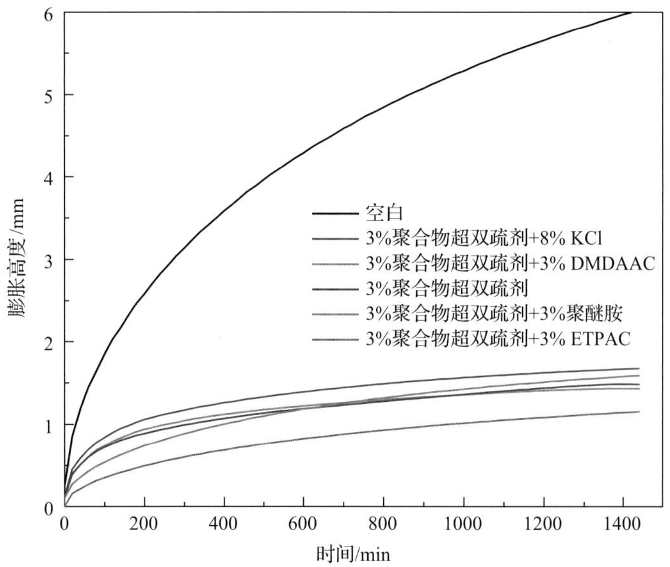

图 3.13 聚合物超双疏剂复配常规抑制剂线性膨胀效果

2) 复配后热滚动回收实验

120℃高热滚动条件下，岩屑在不同溶液中的滚动回收率如图 3.14 所示。从图 3.14

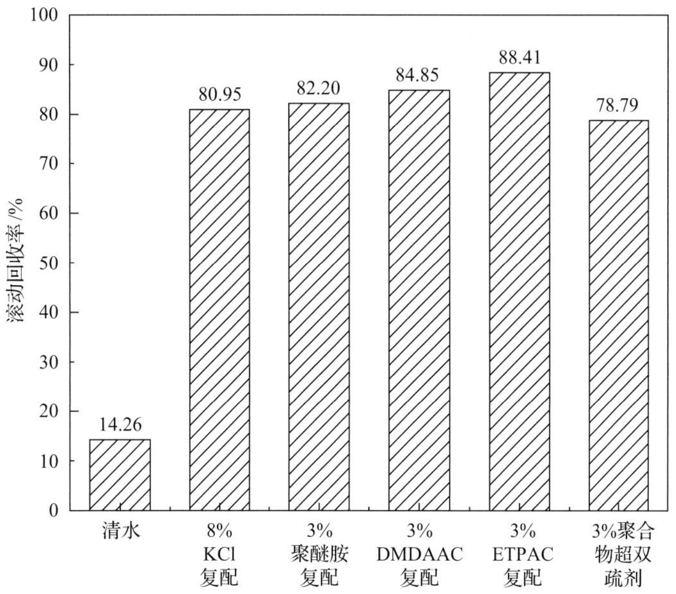

图 3.14 聚合物超双疏剂复配抑制剂滚动回收实验

可知，清水以及 3%聚合物超双疏剂分别复配 8%KCl、3%DMDAAC、3%聚醚胺和 3%ETPAC 溶液中的泥页岩滚动回收率分别为 14.26%、80.95%、84.85%、82.20%和 88.41%。经过复配，聚合物超双疏剂的抑制剂溶液滚动回收率得到明显提高，说明聚合物超双疏剂不仅自身能够很好地抑制泥页岩水化膨胀(3%的聚合物超双疏剂的滚动回收率 78.79%)，通过协同增效还可进一步提高滚动回收率，抑制泥页岩分散、剥落。

(二)聚合物类超双疏剂储层保护性

1. 毛细管上升高度

将内径 50μm 的毛细管分别垂直插入清水、8%膨润土浆、3%聚合物超双疏剂、3%聚醚胺和 8%KCl 溶液中，测定液面上升高度，如图 3.15 所示。从图 3.15 可知，清水上升的高度最高，然后逐次是 3%聚醚胺、8%KCl、3%膨润土浆，上升高度均为“正”，但 3%聚合物超双疏剂的上升高度反转为“负”，达到–24.3mm，也就是说，超双疏剂阻止了水相进入毛细管内部。

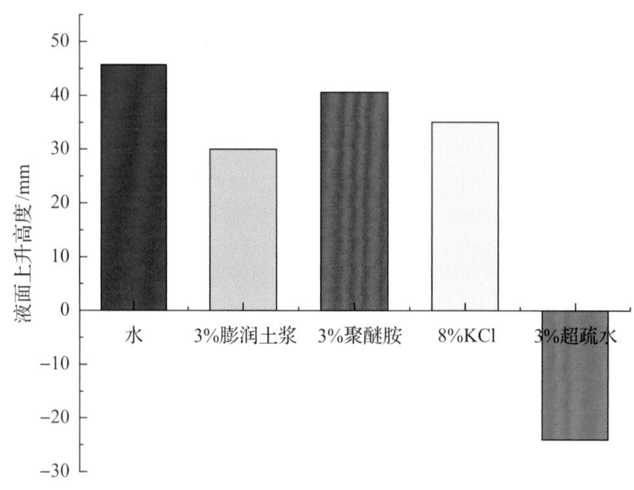

图 3.15　毛细管上升对比

2. 岩心自然渗吸实验

分别测定聚合物超双疏剂处理前后人造岩心对水相液量的渗吸含量随时间的变化。其中水相测试液选择去离子水。测试方法：首先将岩心置于 105℃烘箱烘干 4h，然后将岩心浸泡于一定浓度的聚合物超双疏剂溶液中 12h，最后将浸泡后岩心置于 105℃烘箱烘干至质量恒定，取出进行岩心自然渗吸含量测定。岩心质量变化即为液相含量的变化。该方法分别考察不同抑制剂种类、不同孔隙直径岩心经聚合物超双疏剂处理后对自然渗吸含量的影响。

由表 3.15 可知，处理前空白岩心自然渗吸水含量为 8.76mL，当岩心表面分别经过聚合物超双疏剂、EPTAC、聚醚胺、DMDAAC 及 KCl 溶液处理后，自然渗吸水含量分别降低至 0.03mL、7.91mL、8.12mL、7.87mL 和 7.93mL，其中聚合物超双疏剂抑制水相入侵岩心的能力最强。

表 3.15 不同抑制剂种类对自然渗吸含量的影响

抑制剂种类	处理后自然渗吸含量/mL
清水	8.76
3%聚合物超双疏剂	0.03
3%ETPAC	7.91
3%聚醚胺	8.12
3%DMDAAC	7.87
8%KCl	7.93

由表 3.16 可知，不同孔径岩心对液相水自然渗吸含量不同。随着岩心孔隙直径由 50nm 增加到 250nm，岩心自身对水的自然渗吸含量由 8.76mL 降低至 8.17mL，而当岩心表面受聚合物超双疏剂处理后，岩心自然渗吸水含量由 0.03mL 增加至 0.62mL，说明聚合物超双疏剂能够有效抑制外来水相侵入岩心内部，同时聚合物超双疏剂对孔隙直径越小的岩心的自然渗吸水含量影响越大，因此聚合物超双疏剂的使用有利于低渗特低渗油藏的储层保护。

表 3.16 不同孔径岩心对自然渗吸水含量影响

岩心孔径/nm	处理前自然渗吸含量/mL	处理后自然渗吸含量/mL
50	8.76	0.03
100	8.64	0.08
150	8.48	0.17
200	8.39	0.34
250	8.17	0.62

地层岩石由许多毛细管组成，且地层岩石表面通常属于亲水性表面，毛细管自吸现象普遍存在。当采用水基钻井液钻井时，大量水相会因毛细管效应进入井壁岩石孔缝和油气层内部，引起井壁坍塌、油气层损害等。因毛细管效应产生的附加压力由式(3.2)计算。

$$\Delta p=2\sigma\cos\theta/r \tag{3.2}$$

式中，Δp 为毛细管附加压力，kPa；σ 为液相表面张力，mN/m；θ 液相在表面的接触角大小，(°)；r 为微孔毛细管半径大小，m。

根据不同抑制剂时的表面接触角、毛细管直径、溶液表面张力计算毛细管附加压力，如表 3.17 所示。可见，常规抑制剂的加入并不能很好地改善其附加压力大小，而聚合物超双疏剂的加入则有效降低毛细管附加压力，并改变了毛细管附加压力的方向，使毛细管吸力反转为阻力。

3. 岩心渗透率损害

渗透率大小直接影响油、气井的产量，而钻井液的侵入，会对油气层造成污染，造成有效渗透率降低。通过岩心动态污染，表征钻井液污染前后岩心渗透率及污染深度变化，如表 3.18 所示。

表 3.17 不同抑制剂对岩心毛细管附加压力影响

抑制剂种类	处理后接触角/(°)	处理后/kPa
3%聚合物超双疏剂	155.72	–833.98
1%ETPAC	11.61	817.44
1%聚醚胺	23.33	799.13
1%DMDAAC	27.19	789.62
7%KCl	10.58	817.43

表 3.18 聚合物超双疏剂对不同渗透率岩心动态污染影响

钻井液体系配方	岩心孔隙度	$K_1/10^{-3}\mu m^2$	$K_2/10^{-3}\mu m^2$	$R/\%$	污染深度/cm
1	10.64	19.74	14.92	75.58	1.25
2	11.77	22.68	19.51	86.02	0.85
1	8.41	9.45	7.70	81.48	0.95
2	8.62	11.23	10.47	92.23	0.50
1	5.47	5.47	4.43	80.99	0.70
2	5.91	4.96	4.68	94.35	0.45
1	2.66	1.33	1.12	84.21	0.65
2	2.38	1.28	1.23	96.09	0.25

注：K_1 为岩心初始渗透率，K_2 为岩心污染后渗透率，R 为岩心渗透率恢复值。配方 1：3%膨润土+0.5%降滤失剂+1%封堵剂+1%淀粉+重晶石（1.2g/cm^3）；配方 2：3%膨润土+0.5%降滤失剂+1%封堵剂+1%淀粉+3%聚合物超双疏剂+重晶石（1.2g/cm^3）。

由表 3.18 可知，随着岩心渗透率的降低，岩心渗透率恢复值不断增大，岩心污染深度不断减小。当岩心渗透率由 $20\times10^{-3}\mu m^2$ 降低至 $1\times10^{-3}\mu m^2$，岩心渗透率恢复值由 75%升高到 85%，污染深度由 1.25cm 降低至 0.65cm；而经过聚合物超双疏剂处理后岩心的渗透率恢复值随着岩心渗透率降低，渗透率恢复值由 86%升高至 96%，污染深度由 0.85 降低至 0.25cm。说明聚合物超双疏剂的加入可以有效提高岩心渗透率恢复值，降低岩心污染深度；同时聚合物超双疏剂对低渗岩心的影响更大，更有利于对低渗岩心的保护。

将聚合物超双疏剂对油气层保护效果与目前国际先进方法（表面活性剂法、成膜法、贴膜法）进行对比，如表 3.19 所示。从表 3.19 可知，相同渗透率大小的岩心，受到外来流体相的入侵，储层渗透率将会大大减小，而加入储层保护剂后，岩心渗透率恢复值会

表 3.19 不同储层保护剂对岩心渗透率恢复影响

储层保护剂种类	岩心孔隙度/%	$K_1/10^{-3}\mu m^2$	$K_2/10^{-3}\mu m^2$	$R/\%$	污染深度/cm
聚合物超双疏剂	5.47	5.47	4.73	91.47	0.50
	5.91	4.96	4.68	94.35	0.45
活性剂类	5.87	5.33	4.47	83.86	0.65
成膜、贴膜法	5.96	5.28	4.45	84.28	0.65

注：污染钻井液体系配方：3%膨润土+0.5%降滤失剂+1%封堵剂+1%淀粉+3%不同种类油气层保护剂（其中表面活性剂 0.3%）+重晶石（1.2g/cm^3）。

增大，加入活性剂类与成膜、贴膜法后，岩心渗透率恢复值由 91%降低至 83.86%和 84.28%，而加入聚合物超双疏剂后，岩心渗透率恢复值提高至 94.35%，远远大于常规储层保护剂的储层保护效果，同时岩心污染深度也由原始的 0.65 增大至 0.45cm。说明相比于目前国际先进油气层保护剂，聚合物超双疏剂能够大大提升渗透率恢复值，减小污染深度。

将污染后的岩心切片，进行接触角测量和扫描电镜观察，如表 3.20 所示。由表 3.20 可知，"超双疏"处理剂能够使得岩心表面接触角由 45.67°升高至 152.38°、表面自由能由 70.14mN/m 降低至 40.36mN/m，说明"超双疏"处理剂能够有效改善岩心表面润湿性能。

表 3.20 "超双疏"处理剂对岩心污染后接触角及表面能影响

渗透率/$10^{-3}\mu m^2$	1 接触角/(°)	2 接触角/(°)	1 表面能/(mN/m)	2 表面能/(mN/m)
1.28	45.67	152.38	70.14	40.36

注：配方 1：3%膨润土+0.5%降滤失剂+1%封堵剂+1%淀粉+重晶石(1.2g/cm^3)；配方 2：3%膨润土+0.5%降滤失剂+1%封堵剂+1%淀粉+3%聚合物超双疏剂+重晶石(1.2g/cm^3)。

(三)聚合物类超双疏剂减阻、降黏性

通过四球摩擦、极压润滑，以及钻井液中的减阻降黏性实验考查了其润滑效果。

1. 清水和基浆中润滑、抗磨损性能评价

将润滑剂与聚合物类超双疏剂分别加入等量的基浆溶液，进行四球摩擦实验，并与基浆的摩擦系数进行对比。由图 3.16 可知，聚合物类超双疏剂在一定程度上降低了体系摩擦系数。

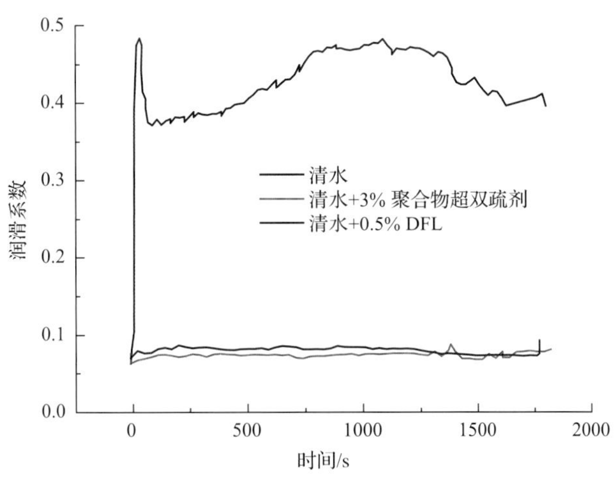

图 3.16 聚合物类超双疏剂四球摩擦实验

同时，四球摩擦试验的小球表面的扫描电镜照片如图 3.17 所示。从四球摩擦实验小球表面的划痕可以明显看出，基浆中的小球表面具有明显的划痕，并出现了较深的犁沟，且其磨斑面积最大；添加一定的润滑剂 DFL 之后，磨斑直径有所减小，且划痕深度变浅；

在聚合物类超双疏剂溶液中，小球表面的磨痕最浅，摩擦表面最平整，说明聚合物类超双疏剂在小球表面起到了很好的润滑效果，有效降低金属表面摩擦损耗。

进一步开展了基浆中的四球长磨试验，如图 3.18 所示。由图 3.18 可知，聚合物类超双疏剂的润滑系数为 0.05，远远小于基浆的润滑系数，同时比国内外常见润滑剂的润滑性能具有较大优势，说明聚合物类超双疏剂在钻井液基浆中具有良好的润滑性能。

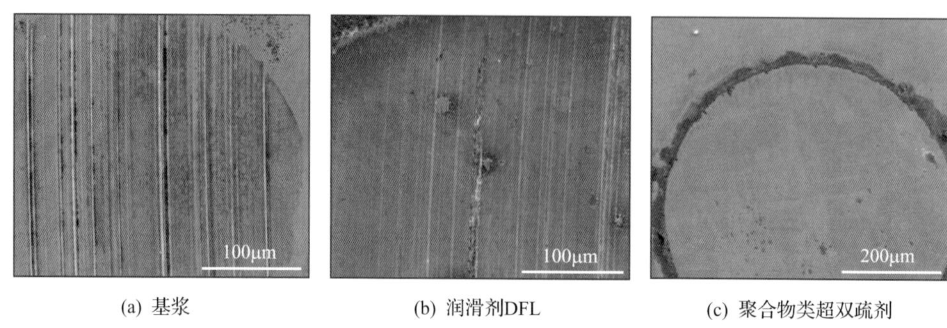

图 3.17　不同溶液四球实验表面划痕

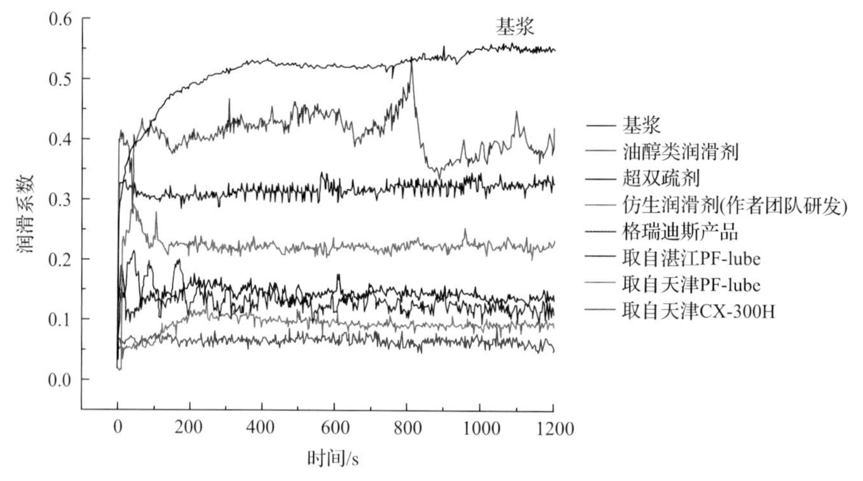

图 3.18　不同润滑剂四球长磨试验结果

2. 极压润滑性对比

国内外专家学者普遍认为油的润滑性最好(柴油 0.08 左右)、空气的润滑性最差(0.5 左右)、水的润滑性位于中间(清水 0.34 左右)。常规钻井液中，大多数油基钻井液的摩阻系数在 0.07～0.10、水基钻井液的摩阻系数在 0.19～0.34，如果向其中入油或其他各种润滑剂等，其摩阻系数可降到 0.10 以下。对于大部分普通水基钻井液来说，摩阻系数为 0.20 以下认为是可以接受的，但仍无法满足如水平井等复杂工艺井的要求。对于水平井，摩阻系数应尽可能维持在 0.07～0.10 范围内，以保持良好的润滑性。

在清水中加入聚合物类超双疏剂产品，搅拌 20min，利用极压(EP)润滑仪测量其润滑系数，测量后将各个样品装于老化罐中，置于 150℃温度下老化 16h，取出搅拌 20min，再次测量各个样品的润滑系数，对其润滑效果进行评价，并与国外产品进行对比，结果如表 3.21 所示。

表 3.21　聚合物类超双疏剂在清水中润滑性

样品		润滑系数	润滑系数降低率
未处理	4%基浆	0.54	
	4%基浆+3%国内产品（PF-lube）	0.32	40.7%
	4%基浆+3%国内产品（CX-300H）	0.16	70.4%
	4%基浆+3%国外产品 A	0.22	59.3%
	4%基浆+3%国外产品（DFL）	0.10	81.5%
	4%基浆+3%聚合物超双疏剂	0.08	85.2%
150℃老化 16h	4%基浆	0.52	
	4%基浆+3%国内产品（PF-lube）	0.32	38.5%
	4%基浆+3%国内产品（CX-300H）	0.15	71.2%
	4%基浆+3%国外产品 A	0.11	78.8%
	4%基浆+3%国外产品（DFL）	0.08	84.6%
	4%基浆+3%聚合物超双疏剂	0.05	90.4%

从表 3.21 可以看出，国内的润滑剂产品在 4%基浆中润滑效果一般或润滑效果很差，其中效果相对较好的润滑剂 CX-300H 则存在起泡严重的问题；而聚合物类超双疏剂和国外 DFL 润滑剂则表现了较优异的润滑性能，在 4%基浆中降低润滑系数的性能接近，降低率都在 80%以上，且聚合物类超双疏剂略优于国外 DFL 润滑剂。

150℃老化后，除了 PF-lube 润滑剂润滑性基本不变之外，其他各润滑剂的润滑性能都有所提升，都可使 4%基浆的润滑系数降低 70%以上。其中，国外产品 A、DFL 润滑剂可使润滑系数的降低率接近 80%，而聚合物类超双疏剂在基浆中的润滑效果最好，润滑系数降低率可达 90%。综上所述，聚合物类超双疏剂要优于国内外其他先进润滑剂。

3. 钻井液体系的减阻、降黏性

分别在密度为 1.6g/cm^3 和 2.0g/cm^3 的钻井液体系中加入聚合物类超双疏剂，评价其减阻、降黏性效果，如表 3.22、表 3.23 所示。

表 3.22　聚合物类超双疏剂对 1.6g/cm^3 体系性能影响

配方	φ_6/φ_3	初/终切	AV/（mPa · s）	PV/（mPa · s）	YP/Pa	YP/PV	FL_{API}/mL	FL_{HTHP}/mL	滤饼黏滞系数降低率/%
原始									
1	7/4.5	2.5Pa/13Pa	78.5	54	25.04	0.46	5		
2	8/5	2.5Pa/9.5Pa	80.5	61	19.93	0.33	3.4		28%
150℃老化 16h									
1	6/3	2.5Pa/7Pa	113	96	17.37	0.18	4.6	18	
2	6/3	2Pa/4Pa	88	70	18.40	0.26	4.8	12	34.5%

注：配方 1：400mL 水+2%膨润土+0.3%NaOH+0.5%降滤失剂+1%有机硅降黏剂+1%提切剂+0.5%胺-抑制剂+4%超细钙+重晶石，密度 1.6g/cm^3；配方 2：400mL 水+2%膨润土+0.3%NaOH+0.5%降滤失剂+1%有机硅降黏剂+1%提切剂+0.5%胺-抑制剂+4%超细钙+3%聚合物类超双疏剂+重晶石，密度 1.6g/cm^3。

表 3.23 聚合物类超双疏剂对 2.0g/cm³ 体系性能影响

配方	φ_6/φ_3	初/终切	AV/(mPa·s)	PV/(mPa·s)	YP/Pa	YP/PV	FL_{API}/mL	FL_{HTHP}/mL	滤饼黏附系数降低率/%
原始									
3	7/4	2.5Pa/8.5Pa	83	60	23.51	0.39	3.4		
4	7/4	2Pa/7Pa	82.5	61	21.97	0.36	3.2		65%
150℃老化 16h									
3	7/4	2Pa/3Pa	69.5	52	17.89	0.34	8.4	22.4	
4	6.5/3.5	3.5Pa/4Pa	52.5	43	9.71	0.23	3.6	10.4	68 %

注：配方 3：水+0.1%大钾+0.3%PAV-LV+0.2%HEC+2%淀粉+2%ZHFD+1%成膜剂+1%仿生抑制剂+1%固壁剂+2%$CaCO_3$+5%KCl+重晶石，ρ=2.0g/cm³；配方 4：水+0.1%大钾+0.3%PAV-LV+0.2%HEC+2%淀粉+2%ZHFD+1%成膜剂+1%仿生抑制剂+1%固壁剂+2%$CaCO_3$+5%KCl+3%聚合物超双疏剂+重晶石，ρ=2.0g/cm³。

由表 3.22 可知，聚合物超双疏剂具有一定降低钻井液体系黏度和滤失量的能力。与空白样相比，老化后表观黏度和塑性黏度分别降低了 22.12%、27.08%，滤失量降低 33.33%，滤饼黏滞系数降低 34.5%。

由表 3.23 可知，随着钻井液体系密度的增加，聚合物超双疏剂的降黏效果更显著，滤饼黏滞系数降低 68%，说明聚合物超双疏剂对钻井液体系具有良好的减阻、降黏性能。

(四)聚合物类超双疏剂提速性能评价

在清水中加入 2%的聚合物类超双疏剂和其他提速剂(聚甘油类)，测定对机械钻速的影响，如图 3.19 所示。可见，与基浆相比提速 40%，与其他提速剂相比提速 60.7%，效果显著。

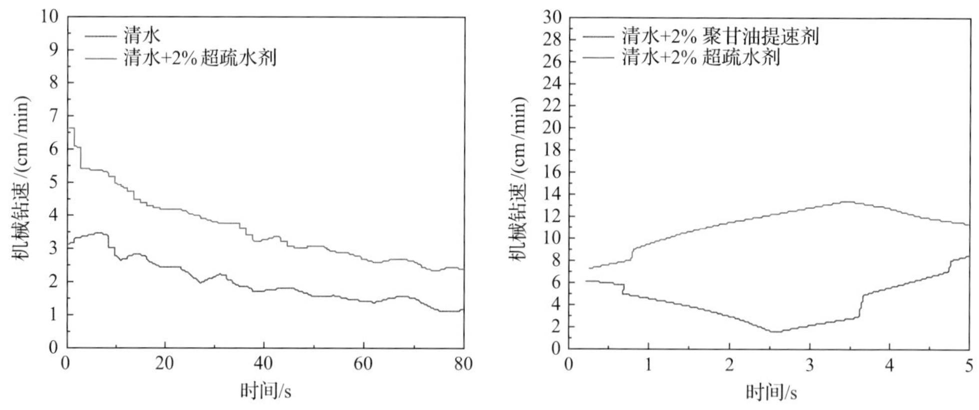

图 3.19 3%聚合物类超双疏剂和聚甘油类提速剂在清水中的提速效果

(五)聚合物类超双疏剂携屑性能评价

随着油田勘探开发的不断深入，水平井、大斜度大位移定向井不断增多，这类井岩屑在环空中的下滑速度随着井斜角的增大而增加，岩屑携带困难，不断沉积到环空的底边形成岩屑床，极易造成卡钻、电测遇阻、固井质量不合格等问题。而超双疏添加剂能够很好地吸附在砂粒表面，增强砂粒表面的疏水疏油性能，同时增强其表面亲气性能，使得砂粒更容易随着钻井液被携带出来。

评价结果表明，3%超双疏处理剂对 10 目以上岩屑的携带影响最大，有效增大岩屑悬浮能力；当岩屑粒径大于 10 目，携带效果变差。也就是说，超双疏剂通过改变砂粒表面润湿性能，使其由亲水亲油向疏水疏油转变，实现气润湿，气体优先在其表面吸附、铺展(图 3.20)，增大岩屑相对体积，减小岩屑相对密度，提高流体对岩屑的携带和悬浮能力，保持井眼清洁。

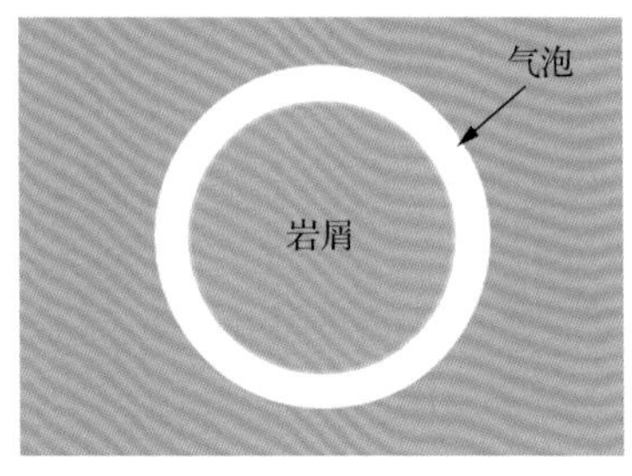

图 3.20 “超双疏”处理剂携屑机理图

四、聚合物类超双疏剂稳定井壁、保护油气层、减阻、提速和携屑机理研究

(一) 固体表面微纳米乳突结构的实现

对岩心超双疏处理前后，以及钻井液体系添加聚合物类超双疏剂前后的滤饼表面进行扫描电镜观察，分别如图 3.21 和图 3.22 所示。

由图 3.21 可知，经过超双疏剂处理后，岩心表面由处理前许多孔洞和大量大块岩石组成的表面变成了由大量纳米小球聚集形成的致密表面，此表面展现出其自身的纳米尺径及聚集形成的微米结构，整体形成微纳米乳突结构。由图 3.22 可知，将超双疏剂加入钻井液中，其对滤饼表面的微观形貌也产生了影响，由光滑表面转变成具有许多纳米乳突结构的表面。也就是说，微纳米乳突物理结构有助于超双疏润湿性能的实现。

(a) 未处理

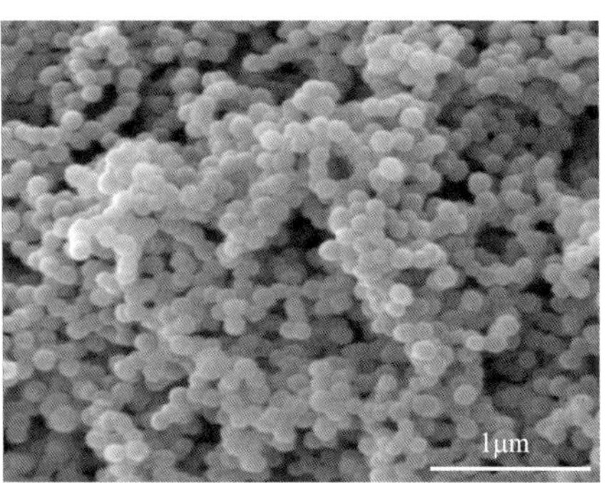

(b) 超双疏材料处理后

图 3.21 岩心表面扫描电镜图

(a) 原始钻井液

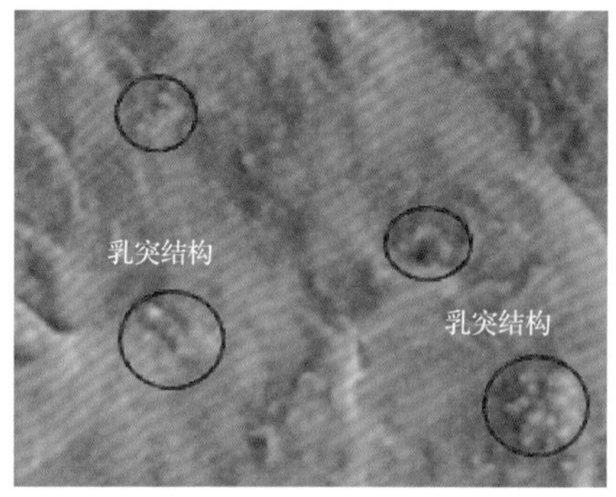

(b) 添加超双疏材料

图 3.22 滤饼表面扫描电镜图

(二)固体表面自由能的降低

采用 Owens 二液法，利用所测得的水、油两相接触角计算超疏水处理剂处理后固体表面自由能。所用原理和计算公式如下：

研究认为物体的表面张力可以分解成色散力和极性力两部分，即

$$\gamma_S = \gamma_S^d + \gamma_S^p \tag{3.3}$$

$$\gamma_L(1+\cos\theta) = 2(\gamma_S^d \gamma_L^d)^{1/2} + 2(\gamma_S^p \gamma_L^p)^{1/2} \tag{3.4}$$

式中，γ_S 为固体表面自由能，可分解为色散部分 γ_S^d 和极性部分 γ_S^p；γ_L 为液体表面自由能，可分解为色散部分 γ_L^d 和极性部分 γ_L^p。

采用该方法计算表面能时，所选两种测试液的色散力的数值相差越大越好；而两种测试液中，一种必须是极性液体，另一种必须是非极性液体。因此，选用具有强极性的去离子水和非极性的正十六烷作为两种测试液体，其中去离子水的色散力项和极性力项分别为 21.8mJ/m^2 和 51.021.8mJ/m^2，正十六烷的色散力项和极性力项分别为 27.6mJ/m^2 和 0mJ/m^2。将两种测试液的色散力项和极性力项，以及在固体表面的接触角数据代入式(3.3)、式(3.4)，计算出经过 3%超双疏处理剂处理人造岩心、钻井液滤饼及金属表面前后的表面自由能(表面张力)，如图 3.23 所示。可见，超双疏剂使固体表面自由能由原来的约 61mN/m 降低至 18mN/m 左右。

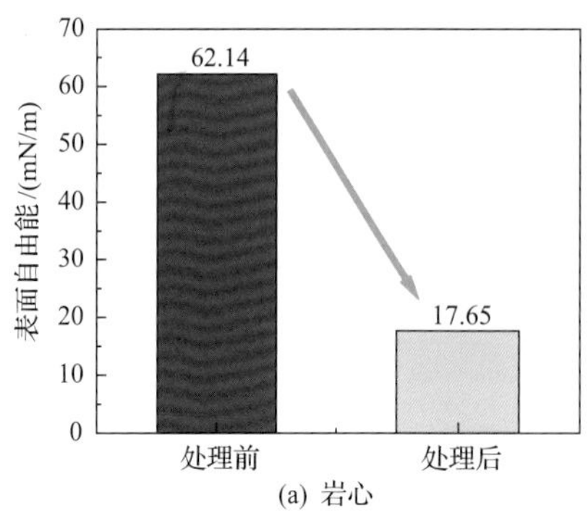

(a) 岩心

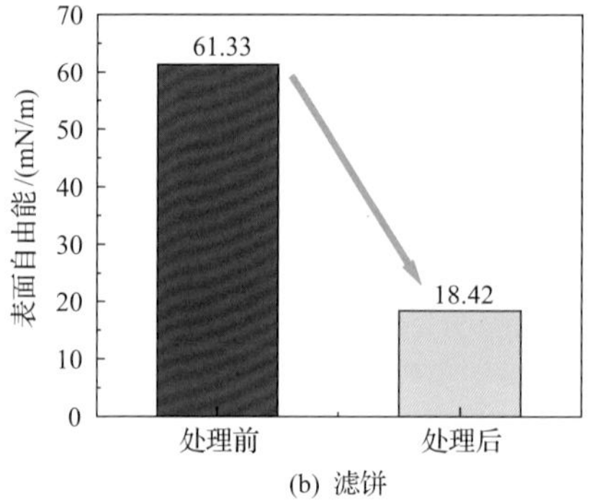

(b) 滤饼

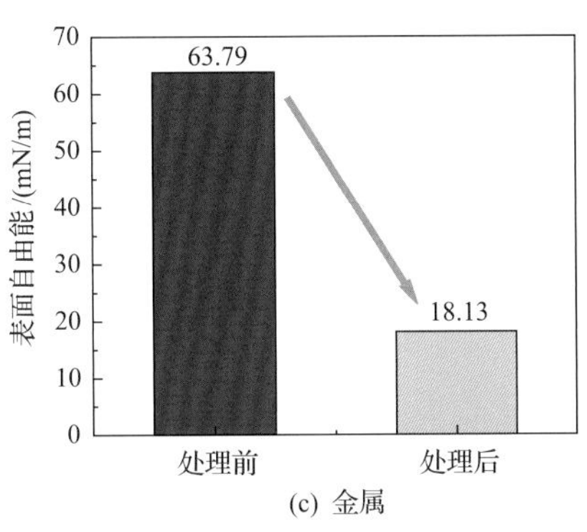

(c) 金属

图 3.23 不同固体表面的表面自由能变化

(三)聚合物类超双疏剂自清洁性研究

固体表面由于其自身具有的高表面自由能，对于低表面能的物质具有极强的铺展能力，一般的污水、污油本身的表面自由能大大低于固体表面的表面自由能，因此污水、污油极易在固体表面铺展开，从而污染表面。聚合物类超双疏剂能够有效改善固体表面的表面自由能，同时在固体表面形成特殊的物理结构，使得固体表面展现出极好的抗污染能力。

该实验通过观察金属、滤饼表面经过聚合物类超双疏剂处理前后对墨水的吸附能力，表征其自清洁能力。将金属、滤饼浸泡于聚合物类超双疏剂溶液中，取出置于 80℃烘箱烘干 2h，将金属、滤饼表面置于具有一定坡度的斜面，在其表面滴加墨水，观察墨水在其表面的流动行为；同时，将金属、滤饼表面置于水下，观察墨水在其表面的流动行为，如图 3.24 所示。

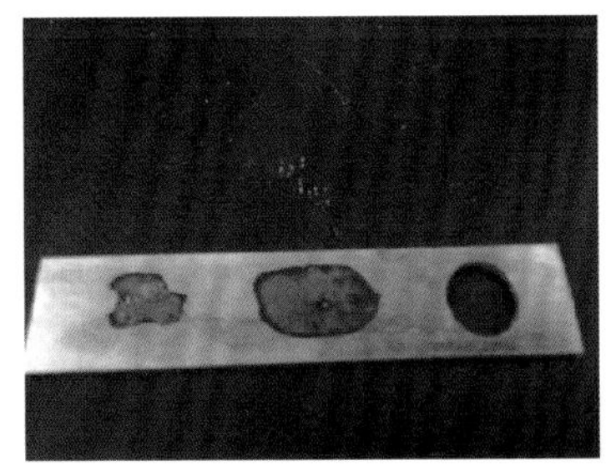

(a) 金属表面双疏前污染严重

(b) 金属表面双疏后自洁性良好

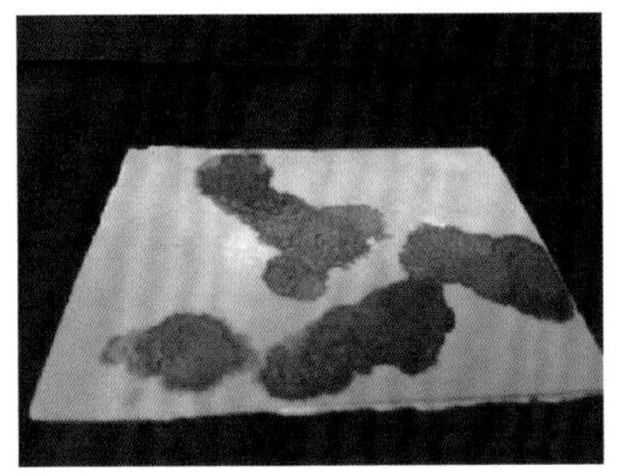

(c) 滤饼表面双疏前污染严重

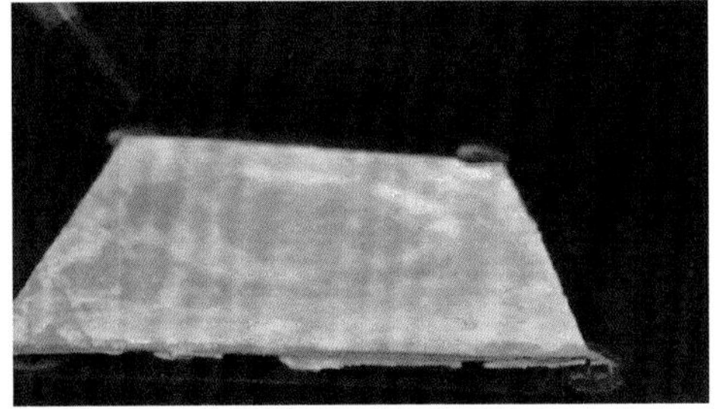

(d) 滤饼表面双疏后自洁性良好

图 3.24 金属、滤饼表面双疏后的自清洁情况

由图 3.24 可知，金属、滤饼表面经聚合物类超双疏剂处理过后，将墨水滴于固体表面发现墨水滴直接从其表面滚落下来，很难在其表面形成污染；同时由图 3.24 可知，将处理过后的固体表面置于水中，再将墨水滴于其表面，发现墨水顺着固体表面的方向直接滑向水中，也不能在其表面形成污染。由此可知，经过聚合物类超双疏剂处理后的表面具有很强的自清洁能力，无论在空气中还是在水下，其自身表面都保持极强的抗污染能力。

综上所述，超疏水剂通过降低表面自由能和形成微纳米乳突结构，令水相和油相接触角大于 150°、呈超双疏性、赋予表面强自清洁性、毛细管吸力反转为阻力、阻止压力传递，并使其具有稳定井壁、保护油气层、润滑减阻、提速和携屑作用，从而解决非常规油气井钻井过程中的井壁易失稳、油气层易损害、阻卡卡钻与托压严重、钻速慢、井眼不清洁钻井液技术瓶颈。

第三节　超双疏强自洁高效能水基钻井液技术的建立

采取“钻井液化学-岩石力学-地质”一体化方法，以超双疏材料为核心，结合仿生钻井液处理剂，并配套其他处理剂，形成了超双疏强自洁高效能水基钻井液新技术，实现了从仅提高钻井液自身性能的“高性能”转变为达到“安全、高效、经济、环保”目标的“高效能”，首次使井壁稳定性、润滑性、保护油气层效果达到油基钻井液（<150℃）水平，解决了国内外学者长期未解决的钻井液技术难题。

一、超双疏强自洁高效能水基钻井液与典型油基钻井液性能对比

（一）流变性、滤失造壁性和润滑性对比

超双疏水基钻井液体系基本配方：400mL 1%土浆+0.2%NaOH+1%仿生降滤失剂+5.0%仿生封堵剂+11%超双疏剂+8%仿生固壁剂+3%微纳米封堵剂+3%成膜剂+3%仿生抑制剂+0.4%仿生包被剂+8%KCl+1+重晶石（密度 1.39g/cm^3）。

典型油基钻井液配方：白油+3%MOGEL+3%主乳+3%辅乳+5%MOLSF+5%MORLF+5%MOALK+18mL（25%$CaCl_2$ 盐水）+重晶石（密度 1.39g/cm^3）。

表 3.24　超双疏基钻井液与油基钻井液流变性、滤失造壁性和润滑性对比

钻井液体系	密度/(g/cm^3)	FL_{API}/mL	AV/(mPa·s)	PV/(mPa·s)	YP/Pa	初切/终切	FL_{HTHP}/mL	滤饼黏滞系数	岩心渗透率恢复值/%
超疏水基钻井液	1.39	1.0	26	17	9	2Pa/4Pa	4.6	0.021	94.5
典型油基钻井液	1.39	0.5	30	23	7	2.5Pa/7Pa	4.5	0.025	94.4

注：老化条件 120℃、16h；高温高压滤失量测定温度 120℃、压差 3.5MPa。

由表 3.24 可知，在相同密度条件下，超双疏强自洁高效能水基钻井液与油基钻井液相比，流变性与滤失造壁性相当，但润滑性和保护油气层效果高于油基钻井液。首次实

现水基钻井液的润滑性、保护油气层效果高于油基钻井液的主要原因是：

(1)钻井液中超双疏剂的存在，使滤饼和钻具表面形成了微纳米乳突结构、降低了表面能，使毛细管吸力反转为阻力，呈强自清洁性，从而润滑性大幅增加，并阻止钻井液中液相进入油气层，达到保护油气层的目的。

(2)超双疏剂和成膜剂的存在，使金属与滤饼之间的直接摩擦变为膜之间的滑动，阻止外来流体进入油气层内部，大大增加了润滑性和油气层保护效果。

(3)在钻井液中仿生封堵剂和微纳米封堵剂的加入，完全封堵了油气层的纳米、微米、毫米级孔缝，阻止了压力的传递，在近井壁附近快速形成了一层渗透率几乎等于“零”的屏蔽暂堵环，保护了油气层。

(4)性能优良的仿生降滤失剂和仿生抑制剂，降低了钻井液的瞬时、静态和动态滤失量，并阻止了黏土矿物的水化膨胀，很好地保护了油气层。

当然，上述所有因素中，超双疏剂的作用是最主要的，也是目前国内外其他先进技术不具备的。

(二)岩屑回收率、岩石强度对比

选取某井清水回收率仅为 3.69%的岩屑，分别测定超双疏高性能水基钻井液、油基钻井液、国外高性能水基钻井液(取自现场)的一次和二次岩屑回收率，如表 3.25 所示。总的来说，一次和二次岩屑回收率从大到小的顺序是：超双疏高性能水基钻井液＞油基钻井液＞国外高性能水基钻井液，首次实现了水基钻井液的回收率高于油基钻井液。

表 3.25 岩屑回收率对比 (单位：%)

井号	回收率	国外高性能水基钻井液(井浆)	油基钻井液	超双疏高性能水基钻井液
WZ12-1-B5(2048m)	一次回收率	90.9	93.5	95.6
	二次回收率	46.8	50	79
WZ12-1-B5(2052m)	一次回收率	94.4	98	98.2
	二次回收率	83.2	95.3	95.6
WZ12-1-6(2530m)	一次回收率	80	94.8	98.7
	二次回收率	77.4	93.9	96.7
某页岩气井 1	一次回收率	88.7	82.3	96.3
某页岩气井 2	一次回收率	88.6	97.9	98.7

注：钻井液密度 1.55g/cm^3；热滚条件：120℃，16h。

为进一步考察超双疏高性能水基钻井液的稳定井壁效果，进行了岩石强度评价。评价实验中的岩心采用现场极易水化膨胀的岩屑压制而成，分别将岩心置于超双疏高性能水基钻井液、油基钻井液和国外高性能水基钻井液中，在 120℃、3.5MPa 条件下老化 3 天和 10 天，测定岩心的抗压强度，如表 3.26 所示。从表 3.26 中数据可知，无论 3 天或是 10 天，岩心抗压强度从大到小的顺序是：超双疏高性能水基钻井液＞油基钻井液＞国外高性能水基钻井液，首次实现了水基钻井液抗压强度大于油基钻井液，并验证了岩屑回收率数据的准确性。

表 3.26　岩心高温高压浸泡后强度对比(在 120℃、3.5MPa、3 天或 10 天)(单位：MPa)

钻井液体系	国外高性能水基钻井液(井浆)	油基钻井液	超双疏高性能水基钻井液
3 天后岩心强度	3.1	4.74	4.94
10 天后岩心强度	0.67	2.19	2.59

首次实现超双疏高性能水基钻井液的井壁稳定性高于油基钻井液的原因是：

(1) 钻井液体系中的超双疏剂，很好地解决了毛细管效应强自吸而引起水化膨胀等系列问题，这是以前研究者未解决、甚至未认识到的国际难题。

(2) 钻井液体系中的仿生固壁剂使井壁岩石实现了“固化”，提高了岩石颗粒间内聚力和胶结强度，这是原有国内外先进技术未解决的技术难题。

(3) 仿生封堵剂、微纳米封堵剂和成膜剂配合使用，可很好地解决纳米级、微米级、毫米级孔缝的封堵难题，阻止压力传递。虽然近 10 年来纳米级孔缝的封堵问题已成为国内外学者的研究热点，但封堵效果不理想，与该技术存在一定差距。

(4) 仿生抑制剂不仅可抑制渗透水化的发生，对表面水化也具有很好的抑制作用。虽然国内外学者近 10 年来已研发了抑制表面水化的系列技术，但抑制效果不如仿生抑制剂、超双疏剂与成膜剂的复配使用的应用效果。

(5) 仿生降滤失剂和仿生包被剂的优良性能对稳定井壁也具有一定贡献。

同样，在上述各种因素中，超双疏剂和仿生固壁剂的作用是最主要的、是原创性的。

二、环保性评价

第三方评价了“超双疏强自洁强封堵高效能水基钻井液体系”的环保性参数，如表 3.27 所示。

表 3.27　超双疏强自洁强封堵高效能水基钻井液体系环保参数测试

项目		检测结果	结果
金属含量	镉(Cd)/(mg/kg)	0	达标
	汞(Hg)/(mg/kg)	2.78	达标
	铅(Pb)/(mg/kg)	356	达标
	总铬(TCr)/(mg/kg)	27.9	达标
	砷(As)/(mg/kg)	35	达标
生物毒性	EC_{50}/(mg/L)	3.45×10^4	无毒
生物降解性	COD_{Cr}/(mg/L)	1.93×10^5	可降解
	BOD_5/(mg/L)	2.45×10^4	
	BOD_5/COD_{Cr}/%	12.7	

从表 3.27 可知，超双疏强自洁强封堵高效能水基钻井液体系无毒、安全、环保。

第四节 现场应用效果分析

蒋官澄团队针对非常规油气井的特点，研发的超双疏强自洁强封堵高效能水基钻井液技术已于近几年在我国延安油田和苏里格油田等的致密气藏、新疆玛湖致密砾岩油藏、大港和吉木萨尔页岩油、昭通页岩气等国内非常规油气井，以及乍得、哈萨克斯坦等国家的类似油气井中得到规模化应用，通过 100 余口井的应用表明，平均使井下复杂情况或事故率降低 82.9%、提高机械钻速 32.8%、产量提高 1.5 倍以上，效果显著。下面分别介绍几个特殊案例。

一、为“安全、高效、经济、环保”钻探页岩气井提供了技术保障

以 2019 年在昭通 102-H36-3 井和 YS145 井的应用为例，其位于四川泸州市叙永县境内。该区块页岩气井的技术难题体现在：

(1) 石牛栏组、龙马溪组页岩地层垮塌严重，临井井径扩大率在 40%以上，且严重影响起下钻作业和钻井。

(2) 特别是昭通 102-H36-3 井属于绕障井，多次绕障变方位、井斜角大、斜井段和水平段易形成岩屑床、钻具摩阻大等。

(3) 地层压力变化大，密度要求范围宽，增加了漏失的风险。

(4) 山体构造，断层多、裂缝发育，极易发生漏失。

(5) 页岩地层井塌、阻卡与卡钻、井漏等风险非常高，该区块没有采用水基钻井液完全成功的先例。

在 102-H36-3 井和 YS145 井的钻井全过程中，超双疏强自洁强封堵高效能水基钻井液表现出良好防垮塌、润滑能力，无托压现象，低扭矩，起钻摩阻在 3～4t，井下正常无垮塌，起下钻顺畅；具有良好流变性和触变性，岩屑返出及时、完整，携岩效果良好，无岩屑床形成；性能稳定、抑制性强、封堵性强。部分井段钻井液性能参数与邻井的对比情况分别如表 3.28、表 3.29 所示。

表 3.28 部分井段钻井液性能参数

井深/m	常规性能								流变参数		固相含量/%	摩阻
	密度/(g/cm^3)	漏斗黏度/s	FL_{API}/mL	泥饼/mm	pH	含砂率/%	静切力/Pa		塑性黏度/(mPa·s)	动切力/Pa		
							初切	终切				
1295	1.53	42	4.2	0.3	9	0.1	3	4	30	12	17	0.0699
1566	1.68	57	3	0.5	9	0.3	3	5	40	17	23	0.05235
1612	1.71	72	3	0.5	9	0.3	3	6	39	17	26	0.04363
1703	1.82	90	3	0.5	9	0.3	4	6	54	19	30	0.06980
1805	1.82	90	3	0.5	9	0.3	5	8	58	19	30	0.05235
1939	1.84	80	2.8	0.5	9	0.3	5	10	68	20	30	0.05235
2178	1.85	79	2.4	0.5	8	0.3	5	10	68	20	34	0.05235

续表

井深/m	常规性能								流变参数		固相含量/%	摩阻
	密度/(g/cm^3)	漏斗黏度/s	FL_{API}/mL	泥饼/mm	pH	含砂率/%	静切力/Pa 初切	静切力/Pa 终切	塑性黏度/(mPa·s)	动切力/Pa		
2820	1.86	88	2.6	0.5	9	0.3	5	10	70	18	35	0.0523
3046	1.88	93	2.6	0.5	9	0.3	5	11	74	17	35	0.0523
3140	1.88	94	2.6	0.5	9	0.3	5	10	74	15.5	35	0.0523
3410	1.89	96	2.6	0.5	9	0.3	5	10	72	16	35	0.0523

表 3.29　与昭通页岩气邻近对比

<table>
<tr><th rowspan="2">对比项目</th><th colspan="3">对比井</th><th colspan="2">应用井</th></tr>
<tr><th>阳 102-H36-1</th><th>YS118H4-6</th><th>YS129H</th><th>YS145</th><th>阳 102-H36-3</th></tr>
<tr><td>技术难度</td><td colspan="3">钻井液技术难度远低于阳 102-H36-3 井</td><td>井塌风险高；民营钻井队的设备等条件非常差</td><td>地层垮塌风险高，临井井径扩大率在大于 40%；绕障井，需多次变方位，坍塌和形成岩屑床风险高，钻具摩阻大等；地层压力变化大；山体构造，断层多、裂缝发育，极易发生漏失；民营钻井队的设备等条件非常差</td></tr>
<tr><td rowspan="2">钻井液性能与井下复杂情况</td><td colspan="3">托压严重，井塌、卡钻等复杂情况非常严重、频繁</td><td colspan="2">良好防垮塌和润滑能力、低扭矩、无托压现象，水平井起钻摩阻在 3～4t，起下钻顺畅；良好流变性和触变性，携岩效果良好、无岩屑床，封堵性强</td></tr>
<tr><td>艰难完钻</td><td>无法完钻而替换为油基</td><td>无法固井而替换为油基</td><td colspan="2">性能稳定、无任何井下复杂情况</td></tr>
<tr><td>钻具、钻头清洁度</td><td colspan="3">清洁度差，泥包钻头、钻具情况严重</td><td colspan="2">非常清洁</td></tr>
<tr><td>固井情况</td><td>固井“不合格”</td><td colspan="2">油基钻井液固井</td><td colspan="2">顺利固井，固井质量“优质”，等同油基钻井液</td></tr>
</table>

可见，邻井(包括同一平台的阳 102-H36-1)采用水基钻井液存在严重井塌、摩阻高、阻卡与卡钻严重、无法顺利完钻、中途不得不换为油基钻井液、固井质量不合格的严重情况，超双疏强自洁强封堵高效能水基钻井液不仅抑制性和封堵性强、井径规则、无托压、达到“超润滑”水平，还在钻具表面呈“强自洁性”(图 3.25)，而同一平台的阳 102-H36-1 井因采用其他高性能水基钻井液使钻具黏附钻井液和泥包现象非常严重(图 3.26)。超双疏强自洁强封堵高效能水基钻井液保障了页岩气全井完钻质量、固井质量等同油基钻井液，达到“优质”水平，为页岩气井“安全、高效、经济、环保”钻探提供了技术保障。

二、保障页岩油水平井高质量完钻

(一)在大港油田房 29-2-1L 井上的成功应用

房 29-2-1L 大斜度预探井位于大港油田六间房地区房 5 井断鼻，设计井深 3673m、实际完钻井深 3588m、水平位移 1116m、最大井斜角 79°，目的层板 4 上油组，采用三开完钻，三开井段 2563～3588m，套管射孔完井。

1. 与钻井液有关的技术难题

由邻井页岩岩石扫描电镜照片可知，页岩层间孔隙、微裂缝及裂缝发育，钻井液中的液相易在压差和毛细管力作用下进入近井壁岩石孔缝，诱发页岩岩石水化膨胀，并诱发页岩微裂缝及裂缝延伸、拓宽，易导致井壁失稳，特别是造斜段更容易井塌(图 3.27、图 3.28)。

图 3.25　阳 102-H36-3 井钻具非常清洁，不黏附钻井液，呈强自清洁性

图 3.26　阳 102-H36-1 井(同平台)钻具黏附钻井液和泥包现象非常严重

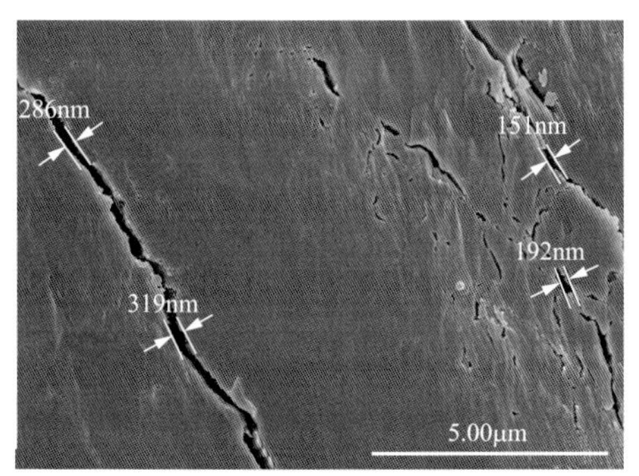

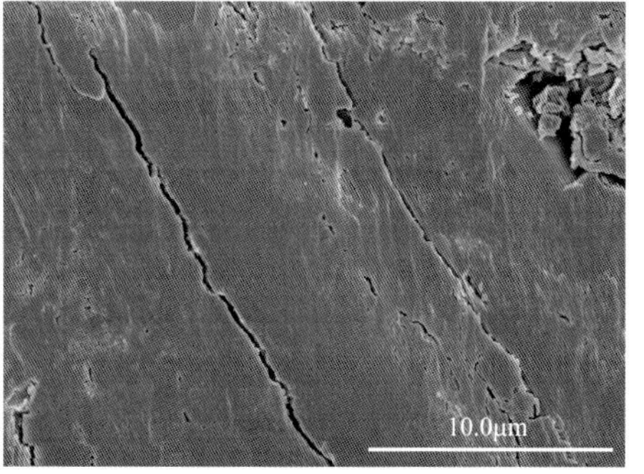

图 3.27　房 29-2-1L 的邻井造斜段页岩岩石扫描电镜

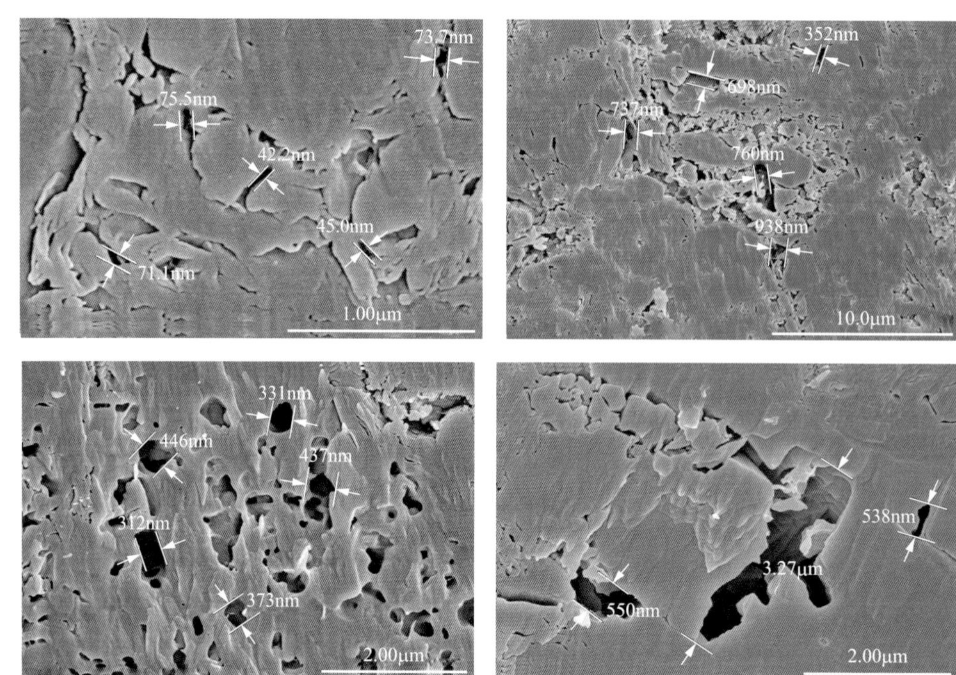

图 3.28　房 29-2-1L 的邻井储层水平段页岩岩石扫描电镜

2. 现场钻井液性能检测

采用超双疏强自洁强封堵高效能水基钻井液对房 29-2-1L 井进行施工，高难度井段的钻井液常规性能、岩屑回收率、页岩膨胀率、封堵性分别如表 3.30～表 3.32 和图 3.29 所示。从表 3.30～表 3.32 和图 3.29 可知，钻井液流变性和滤失性优良，滤饼薄而韧；岩屑回收率高，与油基钻井液相当；井浆封堵性强，有助于储层保护。

表 3.30　房 29-2-1L 井高难度井段钻井液性能

井深/m	密度/(g/cm^3)	黏度/(mPa·s)	FL_{API}/mL	AV/(mPa·s)	PV/(mPa·s)	YP/Pa	初切/终切	动塑比	FL_{HTHP}/mL	膨润土含量/(mg/L)
2568	1.38	63	2.2	44	34	10	2Pa/5Pa	0.29		
2583	1.44	79	2.4	64	48	16	2Pa/11Pa	0.33	8	25
2600	1.44	68	2.4	55	41	14	2Pa/5Pa	0.34	8	18
2792	1.44	67	2.4	56	42	14	2Pa/5Pa	0.33	8	15
2992	1.5	70	2.2	58	44	14	2Pa/5Pa	0.32	6	25
3016	1.5	67	2.2	52	44	14	2Pa/5Pa	0.32	6	25
3222	1.5	64	2.4	66	51	15	2Pa/5Pa	0.3	6	24
3378	1.5	66	2.4	62	48	14	2Pa/5Pa	0.3	6	25
3551	1.5	64	2.6	53	42	11	2Pa/5Pa	0.26	6	25
3588	1.5	68	2.8	61	46	15	2Pa/5Pa	0.33	6	25

表 3.31 房 29-2-1L 井钻井液回收率、页岩膨胀率数据

一次回收率/%	二次回收率/%	页岩膨胀降低率/%
93.58	78.1	86.34

注：岩屑取自房 29-2-1L 井 2600m、3585m 钻井液，岩屑的清水回收率 18%。

表 3.32 房 29-2-1L 钻井液承压封堵效果（PPA 砂盘，$750\times10^{-3}\mu m^2$）

7MPa							12MPa				
不同时间滤失量/mL				瞬时滤失/mL	PPA 滤失/mL	滤失速率/(mL/min)	不同时间滤失量/mL			承压瞬时滤失/mL	滤失速率/(mL/min)
1min	7.5min	30min	60min				61min	90min	120min		
0.8	2	3.2	4.4	1.6	6.4	0.04	4.5	5.6	6.2	0.1	0.02

注：采用房 29-2-1L 井钻井液。

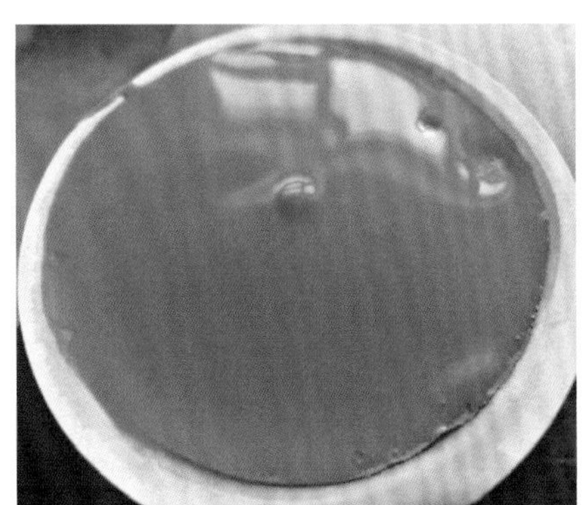

图 3.29 房 29-2-1L 井钻井液滤饼

3. 与邻井对比

1）与邻井相比，应用井的磨阻更低、抑制性更强

房 29-2-1L 井钻井液的滤饼薄而韧、润滑性好、自洁能力强，钻井过程中的扭矩低（6～12kN）、拉力小（8～12t），在 1000m 水平段钻进过程中，多次调整井斜、扭方位，增加了摩阻的情况下，仅使用了 2.16t 润滑剂，如表 3.33 所示；对比井的滤饼发虚、滤饼较厚，摩阻远高于应用井。

表 3.33 房 29-2-1L 井与邻井钻井液的摩阻、膨润土含量对比

对比井：岐页 2-2-2L 井			对比井：岐页 2H 井			应用井：房 29-2-1L 井		
井深/m	磨阻	膨润土含量/(g/L)	井深/m	磨阻	膨润土含量/(g/L)	井深/m	磨阻	膨润土含量/(g/L)
2454	0.07	26.45	3068	0.07	28.6	2568	滤饼太薄，难以测定	25
2585	0.07	39.32	3320	0.07	25.03	2583		18
2858	0.07	46.31	3870	0.07	39.3	2600		15（补加膨润土）
3043	0.07	46.31	4271	0.07	28.5	2992		25（补加膨润土）
3423	0.07	39.32	4640	0.07	32.18	3378		35
3947	0.07	52.91	4788	0.07	32.18	3588		25

应用井的钻井液完全抑制了地层造浆，当钻至2858m时，膨润土含量从25g/L下降到15g/L，不得不补充膨润土老浆15m^{3}以保持合适的膨润土含量；对比井因抑制能力不足，无法控制地层造浆，膨润土含量不断上升，难以控制。

2) 应用井的密度和黏度更低，强化了井眼，而对比井则难以控制钻井液黏度上升

房29-2-1L井黏度65s左右，动切力10～15Pa，起下钻开泵正常，160目震动筛未出现糊筛、黏切高而跑浆现象；很好地实现了井眼强化，采用较低钻井液密度就满足了钻井工程需要，为提高钻速奠定了基础(表3.34)。

对比井则因抑制性较差，无法抑制地层造浆，使钻井液黏度逐渐上升，难以控制；同时，钻井液的密度较高，如降低钻井液密度即出现井塌加剧的情况。

表3.34　房29-2-1L井与邻井钻井液的流变性对比

对比井：岐页2-2-2L井			对比井：岐页2H井			应用井：房29-2-1L井		
井深/m	密度/(g/cm^3)	黏度/s	井深/m	密度/(g/cm^3)	黏度/s	井深/m	密度/(g/cm^3)	黏度/s
3101	1.5	83	3068	1.5	116	2583	1.44	79
3273	1.5	81	3216	1.55	106	2600	1.44	68
3423	1.5	68	3270	1.58	116	2792	1.44	67
3526	1.51	78	3462	1.59	120	2992	1.5	70
3617	1.55	96	3888	1.6	112	3016	1.5	67
3697	1.55	81	4003	1.62	155	3222	1.5	64
3850	1.55	88	4292	1.61	160	3378	1.5	66
3947	1.57	110	4758	1.62	157	3551	1.5	64
3947	1.6	98	4788	1.63	143	3588	1.5	68

3) 与邻井相比，应用井的井径扩大率和当量循环密度ECD更低，钻速更高，无井下复杂，固井质量更优

应用井抑制泥岩水化能力强，钻井液性能稳定，返出岩屑规整，屑量与钻时、进尺很吻合，携屑能力强，井眼清洁，起下钻开泵正常，无任何井下复杂情况或事故发生。测试结果表明，井径扩大率小，井眼规则，钻井液当量循环密度ECD低，机械钻速快，三开钻井时间短，固井质量“优质”，达到了油基钻井液水平，如表3.35所示。

对比井的钻井液密度和钻井液当量循环密度ECD高，油层井径扩大率大，机械钻速较低，三开钻井时间较长，固井质量仅仅“合格”。

表3.35　房29-2-1L井与邻井钻井液的对比

井号	三开井段/m	完钻密度/(g/cm^3)	ECD	油层井径扩大率/%	三开钻井周期/天	机械钻速/(m/h)	井下复杂	固井质量
应用井：房29-2-1L	2616～3588	1.5	1.58～1.62	5.62	11.5	9.72	无	优质，等同油基钻井液
对比井：歧页2H	3050～4788	1.63	1.78～1.82	7.35	20.97	8.21	划眼	合格
对比井：歧页2-2L	3043～3947	1.6	1.78～1.82	8.05	13.11	9.21	无	合格

(二)在吉木萨尔 JHW023 页岩油水平井成功应用

1. 钻井液技术难题

吉木萨尔 JHW023 水平井位于吉木萨尔凹陷吉 37 井区芦草沟组区块，钻井过程中易出现复杂的地层主要是井深在 2400～2800m 的八道湾组、韭菜园组、梧桐沟组。在该井段的上部易发生井漏，进入韭菜园和梧桐沟交接处易垮塌，造成起下钻遇阻等井下复杂情况。

该井三开完钻，第三开采用超双疏强自洁强封堵高效能水基钻井液技术。三开阶段的钻井液技术难题主要有：①芦草沟组储层裂缝性发育，易发生井塌、井漏；②水平井段携岩困难，易产生岩屑床，造成阻卡，循环阻力大，易蹩漏地层，以及井壁坍塌；③水平段钻井钻具与井壁接触面大，易造成黏卡等。

2. 与邻井对比

选择与 JHW023 具有可比性的 4 口邻井(JHW007、JHW015、JHW016、JHW017)进行对比。

1)钻速、井下复杂情况、钻井周期对比

从表 3.36 可知，同区块同井型使用超双疏强自洁强封堵高效能水基钻井液比钾钙基高性能水基钻井液相比，缩短钻井周期 30%，机械钻速比以往有所提高、大大降低了钻井成本、无任何井下复杂情况发生，实现了“安全、高效、经济、环保”钻井。

表 3.36 JHW023 井与邻井钻井情况对比

井号	井深/m	机械钻速/(m/h)	复杂或事故	钻井周期/天	井眼尺寸
JHW023	4145	9.39	无复杂	48.17	445mm/311mm/216mm
JHW007	4598	9.33	无复杂	51.46	445mm/216mm/152mm
JHW015	4750	8.07	井漏 40m³，耗时 10.5h，卡钻 325h	83.25	445mm/241(216)mm/152mm
JHW016	4718	8.56	无复杂	65.18	445mm/241(216)mm/152mm
JHW017	5220	8.38	井漏 118m³，耗时 35.25h，三开钻具倒划眼无法提出，耗时 41h	102.58	311mm/241(216)mm/152mm

注：除 JHW023 井外，其他井采用钾钙基高性能水基钻井液体系。

2)成本、储层井径扩大率对比

从表 3.37 和图 3.30 可知，采用该钻井液体系完钻的 JHW023 井返出的岩屑很规整，返出岩屑量大且与钻时很吻合，体现钻井液具有较强的抑制泥岩水化的能力和携屑能力；该井总成本最低，比同井型邻井节约 230 万元左右钻井液费用；而且三开储层水平井段井径比较规则，储层段平均井径扩大率–1.35%，同井型临井储层段平均井径扩大率 2.04%；摩阻小于 100kN、循环压耗和扭矩低，井壁稳定性和润滑性与油基钻井液相当等优越性，充分体现超双疏强自洁强封堵高效能水基钻井液的防塌性、抑制能力、封堵能力、润滑性、滤失造壁性等的优良。

表 3.37　JHW023 井与邻井成本对比

井号	总成本/万元	油层平均井径扩大率/%	备注
JHW023	180	−1.35	超双疏高效能钻井液
JHW007	235	3.56	钾钙基混油钻井液
JHW015	371	−1.51	钾钙基混油钻井液
JHW016	329	2.38	钾钙基混油钻井液
JHW017	738	0.69	钾钙基混油钻井液

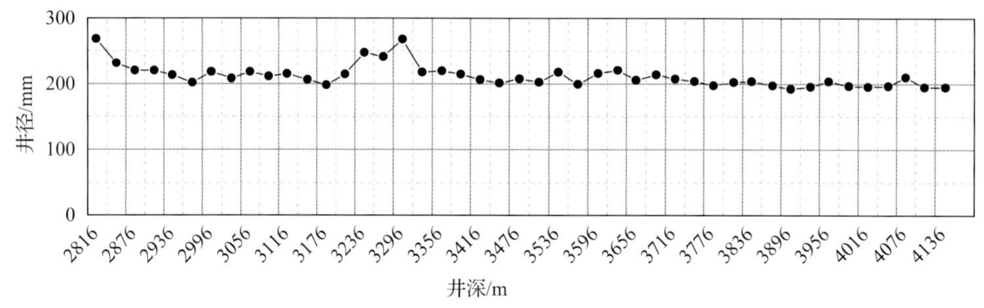

图 3.30　JHW023 井的井径数据图

三、挽救了准噶尔盆地 HW8003 致密油水平井的钻井失败

HW8003 水平井位于新疆准噶尔盆地西部隆起克-乌断裂带下盘八区南斜坡区白 823 井区，钻探目的层三叠系克上组($T_2k_2^2$)，该水平井 A 点 2547m、B 点 3767m、水平段长度 1220m、水平位移 1492m。在该井钻井过程中，前期采用其他高性能水基钻井液，但在造斜段出现严重井塌而无法继续钻进，2 次填井眼，第 3 个井眼更换为超双疏高效能水基钻井液，顺利完钻。

(一)前期采用其他高性能水基钻井液在造斜段无法继续钻进

(1)2018 年 4 月 15 日，三开钻进至井深 2356m 处，出现憋泵、憋顶驱、上提困难、下放遇阻，井壁垮塌严重等复杂情况，直至无法正常钻进，填井眼侧钻，如图 3.31 所示。

图 3.31　HW8003 井前期垮塌岩石

(2)HW8003 井的第二个井眼仍采用同种高性能水基钻井液继续钻进，2018 年 5 月 5 日钻进至 2365m 处再次发生起下钻过程中多次严重挂卡、上提困难、下放遇阻、井壁垮塌严重等复杂情况，无法继续钻井，再次填井眼。

两次填井眼共造成钻井液材料费损失 233.354 万元，损失时间 25.58 天(614h)。

(二)选用超双疏强自洁高性能水基钻井液顺利完钻

钻井液滤液浸泡岩屑实验表明(图 3.32)：超双疏钻井液滤液使岩心保持完整，而原钻井液滤液却使岩心快速分散、坍塌；超双疏岩屑滚动回收率从清水的 10%提高到 98.8%。

(a) 原钻井液滤液浸泡16h后

(b) 超双疏钻井液滤液浸泡16h后

图 3.32 钻井液浸泡垮塌岩石对比

现场应用表明，不同井深的钻井液流变参数稳定、钻井液性能良好(表 3.38)；在正压差作用下，可进入近井壁缝隙而封堵微纳米孔缝、较大的次发育裂缝和发育微裂缝，阻止泥岩吸水膨胀，避免了井壁失稳，使该井的地层在已遭受两次严重破坏的情况下，钻井过程中未出现任何井下复杂情况，保证了 HW8003 井顺利完钻。

表 3.38 HW8003 水平井部分井段钻井液性能

井深/m	密度/(g/cm^3)	表观黏度/(mPa · s)	塑性黏度/(mPa · s)	动切力/Pa	初切/终切	FL_{API}/滤饼厚度
2186	1.38	34	28	6.5	1.5Pa/5Pa	1.2mL/0.5mm
2329	1.38	41	33	9.5	2.5Pa/7.5Pa	1.4mL/0.5mm
2553	1.38	39	29	10	5Pa/11.5Pa	1.8mL/0.5mm
2778	1.39	39	27	10	4Pa/10Pa	1.6mL/0.5mm
2973	1.39	31	23	8	3.5Pa/8Pa	2mL/0.5mm
3202	1.39	40	32	8	4Pa/11.5Pa	1.6mL/0.5mm
3406	1.39	36.5	28	8.5	3.5Pa/11Pa	1.6mL/0.5mm
3736	1.39	37	30	7	3Pa/8Pa	1.6mL/0.5mm

四、实现了致密气井“降本增效”的目的

(一)在苏里格苏 14-4-41H1 井、靖 72-58H1 井上的成功应用

1. 基本情况

苏 14-4-41H1 井位于内蒙古自治区鄂尔多斯市鄂托克前旗昂素镇巴彦乌素嘎查，完

钻井深 5041m，水平段长 1400m，泥岩段长 31m(5010～5041m)，目的层石河子组。

靖 72-58H1 井位于陕西省榆林市榆阳区红石桥乡武松界村，水平段长 1552m，两段泥岩共计 263m(3826～3841m、长 15m；4517～4765m、长 248m)，目的层石河子组。

这两口井分别将超双疏剂和仿生封堵剂配成胶液逐渐加入到上部井浆中，将上部钻井液改造成超双疏强自洁高效能水基钻井液体系。

改造后的钻井液滤饼润湿性反转为超双疏性，滤饼薄(图 3.33)，在泥岩段返出的岩屑很均匀、成形，未见掉块，抑制性和固壁防塌能力强(图 3.34)，井壁稳定，井下情况正常。

(a) 滤饼双疏性(仅进行水滴实验)

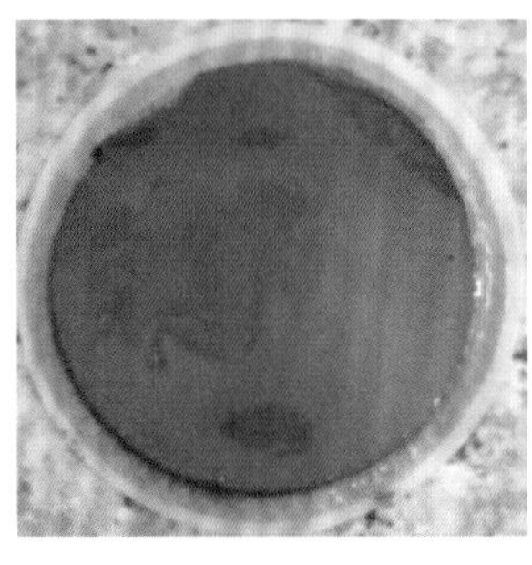

(b) 苏14-4-41H1井滤饼

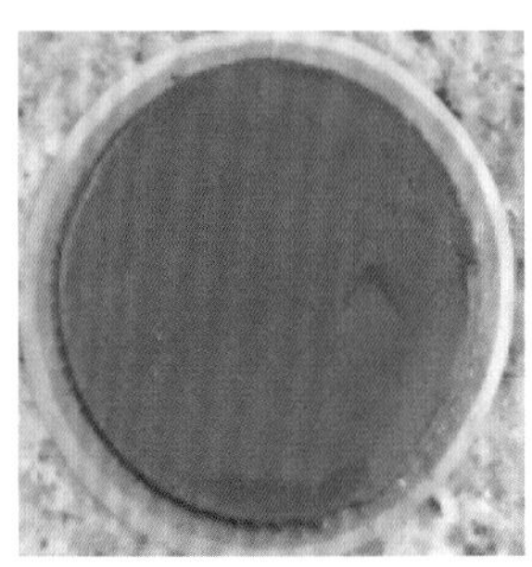

(c) 靖72-58H1井滤饼

图 3.33 滤饼双疏性和滤饼质量

图 3.34 振动筛泥岩岩屑

2. 应用效果分析与对比

1) 应用效果

从表 3.39 可知，苏 14-4-41H1 井的电测成功率比苏 14 区块平均提高 26.5%、井径扩大率和井下复杂情况发生率比苏 14 区块平均分别降低了 67.4%和 100%。靖 72-58H1 井的电测成功率比靖 72 区块平均提高了 26.6%、井径扩大率和井下复杂情况发生率比苏 14 区块平均分别降低了 61.7%和 100%，效果显著。

2) 与邻井对比情况

从表 3.40 可知，与同区块邻井相对比，机械钻速提高 2.9%～10.04%、缩短钻井周期 9.06%～28.4%，井下复杂率显著降低，总成本降低 15.38%～52.73%。

表 3.39 应用效果对比

项目	苏 14 区块		靖 72 区块	
	苏 14-4-41H1 井	其他井平均值	靖 72-58H1 井	其他井平均值
电测成功率/%	100	79	100	79
井径扩大率/%	1.03	3.16	1.18	3.08
井下复杂情况发生率/%	0	1.36	0	1.28

表 3.40 与邻井对比情况

区块	类别	井号	井深/m	机械钻速/(m/h)	复杂或事故	钻井周期/天	总成本/万元
苏 14	试验井	苏 14-4-41H1	5041	12.83	无复杂	46.56	52
	对比井	苏 14-4-41H2	4210	12.36	划眼(耗时 72h)	65.03	83
		苏 14-4-41H8	4598	12.05	无复杂	51.46	110
靖 72	试验井	靖 72-58H1	4760	10.63	无复杂	44	44
	对比井	靖 72-12	4718	10.33	井漏 500m³，用时 24h	55.62	62
		靖 72-22	5220	9.66	钻具开裂，耗时 46h	59.79	52
		靖 70-23	4310	9.98	无复杂	48.36	58

因此，将上部钻井液改造成超双疏强自洁高效能水基钻井液后，显著提高了井壁稳定性，降低了摩阻和井下复杂情况或事故，提高了钻速，节省了综合钻井费用，达到了“降本增效”的目的。

(二)被国际著名的斯伦贝谢公司引进，并推广应用

被国际最大、最先进的斯伦贝谢公司(旗下的 MI SWCO 是全球最先进的钻井液专业化公司之一)引进，成为斯伦贝谢公司的主体技术，在延安宝塔区、子长市、安塞区等地区规模应用，2017～2019 年的水平井中市场占有率达 100%(图 3.35)，解决了以前难以解决的钻速慢、产量低、井壁易失稳等难题，平均钻速提升 32.8%以上，钻井液综合成本降低 42.3%，平均单井产量提高 1.5 倍以上。

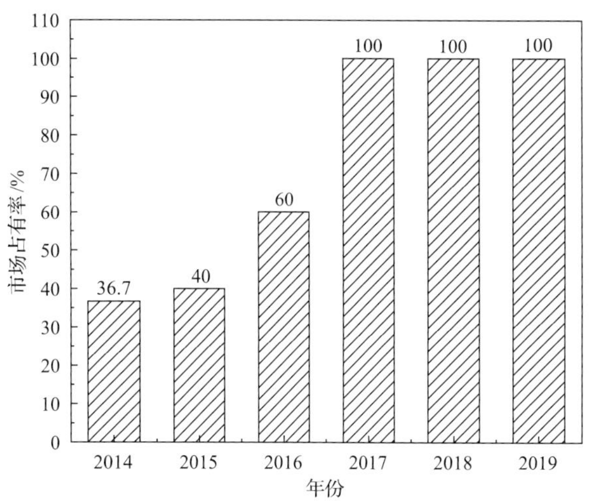

图 3.35 在斯伦贝谢长和油田工程有限公司的市场占有率

五、其他几个案例

案例一：成为西部钻探钻井液公司的特色与主体技术

通过在新疆油田的应用表明，与其他先进技术相比，复杂情况减少到零，井径扩大率减少60%以上，每立方米钻井液成本降低50%左右，节省钻井时间16天左右，单井日产量提高了1.6倍以上，已成为西部钻探钻井液公司的特色与主体技术，占领外部市场。

案例二：为玛湖油田的规模建产做出重要贡献

西部钻探钻井液公司与中国石油大学(北京)合作，结合玛湖的地质情况，分阶段分别建立了 XZ-Ⅰ型和 XZ-Ⅱ型高效能水基钻井液技术，在玛湖得到成功推广应用，效果显著，满足了玛湖油田钻井需要。

1. XZ-Ⅰ型高效能水基钻井液

玛湖油田2018年以前使用的水基钻井液有钾钙基聚胺有机盐钻井液、有机盐钻井液、反渗透钻井液和 XZ 型高性能水基钻井液共 4 套。通过现场应用效果对比表明，XZ-Ⅰ型高效能水基钻井液优于在玛湖使用的其他3套水基钻井液，如表3.41～表3.43所示。

表 3.41 XZ-Ⅰ型钻井液在环玛湖低渗油气藏井区 7 口水平井的应用情况(2017 年)

井号	井深/m	造斜点深度/m	造斜段长度/m	*A* 点/m	水平段长度/m	井眼尺寸
MaHW6104	5259	3400	658	4058	1201	381mm/241mm/165mm
MaHW6105	5515	3440	672	4112	1403	381mm/241mm/165mm
MaHW6135	5676	3540	534	4074	1602	381mm/241mm/165mm
MaHW6136	5405	3395	885	4270	1135	381mm/241mm/165mm
MaHW6114	5509	3503	605	4108	1401	381mm/241mm/165mm
MaHW6115	5688	3573	485	4058	1570	381mm/241mm/165mm
艾湖 2_202H	4402	2628	592	3226	1176	381mm/241mm/165mm

表 3.42 玛 18 井区与其余体系技术对比情况(技术难度高于玛湖 131 井区)

体系	平均复杂率/%	平均机械钻速/(m/h)	平均钻井周期/天	平均口井费用/万元	备注
XZ 型高效能	0.55	5.73	96.75	398.8	6 口井
其他类型(钾钙基聚胺有机盐)	1.53	3.89	140.22	439.31	15 口井

表 3.43 玛湖 131 井区成本设计对比情况

玛湖 131 区域	二开成本/(元/m^3)	三开成本/(元/m^3)
XZ 型高效能水基钻井液	1230	4230
钾钙基聚胺有机盐钻井液	1236	5004
有机盐钻井液	1733	4265
反渗透钻井液	1815	4383

玛湖 18 井区的对比表明，XZ-Ⅰ型高效能水基钻井液使井下复杂情况降低 64.05%、机械钻速平均提高 47.3%、钻井周期平均降低 31.001%、每口井费用平均降低 9.22%(40.51 万元)。玛湖 131 井区 XZ-Ⅰ型高效能水基钻井液，使二开成本平均降低 22.87%、三开成本平均降低 7.05%，其中，二开钻井液成本降幅最大的是反渗透钻井液和有机盐钻井液，达 29.01%～32.23%、三开钻井液成本降幅最大的是钾钙基聚胺有机盐钻井液，达 15.47%。

2. XZ-Ⅱ型高效能水基钻井液

为进一步提高 XZ-Ⅰ型高效能水基钻井液的抑制性和润滑性、继续降低每立方米钻井液成本，发展了 XZ-Ⅱ型高效能水基钻井液。通过现场应用对比表明，与反渗透钻井液、有机盐钻井液、钾钙基聚胺有机盐钻井液相比，平均每米费用降低 60.87%、平均每口井费用降低 50.74%，成本得到了进一步降低，如表 3.44 所示；此外，2018 年在玛湖 1 区块 3 口井上使用了 XZ-Ⅱ型高效能水基钻井液体系，钻井液综合性能优良，区块平均复杂率降低 19.16%，优势明显(表 3.45)。

表 3.44　XZ-Ⅱ型钻井液与其他 3 种钻井液技术成本对比(2018 年)

井号	平均每米费用/元	平均口井用/万元	备注
MaHW6233	290.45	156.09	XZ-Ⅱ高性能水基
MaHW6240			
MaHW6231			
MaHW6113			
反渗透 2 口井	314.22	179	反渗透
有机盐 7 口井	647.79	360.42	有机盐
八区区块钾钙基平均	1265	411.2	钾钙基聚胺/有机盐

表 3.45　在玛湖 1 井区，与钾钙基钻井液技术的复杂情况对比(2018 年)

井号		区块平均复杂率/%	钻井液类型
XZ 高性能区块	MHHW21002	0	XZ-Ⅱ高性能水基钻井液体系
	MHHW22002	3.05	
	MHHW22003	11.89	
XZ 高性能区块平均		4.98	
玛湖 1 钾钙基区块平均		6.16	钾钙基钻井液体系

总之，通过在国内外非常规油气井中的现场应用证明，在井下岩石表面双疏性理论和井壁岩石孔缝封堵理论指导下，创建的超双疏强自洁强封堵高效能水基钻井液技术不仅解决了钻井过程中井壁坍塌、油气层损害、摩阻磨损大、钻速慢、井眼不清洁等技术难题，还对促成广大科技人员在进行钻井液研究与设计时，从以往仅仅关注如何提高钻井液本身性能转变为如何实现“性能、效果、成本”协同，从“高性能”转变为“高效能”，对实现“安全、高效、经济、环保”钻井具有重要意义。同时，该技术与仿生钻井

液技术结合，在国际上首次实现了水基钻井液的抑制性、润滑性和保护油气层效果超过油基钻井液水平的跨越式进步。

参 考 文 献

[1] Eckel J R. Microbit studies of the effect of fluids properties and hydraulics on drilling rate. JPT, 1967.

[2] Galloway L A Ⅲ. Polymer fluids improve bit hydraulics. World oil, 1981.

[3] 周华安, 杨兰平. 复合离子型聚合物钻井液及其应用. 天然气工业, 1991, 11(3): 35.

[4] Lummus J L. Drilling fluid optimization. Journal of Petroleum Technology, 1986: 132.

[5] 刘雨晴. 阳离子聚合物钻井液的研究和应用. 天然气工业, 1992, 12(3): 46-52.

[6] 王中华. 国内外钻井液技术进展及对钻井液的有关认识. 中外能源, 2011, 16(1): 48-59.

[7] 冷福清, 刘洪涛. 两性离子降粘剂 XY-27 在冀中油田的应用. 石油钻探技术, 1994, 21(4): 29-32.

[8] 贾敏, 黄维安, 邱正松, 等. 超高温(240℃)抗盐聚合物降粘剂的合成与评价. 化学试剂, 2015, (12): 1067-1072.

[9] 康力, 陈馥, 鲜明. 两性离子聚合物钻井液处理剂的研究与应用. 内蒙古石油化工, 2010, (14): 10, 11.

[10] 廖辉, 唐善法, 田磊, 等. 两性离子聚合物在钻井液中的应用. 精细石油化工进展, 2013, 14(2): 22-24.

[11] 缪明富. 聚合物钻井液. 石油与天然气化工, 1993, (2): 36.

[12] 杨贤友, 樊世昌. 阳离子有机聚合物粘土稳定剂初步研究//第一次全国钻井液学术会议, 湘潭, 1986.

[13] 梁学称. 离子型疏水缔合聚丙烯酰胺的合成与性能研究: 疏水缔合效应与(反)聚电解质效应. 长春: 中国科学院大学, 2015.

[14] Bland R G, Waughman R R, Tomkins P G, et al. Water-based alternatives to oil-based muds: Do they actually exist. SPE, 2002: 74542.

[15] Friedheim J, Sartor G. New water-base drilling fluid makes mark in GOM. Drilling Contractor, 2002.

[16] Dye W, Daugereau K, Hansen N, et al. New water-based mud balances high-performance drilling and environmental compliance. SPE, 2003: 92367.

[17] Morton K, Bomar B, Schiller M, et al. Selection and e-valuation criteria for high performance drilling fluids. SPE, 2005: 96342.

[18] 张启根, 陈馥, 刘彝, 等. 国外高性能水基钻井液技术发展现状. 钻井液与完井液, 2007, 24(3): 74-77.

[19] 巩加芹. 强抑制水基钻井液配方研制与性能评价. 青岛: 中国石油大学(华东), 2011.

[20] 杨龙波. 有机胺钻井液的研究与应用. 青岛: 中国石油大学(华东), 2010.

[21] 丁锐, 丁铸. 硅酸盐钻井液技术现状和发展趋势. 石油钻探技术, 1998, 26(3): 16-20.

[22] 郭健康, 鄢捷年. 硅酸盐钻井液体系的研究与应用. 石油钻采工艺, 2003, 25(5): 20-26.

[23] 王明贵. 硅酸盐钻井液体系的研究. 成都: 西南石油学院, 2002.

[24] 鄢捷年. 钻井液工艺学. 东营: 中国石油大学出版社, 2013.

[25] 徐绍诚, 田国兴. 一种新型 MEG 钻井液体系的研究与应用. 中国海上油气, 2006, 18(2): 116-118.

[26] 王彬, 樊世忠, 李竞, 等. MEG 水基钻井液的研究与应用. 石油钻探技术, 2005, 33(3): 22-25.

[27] 巨小龙, 丁彤伟, 王彬. MEG 钻井液页岩抑制性研究. 钻采工艺, 2006, 29(6): 10-13.

[28] 田黎明. 聚合醇防塌钻井液体系的研究进展. 山东科学. 2006, 19(4): 53-57.

[29] 赵福麟. 油田化学. 东营: 中国石油大学出版社, 1999.

[30] 李辉, 肖红章, 张睿达, 等. 聚合醇在钻井液中的应用. 油田化学, 2003, 20(3): 280-284.

[31] 刘平德, 牛亚斌, 张梅. 一种新型聚合醇钻井液体系的研制. 天然气工业, 2005, 25(1): 100-104.

[32] 刘斌, 徐金凤, 蓝强, 等. 甲酸盐及其在钻井液中的应用. 西部探矿工程, 2007, 12: 73-76.

[33] 陈乐亮, 汪桂娟. 甲酸盐基钻井液完井液体系综述. 钻井液与完井液, 2003, 20(1): 31-38.

[34] Ramirez M A, Clapper D K, Sanchez G, et al. Aluminum-based HPWBM successfully replaces oil-based mud to drill exploratory wells in an environmentally sensitive area. SPE, 2005: 94437.

[35] Ramirez M A, Moura E, Luna E, et al. HPWBM as a technical alternative to drill challenging wells project: Lessons learned in deepwater Brazil. SPE, 2007: 107559.

[36] 张岩, 向兴金, 鄢捷年, 等. 低自由水钻井液体系. 石油勘探与开发, 2011, 38(4): 490-494.

[37] 朱宽亮, 卢淑芹, 王荐, 等. 低自由水钻井液体系的研究与应用. 石油钻采工艺, 2010, 32(1): 34-39.

[38] 钟汉毅, 邱正松, 黄维安, 等. 聚胺高性能水基钻井液特性评价及应用. 科学技术与工程, 2013, 13(10): 2803-2807.

[39] Al-Ansari A, Yadav K, Anderson D, et al. Diverse application of unique high-performance water-based-mud technology in the Middle East. SPE, 2005: 97314.

[40] Patel A, Stamatakis E, Young S, et al. Advances in inhibitive water-based drilling fluids-Can they replace oil-based muds. SPE, 2007: 106476.

[41] 张克勤, 何纶, 安淑芳, 等. 国外高性能水基钻井液介绍. 钻井液与完井液, 2007, 24(3): 68-73.

[42] 曹胜利, 景媛. 国外无侵害钻井液技术. 钻井液与完井液, 2005, 22(3): 62-65.

[43] 冯文强, 鄢捷年. 独具特色的高性能水基泥浆技术在中东地区的各种应用. 国外钻井技术, 2006, 8(4): 39-48.

[44] Alford S E, Asko A, Campbell M, et al. Silicate-based fluid, mud recovery system combine to stabilize surface formations of azeri wells. SPE, 2005: 92769.

[45] Reynolds D, Apache A, Popplestone, et al. Hingh-performance, water-based drilling fluid helps achieve early oil with lower capital expenditure. SPE, 2005: 96798.

[46] Dennis K, Baker H, et al. Advances high performance water-based drilling fluid//CADE/CAODC Drilling Conference. Calgary: Next Generation Drill Pipe For Critical Sour Drilling, 2001.

[47] 王建华, 鄢捷年, 丁彤伟. 高性能水基钻井液研究进展. 钻井液与完井液, 2007, 24(1): 71-75.

[48] van Oort E. Physico-chemical stabilization of shales. SPE, 1997: 37263.

[49] 孔庆明, 常锋, 孙成春, 等. ULTRADRIL 水基钻井液在张海 502FH 井的应用. 钻井液与完井液. 2006, 23(6): 71-76.

[50] 周晓宇, 赵景原, 熊开俊. 胺基聚醇钻井液体系在巴喀地区的现场试验. 石油钻采工艺, 2011, 33(6): 33-36.

[51] 冯京海, 张克勤. 水基钻井液配方组合的回顾与展望. 油田化学, 2005, 22(3): 269-275.

[52] 王佩平, 王立亚, 沈建文, 等. 胺类抑制剂在临盘地区的应用. 钻井液与完井液, 2011, 28(3): 35-38.

[53] 邱正松, 钟汉毅, 黄维安, 等. 高性能水基钻井液特性评价实验新方法. 钻井液与完井液, 2009, 26(2): 58-59.

[54] 胡进军, 邓义成, 王权伟. PDF-PLUS 聚胺聚合物钻井液在 RM19 井的应用. 钻井液与完井液, 2007, 24(6): 36-41.

[55] 王荐, 舒福昌, 吴彬, 等. 强抑制聚胺钻井液体系室内研究. 油田化学, 2007, 24(4): 297-302.

[56] 王荐, 张荣, 聂明顺, 等. HRD 弱凝胶钻开液的研究与应用. 天然气勘探与开发, 2008, 31(4): 52-56.

[57] 黄红玺, 许明标, 王昌军, 等. 弱凝胶无固相聚胺钻井液性能室内研究. 油田化学, 2009, 26(1): 5-7.

[58] 王昌军, 许明标, 苗海龙. 聚胺 UHIB 强抑制性钻井液的室内研究. 石油天然气学报, 2009, 31(1): 80-84.

[59] 苗海龙, 李国钊, 王昌军. GID 钻井液在渤中油田的研究和应用. 钻井液与完井液, 2009, 26(2): 90-92.

[60] 余可芝, 许明标. 聚胺钻井液在南海流花 26-1-1 井的应用. 石油天然气学报, 2011, 33(9): 119-123.

[61] 许明标, 马双政, 韩金芳, 等. 抗高温无固相弱凝胶钻井液体系研究. 油田化学, 2012, 29(2): 142-145.

[62] 屈沅治, 赖晓晴, 杨宇平. 含胺优质水基钻井液研究进展. 钻井液与完井液, 2009, 26(3): 73-75.

[63] 屈沅治. 泥页岩抑制剂 SIAT 的研制与评价. 石油钻探技术, 2009, 37(6): 53-57.

[64] Qu Y Z, Lai X Q, Zou L F, et al. Polyoxyalkyleneamine as shale inhibitor in water-based drilling fluids. Applied Clay Science, 2009, 44: 265-268.

[65] 屈沅治, 戎克生, 黄宏军, 等. 胺基钻井液在新疆油田莫 116 井区的应用. 钻井液与完井液, 2011, 28(6): 24-27.

[66] 屈沅治. 新型胺基抑制剂的研究(I)——分子结构设计与合成. 钻井液与完井液, 2010, 27(1): 1-5.

[67] 刘焕玉, 梁传北, 钟德华, 等. 高性能水基钻井液在洪 69 井的应用. 钻井液与完井液, 2011, 28(2): 87-89.

[68] 徐先国, 张岐安. 新型胺基聚醇防塌剂研究. 钻采工艺, 2009, 33(1): 93-96.

[69] 刘天科. 莱斜 84 井钻井液技术. 钻井液与完井液, 2011, 28(2): 84-88.

[70] 裴建忠, 王树永, 李文明. 用有机胺处理剂解决高温钻井液流变性调整困难问题. 钻井液与完井液, 2009, 26(3): 79-81.

[71] 李希君, 许军, 温守云, 等. 浅地层大位移井海水钻井液技术. 钻井液与完井液, 2010, 27(3): 62-65.

[72] Yan J N, Geng J J, Li Z Y, et al. Design of water-based drilling fluids for an extended reach well with a horizontal displacement of 8000m located in Liuhua oilfield. SPE, 2010: 130959.

[73] Simpson J, Walker T, Jiang G. Environmentally acceptable water-base mud can prevent shale hydration and maintain borehole stability. SPE Drilling & Completion, 1995, 10(4): 242-249.

[74] van Oort E, Hale A, Mody F, et al. Transport in shales and the design of improved water-based shale drilling fluids. SPE Drilling & Completion, 1996, 11(3): 137-146.

[75] 吕开河, 朱道志, 徐先国, 等. "多元协同"钻井液研究及应用. 钻井液与完井液, 2012, 29(2): 1-4, 89.

[76] 吕开河, 乔伟刚, 韩立国, 等. 多功能抗高温防塌剂研究及应用. 油田化学, 2012, 29(1): 10-13.

[77] 吕开河, 韩立国, 史涛, 等. 有机胺抑制剂对钻井液性能的影响研究. 钻采工艺, 2012, 35(2): 12, 75, 76, 96.

[78] 吕开河, 乔伟刚, 赵修太, 等. 镶嵌屏蔽钻井液研究及应用. 钻井液与完井液, 2012, 29(1): 23-26, 91.

[79] 吕开河, 陈亚男, 张佳, 等. 钻井液用防塌润滑剂研究与应用. 海洋石油, 2011, 31(3): 78-80.

[80] 裴建忠, 吕开河, 王树永, 等. 聚合物弹性微球油层保护剂的研究. 钻井液与完井液, 2009, 26(2): 28-29, 131.

[81] 吕开河, 邱正松, 王卫东. 多羟基聚合物防塌剂 CXC-1 应用性能研究. 油田化学, 2006, (4): 293-296.

[82] 王树永. 铝胺高性能水基钻井液的研究与应用. 钻井液与完井液, 2006, 25(4): 23-25.

[83] 吕开河. 高性能水基钻井液研究与应用. http: //www.docin.com, 2016.

[84] 董礼亮. 环保型钻井液研究. 青岛: 中国石油大学(华东), 2010.

[85] 佚名. 国家级页岩气示范区应用水基钻井液成功. 石油化工应用, 2015, 34(9): 123.

[86] 石艺. 川庆钻探高性能水基钻井液首试成功. 石油钻采工艺, 2017, 39(4): 412.

[87] 齐从丽. 国内外页岩气钻井液技术应用现状. 化工时刊, 2014, (10): 40-46.

[88] 蔡利山. 钻井液技术发展趋势. 石油科技论坛, 2014, 33(1): 15-20.

[89] 崔永亮. 钻井液用超细颗粒的研制. 大庆: 大庆石油学院, 2010.

[90] 吕开河, 邱正松, 徐加放. 聚醚多元醇钻井液研制及应用. 石油学报, 2006, 27(1): 101-105.

[91] 蒋官澄, 倪晓骁, 高德利, 等. 超双疏型复合材料和在水基钻井液中作为抑制剂、润滑剂和油气层保护剂的应用: 201810166488.3. 2018-12-04.

[92] 蒋官澄. 仿生钻井液理论与技术. 北京: 石油工业出版社, 2018.

[93] 孙金声, 林喜斌, 张斌, 等. 国外超低渗透钻井液技术综述. 钻井液与完井液, 2005, 22(1): 57-60.

[94] 崔迎春, 王贵和. 钻井液技术发展趋势浅析. 钻井液与完井液, 2005, 22(1): 60-62.

[95] 彭振, 王中华, 何焕杰, 等. 纳米材料在油田化学中的应用. 精细石油化工进展, 2011, 12(7): 8-12.

[96] Patel A, Stamatakis E, Davis E. High performance water-based drilling mud and method of use: US0155157, 2007.

[97] 黄浩清. 安全环保的新型水基钻井液 ULTRADRIL. 钻井液与完井液, 2004, 21(6): 4-8.

[98] 梁莹. 仿油基钻井液体系研究及在川西中浅层水平井的应用. 成都: 西南石油大学, 2014.

[99] Julio C M, Eric V O, Ricardo B, et al. Using a low-salinity high-performance water-based drilling fluid for improved drilling performance in Lake Maracaibo//USA SPE Annual Technical Conference and Exhibition, Anaheim. SPE, 2007.

[100] Ramirez M A, Benaissa S, Ragnes G, et al. Aluminum-based HPWBM successfully replaces oil-based mud to drill exploratory well in the Magellan Strait, Argentina//Egypt Middle East Drilling and Technology Conference, Cairo. SPE, 2007.

[101] Hodder M H, Popplestone A, Gwynne P, et al. High-performance, water-based drilling fluid helps achieve early oil with lower capital expenditure. Offshore Europe, Aberdeen. SPE, 2005.

[102] Yadav P, Kosandar B A, Jadhav P B, et al. Customized high-performance water-based mud for unconventional reservoir drilling//SPE Middle East Oil & Gas Show and Conference, Manama. SPE, 2015.

[103] Witthayapanyanon A, Leleux J, Vuillemet J, et al. High performance water-based drilling fluids-An environmentally friendly fluid system achieving superior shale stabilization while meeting discharge requirement offshore Cameroon//SPE/IADC Drilling Conference, Amsterdam. SPE, 2013.

[104] Redburn M, Dearing H, Growcock F. Field lubricity measurements corrilatewith improved performance of novel water-based drilling fluid//Offshore Mediterranean Conference and Exhibition, Offshore Mediterranean Conference, Ravenna, 2013.

[105] Winsor M, Dearing H, Dixon M. High-performance fluid contributes to improved drilling results in unconventional sandstone formation//Offshore Mediterranean Conference and Exhibition, Offshore Mediterranean Conference, Ravenna, 2015.

[106] Langford T, Blanchard L, Comeaux S, et al. Application of high performance water-based mud in Woodbine horizontal wells//AADE National Technical Conference and Exhibition, American Association of Drilling Engineers, Lafayette, 2013.

[107] Puliti A, Maliardi A, Grandis G D, et al. The combined application of innovative rotary steerable systems and high performance water-based fluids enabled the execution of acomplex 3D well trajectory and extended horizontal section through acarbonate reservoir//Abu Dhabi International Petroleum Exhibition and Conference, Abu Dhabi. SPE, 2015.

[108] Maliardi A, Molaschi C, Grandis G D, et al. High performance water base fluid improves rate of penetration and lowers torque successful application and results achieved by drilling a horizontal section through the reservoir//Offshore Mediterranean Conference and Exhibition, Offshore Mediterranean Conference, Ravenna, 2015.

[109] Guerrero M, Guerrero X. Use of amine/PHPA system to drill high reactive shales in the Orito Field in Colombia//International Oil Conference and Exhibition in Mexico, Cancun, 2006.

[110] Hoover E, Trenery J, Mullen G, et al. New water based fluid designed for depleted tight gas sands eliminates NPT//Netherlands: SPE/IADC Drilling Conference, Amsterdam, 2009.

[111] Aron L K, Catalin A, Bloys J B, et al. Field verification: Invert mud performance water based mud in Gulf of Mexico//SPE Annual Technical Conference and Exhibition, Denver, 2003.

[112] Mehtar M, Brangetto M, Soliman A A, et al. Effective implementation of high performance water based fluid provides superior shale stability offshore Abu Dhabi//Abu Dhabi International Petroleum Exhibition and Conference, Abu Dhabi, 2010.

[113] Marin J, Shah F, Serrano M, et al. First deep water well successfully drilled in Colombia with a high-performance water-based fluid. Journal of Petroleum Technology, 2009, 61(11): 68-71.

[114] Lagler T, Alhaj M H, Iskander G R, et al. The successful application of combined new technologies to reach isolated hydrocarbon reserves offshore Dubai//SPE/IADC Drilling Conference and Exhibition, Amsterdam, 2009.

[115] Huadi F, Aldea C, Mackereth B, et al. Successful KCl-free, highly inhibitive and cost-effective water-based application, offshore East Kalimantan, Indonesia//IADC/SPE Asia Pacific Drilling Technology Conference and Exhibition, Ho Chi Minh City, 2010.

[116] Patel A D. Design and development of quaternary amine compounds: shale inhibition with improved environmental profile//SPE International Symposium on Oilfield Chemistry, Texas, 2009.

[117] Schlemmer R, Patel A, Friedheim J, et al. Progression of water-based fluids based on amine chemistry-Can the road lead to true oil mud replacements//AADE-03-NTCE-36, for presentation at the AADE 2003 National Technology Conference “Practical Solutions for Drilling Challenges”, Texas, 2003.

[118] Gholizadeh-Doonechaly N, Tahmasbi K, Davani E. Development of high-performance water-based mud formulation based on amine derivates//SPE International Symposium on Oilfield Chemistry, Texas, 2009.

[119] Young S, Ramses G. Drilling performance and environmental compliance-resolution of both with a unique water-based fluid//SPE/IADC Indian Drilling Technology Conference and Exhibition, Mumbai, 2006.

[120] 姚新珠, 时天钟, 于兴东, 等. 泥页岩井壁失稳原因及对策分析. 钻井液与完井液, 2001, 18(3): 38-41.

[121] Deville J P, Fritz B. Development of water-based drilling fluids customized for sale reservoirs//SPE International Symposium on Oilfield Chemistry, Texas, 2011.

[122] 王俊祥. 页岩气水基钻井液技术研究. 荆州: 长江大学, 2015.

[123] Bybee K. Wellbore strengthening in shale. Journal of Petroleum Technology, 2008, 60(1): 71, 72.

[124] Clapper D K, Halliday W S, Xiang T. Advances in high performance water-based drilling fluid design//CADE/CAODC Drilling Conference, Calgary, 2001: 10-23.

[125] SomarMorton E K, Bomar B B, Schiller M W, et al. Selection and evaluation criteria for high-performance drilling fluids//SPE Annual Technical Conference and Exhibition, Texas, 2005.
[126] 朱丽华. 贝克休斯 LATIDRILL™ 高性能页岩气用水基钻井液. 钻采工艺, 2013(1): 49.
[127] 杜玉宝, 朱磊. 美国 Eagleford 区块页岩气水平井钻井液技术. 长江大学学报: 自然科学版, 2017, 14(19): 53-56.
[128] 蔡利山, 林永学, 王文立. 大位移井钻井液技术综述. 钻井液与完井液, 2010, 27(3): 1-13.
[129] 张斌, 杜小勇, 杨进. 无固相弱凝胶钻井液技术. 钻井液与完井液, 2005, 22(5): 34-37.
[130] 张宁, 武红卫, 宋玉宽, 等. 大位移延伸井钻井液关键技术探讨. 钻井液与完井液, 2002, 19(1): 11-13.
[131] 刘新锋, 张海龙, 刘正伟, 等. 大位移井井壁稳定性力学化学耦合研究. 西部探矿工程, 2010, 12: 59-61.
[132] 宋玉玲, 董丽娟, 李占武. 国外大位移井钻井技术发展现状. 钻采工艺, 1998, 21(5): 4-12.

第四章　双疏无固相可降解聚膜清洁煤层气井钻井液

我国煤层气资源量丰富，约为 30～35 万亿 m^3，其中埋深为 300～1500m 范围内煤层气总资源量约为 25 万亿 m^3。自 20 世纪 80～90 年代开始，经过几十年攻关探索，我国在煤层气地质理论、资源预测与区块评价、钻井完井及压裂技术等方面取得了较大进展，特别是近年高阶煤层气富集理论与煤层气多分支水平井、U 形井等复杂结构井技术结合钻采煤层气资源取得了较好的效果。然而，不可否认我国煤层气产量依然较低，煤层气钻井过程中仍有较多难题需要解决，钻井安全与煤层气保护矛盾依然突出。继续加大煤层气钻井液新技术研究，保障钻井安全，提高煤层气勘探开发效益已刻不容缓。煤岩具有特殊的物理力学性质，钻井方式、钻井工艺、钻井液、完井方式与常规油气钻采明显不同，传统经验及钻采方式无法满足复杂结构井钻进煤层需要。常规钻井液体系虽然能够满足煤层气安全钻井的需要，但由于密度高、固相含量高，对储层造成严重的伤害，即使通过完井压裂技术，有些井仍然出气不理想或不出气；目前使用的高分子聚合物、瓜胶、绒囊等钻井液体系往往难以满足水平井段的静态悬砂和动态携砂，在水平井钻井施工中很容易在井筒底边形成岩屑床；形成的泥饼吸附在井壁上不易清除，造成破胶解堵效果差，增加了对储层的伤害[1]；对于易垮塌煤层则容易出现井壁不稳，划眼、甚至卡钻与埋钻具等井下事故。基于钻井施工中存在的问题，为了有效防止岩屑床的形成，保持井眼清洁及井壁稳定，并取得快速破胶解堵和保护储层的目地，中国石油大学（北京）发明了双疏无固相可降解聚膜清洁煤层气井钻井液新技术，并在我国煤层气井上得到大面积推广应用，已占据我国高难度煤层气井 80%以上的市场份额。

双疏无固相可降解聚膜清洁煤层气井钻井液具有独特的流变性，如表观黏度低、动塑比高、低剪切速率黏度高；滤失小，有效地控制固液相对储层的侵入深度，泥饼薄，易于清除，能够快速破胶，最大限度地减少对储层的损害；此外，还具有良好的润滑性、抑制性、抗温、抗盐、抗剪切等性质[2]，有利于解决目前煤层气井钻井液在应用中存在的系列问题。

第一节　煤层气水平井钻井液技术发展趋势

一、煤层气水平井常规钻井液发展现状

煤层气以吸附气为主，断层多，胶结疏松，结构不强，夹壁墙厚度薄，强度低，而且煤层气钻井多以水平井、鱼骨刺井等复杂结构井为主要井型，连续侧钻，易钻出煤层，煤泥交界面处胶结不好，曲率大，托压严重，储层损害、井眼净化问题突出等。为解决这些技术难题，目前在煤层气水平井钻井施工中采用的钻井液主要有常规聚合物钻井液体系、绒囊钻井液体系、可降解聚合物钻井液体系（DPD）、天然高分子钻井液体系及瓜

胶钻井液体系等，但是这些钻井液技术往往不能很好同时解决煤层失稳、煤层损害、防漏堵漏、润滑防卡、井眼净化等技术难题，必须在新的理论指导下，研发新型钻井液处理剂，并在继承以前钻井液技术优点的基础上，发明新型煤层气井钻井液技术。为此，首先对上述钻井液技术做简要介绍。

(一)常规聚合物钻井液体系

常规聚合物钻井液体系使用大分子聚合物作为包被剂，复配各种小分子处理剂控制钻井液失水、改善泥饼质量，通过加入防塌处理剂、润滑剂达到防止地层垮塌、改善泥浆润滑性目的。聚合物钻井液体系的特点：固相含量较高；亚微米粒子比例小，剪切稀释性好，卡森极限黏度低，悬浮携带钻屑能力强，洗井效果好，钻进速度高；稳定井壁能力强，井径比较规则；兼有一定的防井漏的能力。

但是，由于该体系固相含量较高，对储层损害严重，极大影响煤层气井单井日产量和最终采收率，有的井甚至难以出气投产。同时，某些复配处理剂对环境污染严重，在环保要求严格区域难以使用，目前仅在一些复杂区块使用。

(二)绒囊钻井液体系

LihuiLab[3-5]在研究可循环泡沫、可循环微泡的基础上，根据长有绒毛的细菌结构，开发了一种特殊的气囊状、无固相、可降解材料。从外部看，像黏附着长短不一、疏密不等的绒毛球，形象地被称为绒囊。它能够广泛分布于大小漏失通道，具有足够的强度和稳定性，且具有高的携岩能力与较强的抑制性，同时随温度、压力的变化可变形。绒囊钻井液由连续水相(或盐水等)、表面活性剂、聚合物处理剂等组成，通过物理、化学作用自然形成粒径 15～150μm、壁厚 3～10μm、密度 0.85～1.50g/cm^3、内部似气囊、外部黏附绒毛的绒囊，分散在连续相中形成稳定气液体系。绒囊钻井液除了密度可调，适合近、欠平衡钻井外，还具有四大特点：一是自匹配漏失通道，高效封堵；二是强剪切稀释特性，高效悬浮携带岩屑；三是自脱壳返排特性，控制储层伤害。四是对加重材料兼容，控制体系密度。绒囊钻井液的主要作用在于提高地层承压能力，并且具有独特的流变性、良好的润滑性和较强的储层保护能力，以满足过平衡作业需要。同时在不需要特殊设备且能保证正常循环的情况下，依靠钻井液中的气囊，可使密度降低至 0.75g/cm^3，用于欠平衡作业。

绒囊钻井液配制简单。在连续相中直接加入处理剂即可，现场配制不需特殊设备，现有煤层气钻井条件完全能满足配制要求，维护方便，根据钻井液性能要求，加入相应处理剂调节，即可达到维护目的。

绒囊钻井液密度可调范围大、动塑比高、抑制性强及其高剪切速率下低黏度的特性，均有利于提高机械钻速，不影响 MWD、测井信号传输。

绒囊钻井液连续相为水，能够通过改变流变性，进而改变密度，达到控制压差的目的；还可以通过控制泵排量达到提供压差的目的。从这层意义上讲，绒囊钻井液不会对井下动力钻具产生影响。但是，绒囊钻井液也存在一些问题：井壁稳定性、防漏堵漏效果、携带与悬浮煤屑和加重材料的能力有限，对煤层保护有待进一步提高，某些情况下上水困难，摩阻与托压大，难以甚至不能满足复杂煤层气井或深层煤层气井的钻井需要等。现场应用过程中，这些缺点已逐渐显现。

(三)可降解聚合物钻井液体系

可降解聚合物钻井液(degradable polymer drilling fluid，DPD 钻井液)采用复合聚合物，增加液相黏度和成膜性，降低水相活度，阻止或延缓水相与煤岩相互作用，达到稳定煤层井壁作用；同时处理剂自身易降解破胶，后期也采用降解破胶技术，解除聚合物对煤层污染。

DPD 钻井液组成：清水+0.1%Na_2CO_3+0.4%1.0%降解型稠化剂(DPA)。使用过程中备消泡剂和润滑剂 WLA。该体系主要存在问题是携砂能力弱、防塌效果差、摩阻大等。

(四)天然高分子钻井液体系

该体系使用天然高分子 IND-30 作为主要材料，配以白沥青、天然高分子降失水剂作为体系主要降失水、防垮塌材料。该体系曾在多个地区使用都取得了理想的效果，但针对煤层气井的特殊性，优缺点十分明显，并不十分适合于煤层气井钻井。该体系主要优势表现在：①所有材料均为天然材料改性而成，具有十分明显的环保优势；②IND-30 作为体系的主要材料具有良好的抑制性和提黏切效果，且加量相对较小，现场易操作；③白沥青复配天然高分子降失水剂具有良好的护壁防塌作用，在非煤层段能有效保证井下安全。同时，该体系在煤层气井中存在的不足主要表现在：①该体系中的材料均为固体材料，由于煤层气开发相对成本较低，设备不完善，固体材料现场配制不会充分溶解，不能完全发挥功效；②因为煤层特殊的地质构造，在煤层段白沥青和天然高分子降失水剂不能像在泥页岩段一样发挥作用，所以在煤层段不能完全保证煤层井下安全；③白沥青不能够破胶降解，会影响产量，降低投入产出比等。

(五)瓜胶钻井液体系

植物胶在钻井液中的主要作用是保持体系有适当的黏度和切力。实践表明，若将单一的植物胶液直接用做泥浆处理剂或配制成无固相冲洗液，其性能效果均不理想，必须对植物胶进行改性处理。通常是通过向植物胶液中加入适当的交联剂和处理剂，使其发生交联作用、桥接作用和水化作用，令胶粒变得更为致密。具体的改性方法有两种：一是交联剂改性；另一种是复合改性。其中交联剂改性又可分为无机交联剂改性和有机交联剂改性两种。总的来说，瓜胶钻井液体系存在携砂性能不好、井眼清洁能力差、防塌能力差、体系破胶后残渣率高、对煤层气井损害严重等不足。

二、煤层气钻井的技术要求

(一)煤层气钻井中的技术难点

在煤层气水平井钻井过程中，由于煤层特殊的组分和层理结构，遇水和机械作用极容易引起掉块和大面积垮塌。在井眼下侧很容易形成岩屑床。同时，掉块和垮塌所形成的岩屑床与井壁岩石形成一个压力系统，钻井液的液柱压差将作用在岩屑床上，使钻井液的冲刷很难将岩屑床去掉，只有靠起下钻、活动钻具来清除，但起下钻、活动钻具又进一步加剧井壁的不稳定，导致井眼扩大形成大肚子，引起阻卡甚至埋钻具卡钻、井漏等井下事故，给钻井施工造成极大的风险。静态悬砂和动态携砂及井壁防塌稳定、煤层保护的问题一直是困扰钻井施工的主要难题，影响煤层气开发经济效益。钻井液与煤层直接接触，其对煤层造成损害的因素主要有以下几个方面：

(1)钻井液被煤岩吸附或吸收，引起煤岩渗透率下降。

(2)钻井液中固相颗粒对裂隙通道的充填堵塞。

(3)聚合物类钻井液侵入煤层，因高分子聚合物的吸附作用，引起黏土絮凝堵塞，羧基水化作用引起黏土膨胀堵塞，从而降低煤层渗透率。

(4)钻井液与地层水作用产生固体沉淀，造成孔隙通道堵塞。

(5)煤层自吸作用造成煤层损害严重。

钻井施工时，当钻井液柱压力过高，煤层在钻井液中浸泡时间过长，压力激动过大等生产因素作用下，也会伤害煤层。此外，固井作业及为提高产能而进行的压裂等煤层改造措施也会不同程度地伤害煤层气储层。表面活性剂有降低煤层固相与液相间表面张力的作用，对降低水锁损害有利，而研究表明[6]，表面活性剂对煤岩液相渗透率和饱和液相后的气相渗透率也有损害，可见，钻井液对煤层气储层的损害是一个复杂的问题，需综合分析研究。

煤层气钻井过程中煤层保护的难点：由于煤系地层具有与常规油气地层不同的特点，决定了钻进过程中煤系地层比常规油气层更容易被损害。

与常规油气层相比，煤层气储层特点是：煤层既是产生煤层气的地层又是储集层，而煤质的弹性模量比较低、泊松比又较高，吸附能力比较强，抗压和抗拉强度都比较低，脆性比较大，容易破碎和被压缩，同时煤系地层割理和裂隙都较发育，属典型的双孔隙储层。因此，煤系地层的孔隙和裂缝一旦受到损害，受伤害程度将比普通油气层严重得多，不仅可使气体的渗流通道堵塞，还会影响煤层气的解吸过程。由此可知，一方面煤系地层极易被损害，特别是被钻井液中固相颗粒的损害；另一方面煤系地层岩石破碎和高剪切应力造成井壁不稳定，为了保证煤系地层的钻井安全，采取的主要措施就是提高钻井液密度，也就是增加钻井液中的固相含量，而这样又容易造成煤层气储层伤害，因此煤层钻井过程中的煤层保护技术与常规油气层钻井相比较困难更大。综合而言，煤层井段钻井主要难度有如下几点：

(1)储层保护手段少。钻井过程中，固相含量高、滤失量大、漏失量不可控等煤层伤害因素多，控制煤层伤害手段少。

(2)漏失。煤层渗流通道由割理和裂隙组成，渗流通道发育且大小分布范围大。它不仅是煤层气流动的主要通道，还使得煤层脆性大、易碎并且易发生弹塑性变形，易发生井漏。

(3)机械钻速低。目前煤层气钻井设备相对简单，固控设备不能有效清除钻井液中有害固相，水力破岩能力减弱，影响机械钻速。

(4)井下复杂事故较多。钻井过程中，高密度钻井液，使煤层裂隙进一步造缝、漏失、煤层膨胀掉块、卡钻；低密度钻井液，煤层应力坍塌、掉块、卡钻。

(5) 为保护煤层气，如果采用无固相钻井液技术，则托压大，阻卡与卡钻现象严重。

(二) 煤层气钻井对钻井液的要求

长水平段和多分支水平井施工对钻井液的要求除基本性能要求之外，尤其对于煤层保护、防止垮塌、防漏堵漏、携带岩屑、润滑性能等有更高要求，具体有以下几点：

(1) 对煤层损害程度非常低。目前煤层气规模开发的难点在于产量和经济效益低，且煤层气井极易被损害，一旦被损害后，即使采取压裂等煤层改造措施也很难恢复产量。为达到保护煤层的目的，通常采用无固相煤层气井钻井液，但因处理剂难以降解等原因仍存在较严重的煤层损害，并因无固相而诱发煤屑床的形成、煤层坍塌严重、托压大、摩擦阻力大、漏失频繁等。

(2) 煤层气地层防塌是主要矛盾点，只有解决煤层井段掉块和垮塌问题，保持井壁稳定，才能从根本上解决井眼净化问题。煤层不稳定的原因是层理发育良好、煤层岩石硬脆性强、胶结差、裂隙多及不均质性强等因素。防范的重点是尽量减少机械破坏、压力激动对地层造成的伤害。从钻井液角度应提高体系的封堵能力，通过物理和化学手段提高井壁的应力强度；控制失水量，减小滤液引起渗透性泥页岩不稳定的因素；适当提高钻井液密度，提高钻井液液柱压力对地层侧向力的平衡。

(3) 流变性能的维护应以保证井眼净化为原则，马拉松石油公司在施工 B31 井时，在直径 311.2mm 井眼使用了油基钻井液，在总结现场经验基础上认为体系的 φ_3 读数在 12～15 之间最好，比以往的 φ_3 读数应是井眼直径的 1.5 倍标准要低[7]。随着我国钻井施工标准和技术的不断提高，技术人员也逐渐认识到提高低剪切速率下的钻井液黏度对于提高水平段井眼净化效果的重要性。通过总结可知：①提高低剪切速率下的钻井液黏度能明显减小岩屑的垂沉现象，提高携砂效果；②应严格控 φ_3 和 φ_6 的读数，保证钻井液对岩屑的悬浮能力；③不同的井眼尺寸对低剪切速率黏度的要求不同，一般低剪切速率黏度随井眼尺寸的增大而降低；④应设法控制体系的触变性，保持钻井液的终切不大于 20Pa，以保证液流在斜井段仍具有较好的携带上返能力。

(4) 润滑性能的要求，降低摩阻。根据资料显示，国内外解决钻井摩阻问题的侧重点差异较大，所遵循的基本原则也不同，我国的重点放在了钻井液的减磨润滑及其辅助技术上，工具的应用较少，基本是辅助性的。而国外则以工具减摩为主，并研制开发了大量专门用于钻进的专用工具，尽管他们也强调钻井液的润滑能力，但并不把顺利钻进的希望寄托于钻井液的润滑能力上，而只是将保持良好的钻井液润滑能力作为提高工具效率、降低作业难度的基础性手段。

(三) 目前煤层气钻井过程中的储层保护技术

目前，煤层气钻井过程中的储层保护技术方法主要有：①降低钻井液的固相含量或采用无固相钻井液；②采用负压钻井技术；③降低钻井液的失水量和采用屏蔽暂堵技术；④加强固相控制技术。在钻进煤层段时，钻井液在液柱压差作用下，其中粒径较小的颗粒(黏土、岩屑等)在滤饼形成前会浸入煤层，造成气流通道堵塞，煤层气渗透性降低。

造成伤害的程度与流体的滤失性能、固相含量及颗粒分布、压差及流体与地层的接触时间有关。为了预防和减轻外来流体固相颗粒对煤层气储层造成的伤害，应减少钻井液的滤失量，尽可能降低正压差，缩短流体对煤层的浸泡时间。

第二节　双疏无固相可降解聚膜清洁煤层气井钻井液新技术

正如前面所阐述的那样，在煤层气钻探中常遭遇与钻井液有关的技术难题：煤层损害、煤层失稳、煤层漏失、高托压与阻卡卡钻、井眼净化难等，依靠常规钻井液理论与方法难以解决这些技术难题，必须针对煤层的特点，突破常规思维模式，通过理论创新，实现煤层气钻井液技术重大突破。为此，发明了“双疏无固相可降解聚膜清洁煤层气井钻井液”。

该钻井液是在井下岩石表面双疏性理论[8-11]、超分子化学理论[12-14]等指导下，首先发明煤层清洁保护剂、煤层成膜井壁稳定剂、微纳米固膜封堵剂、煤层润滑防卡剂等，进而发明具“无固相、可降解性、对煤层损害小、独特流变性、润滑性好、可防止岩屑床形成、低剪切速率下的黏度高”等特点、适合不同类型煤层气特征的清洁钻井液，不仅解决了煤层气开发过程中遇到的井壁稳定、井漏、阻卡和携砂等钻井安全问题，还通过快速破胶可有效保护煤层气储层，打通出气通道，提高煤层气采收率。

一、双疏无固相可降解聚膜清洁钻井液核心处理剂的研发

(一)超分子多功能煤层清洁保护剂 BHJ

钻井液进入油气层将堵塞油气流动通道，损害油气层。煤层气储层不但渗透率很低、致密，而且煤层气几乎以吸附气存在，钻井液对煤层气的损害程度更大。这不仅影响气井产量，严重时会“枪毙”储层，影响新气田的发现。初步调查显示，煤层气井储层损害程度远大于常规油气井储层，通常情况下，煤层气的产量损失是常规井的一倍以上。以水平井、鱼骨刺井等复杂结构井开采煤层气的损害形式更具严重性和特殊性，如存在渗透率各向异性损害、侧向研磨性损害等，且损害时间长、损害面积大等。为减小煤层气井储层损害程度，无固相清洁钻井液是较好的钻井液类型，但目前的处理剂难以降解或降解后残渣含量大、无膨润土时携带和悬浮困难，且无膨润土时难以形成高质量滤饼导致摩阻与托压大、滤失量和煤层损害严重等，难以满足钻井需要。针对以上问题，我们将超分子化学理论引入钻井液领域，研发了多功能煤层清洁保护剂 BHJ，该处理剂能够很好地自降解，残渣含量低，保护煤层效果好，并兼具稳定煤层、携屑、润滑与抑制等作用。

1. *超分子多功能煤层清洁保护剂 BHJ 的研发*

作者揭示了钻井液处理剂难降解、高残渣含量是影响吸附气解析与运移，进而导致煤层损害的机理，首次将超分子化学引入水基钻井液领域，以丙烯酰胺为母体，长碳链

疏水单体、耐温单体等功能性单体为辅助，通过水溶聚合的方法，研发了超分子多功能煤层保护剂 BHJ。BHJ 是集吸附、絮凝、缔合作用于一体的水溶性聚合物，其作用机理如图 4.1 所示。首先在煤岩表面上，BHJ 通过自身极性基团的多点吸附，吸附到煤岩表面，起到增强煤岩胶接强度、稳定井壁的作用；而在钻井液内部和近井壁处，BHJ 会缔合成弱凝胶结构，增强携带能力，并在井壁形成一层致密的水化膜、凝胶带，防止滤液向煤层中渗漏，保护煤层；由于 BHJ 还有大量活性基团，通过这些基团的絮凝作用，能够将细煤粉钻屑絮凝为大粒度煤屑并由固控排出，解决微小固相颗粒对煤层孔喉的堵塞问题；在水中形成的弱凝胶有一定的润滑作用，有利于降低摩阻和提高钻速，BHJ 在常温常压下为白色粉末，如图 4.2 所示。

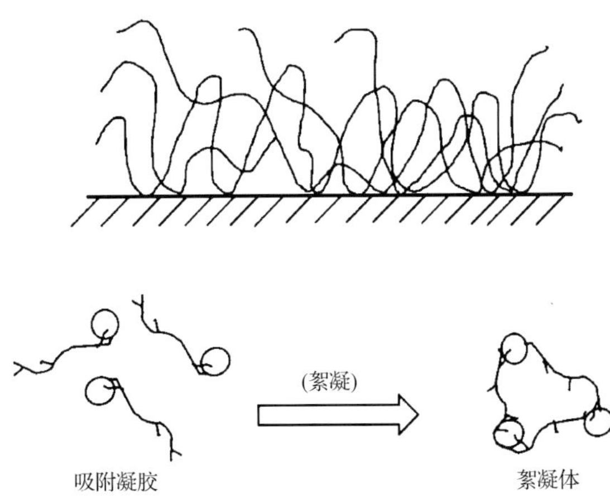

图 4.1　超分子多功能煤层保护剂 BHJ 的作用机理

图 4.2　超分子多功能煤层保护剂 BHJ 的外观

BHJ 主要通过分子间静电力作用、分子内静电力作用、分子链缠绕作用、氢键作用形成三维网络状结构，使其成为具有自主破胶、低残渣、高黏弹性、剪切稀释性能强等特性的自降解煤层清洁保护剂。将 BHJ 配制成溶液，其微观结构如图 4.3 所示，从图中可以看保护剂 BHJ 的溶液结构具有典型的三维网状的弱凝胶结构。超分子保护剂破胶更彻底、容易返排，从而减轻了钻井液对煤层损害，而且 BHJ 具有稳定煤层、携屑、润滑与抑制等作用。

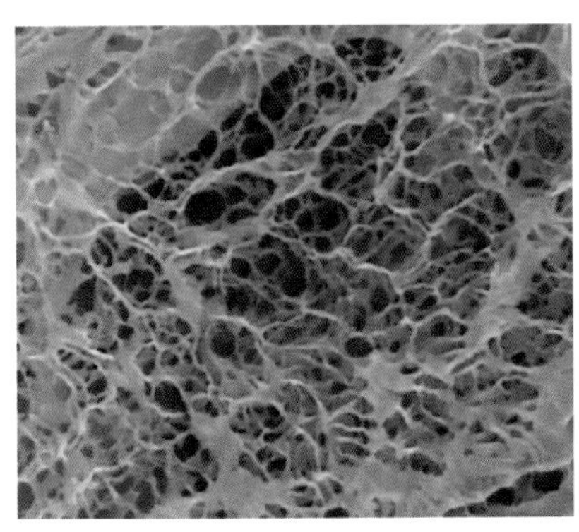
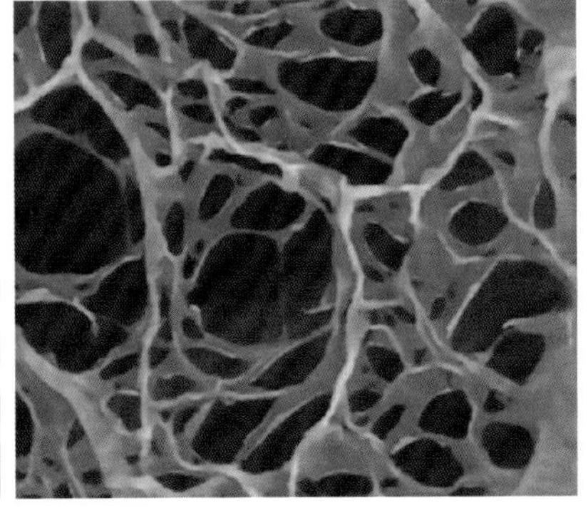

(a) 扫描电镜图片

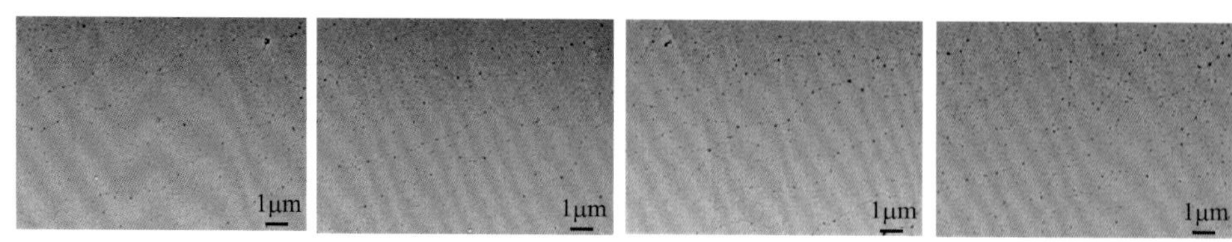

(b) 透射电镜图片

图 4.3　超分子多功能煤层保护剂 BHJ 的微观结构

2. 超分子多功能煤层清洁保护剂 BHJ 室内性能评价

1)流变性评价

将超分子煤层保护剂 BHJ 按照不同的浓度配制水溶液，并在室温下以及 120℃老化 16h 后分别测试其水溶液的流变性能。测试结果如表 4.1 所示。

表 4.1　超分子多功能煤层保护剂 BHJ 的流变性能

浓度	测试条件	AV/(mPa · s)	PV/(mPa · s)	YP/Pa	YP/PV/[Pa/(mPa · s)]	φ_6/φ_3	初切/终切
0.50%	老化前	30	15	15.33	1.02	12/11	6Pa/6.5Pa
	老化后	2.5	2	0.51	0.26		
0.70%	老化前	44	19	25.55	1.34	28/25	13Pa/15Pa
	老化后	5.5	5	0.51	0.1	1/1	0.5Pa/0.5Pa
1.00%	老化前	65	30	35.77	1.19	44/39	21Pa/24Pa
	老化后	9	8	1.02	0.13	1/1	1Pa/1Pa

可以看出，超分子煤层保护剂 BHJ 在低加量下即有高动塑比与高静切力，具备良好的携屑性能；在 120℃热滚后，BHJ 水溶液几乎完全丧失黏度与切力，高温降解性优良。

2)黏弹性

将超分子煤层保护剂 BHJ 按照一定的质量分数配制成溶液，采用 HAAKE 流变仪对其黏弹性进行测试，结果如图 4.4 所示。

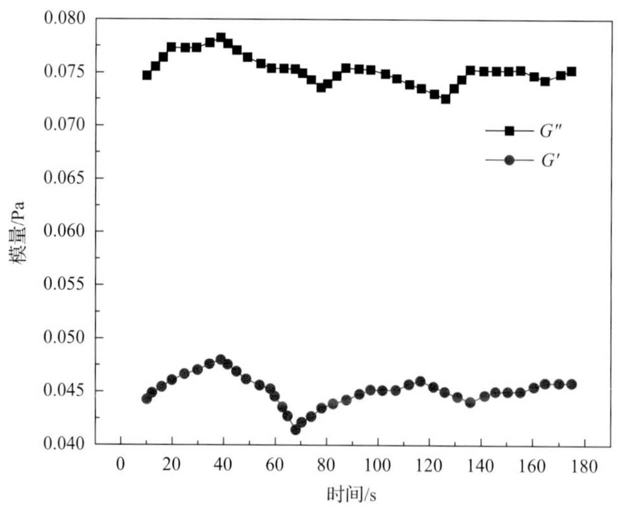

图 4.4　超分子多功能煤层保护剂 BHJ 溶液的黏弹性

从图 4.4 中可以看出，随着扫描时间的增加，缔合体系的储能模量 G'与耗能模量 G''均呈现振荡变化，但储能模量 G'随着振荡频率的增加始终大于耗能模量 G''，说明多功能煤岩保护剂 BHJ 是一种弹性为主的流体，由四种非共价键作用使网络结构具有足够的黏弹性，以保证具有足够的携带能力。

3) 破胶性

对超分子煤层保护剂 BHJ 的破胶性进行了评价，按照配方：水+0.8%聚合物，将普通聚合物 1 和普通聚合物 2 以及 BHJ 分别配制成溶液，在相同条件下进行破胶实验。

从图 4.5 中可以看到普通聚合物 1 和 2 破胶后还可以明显地看出溶液中还存在大块的不溶物或者一些溶胀体，而煤层保护剂 BHJ 破胶后呈现透明状态，这是由于 BHJ 结构容易被破坏，导致溶液黏度急速下降；加入破胶剂后，破胶更迅速，破胶后黏度为 2～4mPa·s。

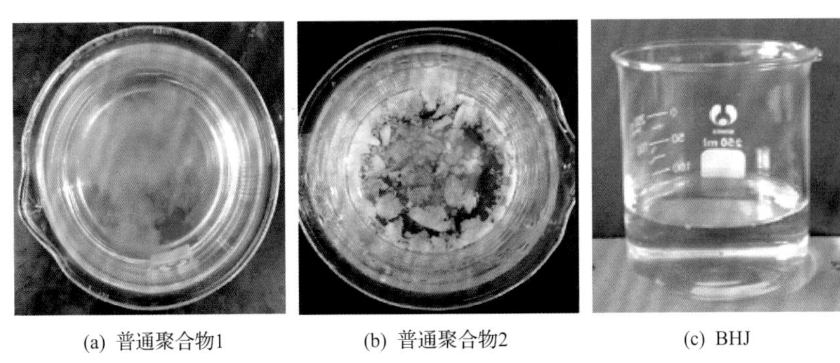

(a) 普通聚合物1　(b) 普通聚合物2　(c) BHJ

图 4.5　超分子多功能煤层保护剂 BHJ 的破胶性能

4) 降磨阻性评价

将黄原胶、表活剂与煤层保护剂 BHJ 在相同的条件下进行磨阻测试，结果如图 4.6 所示，从图中我们可以看出，BHJ 溶液在变流速下，摩阻远低于其他两种流体。当剪切速率增大时，超分子结构解体；剪切速率降低后，超分子结构又重新恢复。摩阻测试结果表明，BHJ 有利于降低施工摩阻，提高钻速。

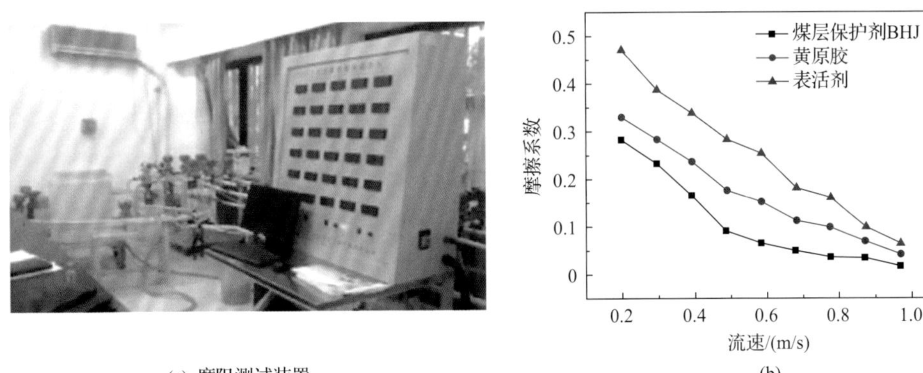

(a) 摩阻测试装置　(b)

图 4.6　超分子多功能煤层保护剂 BHJ 的降摩阻性能

5) 对砂床的封堵能力

评价了超分子煤层保护剂 BHJ 对漏失砂床的封堵能力，结果如表 4.2 所示：随着 BHJ

浓度的增加，滤失量逐渐减少，当加量达到5%时，滤失量为9.4mL。表明砂床已经被完全封堵。

表 4.2 超分子多功能煤层保护剂 BHJ 在漏失砂床中的封堵能力

浓度/%	封堵能力(3.5MPa)/mL		承压强度/MPa	
	5～15mm	＞20mm	5～15mm	＞20mm
0	全漏失	全漏失	0	0
1	78	135	4.6	3.2
1.5	50	80	7.2	6.4
2	20	40	8	7.8
5	9.4	13	＞8.0	＞8.0

由于 BHJ 属于无固相体系，用漏失砂床评价单剂封堵能力存在一定的局限性。因此采用了泵驱封堵评价实验对 BHJ 的封堵效果进行了评价，结果如表 4.3 所示，随着注入水的体积 $V_{清水}$增加，钻井液的挤注压力 $p_{挤压}$开始增加。当驱入水的体积为 200mL 时，钻井液挤注压力明显增加，说明 BHJ 开始形成封堵层。驱入体积为 300mL 时，挤注压力显著增加，说明 BHJ 已经形成了高强度的封堵层。

表 4.3 BHJ 的泵驱封堵评价实验结果

$V_{清水}$/mL	100	200	300	400	500	600	800
$p_{挤压}$/MPa	0.3	1.1	2.5	5.1	9.2	14.3	17.8

注：采用 5～20mm 的砂粒形成 20cm 厚的砂床，模拟中速流失。

3. 超分子煤层清洁保护剂 BHJ 与国外产品 CR-650 的性能对比

1)国外先进产品 CR-650 简介

岩心保护剂 CR-650 是目前国际公认的具有代表性的先进煤层保护处理剂，该处理剂由澳大利亚 AMC 公司研发生产，是一种高分子聚合物，它能够在钻具和井壁上形成高分子保护膜，阻止水进入易水化分散黏土和页岩层、煤层气储层、松散易碎的砂岩地层，具有保护储层、稳定井壁、携带岩屑的功能，同时可为钻头提供润滑作用。CR-650 可以单独作为低固相钻井液系统使用，也可以和其他处理剂(如 AUS-GEL/AUSTROL)配合使用，形成一种完整的钻井液系统。该处理剂的优点主要体现在：①高效性，水溶性良好，低剪切速率下在清水及盐水中迅速溶解，低加量即具有良好的性能；②实用性，92%有效含量，低浓度下可以获得高黏度；③环境友好，无危害、无毒、不会变质；④配伍性好。

首先对 CR-650 各项基本性能进行了评价，测试了 CR-650 在清水中的流变性能，结果如表 4.4 和表 4.5 所示。

从表 4.4 和表 4.5 中可以看出，CR-650 具有高的分子量与极性基团数目，对于纯水加量在 1.5%时就已经难以完全溶解，且加量在 0.5%时就将水的动切力由 0 提升至 12.5Pa，3 转读数提升至 10，加量在 1%时动切力提升至 32.5Pa，3 转读数提升至 36。在热滚后，CR-650 降解得很厉害，滚后基本没有提切作用。

表 4.4 CR-650 在清水中的性能（常温）

组别	AV/(mPa·s)	PV/(mPa·s)	YP/Pa	YP/PV/[Pa/(mPa·s)]	φ_6	φ_3	初切/终切
清水+0.0875%CR-650	3.5	2	1.5	0.75	1	1	
清水+0.5%CR-650	25.5	13	12.5	0.96	11	10	7Pa/8.5Pa
清水+0.7%CR-650	39	16	23	1.44	26	24	13.5Pa/17.5Pa
清水+1%CR-650	57.5	25	32.5	1.3	40	36	18.5Pa/24.5Pa
清水+1.5%CR-650	无法充分溶解，成胶						
清水+0.0875%CR-650+重晶石(1.1g/cm^3)	不分散						

注：清水与 CR-650 体系直接加重晶石不分散，但基浆体系加重晶石分散。

表 4.5 CR-650 在清水中的性能（120℃、16h 热滚后）

组别	AV/(mPa·s)	PV/(mPa·s)	YP/Pa	YP/PV/[Pa/(mPa·s)]	φ_6	φ_3
清水+0.0875%CR-650	2	2	0			
清水+0.5%CR-650	6	6	0		1	1
清水+1%CR-650	8.5	8	0.5	0.06	1	1

然后，将 CR-650 加入 2%基浆中，并测试其流变性能，将结果列于表 4.6 及表 4.7 中。

表 4.6 CR-650 在基浆中的性能（常温）

组别	AV/(mPa·s)	PV/(mPa·s)	YP/Pa	YP/PV/[Pa/(mPa·s)]	φ_6	φ_3	初切/终切
2%基浆+1%CR-650	34	15	19	1.27	17	13	7Pa/9Pa
2%基浆+0.5%CR-650	20	10	10	1	7	5	3Pa/3.5Pa
2%基浆+0.05%CR-650	8	6	2	0.33	2	1	0.5Pa/2.5Pa
2%基浆+0.05%CR-650+重晶石(密度 1.1g/cm^3)	7.5	5	2.5	0.5	2	1	1Pa/4.5Pa

表 4.7 CR-650 在基浆中的性能（120℃、16h 热滚后）

组别	AV/(mPa·s)	PV/(mPa·s)	YP/Pa	YP/PV/[Pa/(mPa·s)]	φ_6	φ_3	初切/终切
2%基浆+1%CR-650	50.5	26	24.5	0.94	9	5	2.5Pa/3Pa
2%基浆+0.5%CR-650	26	16	10	0.62	3	2	1Pa/2Pa
2%基浆+0.05%CR-650(加量)	5	4	1	0.25	1	1	
2%基浆+0.05%CR-650+重晶石(密度 1.1g/cm^3)	3.5	2	1.5	0.75	1	1	

从表 4.6 和表 4.7 中可以看出，在基浆中，CR-650 的增黏提切作用下降，同时在高温热滚后降解程度降低，这可能是源于 CR-650 与膨润土之间存在较强的相互作用。

2）超分子多功能煤层清洁保护剂 BHJ 与 CR-650 的性能对比

（1）残渣含量。

将煤层保护剂 BHJ、国外先进保护剂 CR-650 与其他常用的聚合物处理剂进行残渣含量测试，其结果如表 4.8 所示。通过实验得出，煤层保护剂在同类产品中残渣含量最低，仅 3.5mg/L，比国际先进产品 CR-650 降低了 30%，更有利于保护煤层气产层。

表 4.8　BHJ 与 CR650 及常用聚合物的残渣含量对比

样品	残渣含量/(mg/L)
CR-650	5
BHJ	3.5
胍胶	332.5
黄原胶 XC	267.5

(2)渗透率损害率。

将煤层保护剂 BHJ、国外先进保护剂 CR-650 与其他常用的聚合物配制成 0.3%的水溶液，并进行岩心渗透率损害评价实验，结果如表 4.9 所示。可以看出，煤层保护剂 BHJ 对岩心渗透率的损害程度是最低的，仅为 6.8%，比国际先进产品 CR-650 降低了 44.7%，并优于其他聚合物处理剂。

表 4.9　BHJ 与 CR-650 及常用聚合物的渗透率损害率对比

样品	BHJ	CR-650	胍胶	黄原胶 XC
渗透率损害率/%	6.8	12.3	63.24	31.85

(3)对基浆黏度及滤饼渗透率的影响。

将煤层保护剂 BHJ 与 CR-650 分别按照 0.2%的浓度加入到 4%的基浆中，分别测定样品的黏度、中压滤失量及滤饼渗透率恢复值，结果如表 4.10 所示，从表中可以看出无论是黏度、滤失量还是渗透率恢复值，煤层保护剂 BHJ 均优于 CR-650。

表 4.10　BHJ 与 CR-650 对基浆黏度及滤饼渗透率的影响

样品	AV/(mPa · s)	FL_{API}/mL	h/mm	$K/10^{-6}$	渗透率恢复率/%
4%基浆	6.5	7	9	4.41	
4%基浆+0.2%BHJ	6.5	3.0	3	0.63	91.71
4%基浆+0.2%CR-650	14.75	3.3	3	0.693	84.29

(4)在清水中的流变性与降滤失性。

将超分子煤层保护剂 BHJ、CR-650 分别按照 0.4%的质量分数溶于水中，并测试流变性能，从而对比二者在清水中的流变性与降滤失性，结果如表 4.11 所示。

表 4.11　BHJ 与 CR-650 在清水中的基本性能对比

配方	ρ /(g/cm^3)	φ_6/φ_3	AV/(mPa · s)	PV/(mPa · s)	YP /Pa	YP/PV /[Pa/(mPa · s)]	初切/终切	FL_{API}/mL
水+0.4%CR-650	1.01	5/4	20	11	9.198	0.836	2Pa/2Pa	漏完
水+0.4%BHJ	1.01	3/2	25.5	13.5	12.264	0.908	1.5Pa/2Pa	52

从表 4.11 可见，研发的煤层保护剂 BHJ 优于 CR-650，具有更好的携带和悬浮性，

以及降滤失能力。

(5)润滑性。

将煤气层保护剂 BHJ 和 CR-650 按照 0.8%的加量分别入到 4%基浆中，分别测试其在室温下和 150℃老化 16h 后的 EP 润滑系数，如表 4.12 所示。可以看出，老化前后，煤层清洁保护剂 BHJ 的润滑系数降低率均最高，优于对比的 CR-650。

表 4.12　BHJ 与 CR-650 的润滑性对比

样品	EP 润滑系数	润滑系数降低率/%
室温		
4%基浆	0.54	0.00
4%基浆+0.8%BHJ	0.26	51.85
4%基浆+0.8%CR-650	0.41	24.07
150℃老化 16h		
4%基浆	0.47	12.96
4%基浆+0.8%BHJ	0.14	74.07
4%基浆+0.8%CR-650	0.26	51.85

(6)对基浆流变性的影响。

将煤气层保护剂 BHJ 和 CR-650 按照 0.8%的加量分别入到 4%基浆中，测定其流变性能，比较两个产品对基浆的影响。从表 4.13 可以看出 CR-650 加入基浆中增黏明显，在基浆中加入 0.2%后黏度明显增大，API 滤失效果与 BHJ 效果相当，但 BHJ 的高温高压滤失量更低，BHJ 的降滤失效果更好。

表 4.13　BHJ 与 CR-650 在基浆中的性能对比

样品	AV /(mPa · s)	PV /(mPa · s)	YP /Pa	YP/PV /[Pa/(mPa · s)]	FL_{API} /mL	FL_{HTHP} (120℃)/mL
4%基浆	6.5	5	1.533	0.307	25	60
4%基浆+0.2% BHJ	6.5	4	2.555	0.639	13	24.4
4%基浆+0.2% CR-650	14.75	10	4.8545	0.485	12.8	34

(7)抑制性。

采用四川油气田的泥页岩，称取 10g100 目岩屑，进行页岩膨胀率实验。结果如图 4.7 所示，从图中可以看出，CR-650 有明显的抑制页岩膨胀的作用。对于煤层气来说，其岩层岩石胶结强度低，同时也会发生一定的水化膨胀，CR-650 自身带有的多个极性基团应能够较好地吸附在井壁上，形成保护膜，防止钻井液滤液入侵，同时有利于提高岩石的胶结强度。

从图 4.7 中可见，超分子多功能煤层保护 BHJ 可通过多个极性基团较好地吸附在页岩上，形成保护膜，阻止泥页岩的水化膨胀，保护煤岩储层；其抑制能力优于国外的 CR-650 产品。

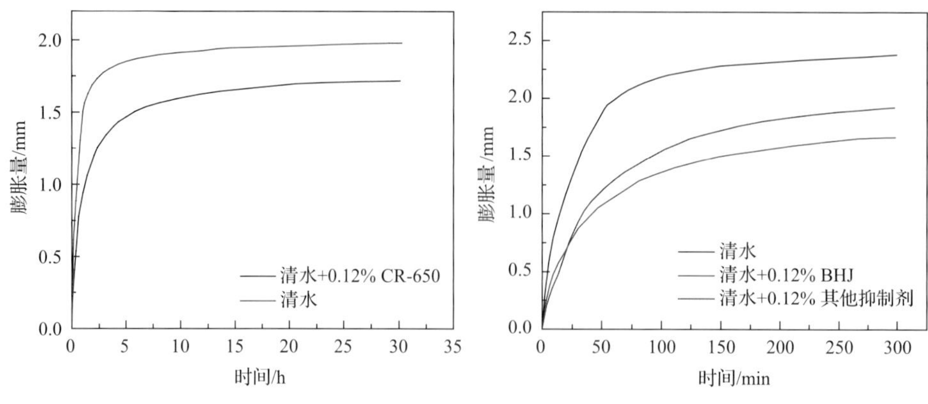

图 4.7 不同抑制剂的抑制膨胀结果对比

（二）煤层成膜井壁稳定剂 CMLH-Ⅰ的研发

1. 煤层成膜井壁稳定剂 CMLH-Ⅰ的研发

井壁稳定关系到钻井的成败，特别在煤层气钻井中，井壁失稳难题更突出，同时，井壁失稳与煤层损害相互影响、相互加剧，特别是在煤层气井中使用的无固相钻井液时，滤失量更难控制，通常滤失量较大，加剧煤层坍塌和煤层损害程度，必须采取多种措施维持井壁稳定，减轻煤层损害的发生。因此，必须建立适合煤层气井特点的井壁稳定与保护煤层的一体化成膜井壁稳定技术。

蒋官澄团队揭示了压力传递和煤岩胶结影响煤层坍塌的机理，根据井下岩石表面双疏性理论，提出了“贴膜”稳定井壁法，并通过自由基聚合方法发明了煤层成膜井壁稳定剂 CMLH-Ⅰ(图 4.8～图 4.11)，通过静电力、化学键力，实现物理-化学贴膜封堵不同类型煤层孔缝，阻止压力传递和钻井液进入煤层、保护煤层和胶结煤岩，完钻后自动降解、恢复产量，实现井壁稳定与保护煤层一体化，并首次使煤岩强度不但不降低反而提高，避免井壁坍塌；同时，因光滑膜的存在，首次使钻具与井壁间的直接摩擦转变为吸附膜间的滑动，大幅降低摩阻与托压。

该成膜井壁稳定剂用于保护油气层钻井液技术时，曾被称为新一代油气层保护剂“贴膜剂或油膜剂”。通过与国外最新成膜材料 FLC2000、国内第二代成膜剂 B-2、国内双保无渗透泥浆转换剂、国内无渗透生物封堵剂进行的全套室内实验数据对比表明，CMLH-Ⅰ优于国内产品，与国外产品性能相当。

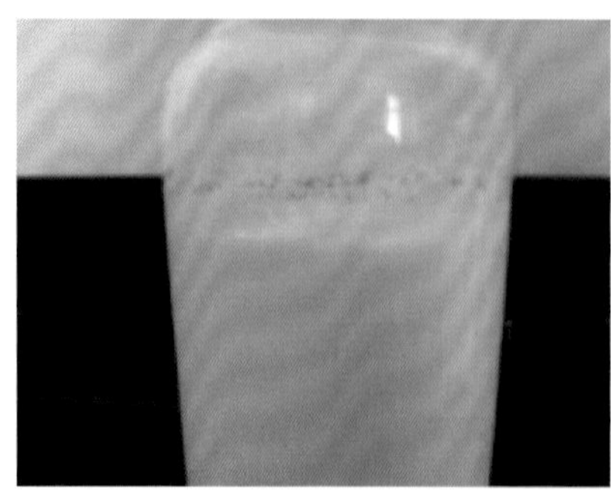

图 4.8 CMLH-Ⅰ的外观

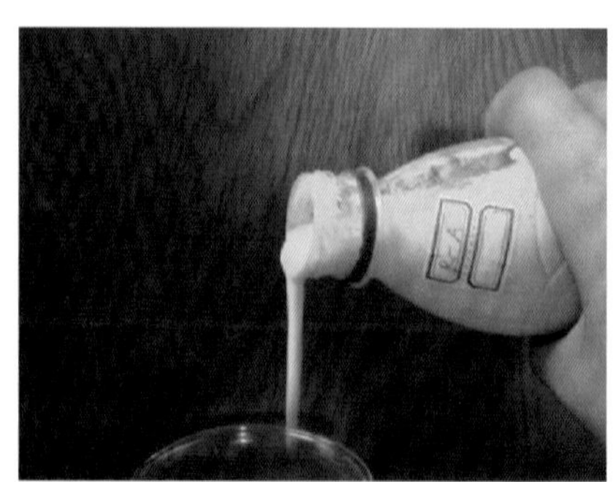

图 4.9 CMLH-Ⅰ的流动性

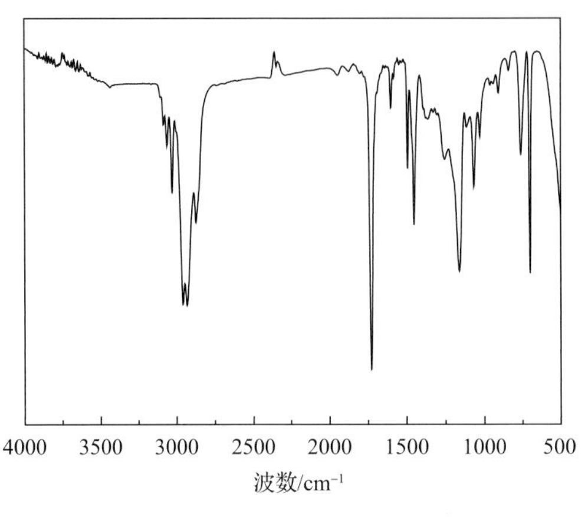

图 4.10 CMLH-Ⅰ的红外光谱图

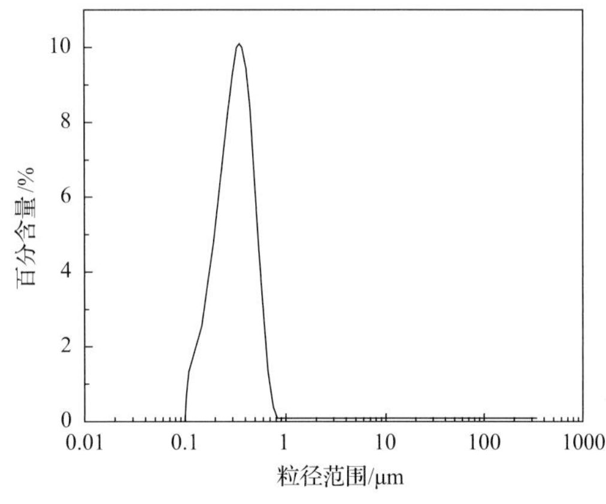

图 4.11 CMLH-Ⅰ的粒径分布

由图4.11可以看出，成膜井壁稳定剂CMLH-Ⅰ的粒径尺寸绝大多数都在0.1～1.0μm，可以封堵较大孔隙。采用扫描电镜法，分别对滤纸表面、滤纸侧面、砂石表面成膜前后进行了扫描电镜分析(图4.12～图4.14)，可见，成膜井壁稳定剂CMLH-Ⅰ无论在滤纸或是在砂石表面，都观察到良好的成膜性。

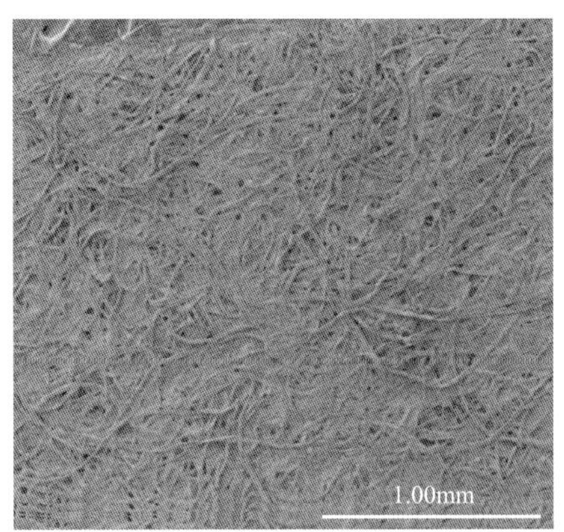

(a) 滤纸表面成膜前扫描电镜照片

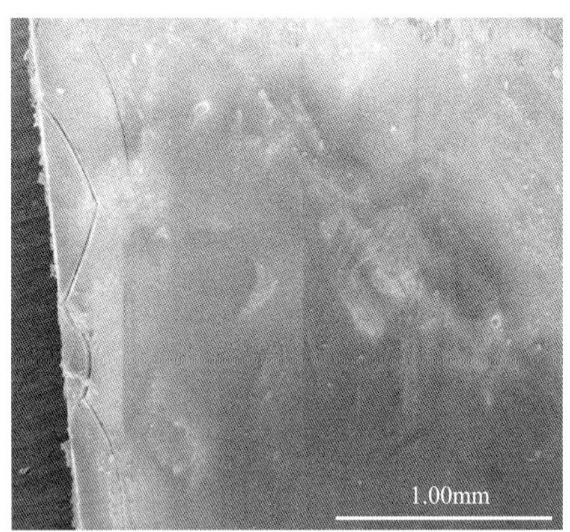

(b) 滤纸表面成膜后电镜照片

图 4.12 成膜井壁稳定剂CMLH-Ⅰ在滤纸表面成膜前后扫描电镜照片

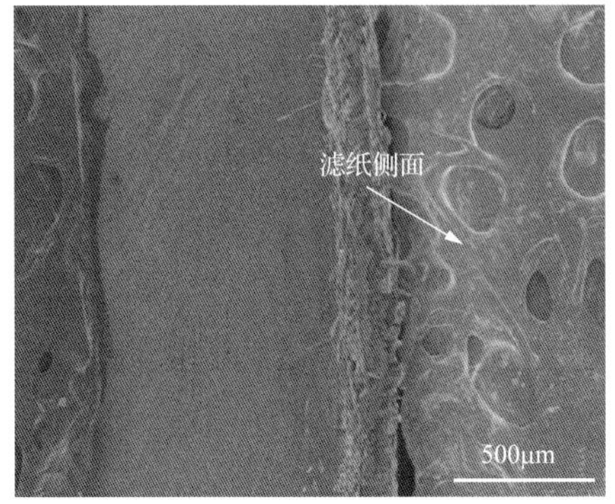

(a) 滤纸侧面成膜前扫描电镜照片

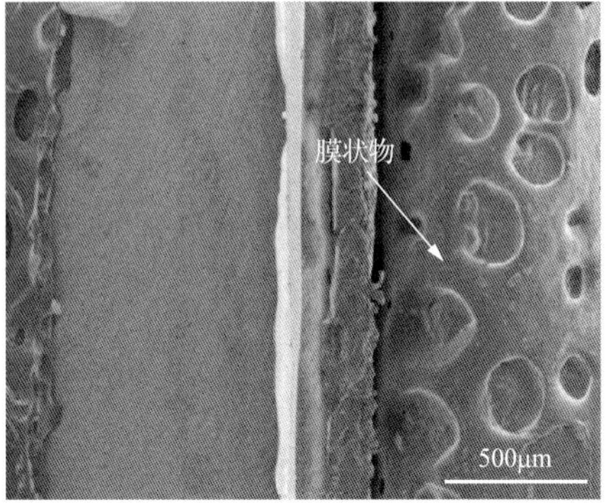

(b) 滤纸侧面成膜后电镜照片

图 4.13 成膜井壁稳定剂CMLH-Ⅰ在滤纸侧面成膜前后扫描电镜照片

(a) 砂石表面

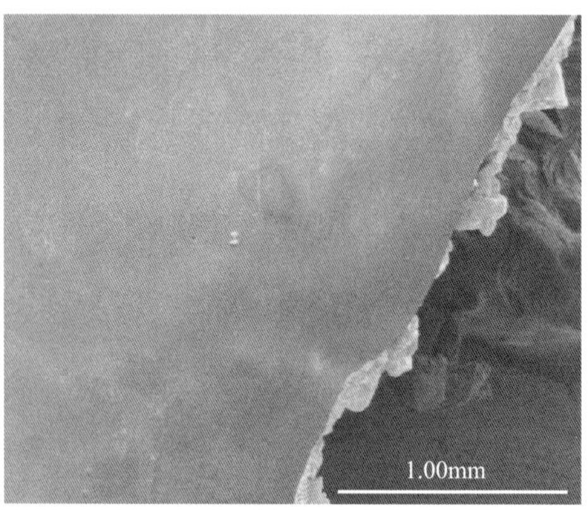

(b) 在砂石表面成膜后

图 4.14 成膜井壁稳定剂 CMLH-Ⅰ在砂石表面成膜前后扫描电镜照片

2. 煤层成膜井壁稳定剂 CMLH-Ⅰ的性能评价

1)井壁稳定性

采用热滚回收率实验和黏土线性膨胀实验对成膜井壁稳定剂CMLH-Ⅰ的井壁稳定性能进行了评价。首先将成膜保护剂 CMLH-Ⅰ分别配制成 1%～4%的溶液，然后采用煤岩进行滚动回收实验，结果如图 4.15 所示。从图中可以看出，相对清水来说，1%的 CMLH-Ⅰ的溶液就对热滚回收率有显著的提高，回收率达到 78.5%，此时，成膜保护剂 CMLH-Ⅰ吸附到泥页岩表面，但没有达到饱和程度，因此，在 1%的基础上继续增加保护剂的量，回收率仍然有一定提高，但是当成膜保护剂的用量达到 3%以上时，热滚回收率的提高程度就变得不显著，这是由于泥页岩已经吸附饱和保护剂了。

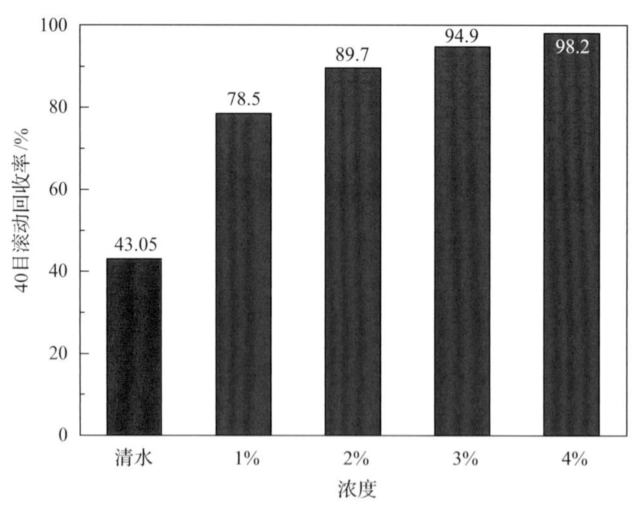

图 4.15 泥页岩在不同浓度的成膜井壁稳定剂 CMLH-Ⅰ溶液中的热滚回收率

同时，采用热滚回收率实验比较了成膜井壁稳定剂 CMLH-Ⅰ与一些其他常用抑制剂的抑制煤岩分散剥离的能力。从图 4.16 可以看出，在相同浓度下，成膜井壁稳定剂 CMLH-Ⅰ的效果是最好的。

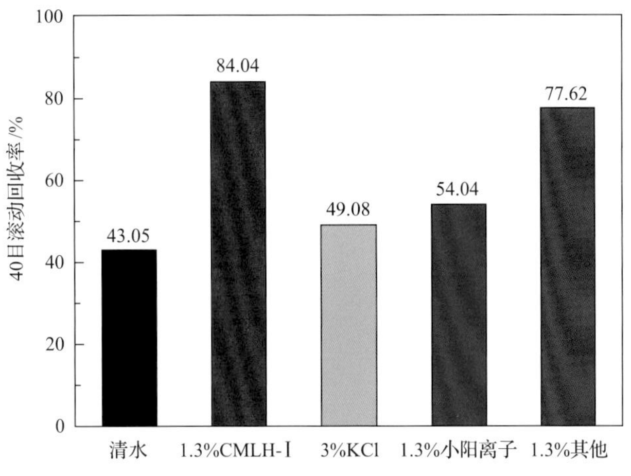

图 4.16 泥页岩在不同抑制剂溶液中的热滚回收率

将成膜保护剂 CMLH-Ⅰ与氯化钾及小阳离子等其他抑制剂按照一定的浓度配制成工作液，进行黏土线性膨胀实验，结果如图 4.17 所示。从图中可以看出，与清水对比，成膜保护剂 CMLH-Ⅰ的线性膨胀降低率达到 60%以上，同时也优于相同浓度下的其他抑制剂溶液，说明成膜保护剂 CMLH-Ⅰ有良好的抑制黏土水化膨胀的性能，在地层在中能够抑制黏土含量高的泥页岩的水化膨胀，从而防止井壁坍塌，起到井壁稳定的作用。

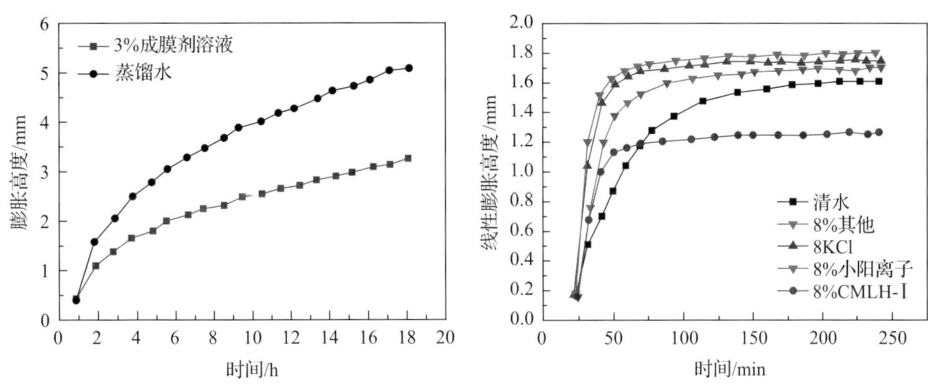

图 4.17 不同处理剂的抑制性能对比

为评价成膜井壁稳定剂 CMLH-Ⅰ对煤岩强度的影响，分别配制了 3% CMLH-Ⅰ和 3%国外井壁稳定剂 Soltex，然后将同种煤岩置于上述溶液中，120℃、老化 16h 后，采用单抽强度仪测定煤岩抗压强度。从图 4.18 可知，与国外先进技术相比，成膜井壁稳定剂 CMLH-Ⅰ提高煤岩强度 14.1%，也就是说，成膜井壁稳定剂 CMLH-Ⅰ不但不使煤岩强度降低反而提高，具有优良的稳定井壁作用。

2) 保护煤层气效果评价

(1) 残渣含量对比。

将成膜井壁稳定剂 CMLH-Ⅰ与同类的聚合物保护剂分别进行残渣含量测试实验，结果如表 4.14 所示，可以看出成膜井壁稳定剂 CMLH-Ⅰ的残渣含量远远低于其他同类产品，说明成膜井壁稳定剂 CMLH-Ⅰ更有利于保护煤层。

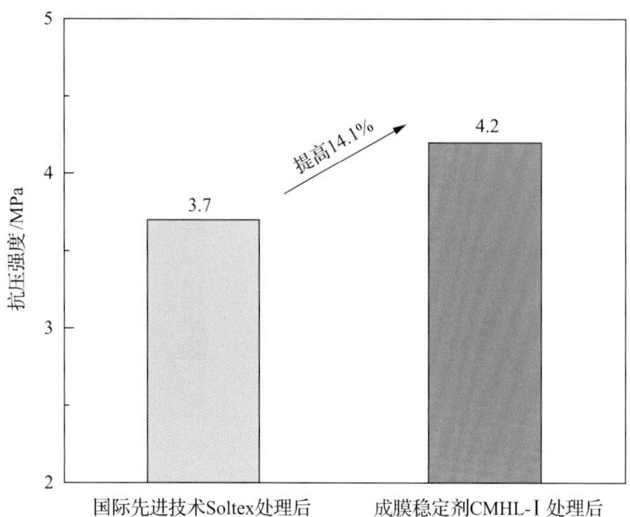

图 4.18　CMLH-Ⅰ与国际先进技术 Soltex 对煤岩强度的影响

表 4.14　CMLH-Ⅰ与同类聚合物保护剂的残渣含量对比

样品	CMLH-Ⅰ	国外成膜剂(表 4.15 配方三)	无渗透性油层保护剂	超低渗透剂	YAYB-6
残渣含量/(mg/L)	7.1	335.8	494.2	482.1	489.5

(2)渗透率损害率对比。

将成膜井壁稳定剂 CMLH-Ⅰ与其他同类处理剂分别加入到基础配方的钻井液中，并测试钻井液的常规性能和对岩心的渗透率损害率来评价其保护煤层气性能的优劣。

上述各配方进行的基础流变性能测试的结果如表 4.15 所示，从表中可以看出，无论是老化后还是老化前，配方二的流变性都优于其他体系，且滤失量也较小。

表 4.15　不同成膜剂在钻井液中的流变性能

配方			pH	AV /(mPa·s)	PV /(mPa·s)	YP/Pa	初切/终切	FL_{API}/mL	FL_{HTHP}/mL
配方一(空白)	老化前	室温	9	56	50	6	0.5Pa/1Pa	2	8
		50℃	9	39	34	5	0.5Pa/1Pa	2.4	
	老化后	室温	9	47	38	9	0.5Pa/1Pa	2.5	20.8
		50℃	9	48	37	11	1Pa/1Pa	2.6	
配方二(本技术)	老化前	室温	9	51.5	44	7.5	1Pa/1Pa	1.8	10.8
		50℃	9	41.5	38	3.5	0.5Pa/1Pa	2.2	
	老化后	室温	9	41	35	6	1Pa/1Pa	2.8	14.4
		50℃	9	43.5	39	4.5	1Pa/1Pa	2.9	
配方三(同类技术)	老化前		9	97.5	83	14	3Pa/12.5Pa	3.8	12.4
	老化后		9	119.5	106	13.5	3.5Pa/7.5Pa	5	26.8
配方四(同类技术)	老化前		9	75	68	78	1.5Pa/4.5Pa	2.5	14.4
	老化后		9	103	91	12	1.5Pa/4Pa	7.2	26.8

续表

配方		pH	AV /(mPa·s)	PV /(mPa·s)	YP/Pa	初切/终切	FL_{API}/mL	FL_{HTHP}/mL
配方五（同类技术）	老化前	9	76	47	29	12Pa/19Pa	8	41
	老化后	9	102.5	100	2.5	3Pa/5Pa	8	58.4
配方六（同类技术）	老化前	9	52.5	49	3.5	2Pa/3Pa	3	31.4
	老化后	9	56	55	1	1.5Pa/2.5Pa	12.4	45.2
配方七（同类技术）	老化前	9	55	50	5	1.5Pa/6Pa	3.2	26.4
	老化后	9	48	45	3	1Pa/1.5Pa	10	39.4

注：基础配方(配方一)：3% Bentonite+0.2%NaOH + 1% PAC-LV+ 0.5% NH4PAN+ 1% SMP-1 + 1% SPNH+ 1% GWJ+ 3% Polycol-1+ 0.2% KPAM+ 2% QS-2(200 目) + Barite (1.38g/cm^3)。

配方二：配方一+ 2%煤层成膜保护剂 CMLH-Ⅰ。

配方三：配方一+ 2%其他成膜剂(国外)。

配方四：配方一+ 2%无渗透性油层保护剂。

配方五：配方一+ 2%超低渗透剂。

配方六：配方一+ 2%YAYB-6。

配方七：配方一+ 5%无水聚合醇。

从表 4.16 可以看出，配方二的渗透率恢复率值最高，渗透率损害率的值最低，说明煤层成膜保护剂对储层的保护作用优于其他处理剂。

表 4.16　不同成膜剂在钻井液中对岩心的损害对比

钻井液配方	岩心损害前的渗透率 /$10^{-3}\mu m^2$	岩心损害后的渗透率恢复值/$10^{-3}\mu m^2$	渗透率恢复率 R_d/%	渗透率损害率/%
配方一(空白)	228.09	156.04	68.41	31.59
配方二(本技术)	48.38	44.66	92.31	7.68
配方三(同类技术)	48.75	41.17	84.45	15.54
配方四(同类技术)	344.77	263.89	76.54	23.46
配方五(同类技术)	164.54	112.88	68.61	31.39
配方六(同类技术)	181.11	139.09	76.80	23.2
配方七(同类技术)	190.696	141.48	74.19	25.81

3)与以前技术的储层保护效果对比

(1)可视式砂床侵入深度对比。

可视式砂床实验数据对比：从图 4.19 可知，CMLH-Ⅰ的侵入深度低于所对比的样品，表明 CMLH-Ⅰ可在砂床上形成质量更高的膜状物。

(2)渗透率堵塞率与恢复值对比。

分别在加量 1%、2%、3%、3.5%和 4%条件下，通过改变油气层保护剂的种类(煤层成膜井壁稳定剂 CMLH-Ⅰ、国外先进的 FLC2000、超细碳酸钙)，配制了煤层成膜暂堵钻井液体系、无渗透钻井液体系和常规屏蔽暂堵钻井液体系，按照行业标准，采用渗透率相近的岩心进行岩心损害评价实验，渗透率堵塞率和恢复率如图 4.20 所示。从图 4.20 可知，无论是堵塞率或是恢复率，煤层成膜暂堵钻井液体系的数据最高，对储层保护效果优于其他技术。

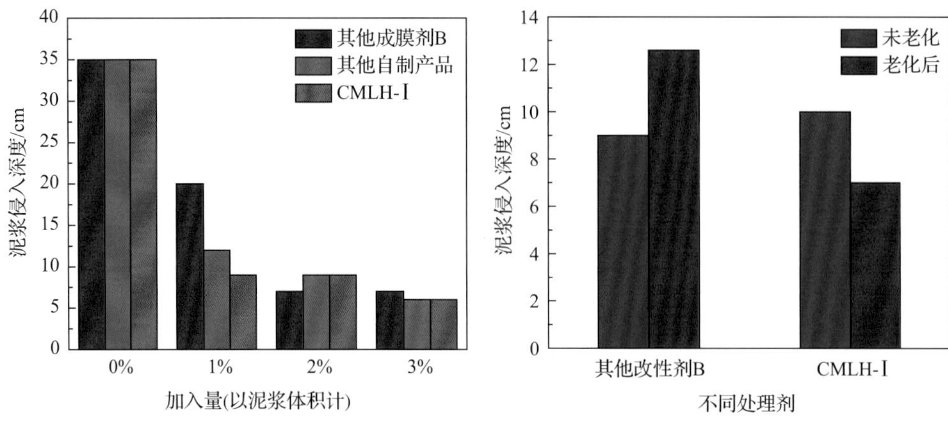

图 4.19　几种成膜剂的侵入深度对比(加量 2%)

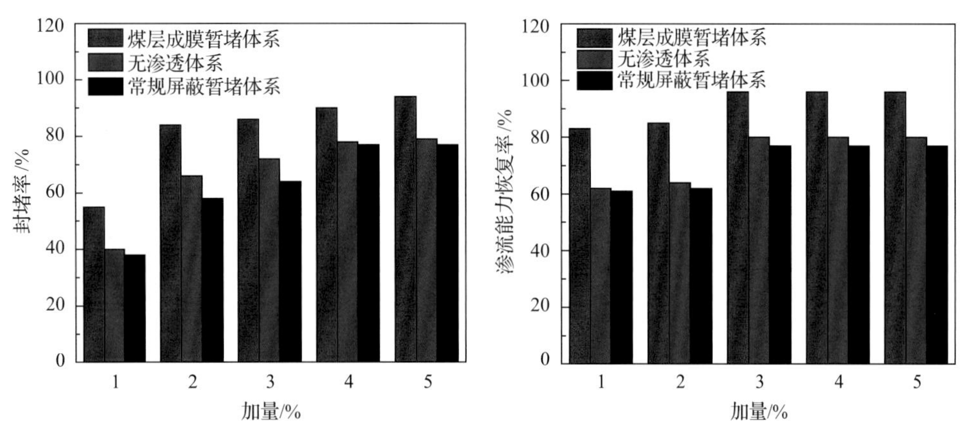

图 4.20　煤层成膜暂堵、屏蔽暂堵和无渗透技术效果对比

(3)滤失量与流变性对比。

从表 4.17、表 4.18 可知，CMLH-Ⅰ在基浆中的性能明显优于其他成膜材料(包括国外最新的产品)，表明 CMLH-Ⅰ的成膜能力更佳，具有强封堵能力。

因此，成膜井壁稳定剂 CMLH-Ⅰ无论是在井壁稳定方面还是煤层保护方面，均优于国内外先进技术。

表 4.17　不同加量下各成膜剂的高温高压滤失量对比

钻井液	不同加量的滤失量/mL						
	0%	1%	2%	3%	4%	5%	6%
FLC2000	90	64	56	44	37	32	25
CMLH-Ⅰ(本发明)	90	48.8	40.2	34.6	28.4	23	21.2
其他成膜剂 A	90	81.8	64.6	54.2	38.4	35.4	26.2
其他成膜剂 B	90	88	84	80.4	85	87	

表 4.18 不同加量下各成膜剂的流变性和 API 滤失量对比

种类	加量/%	AV/(mPa·s)	PV/(mPa·s)	YP/Pa	YP/PV/[Pa/(mPa·s)]	FL_{API}/mL
其他成膜剂 A	0	10	5	5	1	34
	1	10	4.5	5.5	1.22	30
	2	17.5	8.5	9	1.06	26.4
	3	19.75	9.5	10.75	1.13	23.8
	4	22.5	8	14.5	1.81	20.4
	5	32	13.5	18.5	1.37	16.8
	6	35	18	17	0.94	14.2
其他成膜剂 D	0	10	5	5	1	34
	1	9	4	5	1.25	32.8
	2	12.75	7.5	5.25	0.7	30.8
	3	16.25	8.5	7.75	0.91	31
	4	18.5	9.5	9	0.95	27.6
	5	21.5	11.5	10	0.87	26.4
	6	24	12	12	1	27
其他成膜剂 B	0	10	5	5	1	34
	1	11	6	5	0.83	20.4
	2	13.25	7.5	5.75	0.77	17.4
	3	12.5	7	5.5	0.78	14.2
	4	13	6.5	6.5	1	11.6
	5	14	7.5	6.5	0.87	8.6
	6	17.5	8.5	9	1.06	8
CMLH-I	0	10	5	5	1	34
	1	16.5	13.5	3	0.22	12
	2	38	27	11	0.41	8
	3	42.5	28	14.5	0.52	7.4
	4	55	34	21	0.62	6.8
	5	70	39	31	0.79	6.4
	6	86.5	41	45.5	1.11	5.6

（三）微纳米固膜封堵剂 GMJ-Ⅰ的研发

一般来说，煤层气岩石相对致密，渗透性低，微纳米级孔缝较发育。封堵微纳米级孔缝是阻止压力传递、稳定井壁的有效方法之一。对于具有强抑制能力的钻井液来说，水力压力通过微裂缝传递是导致井壁失稳的主要原因之一，必须加强钻井液对微裂缝的封堵性。

微裂缝的尺寸一般在纳米和微米之间，常规的封堵剂尺寸太大，起不到良好的封堵效果，因此采用纳米材料进行封堵是一个很好的方法。但向钻井液中加入纳米级颗粒，会增加钻井液的固相含量和亚微米颗粒含量，从而增大细颗粒损害油气层的概率，并且由于加入纳米材料的表面活性很大，会吸附一部分钻井液处理剂，减少处理剂的有效含量，其自身也容易发生团聚，团聚后颗粒尺寸明显变大，仅靠搅拌很难使团聚颗粒再分散到纳米尺度，失去纳米颗粒的特性。

近10年来，国内外研究者对微纳米孔缝的封堵已成为研究热点，但却没有取得明显的进展，主要体现在：①Al-Bazali在2005年通过毛细管压力公式计算出泥页岩孔喉尺寸平均分布在10～30nm，根据三分之一封堵理论，封堵材料粒径应介于3～10nm才能对泥页岩形成良好封堵，而目前的纳米封堵剂其纳米粒径主要分布在50nm以上，不能进行有效的封堵；②目前的纳米封堵材料不但抗温性和抗污染能力较差，而且仅能封堵微米及以上尺寸的孔缝，难以封堵纳米级孔缝、难以阻止压力传递、难以满足非常规油气井的需要。

因此，针对以上问题，中国石油大学(北京)蒋官澄教授带领团队首次将仿生学引入钻井液领域，发明了一种纳米尺寸的纳米二氧化硅接枝聚合物(微纳米固膜封堵剂GMJ-Ⅰ)，其粒径主要分布在1～10nm，具有良好的离子抗污染能力与高温稳定性，且在钻井液体系中易分散维持其纳米尺度、不容易产生团聚，不仅能够封堵住微纳米级的孔缝，还可与成膜井壁稳定剂协同作用，进一步增强膜效率，减小托压，提高润滑防卡作用。

1. 微纳米固膜封堵剂GMJ-Ⅰ的研发

选用刚性无机纳米粒子为核，接枝带有特殊官能基团的柔性聚合物，使其能够分散无机纳米粒子，避免纳米颗粒团聚，同时赋予无机纳米粒子柔性可变形，从而能够根据孔隙的大小自由变形、封堵。图4.21为微纳米固膜封堵剂GMJ-Ⅰ的设计理念，可以看出该封堵剂为黏弹性与刚性相结合的球状粒子。

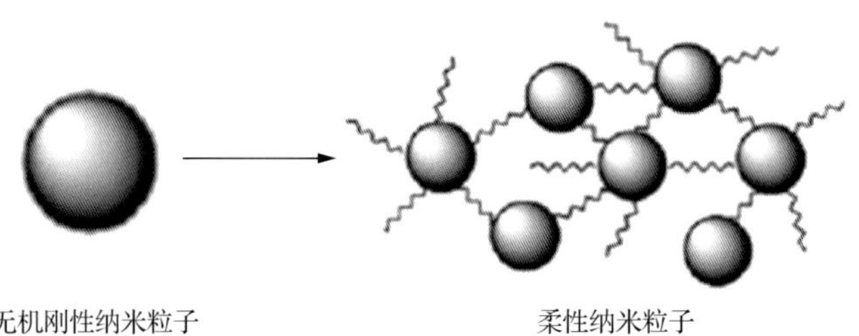

图4.21 微纳米固膜封堵剂GMJ-Ⅰ分子结构设计思路

微纳米固膜封堵剂GMJ-Ⅰ的外观如图4.22所示，为无色透明溶液。将固膜封堵剂GMJ-Ⅰ溶液滴在滤纸上烘干后，在透射电镜下扫描拍照发现其粒径大部分都在10nm以下；继而采用zeta电位粒径测试仪测量不同改性条件下纳米粒子粒径分布情况可知，纳米二氧化硅接枝的柔性聚合物具有粒径在10nm以下，进一步验证了透射电镜的测定结果。该粒径为封堵泥页岩提供了强有力的基础。

2. 微纳米固膜封堵剂GMJ-Ⅰ的性能评价

1)润滑性能

将固膜封堵剂GMJ-Ⅰ按照2%的量加入4%的膨润土基浆中，以及与1%成膜剂复配加入基浆中，并进行中压滤失量的测定，然后保存其滤饼，采用EP极压润滑仪测试其润滑系数，考察其对润滑性能的影响。从表4.19可见，微纳米封堵剂具有润滑作用，且与成膜剂复配使用时，润滑防卡作用更强。

(a) 宏观形貌

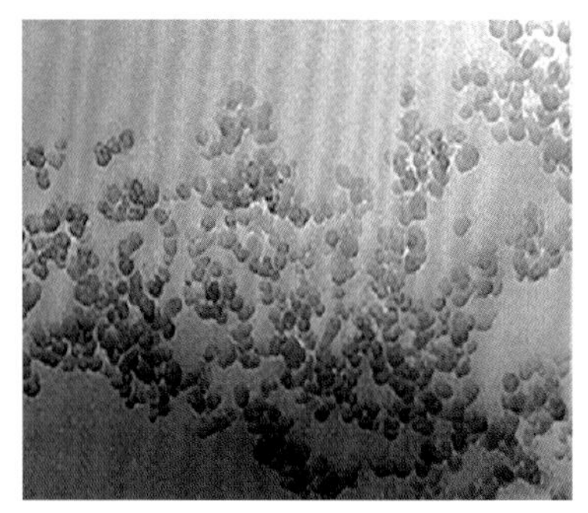

(b) 透射电镜扫描照片

图 4.22 微纳米固膜封堵剂 GMJ-Ⅰ的宏观及微观形貌

表 4.19 微纳米固膜封堵剂 GMJ-Ⅰ的润滑性能

样品	EP 润滑系数		润滑系数降低率	
	老化前	120℃老化 16h	老化前	120℃老化 16h
4%基浆	0.54			
4%基浆+2% GMJ-Ⅰ	0.31	0.16	42.59%	70.37%
4%基浆+2% GMJ-Ⅰ+1%成膜剂	0.21	0.14	61.11%	74.07%

将固膜封堵剂 GMJ-Ⅰ与国外先进产品(美国公司 DFL 产品)相比进行摩阻、扭矩、循环阻力试验(图 4.23),对比发现固膜封堵剂 GMJ-Ⅰ在摩阻、扭矩、循环阻力降低程度方面更优,说明固膜封堵剂 GMJ-Ⅰ润滑性能更好。

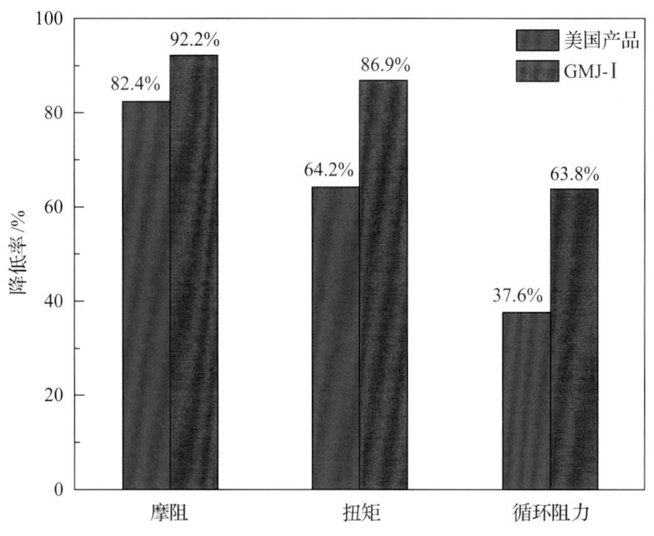

图 4.23 微纳米固膜封堵剂 GMJ-Ⅰ与国外先进技术性能对比

2)封堵率测试实验

图 4.24 是微观封堵剂封堵泥页岩前后的孔径变化。未加入微观封堵剂时,泥页岩的纳米级孔隙集中在 6nm 左右,当加入封堵剂后,泥页岩的纳米以下的孔径大大减少,6nm

左右的孔径减少了 68%左右，说明微观封堵剂具有封堵纳米级孔隙的能力，具有良好的封堵效果。

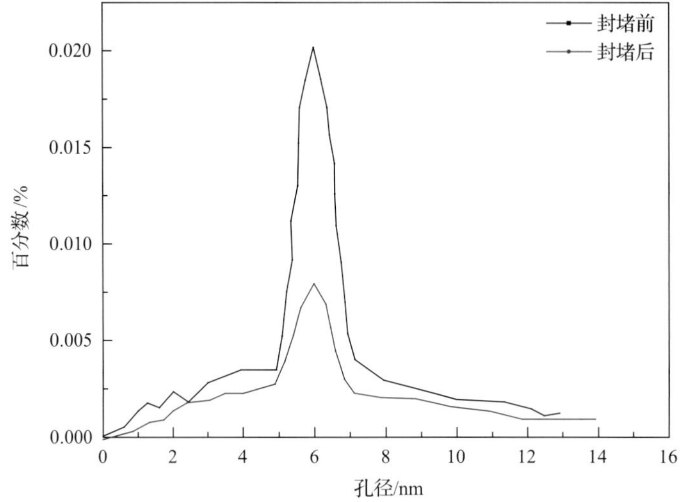

图 4.24　微纳米固膜封堵剂 GMJ-Ⅰ的封堵效果

岩芯抽空饱和，水测封堵前水相渗水率 K_0，在不同渗透率的填砂管模型中注入一倍孔隙体积的纳微米固膜封堵剂 GMJ-Ⅰ，置于 120℃中养护 72h，将填砂管模型取出，然后反向向填砂管模型中驱水，测水相渗透率 K_1，计算纳微米固膜封堵剂的封堵率。从表 4.20 中可以看出，因纳微米固膜封堵剂在岩心内部相互作用，能封堵大孔径，封堵率高达 90%以上，具有优异的封堵效果。

表 4.20　微纳米固膜封堵剂 GMJ-Ⅰ岩心渗透率测试

样品	$K_0/\mu m^2$	$K_1/\mu m^2$	封堵率/%	突破压力/(mPa/cm)
1	1.923	0.189	90.2	1.96
2	1.764	0.168	90.4	2.08

3) 常规性能评价

(1) 对基浆的影响。

将纳微米固膜封堵剂 GMJ-Ⅰ按照一定质量分数加入到 4%的膨润土基浆中，通过测定其流变性及滤失量来考察其对基浆性能的影响，结果如表 4.21 所示。可以看出，基浆加入纳微米固膜封堵剂后，滤失量降低了 74%，说明纳微米固膜封堵剂能够有效封堵黏土颗粒间的孔隙，降低滤失量。

表 4.21　微纳米固膜封堵剂 GMJ-Ⅰ对基浆性能的影响

基浆浓度	GMJ-Ⅰ浓度	AV/(mPa·s)	PV/(mPa·s)	YP/Pa	YP/PV	初切/终切	FL_{API}/mL
4%	0%	7.5	6	1.5	0.25	0.1Pa/0.5Pa	34.0
	1%	19.5	11	8.5	0.77	3Pa/5Pa	8.8

(2)抗温、抗盐性能。

将纳微米固膜封堵剂GMJ-Ⅰ按照1%的量加入到4%的膨润土基浆中，并在此基础上加入25%的NaCl，分别测定其在室温下及120℃老化后的流变性和滤失量的变化，来考察固膜封堵剂GMJ-Ⅰ的耐盐性能。从表4.22的数据看出，纳微米固膜封堵剂120℃老化后，流变性能变化不大，仍能保持比较低的滤失量，说明纳微米固膜封堵剂与黏土颗粒形成牢固的作用力。在含盐量为25%NaCl的环境下，滤失量没有显著增加，说明可以适应一定含盐量的环境。

表4.22　盐对固膜封堵剂GMJ-Ⅰ对性能的影响

项目	AV/(mPa·s)	PV/(mPa·s)	YP/Pa	YP/PV	初切/终切	FL_{API}/mL
老化前	19.5	11	8.5	0.77	3Pa/5Pa	8.8
25%NaCl	7.5	6	1.5	0.25	1Pa/1Pa	20.4
120℃，老化16h	25	20	5	0.25	1.5Pa/5Pa	12.8

将纳微米固膜封堵剂GMJ-Ⅰ按照1%的量加入到4%的膨润土基浆中，分别测定其在室温下以及150℃老化后的流变性和滤失量的变化，来考察固膜封堵剂GMJ-Ⅰ的耐温性能。从表4.23中可以看出，150℃老化后的滤失量降低率达到66%，具有抗150℃以上高温的能力。

表4.23　微纳米固膜封堵剂GMJ-Ⅰ的耐温性能

条件	样品	φ_6/φ_3	AV/(mPa·s)	PV/(mPa·s)	YP/Pa	FL_{API}/mL	滤失量降低率/%
室温	基浆	9/8	9.5	4	5.5	28	
	基浆+5% GMJ-Ⅰ	11/10	18.5	8	10.5	13.5	52
150℃，老化16h	基浆	2/1	8	5	3	58	
	基浆+5% GMJ-Ⅰ	2/2	20	12	8	20	66

4)岩心压力传递实验

采用页岩膜效率测定仪评价纳微米固膜封堵剂封堵性能：监测下游压力变化，用下游压力增加的快慢表征纳微米封堵材料的封堵性能。

(1)低渗透率砂岩岩心。

从图4.25中可以看出，在4%NaCl盐水+2%成膜剂体系中，下游压力几乎不到3min就增加到与上游压力一致；而4%纳微米固膜封堵剂溶液10h以后才开始增加，封堵性能大大增强。

(2)超低渗透率页岩。

选用超低渗透率天然页岩岩心(取自四川威远)进行压力传递实验，结果如图4.26所示。在4%NaCl盐水+2%成膜剂体系中，下游压力5h以后下游压力开始增加；而4%纳微米固膜封堵剂溶液60h以后仍未见增加。说明纳微米固膜封堵剂具有优异的封堵性能，同时更适宜封堵超低渗的页岩孔隙，并证明纳微米固膜封堵剂颗粒能够进入纳米级孔隙。

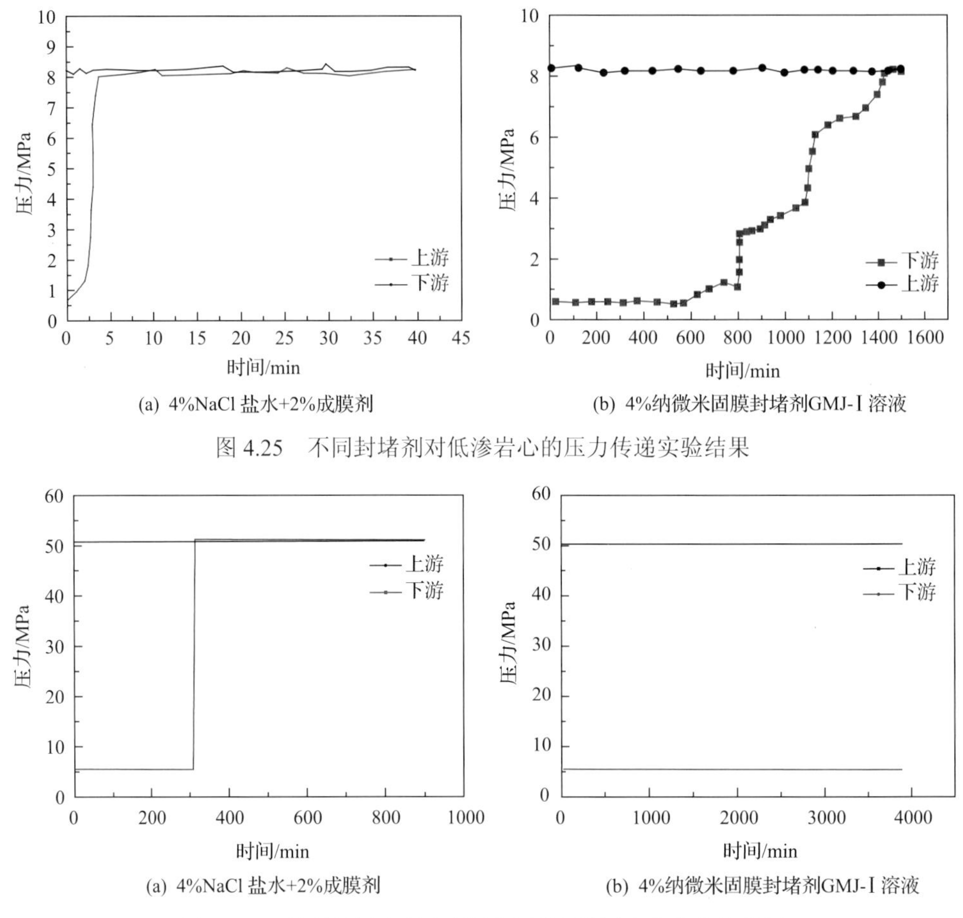

(a) 4%NaCl 盐水+2%成膜剂

(b) 4%纳微米固膜封堵剂GMJ-Ⅰ溶液

图 4.25 不同封堵剂对低渗岩心的压力传递实验结果

(a) 4%NaCl 盐水+2%成膜剂

(b) 4%纳微米固膜封堵剂GMJ-Ⅰ溶液

图 4.26 不同封堵剂对超低渗透率页岩的压力传递实验结果

因此，与国内外先进技术相比，微纳米固膜封堵剂属于刚柔结合，解决了纳米颗粒的团聚难题，增强了与岩石间的结合力，不仅能封堵微米及以上尺寸的孔缝，还能封堵纳米级孔缝。

(四)煤层井眼净化钻井液新技术

在多采用水平井、鱼骨刺井等复杂结构井开采煤层气的钻井过程中，更容易形成“岩屑床”，特别是在大斜度井段，给井下安全带来风险。作者团队将最新建立的“井下岩石表面双疏性理论”引入钻井液领域，改变煤岩表面润湿状态，使在钻探煤层气过程中释放出的气体吸附于钻屑表面，相对降低钻屑密度，提高钻井液的携带和悬浮钻屑能力，建立了气泡浮选法或气泡包裹法井眼净化新技术。

该井眼净化钻井液新技术是通过采用双疏理论研发的强膜剂 TCJQ-Ⅱ来实现。将强膜剂 TCJQ-Ⅱ加入钻井液中，强膜剂 TCJQ-Ⅱ分子结构中极性端能充分吸附在钻屑表面，非极性端能吸附在气泡表面，使岩屑表面润湿性反转为双疏性，使提高钻井液携带钻屑的能力，清洁了井眼，兼具减小煤层颗粒间摩擦力从而起到润滑防卡的作用，其微观作用机理如图 4.27 所示。

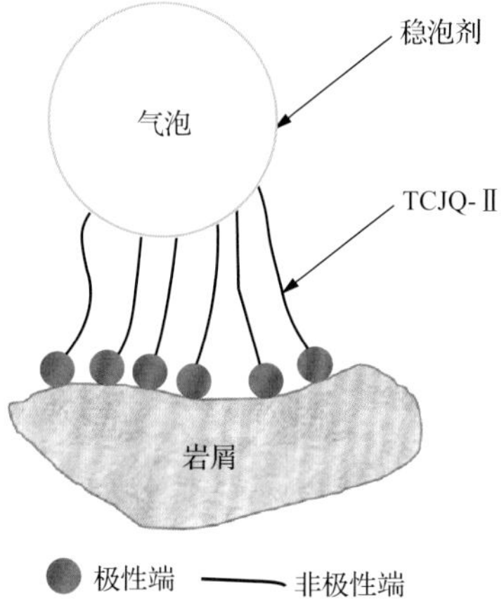

稳泡剂
气泡
TCJQ-Ⅱ
岩屑
极性端 非极性端

图 4.27 强膜剂 TCJQ-II 的微观作用机理(并将图形中的 FGC-1 换位 TCJQ-II)

(五)煤层超分子防漏堵漏新技术

煤层气地层孔缝、层理发育，钻井过程中极易发生漏失。目前的堵漏方法主要是静止堵漏法和特殊复杂情况下的井漏处理方法(图 4.28)，而这些方法所采用的堵漏材料仍是以水泥为主的无机胶凝堵剂、复合桥堵剂和少部分化学堵剂，适用于处理严重井漏的堵剂较少。所用的堵漏材料几乎都是通过稠浆高黏切滞留，架桥、堆积、填充，与地层黏结，凝固封堵，彻底封隔地层与环空来进行堵漏作业。但在面对如下情况时，成功率极低，甚至无能为力。

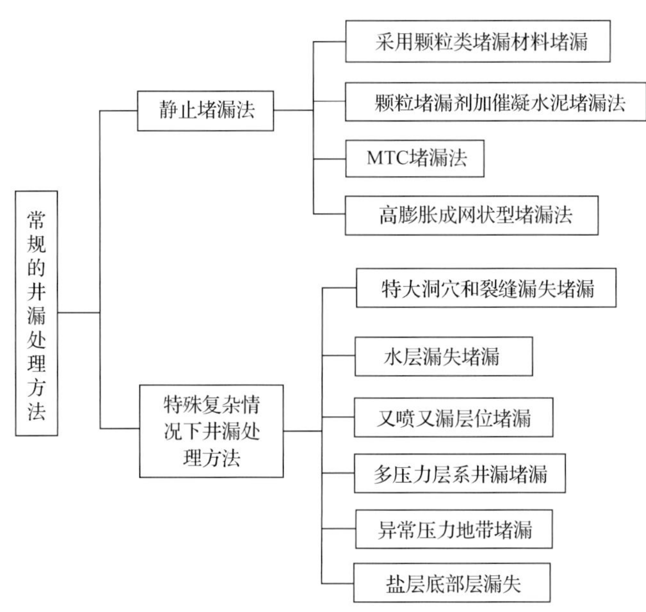

图 4.28 常规的井漏处理方式方法

(1)溶洞型井漏堵漏时，由于堵漏水泥受到地层水或溶洞积液置换、稀释的干扰，难以在近井壁周围凝固形成有效的堵塞隔墙。

(2)遇到漏失井段长、漏层连续不断、漏层位置难以找准的情况时，漏失通道没有明显的“喉道”，桥接堵漏材料难以在漏失通道中形成稳定的“架桥”，加之对压力极为敏感，难以提高承压能力，传统的堵漏材料就显得无能为力。

解决这类技术难题需在现有技术及经验的基础上，从机理研究入手，综合应用其他学科最新成果，探索出能解决这类问题的新原理，建立新方法，研发新材料，形成新技术。

当遭遇恶性漏失时，要求堵漏材料具有如下特点：

(1)堵漏液在地面管线、钻具水眼及环空中流动容易，而进入漏层则难流动，最后滞留在入口附近。

(2)堵漏液进入漏层中排走地层流体(油、气、水)，并填满整个漏失通道的全部空间，完全隔断井眼与地层的联系。

(3)堵漏液不与(或难与)地层水混合而被冲稀。

(4)堆集的堵漏材料凝结后的强度大于钻井液液柱压力产生的破坏作用。

总的来说，要求堵漏材料在裂缝中具有“流得进、站得住、排得净、充得满、隔得断、抗得住”的性能特点。

目前国内外已按此思路发展了多种防漏堵漏技术，如剪切稠化液堵漏技术、柴油-膨润土-水泥堵漏技术、柴油-膨润土浆技术、封包堵剂井下混合增稠技术、触变水泥技术、袋式堵漏技术、延时交联聚合物等。这些技术虽然都具有一定效果，但都很难同时满足以上各项要求，因此还不能有效解决恶性漏失问题。

根据目前国际上近年发展起来的超分子化学理论，蒋官澄团队发明了系列超分子凝胶段塞防漏堵漏技术，解决了煤层气井钻井过程中的漏失难题。

(1)研发了超分子承压堵漏新材料，解决以前堵漏剂在漏层中停不住、易被水混合冲稀、难以滞留堆积在漏层入口附近、难以堵死漏失通道等技术难题。

(2)与其他工艺技术相结合，建立了大幅度提高低压储层承压能力，避免钻井作业中储层损害的防漏堵漏新技术。

(3)创建了适应和满足封堵不同类型且复杂多变漏层需要的承压堵漏新技术，大幅度提高低压地层的承压能力。

1. *超分子堵漏剂的研发*

目前，研发出了三种不同系列的超分子堵漏剂，分别命名为超分子堵漏剂Ⅰ型(CFDJ-Ⅰ)、超分子堵漏剂Ⅱ型(CFDJ-Ⅱ)、超分子堵漏剂Ⅲ型(CFDJ-Ⅲ)，能够适应不同深度地层，能够在不同温度条件下形成不同强度和弹性的凝胶，具有广泛适应性。

1)超分子堵漏剂 CFDJ-Ⅰ

淡黄色粉末状的超分子堵漏剂 CFDJ-Ⅰ可以分散到水中溶胀成各种粒径大小不一的凝胶颗粒，具弹性、易变形，可进入地层孔隙或裂缝，对发生漏失的层位进行封堵。凝胶颗粒粒径分布范围较广，为 100～3000μm(表面积平均粒径 625.405μm、体积平均粒径 814.967μm、$d_{0.1}$=353.141μm、$d_{0.5}$=775.729μm、$d_{0.9}$=1329.896μm)(图 4.29)，易于封堵各种漏失裂缝尺寸地层。

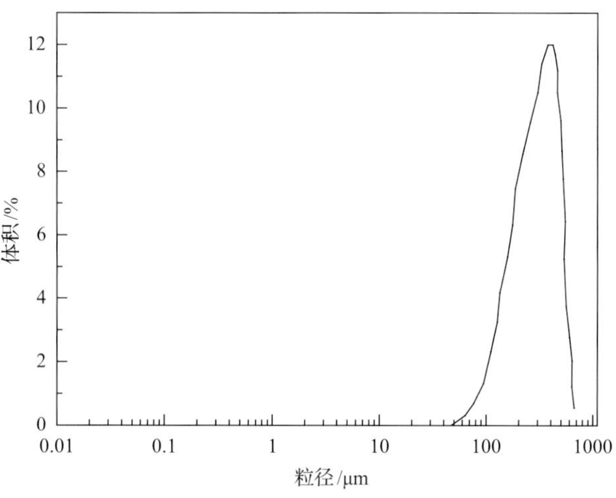

图 4.29 超分子堵漏剂 CFDJ-Ⅰ的粒径分布

(1)剪切稀释性评价。

采用 HAAKE 流变仪测试了超分子堵漏剂 CFDJ-Ⅰ溶液(未成胶)黏度随剪切速率变化的曲线，结果如图 4.30 所示。从图中可以看出，不同浓度的超分子堵漏剂 CFDJ-Ⅰ在 30℃时，其黏度均随着剪切速率的增加而降低，具有很好的剪切稀释性。

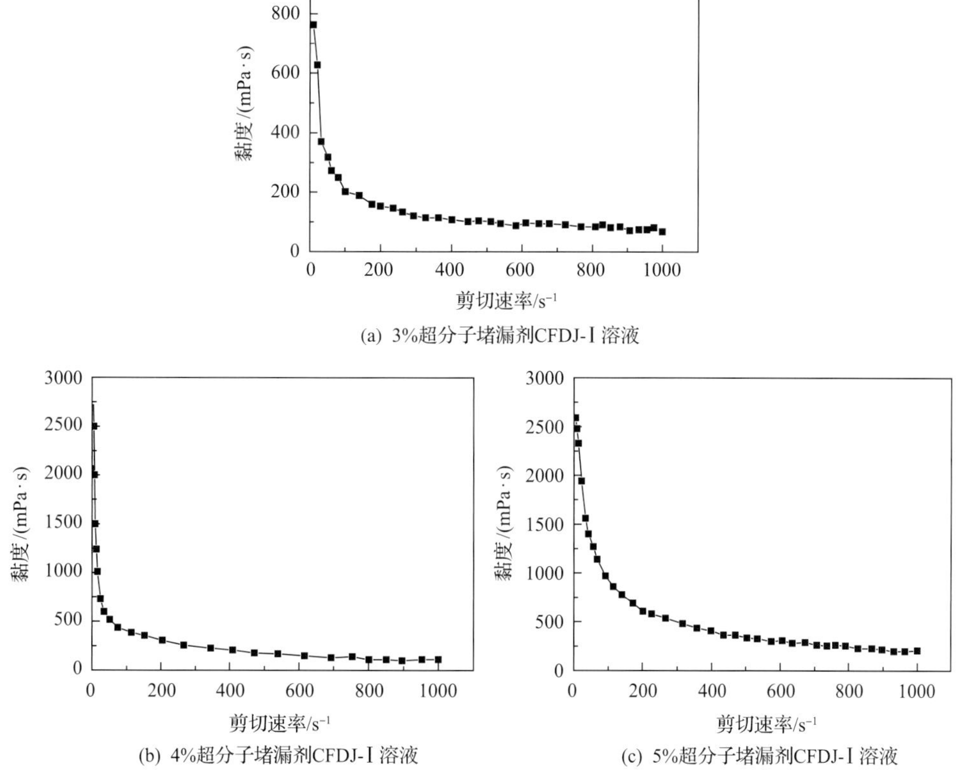

图 4.30 不同浓度的超分子堵漏剂 CFDJ-Ⅰ溶液的黏度随剪切速率变化曲线

(2)抗温性评价。

首先将超分子堵漏剂 CFDJ-Ⅰ溶于水配成溶液，并在 90℃条件下静置 16h，堵漏剂的成胶状态如图 4.31 所示。从图中可以看出，成胶前堵漏剂溶液黏度非常小，可以保证其优异注入性能，而在成胶后凝胶的挑挂性很强、强度很大。超分子堵漏剂 CFDJ-Ⅰ溶液置于 180℃下老化 16h 后的状态如图 4.31(c)所示，可以看出其强度仍然很大，颜色变化是其高温氧化形成的。

(a) 成胶前

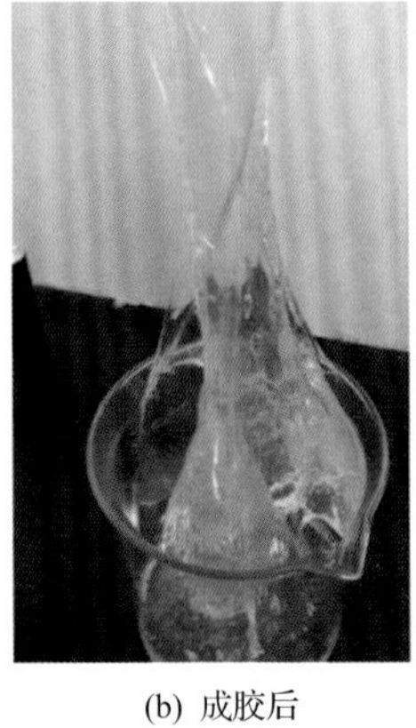
(b) 成胶后

(c) 180℃老化后的状态

图 4.31　5%超分子堵漏剂 CFDJ-Ⅰ成胶前后的状态

(3)弹性模量和黏性模量评价。

采用 HAAKE 流变仪测试了不同浓度的超分子堵漏剂 CFDJ-Ⅰ溶液在线性黏弹性区域内的弹性模量和黏性模量，结果如图 4.32 所示。当浓度低于 5%时，超分子堵漏剂 CFDJ-Ⅰ溶液均表现为黏性。当浓度为 5%时，频率低于 8Hz 流体表现为黏性、频率高于 8Hz 流体表现出微弱的弹性。因此，超分子堵漏剂 CFDJ-Ⅰ配制完成后，耗能模量(G'')大于储能模量(G')，初始状态下体系表现为黏性流体，有较好流动性。

(4)屈服应力评价。

屈服应力是一个应力界限，低于此应力时样品表现为固态，施加应力时样品像弹簧一样发生形变；而一旦应力除去，应变则完全消失，屈服应力严重影响流体流动时等速核(柱塞)的宽度，而此柱塞对流体的驱替性质有重要的影响。采用 HAAKE 流变仪测定不同浓度的超分子堵漏剂 CFDJ-Ⅰ溶液成胶前后的屈服应力，结果如图 4.33 所示。

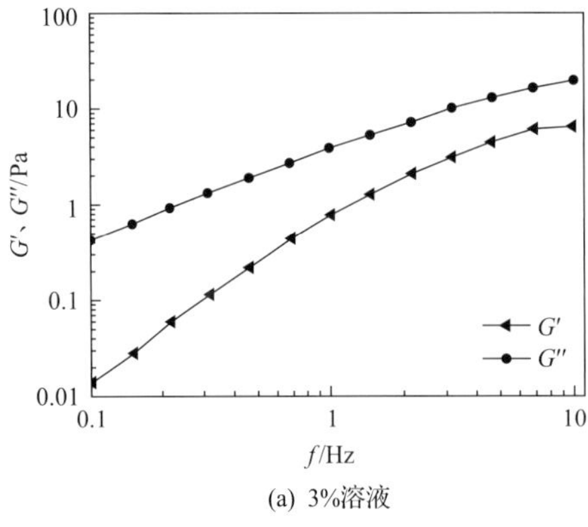

(a) 3%溶液

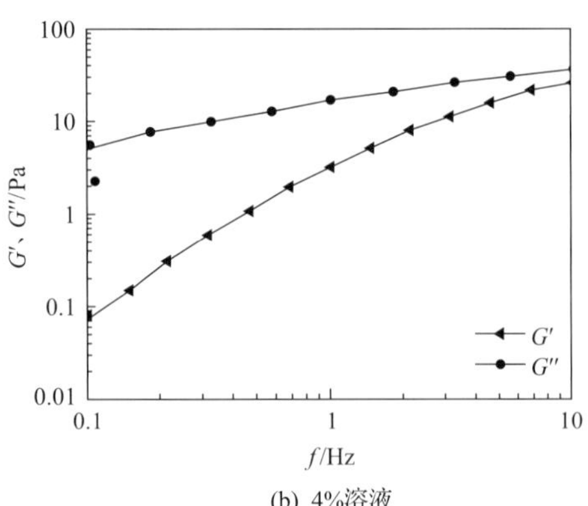

(b) 4%溶液

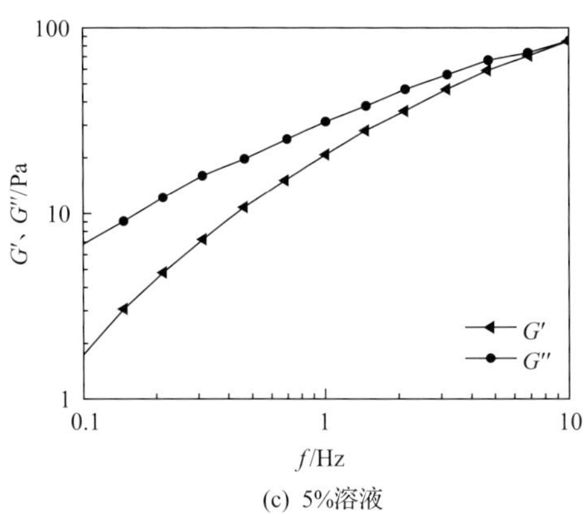

(c) 5%溶液

图 4.32　不同浓度的超分子堵漏剂 CFDJ-Ⅰ溶液的耗能模量和储能模量

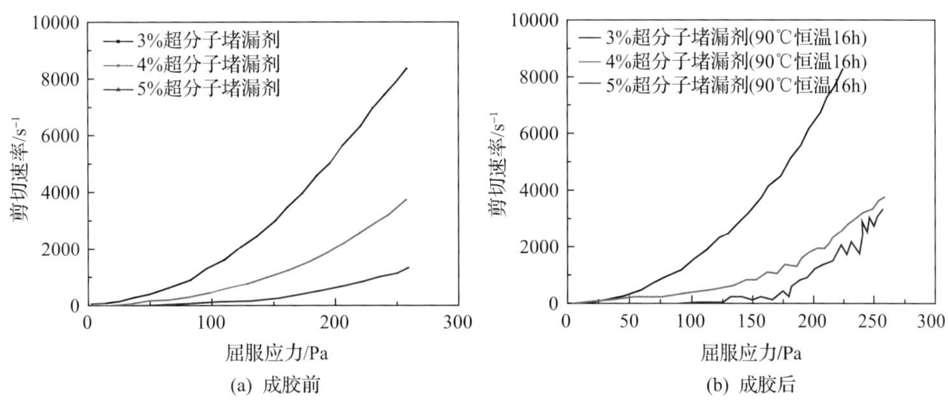

(a) 成胶前　　(b) 成胶后

图 4.33　不同浓度的超分子堵漏剂 CFDJ-Ⅰ溶液成胶前后的屈服应力

从图 4.33 中可看出，超分子堵漏剂 CFDJ-Ⅰ在刚配制完成时，具有较低的屈服应力和很好的流动性；成胶后，超分子堵漏剂 CFDJ-Ⅰ屈服应力增大，表现为流动能力降低。

(5) 5%超分子堵漏剂 CFDJ-Ⅰ成胶前后性能评价。

将 5%超分子堵漏剂 CFDJ-Ⅰ成胶前后黏度和屈服应力进行了对比，结果如图 4.34 所示。

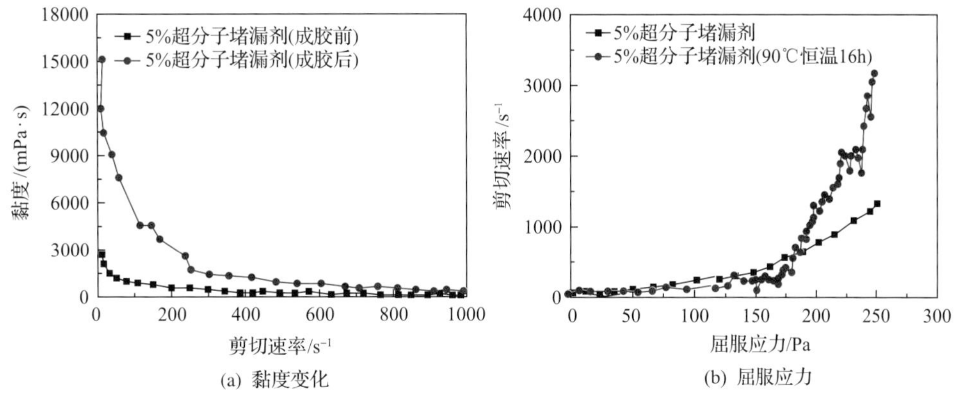

(a) 黏度变化　　(b) 屈服应力

图 4.34　5%超分子堵漏剂 CFDJ-Ⅰ成胶前后的性能变化

5%的超分子堵漏剂 CFDJ-Ⅰ在成胶后，黏度由未成胶的 3000mPa·s 增加到 15000mPa·s，表现为进入地层后黏度增大，达到封堵的目的[图 4.34(a)]。而屈服应力由未成胶的 60Pa 增加到 120Pa[图 4.34(b)]，表现为在地面流动性好，进入地层后流动能力降低，直至无法流动，达到封堵的目的。

超分子堵漏剂 CFDJ-Ⅰ在可控时间内，在漏失层形成黏度、切力、弹性和静结构足够大的凝胶段塞，由于其具有极强的黏附能力和可控的现场时间，最终形成的流动阻力足以抵抗外来力(漏失压差)的破坏，成功堵漏。

该堵漏技术的优点如下：①该工作液在胶凝前是可变形流体，在压差下可以自动变形进入漏层，不存在对漏失层孔隙或裂缝大小、形状的匹配问题；②不易与地层水相混，能进入漏层排挤地层水，占据水空间；③可以根据地层孔隙的大小而相应加入相匹配的刚性堵漏颗粒，形成具有一定强度的刚性骨架，使凝胶对大裂缝堵漏成为可能。

2)超分子堵漏剂 CFDJ-Ⅱ

根据超分子化学理论研制了超分子堵漏剂 CFDJ-Ⅱ。从图 4.35 可以看出，2%的超分子堵漏剂 CFDJ-Ⅱ溶液黏度非常低，可以保证其优异的泵送性能，而在 90℃、6h 老化后，溶液逐渐转变为半固体状态，失去流动性，可以看出其强度很大。

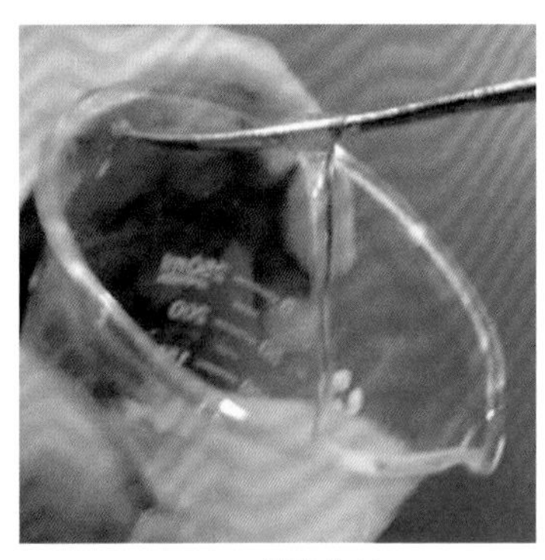

(a) 2%基液状态

(b) 90℃×6h成胶后状态

图 4.35 2%超分子堵漏剂 CFDJ-Ⅱ成胶前后的状态变化

通过 DV-1 数字黏度计测定不同转速下的超分子堵漏剂 CFDJ-Ⅱ凝胶的黏度，结果如表 4.24 所示，结果表面随着转速的增加、凝胶黏度迅速减少，进一步证明超分子堵漏剂 CFDJ-Ⅱ凝胶是通过非共价键形成的凝胶结构，具有比较好的剪切稀释性。

表 4.24 超分子堵漏剂 CFDJ-Ⅱ在不同转速下的黏度

转速/(r/min)	600	300	200	100	6	3
黏度/(mPa·s)	121	88	82	76	20	14

3)超分子堵漏剂 CFDJ-Ⅲ

根据超分子化学理论研发了超分子堵漏剂 CFDJ-Ⅲ，如图 4.36 所示。干粉状态时，超分子堵漏剂 CFDJ-Ⅲ为白色粉末；配制成 20%的溶液后，流动性仍很好；在 50℃、候凝 4h 后，超分子堵漏剂 CFDJ-Ⅲ溶液变成弹性很强的固体状态。

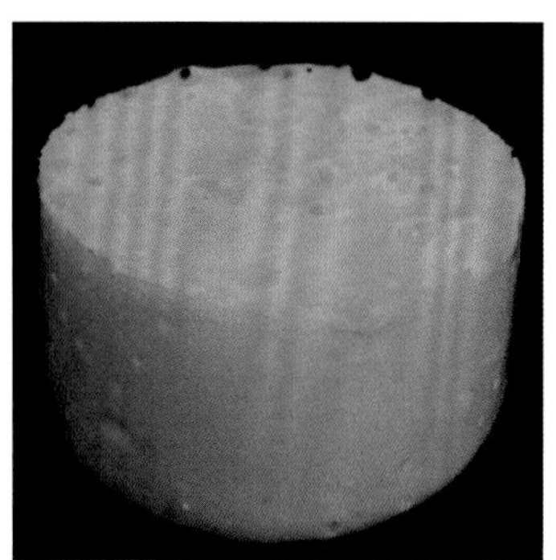

(a) 干粉状态　(b) 20%溶液流动状态　(c) 50℃×4h成胶后状态

图 4.36　超分子堵漏剂 CFDJ-III的不同状态

2. 超分子堵漏剂的性能评价

具非均质的孔隙砂床滤失量和聚合物凝胶滞留能力能较真实模拟井下地层封堵情况。本研究中采用 71 型高温高压失水仪进行高温高压砂床封堵实验，实验过程中，向容器填入一定数量石英砂，通过调整石英砂粒径大小来模拟地层不同尺寸孔隙及裂缝，记录砂床滤失量，评价该凝胶的封堵性能。不同粒径石英砂形成的孔隙尺寸如表 4.25 所示。

表 4.25　不同粒径石英砂形成的孔隙尺寸

目数	粒径/mm	形成孔隙尺寸/mm
5	4	1.464
10	2	0.732
20	0.85	0.311
40	0.425	0.156
60	0.25	0.0915
70	0.212	0.0776
80	0.18	0.06588
100	0.15	0.0549
120	0.125	0.04575
200	0.075	0.02745

在超分子堵漏剂中通常需要添加一些传统惰性堵漏材料，如果壳之类的。在本研究中，采用核桃壳、瞬时封堵剂、果壳粉等常规堵漏剂，如图 4.37 所示。

1) 超分子堵漏剂 CFDJ-Ⅰ性能评价

(1) 瞬时滤失量。

将 5%超分子堵漏剂 CFDJ-Ⅰ溶液，倒入 71 型失水仪中的砂床之上，在 90℃下静置 16h，测定其在 0.7MPa 下的瞬时滤失量，考察堵漏剂成胶情况。结果如表 4.26 所示，从表中数据可以看出，当石英砂目数大于 20 目时，纯 5%超分子堵漏剂 CFDJ-Ⅰ溶液就能起到很好的封堵效果，其瞬时滤失量均很小；而当石英砂目数小于 20 目时，向堵漏剂溶

图 4.37　传统的惰性堵漏材料

表 4.26　5%超分子堵漏剂 CFDJ-Ⅰ对不同孔隙大小砂床的封堵效果

配方	砂样(目数)	温度/℃	压力/MPa	瞬时漏失量/mL
5%超分子堵漏剂 CFDJ-Ⅰ	80～120	90	0.7	0
	60～80	90	0.7	0
	40～70	90	0.7	1.6
	20～40	90	0.7	1.8
5%超分子堵漏剂 CFDJ-Ⅰ+5%瞬时封堵剂	10～20	90	0.7	6
5%超分子堵漏剂 CFDJ-Ⅰ+5%瞬时封堵剂+4%核桃壳(细)+5%刚性堵漏剂(细)	4～10	90	0.7	64

液中增加一些惰性封堵材料就可以达到比较不错的封堵效果。图 4.38 为从滤失仪中取出的砂床，可以看出即使是很大裂缝型砂床(5～10 目)，也被封堵体系较好地胶结住，说明 5%超分子堵漏剂 CFDJ-Ⅰ在 90℃、16h 后，能够形成黏度和强度较高的凝胶。

(2)承压能力。

将 5%超分子堵漏剂 CFDJ-Ⅰ溶液，倒入 71 型失水仪中的砂床之上，在 90℃下静置 16h，测定不同压力下，10min 砂床滤失量来反映凝胶的封堵情况，结果如表 4.27 所示。从表中数据可以看出，当石英砂目数大于 20 目时，纯 5%超分子堵漏剂 CFDJ-Ⅰ溶液就能起到很好的封堵效果，承压能力可以达到 7.5MPa，在 10min 内的滤失量均很小、在 15mL 以内；而当石英砂目数小于 20 目时，配合相应填充粒子，也可达到很好的封堵效果。

5~10目砂床被胶结状态

10~20目砂床被胶结状态

20~40目砂床被胶结状态

40~70目砂床被胶结状态

图 4.38 不同目数石英砂形成的砂床被胶结后的状态

表 4.27 5%超分子堵漏剂 CFDJ-Ⅰ溶液在不同孔隙大小砂床中的承压能力

配方	砂样(目数)	不同压力下的 10min 滤失量/mL			
		0.7MPa	3.5MPa	5.5MPa	7.5MPa
5%超分子堵漏剂 CFDJ-Ⅰ	80~120	0	0	0	0
	60~80	0	0	0	0
	40~70	1.6	2.2	2.5	4
	20~40	1.8	6	9	15
5%超分子堵漏剂 CFDJ-Ⅰ+5%瞬时封堵剂	10~20	6	8.5	8.5	8.5
5%超分子堵漏剂 CFDJ-Ⅰ+5%瞬时封堵剂+4%核桃壳(细)+5%刚性堵漏剂(细)	4~10	64	140	166	182

由以上数据可以看出，①5%超分子凝胶液 CFDJ-Ⅰ堵漏剂，在 90℃下静置 16h 后，能够形成一定黏度和弹性的凝胶，承压力较高、封堵效果好；②在超分子堵漏剂 CFDJ-Ⅰ体系中添加适量刚性堵漏材料，在凝胶网络体系中形成支撑骨架结构，可提高凝胶的强度，实现对大裂缝的堵漏；③在一定温度下，随着时间的增长，凝胶强度越大，对地层孔隙和裂缝的封堵效果越好；④5%超分子堵漏剂 CFDJ-Ⅰ在 90℃、16h 成胶后，能够封堵孔隙尺寸 0.046~0.732mm 的孔隙，如果配合相应级配刚性填充粒子，可以封堵孔隙尺寸为 1.5mm 左右的地层。

2)超分子堵漏剂 CFDJ-Ⅱ的性能评价

将 2%超分子堵漏剂 CFDJ-Ⅱ溶液倒入 71 型失水仪中的砂床(40~60 目石英砂压制而

成)上，在90℃下静置6h，测定不同压力下，10min砂床滤失量，如表4.28和图4.39所示。从表4.28中可以看出，40～60目石英砂床中，2%超分子堵漏剂CFDJ-Ⅱ有很好的封堵效果，10min内的滤失量都很小，承压达到6.5MPa，且所形成的凝胶能够将砂床完全包裹住，在高温下没有发生裂缝性漏失。

表4.28 2%超分子堵漏剂CFDJ-Ⅱ溶液对砂床的封堵实验结果

不同压力下10min的砂床滤失量/mL					实验描述
0.7MPa	2MPa	3.5MPa	5.5MPa	6.5MPa	
1	3.2	5.8	18	24	40～60目

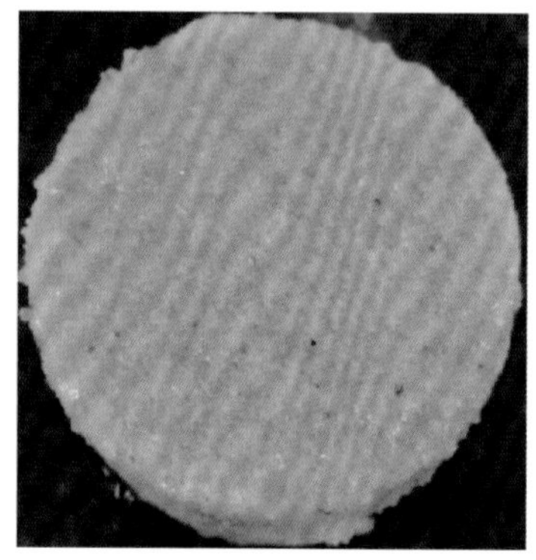

图4.39 2%超分子堵漏剂CFDJ-Ⅱ溶液所形成的凝胶胶结之后的砂床

为封堵更大尺寸的裂缝漏失甚至是溶洞漏失，在2%超分子堵漏剂CFDJ-Ⅱ溶液中加入了一些传统的刚性封堵材料，形成了专门封堵恶性漏失的超分子堵漏体系，并对该体系的封堵效果进行了评价。体系配方为：2%超分子堵漏剂CFDJ-Ⅱ+5%超细钙+5%刚性堵漏剂(细)+6%刚性堵漏剂(中)+6%刚性堵漏剂(粗)+1%蛭石+2%果壳粉+1.5%石棉+1%棉籽壳+重晶石(密度1.3g/cm^3)。该体系未成胶前以及在90℃下老化6h的状态如图4.40中所示，从图中可知，未成胶前，体系流动性很好，具有较好的可泵性，而成胶后可形成黏弹性很强的大块胶体。

(a) 配制好的堵漏浆

(b) 90℃、6h成胶之后堵漏浆状态

图4.40 超分子堵漏体系成胶前后的状态

将该体系倒入 71 型失水仪中砂床上(由 40～60 目石英砂压制而成)，在 90℃下静置 6h，测定不同压力下，10min 砂床滤失量，结果如表 4.29 所示。从表 4.29 可知，该体系可很好封堵 4～10 目石英砂形成的大孔缝，压力达 6.5MPa、10min 的滤失量仅 3.8mL，且随着压力继续增大、滤失量一直保持在 3.8mL 不增加，说明该堵漏体系已经将砂床中的全部孔缝强封堵，承压力高。

表 4.29　2%超分子堵漏剂 CFDJ-Ⅱ堵漏体系对砂床的封堵实验结果

不同压力下 10min 砂床滤失量/mL					实验描述
0.7MPa	2MPa	3.5MPa	5.5MPa	6.5MPa	
3.4	3.8	3.8	3.8	3.8	4～10 目

综上所述：①超分子凝胶液堵漏剂 CFDJ-Ⅱ，在 90℃下静置 6h 后，可形成一定黏度和弹性的凝胶，封堵孔隙尺寸较小的孔隙；②凝胶具有一定承压能力；③向超分子堵漏体系中加入不同级配的其他堵漏材料之后，具有很好黏结作用，提高堵漏颗粒之间的强度，在 70℃下静置 6h 后，可封堵孔隙尺寸 0.14～1.5mm 的孔隙；④随着堵漏时间的增长，堵漏浆在地层中形成的结构逐渐加强，可避免反复漏失。

3）超分子堵漏剂 CFDJ-Ⅲ的性能评价

10%的超分子堵漏剂 CFDJ-Ⅲ溶液，在 40℃、50℃分别老化 1.5h 成胶后的状态如图 4.41 所示。从图可知，10%超分子堵漏剂 CFDJ-Ⅲ溶液流动性非常好，而在成胶后变成强度很大的固体状态。

(a) 10%超分子堵漏剂

(b) 50℃，1.5h

(c) 40℃，1.5h

图 4.41　10%超分子堵漏剂 CFDJ-Ⅲ成胶前后的状态

为封堵大裂缝和稳定成胶，可在 10%的超分子堵漏剂 CFDJ-Ⅲ溶液中加入不同的常规堵漏材料，提高堵漏颗粒之间的强度，如图 4.42 所示。

可见，超分子堵漏剂 CFDJ-Ⅲ配制成溶液后黏度较小，能够满足泵送要求；在 40℃以上温度下形成具有一定强度和承压力的凝胶，并可根据不同的浓度和温度情况调节成胶时间，以满足现场施工需要。向超分子堵漏剂 CFDJ-Ⅲ体系中，加入不同级配的常规

(a) 10%超分子堵漏浆

(b) 40℃，4h

(c) 50℃，4h

图 4.42　10%的超分子堵漏剂 CFDJ-III溶液加入不同的常规堵漏材料

堵漏材料之后，具有很好黏结作用，提高堵漏颗粒之间的强度，在 40℃以上温度静置后，具有一定的承压能力，能够封堵 0.14～1.5mm 的孔隙。随着堵漏时间的增长，堵漏浆在地层中形成的结构逐渐加强。

总之，研发的三种超分子堵漏剂具有以下特点：

(1) 三种超分子堵漏是针对不同的地层温度而研发的，能够满足 40～150℃乃至更高的地层温度，使用时可根据实际情况进行选择(超分子堵漏剂 CFDJ-Ⅰ适应温度范围 120℃以下、超分子堵漏剂 CFDJ-Ⅱ适应温度范围 90～120℃、超分子堵漏剂 CFDJ-III适应温度范围 120～150℃)。

(2) 三种超分子堵漏剂可以根据其浓度和架桥颗粒配比调节成胶时间，以满足不同施工要求。

(3) 三种超分子堵漏剂溶液有较高的黏度和很好的剪切稀释能力，成胶前流动性很好，可满足泵送要求，成胶后具有很高黏度和强度，弹性比例高，并随着时间增长，成胶强度越大，滞留于地层孔隙裂缝中形成强有力封堵。

(4) 三种超分子堵漏浆成胶后都具有不被水冲稀的能力。

(5) 在超分子堵漏剂体系中增添适量的刚性堵漏材料，能够封堵不同尺寸孔隙裂缝地层，而不影响流体其他性能。

(6) 可根据现场漏失情况，配制不同浓度的超分子堵漏浆，该体系配合适应级配刚性填充粒子可以封堵孔隙尺寸为 1.5mm 左右的地层。

二、双疏无固相可降解聚膜清洁煤层气井钻井液新技术

按照“化学-力学-工程-地质”一体化思路，以发明的处理剂为核心，结合钻遇的煤层地质情况，发明了用于不同煤阶煤层气井的双疏无固相可降解聚膜清洁煤层气井钻井液。该钻井液与常规聚合物的作用机理不同。其中，煤层清洁保护剂提高体系的结构，携带岩屑，同时可通过多个极性基团较好地吸附在井壁上，形成保护膜，阻止水进入易水化分散黏土和页岩层，稳定黏土、页岩和松散易碎的砂岩地层，保护煤岩储层；成膜

井壁稳定剂通过封堵孔喉和细小的裂缝，以及在井筒分界面形成一层半渗透膜，来减少孔隙压力的传递，从而改善泥饼质量，减少钻井液滤失，有效稳定井壁；固膜剂可以通过黏附力和内聚力将与之相接触的岩石加固起来，尤其是页岩在水化膨胀时的水化力被仿生壳的内聚力所削弱或完全抵消，提高井壁稳定性；可降解强膜剂可解决井眼净化难题，并可提高成膜剂和煤层清洁保护剂所形成的膜的强度，能够有效降低钻具与井壁接触之间的摩擦系数，提高润滑效果等。

该体系完井后可实现自破胶降解，或者通过加入破胶剂，实现破胶，使体系黏度快速下降至接近水的黏度，从而解除完井液对储层孔喉的封堵，疏通储气层通道，达到提高排采率和产气量的目的，因此该体系既可保证高效安全钻井又可保护煤层，提高煤气产量，大大降低施工作业风险。此外，该钻井液体系具有自身独特的流变性，动塑比高、低剪黏度高，尤其在井壁附近极低剪切状态下可形成高黏弹性区域，具有很好的动态携砂能力；静切力恢复迅速，无时间依赖性，具有很好的静态悬砂能力；能有效克服水平井或大斜度井段携砂难、易形成岩屑床的问题，保证井眼清洁，防止井下复杂事故的发生。同时，在低剪切状态下的高黏弹特性还可减少钻井液中固相和液相对储层的损害，有利于储层保护。由于该体系不加膨润土，从而避免了高分散黏土颗粒对储层的损害，最大限度地降低固相对储层的伤害；高的低剪切黏度可有效阻止固、液相侵入地层，避免冲蚀井壁；低滤失量能有效控制污染带的侵入深度，保护储层[15,16]，可抗温 120℃以上，热稳定性好。

(一)双疏无固相可降解聚膜清洁钻井液-Ⅰ型

双疏无固相可降解聚膜清洁钻井液是基于超分子技术发展起来的一种清洁钻井液。在一定的外界条件下(温度、酸碱性等)，聚合物将降解为小分子化合物，而钻井液体系的性状将再次接近清水。以超分子多功能煤岩清洁保护剂 BHJ、成膜井壁稳定剂 CMLH-Ⅰ、纳微米固膜封堵剂 GMJ-Ⅰ为核心，根据现场实际情况适当配合强膜剂 TCJQ-Ⅱ、超分子防漏堵漏剂，成功研制了双疏无固相可降解聚膜清洁钻井液新技术。

根据地层地质情况，研发了可降解无固相清洁聚膜钻井液体系-Ⅰ，即基础配方：清水+0.8%超分子煤层保护剂 BHJ+2%微纳米固膜封堵剂 GMJ-Ⅰ，该配方适合于稳定井段的煤层气钻井需求，无坍塌或者井漏风险，具有配方简单、处理剂少、现场操作容易、成本低廉等特点。从表 4.30 和图 4.43 中可以看出，体系流动性好，切力大，动塑比高，携砂性能良好，尤其 φ_3 和 φ_6 读数高，显示在静态下泥浆仍然具备极强的悬浮能力和稳定性，泥饼薄而有韧性，润滑性好。

表 4.30　双疏无固相可降解清洁聚膜钻井液体系-Ⅰ性能表

条件	AV /(mPa·s)	PV /(mPa·s)	YP/Pa	φ_6/φ_3	YP/PV/ [Pa/(mPa·s)]	初切/终切	FL_{API}/mL
老化前	31	16	15	15/12	0.94	9Pa/9.5Pa	60
老化后	30	15	15	14/11	1	8Pa/8.5Pa	62

注：老化条件 50℃，16h。

(a) 体系流动状态

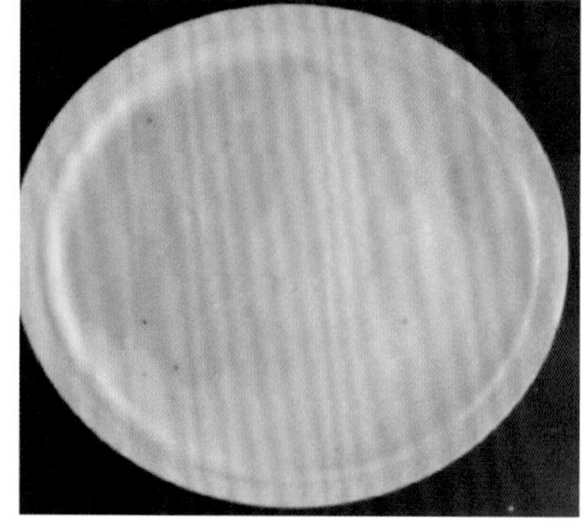

(b) 体系中压泥饼

图 4.43 基础配方及其中压滤饼

(二)双疏无固相可降解聚膜清洁钻井液-Ⅱ型

首先进行双疏无固相可降解聚膜清洁钻井液-Ⅱ型配方处理剂优选，在此过程中，将处理剂配制成简单的体系，测试其流变性能，测定由于不同加量、不同处理剂种类对流变性和滤失造壁性的影响，为进一步配制Ⅱ型体系提供依据。

从表 4.31 可知：增加 BHJ 加量增黏不明显，但能够显著增加低剪切速率读数，并且能够显著增加动塑比及切力；增加成膜剂用量能够显著降低中压滤失量，而对黏度影响不大，但是成膜剂用量过大会降低动切力；从实验得出增加固膜剂用量能够显著降低中压滤失量，但同时对动切力有一定影响。

表 4.31 单剂优选性能评价

编号	配方	AV /(mPa · s)	PV /(mPa · s)	YP/Pa	φ_6/φ_3	动塑比 /[Pa/(mPa · s)]	初切/终切	FL_{API}/mL
1	水+2%成膜剂+0.5%BHJ	20.5	12	8.5	9/8	0.71	5Pa/6Pa	
2	水+2%成膜剂+0.7%BHJ	27.5	12	15.5	16/13	1.29	8Pa/9.5Pa	90
3	水+5%成膜剂+0.8%BHJ	31	16	15	15/12	0.94	9Pa/9.5Pa	60
4	1%土+5%成膜剂+0.8%BHJ	35	20	15	15/13	0.75	7.5Pa/9.5Pa	12
5	水+3%成膜剂+1%固膜剂+0.8%BHJ	35	20	15	16/14	0.75	8.5Pa/11Pa	90
6	水+5%成膜剂+1%固膜剂+0.8%BHJ	36.5	22	5.5	14/12	0.25	7Pa/10.5Pa	34.8
7	水+3%成膜剂+2%固膜剂+0.8%BHJ	33	22	11	14/10	0.5	7.5Pa/8.5Pa	38.4

针对煤层胶结疏松、结构不强、易破碎，导致井壁失稳，以及夹壁墙厚度薄、强度低，容易导致垮塌问题，经过大量实验，得到双疏无固相可降解聚膜清洁钻井液-Ⅱ型的最优配方：水+0.2%煤层清洁保护剂+1%成膜剂+0.8%固膜剂+0.5%可降解强膜剂+0.3%可降解降滤失剂+氯化钠(调整密度)。

此配方主要针对垮塌风险系数高的地层。但如果钻遇地层坍塌风险特别大时，可增加成膜剂、固膜剂；如果钻遇地层漏失，可加入超分子堵漏材料。

1. 流变性能评价

将双疏无固相可降解聚膜清洁钻井液-Ⅱ型进行流变性能及滤失造壁性能评价，结果如表4.32和图4.44所示。

表 4.32　双疏无固相可降解聚膜清洁钻井液-Ⅱ型流变性和滤失造壁性

条件	AV/(mPa·s)	PV/(mPa·s)	YP/Pa	φ_6/φ_3	动塑比/[Pa/(mPa·s)]	初切/终切	FL_{API}/mL
老化前	42.5	22	20.5	6/3	0.93	2.5Pa/3Pa	8.8
老化后	44	23	21	6/3	0.91	2Pa/2Pa	8.2

注：老化条件50℃，16h；密度为1.09g/cm^3。

(a) 体系的流动状态

(b) 体系的中压泥饼

图 4.44　最优配方及其中压滤饼

可见，双疏无固相可降解聚膜清洁钻井液-Ⅱ型体系具有独特的流变性，其动塑比高、低剪黏度很高，在井壁附近极低剪切状态下可形成高黏弹性区域。在停止循环时，静切力恢复迅速，无时间依赖性，具有很好的静态悬砂能力。滤失量低，对井壁有很好的封堵性；密度可通过加入盐或氯化钾根据地层情况调节。

2. 抑制性实验——页岩滚动回收率

将双疏无固相可降解聚膜清洁钻井液-Ⅱ型进行滚动回收率实验，并与清水对比，结果如表4.33所示。可见，对泥页岩具有很强的抑制能力，有利于煤层稳定，防止掉块垮塌，保证钻井安全钻进。

表 4.33　双疏无固相可降解聚膜清洁钻井液-Ⅱ型滚动回收率

参数	清水/%	最优配方体系/%
回收率	4	93.5

3. 破胶性

在钻井过程中，任何钻井液体系不可能完全避免对储层的损害，双疏无固相可降解聚膜清洁钻井液在稳定井壁的同时也会对煤气层造成一定污染，因此，需在完钻后对前期钻井液造成的煤气层污染进行解除。双疏无固相可降解聚膜清洁钻井液体系所用处理剂全部为可降解处理剂，加入破胶剂溶液后，破胶速度加快、体系黏度急速下降，转化为小分子，解除对煤气层通道堵塞，并有利于反排，从而达到提高煤气采收率的效果。

1)破胶性室内评价

取模拟现场使用的双疏无固相可降解聚膜清洁钻井液体系自配浆，配方为：2%成膜剂+1%固膜剂+2%强膜剂+1%降滤失剂+0.2%煤层清洁剂。向其中加入一定量破胶剂溶液，搅拌充分，测量其 φ_{600} 读数，然后放置在恒温干燥箱中，调节恒温箱温度至地层温度，恒温不同时间后，再分别测量其 φ_{600} 读数，计算破胶率，如表 4.34 所示。

表 4.34　室内破胶实验数据

恒温时间/h	5%破胶剂溶液		7.5%破胶剂溶液		10%破胶剂溶液	
	φ_{600}	破胶率/%	φ_{600}	破胶率/%	φ_{600}	破胶率/%
1	40	31.03	32	44.82	28	51.72
2	18	68.97	10	82.76	9	84.48
3	7	87.93	5	91.38	5	91.38

注：破胶剂溶液为 33%水溶液，恒温温度为 30℃；恒温时间 t=0 时，φ_{600}=58。

从表 4.34 可知，向钻井液中加入 7.5%和 10%破胶剂溶液，在 3h 内都可以使破胶率达到 90%以上。同时，因两种浓度破胶剂溶液在 3h 时的破胶率相同，所以选择 7.5%破胶剂溶液是最优方案。因此，双疏无固相可降解聚膜清洁钻井液体系破胶迅速，破胶后体系变得清澈，接近清水；如果在钻井液体系中混入 1%土粉进行破胶实验，破胶效果依然显著。

2)现场破胶施工工艺

根据现场实践施工总结，其破胶工艺如下：

(1)分支破胶：每完钻一分支，充分循环至井眼干净，按前置液 2m^3 清水+2.5%破胶剂+后置液 2m^3 清水顶替破胶液到目标井段。

(2)主支破胶：钻穿分级箍以后，更换 200 目振动筛筛布，彻底清洗泥浆池、循环泵、上水系统，用清水将井筒内泥浆顶替干净并循环 6h；用 2.5%破胶剂溶液顶替出井筒内清水并循环 6h；用清水将井筒内破胶剂溶液顶替干净并循环 6h；用 2.5%破胶剂溶液顶替出井眼清水，破胶结束。

综上所述，双疏无固相可降解聚膜清洁钻井液体系具有如下优越性：

(1)保护煤层气效果优良，且煤层稳定性、井眼净化能力、润滑防卡、防漏堵漏等效果显著。

(2)所用处理剂全部为可降解处理剂，完钻后不仅可自破胶，还可借助破胶剂溶液加速破胶，解除对煤气层通道堵塞，利于返排，达到提高煤气产量和最终采收率的目的。

(3)选用氯化钠、氯化钾等无机盐作为加重剂，实现无固相。

(4)具有较高的动切力和静切力，流变性和剪切稀释性好。

(5)独特的凝胶固壁封堵裂隙作用，并在泥岩岩心表面形成一层致密、光滑、韧性良好的“保护膜”，该膜能隔离水分子与泥岩表面直接接触，并具有一定的强度，从而起到防止泥岩水化膨胀的作用，相对于传统防塌抑制剂具有优异的泥页岩强化能力，更利于防止煤层气井段掉块和井壁垮塌。

第三节 双疏无固相可降解聚膜清洁煤层气井钻井液新技术现场应用

自 2017 年以来，双疏无固相可降解聚膜清洁煤层气井钻井液已在渤海钻探、中联煤层气有限责任公司、格瑞克公司、美中能源公司、亚美大陆公司、奥瑞安能源公司承钻的山西、内蒙古、天津静海等高难度煤层气井上大规模推广应用，占据国内煤层气高难度井市场 80%以上，成为煤层气钻井液主体技术。统计数据表明，井漏事故减少 90.2%，井塌事故减小 92.6%，阻卡卡钻事故降低 81.3%，钻井液成本平均节省 24.3%以上，平均单井产量提高 2.1 倍以上，取得了良好的效果。下面列举几个地区的应用案例。

一、盘活了沁水盆地煤层气资源，并保障马泌区块的顺利完钻

(一)沁水盆地水平段地层岩性描述及物性评价

沁水盆地煤层气主要区块有郑庄区块、樊郑庄区块和马泌区块。下面重点介绍郑庄区块的地层岩性和物性。

1. 含煤地层简况

山西沁水盆地郑庄区块地层由老至新包括下古生界奥陶系中统峰峰组(O_2f)、上古生界石炭系中统本溪组(C_2b)、上统太原组(C_3t)、二叠系下统山西组(P_1s)、下石盒子组(P_1x)、上统上石盒子组(P_2s)、石千峰组(P_2sh)、新生界第四系(Q)，其中主要含煤地层石炭系上统太原组和二叠系下统山西组在盆地内广泛分布，是该区煤层气勘探目的层。郑庄区块的地层及岩性如表 4.35 所示。

1) 山西组

山西组为陆表海背景之上的三角洲沉积，一般由三角洲前缘河口砂坝、支流间湾逐渐过渡到三角洲平原相。地层由深灰色-灰黑色泥岩、砂质泥岩、粉砂岩夹煤系地层组成，底部普遍发育灰色中细粒砂岩、含细砾粗砂岩，厚度 34～110m，一般 108m 左右。与下伏太原组呈整合接触。该组有煤层 4 层，自上而下编为 1～4 层。其中 3#煤全区稳定分布，为煤层气勘探主要目的层。该组与下伏太原组 K_6 顶－K_7 砂岩底构成一个完整的进积型三角洲旋回。

自然伽马曲线，煤为块齿状低值；泥岩为齿状、尖峰状高值；砂岩为块齿状、尖谷状低值。深浅双侧向曲线大多重合，局部小-中幅正差异，煤为块齿状高阻；泥岩为浅齿状低阻；砂岩为尖峰状中高阻。

沁水盆地南部晋城斜坡带郑庄区块目的层为山西组 3#煤，郑庄区块煤层煤岩类型以半亮煤、光亮煤为主，一些井部分层位夹有半暗煤及少量暗淡煤；主要呈中-细至宽条带

状结构，夹少量薄层状丝炭体。煤岩质地较坚硬，煤体结构以原生结构为主，碎裂结构次之。

山西组 $3^{\#}$煤层煤芯宏观观察表明，宏观裂隙(又称割理)一般发育两组，近垂直层理，连通性中等。主裂隙发育，长度一般为 0.5～6.0cm，密度 11～25 条/5cm，高度 0.5～6cm；次裂隙与主裂隙近直交，长度受主裂隙控制，一般为 0.5cm，密度 7～8 条/5cm。裂隙中充填有少量碳酸盐矿物薄膜，裂隙连通性中等。局部见一组与煤层近 50°交角构造裂隙。

山西组 $3^{\#}$煤为三角洲平原相成煤，煤层直接顶板大部分区域为厚层泥岩，厚约 90m，为三角洲平原相砂岩、粉砂岩、泥岩组合，对煤层气的保存非常有利。山西组 $3^{\#}$煤顶板泥岩是海陆交互相三角洲厚层泥岩，在整个区域上分布广、稳定性好。泥岩是非渗透性盖层，泥岩厚度大、致密坚硬，突破压力为 8～15MPa，是一套非常好的封盖层。

2)太原组

太原组为一套海陆交互相沉积，形成了陆表海碳酸盐岩台地相沉积和堡岛沉积的复合沉积体系。地层厚 90～110m，一般厚度 95m 左右。主要由深灰色-灰色灰岩、泥岩、砂质泥岩、粉砂岩，灰白-灰色砂岩及煤层组成。含煤 7～16 层，下部煤层发育较好。灰岩 3～11 层，K_2、K_3、K_5 三层灰岩较稳定，具各种类型层理。泥岩及粉砂岩中富含黄铁矿、菱铁矿结合。动植物化石极为丰富。根据岩性、化石组合及区域对比，自下而上将该组分为一段、二段、三段。

一段：(K_1底－K_2底)厚 17～31m，一般为 25m。由灰黑色泥岩、深灰色粉砂岩、灰白色细粒砂岩、煤层及 1～2 层不稳定的灰岩组成。

二段：(K_2底－K_4顶)厚 25～36m，一般为 30m。主要由灰岩、泥岩、粉砂岩、细-中粒砂岩及煤层组成。以色深、粒细、灰岩为主的逆粒序为特征。

三段：(K_4顶－K_7砂岩底)厚 40～59m，一般为 50m，由砂岩、粉砂岩、泥岩、灰岩及煤层组成。

表 4.35　郑庄区块地层及岩性描述

地质分层	实际底深/m	厚度/m	主要岩性描述(注明油气层位置)
第四系	60.00	60.00	土黄色砂质黏土、砂砾，下部为杂色河床砾石层
刘家沟组	349.00	289.00	紫红色砂质泥岩与浅灰色细砂岩、砂质泥岩呈不等厚互层
石千峰组	503.00	154.00	深灰色泥岩与浅灰色砂质泥岩、泥质砂岩、细砂岩呈不等厚互层
上石盒子组	855.00	352.00	地层以浅灰色砂质泥岩、泥质砂岩、细砂岩为主，部分地层可见深灰色泥岩
下石盒子组	982.00	127.00	地层浅灰色砂质泥岩、泥质砂岩、细砂岩为主，呈不等厚互层
山西组	1090	108.00	地层上部以深灰色砂质泥岩、灰黑色泥岩为主，下部黑色砂质泥岩、泥岩、深灰色细砂岩与黑色煤呈不等厚互层
太原组	1190	未穿	地层上部以灰黑色砂质泥岩夹黑色泥岩、浅灰色灰岩为主，下部浅灰色灰岩、灰黑色砂质泥岩、黑色煤呈不等厚互层

2. 已钻井复杂情况

郑庄区块煤层气钻井遇到的复杂情况主要为井漏和坍塌，部分探井浅层有涌水及煤层段存在井径扩大现象，说明所在区块煤层结构不稳定，易破碎。

此外，钻井过程中发生的煤层气损害较严重，导致单井产量和经济效益低，甚至无经济效益情况时有发生。

(二)在沁水盆地煤层气井中的应用情况

1. 沁水盆地南部晋城斜坡带郑庄区块的4口井应用概况

双疏无固相可降解聚膜清洁钻井液体系在山西省沁水县沁水盆地南部晋城斜坡带郑庄区块的4口井(郑试34平1井、郑试34平2井、郑试79平1井和郑试79平2井)试验应用获得圆满成功。

从表4.36可知，4口井均为6分支水平井，主支水平段长1000m，每个分支200～300m，单口井合计煤层水平段平均长2500m，均为二开完钻。

表4.36 郑试4口井完井概况

井号	井型	全井总长度/m	水平段总长度/m
郑试34平1	6分支水平井	3696	2826
郑试34平2	6分支水平井	2868	2008
郑试79平1	6分支水平井	3596	2833
郑试79平2	6分支水平井	3388	2644

沁水盆地南部晋城斜坡带郑庄区块煤层层理发育好，易垮易塌井段较多，钻6分支水平井存在极大的施工风险。应用的双疏无固相可降解聚膜清洁钻井液体系表现出良好的流变性、润滑性，滤失量容易控制，动塑比达到了0.6以上，具有很好的井眼清洁能力。钻井过程中井壁稳定，无垮塌掉块现象，起下钻正常，施工顺利，未发生与钻井液有关的井下复杂情况或事故。郑试4口井的主要钻井液性能，以及郑试79平2井各井段钻井液性能分别见表4.37和表4.38。

表4.37 郑试4口井主要钻井液性能

井号	黏度/s	密度/(g/cm^3)	AV/(mPa·s)	PV(mPa·s)	YP/Pa	初切/终切	YP/PV	FL/mL
郑试34平1	37	1.04	11.5	7	4.5	1Pa/1.5Pa	0.64	13.0
郑试34平2	49	1.11	23.5	14	9.5	3.5Pa/4.5Pa	0.68	12.6
郑试79平1	38	1.06	13	8	5	1Pa/1.5Pa	0.625	12.8
郑试79平2	41	1.11	21.5	13	8.5	3Pa/4Pa	0.65	12

表4.38 郑试79平2井钻井液性能表

取样深度/m	密度/(g/cm^3)	黏度/s	含砂/%	pH	初切/Pa	终切/Pa	塑性黏度/(mPa·s)	动切力/Pa	失水/mL	滤饼/mm
750	1.03	35	0.3	8	1	4	6	5		
1158	1.03	35	0.3	8	2	4	6	5	15	0.5
1027	1.03	34	0.3	8	2	3	6	5	13	0.5
1224	1.04	35	0.3	8	2	4	6	5	11	0.5
1262	1.04	37	0.3	8	3	4	6	6	11	0.5
1361	1.05	39	0.3	8	2	4	8	7	11	0.5
1108	1.05	39	0.3	8	3	5	8	6	11	0.5

续表

取样深度/m	密度/(g/cm³)	黏度/s	含砂/%	pH	初切/Pa	终切/Pa	塑性黏度/(mPa · s)	动切力/Pa	失水/mL	滤饼/mm
1310	1.05	38	0.3	8	3	4	7	5	11	0.5
1549	1.05	38	0.3	8	2	4	7	5	11	0.5
1412	1.05	43	0.3	8	2	5	16	9	11	0.5
1481	1.05	42	0.3	8	3	5	15	8	11	0.5
980	1.05	40	0.3	8	2	5	10	7	11	0.5
1139	1.05	40	0.3	8	3	5	10	8	11	0.5
1292	1.05	42	0.3	8	3	5	12	8	11	0.5
1292	1.10	49	0.3	8	3	6	17	10	24	0.5
1298	1.10	48	0.3	8	2	4	11	7．5	15	0.5
1489	1.11	49	0.3	8	3	5	14	8.5	13	0.5
1632	1.11	49	0.3	8	3.5	5	14	9	13	0.5
1750	1.11	49	0.3	8	3.5	6	14	9.5	13	0.5

2. 与临井的对比分析

1）钻井液成本与平均钻速对比

统计表明，双疏无固相可降解聚膜清洁钻井液在郑试 79 平 1 井、郑试 79 平 2 井、郑试 34 平 1 井、郑试 34 平 2 井上的平均每米钻井液费用为 64.9 元、平均机械钻速 10.546m/h；而在邻井（郑试 76-1-2 井、郑试 76-1-3 井、郑试 76-1-4 井、郑试 76-1-5 井、郑试 76-1-6 井）采用其他钻井液技术的平均每米钻井液费用为 85.78 元、平均机械钻速为 8.624m/h。可见，双疏无固相可降解聚膜清洁钻井液平均每米降低了钻井液成本 24.3%、机械钻速提高了 22.3%。

2）产气量对比

统计了郑试 79 平 1 井、郑试 79 平 2 井、郑试 34 平 1 井、郑试 34 平 2 井，以及郑试 76-1-2 井、郑试 76-1-3 井、郑试 76-1-4 井、樊平 32 井在不同流压和套压下的日产气量，分别如表 4.39 和表 4.40 所示。

表 4.39　双疏无固相可降解聚膜清洁钻井液施工井产气统计表

井号	日期	日产气/m³	流压/MPa	套压/MPa	产水/m³
郑试 34 平 1	2016 年 10 月 26 日	1826	1.25	1.05	0.4
郑试 34 平 2	2016 年 10 月 26 日	1551	1.34	1.08	0.4
郑试 79 平 1	2016 年 10 月 26 日	1335	0.96	0.90	几乎无水
郑试 79 平 2	2016 年 10 月 26 日	624	1.375	1.3	几乎无水

表 4.40　其他钻井液施工井产气统计表

井号	日期	日产气/m³	流压/MPa	套压/MPa	产水/m³
郑试 76-1-2	2016 年 10 月 26 日	492	0.55	0.39	0.8
郑试 76-1-3	2016 年 10 月 26 日	515	0.63	0.49	0.6
郑试 76-1-4	2016 年 10 月 26 日	499	0.33	0.28	0.6
樊平 32	2016 年 10 月 26 日	2300	0.27	0.27	4.3

从表 4.39 和表 4.40 可知，双疏无固相可降解聚膜清洁钻井液施工井的日产气量均大于相邻井采用聚合物钻井液施工井的日产气量，体现出该技术具有优良的保护煤层气效果，大幅度提高了日产气量。

为更科学地进行产量对比，结合煤层气井地质参数(为便于计算假定了某些参数)，从理论上计算了在其他参数相同时，各井在不同流压下的日产气量，以便不同井在同一流压下进行产量对比，如表 4.41 所示。

表 4.41 双疏无固相可降解聚膜清洁钻井液在不同流压下产气量统计表

流压/MPa	产气量/(m^3/d)							
	应用井(双疏无固相可降解聚膜清洁钻井液)				对比井			
					其他聚合物钻井液			泡沫钻井液
	郑试 34 平 1	郑试 34 平 2	郑试 79 平 1	郑试 79 平 2	郑试 76-1-2	郑试 76-1-3	郑试 76-1-4	樊平 32
0	42112.1	39023.8	23088.0	16233.8	5767.5	6474.6	4980.1	22209.0
1.5	40991.0	37902.7	21966.9	15112.6	4646.4	5353.5	3859.0	21087.9
3.5	37627.7	34539.4	18603.6	11749.3	1283.1	1990.2	495.7	17724.6
4.5	32022.2	28933.9	12998.1	6143.8				12119.1
6	24174.5	21086.2	5150.4					4271.4
7.5	14084.6	10996.2						
9	1752.5							

从表 4.41 看出，以流压 3.5MPa 为例，郑试 34 平 1 井、郑试 34 平 2 井的平均日产气量为 36083.55m^3，郑试 79 平 1 井、郑试 79 平 2 井的平均日产气量为 15176.45m^3；而其他聚合物钻井液施工的郑试 76-1-2 井、郑试 76-1-3 井和郑试 76-1-4 井的平均日产气量为 1256.333m^3，泡沫钻井液施工的樊平 32 井日产量为 17724.6m^3。显然，双疏无固相可降解聚膜清洁钻井液施工井的日产气量远高于其他钻井液技术施工井的气量，达到 2.7 倍以上。

从无阻日产量来看(图 4.45)，该技术施工 4 口井的平均无阻日产量为 36552.74m^3，其他聚合物钻井液技术施工井的平均无阻日产量仅为 6425.68m^3、泡沫钻井液技术的无阻日产量为 21821.63m^3。即该技术施工井的日产气量是其他聚合物技术气量的 5.69 倍、是泡沫钻井液技术的 1.68 倍。

3. 盘活了沁水盆地郑庄区块和樊庄区块的煤层气资源

在沁水盆地郑庄区块和樊庄区块，以前采用其他先进钻井液技术，单井日产量仅 2000～3000m^3 左右，低于盈亏平衡点，经济效益为负，甚至欲放弃两区块的开发。但 2016 年采用本书成果后，所有井筛管完井条件下，日产量达 8000m^3 以上，超出预期，盘活了沁水盆地郑庄区块和樊庄区块的煤层气资源，如表 4.42 所示。

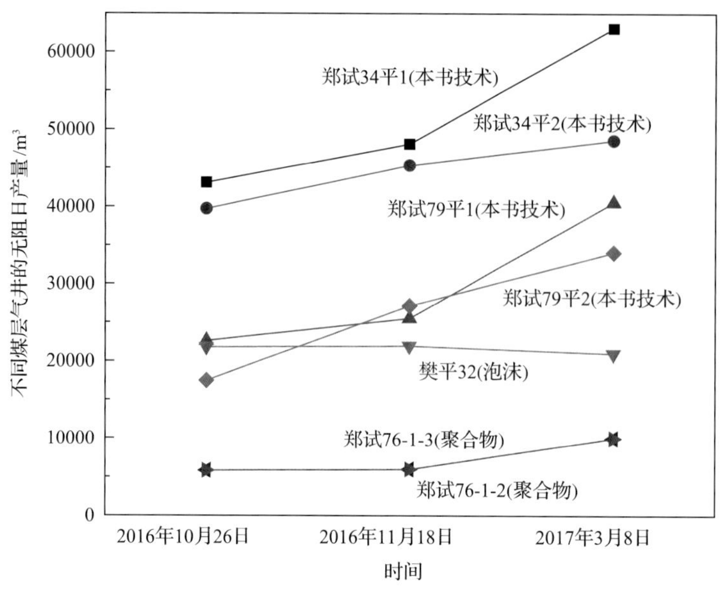

图 4.45　不同时期不同钻井液的无阻日产气量

表 4.42　沁水盆地郑庄区块和樊庄区块煤层气产量

序号	井号	井型	施工单位	产量/(m^3/d)	主要技术难度
1	樊 70 平 2-1L	L 型水平井	渤海钻探第四钻井公司	＞8500	井塌、井漏风险
2	樊 70 平 2-2L	L 型水平井	渤海钻探第四钻井公司	＞8500	井塌、井漏风险
3	樊 70 平 3-1L	L 型水平井	渤海钻探第四钻井公司	＞8000	
4	樊 70 平 3-2L	L 型水平井	渤海钻探第四钻井公司	＞8000	最大井斜 110°，井塌、阻卡风险
5	樊 70 平 3-3L	L 型水平井	渤海钻探第四钻井公司	＞8000	井塌风险
6	樊 70 平 3-4L	L 型水平井	渤海钻探第四钻井公司	＞8000	井塌风险
7	樊 70 平 7-1L	L 型水平井	渤海钻探第四钻井公司	＞8000	井塌风险
8	樊 70 平 7-2L	L 型水平井	渤海钻探第四钻井公司	＞8000	井塌、井漏风险
9	樊 70 平 7-3L	L 型水平井	渤海钻探第四钻井公司	＞8000	井塌风险
10	樊 70 平 7-4L	L 型水平井	渤海钻探第四钻井公司	＞8000	井塌风险
11	樊 70 平 8-1L	L 型水平井	渤海钻探第四钻井公司	＞9800	井塌风险
12	樊 70 平 8-2L	L 型水平井	渤海钻探第四钻井公司	＞9800	井塌、井漏风险
13	樊 70 平 8-3L	L 型水平井	渤海钻探第四钻井公司	＞9800	井塌风险
14	郑 120 平 3	L 型水平井	渤海钻探第四钻井公司	＞9500	六次侧钻，井塌、阻卡风险
15	郑 120 平 4	L 型水平井	渤海钻探第四钻井公司	＞8000	井塌风险
16	郑 4 平-11N	L 型水平井	渤海钻探第四钻井公司	＞8500	老井疏通，井塌、阻卡风险
17	郑 4-76-18	L 型水平井	渤海钻探第四钻井公司	＞9500	水垂比 3.8，井塌、阻卡风险
18	樊 64 平 3-1L	L 型水平井	格瑞克公司	＞8700	井塌风险
19	樊 64 平 3-2L	L 型水平井	格瑞克公司	＞8700	井塌风险
20	郑村平 2-1L	L 型水平井	格瑞克公司	＞8700	井塌风险

续表

序号	井号	井型	施工单位	产量/(m^3/d)	主要技术难度
21	郑村平 2-2L	L 型水平井	格瑞克公司	>8700	井塌风险
22	郑村平 2-3L	L 型水平井	格瑞克公司	>8700	井塌风险
23	樊 67 平 3-1L	L 型水平井	格瑞克公司	>8500	井塌风险
24	樊 67 平 3-2L	L 型水平井	格瑞克公司	>8500	井塌风险
25	樊 67 平 3-3L	L 型水平井	格瑞克公司	>8500	井塌风险
26	郑村 361 平 1	L 型水平井	格瑞克公司	>8000	井塌风险

(三)双疏无固相可降解聚膜清洁钻井液为马泌地区煤层气井顺利完钻提供了技术支撑

马平 1-3-6 水平井位于山西省临汾安泽县马必乡东里村，属于二开井。400m 进入二开时采用其他煤层气钻井液，在钻井过程中出现大量掉块和卡钻(图 4.46)，起钻至 1360m 时脱扣 1000m、埋钻具 480m，然后填井再侧钻。侧钻后的第 2 井眼仍在 1360m 左右时出现大量掉块，无法继续钻进，再次填井，准备再次侧钻。

(a) 第1井眼掉块

(b) 第2井眼掉块

图 4.46　其他煤层气井钻井液钻井时的掉块

再次侧钻的第 3 井眼采用双疏无固相可降解聚膜清洁钻井液，钻至易掉块井段(1093m～1400m)，虽钻遇煤矸石，却未出现掉块、井塌、卡钻等井下复杂情况，振动筛返砂正常，顺利完钻(图 4.47)。在井眼已两次遭受严重破坏的情况下，该钻井液保证该井顺利完钻，为马泌地区煤层气井钻探提供了利器。

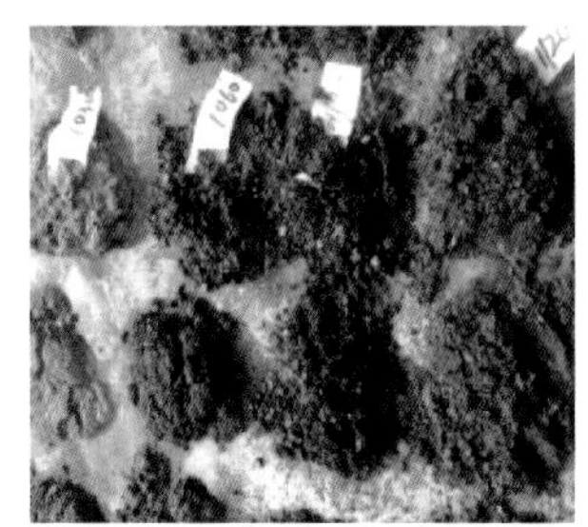

图 4.47　双疏无固相可降解聚膜清洁钻井液的返砂情况

二、保障大城地区煤层气"安全、高效、经济、环保"钻井

下面以大平 3 井和大平 7 井为例，阐述双疏无固相可降解聚膜清洁钻井液的优越性。

(一)现场应用情况

根据区域钻井情况，大城凸起煤层气钻井可能会遇到的复杂情况主要为井漏和坍塌，部分探井煤层段可能存在井径扩大现象，所在区块煤体结构不稳定、易破碎，以及煤层气井易损害等。

1. 大平 3 井工程概况

根据可能钻遇的钻井液技术难题，该井一开(0～253m)采用了膨润土钻井液，二开导眼(253～1671m)、造斜段(1170～1575m)、水平段(1574～2343m)使用双疏无固相可降解聚膜清洁钻井液，并在钻井中采用多项措施保证井下安全，做到了优质、安全、快速钻进。

从表 4.43～表 4.45 中可以看出，大平 3 井建井周期约 96 天，水平段平均机械钻速为 4.9m/h，6 个分支为 200～300m 左右，钻井液密度 1.04～1.12g/cm^3。

2. 应用效果对比

将大平 3 井双疏无固相可降解聚膜清洁钻井液的应用情况与可对比性强的临井——大平 1 井的泡沫钻井液技术应用情况进行对比，如表 4.46 所示。从表 4.46 可知，双疏无固相可降解聚膜清洁钻井液技术使井壁稳定、岩心取心收获率提高 24.94%、井径规则、现场维护简单、成本低、未发生任何井下复杂情况，优于跑钻井液技术。

表 4.43　大平 3 井工程简况

工程进展	导眼开钻时间：2014 年 9 月 26 日 17：00，二开时间：2014 年 9 月 30 日 15：00；侧钻时间：2014 年 10 月 27 日 3：00，完钻日期：2014 年 12 月 02 日 13：00；完井日期：2014 年 12 月 7 日。钻井周期：96 天，全井平均机械钻速：6.01m/h
水平段平均机械钻速	4.9m/h
钻井液类型	膨润土钻井液(0～253m)，可降解无固相清洁聚膜钻井液(253～1671m)，造斜段：(1170～1575m)
各分支长度	主支：1574～2343m，第一分支：1722～2054m，第二分支：1842～2251m，第三分支：1934～2240m，第四分支：2038～2230m，第五分支：2143～2448m，第六分支：2240～2369m，水平段长：2545m
钻井液情况	1.04～1.12g/cm^3，完井钻井液密度：1.12g/cm^3

表 4.44　大平 3 井的井身结构

开钻次数	钻头尺寸/mm	井段/m	套管尺寸/mm	套管下深/m	水泥返深/m	水泥封固井段/m
导眼一开	375	0～253	244.0	253.0	至地面	0～253
导眼二开	216	253～1671				
侧钻	216	1170～2343	139.7	2338.1		

表 4.45　大平 3 井主要钻井液性能参数

取样深度/m	密度/(g/cm³)	黏度/s	含砂/%	pH	初切/Pa	终切/Pa	塑黏/(mPa·s)	动切力/Pa	失水/mL	滤饼/mm
1265	1.11	44	0.2	9	3	4	11	10	4	0.5
1445	1.11	44	0.2	9	3	4	11	10	4	0.5
1535	1.11	44	0.2	9	3	4	11	10	4	0.5
1544	1.11	44	0.2	9	3	4	11	11	4	0.5
1775	1.12	44	0.2	9	3	4	11	11	4	0.5
1830	1.12	44	0.2	9	3	4	11	12	4	0.5
1866	1.12	44	0.2	9	3	4	11	12	4	0.5
1908	1.12	44	0.2	9	3	4	11	12	4	0.5
1750	1.12	44	0.2	9	2	4	11	12	4	0.5
1843	1.12	44	0.2	9	3	4	11	11	4	0.5
1900	1.12	44	0.2	9	3	4	11	11	4	0.5
2075	1.12	44	0.2	9	3	4	11	10	4	0.5
2113	1.12	44	0.2	9	3	4	11	10	4	0.5
2165	1.12	44	0.2	9	3	4	11	11	4	0.5
1960	1.12	44	0.2	9	3	4	11	11	4	0.5
2135	1.12	44	0.2	9	3	4	11	11	4	0.5
2218	1.12	44	0.2	9	3	4	11	11	4	0.5
2048	1.12	44	0.2	9	3	4	11	11	4	0.5
2140	1.12	44	0.2	9	3	4	11	11	4	0.5
2258	1.12	44	0.2	9	3	4	11	11	4	0.5
2389	1.12	44	0.2	9	3	4	11	11	4	0.5
2420	1.12	44	0.2	9	3	4	11	11	4	0.5
2445	1.12	44	0.2	9	2	4	11	11	4	0.5
2200	1.12	44	0.2	9	2	4	11	11	4	0.5
2248	1.12	44	0.2	9	2	4	11	11	4	0.5
2355	1.12	44	0.2	9	2	4	11	11	4	0.5
2343	1.12	44	0.2	9	2	4	11	11	4	0.5

表 4.46　双疏无固相可降解聚膜清洁钻井液与泡沫钻井液应用效果对比

项目	大平 1 井：泡沫钻井液	大平 3 井：双疏无固相可降解聚膜清洁钻井液
井壁稳定情况	①出现垮塌、掉块：钻导眼绳索取心时有垮塌掉块；在 253m 处，每次起下钻均不正常，有掉块 ②井漏严重：从 996m 到钻完导眼（井深 1345m）共漏失 163m³，至 2372m 完井一直存在渗漏，共漏失泥浆 624m³	①未出现垮塌、掉块 ②未出现漏失或者渗漏
岩心取心收获率	取心收获率低：取心井段：1130～1266.50m，收获率 69.26%，取心收获率低	取心收获率高：1467.30～1611.50m 取心，收获率 94.2%
井径情况	井径不规则，出现“大肚子”：1150～1175m、1240～1250m、1260～1270m 井段有“大肚子”井眼，最大井径超过 500mm	井径规则

续表

项目	大平 1 井：泡沫钻井液	大平 3 井：双疏无固相可降解聚膜清洁钻井液
钻井液性能维护及适应性情况	①配方和现场维护复杂：现场性能调整要求水平较高，需控制好钻井液中泡沫质量，对流变性影响大，上水困难等 ②成本太高	该井在二开开始时曾采用泡沫钻井液体系，但发生严重卡钻、井塌事故无法继续钻井，为解决井下复杂情况转为双疏无固相可降解聚膜清洁钻井液。在之后的新井眼钻井中，未出现任何与钻井液有关的卡钻、井塌等复杂情况

(二)钻成了我国最深煤层气井——大平 7 井(2045m)，并获得高产

大平 7 井是渤海盆地沧县一口 U 形对接水平井，水平段施工难度极大(需穿过对接井大探 7 井压裂带)，且是我国最深的煤层气井，井深达 2045m。

在该井钻井过程中，前期采用其他煤层气钻井液，但在 2017 年 9 月 23 日井下出现严重垮塌，钻具自 1960m 开始无法下放，无法继续钻进，不得不回填，准备侧钻。

回填后改用双疏无固相可降解聚膜清洁钻井液技术，顺利完成造斜段施工，钻至 A 靶点太原组 6#煤层，进行水平段施工。2017 年 10 月 27 日顺利完成 1000m 煤层进尺，与大探 7 井对接成功，下入套管，施工结束。在该井采用双疏无固相可降解聚膜清洁钻井液钻井过程中，未出现任何与钻井液有关的井下复杂情况或事故，且该井是国内煤层气井首次在这一深度取得突破，填补了世界 1800m 以深煤层气经济开采的空白；且投产后，2019 年 3 月 18 日，日产量最高达到 1.1 万 m^3。钻井液性能如表 4.47 所示。

表 4.47 双疏无固相可降解聚膜清洁钻井液在大平 7 井的钻井液性能表

性能	数值	性能	数值
密度/(g/cm^3)	1.15	漏斗黏度/s	45～60
FL_{API}/mL	4～6	表观黏度/(mPa·s)	18～27
塑性黏度/(mPa·s)	12～21	动切力/Pa	7～12
动塑比/[Pa/(mPa·s)]	0.32～0.56	含砂量/%	0.1～0.3
泥饼厚度/mm	0.1	初切/Pa	2～5
终切/Pa	3～6	φ_3	4～7

三、为内蒙古二连盆地霍林河凹陷地区煤层气高质量完钻提供了核心技术

霍平 1 井是内蒙古二连盆地霍林河凹陷地区第一口煤层气试验水平井，位于内蒙古二连盆地霍林河凹陷，钻探目的为试验筛管完井技术与水平井开发低阶煤层气的适应性。地理位置为霍林郭勒市沙尔呼热镇西南 15.5km，构造位置在霍林河凹陷翁能花向斜西南斜坡带，设计垂深 99m、设计水平井着陆点 1079.00m、设计靶点 980.00m，目的层为六煤组 $6^{1\#}$煤层，完钻层为位赛汉塔拉组(K_1bs)六煤组，完钻原则是水平井按设计轨迹钻至靶点筛管完井。地质分层及地层岩性剖面、设计井身结构分别如表 4.48、表 4.49 所示。

表 4.48 霍平 1 井地质分层及地层岩性剖面

地层时代				实钻地层分层			
界	系	统	组	煤组	底界深度/m	厚度/m	地层岩性简述
新生界	第四系	更新统			60	60	棕黄、褐黄色黏土夹粉-中砂层及砂砾层
股中生界	二白垩系	下统	赛汉塔拉组组		327	267	岩性以深灰、灰色泥岩、砂质泥岩及灰色粉砂岩为主，呈不等厚互层
				一	417	90	岩性以黑色泥岩、灰色粉砂岩及煤层为主，发育 4 个煤层，煤层薄、稳定性较差，煤层总厚 7.8m
				二	556.9	139.9	以灰色粉砂岩、砂质泥岩及煤层为主，发育 8 个煤层，煤层厚度 0.6～7.6m，煤层总厚 24.05m
				三	746.8	189.9	地层岩性为深灰色泥岩、灰色粉砂岩、灰色砂质泥岩及煤层，发育 5 个煤层，煤层厚度 1.04～9.8m，煤层总厚 23.4m，其中 $3^{2\#}$和 $3^{3\#}$煤层厚度较大且较稳定
				四	803.1	56.3	岩性以灰色砂质泥岩、粉砂岩及薄煤层为主，发育 3 个煤层，煤层厚度 0.7～1.4m，煤层总厚 3.1m
				五	886.6	83.5	灰色砂质泥岩、薄层粉砂岩及煤层，发育两个煤层，煤层厚度 1.0～4.15m，煤层总厚 5.15m
				六	988.0	101.4	岩性为黑色煤、深灰色砂质泥岩及粉砂岩，发育两个煤层，煤层厚度 14.04～20.25m，煤层总厚 34.3m

表 4.49 霍平 1 井井身结构

开钻次数	钻头尺寸/mm	井段/m	套管尺寸/mm	套管下深/m	水泥返深/m	水泥封固井段/m
一开	375	0～99	244.0	90	至地面	0～90
二开	216	99～1808	139.7	1711	340m	340～890

(一)面临的钻井液技术难题与技术对策

1. 面临的钻井液技术难题

霍林河凹陷煤层气钻井可能会遇到的复杂情况主要为井漏和坍塌，部分煤层段可能存在井径扩大现象，所在区块为低煤阶褐煤，煤质软，硬度低，煤体结构不稳定，易破碎。

钻井液施工主要难点有：

(1)在煤层钻进中地层疏松、较软、裂缝大，渗漏严重，极易造成漏失钻井液。

(2)二开为ϕ216mm 大井眼，钻井液需有较强的悬浮、携带能力。

(3)该井泥岩段长，夹层较多，导致井眼缩径、坍塌，发生井下事故。

(4)该井赛汉塔拉组组层灰黑色泥岩、碳质泥岩易水化、坍塌、剥落，造成井下划眼、卡钻等复杂事故。

(5)造斜及水平段井斜大，钻具与井壁大面积接触，黏附钻具，影响钻进速度，甚至黏卡。

(6)造斜及水平段井斜大、摩阻大，易拖压影响钻进，岩屑携带困难。

2. 需要采取的技术对策

(1)泥岩段采用强抑制性处理剂抑制泥岩水化分散，增强防塌性及携带性，防止井下坍塌并及时带出掉块，防止卡钻的发生。

(2)水平段及时加入成膜剂、固膜剂、强膜剂等处理剂，并保证其含量达到配方设计要求以上，确保钻井液体系具有良好的封堵造壁能力、润滑能力，并根据钻井液摩阻情况及时补充强膜剂含量。

(3)钻进过程中，保证三级固控设备正常运转，辅以常清理锥形池，除去大部分劣质固相，保证井眼清洁。

(4)落实起下钻灌浆制度，严禁在易塌井段定点循环，严禁高速起下钻造成压力激动。

(5)定向及水平段落实短拉，以机械方式破坏井下岩屑床，减少岩屑沉积，减井下复杂情况的发生。

(6)在煤层钻进中，地层疏松、较软、裂缝大，渗漏严重，极易造成漏失钻井液，及时加入固膜剂、成膜剂提高封堵造壁能力，防止漏失。

(二)霍平1井完钻情况

根据技术对策，霍平1井采用二开完钻。一开(0.00～99.00m)采用膨润土浆，二开(99.00～998m)采用普通聚合物钻井液，二开钻进至998m时，进入煤层段，转换为双疏无固相可降解聚膜清洁钻井液。双疏无固相可降解聚膜清洁钻井液突出优势在于对气层的保护，针对煤层气完井后由于受到钻井液的污染，产气量低，难以获得理想的经济效益，该体系在施工作业结束后，采用破胶剂进行破胶，保证产层受到钻井液污染程度最小，提高产量。

设计基本配方为：2%成膜剂+1%固膜剂+1%乳液降失水剂+1%强膜剂+煤层保护剂(按需要)。霍平1井钻井过程中主要钻井液性能如表4.50所示。

表4.50 霍平1井主要钻井液性能

井深/m	密度/(g/cm^3)	黏度/s	失水/mL	AV/(mPa·s)	PV/(mPa·s)	YP/Pa	初切/终切	pH	含沙/%
1100	1.02	38	10	8	6	4	1Pa/2Pa	7.5	0.1
1230	1.01	37	8.8	8	6	4	1Pa/1.5Pa	7.5	0.3
1297	1.02	37	10	8.5	6	5	1Pa/1.5Pa	7.5	0.4
1521	1.03	39	10	10	8	5	1Pa/1.5Pa	7	0.6
1150	1.05	42	8.4	11	7	5	1Pa/2Pa	8	0.5
1274	1.04	39	9.6	10	7	5	1Pa/1.5Pa	7.5	0.4
1477	1.04	40	9.6	11.5	8	6	1Pa/1.5Pa	8	0.4
1665	1.05	40	10.2	11.5	8	7	1Pa/1.5Pa	8	0.5
1792	1.05	42	10.2	13	9	8	1Pa/2Pa	7.5	0.5
1808	1.05	43	9.4	13	10	9	1Pa/2Pa	7.5	0.4

霍平1井建井周期约37天，全井平均机械钻速为16.21m/h，在二开使用双疏无固相可降解聚膜清洁钻井液，水平段主支在998～1808m，6个分支约450m，钻井液密度1.01～1.05g/cm^3(表4.51)。

表 4.51 霍平 1 井施工简况

工程进展	导眼开钻时间：2016 年 3 月 23 日 11：00，二开时间：2016 年 3 月 30 日 2：00 完钻日期：2016 年 4 月 14 日 1：00，完井日期：2016 年 4 月 20 日 5：00 钻井周期：20 天+14h，建井周期：37 天+17h
全井平均机械钻速	16.21m/h
水钻井液类型	膨润土钻井液（0～99m），聚合物钻井液（99～998m）； 双疏无固相可降解聚膜清洁钻井液（998～1808m）
分支情况	主支：998～1808m，第一分支：1150～1600m
进尺	全井总进尺 2258m，见煤进尺：1203m
钻井液情况	钻井液密度：1.01～1.05g/cm^3

钻达目的层后且下套管以前，往钻井液中加入 1.5%强膜剂，保证筛管、套管顺利到底。完钻钻井液性能：密度为 1.05g/cm^3、黏度为 40s、中压失水 8mL。套管下深至 1711.77m，满足要求。

固井后，下小钻具打分级箍及附件，钻穿分级箍及附件后，下钻到设计井深，替入清水循环三个循环周，改用 2.5%破胶剂溶液循环 6h，再用清水将破胶剂替出后，继续循环直到返出干净清水为止。最后，进行第二次破胶，将 2.5%破胶液替入煤层主井眼，破胶作业结束。

（三）应用效果分析

霍平 1 井主支完钻斜深 1808m，全井总进尺 2258m，水平段长 1260m，平均机械钻速 16.21m/h。该井从 998m 开始转换为双疏无固相可降解聚膜清洁钻井液体系至完钻，起下钻、短拉、固井等施工均顺利进行，无井下复杂情况。

该井水平段后期加入煤层清洁剂与成膜剂后，钻井液在井壁或近井壁处形成一层具有良好油溶性和较高强度的膜状物，该膜状物阻止钻井液中的固相和液相侵入储层，从而有效地降低失水，完钻后通过射孔或原油返排解堵，达到保护储层的目的，同时还减少了钻井液漏失量。加入固膜剂，保证井壁的稳定性，在地层温度和压力的共同作用下，增加流体进入底层的阻力，提高地层承压能力。在薄黏膜的作用下，有效降低滤失量，减少钻井液漏失量，同时双疏无固相可降解聚膜清洁钻井液体系携砂能力强，保证了井眼清洁，起下钻、短拉顺利，无阻卡现象，保证了钻井的施工进度。托压后及时加入强膜剂达到 1.5%以后，定向钻进时有效降低了摩阻，摩阻控制在 3～8t，定向无托压，平均机械钻速高，安全、高效、经济、环保地完成了钻探任务。

双疏无固相可降解聚膜清洁钻井液无荧光，卡层准确，及时发现油气层，充分显示了双疏无固相可降解聚膜清洁钻井液体系的优越性。该钻井液体系性能稳定，维护简单、方便，携砂能力和抑制煤层垮塌能力强，保证了长水平段钻井的施工，起下钻顺利、无阻卡现象，双疏无固相可降解聚膜清洁钻井液体系在该井应用效果良好，顺利固井，为将来内蒙古二连盆地霍林河凹陷地区煤层气规模钻探提供了核心技术。

综上所述，双疏无固相可降解聚膜清洁钻井液体系有良好的防塌固壁和强化井眼稳定的能力，振动筛无掉块和垮塌现象，井底干净，短起下正常；体系流变性好，失水容易控制，造壁能力强；动切力和静切力较大，利于携砂和井眼清洁；钻进时转盘扭矩、拉力小，磨阻低，容易定向作业；黏切可调性强，流动性好，气体滑脱快，不影响录井和定向井作业；较好的封堵性可以减少或避免渗漏和小的裂隙漏失，有一定的防漏能力。

四、其他地区的应用案例

1. 典型案例一

被亚洲最大的非常规油气钻井服务商——格瑞克钻井有限公司引进，单井产气量提高 2.1 倍以上，成为格瑞克钻井有限公司唯一指定的煤层气井钻井液技术。

格瑞克公司承包了位于沁水盆地南部的郑庄区块，距离沁水县张峰水库直线距离不足 5km 的东 34 平 1L 井，在钻井液施工前期开始采用其他煤层气钻井液钻井，但钻至井深 850m 时因地层涌水现象严重而使钻井液性能无法控制(出水层位：刘家沟；出水量：$3m^3/h$)，进入煤层后，煤层垮塌严重，无法继续钻进。

2018 年 5 月，格瑞克钻井有限公司被迫采用蒋官澄团队研发的超分子凝胶堵水技术，成功封堵住出水层，堵住出水后采用双疏无固相可降解聚膜清洁钻井液钻进煤层水平段，未出现任何井下复杂情况或事故，全井顺利完工。

2. 典型案例二

煤层气勘探开发领域处于领先地位的国际能源公司——亚美大陆有限公司引入双疏无固相可降解聚膜清洁钻井液技术，解决了以前其他钻井液技术难以解决的难题，实现了规模应用。与以前相比，钻井液费用平均降低了 50%以上，产量提高 1.49 倍(图 4.48)，并避免井下复杂，提高了产量，真正实现了“安全、高效、经济、环保”钻井。

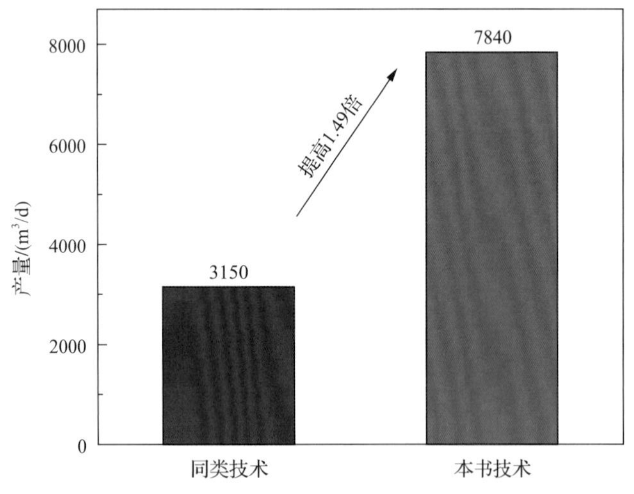

图 4.48 平均单井日产量与其他技术对比

3. 典型案例三

2018 年 4 月与晋煤集团胡底煤矿合作，将双疏无固相可降解聚膜清洁钻井液与煤层巷道专用固液分离器结合，研发了“煤层巷道千米钻机循环水一体化技术”，在晋煤集团胡底煤矿现场试验取得了成功，满足了煤矿通风，避免煤矿瓦斯爆炸和软煤塌孔，实现了循环水再利用，平均每月节约处理水费用 6 万元以上，提高了煤层开发效率，降本增效显著等。

参考文献

[1] Gall B L, Sattler A R, Maloney D R, et al. Permeability damage to natural fractures caused by fracturing fluid polymers//SPE Rocky Mountain Regional Meeting, Casper, 1988.

[2] 张斌, 杜小勇, 杨进. 无固相弱凝胶钻井液技术. 钻井液与完井液, 2005, 22(5): 34-37.

[3] 郑力会, 孟尚志, 曹园, 等. 绒囊钻井液控制煤层气储层伤害室内研究. 煤炭学报, 2010, 3: 439-442.

[4] 郑力会. 仿生绒囊钻井液煤层气钻井应用现状与发展前景. 石油钻采工艺, 2011, 33(3): 78-81.

[5] 郑力会. 煤层气绒囊钻井液: CN201610391209.4, 2018.

[6] 郑军, 贺承祖, 冯文光, 等. 煤气储层应力敏感、速敏和水敏性研究 . 钻井液与完井液, 2006, 23(4): 77-78.

[7] 蔡利山, 林永学, 王文立. 大位移井钻井液技术综述. 钻井液与完井液, 2010, 27(3)： 1-13.

[8] Jiang G C, Ni X X, Yang L L, et al. Super-amphiphobic composite material and use of the same as inhibitor, lubricant, reservoir protectant, and accelerator in water-based drilling fluids: US 10308857 B1, 2019.

[9] Jiang G C, Gao D L, Ma G C, et al. Use of dual-cationg fluorocarbon surfactant as amphiphobic wettability reversal agent in drilling fluid: US10336931 B2, 2018.

[10] Ni X X, Jiang G C, Liu F, et al. Synthesis of an amphiphobic nanofluid with a novel structure and its wettability alteration on low-permeability sandstone reservoirs . Energy & Fuels, 2018, 32(4): 4747-4753.

[11] 蒋官澄, 倪晓骁, 高德利, 等. 超双疏型复合材料和在水基钻井液中作为抑制剂、润滑剂和油气层保护剂的应用: ZL 201810166488.3, 2018.

[12] Jiang G C, He Y B, Huang X B, et al. A High-density organoclay-free oil base drilling fluid based on supramolecular chemistry. Petroleum Exploration and Development, 2016, 43(1): 131-135.

[13] Jiang G C, Jiang Q H, Sun Y L, et al. Supramolecular-structure-associating weak gel of wormlike micelles of erucoylamidopropyl hydroxy sulfobetaine and hydrophobically modified polymers. Energy and Fuels, 2017, 31(5): 4780-4790.

[14] 蒋官澄, 贺垠博, 王凯, 等. 含超分子材料的水基钻井液用添加剂组合物和水基钻井液及其应用: ZL 201810136849.X, 2019.

[15] 杨玉贵, 康毅力, 游利军, 等. 水平井钻井完井液侵入损害数值模拟研究进展. 钻井液与完井液, 2009, 26(6): 69-72.

[16] 回海军, 徐同台, 朱宽亮, 等. 影响弱凝胶无固相钻井液渗透率恢复值的因素. 钻井液与完井液, 2009, 26(2): 63, 64.

第五章　高温高密度双疏无土相强封堵油基钻井液

近年来，我国非常规能源井、复杂地质条件井钻井比例逐年增加，页岩气水平井和山前高陡构造深井、超深井勘探开发数量与日俱增。在钻井过程中，遭遇的钻井液技术难题越来越大，对钻井液提出了更高的要求(强抑制性、强润滑性、抗高温、抗高污染、保护储层等)，特别是在目前低油价条件下，要求钻井液具有“高性能、低成本”等特点。现有水基钻井液技术的抑制性、润滑防卡性、抗温性、抗污染能力、保护储层能力等已无法很好满足该类井安全、高效钻井需要。

油基钻井液技术具有抗高温、抗盐钙侵、井壁稳定、润滑性好、油气层伤害小等优点[1-4]。因此，在复杂地质等条件下，油基钻井液是最佳选择。但我国油基钻井液技术的大力发展是在“十二五”期间，在国家科技重大专项支持下研发了系列配套处理剂和技术。蒋官澄教授团队在综合分析调研油基钻井液现状及发展趋势的基础上，结合我国“十二五”期间建立的油基钻井液技术在国家页岩气示范区等高难度井应用过程中存在的问题，瞄准国际前沿的无土相油基钻井液技术，首次将仿生学和超分子化学理论引入油基钻井液中，研发了新一代无土相油基钻井液——高温高密度双疏无土相强封堵油基钻井液，解决了以前无土相油基钻井液的抗温性和密度上限较低、封堵性差、层理发育等复杂地层钻井中井壁失稳和井漏较严重等技术难题。

第一节　油基钻井液技术现状与发展趋势

油基钻井液(逆乳化钻井液、非水基钻井液)是以油为连续相、水滴为分散相的钻井液。按照基础油划分，油基钻井液可分为柴油钻井液、低毒矿物油钻井液、合成基钻井液等；按照含水量大小又可分为全油基钻井液和油包水乳化钻井液。在全油基钻井液中，水是无用组分，其含水量不应超过 10%；为减低钻井液成本、充分发挥油基钻井液中各处理剂的效能等，多数情况下是以油包水乳化钻井液为主。

一般来说，油基钻井液的组成有：柴油(我国常使用零号柴油)或各种低毒矿物油等基础油、水相(淡水、盐水或海水)、主乳化剂、辅助乳化剂、润湿剂、亲油胶体颗粒、石灰、加重材料等。

油基钻井液是目前应用较广的钻井液体系之一，它具有良好的热稳定性、润滑性、防塌抑制性、储层保护性、井壁稳定和页岩抑制性，并且具有抗污染能力强、温度适应范围宽、机械钻速快等优点；但也存在着价格昂贵、井漏难处理、抗水侵能力差、切力小、难以悬浮重晶石、岩屑携带不好、对固井和电测影响大、污染环境(滤饼以及残留钻井液难于清除)等方面的缺陷。

尽管油基钻井液存在一定缺陷，但与水基钻井液相比，油基钻井液在井壁稳定、润滑防卡、抑制页岩水化膨胀和地层造浆，以及快速钻进等方面具有明显优势，已成为钻探非常规油气井、高温深井、海上钻井、大斜度定向井、水平井、各种复杂井段和储层保护的重要手段。

一、油基钻井液国内外现状

早在 20 世纪 20 年代，人们为避免和减小钻井中各种复杂情况的发生，提高井壁稳定性、润滑防卡和保护油气层等，曾使用原油作为钻井液，这是最早的油基钻井液类型。但在使用过程中也暴露出一些缺点，且随着钻井的深度和难度、地层的复杂情况越来越大，使油基钻井液技术得到逐步发展[5-8]。总的来说，油基钻井液的发展可分为四个阶段：起步、发展、提高和再发展。

为解决起步阶段的原油钻井液的切力小、难以悬浮重晶石、滤失量高、流变性不易控制、使用范围仅限于 100℃以内浅井等缺点，1939 年和 1950 年前后分别发展了普通油基钻井液和油包水乳化钻井液，使其进入发展阶段。普通油基钻井液中的水是无用组分，含水量不超过 10%，该钻井液可抗 200～250℃高温，但存在配制成本高、劳动条件差、较易着火、钻速较低等缺点；油包水乳化钻井液中的水是必要成分，分散在柴油中，含水量一般在 10%～60%之间，与普通油基钻井液相比不易着火，具有防 H_2S 和 CO_2 腐蚀的作用，但具有配制成本较高、钻速较低等缺点。

为解决发展阶段油基钻井液存在的钻速慢和对环境有毒的缺点，1975 年发展了低胶质油包水乳化钻井液，该钻井液的亲油胶体颗粒含量最低，能够达到提高钻速的目的，但滤失量却增大[9]。通过降低基础油和添加剂的毒性，1980 年又发展了矿物油或白油基油包水乳化钻井液，使其除具有油基钻井液的各种优点外，同时可有效地防止对环境的污染，特别适用于海洋钻井、环境敏感地区的钻井作业等[10]。为进一步降低油基钻井液的毒性，1990 年和 1995 年分别发展了第一代、第二代合成基油基钻井液，无论钻井液的流变性和滤失造壁性，还是对环境的毒性影响和成本，第二代合成基钻井液都优于第一代，从而使油基钻井液进入性能全面提高阶段[11,12]。

2000 年以来，国外油基钻井液技术取得了进一步的发展，该阶段形成的特色体系有：

1. 抗高温油基钻井液技术

哈里伯顿公司以优质柴油或低毒矿物油为连续相、脂肪酸衍生物作为抗高温乳化剂、塔罗油衍生物作为抗高温降滤失剂而发展起来的 INVERMUL®™柴油-矿物油基钻井液体系，抗温高达 260℃[13-15]。

MI SWACO 公司以矿物油为连续相，并由高性能有机土、亲油褐煤、聚醚羧酸乳化剂、纳米型流型调节剂构成的抗高温白油基钻井液体系，抗温可达到 300℃[16-18]。

在我国“十二五”期间，中石油、中国石油大学(北京)等单位在国家科技重大专项的支持下，全面、深入进行了油基钻井液研究，形成了抗温达 220℃的油基钻井液处理剂体系。

2. 低固相油基钻井液技术

减少有机土和重晶石等固相含量，可有效解决传统油基钻井液固相含量过高引起的低温胶凝、高温重晶石沉降、储层损害等一系列难题。为此，M-I 公司以溴化钙盐水为内相，液态树脂替代天然沥青为降滤失剂，添加少量优质有机土，配制出了具备更好的封堵性、热稳定性、井眼净化能力和储层保护能力的低黏土含量的矿物油基钻井液体系；同时，M-I 公司使用溶解度高的强电解质甲酸铯盐水作为体系内相，配制了固相含量降低到 1%、密度为 1.66g/cm^3 的低固相油基钻井液。中国石油长城钻探工程有限公司也以甲酸铯盐水为内相，形成了具有更好剪切稀释性、触变性、抗温性、抗污染能力和储层保护效果的低固相油基钻井液[19,20]。

3. 可逆乳化钻井液技术

可逆乳化钻井液是指在碱性条件下形成稳定的油包水乳化钻井液，在酸性条件下又反转为水包油乳化钻井液，将水基钻井液和油基钻井液的优点集为一体，解决传统油基钻井液滤饼清除困难、影响固井质量等问题。

M-I 公司以矿物油或柴油为连续相，单一乳化剂和润湿剂等组分形成了 MEGADRIL 逆乳化油基钻井液体系，该体系具有优良悬浮性能、滤失量小、抗固相污染能力强、抗温达 204℃、泵压低、清洁能力强、体系配方简单等优点。中国石油大学(北京)2012～2016 年提出了新的可逆乳化机理，研发了新型可逆乳化处理剂，形成了密度达 2.0g/cm^3 的可逆乳化钻井液新技术，并对该体系的抗污染性、滤饼清除能力、环保性进行系统评价。

4. 深水恒流变钻井液技术

深水低温条件下，油基钻井液的黏度通常会急剧上升，造成当量循环密度(ECD)过高，压力控制困难，易引发复杂事故；若降低黏度措施来控制低温下的当量循环密度(ECD)，则高温条件下井眼净化及固相悬浮能力难以满足要求。为解决该矛盾，发展了恒流变钻井液技术。

5. 无土相油基钻井液技术

以增黏提切剂代替有机土为油基钻井液提供足够的黏度切力，避免了传统油基钻井液中因有机土加量少而黏切不足而影响携岩，或因有机土加量过高影响机械钻速及高温稠化等难题。该钻井液具有钻速高、流变性好、循环阻力和当量循环密度低、抗温性高、抗污染能力强、降低漏失、储层保护效果好、能很好解决滤失造壁性与流变性的突出矛盾等优点，但研制该钻井液的难度也较大，突出难点有：①无黏土条件下形成强度足够的凝胶网络结构，满足固相悬浮和井眼清洁需求；②无黏土条件下，保持乳液的高温稳定性；③无黏土条件下，高温高压滤失量的控制。

也就是说，无土相油基钻井液是最先进和难度最大的油基钻井液之一。白劳德(Baroid)公司是无土相油基钻井液技术的最早研究者，但其抗温仅 180℃、密度仅 2.0g/cm^3，难以满足我国非常规油气井的钻井需要。

二、油基钻井液存在的技术难题与发展趋势

(一)存在的技术难题

1. 强封堵与稳定井壁难题

封堵、防漏、井壁稳定三者密切相关。油基钻井液中使用的封堵和稳定井壁材料几乎都采取沥青类物质，该物质的软化点如果低于地层温度呈类刚性状态、如果高于地层温度呈流体状态，难以封堵且抗压能力有限。虽然国内外也发展了其他封堵剂，但也几乎是刚性材料，材料之间存在微小孔隙，毛细管吸力大、封堵效果难以保证，且主要是封堵微米级及以上尺寸的孔缝，封堵效果有待提高。

2. 防漏堵漏难题

虽然国内外研发了数百种防漏堵漏材料，但几乎都是针对水基钻井液研发的。当油基钻井液发生漏失时，几乎都是采用水基钻井液的材料和技术，缺乏针对性，防漏堵漏效果大打折扣。

在油基钻井液钻井过程中，油基钻井液中的润湿剂改变了岩石表面的润湿性，使各类防漏堵漏材料与漏失壁面间的结合力减弱，甚至没有结合力，大幅增加油基钻井液防漏堵漏难度，防漏堵漏效果变差甚至失效。

3. 悬浮稳定性与井眼净化难题

良好的悬浮和携带能力是防止固相沉降、保持井眼清洁，实现安全、高效钻井的前提。

根据“流体容易携带润湿相固相，使其随着润湿相流体运动而运动”的原理可知，油基钻井液容易携带油湿性固相而难以携带水相固相颗粒。原始地层岩石和重晶石颗粒表面属于亲水性表面，岩屑的亲水性较强，与水基钻井液相比，悬浮稳定性与井眼净化问题更突出。目前国内外除增加润湿剂加量、调整钻井液流变参数、增大泥浆泵排量、活动钻具等外，没有更好的其他措施。

在油基钻井液中通常通过增加常规润湿剂来阻止重晶石、岩屑等亲水性固相颗粒团聚、聚沉，但该措施会带来一定的负面影响。常规润湿剂会增加井壁岩石的油湿性，从而增加对油相的毛细管吸力，破坏井壁稳定性，特别是层理裂缝很发育、破碎性地层影响程度更大。

4. 流变参数调控难题

油基钻井液往往应用于高温深井、深水低温等复杂地层钻井中，温度和压力变化对其流变性的影响较水基钻井液严重，如果控制不当会发生井下复杂事故。例如，油基钻井液黏度和切力随温度升高而降低、随温度降低而大幅提高，这些都会导致固相悬浮能力、当量循环密度(ECD)、井底实际压力等急剧变化，诱发井下复杂事故的发生。

与水基钻井液相比，通常情况下油基钻井液的塑性黏度较高、动切力较低。当然，降低油水比、增加有机土和提切剂加量等措施是可以提高动塑比的，但会引起其他性能变化和成本增加。

5. 热稳定性难题

从物理化学理论可知，油包水乳状液本身属于热力学不稳定体系，在一定条件下易破乳。

虽然油基钻井液抗温能力较强，但特高温条件下，会导致乳化剂从油水界面脱附、乳化剂分子分解等，使油包水乳化钻井液出现乳液失稳、破乳问题。

(二)发展趋势

上述问题和将来油气工业战略主战场存在的技术难题的解决将成为油基钻井液的发展方向。

1. 油基钻井液井塌机理与井眼强化型油基钻井液技术

原始地层岩石表面属于亲水表面，且油基钻井液中的润湿剂可使其反转为亲油性，在使用油基钻井液钻井过程中，因毛细管效应，井壁岩石毛细管对油相、水相都具有很强的吸附力，从而导致层理裂缝较发育的岩石层面增大、破碎性岩石层面的距离增大，井壁稳定性大幅减小，继而导致井塌。因此，解决油基钻井液井壁失稳可采取如下创新性思路：

(1) 使井壁岩石毛细管对油相的自吸力减少，甚至不自吸，或者使毛细管对油相的吸力反转为阻力。采取第一章介绍的双疏性理论可以达到该目的。

(2) 对层理发育、破碎性岩石(如新疆南缘)，封堵井壁岩石孔缝、增加破碎性岩石之间的胶结力对井壁稳定是有利的。为此，可借鉴蒋官澄教授曾针对水基钻井液，采用仿生学理论发明仿生固壁剂和井眼强化水基钻井液技术的思路，研发适合油基钻井液的“固壁剂”，将破碎性岩石胶结成整体，并强胶结和强封堵层理和裂缝发育的井壁岩石，提高岩石颗粒间内聚力和井壁岩石强度，形成井眼强化型油基钻井液技术，保障复杂地层的顺利完钻。

也就是说，通过协同法，让双疏技术使毛细管吸力反转为阻力，阻止液相进入，强封堵技术阻止压力传递，固壁技术将井壁岩石颗粒胶结在一起，提高井壁岩石强度，解决油基钻井液井壁坍塌的国际难题。

2. 油基钻井液用防漏堵漏材料和技术

对井壁实施高强度封堵是解决井漏的有效途径。目前的封堵技术大多数仅适应水基钻井液，且仅能封堵微米级及以上尺寸的孔缝，油基钻井液用封堵与防漏堵漏材料和技术，特别是纳米孔缝防漏堵漏材料和技术几乎是空白。因此，亟需针对不同的漏失情况，采用仿生学和超分子化学理论等，模拟王莲叶片通过多节点连接成叶脉网格结构和贝壳多层复合结构与组成，并通过下面三种技术途径，分别研发适合溶洞、毫米级孔缝、微米级孔缝、纳米级孔缝的油基钻井液用防漏堵漏材料与技术。

(1) 在漏失孔缝口，通过纤维类物质形成网状结构，使大直径孔缝变为小直径孔缝。

(2) 在网状物中的空间充填刚性物质和软物质，堵塞网状物中的漏失。

(3) 增强漏失裂缝壁面、纤维类物质、刚性物质、软物质之间的胶结能力，防止在压差作用下承压力低、站不住等问题的出现。

3. 油基钻井液的悬浮、携带与井眼净化技术

国内外提高油基钻井液固相悬浮、携带及清洁井眼能力的主要措施包括：①依靠增

黏提切材料提高切力、低剪切速率下的高黏度等；②通过润湿剂将重晶石及岩屑的亲水表面反转为亲油表面，提高悬浮和携带能力；③增大泥浆泵排量、活动钻具等。这些措施虽可使问题得到一定程度的缓减，但在某些高难度大斜度井和水平井中仍会形成较厚“岩屑床”，为此，建议采用最新发展的基础理论，如井下岩石表面双疏性理论，研发气湿反转剂，使岩屑和加重材料颗粒表面反转为既疏水又疏油的双疏性(又称“气湿性”)，随着钻井液的循环，在固体颗粒表面形成气膜，增大固体颗粒相对体积、减小固体颗粒相对密度、增大固体颗粒浮力，提高固相的悬浮稳定性和井眼清洁度，并结合常规方法，可提高油基钻井液的悬浮和井眼净化能力。

4. 油基钻井液恒流变调控技术

油基钻井液往往应用于高温深井、深水低温井等复杂钻井中，温度和压力对其流变性的影响较水基钻井液严重，即油基钻井液黏度与切力随温度升高和压力降低而降低、随温度降低和压力升高而大幅提高，导致钻井液当量循环密度(ECD)、井底实际压力等急剧变化，诱发井下复杂情况或事故的发生。目前，关于温度和压力对油基钻井液流变性影响机理的研究报道较少，多为宏观流变性研究。为解决上述问题，需深入研究温度和压力对油基钻井液流变性影响的机理，并在此基础上研发新型流型调节剂，实现不同温度、压力下油基钻井液流变性的相对恒定。

5. 抗260℃以上超高温油基钻井液技术

解决高温热稳定性难题的关键是研制抗高温乳化剂、高温流型调节剂、抗高温润湿反转剂及抗高温降滤失剂。此外，新型材料的引入也有助于解决这一难题，如两亲型纳米固体颗粒作为乳化剂形成的pickering乳液与传统表面活性剂稳定乳液相比，抗高温性、聚并稳定性及环保特性具有突出优越性，并可提高流体流变学性能、降低滤失量和摩擦系数、提高微纳米封堵能力，保持乳液在高温高盐的苛刻条件下性能稳定。同时，纳米颗粒材料在油基钻井液中的应用研究，将有助于突破传统油基钻井液技术的局限，有望引起新一轮的技术革新。

6. 可直接排放型高效能油基钻井液技术

发展的低毒矿物油基、白油基、第一代和第二代合成基钻井液，因其降解程度有限，降解产物和油基钻井液中各添加剂仍会给环境带来一定程度危害。因此，发展对自然环境无污染且可直接排放的高效能油基钻井液必将是未来的发展趋势。为此，不仅需研发可彻底降解且降解产物无毒无害的基础油，更要研发对自然环境无污染、对生态系统无破坏的系列配套处理剂。在该研究中，可采取光催化和微生物协同降解原理来达到上述目的，也就是说，在一定条件下，废弃油基钻井液在自然光照和微生物共同作用下，降解为对自然界动植物有利的成分，实现对自然环境无污染，并使废弃油基钻井液成为自然界生态循环系统有利和必要成分，促进生态系统良性循环。

7. 井下复杂情况或事故人工智能实时预测与诊断技术

在钻井过程中，由于存在钻遇地层岩石类型和组成、地层压力和温度系统、地层流体、地层岩石结构和孔缝分布规律等的不确定性，常使设计的油基钻井液不能完全满足钻井工程需要，需现场技术人员根据实际情况随时调整与维护，不但给现场技术人员提出了更高的要求和挑战，而且难以解决问题，增加井下复杂情况或事故的发生率。在待钻探区块地层资料数据库的基础上，如果采用人工智能基础理论知识，建立井下复杂情况或事故的实时预测与诊断系统，不仅可及时、精准调整油基钻井液性能，保障安全、高效钻井，还可减轻现场技术人员工作量、提高工作效率等。

此外，大多数情况下，堵漏成功率决定堵漏材料尺寸与漏层孔缝尺寸的匹配度，匹配度越高，成功率越大。实践表明，漏层孔缝尺寸和漏失类型与漏失速率、漏失量、油基钻井液性能、钻井参数变化等之间存在一定相关性，采用多学科融合法，建立它们之间的逻辑关系，不仅可实现漏层孔缝尺寸人工智能实时精确预测，指导堵漏施工设计，提高堵漏成功率，还可预测漏层孔缝尺寸在钻井过程中的演化规律，提前预防漏失情况的发生。

发展井下复杂情况或事故人工智能实时预测与诊断系统不仅是安全、高效钻井的需要，还是迎接石油工业智能化时代到来的需要，亟需开展研究。

综上所述，解决油基钻井液技术难题的新途径重点包括：发展并应用油基钻井液用防塌润湿剂，避免毛细管效应，解决井塌、携屑等难题；研发具强胶结力的微纳米封堵剂、强胶结力的防漏堵漏剂和抗高温与环保型系列处理剂；在油基钻井液中应用人工智能技术等。

第二节　油基钻井液对井壁稳定性破坏机理

研究统计表明：所有的钻井地层中有 75%是页岩地层，然而在钻井的过程中，90%的页岩地层出现了井壁失稳问题。油基钻井液因其良好的抑制性和润滑性而成为钻进页岩气井的首选。然而，油基钻井液的高成本和突出的环境问题严重影响了页岩气的高效经济开采。现场应用表明，在使用油基钻井液开采四川龙马溪组页岩气的过程中，依然会出现井壁失稳问题。不同于水基钻井液，油基钻井液影响页岩气井井壁稳定性的主要原因是：

(1) 在毛细管力和有效水力压差的作用下，油基钻井液侵入页岩地层。

(2) 油基钻井液的良好的润滑性降低了裂缝面的摩擦力、高 pH 削弱页岩岩石强度，使页岩更容易沿着岩石裂缝面剪切滑动。

(3) 油基钻井液滤液侵入裂缝，增加了孔隙裂缝的孔隙压力，降低了有效水力压差，钻井液对页岩的支撑力减弱，从而出现井壁失稳现象。

一、油基钻井液侵入方式

(一) 毛细管力的影响

岩石与油基钻井液之间的接触角随着石英和黏土矿物含量的增加而增加，随着碳酸盐矿物和有机质含量的增加而降低，并且，有机物对接触角的影响程度显然大于石英和黏土矿物的影响程度。大多数页岩地层的有机质含量相对较高，呈现一定亲油性，如龙马溪组页岩与油基钻井液之间的接触角为 8.6° (图 5.1)，呈现出较强的亲油性。

由式(5.1)

$$F = \frac{2\gamma\cos\theta}{r} \tag{5.1}$$

式中，F 为毛细管力，Pa；γ 为油相的界面张力，mN/m；θ 为润湿角，(°)；r 为毛细管半径，mm。

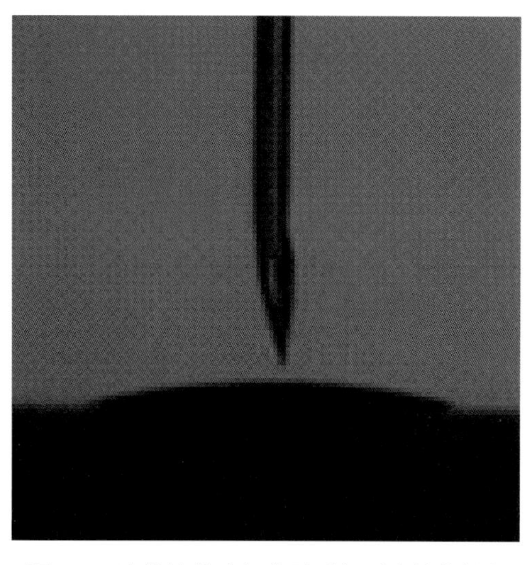

图 5.1 油基钻井液与龙马溪组页岩的接触角

毛细管力受润湿角、液相表面张力及毛细管半径影响。具有较强亲油性的页岩岩石，油基钻井液容易自发通过毛细管力侵入页岩地层，侵入的油相滤液更容易黏附到页岩表面，并且油基钻井液形成的滤饼坚韧致密，使油相滤液难以回流。如图 5.2 所示，毛细管力随毛细管半径减小而显著增大。由于页岩地层的孔缝大多为纳米级，导致毛细管力较大。当毛细管半径为 1nm 时，毛细管力达到 100MPa，也就是说，毛细管力是油基钻井液侵入页岩地层的主要力之一。

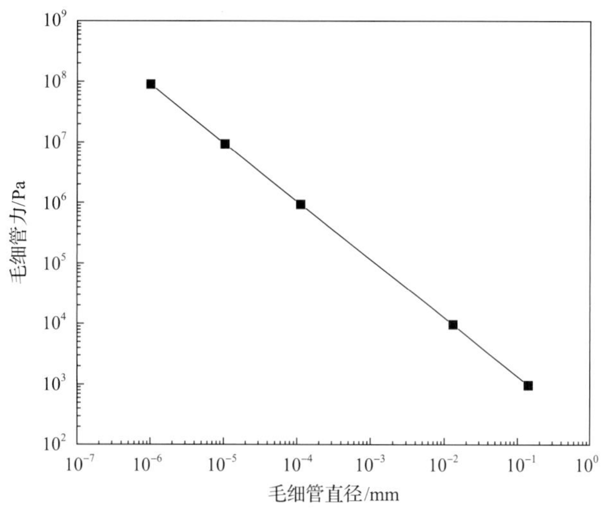

图 5.2 毛细管力随毛细管直径的变化

(二)有效水力压差的影响

有效水力压差即钻井液液柱压力与地层孔隙压力之差，如式(5.2)所示：

$$\sigma_{\mathrm{eff}} = p_{\mathrm{w}} - \alpha p_{\mathrm{p}} \tag{5.2}$$

式中，σ_{eff} 为有效水力压差，MPa；p_{w} 为钻井液液柱压力，MPa；α 为 Biot 系数，无因次；p_{p} 为地层压力(孔隙压力)，MPa。

现场使用的油基钻井液密度较大，以实现过平衡钻井，防止井壁失稳现象，最大有效水力正压差甚至可以达到 23.7MPa，加剧了钻井液的入侵。在有效水力正压差的作用下，油基钻井液被压入地层，导致孔隙压力增大，最终导致有效水力压差降低。

二、井壁破坏机理研究

(一)莫尔-库仑准则

1. 莫尔-库仑准则概述

如式(5.3)所示，岩石剪切面上的剪切力由两部分组成：摩擦力及内聚力。

$$\tau = \sigma \tan\varphi + C \tag{5.3}$$

式中，τ 为剪切面上的剪切力，MPa；σ 为剪切面上的正应力，MPa；φ 为内摩擦角，(°)；C 为岩石的内聚力，MPa。

莫尔-库仑准则的一般性表述是当剪切面上的剪切力大于岩石的内聚力和内摩擦力之和时，岩石即沿剪切面发生剪切破坏。如图 5.3 所示，莫尔圆的包络线为 $\tau = \sigma\tan\varphi + C$（即剪切破坏线），当 $|\tau| > \sigma\tan\varphi + C$ 时，岩石具有剪切破坏的趋势，其中，σ_1 为最大主应力、σ_3 为最小主应力(图 5.3)。由于围压大于地层压力，断裂面上的法向应力处于压缩状态，可能发生压缩剪切滑移，如图 5.4 所示。

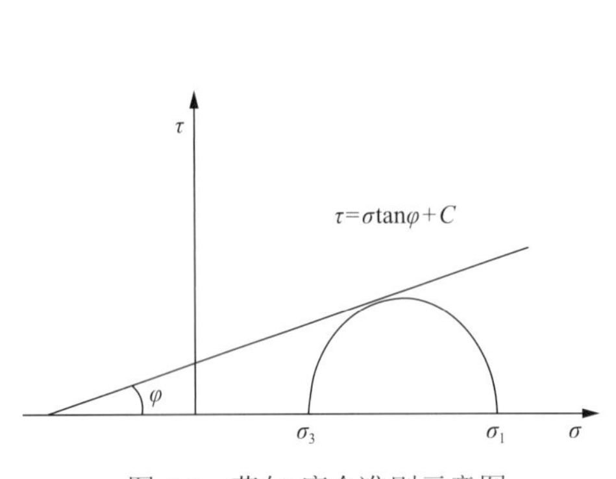

图 5.3　莫尔-库仑准则示意图

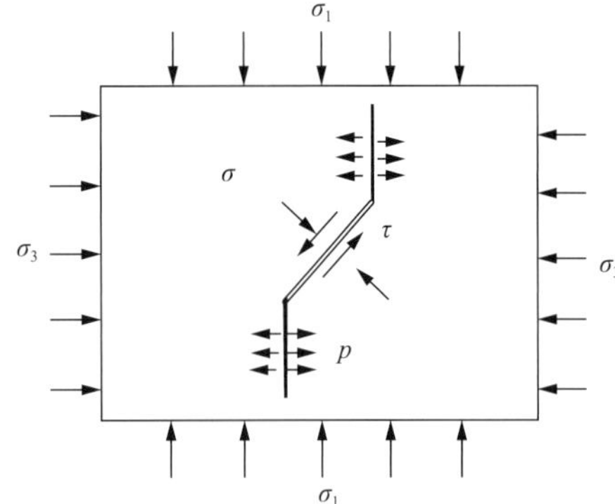

图 5.4　脆性页岩天然裂缝压缩剪切滑移示意图

由于在毛细管力和有效水力压差的作用下，油基钻井液会侵入页岩地层，导致孔隙压力的增大，最终有效水力压差降低，如式(5.3)所示，因此莫尔-库仑准则间接地受孔隙压力的影响，最大主应力与最小主应力发生变化，即 $\sigma_1' = \sigma_1 - \alpha p_{\mathrm{p}}, \sigma_2' = \sigma_2 - \alpha p_{\mathrm{p}}$。孔隙流体压力通过作用于岩石骨架，影响岩石强度及孔隙压力各向同性，并且仅仅影响总有效应力张量的法向应力部分，而不会影响有效应力张量的剪应力部分。如图 5.5 所示，若总的主应力保持不变，随着孔隙压力的增大，将导致有效法向应力减小，其结果是应力莫尔圆左移，逐渐移近剪切破坏线，最终导致岩石发生剪切破坏，宏观上表现为井壁失稳现象。因此，从有效应力原理可以看出，在外加应力场不变的情况下，孔隙压力在维持岩石强度稳定方面起着非常重要的作用。由于页岩的渗透率极低，且本身微裂缝发育，其物性参数极大地影响孔隙压力的分布规律，导致局部孔隙压力。

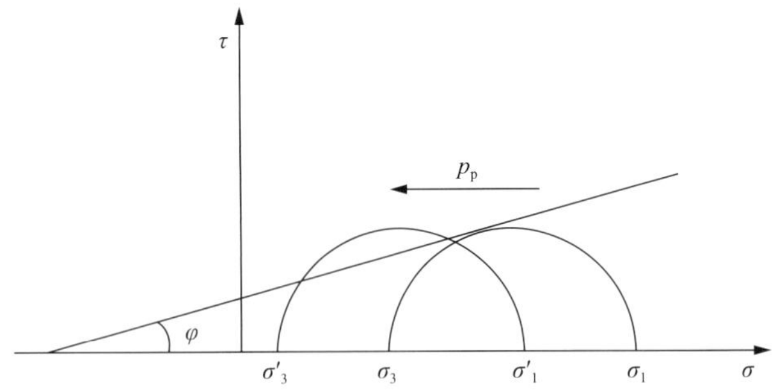

图 5.5 应力莫尔圆受孔隙压力的影响示意图

2. 莫尔-库仑准则应用

选取龙马溪组露头页岩，一组直接进行拟三轴抗压强度测试(围压分别为 0MPa、10MPa 与 20MPa)，一组在油基钻井液浸泡一周后，进行拟三轴抗压强度测试，测试后的岩样(围压为 0MPa)如图 5.6 所示，观察到明显的裂缝。基于莫尔-库仑准则得到页岩的各项参数(弹性模量、泊松比、抗压强度、内摩擦角及内聚力等)，并进行相应的对比，总结出油基钻井液对页岩井壁稳定性的损害机制。

图 5.6 围压为 0MPa 时，测试后的未浸泡(左)和浸泡后(右)页岩裂缝图

页岩样品的应力应变曲线如图 5.7～图 5.9 所示。由页岩的应力应变曲线可以求出页岩的抗压强度、弹性模量及泊松比，如表 5.1 所示。在三种不同围压条件下，与未浸泡的页岩相比，浸泡后的页岩的抗压强度都有所降低，特别是在围压较低的情况下，抗压强度下降明显。随着围压的增大，油基钻井液对页岩抗压强度的影响逐渐减小。弹性模量和泊松比反映了岩石抵抗变形的能力，截取应力应变曲线的直线段由式(5.4)及式(5.5)可以求出页岩的弹性模量及泊松比。

$$E = \frac{\sigma}{\varepsilon_a} \tag{5.4}$$

$$\mu = \left|\frac{\varepsilon_r}{\varepsilon_a}\right| \tag{5.5}$$

式中，E 为弹性模量，MPa；σ 为主应力，MPa；μ 为泊松比，无因次；ε_a 为轴向应变，无因次；ε_r 为径向应变，无因次。

弹性模量越大，泊松比越小，说明岩石抵抗变形的能力越强。结果表明，浸泡油基钻井液后，岩石在受力时更容易变形。

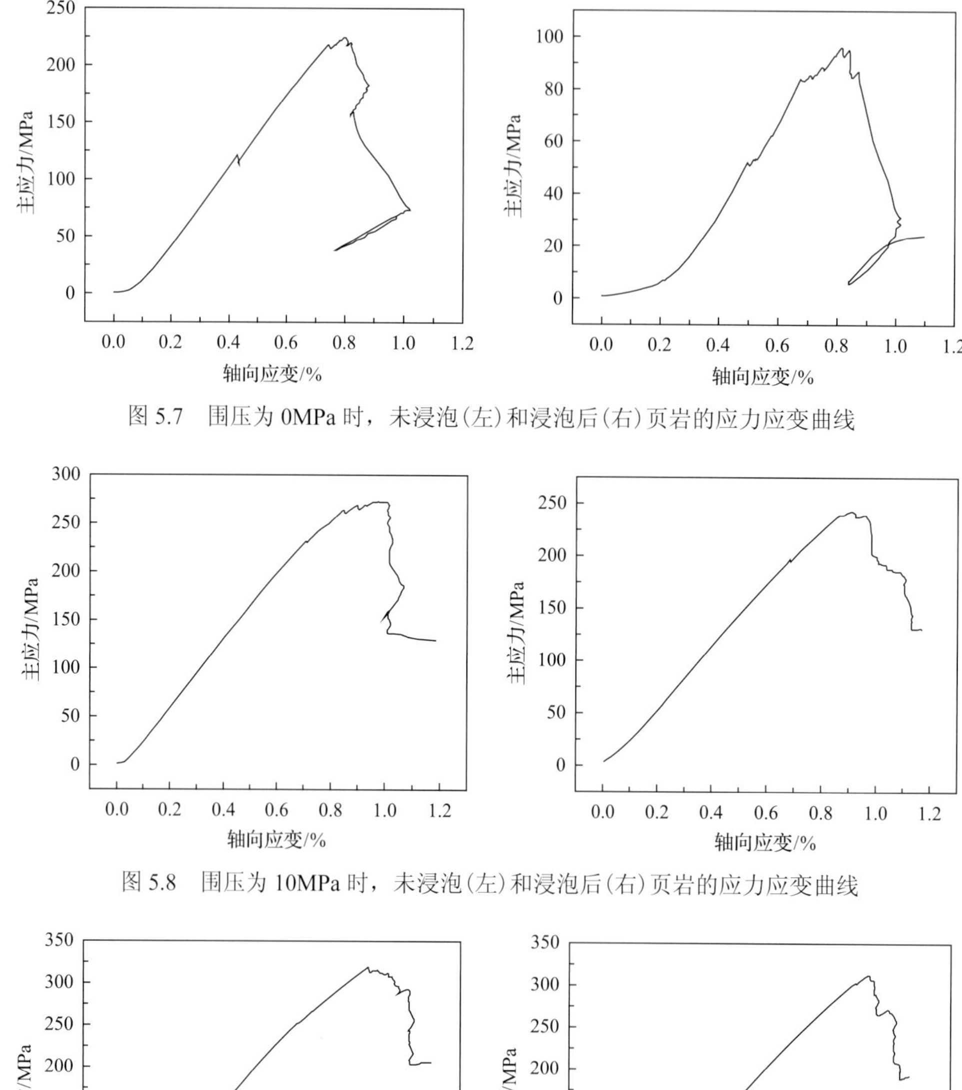

图 5.7　围压为 0MPa 时，未浸泡(左)和浸泡后(右)页岩的应力应变曲线

图 5.8　围压为 10MPa 时，未浸泡(左)和浸泡后(右)页岩的应力应变曲线

图 5.9　围压为 20MPa 时，未浸泡(左)和浸泡后(右)页岩的应力应变曲线

表 5.1　不同页岩样品的各项岩性参数

样品	围压/MPa	抗压强度/MPa	弹性模量/GPa	泊松比	内摩擦角/(°)	内聚力/MPa
未浸泡	0	224.5	35.483	0.1008	40.73	51.55
	10	273	34.901	0.2572		
	20	319.6	36.656	0.2022		
浸泡	0	94.8	21.525	0.1742	56.28	16.24
	10	240.9	29.428	0.1659		
	20	312.5	29.66	0.1931		

依据莫尔-库仑准则，由每个不同围压下对应的抗压强度可以求出页岩的内摩擦角和内聚力。σ_1 和 σ_3 为线性关系时，满足

$$\sigma_1=M\sigma_3+N \tag{5.6}$$

依据莫尔-库仑准则，通过式(5.7)、式(5.8)可以求出岩石的抗剪切强度参数，即内摩擦角及内聚力。

$$C=\frac{N}{2\sqrt{M}} \tag{5.7}$$

$$\tan\varphi=\frac{M-1}{2\sqrt{M}} \tag{5.8}$$

如表 5.1 所示，油基钻井液浸泡后的页岩岩样内摩擦角小幅度增大，内聚力显著减小，证明浸泡后的页岩更容易沿着裂缝面破裂。内摩擦角及内聚力为岩石的工程参数，反映的是岩石的整体岩性，并不能反映岩石沿着裂缝面的内摩擦力，因此这里的内摩擦角的增大并不能说明页岩沿着裂缝面摩擦系数的增大。如果要反映裂缝面的摩擦力参数，则需要其他实验进行补充说明。

根据式(5.1)，画出莫尔圆包络线，如图 5.10 所示，超过包络线则表现为剪切破坏。这里并没有考虑孔隙压力对莫尔库仑准则的影响，但实际上孔隙压力会使莫尔圆整体左移。

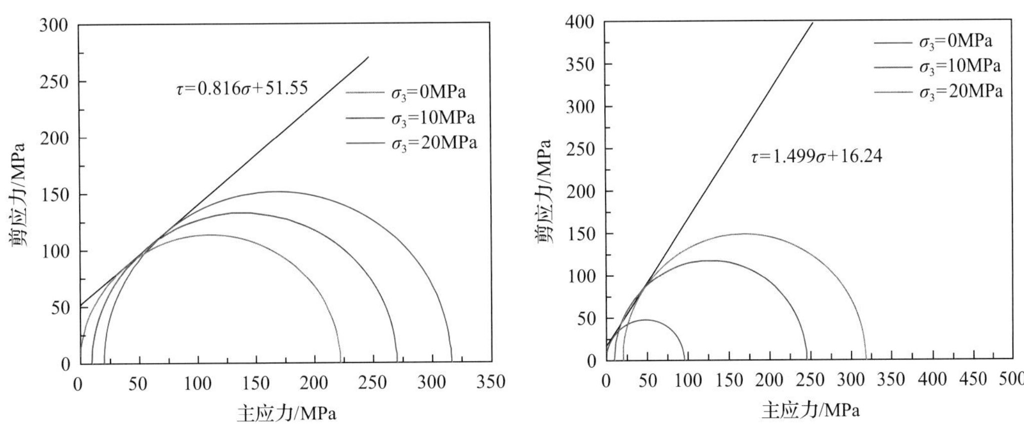

图 5.10　未浸泡(左)和浸泡后(右)页岩的莫尔圆

如表 5.1 所示，浸泡油基钻井液后，页岩的抗压强度、弹性模量及内聚力降低，泊松比及内摩擦角增大，表明岩石在受力情况下更容易变形破坏。

（二）断裂力学

1. 断裂力学概述

由于有效水力压差或毛细管力过大，油基钻井液会沿着裂缝侵入地层，增加孔缝的孔隙压力，为裂缝面提供润滑，降低岩石的抗压强度，并且会增加裂缝尖端的应力集中。基于断裂力学理论，当裂缝尖端的应力强度因子 K_{I} 大于断裂韧性 K_{IC} 时，裂缝将具有扩展的趋势，导致裂缝贯通，出现井壁失稳现象。因此，可根据 K_{I} 和 K_{IC} 的相对大小来判断井壁围岩缝网的扩展情况，以解释复杂裂缝性页岩地层中的井壁失稳现象。

微裂缝的扩展与地应力，钻井液液柱压力和毛细力有关，其中毛细管力受钻井液润湿性和表面张力的影响。由于通常裂缝面不是平行的，因此，通过图 5.11 所示的几何结构，对式(5.1)的毛细管力进行修正

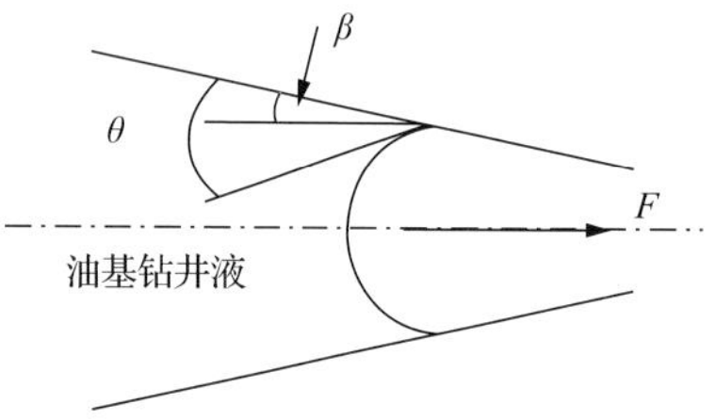

$$F=\frac{2\gamma\cos(\theta-\beta)}{w} \tag{5.9}$$

式中，w 为裂缝宽度，m；β 为裂缝面与裂缝中轴线夹角。

图 5.11　页岩微裂缝中油基钻井液的毛细管力示意图

对于微裂缝中油基钻井液的毛细管力，应力强度因子如式(5.10)所示，微裂缝结构如图 5.12 所示。

$$K_{\mathrm{I}}^{F}=\frac{2\gamma\cos(\theta-\beta)\cos\theta\sqrt{H^{2}-L^{2}}}{w\sqrt{\pi H}} \tag{5.10}$$

式中，L 为微裂缝中心距缝间钻井液前缘距离，m；H 为微裂缝半缝高，m。

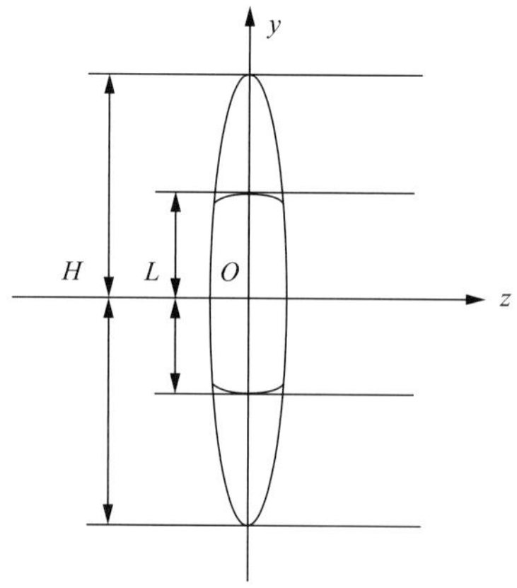

图 5.12　页岩微裂缝结构示意图

假设地层页岩是线弹性材料，叠加原理可用于解决裂缝尖端应力强度因子。在平面

应变条件下，对于高度为 $2H$ 的 I 型裂缝，地应力引起的应力强度因子为

$$K_{\mathrm{I}}^{\sigma}=-\sigma\sqrt{\pi H} \tag{5.11}$$

在该模型中，假设钻井液液柱压力均匀分布在裂缝中，因此由钻井液液柱压力引起的应力强度因子为

$$K_{\mathrm{I}}^{p_{\mathrm{f}}}=\frac{2(p_{\mathrm{f}}-p_{\mathrm{p}})}{\sqrt{\pi H}}H\arcsin\frac{L}{H} \tag{5.12}$$

式中，p_{f} 为钻井液液柱压力，MPa。

因此，对于该页岩地层，I 型裂缝的应力强度因子 K_{I} 如式(5.13)所示[21]：

$$K_{\mathrm{I}}=-\sigma\sqrt{\pi H}+\frac{2(p_{\mathrm{f}}-p_{\mathrm{p}})}{\sqrt{\pi H}}H\arcsin\frac{L}{H}+\frac{2\gamma\cos(\theta-\beta)\cos\theta\sqrt{H^2-L^2}}{w\sqrt{\pi H}} \tag{5.13}$$

对于页岩地层，按照式(5.14)计算断裂韧性 K_{IC}[22]：

$$K_{\mathrm{IC}}=0.01087S_{\mathrm{t}}^3-0.1374S_{\mathrm{t}}^2+0.5925S_{\mathrm{t}}-0.2783 \tag{5.14}$$

可以看出断裂韧性 K_{IC} 受抗拉强度 S_{t} 影响，同时，影响抗压强度的因素(例如弹性模量、泊松比、内聚力、内摩擦角等)也会对抗拉强度产生影响，且为正相关。由式(5.14)可以看出，在钻井过程中，地层的地应力、裂缝的初始参数是不能改变的。如果钻井液密度也没有发生改变，则根据式(5.12)和式(5.13)，油基钻井液会通过两方面降低井筒的井壁稳定性。

(1) 硬脆性页岩与油基钻井液接触时，由于页岩亲油，θ 较小，导致应力强度因子 K_{I} 较大。

(2) 由于页岩为油湿且裂缝宽度平均为纳米级，导致毛细管力较大。因毛细管自吸作用，油相会沿着层理面或微裂缝进入岩石内部，虽然黏土颗粒与油不发生物理化学反应，但是油具有很强的润滑性能，颗粒表面油膜增厚将使裂纹增宽，造成裂纹的尖端应力集中，颗粒间的相互作用和胶结作用的减弱将进一步降低颗粒间黏结力，宏观上表现为岩石内聚力，抗压强度和抗拉强度大幅度下降，造成岩样的断裂韧性 K_{IC} 降低。

当应力强度因子 K_{I} 大于断裂韧性 K_{IC} 时，裂缝将扩展。所以，对于油湿性页岩地层，改变润湿性能同时降低 K_{I}，增大 K_{IC}，则根据断裂力学，裂缝将没有扩展的趋势，井壁将趋于稳定。

2. 断裂力学应用

假设该页岩井埋深 3000m，最小水平地应力 75MPa，液柱压力 45MPa，孔隙压力 10MPa，初始微裂缝长度为 0.5mm，微裂缝中心距缝间钻井液前缘距离 0.05mm，裂缝多为纳米裂缝，裂缝宽度为 10nm，裂缝面与裂缝中轴线夹角为 1°，采用油基钻井液，且该油基钻井液的表面张力为 0.035N/m。根据上述条件，可以通过式(5.13)求出应力强度因子 K_{I} 与润湿角的关系，如图 5.13 所示。由图 5.13 可以看出，当润湿角较小时，即页

岩表现为油湿时，应力强度因子 $K_{\rm I}$ 较大，当此时的 $K_{\rm I}$ 大于 $K_{\rm IC}$ 时，裂缝将出现扩展的趋势。同时侵入裂缝面的油基钻井液滤液会削弱岩石胶结强度，导致抗拉强度大幅度下降。通过式(5.14)可以求出页岩断裂韧性 $K_{\rm IC}$ 与抗拉强度的关系，如图 5.14 所示，结果表明抗拉强度在 0～4MPa 时，断裂韧性 $K_{\rm IC}$ 与抗拉强度呈正相关。

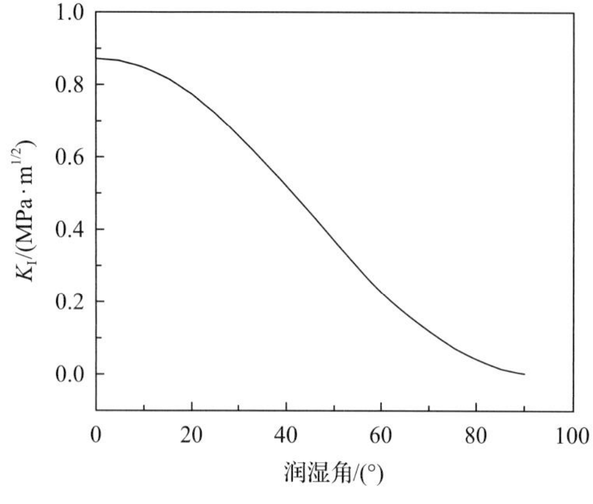

图 5.13 应力强度因子 $K_{\rm I}$ 与润湿角的关系

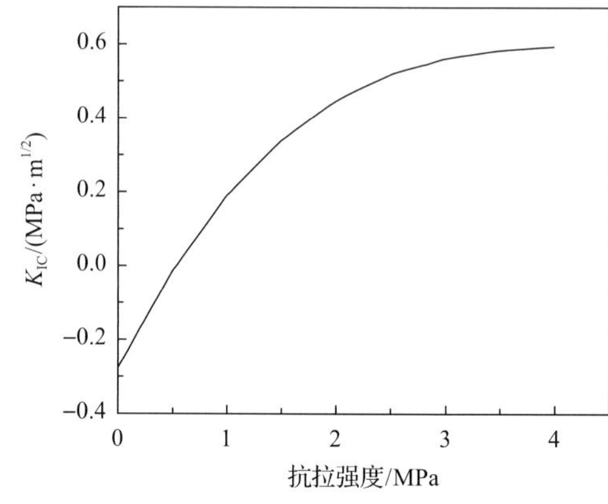

图 5.14 断裂韧性 $K_{\rm IC}$ 与抗拉强度的关系

当增大页岩的润湿角时，$K_{\rm I}$ 将降低。同时，毛细管力会大幅度降低，导致页岩的自渗吸作用降低，裂缝中油基钻井液滤液减少，则油基钻井液对岩石强度的影响降低，则抗拉强度较大，$K_{\rm IC}$ 较大，裂缝将不会有扩展的趋势。

(三)摩擦系数的研究

1. 高 pH 对摩擦系数的影响

如图 5.15 所示，根据浸泡前后断裂面的激光扫描结果[23]，浸泡在 pH=11 的油基钻井液中 12 天后，断裂面变得更加光滑。碱溶液可以通过一系列复杂反应腐蚀页岩中的石英、长石和其他二氧化硅矿物，导致裂缝表面粗糙度降低[24-26]。在较高的 pH 和较长的浸泡时间条件下，碱侵蚀对裂缝宽度的影响更加明显，这是在页岩地层钻井过程中频繁发生井漏的原因之一。

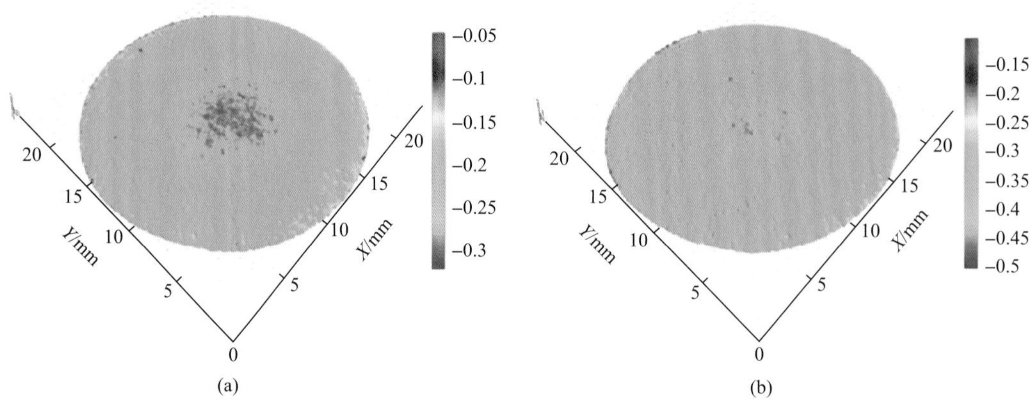

图 5.15 未浸泡(a)与浸泡后(b)页岩表面的 3D 激光扫描图像

2. 润滑性对摩擦系数的影响

如图 5.16 所示，页岩断裂面与摩擦片之间的摩擦系数随时间的增加而大幅波动，这是典型的黏滑运动特征[27]。干燥页岩样品的摩擦系数曲线中有一个峰值，代表最大静摩擦系数。当摩擦系数达到最大静摩擦系数时，说明滑块由静摩擦转变为滑动摩擦，即页岩有沿着裂缝面滑动的趋势。浸泡油基钻井液后，最大静摩擦系数下降 35.1%，说明油基钻井液会大幅度降低页岩裂缝面之间的摩擦系数，使页岩更容易沿裂缝面剪切滑动。

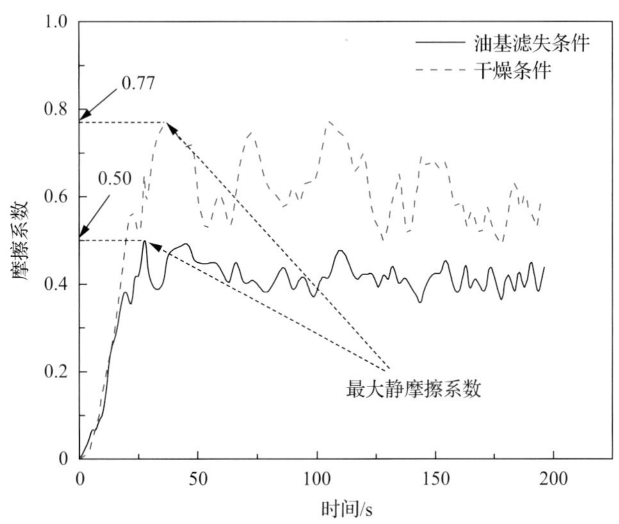

图 5.16 页岩浸泡前后摩擦系数随时间的关系

通过上述莫尔-库仑准则、断裂力学及摩擦学的研究发现，油基钻井液钻井过程中造成井壁失稳的主要原因有：①毛细管力和有效水力压差的作用；②油基钻井液的良好的润滑性降低了裂缝面的摩擦力，高 pH 削弱页岩岩石强度；③油基钻井液滤液侵入裂缝，增加了孔隙裂缝的孔隙压力，降低了有效水力压差，钻井液对页岩的支撑力减弱。为了维持井壁稳定，亟需研发相应的高性能封堵剂，形成相应的封堵技术对孔缝进行物理封堵，辅配化学改性处理剂反转表面润湿性能。蒋官澄教授团队研发的防塌润湿剂具有封堵纳米级孔喉的作用，同时具有改变固体表面润湿性的功能，使孔喉内表面润湿性由亲液向疏水疏油转变，反转毛细管力为流动阻力，阻止油基钻井液进入孔喉，维持有效水力压差，从而达到维持井壁稳定的作用。

第三节 高温高密度双疏无土相强封堵油基钻井液新技术

正如前面阐述的那样，油基钻井液存在的系列问题是将来的研究方向，本节主要向读者介绍采用井下岩石表面双疏理论、井壁岩石强封堵理论和超分子化学理论，首先研发系列油基钻井液处理剂，形成高温高密度双疏无土相强封堵油基钻井液技术，解决油基钻井液井壁坍塌、油基钻井液漏失，以及携带岩屑和井眼净化等技术难题，并经百余口井现场验证而日益成熟。

一、高温高密度双疏无土相强封堵油基钻井液关键处理剂的研发

建立高温高密度双疏无土相强封堵油基钻井液技术的关键在于：利用蒋官澄教授创建的井下岩石表面双疏理论研发双疏增效剂，改变井壁岩石、钻具表面润湿性；利用超分子化学理论研发提切剂来代替有机土，实现无土相，并通过形成弱凝胶结构提供钻井液所需的悬浮、携带能力等；利用井壁岩石强封堵理论研发具强黏附特性的纳微米封堵剂，并与结构剂配套形成油基钻井液强封堵高承压封堵技术。当然，为提高抗温能力，还需要对配套处理剂进行改性等。下面分别进行简要介绍。

(一)油基钻井液用防塌润湿剂

在井壁稳定方面，国内外先后发展了力学、化学、物理-化学耦合、多场耦合的方法和技术，但这些方法和技术更适合水基钻井液体系。对于油基钻井液来说，稳定井壁的机理包括：外相油具有强抑制性；在页岩岩石表面形成半透膜；活度平衡；封堵或稳定井壁技术等。一般来说前三种机理在油基钻井液中几乎普遍存在且调整空间不大，封堵材料和技术是国际重点发展方向。

目前油基钻井液中使用的封堵和稳定井壁材料存在如下问题使其效果有限：①几乎都采取沥青类物质，该物质的软化点如果低于地层温度则呈类刚性状态，如果高于地层温度呈流体状态，难以封堵且抗压能力有限；②国内外虽然也发展了其他封堵剂，但也几乎是刚性材料，材料之间存在微小孔隙、毛细管吸力大、封堵效果难以保证，且主要是封堵微米级及以上尺寸的孔缝，效果有待提高。

此外，原始地层岩石表面一般都属于亲水表面，使用油基钻井液钻井时，油基钻井液中的润湿剂可使岩石表面反转为亲油性，因毛细管效应，对油相、水相都具有很强的自吸力，增大层理裂缝较发育的岩石层面、破碎性岩石层面的距离，大幅减小井壁稳定性，甚至导致井塌。这是国内外许多学者未认识到并没有得到很好解决的难题。下面我们采用井下岩石表面双疏性理论，可很好解决该技术难题。下面将结合毛细管附加压力、岩心自然渗吸、封堵等实验手段，分析防塌润湿剂保护储层的作用机理。

1. 双疏表面的制备

适当的粗糙度以及表面自由能的控制对实现双疏非常关键，因此现在大多数报道的用于制备双疏的方法都是从构筑粗糙度和采用表面自由能修饰两步进行的。基于这两点，双疏表面的制备技术手段主要可以归纳为如下三种：

(1)先构筑粗糙结构后氟化处理。Hsieh 等[28]采用自组装的办法使得二氧化硅微球层层堆叠在玻璃基底上，形成分级结构。这种方法包含两步旋涂尺寸分别为 20nm 和 300nm 的二氧化硅微球。将样品放置两天，使硅球沉积，最后会形成一种有序的紧密排列的结构。大尺寸的硅球先堆叠，小尺寸的硅球会后堆叠，最后得到的表面可以实现双疏。He 等[29]将聚二甲基硅氧烷和纳米硅球的混合溶液旋涂在玻璃基底上，随后在 500℃的条件下煅烧 2h，这种表面可以获得双疏，而且这种表面要比单一的只旋涂纳米硅球的表面的稳定性要高很多。

(2) 先氟化处理后构筑粗糙结构。先氟化处理后构筑粗糙结构是制备双疏表面的另一种技术路线，这种情况下，一般是先合成氟化的高分子聚合物或者纳米颗粒，然后将它们通过旋涂、喷涂、浸润涂覆、静电纺丝、溶胶凝胶转换或者其他物理技术的方式整合到平坦的表面上，这样就可以构筑一种带有低表面能物质层的粗糙结构。Sheen 等[30]将氨水加入硅酸乙酯(TEOS)和异丙醇的混合溶液中，整个混合溶液在 60℃条件下回流，这会使得二氧化硅纳米颗粒通过溶胶凝胶转换。最后将氟硅烷加入该反应使得反应终止。这样氟硅烷层会包围二氧化硅纳米颗粒，这种颗粒旋涂到玻璃基底上可以实现双疏性能。Wang 研究组[31]合成了一种被氟化的多层碳纳米管(MWCNTs-PFOL)。通过将全氟正葵醇接枝到多层碳纳米管表面。然后将包含聚氨酯预聚物、全氟正葵醇、已二醇、丙酮和甲苯的混合物及 MWCNTs- PFOL 一起旋涂到玻璃基底上，得到的表面呈现珊瑚状结构并且可以实现双疏性能。

(3) 粗糙结构和表面氟化处理在一步中同时进行。相比于两步法制备双疏表面，一步法原位合成双疏表面是一种比较简单的方法，并且经常被报道。江雷研究组提出了一种一步电沉积方法，以十四酸为电解液，在一系列电子导电的基底，如铜、钛、铁、铝等制备超疏水表面。如果用全氟葵酸替代十四酸，可以制备得到双疏表面，这种表面形成了一种由纳米片状结构组成的花状结构。Lin 研究组[32]在氟化硅烷存在的条件下通过一步气相法在聚吡咯表面得到了导电性的双疏表面。

上述报道构建双疏性表面的方法和技术都不是针对油气藏岩石表面，而在石油工业中普遍认为，井下地层岩石表面润湿性包括“疏水、疏油、中性润湿”，但蒋官澄团队发现，在特殊条件下，可使井下地层岩石表面润湿性呈现为“疏水疏油性”，即“双疏性”，进而改变岩石表面的物理化学性质、地层流体分布与渗流规律，并对油气钻探、开发效率产生影响。通过蒋官澄团队长期实验研究，根据气湿性岩样制备和评价方法、表面性质与膨胀性、渗吸规律的影响、气湿反转机理和控制方法、单直毛细管气-水体系驱替特性及对气、水、油分布特征影响，形成井壁稳定新技术、润湿防卡新技术、保护油气田新技术和井眼净化新技术等。据此建立了如第一章阐述的“井下地层岩石表面双疏性理论体系”，指导钻井液新技术的建立。

2. 油基钻井液用防塌润湿剂的研发与性能评价

1) 油基钻井液用防塌润湿剂的研发

油基钻井液用超防塌润湿剂的相关合成方法如下：首先在三口烧瓶中按照一定比例加入纳米材料、去离子水、乙醇，超声震荡 30min，接着加入氨水溶液调节溶液 pH，然后升高温度至 85℃进行高速搅拌 15min 至溶液混合均匀；然后按照一定比例逐滴滴加具有特殊功能性官能团的硅烷偶联剂并充分混合均匀，保持温度 85℃，不断搅拌反应 8h；最后按照一定比例加入适量苯乙烯单体，并搅拌 30min，加入引发剂，反应 3h 后得到适用于油基钻井液用的超防塌润湿剂。

2) 油基钻井液用防塌润湿剂的性能评价

(1) 防塌润湿剂与页岩孔缝的配伍性分析。

蒋官澄教授团队通过长期攻关研发了适用于油基钻井液的双疏处理剂，并建立了“井下地层岩石表面双疏性理论体系”，其中防塌润湿剂的相关合成与防塌润湿剂在水基钻井液中的应用一章相似，本章主要讨论防塌润湿剂在油基钻井液中的应用。

①防塌润湿剂的粒径分析。

使用马尔文激光粒度测量方法配合透射电镜对防塌润湿剂的粒径进行分析(图 5.17)。马尔文激光粒度测量方法具有以下优点：测量粒径范围为 0.02～2000μm。在测量前，首先将防塌润湿剂粉末分散于无水乙醇中配制成 0.2%的溶液，利用超声波超声震荡分散30min，待颗粒分散均匀进行测量，结果如图 5.18 所示；防塌润湿剂的 TEM 分析采用日本 JEOL 公司的 JEM-2100 LaB6 型高分辨透射电子显微镜(图 5.19)。样品制备方法如下：将合成的防塌润湿剂产物分散于无水乙醇溶液中形成 0.1%的悬浮分散溶液，超声波分散30min 后，滴到透射电镜专用碳膜覆盖的铜质微栅上，并用红外灯烘干。防塌润湿剂透射电镜图如图 5.20 所示。

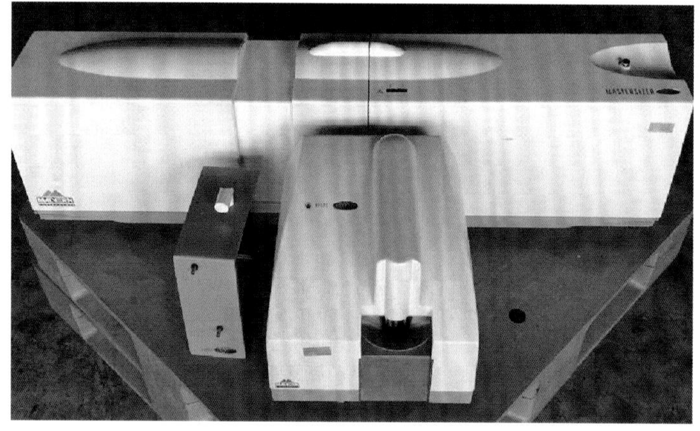

图 5.17　马尔文激光粒度仪

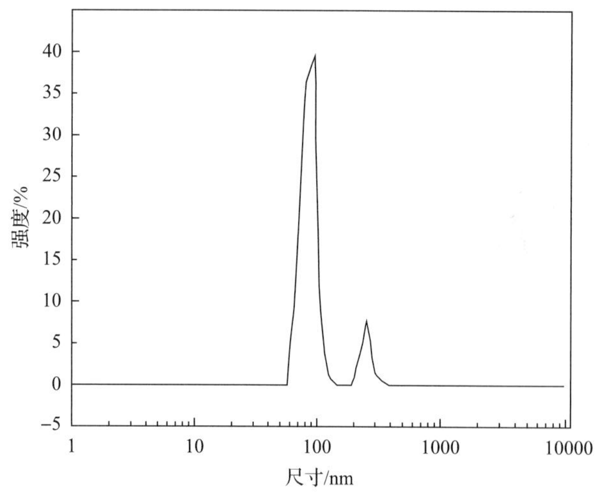

图 5.18　油基钻井液用防塌润湿剂粒径分析

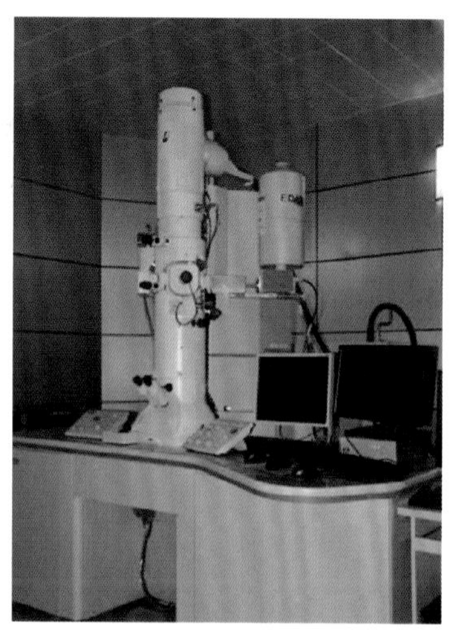

图 5.19　JEM-2100 LaB6 型高分辨透射电子显微镜

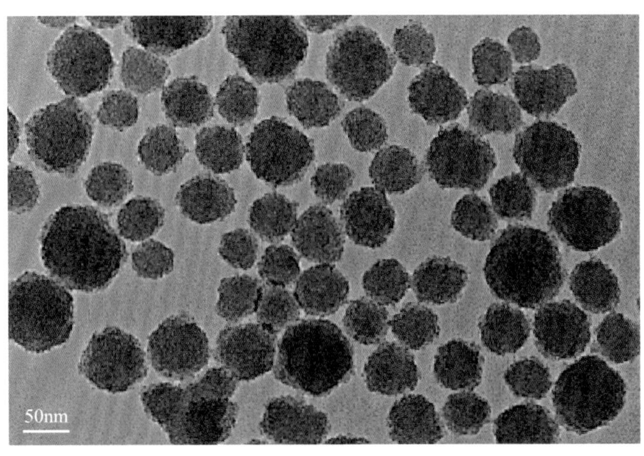

图 5.20 防塌润湿剂透射电镜图

由图 5.18 油基钻井液用防塌润湿剂粒径分析可知，蒋官澄教授团队研发的双疏处理剂粒径分布范围为 50～100nm，同时由图中 200～400nm 的小峰可知，由于纳米材料自身的团聚特性，部分防塌润湿剂颗粒发生聚集从而引起部分防塌润湿剂颗粒粒径变大。

由图 5.20 防塌润湿剂透射电镜图可知，该研究合成的防塌润湿剂在透射电镜图上呈现出一个一个的小球，通过比例尺分析，发现防塌润湿剂颗粒的粒径分布在 50～100nm，同时颗粒表面存在许多毛刺状的凸出物，以及颗粒与颗粒之间存在许多链节，在保证防塌润湿剂在固体表面铺展成具有双疏性能的薄膜。同时这也与激光粒度仪分析谱图中 200～300nm 粒径峰相对应。

通过使用马尔文激光粒度测量方法和透射电镜对防塌润湿剂的粒径分析发现，防塌润湿剂的粒径分布范围主要在 50～100nm。

②防塌润湿剂与页岩孔缝的扫描电镜分析。

实验中页岩岩石的孔缝是扫描电镜进行分析的，这里采用荷兰 FEI 公司的 Quanta 200F 场发射扫描电子显微镜(图 5.21)，对页岩岩心表面的微观形貌进行探测。样品制备方法如下：首先将页岩岩心通过抛光打磨，去除岩心表面凹凸不平的物理结构，呈现单

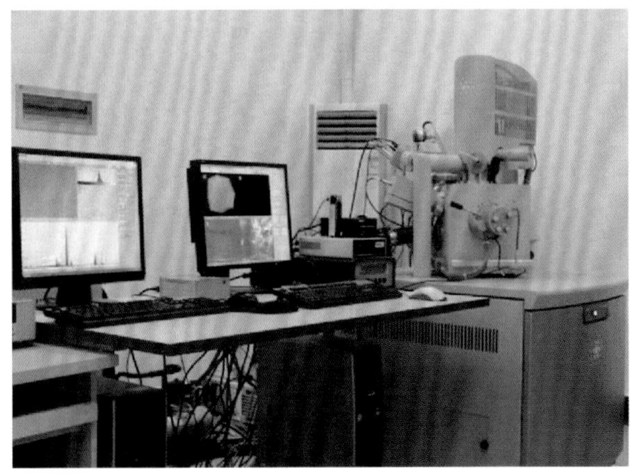

图 5.21 Quanta 200F 场发射扫描电子显微镜

一二维平面内的页岩孔缝，再将抛光平整的岩心片黏连于载物台，并进行喷金处理提高其导电性能，最后利用扫描电子显微镜对其表面及孔喉进行拍摄。页岩岩心扫描电子显微镜如图 5.22 所示。

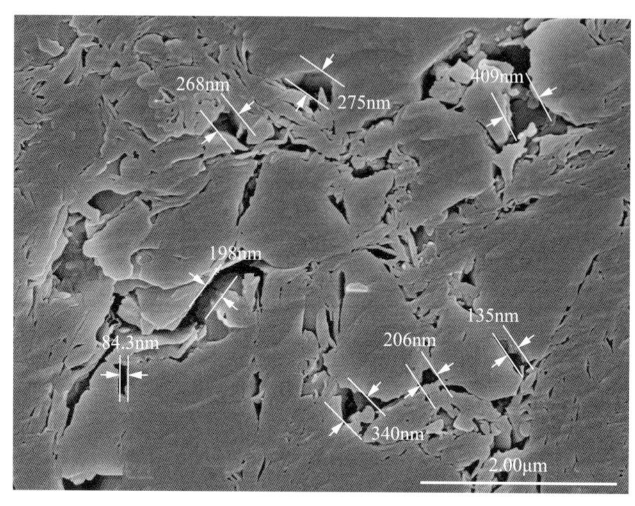

图 5.22　页岩岩心扫描电镜图

由图 5.22 页岩岩心扫描电镜图可知，页岩岩石主要存在大量块状岩石，颗粒与颗粒间存在一定量的孔洞，孔洞的大小主要分布在 250～400nm；颗粒自身存在一定量的小孔喉及一些狭缝，这些孔喉与狭缝的大小主要分布在 80～200nm。证明页岩的孔喉大小均为纳米级别。

通过防塌润湿剂粒径与页岩孔喉分析发现，防塌润湿剂的孔喉大小在岩心的孔喉和狭缝大小分布范围之内。因此油基钻井液用防塌润湿剂在页岩储层中的使用具有可行性，防塌润湿剂能够通过吸附在页岩表面及页岩孔喉内表面改善岩石表面的润湿性能。

(2) 防塌润湿剂的表面性质影响。

①防塌润湿剂对岩心表面的润湿性能的影响。

防塌润湿剂在油基钻井液中的应用主要体现在改变润湿性能的方面，实验主要通过接触角测量仪(图 5.23)和高温高压润湿性测定仪(图 5.24)分别考察防塌润湿剂在常温常压下及一定温度和压力条件下对固体表面润湿性能的影响。

防塌润湿剂在常温常压下对固体表面润湿性能的影响结果如图 5.25 所示。

由图 5.25 可知，原始页岩岩心表面水相接触角为 35°，油相接触角为 0°，页岩岩心表面润湿性呈现为亲水亲油状态，此时水油两相均会在岩心表面铺展开，而在页岩储层中，油基钻井液中的液相在页岩表面铺展，甚至会渗入页岩岩心内部。当使用防塌润湿剂对页岩岩心表面处理后，表面水相接触角和油相接触角均不断变大，当使用 3%的防塌润湿剂对岩心表面进行处理后，水相接触角达到 150°，油相接触角达到 128°，此时页岩岩心表面的润湿性呈现为疏水疏油状态，此时油基钻井液中的液相均不会在岩心表面铺展，更不会对岩心其他理化性能产生影响。随着防塌润湿剂的处理浓度进一步增大，页岩岩心表面的双疏性能基本维持不变，有利于其在油基钻井液中的应用。

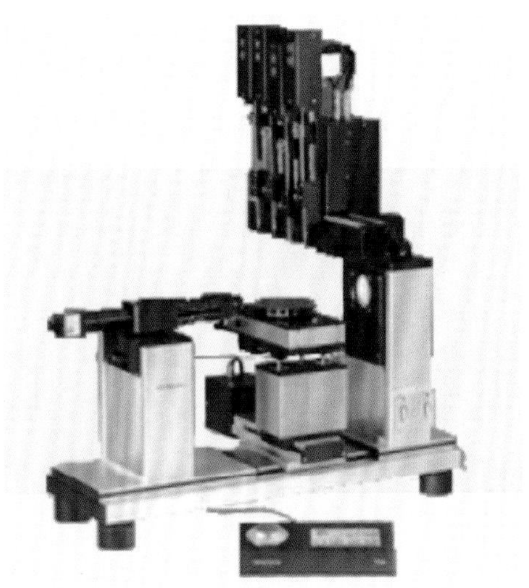

图 5.23 接触角测量仪

图 5.24 高温高压润湿性测定仪

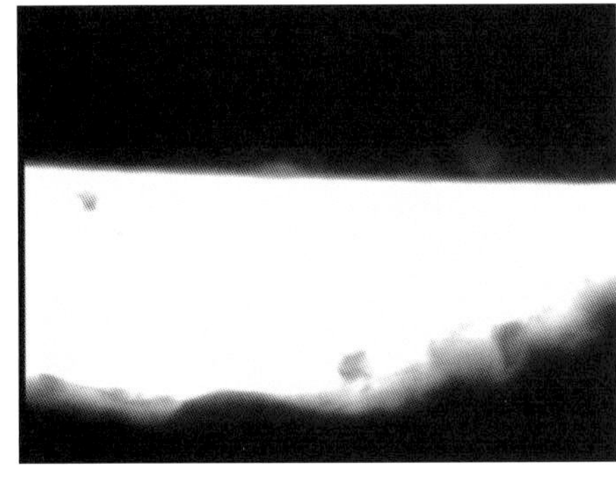

(a) 未处理岩心

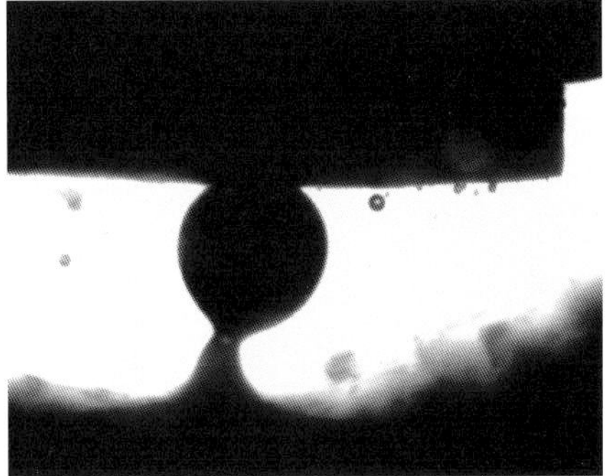

(b) 双疏处理后岩心

图 5.25 十六烷在高温高压状态下岩心的表面状态

随着钻井的钻进，储层的压力、温度不断升高，为了考察防塌润湿剂在高温高压条件下对页岩岩心表面润湿性的影响。该实验在 80℃、3MPa 压力条件下，测定油相对页岩岩心表面润湿性的影响。通过实验结果可知(图 5.25)，在高温高压条件下，原始页岩岩心表面油滴发生铺展，润湿性呈现为亲油状态；当岩心经过防塌润湿剂处理后，油相在岩心表面呈现为圆球状，此时岩心表面润湿性为疏油状态。由此可知，防塌润湿剂对页岩岩心表面润湿性的影响不受外界温度、压力的影响，这有利于其在钻井过程中的使用。

②防塌润湿剂对岩心表面粗糙度的影响。

在纳米尺寸范围内粗糙度是影响固体表面润湿性的一个重要因素。实验通过原子力显微镜测试仪(图 5.26)，对岩心薄片表面进行扫描，并计算其粗糙度的变化。

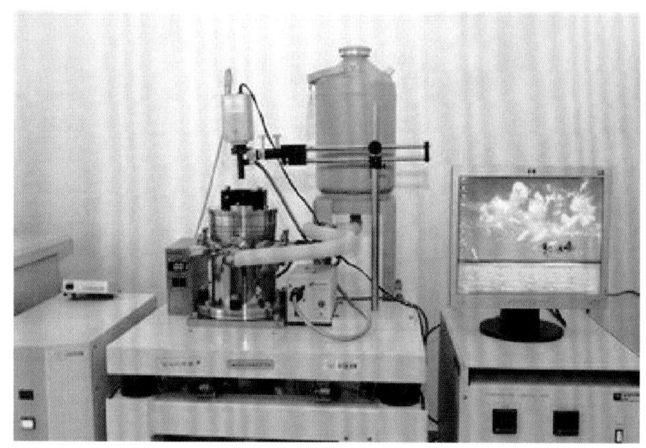

图 5.26　原子力显微镜测试仪

分别对页岩岩心原始表面及经过防塌润湿剂处理后的表面进行扫描，结果如图 5.27 所示。由图可知，抛光后平整的岩心表面凹凸程度明显小于使用防塌润湿剂处理后的岩心表面。从三维图中可知，防塌润湿剂处理后明显多出了许多类似山峰的凸起，这些凸起在纳米级尺度范围内大大增大了岩心表面的粗糙度。通过软件计算得到表面粗糙度变化如表 5.2 所示。从表中数据可知，粗糙度的大小与原子力显微镜中的图像一致，原始岩心表面的粗糙度仅为 1.81nm，而使用防塌润湿剂处理后，岩心表面的粗糙度增加至 6.72nm，说明防塌润湿剂确实可以在纳米级尺度范围内有效增大岩心表面粗糙度，为实现双疏提供良好的物理结构。

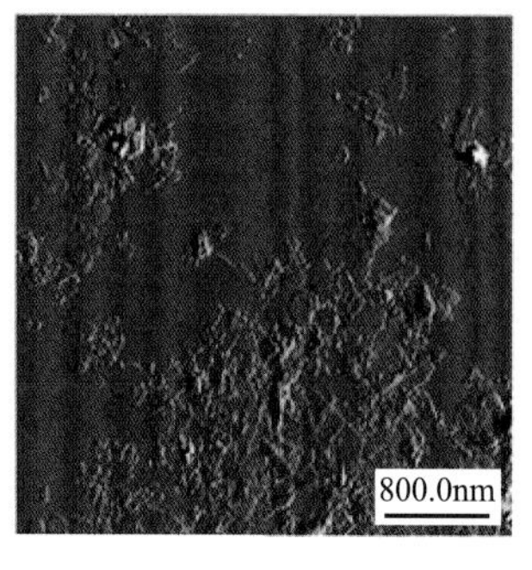

(a) 原始岩心表面二维图

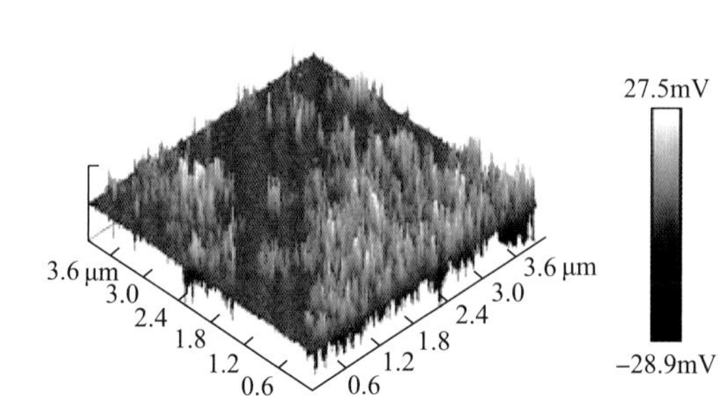

(b) 原始岩心表面三维图

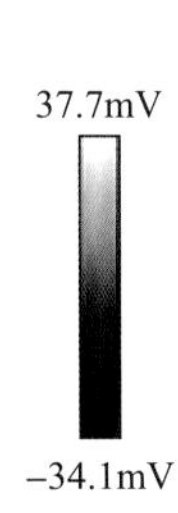

(c) 防塌润湿剂处理后岩心表面二维图

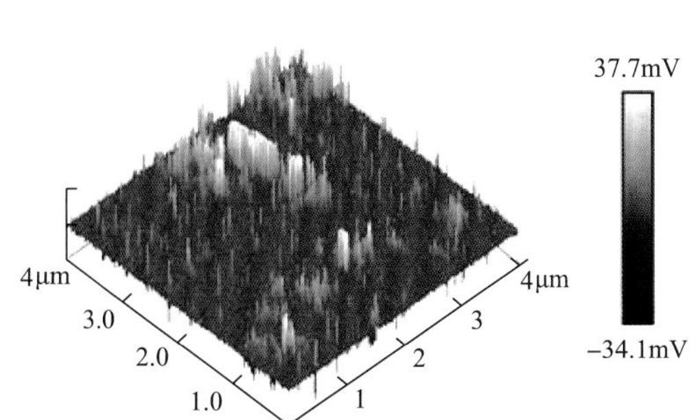

(d) 防塌润湿剂处理后岩心表面三维图

图 5.27　防塌润湿剂对岩心表面粗糙度影响

表 5.2　防塌润湿剂对岩心表面粗糙度影响

项目	原始岩心表面	增效剂处理后岩心表面
表面粗糙度/nm	1.81	6.72

③防塌润湿剂对岩心表面的表面自由能的影响。

固体表面的表面自由能决定了固体对外来流体的吸附性能的影响，表面自由能越低，越有利于表面维持现状，不受外界流体、固体干扰。在油基钻井液中，期望利用防塌润湿剂能够改变表面自由能的特点，改变岩心表面自由能，使得井壁不受钻井液的污染，避免缩径等复杂事故的发生。

实验采用 Owens 二液法，利用上述润湿性评价过程中所测得的水、油两相接触角计算共聚物处理后固体表面的表面自由能，所用原理和计算公式如下：

$$\gamma_S = \gamma_S^d + \gamma_S^p \tag{5.15}$$

任何固体的表面张力可以分解成色散力和极性力两部分。式中，γ_S 为固体表面自由能，由色散部分 γ_S^d 和极性部分 γ_S^p 组成；同理可知液体表面自由能计算公式如下：

$$\gamma_L(1+\cos\theta) = 2(\gamma_S^d\gamma_L^d)^{1/2} + 2(\gamma_S^p\gamma_L^p)^{1/2} \tag{5.16}$$

式中，γ_L 为液体表面自由能，同样的，也由色散部分 γ_L^d 和极性部分 γ_L^p 组成。由式(5.16)可知，如果已知液体的表面自由能及其色散部分和极性部分，测量不同极性液体在某一固体表面的接触角，为求得公式中的两个未知数和。则至少需要两种测试液在固体表面的接触角数据，建立如下的方程组：

$$\gamma_{L1}(1+\cos\theta_1) = 2(\gamma_S^d\gamma_{L1}^d)^{1/2} + 2(\gamma_S^p\gamma_{L1}^p)^{1/2} \tag{5.17}$$

$$\gamma_{L2}(1+\cos\theta_2) = 2(\gamma_S^d\gamma_{L2}^d)^{1/2} + 2(\gamma_S^p\gamma_{L2}^p)^{1/2} \tag{5.18}$$

采用该方法计算表面能时，所选两种测试液的色散力的数值相差越大越好；而两种测试液中，一种必须是极性液体，而另一种必须是非极性液体。因此，本节选用具有强极性的蒸馏水和非极性的正十六烷作为两种测试液体，其中蒸馏水的色散力项和极性力项分别为 21.8mJ/m^2 和 51.02mJ/m^2，正十六烷的色散力项和极性力项分别为 27.6mJ/m^2 和 0。将两种测试液的色散力项和极性力项，以及在固体表面的接触角数据代入式(5.17)和式(5.18)，计算出处理后载玻片和人造岩心的表面自由能。

通过润湿性测量的接触角大小，利用 Owens 二液法计算出的页岩表面接触角如图 5.28 所示，原始岩心表面的表面自由能高达 72.8mN/m，高表面自由能也是油基钻井液在钻进过程中对岩心造成影响的重要因素。当经过防塌润湿剂处理后，岩心的表面自由能迅速下降。当防塌润湿剂的浓度达到 3%时，岩心的表面自由能低至 4.98mN/m，此时较低的表面自由能有利于岩石不受外来流体污染，更不会改变自身理化性质。

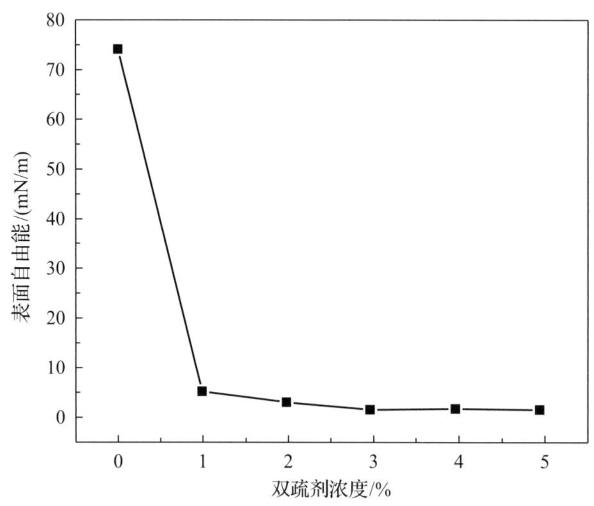

图 5.28　防塌润湿剂对岩心表面自由能影响

(3)防塌润湿剂对油基钻井液性能的影响。

油基钻井液已成为钻深井、超深井、大斜度定向井、水平井和水敏性复杂地层的关键技术，同时也是保护油气层的一个重要手段。但其自身也存在环境污染、乳液抗温能力差、井壁易因毛细自吸现象造成坍塌等难题。通过调研发现，这些问题均与岩心表面的润湿性能相关。本小节将着重讨论防塌润湿剂对油基钻井液性能的影响。

①防塌润湿剂对油基钻井液体系性能的影响。

将防塌润湿剂加入油基钻井液体系中，考察不同加量对体系性能的影响。具体体系配方如下：

1#钻井液配方：3#白油(246mL)+3%主乳+3%辅乳+1%有机土+2%氧化钙+42mL 盐水(含 15g 氯化钙)(密度 1.8g/cm^3)。

2#钻井液配方：3#白油(246mL)+3%主乳+3%辅乳+1%有机土+2%氧化钙+42mL 盐水(含 15g 氯化钙)+1%防塌润湿剂(密度 1.8g/cm^3)。

3#钻井液配方：3#白油(246mL)+3%主乳+3%辅乳+1%有机土+2%氧化钙+42mL 盐水

(含 15g 氯化钙)+2%防塌润湿剂(密度 1.8g/cm^3)。

4[#]钻井液配方：3[#]白油(246mL)+3%主乳+3%辅乳+1%有机土+2%氧化钙+42mL 盐水(含 15g 氯化钙)+3%防塌润湿剂(密度 1.8g/cm^3)。

5[#]钻井液配方：3[#]白油(246mL)+3%主乳+3%辅乳+1%有机土+2%氧化钙+42mL 盐水(含 15g 氯化钙)+4%防塌润湿剂(密度 1.8g/cm^3)。

6[#]钻井液配方：3[#]白油(246mL)+3%主乳+3%辅乳+1%有机土+2%氧化钙+42mL 盐水(含 15g 氯化钙)+5%防塌润湿剂(密度 1.8g/cm^3)。

将防塌润湿剂加入油基钻井液中，分别考察其常温流变性能及高温高压老化后的流变性能、破乳电压及滤失情况，结果见表 5.3。由表中数据分析可知，随着防塌润湿剂的加入，整个体系的表观黏度、塑性黏度和切力变化很小，说明在不加重的条件下，防塌润湿剂能抗 150℃以上的高温，同时不会对体系的流变产生影响。同时，从高温高压滤失量发现，随着防塌润湿剂的加入，高温高压滤失量不断减小，当防塌润湿剂的加量达到 3%时，高温高压滤失量由最初的 10.4mL 降低至 4.8mL。说明防塌润湿剂的加入有利于形成更致密的滤饼，从而降低滤失量；随着防塌润湿剂的进一步增大，高温高压滤失量又略有增长，此时由于防塌润湿剂的进一步增大；同样随着防塌润湿剂浓度的增大，体系的破乳电压先增大，当浓度达到 3%时，破乳电压达到峰值，此时体系最稳定，防塌润湿剂加量继续增大，进而造成油水界面的不稳定、破乳等，从而破乳电压开始降低，体系不稳定，从而造成上面高温高压滤失量有所增加的情况发生。

表 5.3　防塌润湿剂不同加量对油基钻井液体系性能影响

配方	条件	AV/(mPa·s)	PV/(mPa·s)	YP/Pa	YP/PV	φ_6/φ_3	FL_{HTHP}/mL	E_s/V
1[#]	常温	53	47	6	0.1277	8/7		
	150℃	57	52	5	0.0962	6/5	10.4	1310
2[#]	常温	51	39	12	0.3077	8/7		
	150℃	59	54	5	0.0926	6/5	9.0	1435
3[#]	常温	53.5	46	7.5	0.1630	8/7		
	150℃	56	51	5	0.0980	6/5	6.7	1658
4[#]	常温	51	46	5	0.1087	7/6		
	150℃	62	55	7	0.1273	6/5	4.8	1962
5[#]	常温	48	42	6	0.1429	7/6		
	150℃	60	54	6	0.1111	6/5	5.8	1810
6[#]	常温	56	48	8	0.1667	8/7		
	150℃	56.5	51	5.5	0.1078	6/5	7.4	1776

②防塌润湿剂对不同温度下油基钻井液体系性能的影响。

为了进一步考察防塌润湿剂在油基钻井液中的应用情况，从不同温度角度出发，考察防塌润湿剂对体系各方面性能的影响，以下实验防塌润湿剂的加量均选择为 3%。油基钻井液体系配方如下：

7#钻井液配方：5#白油(240mL)+3%主乳化剂+0.5%辅乳化剂+2%有机土+3%氧化钙+30% $CaCl_2$ 盐水(60mL)+3%有机褐煤+1%润湿剂+300g 重晶石(密度 1.5g/cm³)。

8#钻井液配方：5#白油(240mL)+3%主乳化剂+0.5%辅乳化剂+2%有机土+3%氧化钙+30% $CaCl_2$ 盐水(60mL)+3%有机褐煤+3%防塌润湿剂+300g 重晶石(密度 1.5g/cm³)。

由表 5.4 中防塌润湿剂对 1.5g/cm³ 的油基钻井液体系性能影响的数据分析可知，加入防塌润湿剂前后，表观黏度和塑性黏度无明显变化，说明对于该体系，防塌润湿剂不会对其流变产生影响，切力相对于无防塌润湿剂的钻井液体系提高了 10%，φ_6、φ_3 也有明显的提升，有助于钻井过程中钻井液对于钻屑的悬浮携带，避免大量钻屑沉入井底造成卡钻、形成岩屑床等井下复杂。由图 5.29 观察可知，8#钻井液中的防塌润湿剂使得体系的高温高压滤失量由最初体系的 3.0mL，降低至 1.6mL，降低率达 47%，说明防塌润湿剂有利于形成更致密的泥饼，同时改善泥饼表面润湿性能，使得体系中的液相不易进入储层。由图 5.30 观察可知，防塌润湿剂加入后，油基钻井液体系的破乳电压由最初的 1613V，上升至 1906V，提高了 18%，破乳电压的升高说明体系的油水乳液更稳定，不易造成破乳，这也是高温高压滤失量降低的原因之一，说明防塌润湿剂在油基钻井液中抗温达 180℃。

表 5.4　防塌润湿剂对油基钻井液体系性能影响(150℃，1.5g/cm³)

配方	条件	AV/(mPa·s)	PV/(mPa·s)	YP/Pa	YP/PV	φ_6/φ_3	FL_{HTHP}/mL	E_s/V
7#	常温	39	33	6	0.18	2/13		
	150℃	44	36	8	0.22	2.5/14	3.0	1613
8#	常温	39.5	32	7.5	0.24	5/19.5		
	150℃	43	34	9	0.27	3.5/15.5	1.6	1906

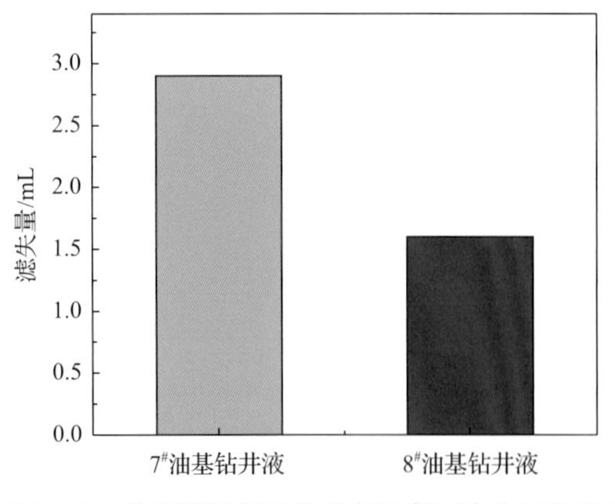

图 5.29　防塌润湿剂对体系高温高压滤失量的影响

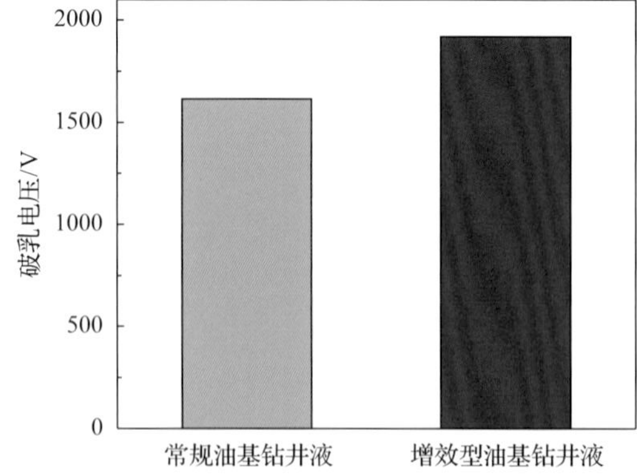

图 5.30　防塌润湿剂对体系破乳电压的影响

由于目前钻井深度越来越深，储层的温度越来越高，对于钻井液的耐温性能和密度窗口提出了更高的要求。以下通过升高温度、加大密度考察防塌润湿剂对油基钻井液体系性能的影响。钻井液配方如下：

9#钻井液配方：5#白油(246mL)+3%主乳化剂+0.5%辅乳化剂+2%有机土+3%氧化钙+30% $CaCl_2$ 盐水(42mL)+3%氧化沥青+1%润湿剂+825g 重晶石(密度 2.3g/cm^3)。

10#钻井液配方：5#白油(246mL)+3%主乳化剂+0.5%辅乳化剂+2%有机土+3%氧化钙+30% $CaCl_2$ 盐水(42mL)+3%氧化沥青+3%防塌润湿剂+825g 重晶石(密度 2.3g/cm^3)。

由表 5.5 中防塌润湿剂对 180℃、2.3g/cm^3 的油基钻井液体系性能影响的数据分析可知，加入防塌润湿剂前后，表观黏度和塑性黏度无明显变化，说明对于该体系，防塌润湿剂不会对其流变产生影响；经 180℃高温老化后切力从 12Pa 提高到了 20Pa，有助于钻井过程中钻井液对于钻屑的悬浮携带，避免大量钻屑沉入井底造成卡钻、形成岩屑床等井下复杂。同时由图 5.31 观察可知，9#钻井液中的防塌润湿剂使得体系的高温高压滤失量由最初体系的 7.4mL，降低至 3.6mL，降低率达 51%，说明防塌润湿剂有利于形成更致密的泥饼，同时改善泥饼表面润湿性能，使得体系中的液相不易进入储层；由图 5.32 观察可知，防塌润湿剂加入后，油基钻井液体系的破乳电压由最初的 1599V，上升至 1896V，提高了 19%，破乳电压越高说明体系的油水乳液越稳定，不易造成破乳，这也是高温高压滤失量降低的原因之一。上述实验结果说明添加了防塌润湿剂的油基钻井液在高温 180℃和高密度 2.3g/cm^3 下同样具有优异的性能。

表 5.5 防塌润湿剂对油基钻井液体系性能影响(180℃，2.3g/cm^3)

配方	条件	AV/(mPa·s)	PV/(mPa·s)	YP/Pa	YP/PV	φ_6/φ_3	FL_{HTHP}/mL	E_s/V
9#	常温	83	72	11	0.15	10/9		
	180℃	104	92	12	0.13	11/10	7.4	1313
10#	常温	86	74	12	0.16	11/10		
	180℃	104	84	20	0.24	11/10	3.6	1896

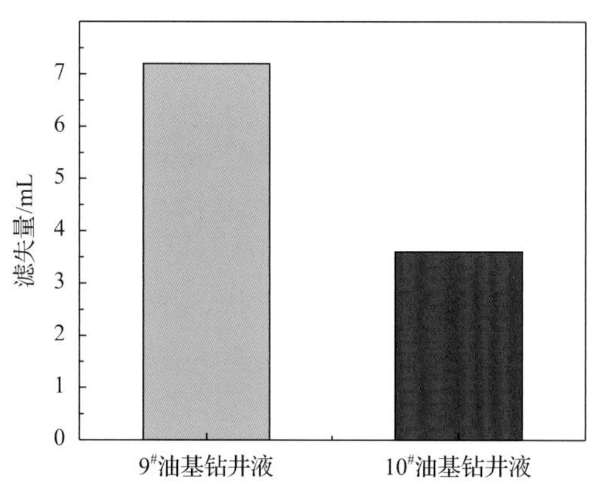

图 5.31 防塌润湿剂对体系高温高压滤失量的影响(180℃)

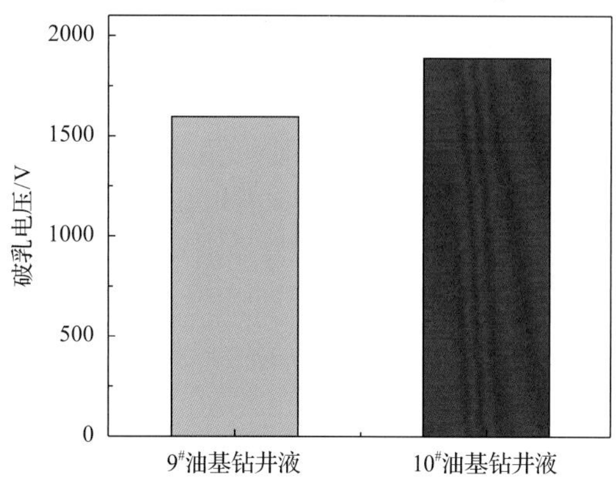

图 5.32 防塌润湿剂对体系破乳电压的影响(180℃)

为了深入研究防塌润湿剂对泥饼质量的影响，将实验结束后的钻井液滤饼进行扫描电镜实验，观察滤饼表面微观结构，实验结果如图 5.33 所示。

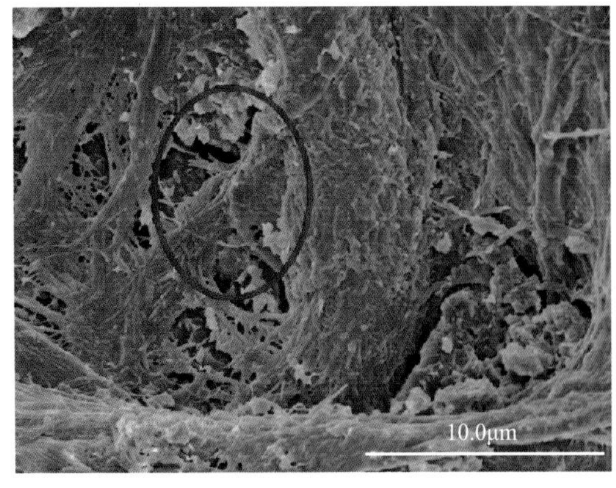

(a) 9#钻井液配方泥饼

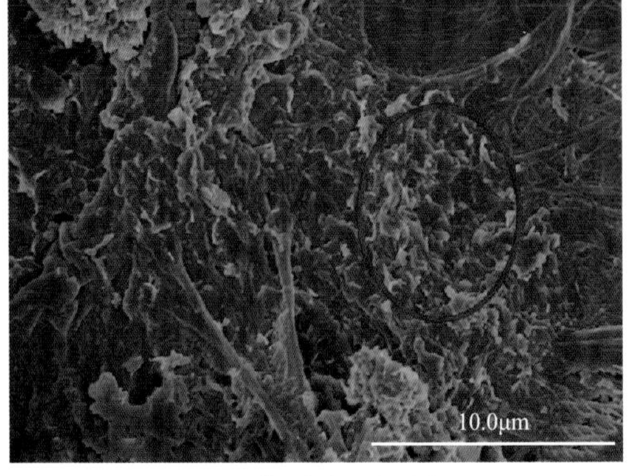

(b) 10#钻井液配方泥饼

图 5.33　防塌润湿剂对油基钻井液滤饼的影响

由图 5.33 滤饼表面微观形貌可知，未添加防塌润湿剂的油基钻井液形成的滤饼在滤纸的框架内填充了一定量的固相颗粒，但是孔喉未被完全填充完，因此高温高压滤失量较大；而添加有防塌润湿剂的钻井液高温高压滤饼基本没有大的孔喉，在滤纸表面形成了致密的薄膜结构，同时表面具有许多凸起，这些凸起为表面实现双疏性能提供物理结构基础。说明防塌润湿剂在油基钻井液中不仅起到封堵小孔喉的作用，同时通过改善泥饼表面润湿性能，阻止液相渗入滤饼，进一步降低高温高压滤失量，起到保护储层的作用。

由此可知，在不影响油基钻井液体系流变性能的前提下，防塌润湿剂对于油基钻井液具有降低高温高压滤失量、提高体系破乳电压的效果，且密度为 1.5～2.3g/cm^3，温度在 150～180℃可调。

③防塌润湿剂对油基钻井液乳液稳定性能的影响。

油基钻井液体系的乳液稳定性是高效钻井成败的关键，由于防塌润湿剂在体系中具有提高破乳电压的效果，本小节通过考察防塌润湿剂对油水乳液性能的影响，考察其对乳液稳定的机理。

首先，为了直观地研究防塌润湿剂对油包水乳液稳定性的影响，我们采用分层实验来研究不同加量下乳液放置一段时间后的分层情况。首先在样品瓶中将 0.45g Span80 溶于 12mL 的纯白油中，然后在样品瓶中加入不同加量的防塌润湿剂。对于每一个样品瓶，使用高剪切速率同化仪来进行搅拌。搅拌速度为 5000r/min。将配制好的样品瓶静止在室温下，仔细观察每个样品的分层情况，对样品的初始状态以及静置 72h 的状态进行拍摄。结果如图 5.34 所示。

具体乳液配方如下：

5#白油(80mL)+去离子水(20mL)+SPAN-80(3g)+不同浓度的防塌润湿剂(0，1%，2%，3%，4%，5%)。

由图 5.34 可知，初始状态下未加防塌润湿剂和加防塌润湿剂的乳液稳定性一致，经过 72h 静置后，未加防塌润湿剂的乳液分层严重，而加防塌润湿剂的乳液具有相对更好的稳定性能。从图中可知，随着防塌润湿剂加量的增大，上层析出的油相越少，当防塌

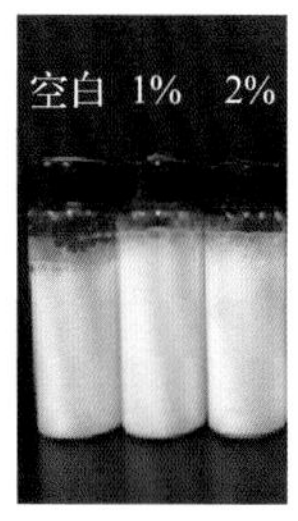

(a) 初始

(b) 乳液稳定情况

(c) 72h后乳液稳定情况

图 5.34 防塌润湿剂对油水乳液稳定性能的影响

润湿剂含量达到 3%～4%时，乳液上层基本无明显油相析出，而随着防塌润湿剂含量的进一步增大，乳液上层析出油相含量又呈现慢慢增大趋势，不利于乳液的稳定，说明防塌润湿剂对于乳液稳定性影响的加量具有最佳值 3%～4%。

为了进一步研究防塌润湿剂对乳液稳定性能的影响因素，将研究的目标转向油水液滴的直径大小变化。

为了表征乳液中水滴的粒径，我们分别采用聚焦光束反射测量技术(FBRM)和显微镜观察来研究不同防塌润湿剂加量条件下乳液的粒径变化。FBRM 测定仪(型号 S400，Lasentec Inc，雷德蒙德，华盛顿州，美国)是一种可以原位表征粒径的设备，虽然 FBRM 不直接测定粒径，FBRM 只可以测定弦长，但是 FBRM 对粒径有非常好的指导作用。实验前，将探棒先用甲苯再用丙酮清洗干净，并自然挥发干净。仪器配套的 500mL 烧杯中加入 200mL 乳液样品，并在 400r/min 条件下搅拌。测试时，保证 FBRM 探针的最底端下探至乳液深度的 3/4 处(距离烧杯底 1/4)。测试在室温条件下进行，实验数据使用仪器配套的软件 IC FBRM™来收集。

利用偏光显微镜的放大功能，对乳液液滴的大小在显微镜下进行放大拍摄，观察其乳液液滴大小变化，分析防塌润湿剂影响乳液稳定性的主要因素。

由图 5.35 可知，初始乳液液滴的粒径主要分布在 5μm 左右，当加入防塌润湿剂后，

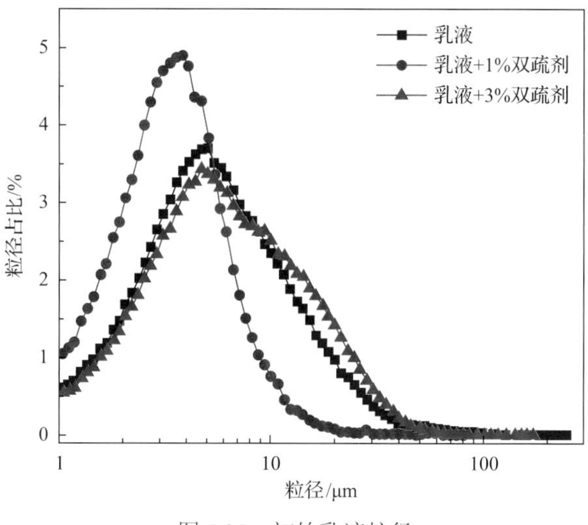

图 5.35 初始乳液粒径

乳液液滴的粒径会不断减小，这是由于防塌润湿剂颗粒的疏水疏油性能使得其只能存在于油水乳液的界面上，降低油水界面的界面张力，进一步降低乳液液滴的粒径。随着防塌润湿剂浓度的不断增加，油水乳液界面上防塌润湿剂颗粒越多，随着颗粒的增加，乳液液滴的大小反而增大。如图 5.35 中当防塌润湿剂浓度为 3%时，由于过量的防塌润湿剂颗粒未完全吸附在油水界面上，导致乳液液滴增大。将乳液静置 72h 后(图 5.36)，具有 1%浓度防塌润湿剂的乳液液滴粒径大于具有 3%浓度防塌润湿剂的乳液液滴粒径，这是由于低浓度的防塌润湿剂不能够完全铺满油水界面，因此乳液液滴不能够充分收缩，在长时间后会出现部分聚并；当防塌润湿剂浓度增大，乳液界面充斥大量防塌润湿剂颗粒，长时间后，防塌润湿剂颗粒均匀排布在油水界面，使得油水乳液液滴粒径减小。

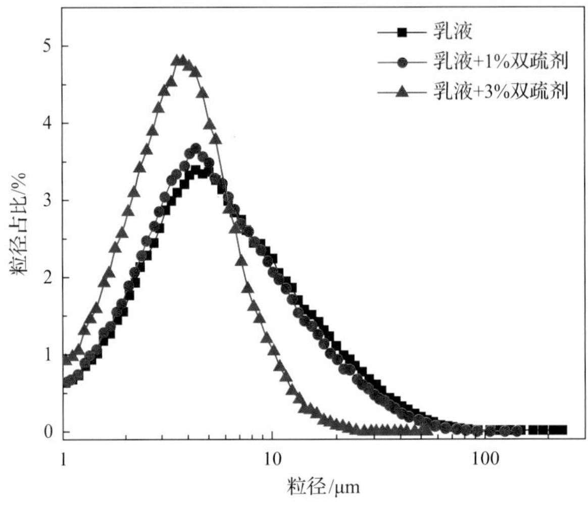

图 5.36　静置 72h 后乳液粒径

同时辅助以显微镜，将不同乳液放置于显微镜下观察，发现不加防塌润湿剂的乳液基本都是大液滴状的油包水乳液，如图 5.37(a)所示。当加入 1%的防塌润湿剂后，油水乳液中不仅有类似于纯乳液中的大液滴，同时还有少量的小液滴出现，这使得乳液整体的液滴粒径减小[图 5.37(b)]；当防塌润湿剂浓度增大至 3%时，显微镜下可以观察到大量的小液滴[图 5.37(c)]。这与 FBRM 中的实验结果保持一致。因此防塌润湿剂改变乳液稳定性的机理主要如图 5.38 所示。

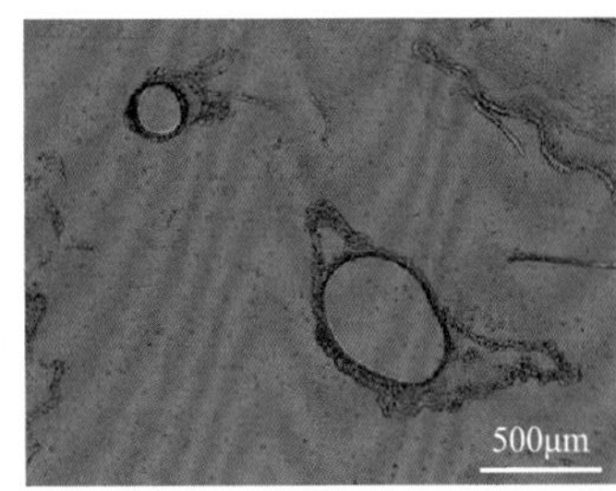

(a) 不加防塌润湿剂

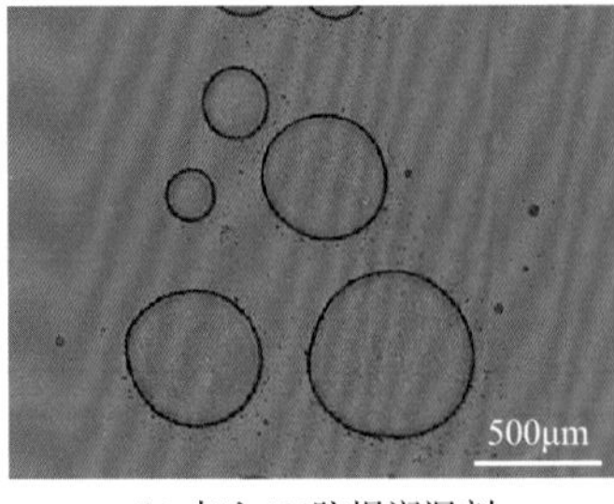

(b) 加入1%防塌润湿剂

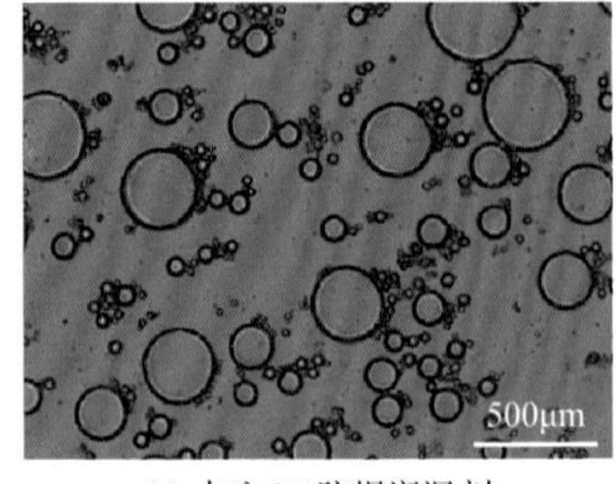

(c) 加入3%防塌润湿剂

图 5.37　防塌润湿剂对油水乳液液滴大小的影响

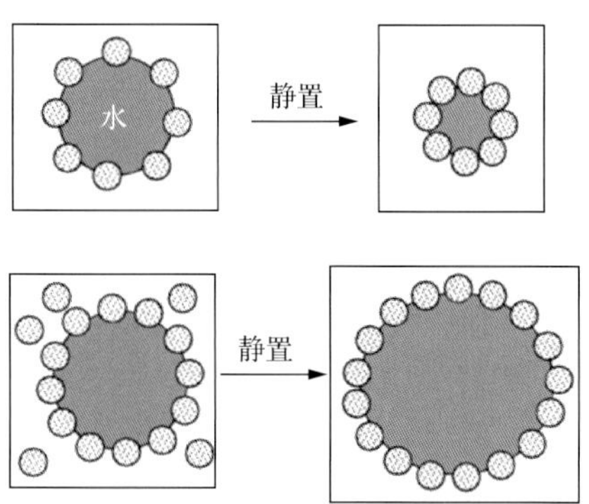

图 5.38 防塌润湿剂对乳液液滴大小的影响

由图 5.38 可知，当形成的乳液体系中加入一定量的防塌润湿剂，而防塌润湿剂由于其自身的疏水疏油特性不能在油相和水相中分散，只能够存在于油水界面上。同时防塌润湿剂赋予油水乳液界面特殊的性能，降低油水界面界面张力，稳定乳液。静置一段时间后，少量的防塌润湿剂使得乳液中油包水乳液液滴减少。而在过量防塌润湿剂乳液中，在外相油中还存在大量防塌润湿剂颗粒，因此这些颗粒慢慢重新吸附于乳液界面，从而使得乳液液滴不断增大。因此，防塌润湿剂用于稳定乳液功能具有最佳值。

④防塌润湿剂对油基钻井液沉降稳定性能的影响。

油水乳液的稳定性决定了油基钻井液体系整体的沉降稳定性，防塌润湿剂能够有效提高体系的乳液稳定性能，因此也会对油基钻井液沉降稳定性产生影响。

使用测量油基钻井液体系上下层密度的方法，测定钻井液体系的沉降稳定性，稳定性系数 α 如下所示：

$$\alpha = \frac{\rho_2}{\rho_1 + \rho_2} \tag{5.19}$$

式中，ρ_1 表示上层体系密度，g/cm^3；ρ_2 表示下层体系密度，g/cm^3。α 越接近 0.5，表示体系的稳定性越好。

实验采用的油基泥浆配方如下：

11#钻井液配方：5#白油（246mL）+3%主乳化剂+0.5%辅乳化剂+2%有机土+3%氧化钙+30% $CaCl_2$ 盐水（42mL）+1%润湿剂+重晶石（密度 $2.2g/cm^3$）。

12#钻井液配方：5#白油（246mL）+3%主乳化剂+0.5%辅乳化剂+2%有机土+3%氧化钙+30% $CaCl_2$ 盐水（42mL）+3%防塌润湿剂+重晶石（密度 $2.2g/cm^3$）。

将两种钻井液体系经过 12h 静置沉降，结果如表 5.6 所示。

表 5.6 防塌润湿剂对油基钻井液体系沉降稳定性的影响

不同位置密度	11#	12#
上层密度/(g/cm^3)	2.1	2.19
下层密度/(g/cm^3)	2.26	2.26
沉降系数	0.5183	0.5078

由表 5.6 中数据分析可知，不含防塌润湿剂的油基钻井液体系上层密度和下层密度相差 0.16g/cm^3，体系的沉降系数为 0.5183，而加防塌润湿剂的体系中，上下层密度差为 0.07g/cm^3，体系的沉降系数为 0.5078。由此可知，防塌润湿剂对油基钻井液具有减弱沉降的作用，这正是由于防塌润湿剂的亲气性能，使得体系中的固相颗粒被防塌润湿剂吸附，表面润湿性变为亲气，从而吸附溶液中的一部分溶解气，使得体系中固相颗粒的相对密度减小，从而减缓固相颗粒的沉降，达到稳定体系的作用。

(4) 防塌润湿剂对储层保护的影响。

①防塌润湿剂对毛细管液面高度的影响。

为了表征防塌润湿剂对岩石稳定性能的影响，并研究油基钻井液中油相进入储层的强弱程度，实验采用 0.15mm 的硬质中性玻璃毛细管内液面高度的变化表征防塌润湿剂抑制液相进入储层的能力。通过毛细管附加压力计算公式计算：

$$\Delta p = \frac{2\sigma\cos\theta}{r} \tag{5.20}$$

由图 5.39 可知，不同润湿性的毛细管内壁与毛细管内液面高度相关。当毛细管内表面为亲水状态，液相将高于测试液面，体现为自发吸入一定量液体；当毛细管内表面为中性润湿状态时，毛细管内液面高度与测试液相的液面高度保持平衡，此时，毛细管内液相不会自发渗入；当毛细管内表面润湿性为疏水疏油状态时，毛细管内液面高度低于测试液面高度，此时憎液状态的润湿性能使得毛细管内液面的弯曲方向指向底部，从而形成一个附加的阻力，使得毛细管内液面高度低于测试液面，这种状态也有利于防塌润湿剂对储层的保护。

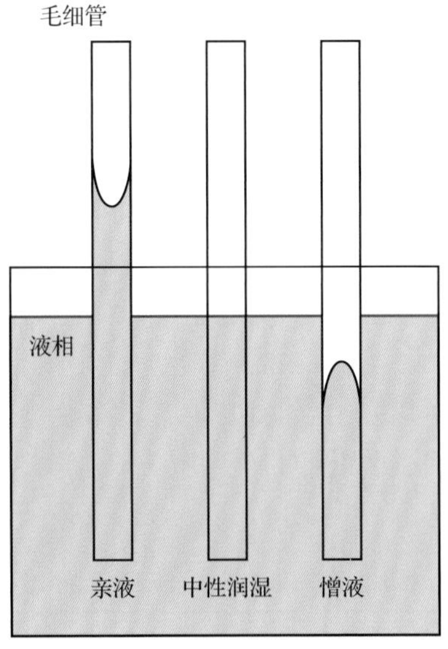

图 5.39　毛细管液面与润湿性关系

通过式(5.20)计算不同内径毛细管内附加压力的大小发现，随着毛细管内径不断减小，毛细管内附加压力相应成倍增加，当毛细管内径低于 100nm 时，毛细管附加压力达到 1MPa，此时毛细管附加压力的大小不可忽略(图 5.40)。在页岩储层中，因为孔喉尺径处于纳米范围内，所以存在着大量的毛细现象，造成大量液相侵入储层，引发一系列的井下复杂现象。

为了考察防塌润湿剂对于毛细管液面高度及毛细管附加压力的影响，使用不同浓度的防塌润湿剂对毛细管内表面进行处理。从图 5.41 结果可知，原始毛细管内水相液面高度和油相液面高度分别为 40mm 和 25mm；当使用防塌润湿剂处理后的毛细管进行测试时发现，水相和油相的液面高度均在测试液面以下，此时毛细管内附加压力由自然渗吸的自然吸力转变为阻止流体进入毛细管内部的阻力。其中当使用 3%的防塌润湿剂浓度处理毛细管后，其中的水相和油相液面高度分别在液面以下 45mm 和 18mm，随着浓度的继续增加，毛细管内液面高度无明显变化，最优浓度与润湿性和体系加量的浓度相一致。同时通过毛细管附加压力计算公式计算了实验中使用的毛细管中附加压力的变化大小，如表 5.7 所示。

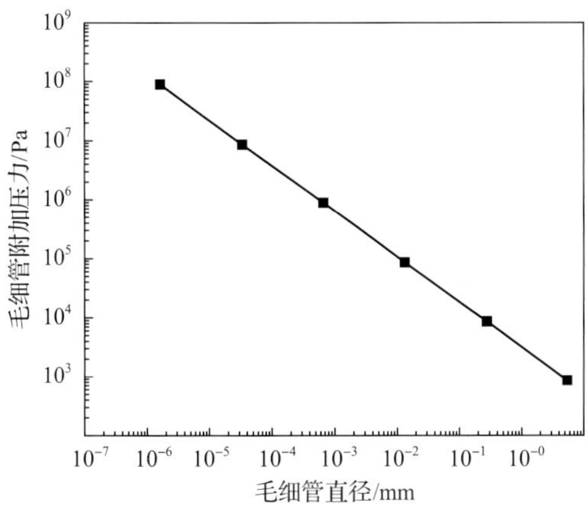

图 5.40　毛细管附加压力与毛细管内径的关系

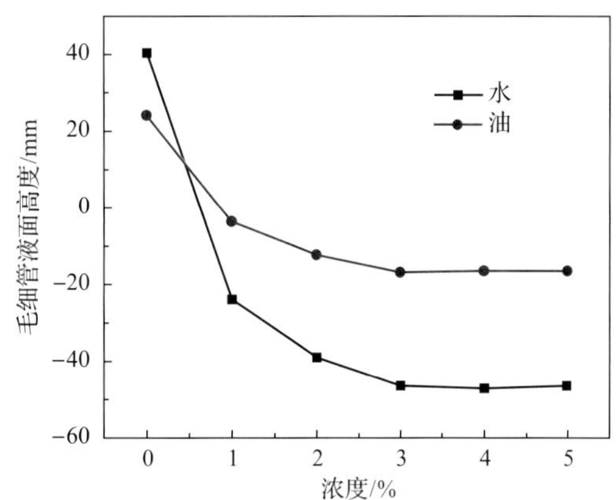

图 5.41　防塌润湿剂对毛细管液面高度影响

表 5.7　防塌润湿剂对毛细管附加压力的影响

不同毛细管	处理前	处理后
毛细管附加压力/Pa	+438	−478

注：“+”表示毛细管吸力；“−”表示毛细管阻力。

由表 5.7 中数据可知，未使用防塌润湿剂处理的毛细管由于内表面为亲水亲油状态，液相会因为 438Pa 的毛细管附加压力，驱使液相进入毛细管内部，即毛细上升现象；当使用防塌润湿剂处理后，毛细管由于有一层疏水疏油的薄膜层，使得内表面呈现为双疏特性，此时毛细管内液相会因为形成的反向 478Pa 的毛细管附加压力，阻止液相进入毛细管，从而表现为毛细管液面下降。

毛细现象在低渗、特低渗油气藏，尤其是在页岩储层非常严重，避免毛细现象的发生将大大改观因毛细自吸液相造成储层损害的发生。本节从单根毛细管角度验证了防塌润湿剂的作用，下面将通过扩大方法，利用岩心实验考查防塌润湿剂反转毛细管附加压力的作用。

②防塌润湿剂对岩心自然渗吸的影响。

将防塌润湿剂对单根毛细管的影响放大到一根岩心，通过岩心自然渗吸液相含量，考查防塌润湿剂对于储层抑制液相进入孔喉所起的作用。蒋官澄团队通过组装电子天平和计算机形成了自然渗吸装置。自然渗吸装置示意图如图 5.42 所示。

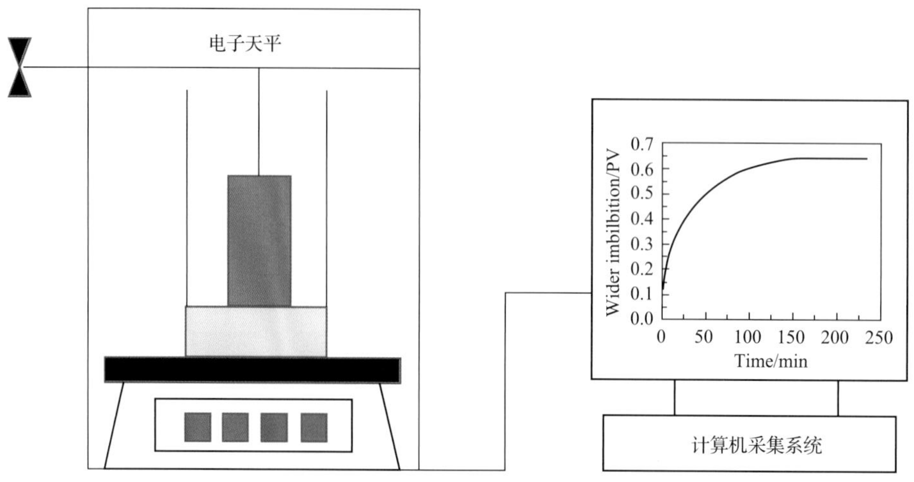

图 5.42　自然渗吸实验装置示意图

岩心准备流程如下：

(1) 将页岩岩心放置于 105℃烘箱烘干 12h，至质量不再变化。

(2) 配制 3%浓度的防塌润湿剂浓度，备用。

(3) 将岩心置于防塌润湿剂溶液中，浸泡 4h，待岩心被防塌润湿剂处理完全，取出岩心置于 105℃ 烘箱烘干 12h，至质量不再变化。

(4) 将处理后的岩心安装在自然渗吸装置上，使得岩心与油相表面相切，并启动计算机进行渗吸含量记录。

(5) 将采集的数据整理画图，结果如图 5.43 所示。

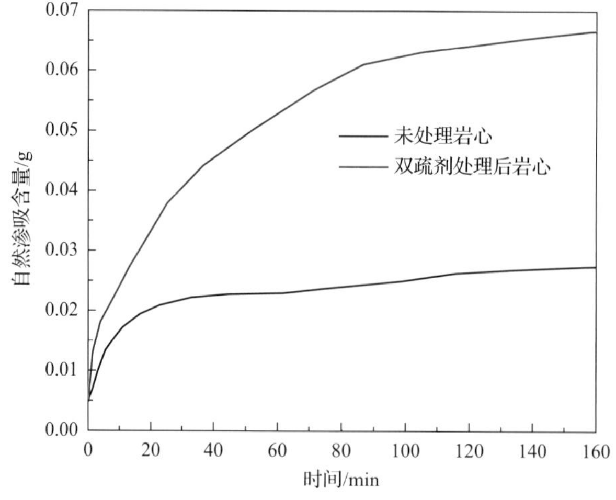

图 5.43　防塌润湿剂对岩心自然渗吸的影响

由图 5.43 结果可知，起始阶段当岩心与油相表面相接触后，会有一部分滞留在表面，因此未处理的岩心和用防塌润湿剂处理后的岩心均会在初始阶段产生一定吸附。当接触稳定后，未处理的岩心，由于毛细管吸力的作用还是源源不断地将油渗吸进入孔喉，从而渗吸含量不断增大，最终达到 0.07g；使用防塌润湿剂处理后的岩心由于孔喉表面润湿性能已经由亲水亲油转变为疏水疏油状态，使得油相与孔喉接触后，未产生吸力，反而形成毛细管阻力，因此很难渗吸油相进入孔喉，最终的渗吸含量仅为 0.025g，为未处理岩心的三分之一，因此防塌润湿剂的加入大大降低了岩心因毛细管吸力引起的渗吸。

③防塌润湿剂对页岩封堵性能评价

考虑到油基钻井液的滤液一部分是毛细管吸力造成，同时因为在压差作用下，毛细管力抵消，液相在压差作用下继续进入孔喉，因此还需要考虑岩心的封堵情况。

本实验通过测试相同压差条件下岩心的抗压强度，分析防塌润湿剂对岩心的封堵能力。制样流程如下：

(1)将页岩岩心放置于 105℃烘箱烘干 12h，至质量不再变化。

(2)配制 3%的纳米二氧化硅溶液以及 3%的防塌润湿剂浓度，备用。

(3)将岩心分别置于二氧化硅溶液和防塌润湿剂溶液中，利用真空泵进行抽真空，使得纳米颗粒快速吸附在岩心表面，对岩心形成封堵。

(4)取出岩心放置于 105℃烘箱烘干 12h，至质量不再变化。

(5)将处理后的岩心安装于页岩稳定性综合模拟评价装置上(图 5.44)，利用相同的压差对岩心驱替，记录压力传递时间。

图 5.44 页岩稳定性综合模拟评价装置

(6)将采集的数据整理画图，结果如图 5.45～图 5.47 所示。

由图 5.45～图 5.47 中的数据分析可知，利用 10MPa 的压力进行压力传递实验，发现未处理的岩心中压力从一个端面传递至另一个端面需要 15s，利用常规的纳米二氧化硅处理后，岩心中压力从一个端面传递至另一个端面需要 45s，说明纳米二氧化硅已经对岩心进行了一定的封堵，从而延长了压力传递实验，而使用防塌润湿剂处理后，岩心

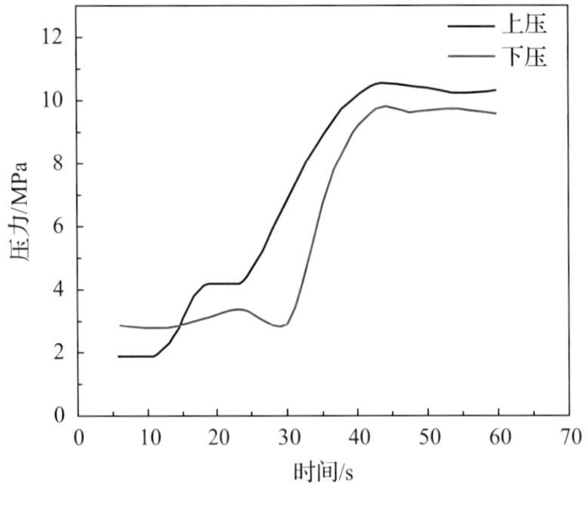

图 5.45　原始岩心压力传递分析

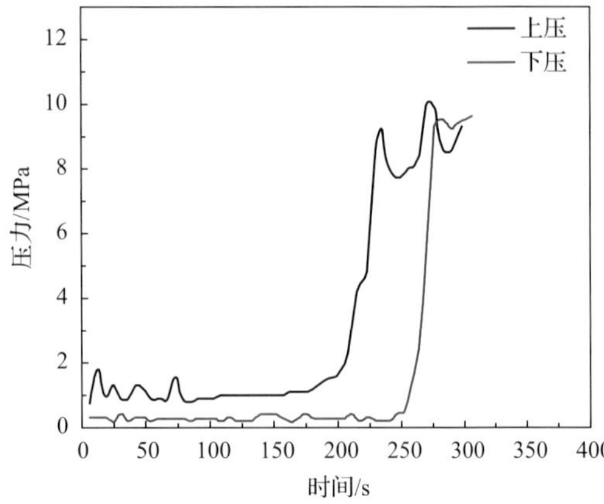

图 5.46　纳米二氧化硅封堵后岩心压力传递分析

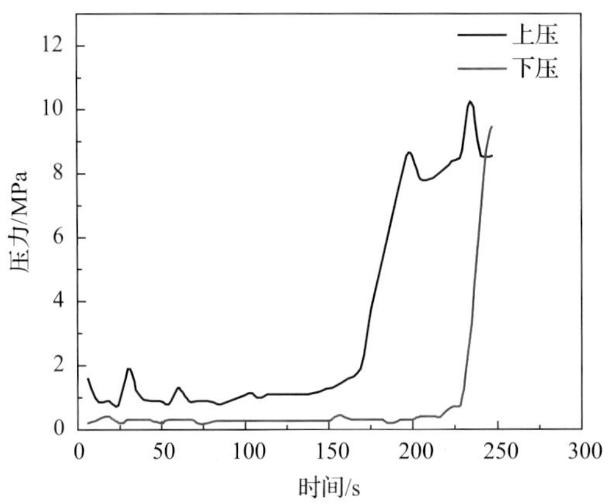

图 5.47　防塌润湿剂封堵后岩心压力传递分析

中压力从一个端面传递至另一个端面需要 50s，时间比简单的纳米二氧化硅更长，说明防塌润湿剂不仅通过纳米颗粒的封堵作用延长了压力传递时间，同时防塌润湿剂通过改善岩心的毛细现象，使得传递时间进一步增大。由此可以说明防塌润湿剂降低油基钻井液的高温高压滤失量主要通过两个机理：①改善毛细管力；②表面进行封堵。

④防塌润湿剂处理后岩心 CT 扫描分析。

为了进一步分析防塌润湿剂在储层中对岩心的影响，通过 CT 扫描仪观察岩心处理前后及岩心在油中浸泡后的 CT 图像，分析岩心的孔隙度及扫描图片判断防塌润湿剂对岩心的作用。结果如图 5.48 和图 5.49 所示。

由图 5.48(a)、(b)可知，防塌润湿剂处理过的岩心，浸泡前后岩心 CT 图像基本无差别，说明经过防塌润湿剂处理后，岩心内孔表面润湿性呈现为双疏性质，从而浸泡的油不能侵入储层，不能对储层造成影响，结合图 5.49(a)可知，防塌润湿剂处理后岩心薄片孔隙度基本都小于处理前，防塌润湿剂不仅有改变润湿性的作用，还能够封堵部分小孔喉，从而降低孔隙度；由图 5.48(c)和(d)可知，未处理的岩心浸泡后，相对于浸泡前出现了更多的孔隙，而且根据图 5.49 可知，浸泡后的孔隙度相对于浸泡前的孔隙度增大 100%以上，说明原始岩心浸泡后，油相侵入岩心造成页岩纹理层间距增大，从而孔隙度变大。

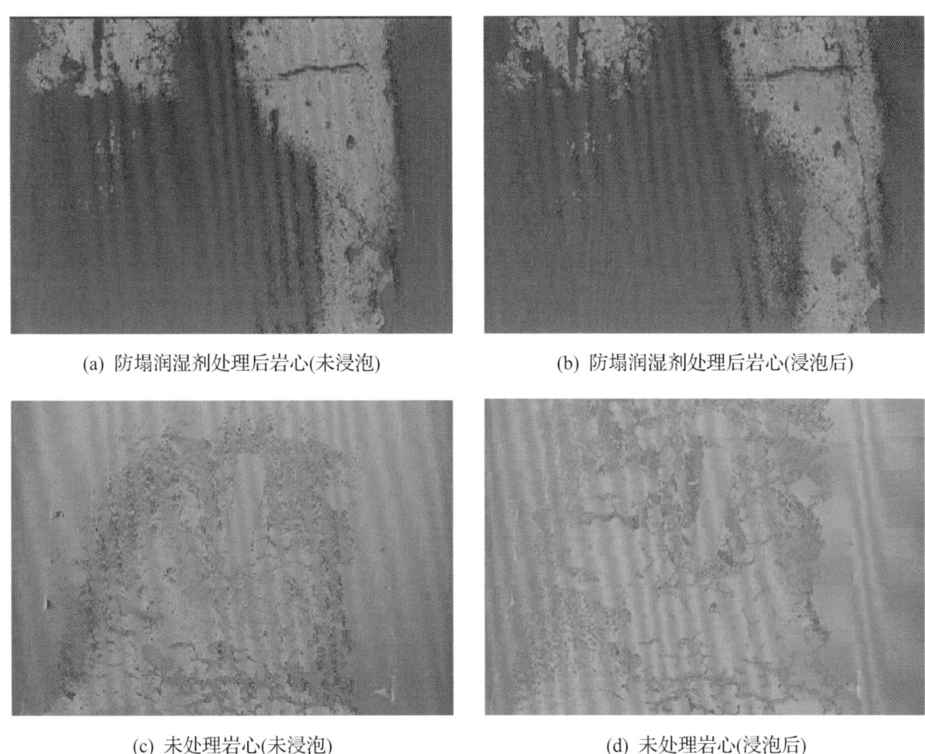

图 5.48　岩心 CT 扫描分析

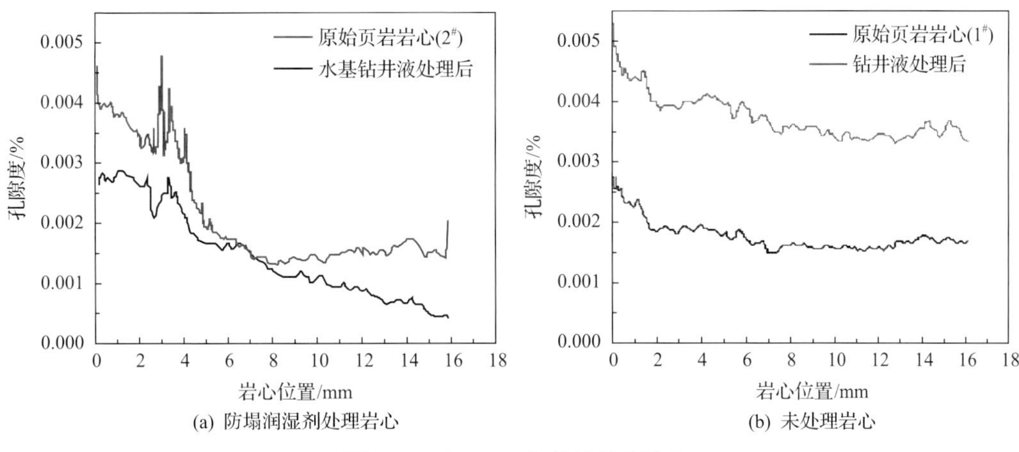

图 5.49　岩心 CT 扫描计算孔隙度

通过上述实验可知，防塌润湿剂通过改善岩心表面及孔喉表面润湿性能，降低毛细管附加压力甚至反转毛细管力，阻止液相侵入岩心，避免储层损害。

(5) 防塌润湿剂井壁稳定性能影响。

①防塌润湿剂对岩心抗压强度的影响。

岩石破坏的主要形式为沿胶结面剪切破坏，拟三轴实验中岩石在受压力后的破坏形式是沿弱面(即层理)或者胶结面的剪切破坏。剪切面法向和最大主应力 σ_1 的夹角等于 θ，如图 5.50 所示，其中，σ_1 为正应力(即拟三轴实验中的压力)，σ_3=σ_2 为围压。法向正应力为 σ_n，剪应力为 τ_n。根据莫尔-库仑原理，岩石破坏时剪切面上的剪应力必须克服岩石固有的剪切强度 C 值(称为黏聚力，个人理解为与胶结强度相关)加上作用于剪切面上的摩擦阻力 $\mu\sigma_n$，即，$\tau_n = \mu\sigma_n + C$，其中，摩擦系数 μ = tanφ。

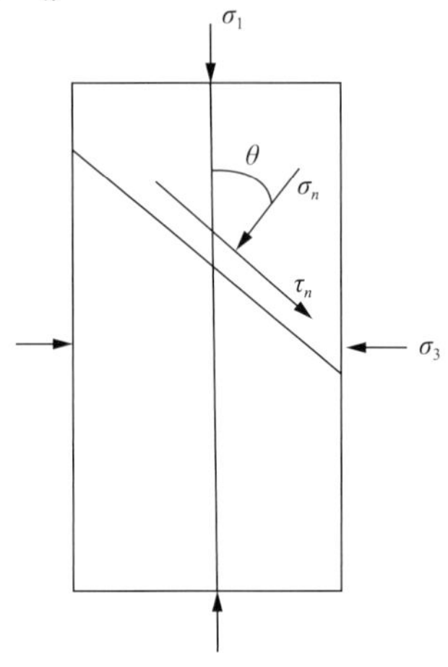

图 5.50　岩石破坏形式

图 5.51 为井壁的简易模型(未考虑孔隙压力等)，其中，P 为液柱压力，F 为对应的液柱力，f 为岩石之间的摩擦力，S 为接触面积。岩石之间存在剪切力(摩擦力对应的面力)和内聚力。岩石破坏要克服岩石与岩石之间的内聚力和内摩擦力。对于油基钻井液而言，由于显碱性易与页岩中的硅酸盐矿物发生反应，从而降低岩石强度。并且由于毛细管的自吸效应和井底压差的影响，油基钻井液易进入页岩缝隙内部，由之前的岩石与岩石之间的静摩擦变为油与岩石之间的静摩擦，并且由于油基钻井液的强润滑性，降低了岩石之间的摩擦系数 μ，从而降低了岩石之间的内摩擦力 $\mu\sigma_n$，使岩石更加容易发生脱落。

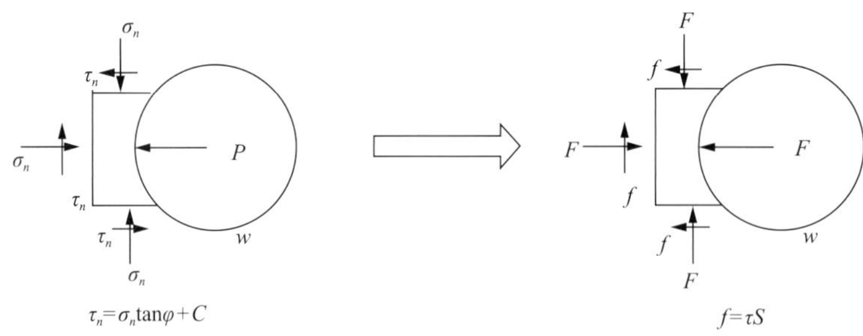

图 5.51　井壁稳定简易模型

应力应变曲线中，$Sd + CP = \sigma_1$，用对应的 σ_1 与轴向应变作图，得到应力应变曲线，并且由曲线中的最大值可以得到最大抗压强度，最能直观地反映出岩石的强度(围压分别为 0MPa、10MPa、20MPa)。一般比较的是单轴下的抗压强度。

弹性模量主要选取最大抗压强度的 40%～60%作与应力应变相同的曲线，对该段进行线性拟合，该线性方程的斜率即为弹性模量。在单轴抗压强度实验中，由于岩石表面不光滑，会出现一个折点，所以选取线性段进行拟合。一般比较的是单轴下的弹性模量。

弹性模量 $E=\dfrac{\sigma}{\varepsilon}$，即为应力应变曲线切线的斜率。弹性模量表征了岩石在一定压力作用下抵抗变形的能力，E 越大，则该岩石抵抗变形的能力越强。因为在一定的应力作用下，变形越小，岩石抵抗变形的能力越强，则根据公式 $E=\dfrac{\sigma}{\varepsilon}$，$E$ 越大。

泊松比与弹性模量相同，也是选取最大抗压强度的 40%～60%作径向应变与轴向应变的关系曲线，对该段进行线性拟合，该线性方程的斜率即为泊松比。在单轴抗压强度实验中，因为岩石表面不光滑，会出现一个折点，所以选取线性段进行拟合。一般比较的是单轴下的泊松比。

泊松比 $\mu=\dfrac{\text{径向应变}}{\text{轴向应变}}$，即为径向应变(沿直径方向)与轴向应变(沿轴向方向)的关系曲线切线的斜率。泊松比越小，则岩石抵抗变形的能力越强。

如图 5.52 所示，莫尔圆方程为 $\left(\sigma-\dfrac{\sigma_1+\sigma_s}{2}\right)^2+\tau^2=\left(\dfrac{\sigma_1-\sigma_s}{2}\right)^2$，其中，$\sigma_1$ 为最大主应力(即抗压强度)，σ_s 为围压。由三个围压，即 0MPa、10MPa、20MPa 分别作出三个莫尔圆，对三个莫尔圆做切线，该拟合的切线的方程为 $\tau_n=\tan\varphi\sigma_n+C$，该切线与轴的截距为内聚力 C，斜率为 $\tan\varphi$。但是这里的拟合采用了另一种方法，由 σ_3 和 σ_1 的数据拟合出一条曲线，即 $\sigma_1=M\sigma_3+N$，通过斜率 M、截距 N 可以求出岩石的抗剪强度参数：

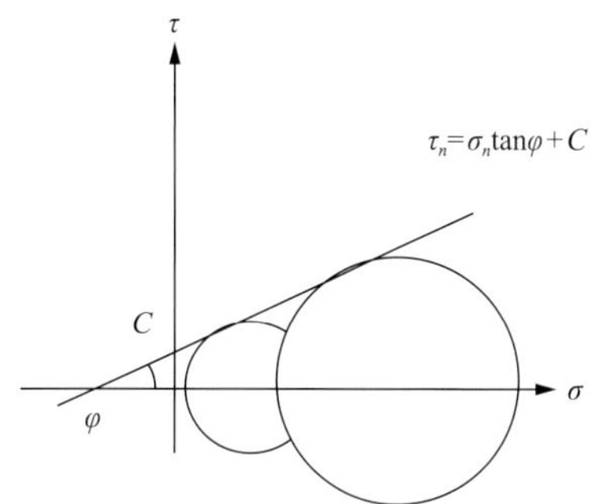

图 5.52　莫尔圆应力曲线

$$C=\frac{N}{2\sqrt{M}} \tag{5.21}$$

$$\tan\varphi=\frac{M-1}{2\sqrt{M}} \tag{5.22}$$

由此推出莫尔圆的包络线。

内摩擦角 φ 越大，岩石摩擦系数 $\mu=\tan\varphi$ 越大，岩石的内摩擦力 $f=\mu\sigma$ 越大，则岩石越不容易脱落。内聚力 C 越大，岩石也越不容易脱落。

本实验分别对不同岩心进行上述三轴测试实验，得出岩石强度等参数受防塌润湿剂的影响数据。

配制的钻井液体系如下：

1#钻井液配方：5#白油(246mL)+3%主乳化剂+0.5%辅乳化剂+2%有机土+3%氧化钙。

$2^{\#}$钻井液配方：$5^{\#}$白油（246mL）+3%主乳化剂+0.5%辅乳化剂+2%有机土+3%氧化钙+1%润湿剂。

$3^{\#}$钻井液配方：$5^{\#}$白油（246mL）+3%主乳化剂+0.5%辅乳化剂+2%有机土+3%氧化钙+3%防塌润湿剂。

进行测试的岩心为空白岩心及在上述三种钻井液配方中浸泡 5 天的岩心，结果如图 5.53～图 5.56 所示。

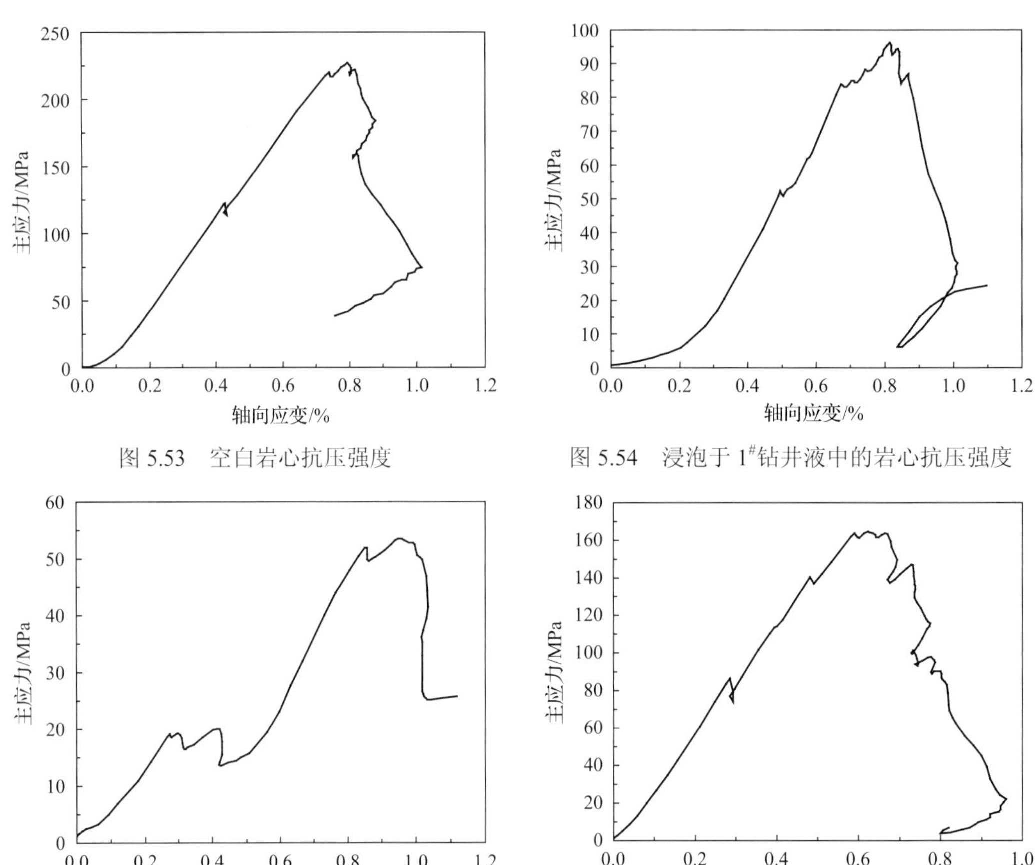

图 5.53　空白岩心抗压强度

图 5.54　浸泡于 $1^{\#}$钻井液中的岩心抗压强度

图 5.55　浸泡于 $2^{\#}$钻井液中的岩心抗压强度

图 5.56　浸泡于 $3^{\#}$钻井液中的岩心抗压强度

由图 5.53～图 5.56 可知，未处理的岩心抗压强度最大，达到 224.5MPa，当用不同钻井液处理后，岩心抗压强度均降低。其中具有防塌润湿剂的岩心抗压强度为 166.8MPa，相对于 $1^{\#}$钻井液体系的 94.8MPa，提高了 72MPa。说明防塌润湿剂有减弱岩心抗压强度降低的能力。

②防塌润湿剂对岩石弹性模量的影响。

由图 5.57～图 5.60 可知，未处理的岩心的弹性模量最大，达到 35.4GPa，当用不同的钻井液处理后，岩心弹性模量均降低。其中具有防塌润湿剂的岩心弹性模量为 35.4GPa，相比于 $1^{\#}$钻井液体系的 21.5GPa，提高了 64.6%。说明防塌润湿剂能够在岩石浸泡油基钻井液后有效提高其弹性模量。

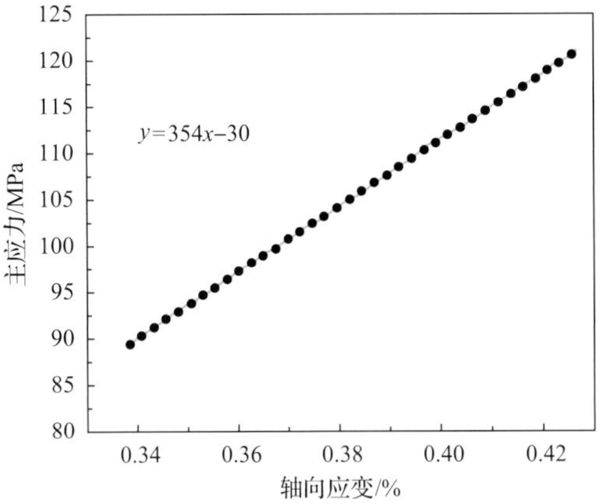

图 5.57　空白岩心弹性模量

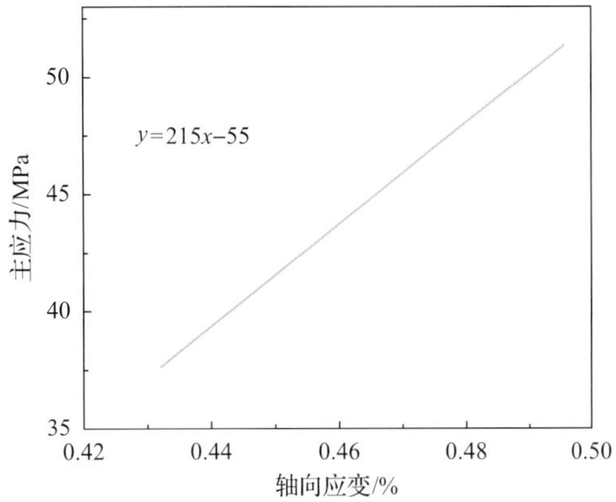

图 5.58　浸泡于 1#钻井液中的岩心弹性模量

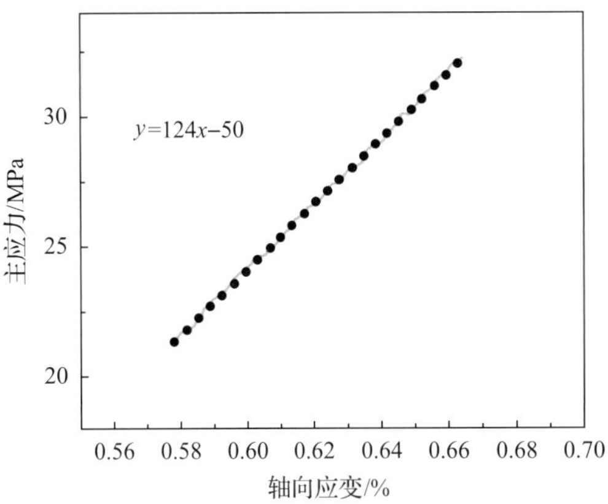

图 5.59　浸泡于 2#钻井液中的岩心弹性模量

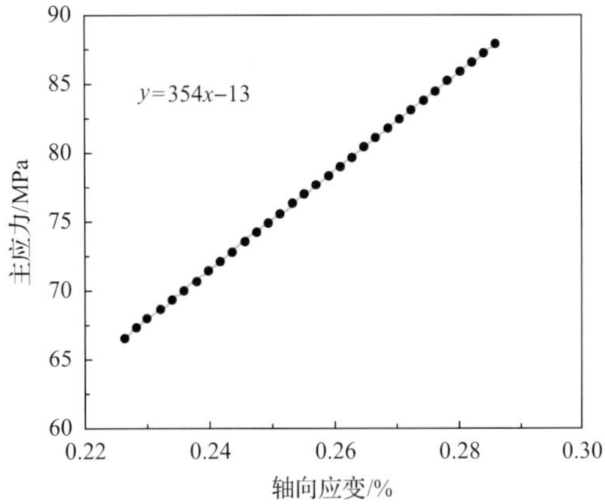

图 5.60　浸泡于 3#钻井液中的岩心弹性模量

③防塌润湿剂对泊松比的影响。

由图 5.61～图 5.64 可知，未处理的岩心的泊松比为 0.1008，当使用不同钻井液处理

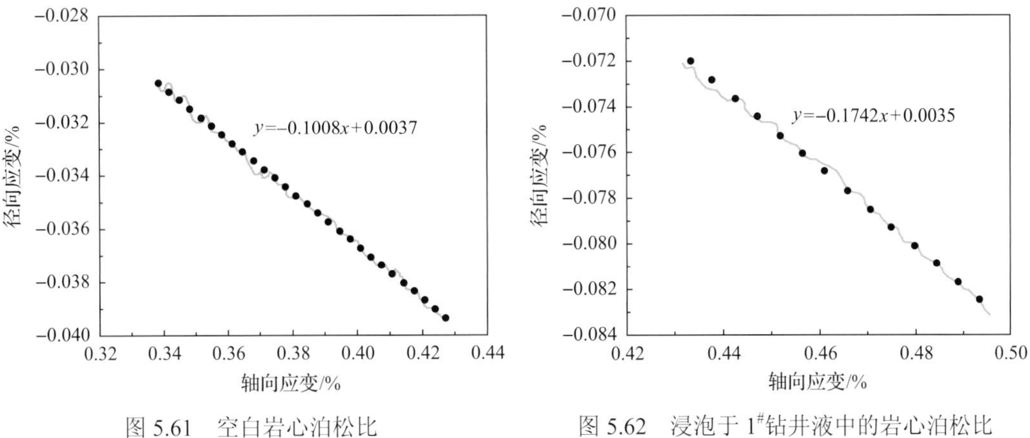

图 5.61　空白岩心泊松比

图 5.62　浸泡于 1#钻井液中的岩心泊松比

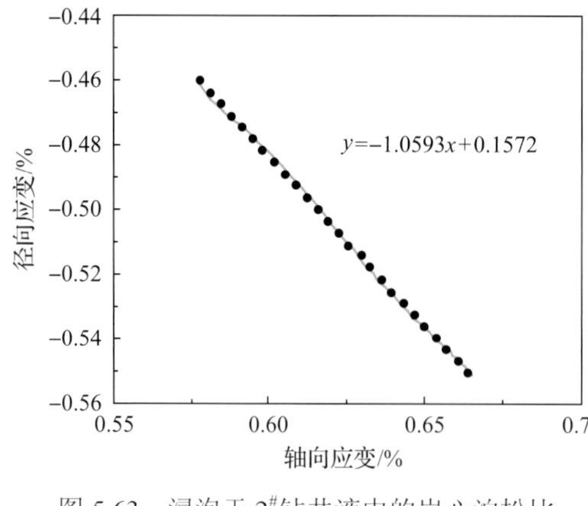

图 5.63　浸泡于 2#钻井液中的岩心泊松比

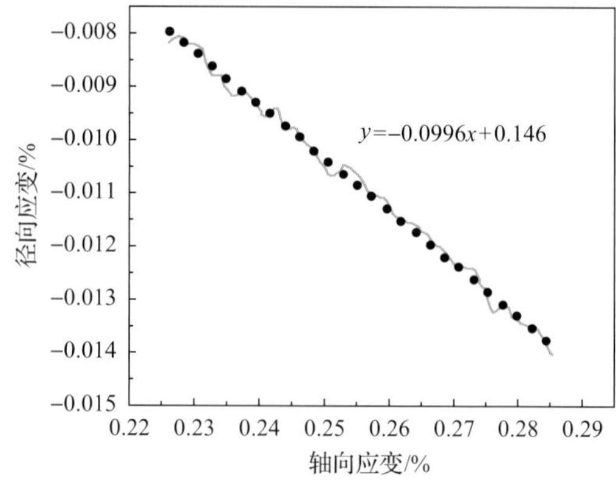

图 5.64　浸泡于 3#钻井液中的岩心泊松比

后，岩心泊松比开始增大。其中具有防塌润湿剂的泊松比基本不变，相比于 1#钻井液体系的 0.1742，降低了 42.8%。说明防塌润湿剂能够在岩石浸泡油基钻井液后有效降低其泊松比。

④防塌润湿剂对内聚力的影响。

由图 5.65、图 5.66 可知，未处理的岩心的内聚力为 51.55MPa，当使用不同钻井液处理后，岩心内聚力开始降低。其中具有防塌润湿剂的岩心内聚力降低程度最弱，相比于 1#钻井液体系的 16.242MPa，提高了 81%。说明防塌润湿剂能够在浸泡油基钻井液后有效维持岩心内聚力。

综上实验结果可知，使用油基钻井液浸泡后岩心的各项性能参数均有所弱化，岩心的强度降低，说明此时越容易造成储层损害，而当钻井液中加入防塌润湿剂后，岩心的各项性能参数接近于空白岩心，说明防塌润湿剂能够有效维持岩心的各项性能，保持岩心的抗压强度，最终达到保护储层的目的。

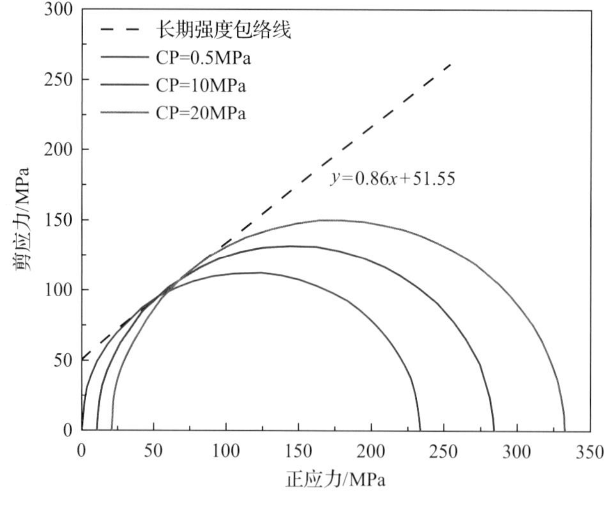

图 5.65　空白岩心内聚力

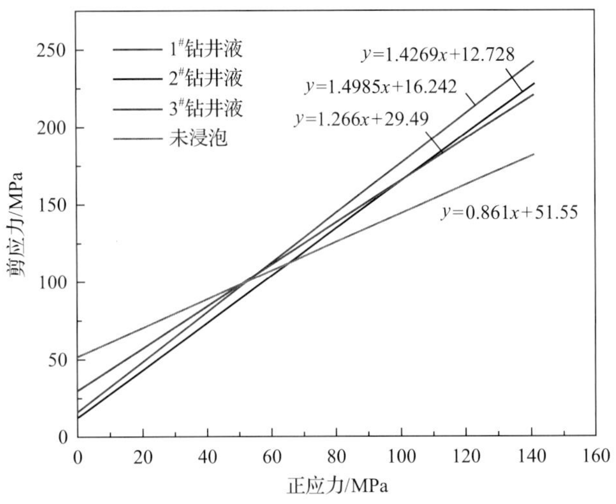

图 5.66　浸泡于不同溶液中的岩心内聚力

(二)超分子提切剂的研发

利用超分子原理，摒弃传统观念中提切剂必须为高分子这一观念，研发了小分子提切剂 ZNTQ-1，并对其作用机理、适应性、配伍性、常规理化性能以及乳化稳定、提切能力等性能进行了系统、全面的评价。

1)作用机理分析

增黏提切剂 ZNTQ-1 为一类基于两亲分子在乳液中的凝胶行为的改性脂肪酸，可用于各种常规油基钻井液体系中作增黏提切剂，同时也可用于油基低土相、无土相钻井液体系中做流型调节剂。ZNTQ-1 分子通过自身独有的长链亲油基团和高亲水官能团化的支链结构，在油基钻井液乳液中可以有序排列，从而在油水界面附近自发形成一定强度的超分子凝胶结构。该凝胶结构可以显著提高油基钻井液乳液的动切力、静切力，从而提高整个体系的黏切力。在有机土的存在条件下，ZNTQ-1 可以与有机土所带基团相互作用，协同生成大规模的空间三维网络结构，进一步提高整个油基钻井液体系的黏切力。

增黏提切剂有显著的增黏提切作用，对传统油基钻井液乳液，动切力提升率达 500%以上，动塑比提升率达 60%以上；对低土相(有机土低于 0.5%)或无土相油基钻井液，动切力提升率达 300%，动塑比提升率达 40%以上。同时，优良的吸附能力，可吸附于加重材料如重晶石颗粒上，从而有效防止高密度下(大于 1.8g/cm^3)重晶石沉降，提高体系对加重材料的悬浮能力。

2)提切剂分子结构设计

ZNTQ-1 的研发，是超分子化学在油田化学领域中的一次成功创新与应用，其优点是：适用于一切以乳液为基的钻井液体系，无需考虑基础油物性；小分子不会发生类似聚合物的高温降解现象，理论上抗温可达 300℃。ZNTQ-1 以智能小分子代替高分子，不再溶解于连续相之中，基本不提升塑性黏度。

优选的混合脂肪酸(Mixed fatty acid)成分包含单体酸(mono-molecule)、二聚脂肪酸(dimer fatty acid)、多聚脂肪酸(trimer fatty acid or fatty acid polymer)。确定各单体具体成分与其所占比例十分重要，将直接影响产品的胶凝性能(表 5.8)。

表 5.8 混合脂肪酸成分

单体酸/%	二聚酸/%	多聚酸/%	产物凝胶性	最适体系
≤0.5	>98	<2	强凝胶性	中低密度无土相钻井液
5～10	70～80	10～15	极强凝胶型	高密度无土相钻井液
20	70～75	5～10	弱凝胶型	高密度 W/O 钻井液

3)提切剂室内试制、合成路线设计

ZNTQ-1 的成分复杂，主要包括多烯加成产物与多烯成环产物两种。多烯加成产物主要增加产物的凝胶性，而多烯成环产物主要增加产物的流动性，其分子结构如图 5.67、图 5.68 所示。

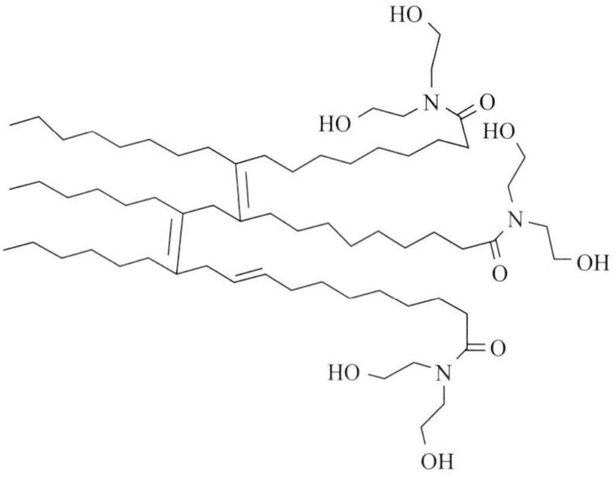

图 5.67 多烯加成反应

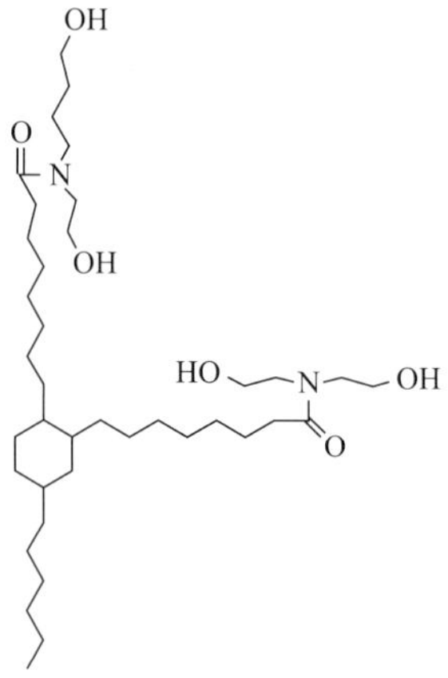

图 5.68 多烯成环反应

4)提切剂性能评价

(1)提切剂的分子粒径分析。

ZNTQ-1 的胶凝效果十分强(图 5.69)，“智能”小分子缔合的多级超分子结构一方面显著增加了水相的黏度，另一方面减少了水相的内循环，使液滴更贴近于“固体小球”的性状；同时，超分子结构使液滴相对“固定”，导致水滴粒径分布均一、平均粒径减小，这两种特殊作用使得乳液的切力大幅提升(表 5.9)。

图 5.69 提切剂 ZNTQ-1 外观

(2)不同油水比下的提切效果。

评价配方如下：基液：5#白油+30% $CaCl_2$(OWR=X)+2.5%乳化剂+1.5%高温降滤失剂。由表 5.10 可知，加量 0.5%即显著提升乳液的 YP、LSYP、动塑比与静切力。

表 5.9　ZNTQ-1 分子粒径分析

ZNTQ-1 水溶液浓度/(mmol/L)	平均粒径大小 $D[4.3]/\mu m$	10 倍浓度下 $D[4.3]$增幅/%
1	9.509	—
10	15.837	66.55
100	16.416	3.65

表 5.10　不同油水比下的提切效果

OWR	ZNTQ-1/%	AV/(mPa · s)	PV/(mPa · s)	YP/Pa	LSYP/Pa	动塑比/[Pa/(mPa · s)]	初切/终切
90：10	0	21	20	1.02		0.051	
	0.5	27.5	24	3.58	0.51	0.149	0.5Pa/0.5Pa
85：15	0	22.5	21	1.53		0.073	
	0.5	30.5	25	5.62	1.02	0.225	1Pa/1Pa
80：20	0	25.5	23	2.56	0.51	0.111	0.5Pa/0.5Pa
	0.5	36.5	28	8.69	2.04	0.310	2Pa/2.5Pa
75：25	0	26	23	3.01	1.02	0.131	1Pa/1Pa
	0.5	40	31	9.20	2.56	0.297	3Pa/3.5Pa

(3) 不同有机土加量下基液的评价

评价配方如下：3#白油+30% $CaCl_2$(OWR=85：15)+2.5%乳化剂+1.5%高温降滤失剂+X%有机土。由表 5.11 可知，对于含有有机土体系的基液来说，ZNTQ-1 与有机土相互协同，进一步提升体系的动切力与 LSYP。

表 5.11　不同有机土加量下的提切效果

有机土 FDHD-130 比例	加量/%	PV/(mPa · s)	YP/Pa	YP/PV	LSYP/Pa	初切/终切
1%	0	16	3.58	0.22	0	0/0
	0.33	18	5.11	0.28	1.53	3Pa/4Pa
2%	0	17	8.18	0.48	0.51	3Pa/3Pa
	0.33	22	10.73	0.49	2.55	7Pa/11Pa
3%	0	20	11.75	0.59	2.55	7Pa/8Pa
	0.33	23	18.4	0.8	6.13	14Pa/18Pa
4%	0	18	23	1.28	6.13	14Pa/17Pa
	0.33	23	28.62	1.24	8.69	20Pa/28Pa

(4) 性能对比评价

评价配方如下：

基浆：5 号白油+30% $CaCl_2$ 水溶液(OWR=8：2)+3%主乳化剂+1%辅乳化剂+2%有机土＋2%CaO+0.5%提切剂。由表 5.12 可知，总的来说，老化前后，研发的提切剂 ZNTQ-1

的提切效果优于白劳德公司的提切剂，且成本更低。

图 5.70　MI 公司提切剂

表 5.12　提切剂对比评价实验结果

参数	AV/(mPa · s)	PV/(mPa · s)	动切力/Pa	初切/Pa	终切/Pa	动塑比
基浆	19.5	18	1.5	1.5	1.5	0.08
白劳德提切剂	20.5	17	2.5	1.5	2	0.147
ZNTQ-1 提切剂	25	18	7	2.5	4	0.389
白劳德提切剂(150℃老化后)	22	19	3	2	5	0.158
ZNTQ-1 提切剂(150℃老化后)	18	15	3	2	5	0.2

(5) 在高密度钻井液体系中，ZNTQ-1 与国外提切产品的对比评价

在高密度无黏土油基钻井液体系中的评价(加量均为 0.3%、密度 2.4g/cm^3) 如表 5.13 所示。

表 5.13　提切剂产品对比评价

提切剂	AV/(mPa · s)	PV/(mPa · s)	YP/Pa	LSYP/Pa	动塑比/[Pa/(mPa · s)]	初切/终切
ZNTQ-1	96	72	24.53	9.20	0.341	9.5Pa/10.5Pa
HRP	93	72	21.46	8.18	0.298	8.5Pa/8.5Pa
VERSAMOD	87	70	17.37	6.13	0.248	6.8Pa/8Pa

由表 5.13 可知，从钻井液的宏观流变性上看，同比 HRP 与 VERSAMOD，ZNTQ-1 的凝胶性更强，带来了更多的动切力、LSYP 与动塑比。同时，ZNTQ-1 并没有大幅提升塑性黏度，对塑性黏度的控制能力与其余两者相当。

(6) 在高密度体系中，提切剂与国外产品抗温性对比。

提切剂在高密度体系中与国外同类产品进行了抗温性对比实验评价，其实验结果如图 5.71 所示。

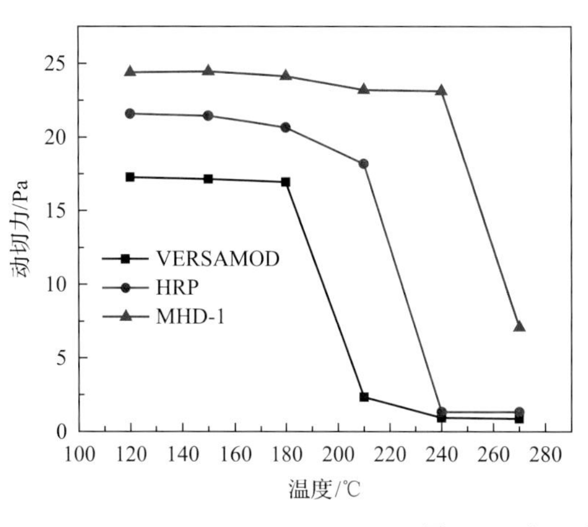

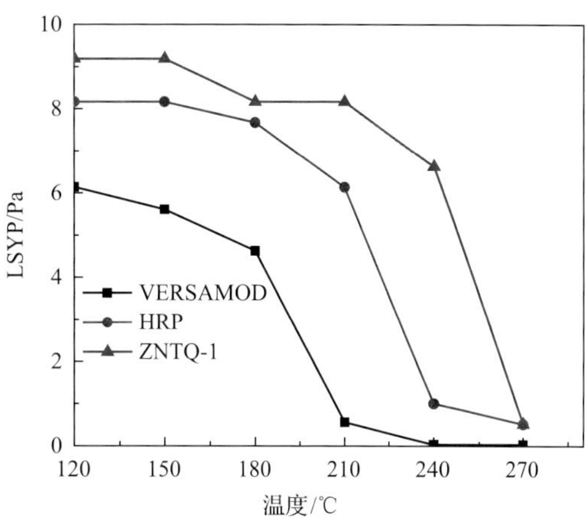

图 5.71 提切剂产品性能对比

由图 5.71 可知，测试在不同温度下老化后钻井液的 YP、LSYP 随时间的变化。含 ZNTQ-1 的样品的 YP、LSYP 随温度的增加下降幅度最小，抗温能力达 270℃，优于国外同类产品。

(7) 在高密度体系中，提切剂与国外产品弹性模量、损耗因子对比。

损耗因子是流体黏性模量 G″与弹性模量 G′的比值。钻井液损耗因子越小则发生静态沉降的几率越低。损耗因子低就是弹性模量相对黏性模量大，就是说弹性所占权重更大一些。在高密度体系中，提切剂与国外产品的弹性模量、损耗因子的实验对比结果如图 5.72 所示。

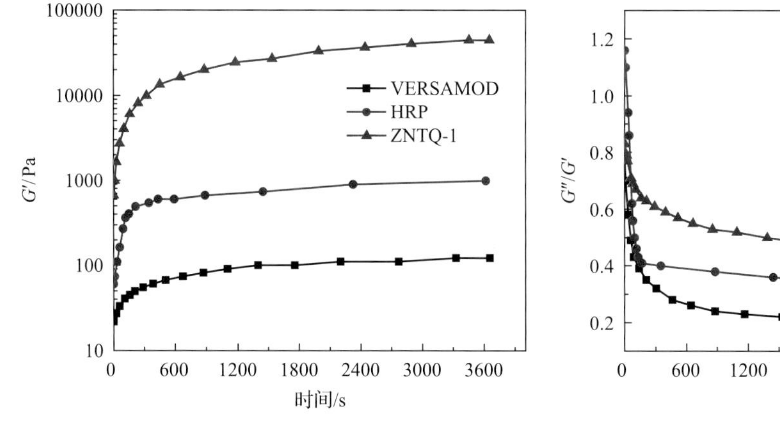

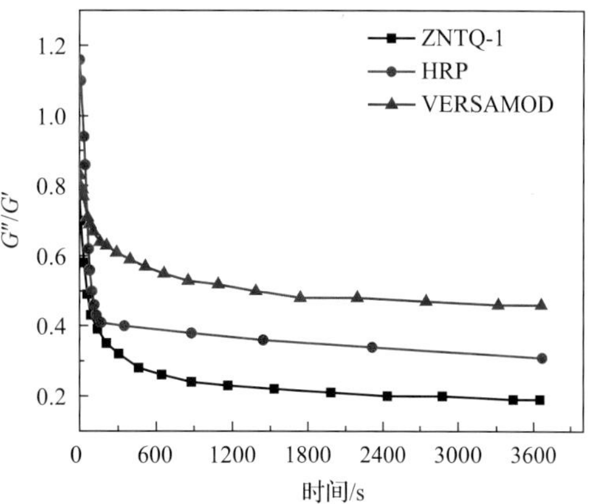

图 5.72 提切剂性能对比评价图

从图 5.72 可知，剧烈震荡后含 ZNTQ-1 的钻井液静态下弹性模量(凝胶结构)恢复最快。从图 5.72(a)可知，剧烈震荡后含 ZNTQ-1 的钻井液静态下弹性模量(凝胶结构)速时间的增长速度最快、平台值最高，且其损耗因子最低[图 5.72(b)]，弹性性质明显强于黏性性质，说明 ZNTQ-1 形成了强度大、恢复速度快的弹性凝胶结构，提切性能优于 HRP 和 VERSAMOD。

(8)提切剂作用机理的进一步研究。

①在高密度体系中，提切剂与国外产品弹性模量、损耗因子对比如图 5.73 所示。结果表明：乳液在 T=1s 和 T=1h 的均方根位移曲线均未出现弹性平台区，不具有明显弹性；加入 ZNTQ-1 后，曲线纵向上下移且横向延伸更远，说明乳液表现出了更强的黏性与弹性；此外，加入 ZNTQ-1 后曲线在 T=1s 时就出现了微弱的弹性平台，在 1h 后弹性平台已十分明显，说明 ZNTQ-1 构建的凝胶结构随时间的推移不断增强。②使用光学显微镜观察反相乳液与加入 ZNTQ-1 后的反相乳液的结果如图 5.74 所示。静置时间为 1h、放大倍数为 500、染色剂为苏丹红。

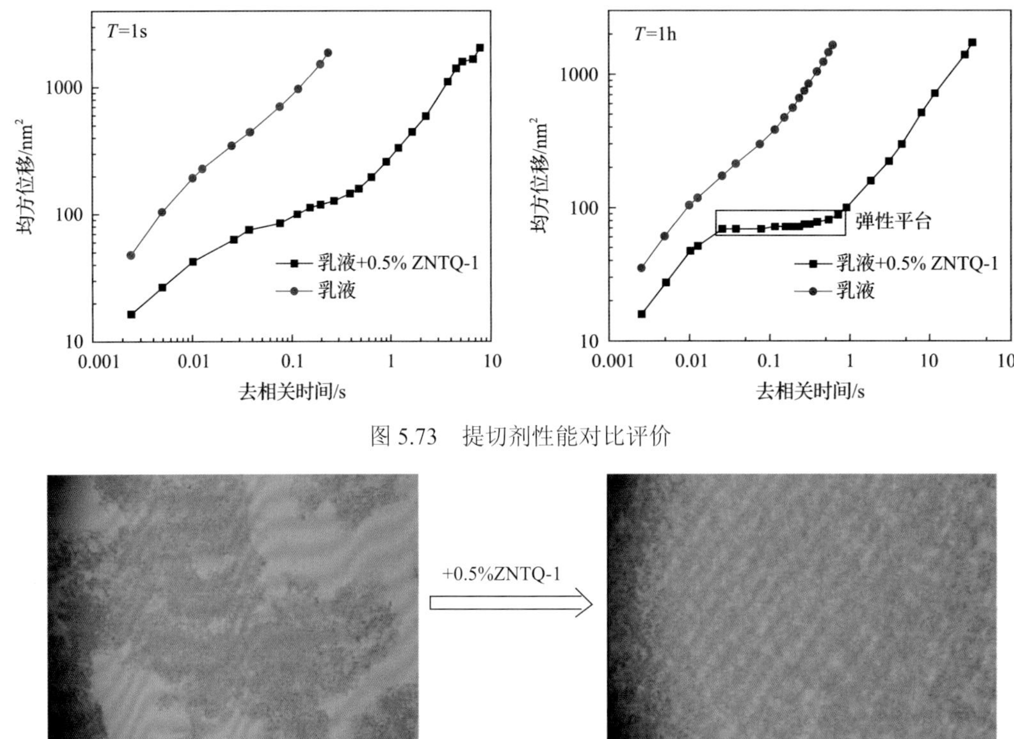

图 5.73　提切剂性能对比评价

图 5.74　提切剂性乳液微观表征

ZNTQ-1 在乳液中构建的凝胶结构对乳液起到了一定的稳乳作用：未加入 ZNTQ-1 的乳液在 1h 后油水界面膜破裂，油、水大规模聚并；加入 ZNTQ-1 后乳液静置 1h 后仍稳定、均一。

ZNTQ-1 溶于油相之中，在水滴外表面构建凝胶结构，既提升了乳液的弹性与凝胶强度，同时增加了油水界面膜的机械强度。两者综合作用极大地提升了乳液的屈服应力，在流变性上表现出更大的动切力、静切力。

5）小结

可以看出：①提切剂提切效果明显，老化前后相比基浆，动切力和初切力/终切力都得到很大的提高，且抗温可达 180℃。②提切剂的评价受乳液影响很大，选择合适的油水比和合适的主、辅乳化剂比例很重要。③提切剂效果良好。

(三)胶结型微纳米封堵剂及胶结性强封堵高承压油基钻井液技术

在油气资源勘探与开发过程中，经常面临着地层井壁失稳垮塌、井漏等情况，导致钻井时间延长、钻井成本增加，甚至引起井眼报废，造成巨大的经济损失[33-39]。特别是油基钻井液配制成本高，钻井液漏失导致大量的材料浪费、延长钻井周期、急剧增大钻井成本[40]；同时，油基钻井液漏入地层后会干扰录井，误导油气资源的勘探，错过油气资源的发现，因此十分有必要解决油基钻井液的漏失问题。

油基钻井液的漏失大多采取在油基钻井液中加入堵漏材料，通过架桥、堆积、充填等理论实现封堵，然而由于堵漏材料与漏失通道尺寸存在级配性问题，导致一次封堵成功率低，封堵效果不佳。油膨性封堵剂具有一定的弹性，可以轻松挤入漏层裂缝、孔隙。在漏层中，油膨性封堵剂遇油膨胀，由于裂缝限制作用，储备大量的弹性能，从而增大与漏层内壁的压力和摩擦力，有效提高地层承压能力，提高一次封堵成功率[41-43]。因此，蒋官澄教授团队研发了系列遇油膨胀抗高温油基钻井液用胶结型微纳米封堵剂，可封堵不同尺寸大小的漏失孔隙和裂缝。

1. 油基钻井液胶结型微纳米封堵剂的研发

1) 胶结型微纳米封堵剂的机理研究

有效的降滤失剂是保护油气层的重要举措。油基钻井液封堵材料特殊，常用的封堵材料主要有：细目海泡石、超细碳酸钙、聚合物等。通过使用多种粒径的封堵材料以及运用多种封堵机理进行综合降滤失，使钻井液在近井壁附近形成一层“隔离膜”，从而增强油基钻井液对地层微裂缝的封堵效果，并可进一步维持井壁稳定。

胶结型微纳米封堵剂的作用机理：

(1) 粒子更亲油，接触角大于 90°，大部分颗粒处于油相中，导致油水界面弯曲，使水分散在油中，使乳液更加稳定，减少对井壁岩石的破坏作用。

(2) 粒子在界面上排列，空间上阻隔了分散相的碰撞聚并，增加乳液稳定性，减少对井壁岩石的破坏。

(3) 在油基钻井液中起到桥塞、封堵的作用。

(4) 增强封堵剂与漏失通道壁面、堵漏材料之间的胶结力，并提高滤饼质量，加强封堵效果，避免井漏、井塌等复杂情况的发生。

2) 分子结构设计与研发

根据油基钻井液用胶结型微纳米封堵剂热稳定性好、两亲型但更亲油、大大降滤失等要求，研发了一种胶结型微纳米封堵剂 OSD-1。部分分子结构如图 5.75 所示，其样品见图 5.76，其微粒分布如图 5.77 所示。

3) OSD-1 的结构表征

(1) FTIR 分析。

由于分子吸收红外辐射能量，导致发生能级跃迁，化合物中的特定官能团最终在红外光谱上呈现不同的波谱，因此通常用红外光谱来判断化合物中是否存在某些特定的官能团。

$$\left[CH_2-\underset{COOR_2}{\overset{R_1}{C}}\right]_{n_1}\left[CH_2-\underset{\overset{-}{COO}\overset{+}{NH}(CH_3)_2C_2H_4OH}{\overset{CH_3}{C}}\right]_{n_2}\left[CH_2-\underset{}{\overset{C_6H_5}{CH}}\right]_{n_3}\left[CH_2-\underset{COOCH_2\underset{OH}{CH}CH_3}{CH}\right]_{n_4}\left[CH_2-\overset{CN}{CH}\right]_{n_5}$$

图 5.75　OSD-1 的部分分子结构

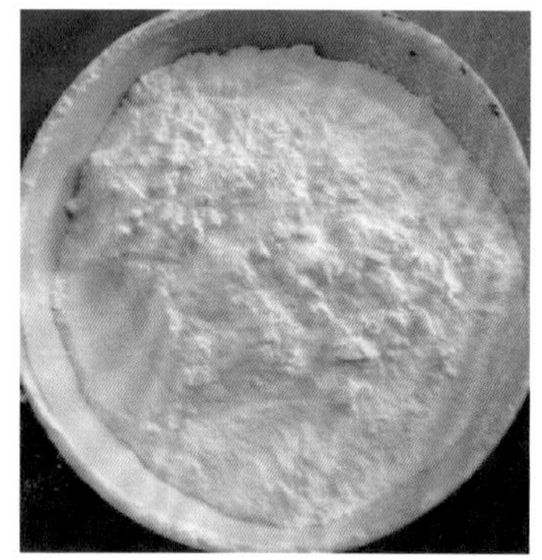

图 5.76　OSD-1 样品图

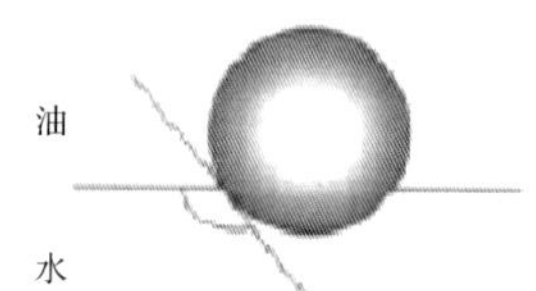

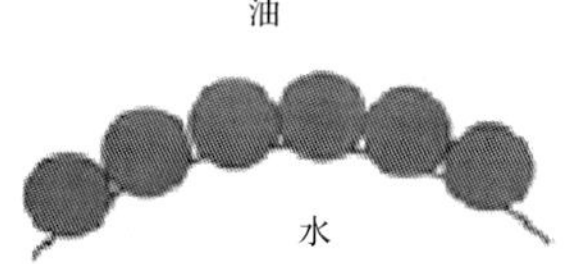

图 5.77　OSD-1 微粒分布示意图

使用乙醇将 OSD-1 乳液破乳后离心洗涤数次，再使用冷冻干燥机将样品冻干 24h 后得到 OSD-1 白色粉末样品。将其用溴化钾压片后，进行红外光谱分析，其红外分析结果如图 5.78 所示。

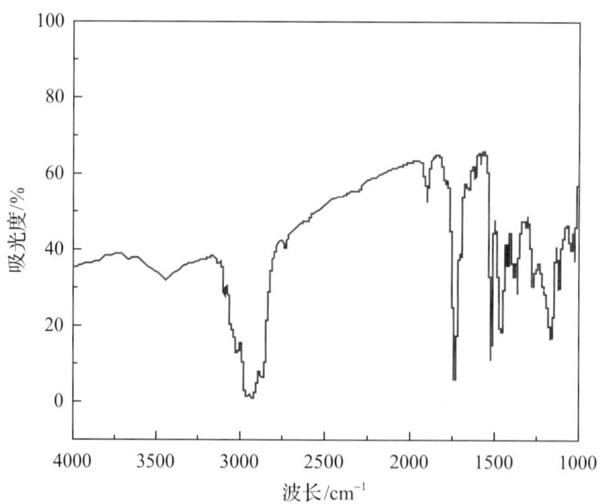

图 5.78　OSD-1 红外分析结果

由图 5.78 可知，3995.9cm^{-1} 处为 OSD-1 中 C—H 的伸缩振动吸收峰；2933.6cm^{-1} 处为主链中—CH_2—的伸缩振动吸收峰。1670.8cm^{-1} 处为丙烯酸中的羧酸基团中的 C═O

键伸缩振动吸收峰；1189.7cm^{-1} 和 1049.4cm^{-1} 处为—SO_3^-的振动吸收峰；640.5cm^{-1} 处为 C—S 键的吸收峰。图 5.78 中未出现 C═C 键的吸收峰，说明 OSD-1 中不存在未反应的单体。分析表明，OSD-1 中含有设计的相应官能团，证明通过乳液聚合实验得到了预想的产物。

(2) 粒径分析。

使用激光粒度仪测试了粒径分布，其结果如图 5.79 所示。

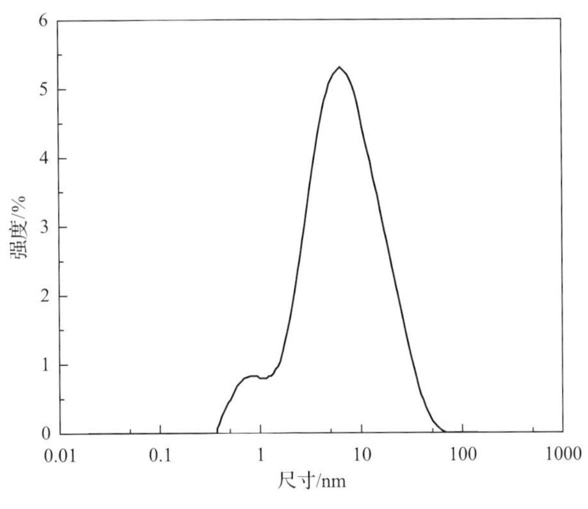

图 5.79　OSD-1 粒径分析

从图 5.79 的粒径分析结果表明，95.3%分布在 1～100μm、4.7%分布在 0～1μm。

(3) 微观形貌分析。

将 OSD-1 乳液样品破乳、离心、洗涤、冻干后的粉末样品进行超声处理后，滴在玻璃片上晾干后喷金处理，再进行扫描电镜分析。实验结果如图 5.80 所示。

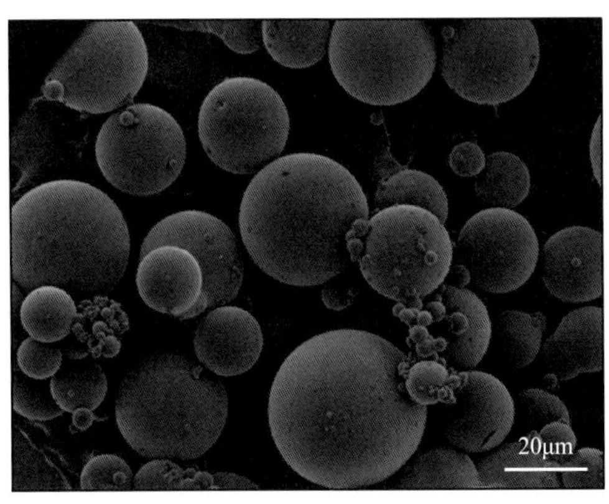

图 5.80　OSD-1 的扫描电镜

从图 5.80 可知，OSD-1 形态为微纳米级球状，外观圆滑，粗糙度小，主要粒径分布在 0.5～30μm。

此外，滤饼封堵前后的样品通过液氮快速冷冻，并在真空状态下抽空干燥，保持样品的微观结构不变，得到的干样可用于电镜分析，扫描电镜照片如图 5.81、图 5.82 所示。从图可知，未经封堵的泥饼成疏松的结构，加入封堵剂的钻井液泥饼较未加封堵剂的泥饼更致密，封堵性较强。

图 5.81　未封堵泥饼(密度 2.0g/cm³)

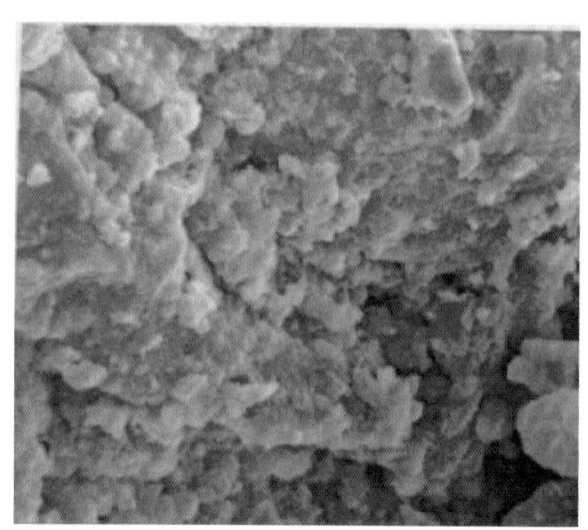

图 5.82　封堵泥饼(密度 2.0g/cm³)

(4) 热重分析。

高分子聚合物易高温降解，导致性能变差。使用差热-热重同步分析仪对合成的 OSD-1 样品进行热稳定性研究，设定温度为 25～400℃，通氩气保护，升温速度为 10℃/min，通过实验获得了 OSD-1 的 TG-DSC 热重曲线，实验结果如图 5.83 所示。

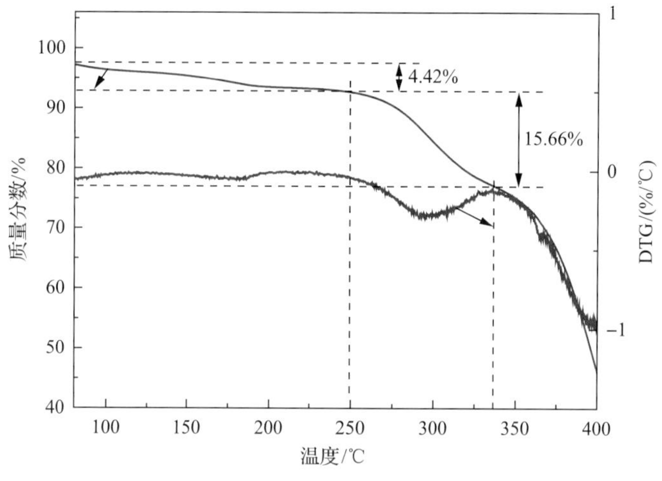

图 5.83　OSD-1 的热重分析

从图 5.83 所示，OSD-1 的热降解过程大概分为三个阶段。①第一阶段：25℃～250℃以前。该阶段的 TG 曲线逐渐下降，说明 OSD-1 质量受热减少，损失质量为 4.42%。这主要是 OSD-1 中的官能团吸收空气中的水分被加热蒸发所致。②第二阶段：250℃～330℃。该阶段的 TG 曲线平缓下降，OSD-1 损失质量为 15.56%。这主要是 OSD-1 中的官能团开始分解所致。③第三阶段：330℃～400℃。该阶段的 TG 曲线进一步下降，OSD-1 开始熔融，主链和侧链也发生断裂降解，OSD-1 的基本结构已被破坏。实验表明，合成的 OSD-1，在 250℃以下，质量损失少，满足大多数高温井的抗温需要。

2. 油基钻井液胶结型微纳米封堵剂的胶结、封堵等性能评价

1) 降滤失效果

实验基浆配方如下：油水比 9∶1+3%SPAN80+1%ABS+1%有机土+2%CaO，120℃，16h。由表 5.14 可知，研发的油基钻井液用胶结型微纳米封堵剂可以在常规体系中使用，遇油膨胀倍数达 5.4 倍，具有良好的封堵性能。加入 OSD-1 后基浆热滚后的高温高压滤失量明显降低，降滤失效果明显。

表 5.14　流变性能测试结果

测定条件	AV/(mPa·s)	PV/(mPa·s)	YP/Pa	动塑比	初切/终切	FL_{API}/mL	FL_{HTHP}/mL	E_s/V
基浆	26.5	25	1.53	0.06	2Pa/3Pa	3.6		674
基浆(150℃, 16h)	35	31	4.09	0.13	5Pa/6Pa		14.0	581
基浆+1%OSD-1	24.5	22	2.55	0.12	3Pa/4Pa	1.0		634
基浆+1%OSD-1(150℃, 16h)	45.5	40	5.62	0.14	5Pa/8Pa		2.6	2050

2) 封堵率测试

使用岩心动态污染驱替仪进行封堵率测试。堵漏浆配方为基浆+1%封堵材料；封堵条件为温度 60℃，驱替压力 3.5MPa，封堵时间 125min。从表 5.15 可知，添加 OSD-1 后，正向封堵率为 82.5%，是未加 OSD-1 的 3.89 倍；反向封堵率达 80.3%，是未加 OSD-1 的约 1.4 倍；相对于基浆，封堵率有了大幅度的提升，说明 OSD-1 的封堵性能良好。

表 5.15　封堵率测试结果

封堵剂加量	初始渗透率/$10^{-3}\mu m^2$	封堵后正向渗透率/$10^{-3}\mu m^2$	封堵后反向渗透率/$10^{-3}\mu m^2$	正向封堵率/%	反向封堵率/%
0%	121.9	96.0		21.2	
	224.4		93.4		58.4
1%	108.4	19.0		82.5	
	140.1		27.6		80.3

3) 堵漏效果评价

(1) 砂床堵漏实验

使用 71 型高温高压漏失仪进行砂床堵漏实验。基浆配方为柴油∶水($30\%CaCl_2$ 溶液)=80∶20 + 3%主乳化剂+2%辅乳化剂+2%氧化钙。从表 5.16 可知，基浆中加入 OSD-1 后封堵效果明显，大大降低了滤失量。同时封堵剂 OSD-1 的抗温性良好，可抗 180℃。

表 5.16　漏失实验测试结果

参数	封堵剂加量	热滚情况	FL
基浆	0%	老化前	22s 漏失完
		180℃老化后	18s 漏失完
OSD-1	5%	老化前	16mL
		180℃老化后	9mL
	6%	老化前	14mL
		180℃老化后	2mL

(2)与国外同类产品对比

通过实验对比评价 MI 公司封堵井壁稳定剂与 OSD-1 的降滤失效果。基浆：5#白油(OWR=8∶2)+3%主乳化剂+1%辅乳化剂+2%封堵剂+2%有机土+2%CaO；测量温度：65℃。实验结果如表 5.17 所示。

表 5.17 滤失量实验测试结果

参数	FL_{API}/mL
基浆	2.8
加 MI 公司封堵井壁稳定剂	0.9
加自制抗高温封堵剂 OSD-1	0.1
MI 公司封堵井壁稳定剂 150℃老化后	1.8
自制抗高温封堵剂 OSD-1 150℃老化后	1.4

从表 5.17 可知，自制封堵剂 OSD-1，老化前后 API 滤失量比 MI 公司要低，封堵效果优于 MI 公司技术。

4)沙柱封堵及胶结强度实验

分别测试 OSD-1 封堵剂对沙柱封堵效果及胶结强度，实验结果如表 5.18 和表 5.19 所示。

表 5.18 滤失实验结果(30min、3.5MPa)

体系	压力/时间	滤失量/mL
原井浆	1MPa/30min	全失
原井浆+5%OSD-1	3.5MPa/30min	滤失 1 滴
原井浆+10%OSD-1	3.5MPa/30min	无滤失

表 5.19 强度实验结果(100℃、16h)

体系	抗压力(以砂床可承受的外部载荷的质量 g 表示)
原井浆浸泡后的砂床	2785g
原浆+5% OSD-1 浆浸泡后砂床	3938g
原浆+10%OSD-1 浆浸泡砂床	泥浆侵入深度很少，部分岩屑床处于原始松散状态

从表 5.18 和表 5.19 可知：5%封堵剂 OSD-1 处理过后的钻井液可进入 40-20 目砂床，并大大提高砂床岩石颗粒间的胶结强度，与原井浆加量相比，提高比例为 41.4%。

5)渗透性封堵实验

通过渗透性封堵仪测试单位压差漏失量和滤饼渗透率，评价 OSD-1 在油基钻井液基浆中的封堵性。在油基钻井液基浆中加入一定量 OSD-1，150℃热滚 16h 后，使用渗透性封堵仪测试 150℃下基浆的漏失量(使用 20μm 孔喉砂盘模拟渗透性漏层)，测完后倒去基浆，保留滤饼，并在相同条件下测定滤饼的白油渗透率 K_0；在相同条件下，测加入球状凝胶封堵剂的油基钻井液基浆的漏失量和滤饼渗透率(K_f)；以渗透率的大小、滤饼厚度来反映油基钻井液基浆的封堵能力，封堵率=$(K_0-K_f)/K_0\times100\%$。测试结果见表 5.20。

表 5.20　OSD-1 封堵性能测试结果

OSD-1/%	单位压差漏失量/mL	滤饼厚度/cm	$K_f/10^{-3}cm^2$	封堵效率/%
0	7.5	0.24	1245.26	
1	5.67	0.08	812.54	34.75
2	1.45	0.08	202.45	83.74
3	1.025	0.12	105.42	91.53
4	1.125	0.12	116.32	90.67

从表 5.20 可见，随着 OSD-1 加量的增大，单位压差漏失量逐渐减少，滤饼厚度和渗透率大幅度降低，加量为 3%时渗透率为 $105.42\times10^{-3}\mu m^2$，封堵率为 91.53%，说明 OSD-1 的加入形成了致密的滤饼。

6) 对流变性、乳化稳定性的影响

取现场井浆测试 OSD-1 对流变性、乳化稳定性的影响，配方如表 5.21 所示，流变性能如表 5.22 所示。

表 5.21　现场井浆配方

编号配方	配方
1#	呼探 1 井的井浆(OWR=90∶10)
2#	呼探 1 井的井浆+3#白油(井浆体积的 10%)+3%主乳+2%辅乳
3#	呼探 1 井的井浆+3#白油(井浆体积的 10%)+3%主乳+2%辅乳+3%OSD-1
4#	呼探 1 井的井浆+3#白油(井浆体积的 10%)+3%主乳+2%辅乳+5%OSD-1
5#	呼探 1 井的井浆+3#白油(井浆体积的 10%)+3%主乳+2%辅乳+10%OSD-1

表 5.22　流变性能测试结果

配方	条件	AV/(mPa·s)	PV/(mPa·s)	YP/Pa	初切/终切	E_s/V
1#	老化前	94	78	16	5Pa/21Pa	
2#	老化前	59	50	9	3Pa/16Pa	1278
3#	老化前	61.5	52	9.5	3Pa/17Pa	1685
	老化 16h	59	51	8	2.5Pa/11Pa	1902
	老化 72h	57.5	51	6.5	2Pa/10Pa	2001
4#	老化前	72.5	61	11.5	3.5Pa/17Pa	1751
	老化 16h	69	58	11	2.5Pa/13Pa	2047
	老化 72h	65	55	10	2Pa/11Pa	2047
5#	老化前	84	68	16	3.5Pa/16Pa	1885
	老化 16h	82.5	71	11.5	3Pa/14Pa	2047
	老化 72h	80	70	10	3Pa/12Pa	2047

从表 5.22 可知，随着 OSD-1 加量的增加，油基钻井液基浆的表观黏度逐渐上升，但上升幅度不大，破乳电压也上升。因此，OSD-1 在油基钻井液基浆中，不会对破乳电压

产生负面影响，反而有利于提高乳液的稳定性。因为 OSD-1 为双亲性纳微米粒子，可分散在油水界面，进一步提高乳液稳定性。

3. 油基钻井液胶结型强封堵高承压堵漏技术的建立

1) 思路的提出

堵漏技术成功率低的关键在于堵漏材料与漏失壁面间无结合力，或者结合力很弱。使用油基钻井液钻井时，通常会使岩石表面的润湿性反转为油湿性，大幅增加实现该胶结的难度。

中国石油大学(北京)在仿生钻井液理论指导下，模拟王莲叶片通过多节点连接成叶脉网格结构和贝壳多层复合结构与组成，提出以具有较强岩石胶结力的封堵剂 OSD-1 为核心，结合纤维和刚性材料，建立油基钻井液强封堵高承压堵漏技术。其思路如下：

(1) 在漏失孔缝口，通过纤维类物质形成网状结构，使大直径孔缝变为小直径孔缝。

(2) 在网状物中的空间充填刚性物质和软物质，堵塞网状物中的漏失。

(3) 增强漏失裂缝壁面、纤维物质、刚性物质、软物质间胶结力，防止在压差作用下承压力不够、站不住等问题的出现。

针对现场井浆形成的配方如下：井浆(选取新疆南缘呼探 1 井的井浆)+3%仿生骨架承压剂+2%胶结剂 OSD-1+2%仿生刚柔封堵剂+2%仿生织网剂。

2) 油基钻井液胶结型强封堵高承压堵漏技术的创建

根据前面的思路，以 OSD-1 为核心，选取不同骨架承压剂、仿生刚柔封堵剂、仿生织网剂，配制如表 5.23 所示的不同配方，综合分析流变性和砂盘封堵性数据，创建油基钻井液胶结型强封堵高承压堵漏技术。

表 5.23 强封堵配方

序号	配方
1#	呼探 1 井的井浆
2#	呼探 1 井浆+3%OSD-1
3#	呼探 1 井浆+3%胶结剂+3%防塌润湿剂+3%调节剂
4#	呼探 1 井浆+3%胶结剂+5%仿生织网剂
5#	呼探 1 井浆+2%仿生纳微米封堵
6#	呼探 1 井浆+2%仿生纳微米封堵+1%胶结剂+2%仿生织网剂
7#	呼探 1 井浆+2%仿生纳微米封堵+1%胶结剂+2%仿生刚柔封堵剂
8#	呼探 1 井浆+3%仿生纳微米封堵+2%胶结剂+2%仿生刚柔封堵剂+2%仿生织网剂
9#	呼探 1 井浆+3%仿生纳微米封堵+2%胶结剂+2%仿生刚柔封堵剂+2%仿生织网剂+3%增效剂
10#	呼探 1 井浆+3%仿生承压骨架剂
11#	呼探 1 井浆+3%仿生承压骨架剂+2%仿生刚柔封堵剂
12#	呼探 1 井浆+3%仿生承压骨架剂+2%仿生刚柔封堵剂+2%纳米封堵剂
13#	高泉五井浆(密度：2.21，2019 年 9 月 30 日取)
14#	高 102 井浆(密度：2.33，2019 年 9 月 30 日取)
15#	呼探 1 井浆+3%仿生承压骨架剂+2%胶结剂+2%仿生刚柔封堵剂+2%仿生织网剂
16#	呼探 1 井浆+3%承压剂 12#
17#	呼探 1 井浆+3%承压剂 14#

从表 5.24～表 5.40 可知，以油基钻井液用胶结型微纳米封堵剂 OSD-1 为核心，并复配仿生承压骨架剂、仿生刚柔封堵剂和仿生织网剂形成的胶结型强封堵高承压堵漏技术如下：井浆+3%仿生承压骨架剂+2%胶结剂+2%仿生刚柔封堵剂+2%仿生织网剂。该技术对 20μm、40μm、55μm、120μm、150μm 砂盘均具有高承压力，滤失量也大幅降低，且对原井浆的流变性能影响小、破乳电压稳定。

表 5.24 流变性能测试结果

配方	条件	AV/(mPa·s)	PV/(mPa·s)	YP/Pa	初切/终切	E_s/V
1#	老化前	45	38	7	4Pa/14Pa	958
	老化后	44.5	36	8.5	5.5Pa/16Pa	1276
2#	老化前	65	59	6	4Pa/15Pa	1154
	老化后	64	53	11	5Pa/18Pa	763
3#	老化前	57.5	48	9.5	5.5Pa/20Pa	1030
	老化后	56	45	11	6Pa/21.5Pa	1184
4#	老化前	48	39	9	5Pa/16Pa	1188
	老化后	49.5	40	9.5	5Pa/18Pa	1072
5#	老化前	46	38	8	4Pa/16Pa	1032
	老化后	47.5	39	8.8	5Pa/16.5Pa	1042
6#	老化前	53	44	9	6.5Pa/17Pa	890
	老化后	50	40	10	6.5Pa/17Pa	651
7#	老化前	51	42	9	5Pa/17Pa	1120
	老化后	51	45	9	4.5Pa/18Pa	1230
8#	老化前	54.5	43	11.5	5.5Pa/18Pa	633
	老化后	52	40	12	4.5Pa/16Pa	634
9#	老化前	57	47	10	6.5Pa/18.5Pa	656
	老化后	56.5	46	10.5	5.5Pa/18.5Pa	686
10#	老化前	58.5	45	13.5	9.5Pa/27Pa	1209
	老化后	65	51	14	10Pa/37Pa	1288
11#	老化前	56	44	12	7.5Pa/26Pa	1296
	老化后	66	52	14	8Pa/36Pa	1256
12#	老化前	60	48	12	7.5Pa/29.5Pa	1055
13#	老化前	54.5	43	11.5	8Pa/24Pa	1596
14#	老化前	85.5	82	3.5	2Pa/4.5Pa	1584
15#	老化前	54.5	45	9.5	4.5Pa/16Pa	850
16#	老化后	45.5	38	7.5	6Pa/18Pa	1223
17#	老化后	46	38	8	5.5Pa/16Pa	1121

注：热滚 100℃，16h，测试温度：65℃。

表 5.25　1#体系封堵实验测试结果

时间/min	1#体系滤失量/(mL/MPa)				
	20μm	40μm	55μm	120μm	150μm
1	0.2/15	0.2/15	0.2/15	39.2/3	全失
2.5	0.2/15	0.2/15	0.2/15	72.9/3.8	
5	0.2/15	0.2/15	0.3/15	75.5/4.5	
7.5	0.2/15	0.3/15	0.3/15	86.2/5	
15	0.3/15	0.3/15	0.3/15	110.7/6.8	
25	0.3/15	0.3/15	0.3/15	131/5.5	
30	0.3/15	0.3/15	0.3/15	166.5/8	
40	0.3/15	0.3/15	0.3/15	178/7.8	
50	0.3/15	0.3/15	0.3/15	201.3/8.8	
60	0.3/15	0.3/15	0.3/15	231/9	

表 5.26　2#体系封堵实验测试结果

时间/min	2#体系滤失量/(mL/MPa)				
	20μm	40μm	55μm	120μm	150μm
1	0.1/15	0.1/15	0.1/15	15/5	40/5
2.5	0.1/15	0.1/15	0.1/15	40/5.5	60/5
5	0.1/15	0.1/15	0.1/15	55/7.5	80/5.5
7.5	0.1/15	0.1/15	0.1/15	65.5/9	90/5.5
15	0.1/15	0.1/15	0.1/15	78.8/10	100/5.5
25	0.1/15	0.1/15	0.1/15	90.0/11	110/5.5
30	0.1/15	0.1/15	0.1/15	108/13	122/5.5
40	0.1/15	0.1/15	0.1/15	112/13	135/5.5
50	0.1/15	0.2/15	0.2/15	118/13	145/5.5
60	0.2/15	0.2/15	0.2/15	121/13	155/5.5

注：热滚 100℃，16h，HTHP：100℃。

表 5.27　3#体系封堵实验测试结果

时间/min	3#体系滤失量/(mL/MPa)				
	20μm	40μm	55μm	120μm	150μm
1	0.1/15	0.1/15	12/5.5	20/2	20/2
2.5	0.1/15	0.1/15	38/6.5	47/2.5	47/2.5
5	0.1/15	0.1/15	45/9.5	55/2.5	55/2.5
7.5	0.1/15	0.1/15	55.3/10.5	68/2.5	68/2.5
15	0.1/15	0.1/15	67.8/12	120/2.5	120/2.5
25	0.1/15	0.1/15	81.2/12.5	140.5/2.5	140.5/2.5
30	0.1/15	0.1/15	98/13.5	190.5/2.5	190.5/2.5
40	0.1/15	0.1/15	100.5/13.5	220.5/2.5	220.5/2.5
50	0.1/15	0.2/15	108/13.5	276.5/2.5	276.5/2.5
60	0.2/15	0.2/15	110/13.5	312.5/2.5	312.5/2.5

注：热滚 100℃，16h，HTHP：100℃。

表 5.28 4#体系封堵实验测试结果

时间/min	4#体系滤失量/(mL/MPa)				
	20μm	40μm	55μm	120μm	150μm
1	0.1/15	0.1/15	0.1/15	10/7	15/1
2.5	0.1/15	0.1/15	0.1/15	23/8	30/1
5	0.1/15	0.1/15	0.1/15	35/10.5	60/2
7.5	0.1/15	0.1/15	0.1/15	45.8/11	80/2
15	0.1/15	0.1/15	0.1/15	57.9/13.5	90/2
25	0.1/15	0.1/15	0.1/15	61/13.5	110/2
30	0.1/15	0.1/15	0.1/15	78/14.5	130.8/2.5
40	0.1/15	0.1/15	0.1/15	90.5/14.5	155.6/2.5
50	0.1/15	0.1/15	0.2/15	98/14.5	162.5/2.5
60	0.1/15	0.2/15	0.2/15	99/14.5	180.5/2.5

注：热滚 100℃，16h，HTHP：100℃。

表 5.29 5#体系封堵实验测试结果

时间/min	5#体系滤失量/(mL/MPa)				
	20μm	40μm	55μm	120μm	150μm
1	0.1/15	0.1/15	0.1/15	18/4	36/2.5
2.5	0.1/15	0.1/15	0.1/15	44/5	84/2.5
5	0.1/15	0.1/15	0.1/15	56/6.5	102/5.5
7.5	0.1/15	0.1/15	0.1/15	69/8	112.5/6.5
15	0.1/15	0.1/15	0.1/15	80.5/9	174/8.5
25	0.1/15	0.1/15	0.1/15	98.0/10	203/10
30	0.1/15	0.1/15	0.2/15	111/11	237/15
40	0.1/15	0.2/15	0.2/15	132/11	246/15
50	0.2/15	0.2/15	0.2/15	140/11	252/15
60	0.2/15	0.2/15	0.2/15	148/11	257/15

注：热滚 100℃，16h，HTHP：100℃。

表 5.30 6#体系封堵实验测试结果

时间/min	6#体系滤失量/(mL/MPa)				
	20μm	40μm	55μm	120μm	150μm
1	0.1/15	0.1/15	0.1/15	10/4	20/3
2.5	0.1/15	0.1/15	0.1/15	23/5.5	46/5
5	0.1/15	0.1/15	0.1/15	44/6	84/5.5
7.5	0.1/15	0.1/15	0.1/15	57/7	94/6
15	0.1/15	0.1/15	0.1/15	88/12	103/10
25	0.1/15	0.1/15	0.1/15	97/14	109/10
30	0.1/15	0.1/15	0.2/15	109/15	115/10.5
40	0.1/15	0.2/15	0.2/15	111/15	121/13
50	0.2/15	0.2/15	0.2/15	115/15	129/14
60	0.2/15	0.2/15	0.2/15	118/15	133/14.8

注：热滚 100℃，16h，HTHP：100℃。

表 5.31　7#体系封堵实验测试结果

时间/min	7#体系滤失量/(mL/MPa)				
	20μm	40μm	55μm	120μm	150μm
1	0.1/15	0.1/15	0.1/15	11/3.5	20/1.5
2.5	0.1/15	0.1/15	0.1/15	29/5.5	60/4
5	0.1/15	0.1/15	0.1/15	55/5.5	80/4.5
7.5	0.1/15	0.1/15	0.1/15	63/6.5	90/6
15	0.1/15	0.1/15	0.1/15	78/10.8	124/8.5
25	0.1/15	0.1/15	0.1/15	108/13	143/13.5
30	0.1/15	0.1/15	0.2/15	119/13.5	144.5/15
40	0.1/15	0.2/15	0.2/15	121/14	145/15
50	0.2/15	0.2/15	0.2/15	125/15	145.5/15
60	0.2/15	0.2/15	0.2/15	129/15	145.8/15

表 5.32　8#体系封堵实验测试结果

时间/min	8#体系滤失量/(mL/MPa)				
	20μm	40μm	55μm	120μm	150μm
1	0.1/15	0.1/15	0.1/15	2.6/10	31.4/3
2.5	0.1/15	0.1/15	0.1/15	4.2/15	51.9/4.5
5	0.1/15	0.1/15	0.1/15	4.4/15	68.5/7
7.5	0.1/15	0.1/15	0.1/15	4.5/15	83.8/8.5
15	0.1/15	0.1/15	0.1/15	4.2/15	94.7/11
25	0.1/15	0.1/15	0.1/15	4.6/14	102.9/11.5
30	0.1/15	0.1/15	0.1/15	4.7/15	106.1/13.5
40	0.1/15	0.1/15	0.1/15	4.7/15	107.3/15
50	0.1/15	0.1/15	0.2/15	4.7/15	107.5/15
60	0.2/15	0.2/15	0.2/15	4.7/15	107.8/15

注：热滚 100℃，16h，HTHP：100℃。

表 5.33　9#体系封堵实验测试结果

时间/min	9#体系滤失量/(mL/MPa)				
	20μm	40μm	55μm	120μm	150μm
1	0.1/15	0.1/15	0.1/15	1.0/10	30/3.5
2.5	0.1/15	0.1/15	0.1/15	1.6/15	49/4.5
5	0.1/15	0.1/15	0.1/15	2.1/15	67/7
7.5	0.1/15	0.1/15	0.1/15	2.5/15	80/8.5
15	0.1/15	0.1/15	0.1/15	2.7/15	95.7/11
25	0.1/15	0.1/15	0.1/15	2.8/15	100.9/11.5
30	0.1/15	0.1/15	0.1/15	2.9/15	104.5/13.5
40	0.1/15	0.1/15	0.1/15	2.9/15	105.6/15
50	0.1/15	0.1/15	0.2/15	2.9/15	106.1/15
60	0.2/15	0.2/15	0.2/15	2.9/15	106.9/15

注：热滚 100℃，16h，HTHP：100℃。

表 5.34　10#体系封堵实验测试结果

时间/min	10#体系滤失量/(mL/MPa)				
	20μm	40μm	55μm	120μm	150μm
1	0.1/15	0.1/15	0.1/15	6.2/7	54/3
2.5	0.1/15	0.1/15	0.1/15	8/15	81/4.5
5	0.1/15	0.1/15	0.1/15	8/15	103.1/4.5
7.5	0.1/15	0.1/15	0.1/15	8/15	118.8/5
15	0.1/15	0.1/15	0.1/15	8/15	126.3/5
25	0.1/15	0.1/15	0.1/15	8/15	140/5.5
30	0.1/15	0.1/15	0.1/15	8/15	151.5/5.5
40	0.1/15	0.1/15	0.2/15	8/15	166.1/6
50	0.1/15	0.2/15	0.2/15	8/15	169.8/6
60	0.2/15	0.2/15	0.2/15	8/15	170.2/6

注：热滚 100℃，16h，HTHP：100℃。

表 5.35　11#体系封堵实验测试结果

时间/min	11#体系滤失量/(mL/MPa)				
	20μm	40μm	55μm	120μm	150μm
1	0.1/15	0.1/15	0.1/15	1.4/15	23.0/5
2.5	0.1/15	0.1/15	0.1/15	2/15	46.6/7.5
5	0.1/15	0.1/15	0.1/15	2/15	64.2/9
7.5	0.1/15	0.1/15	0.1/15	2/15	79.2/7
15	0.1/15	0.1/15	0.1/15	2/15	129.0/10
25	0.1/15	0.1/15	0.1/15	2/15	137.6/12
30	0.1/15	0.1/15	0.1/15	2/15	204.7/8
40	0.1/15	0.1/15	0.1/15	2/15	207.1/10.5
50	0.1/15	0.1/15	0.2/15	2/15	208.8/10.5
60	0.2/15	0.2/15	0.2/15	2/15	209.4/10.5

注：热滚 100℃，16h，HTHP：100℃。

表 5.36　12#体系封堵实验测试结果

时间/min	12#体系滤失量/(mL/MPa)				
	20μm	40μm	55μm	120μm	150μm
1	0.1/15	0.1/15	0.1/15	1/15	20/5.5
2.5	0.1/15	0.1/15	0.1/15	1/15	41/7
5	0.1/15	0.1/15	0.1/15	1/15	58.2/8
7.5	0.1/15	0.1/15	0.1/15	1/15	73.5/8
15	0.1/15	0.1/15	0.1/15	1/15	109.5/9
25	0.1/15	0.1/15	0.1/15	1/15	128.1/8.5
30	0.1/15	0.1/15	0.1/15	1/15	156.3/9
40	0.1/15	0.1/15	0.1/15	1/15	184.3/11
50	0.1/15	0.1/15	0.2/15	1/15	197.5/11
60	0.1/15	0.1/15	0.2/15	1/15	202.9/11

注：热滚 100℃，16h，HTHP：100℃。

表 5.37　13#体系封堵实验测试结果

时间/min	13#体系滤失量/(mL/MPa)				
	20μm	40μm	55μm	120μm	150μm
1	0.2/15	0.4/15	0.94/15	40.7/0.5	60/0.5
2.5	0.2/15	0.4/15	0.95/15	87.6/3	100/2.5
5	0.2/15	0.4/15	0.99/15	112.5/8	144/5.5
7.5	0.2/15	0.4/15	1.08/15	130.9/9	160/7
15	0.3/15	0.6/15	1.17/15	151.9/11.5	198.5/9.5
25	0.3/15	0.6/15	1.17/15	153.3/13.5	205/9.5
30	0.3/15	0.6/15	1.17/15	154.2/15	226.5/9.5
40	0.3/15	0.6/15	1.17/15	154.6/15	240/9.5
50	0.3/15	0.6/15	1.17/15	154.7/15	262/9.5
60	0.3/15	0.6/15	1.17/15	154.9/15	288/9.5

注：热滚 100℃，16h，HTHP：100℃。

表 5.38　14#体系封堵实验测试结果

时间/min	14#体系滤失量/(mL/MPa)				
	20μm	40μm	55μm	120μm	150μm
1	0.2/15	0.4/15	0.63/15	16.9/2	56/0.5
2.5	0.2/15	0.4/15	0.64/15	36/5.5	98/3.5
5	0.2/15	0.4/15	0.69/15	55.7/9	138/6.5
7.5	0.2/15	0.4/15	0.88/15	72/10	1560/7
15	0.3/15	0.6/15	0.98/15	94.1/13	178.5/10.5
25	0.3/15	0.6/15	1.03/15	95.4/13.5	189/10.5
30	0.3/15	0.6/15	1.05/15	95.9/14.5	209/11
40	0.3/15	0.6/15	1.09/15	96.3/15	221.5/11
50	0.3/15	0.6/15	1.09/15	96.7/15	243/11
60	0.3/15	0.6/15	1.09/15	96.9/15	258/11

注：热滚 100℃，16h，HTHP：100℃。

表 5.39　15#体系封堵实验测试结果

时间/min	15#体系滤失量/(mL/MPa)				
	20μm	40μm	55μm	120μm	150μm
1	0.1/15	0.1/15	0.1/15	2.4/13.5	1.6/8
2.5	0.1/15	0.1/15	0.1/15	3.1/15	4.5/13.5
5	0.1/15	0.1/15	0.1/15	3.4/15	10.2/13.5
7.5	0.1/15	0.1/15	0.1/15	3.4/15	18.8/15
15	0.1/15	0.1/15	0.1/15	3.4/15	20.2/15
25	0.1/15	0.1/15	0.1/15	3.4/15	20.9/15
30	0.1/15	0.1/15	0.1/15	3.4/15	21.1/15
40	0.1/15	0.1/15	0.1/15	3.4/15	23/15
50	0.1/15	0.1/15	0.1/15	3.4/15	25.9/15
60	0.1/15	0.2/15	0.2/15	3.4/15	26.8/15

注：热滚 100℃，16h，HTHP：100℃。

表 5.40　16#和 17#体系封堵实验测试结果

时间/min	16#体系滤失量/(mL/MPa)	17#体系滤失量/(mL/MPa)
	120μm	120μm
1	8/15	15/15
2.5	8/15	16.5/15
5	8.5/15	16.8/15
7.5	8.5/15	17/15
15	8.5/15	17/15
25	9/15	17.5/15
30	9/15	18/15
40	9/15	18/15
50	9/15	18/15
60	9/15	18/15

注：热滚 100℃，16h，HTHP：100℃。

3)渗透性封堵实验

针对形成的强封堵高承压堵漏体系配方，进行了渗透性封堵实验，使用渗透性封堵仪评价了不同孔喉半径的砂盘封堵效果。实验结果如表 5.41 所示。

表 5.41　砂盘封堵测试结果

时间/min	滤失量/(mL/MPa)				
	20μm	40μm	55μm	120μm	150μm
1	0.1/15	0.1/15	0.1/15	2.4/13.5	1.6/8
2.5	0.1/15	0.1/15	0.1/15	3.1/15	4.5/13.5
5	0.1/15	0.1/15	0.1/15	3.4/15	10.2/13.5
7.5	0.1/15	0.1/15	0.1/15	3.4/15	18.8/15
15	0.1/15	0.1/15	0.1/15	3.4/15	20.2/15
25	0.1/15	0.1/15	0.1/15	3.4/15	20.9/15
30	0.1/15	0.1/15	0.1/15	3.4/15	21.1/15
40	0.1/15	0.1/15	0.1/15	3.4/15	23/15
50	0.1/15	0.1/15	0.1/15	3.4/15	25.9/15
60	0.1/15	0.2/15	0.2/15	3.4/15	26.8/15

注：热滚 100℃，16h，HTHP：100℃。

从表 5.41 可知，形成的强封堵高承压堵漏体系配方针对 120μm 孔喉以下的砂盘具有良好的封堵效果，60min 累计漏失量低于 5mL，可承压 15MPa 以上。

(四)降滤失剂 FRA-1 的研发

1. 研究思路

由于无土相油基钻井液体系中不含有机土，控制滤失量难度更大。油基钻井液中常用的降滤失剂为有机褐煤、氧化沥青等胶体颗粒类降滤失剂，它们会对钻速产生不良影响，削弱无土相油基钻井液的优越性；同时，在无土相油基钻井液中的适应性较差。因此，必须采取新思路、新理论研发新型油基钻井液降滤失剂。

蒋官澄团队将超分子化学引入钻井液领域，研发了易油溶、耐高温的高分子改性脂肪酸降滤失剂，通过分子间自组装增强滤饼的致密性和韧性，提高滤饼质量，达到明显降低高温高压滤失量的效果。

在有机胺与腐植酸缩合而成的脂肪酸酰胺基础上接枝有机硅，研制高分子改性酰胺类降滤失剂 FRA-1，其合成反应原理如图 5.84 所示。

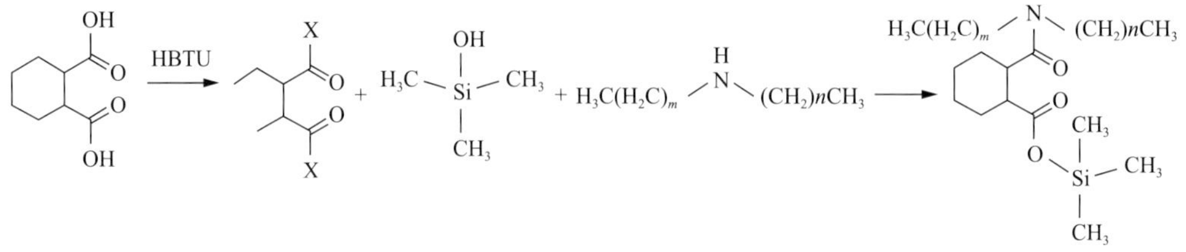

图 5.84　油基降滤失剂合成路线

2. 降滤失剂单剂性能评价

1）红外表征

如图 5.85 所示，缩合而成的降滤失剂 FRA-1 在 3433cm^{-1}、1618cm^{-1} 处羧基的吸收峰明显变小，同时在 1466cm^{-1} 处出现酰胺的特征峰，在 2921cm^{-1}、2851cm^{-1} 处出现甲基—CH_3 和亚甲基—CH_2—吸收峰；在 1081cm^{-1} 处出现 Si—O—C 的中等强度的伸缩振动峰。腐植酸分子中的部分羟基与胺基反应生成酰胺结构，部分羟基通过硅醇上的氢结合脱水，有机硅、腐植酸和二椰油基仲胺通过化学键接枝形成高分子化合物。

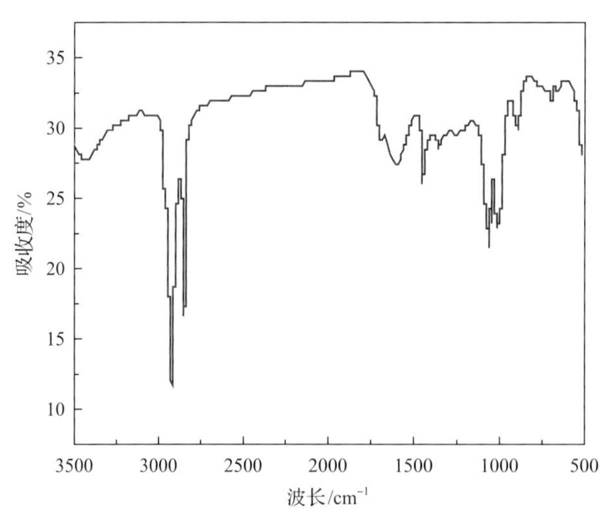

图 5.85　油基降滤失剂红外表征

2）热稳定性分析

从图 5.86 可知，热分解过程分为三个阶段：

第一阶段，温度为 50～300℃，样品中的物理吸附水和结构中的化学结合水脱除，间或有去氢作用。

第二阶段，温度为 300～430℃，与酰胺基的分解相对应，并且热分解曲线缓慢下降。第三阶段，温度大于 430℃，合成产物主链开始裂解。

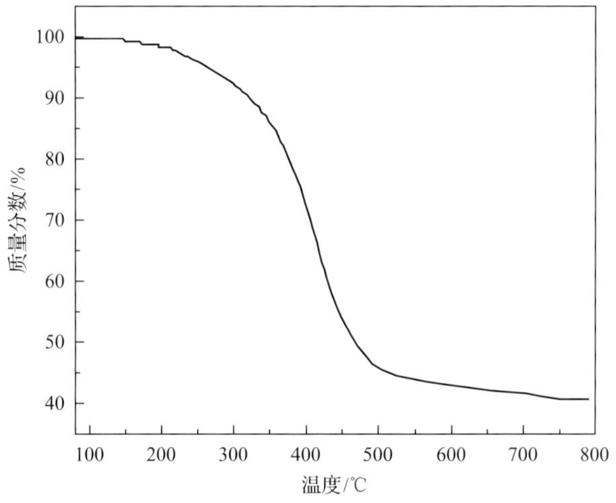

图 5.86　降滤失剂热稳定性分析

因此，FRA-1 的裂解温度为 300℃，具有较好的热稳定性。

3) 降滤失效果评价

配方：3#白油，30%$CaCl_2$(OWR=8∶2)+3%主乳化剂+1%润湿剂+1%封堵剂+ 0.5%降滤失剂+1%氧化钙+1.7%其他+重晶石(密度 1.8g/cm^3)。不同降滤失剂的降滤失效果评价见表 5.42。

表 5.42　降滤失剂对比评价实验

降滤失剂种类	加量	FL_{API} /mL	FL_{HTHP} /mL
改性褐煤(有机褐煤)	3%	7.2	漏完
改性沥青(氧化沥青)	3%	7.0	漏完
改性褐煤+改性沥青	3%+3%	6.4	漏完
封堵剂(研发)	2%	3.8	30.8
封堵剂(研发)+降滤失剂(研发)	2%+0.5%	3.4	4.4

可知，传统的沥青褐煤类降滤失剂不适用于无土相体系。3#白油黏度较低，除了添加封堵降滤失剂之外，还需要加入 0.5%脂肪酸降滤失剂来控制滤失。对于 5#白油，只需要加入封堵降滤失剂即可。

二、高温高密度无土相双疏强封堵油基钻井液新技术的创建

以研发的油基钻井液用防塌润湿剂、超分子提切剂、胶结型微纳米封堵剂为核心，配合主乳化剂 HT-MUL、辅助乳化剂 HT-WET 等，形成不同密度和温度要求的高温高密度无土相双疏强封堵油基钻井液新技术。

在下述配方中，由于胶结型微纳米封堵剂也可以降低滤失量，部分配方中未加入研

发的降滤失剂 FRA-1。当然在钻井过程中，需要根据现场实际情况而改变；同时，需要根据实际地层井塌风险和破碎、漏失情况，在钻井液配方中确定是否结合胶结性强封堵高承压油基钻井液技术，以进一步提高无土相双疏强封堵油基钻井液的综合性能。

（一）150℃、1.2g/cm³的无土相双疏强封堵油基钻井液配方

配方为：5#白油，30%$CaCl_2$溶液（OWR=80∶20）+3%防塌润湿剂+1%主乳+0.3%提切剂 ZNTQ-1+8%超细碳酸钙+1.7%其他+2%胶结型微纳米封堵剂+1%氧化钙+重晶石，密度加重至 1.2g/cm³。

从表 5.43 的实验结果可知，研制的油基钻井液体系性能稳定，重晶石加重至密度 1.2g/cm³，150℃热滚前后，重晶石无沉降，切力及动塑比均可起到良好的携岩作用，FL_{API}＜2.0mL、FL_{HTHP}＜5mL、破乳电压大于 1000V。

表 5.43　150℃、1.2g/cm³的无土相双疏强封堵油基钻井液性能

测定条件		AV/(mPa·s)	PV/(mPa·s)	YP/Pa	YP/PV	初切/终切	FL_{API}/mL	FL_{HTHP}/mL	E_S/V
未加重	老化前	48	35	13.29	0.38	5Pa/7Pa	2.1		1009
	老化后	50	40	10.22	0.255	4Pa/6Pa		4.6	888
加重	老化前	70	53	16.35	0.31	11Pa/17Pa	3		1435
	老化后	75	57	17.37	0.3	14Pa/22Pa		4.6	1025

注：热滚条件 150℃、16h。

（二）180℃、1.8g/cm³的无土相双疏强封堵油基钻井液配方

5#白油，30%$CaCl_2$溶液（OWR=80∶20）+3%防塌润湿剂+1%主乳+0.3%提切剂 ZNTQ-1+8%超细碳酸钙+1.7%其他+2%胶结型微纳米封堵剂+1%氧化钙+重晶石，密度加重至 1.8g/cm³。从表 5.44 可知，高温高压滤失量低于 10mL，该体系很稳定。

表 5.44　180℃、1.8g/cm³的无土相双疏强封堵油基钻井液性能

测定条件		AV/(mPa·s)	PV/(mPa·s)	YP/Pa	YP/PV	初切/终切	FL_{API}/mL	FL_{HTHP}/mL	E_S/V
加重前	热滚前	48	35	13.29	0.38	5Pa/7Pa	2.1		1009
	热滚后	50	40	10.22	0.255	4Pa/6Pa		4.6	888
加重后	热滚前	100	72	28.62	0.397	9.5Pa/10Pa	3		1097
	热滚后	104	84	20.44	0.243	7.5Pa/7.5Pa		4.8	550

注：热滚条件 180℃、16h。

（三）220℃、2.2g/cm³和 2.4g/cm³的无土相双疏强封堵油基钻井液配方

3#白油，30%$CaCl_2$溶液（OWR=90∶10）+3%防塌润湿剂+1% 主乳+0.3%提切剂 ZNTQ-1+8%超细碳酸钙+1.7%其他+2%胶结型微纳米封堵剂+0.3%降滤失剂+1%石灰+重晶石，密度加重至 2.2g/cm³、2.4g/cm³。实验结果如表 5.45 所示。

表 5.45 220℃、2.2g/cm³ 和 2.4g/cm³ 的无土相双疏强封堵油基钻井液性能

测定条件	密度/(g/cm³)	AV/(mPa·s)	PV/(mPa·s)	YP/Pa	YP/PV	初切/终切	FL_{API}/mL	FL_{HTHP}/mL	E_S/V
老化前	2.2	84.5	65	19.93	0.307	16Pa/20Pa	2.1		445
老化后	2.2	84	65	19.42	0.299	9Pa/13Pa		4.4	370
老化前	2.4	106.5	76	31.17	0.41	25Pa/26Pa	2.4		448
老化后	2.4	106	77	29.64	0.385	15Pa/18Pa		5.8	422

注：热滚条件 220℃、16h。

(四) 260℃、2.7g/cm³ 的无土相双疏强封堵油基钻井液配方

3#白油，30%$CaCl_2$溶液(OWR=88∶22)+2%防塌润湿剂+1%主乳+3.5%辅乳+0.5%提切剂 ZNTQ-1+8%超细碳酸钙+1%胶结型微纳米封堵剂+1.7%降滤失剂+1%石灰+重晶石，密度加重至 2.7g/cm³。从表 5.46 可见，该钻井液体系至少具有密度达 2.7g/cm³、抗温 260℃的能力。

表 5.46 260℃、2.7g/cm³ 的无土相双疏强封堵油基钻井液性能

测定条件	密度/(g/cm³)	AV/(mPa·s)	PV/(mPa·s)	YP/Pa	YP/PV	初切/终切	FL_{API}/mL	FL_{HTHP}/mL	E_S/V
老化前	2.7	100	69	31.7	0.46	8Pa/12.5Pa	4		480
老化后	2.7	118.5	95	24	0.25	1.5Pa/2Pa		6	470

注：高温高密度体系配方(260℃，16h)。

三、高温高密度无土相双疏强封堵油基钻井液性能评价研究

蒋官澄教授团队分别考察了下列配方油基钻井液的抗温性、稳定性、微观流变性、抗污染能力、保护油气层效果、井壁稳定性、高温高压流变性等。

配方：5#白油+30%$CaCl_2$水溶液(OWR=85∶15)+0.5%主乳化剂+5%辅乳化剂+5%润湿剂+ 0.5%提切剂+1.33%封堵剂+8%CaO+1200g 重晶石，密度为 2.5g/cm³。

(一) 抗温性评价

本部分考察不同温度老化后的流变性、滤失性以及电稳定性(表 5.47)。

表 5.47 油基钻井液体系抗温性评价结果

老化温度/℃	热滚/h	初切/终切	AV/(mPa·s)	PV/(mPa·s)	YP/Pa	FL(API/HTHP)/mL	E_S/V	密度/(g/cm³)
120	0	11Pa/13Pa	104	89	15		2047	2.50
	16	2.5Pa/3.5Pa	117.5	113	4.5	7.2	1940	2.53
150	0	11Pa/13Pa	104	89	15		2047	2.50
	16	2.5Pa/4Pa	128	123	5	7.6	890	2.53
180	0	8.5Pa/9.5Pa	102	97	5		2047	
	16	3Pa/4Pa	140	132	8	8.4	1968	

从表 5.47 可知，抗高温高密度油基钻井液体系在 150～180℃的温度范围内具有较高的电稳定性；在温度为 180℃、密度为 2.5g/cm^3 时，钻井液破乳电压在 1000V 以上，重晶石未出现沉淀，且钻井液具有良好的流变性和较低的滤失性。

（二）稳定性评价

使用法国专利仪器乳液稳定性分析仪 TURBISCAN LAB 对上述体系老化后（ρ=2.53g/cm^3）进行稳定性测试。从图 5.87 可以看出，体系老化后在 24h 内澄清指数基本不变且小于 0.001，说明体系分层不明显，很稳定。由图 5.88 可知，24h 内随着时间的变化，样品的透射率在 5～10mm 之间有少许变化，其他部位透射率很稳定，说明体系密度变化不大。

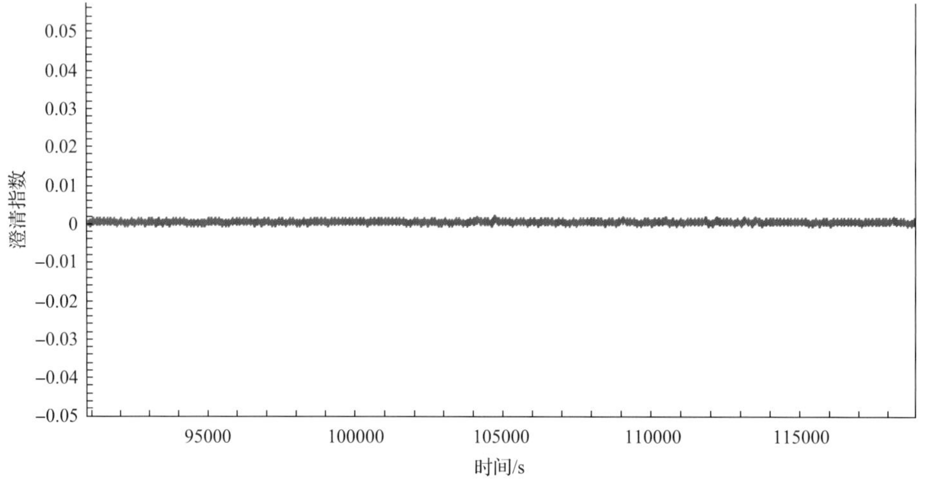

图 5.87　体系老化后澄清指数变化

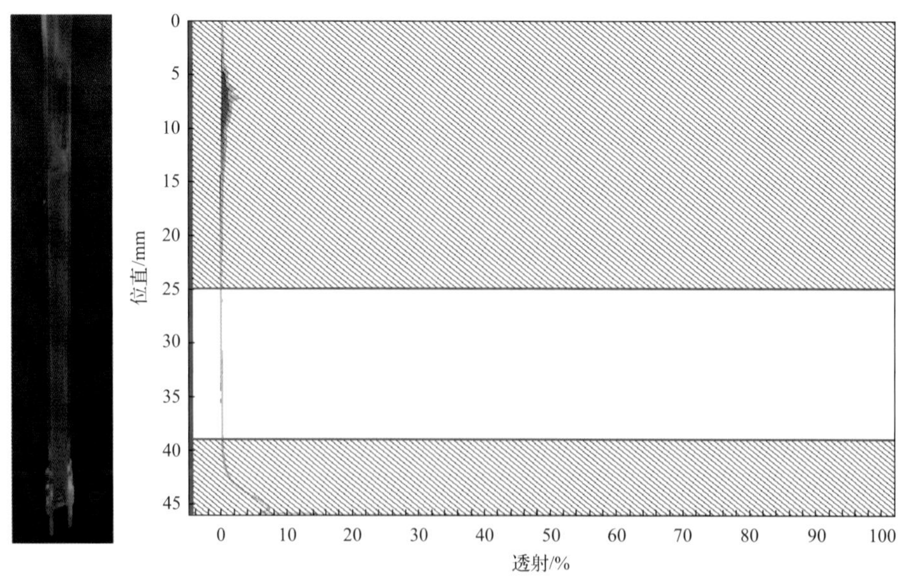

图 5.88　体系老化后不同位置透射率变化

(三)微流变研究

测试了 5 种体系的微流变特性，体系配方及测试结果如下：

1#体系：5#白油：水(30%$CaCl_2$ 溶液)=80：20+3%防塌润湿剂+1%主乳+0.3%提切剂ZNTQ-1+8%超细碳酸钙+1.7%其他+2%胶结型微纳米封堵剂+1%氧化钙+重晶石(密度加重至 1.2g/cm^3)。

2#体系：5#白油：水(30%$CaCl_2$ 溶液)=80：20+3%防塌润湿剂+1%主乳+0.3%提切剂ZNTQ-1+8%超细碳酸钙+1.7%其他+2%胶结型微纳米封堵剂+1%氧化钙+重晶石(密度加重至 1.8g/cm^3)。

3#体系：3#白油：水(30%$CaCl_2$ 溶液)(90：10)+3%防塌润湿剂+1%主乳+0.3%提切剂ZNTQ-1+8%超细碳酸钙+1.7%其他+2%胶结型微纳米封堵剂+0.3%降滤失剂+1%石灰+重晶石(密度加重至 2.2g/cm^3、2.4g/cm^3)。

4#体系：3#白油：水(30%$CaCl_2$ 溶液)(88：22)+2%防塌润湿剂+1%主乳+3.5%辅乳+0.5%提切剂 ZNTQ-1+8%超细碳酸钙+1%胶结型微纳米封堵剂+1.7%降滤失剂+1%石灰+重晶石(密度加重至 2.7g/cm^3)。

5#体系：3#白油：水(30%$CaCl_2$ 水溶液(85：15)+0.5%主乳化剂+5%辅乳化剂+5%润湿剂+0.5%提切剂+1.33%封堵剂+8%CaO+1200g 重晶石(密度为 2.5g/cm^3)。

从图 5.89 可以看出，老化后的体系随着时间的增长，MSD 曲线向下移，弹性区趋于平缓，终点区增大，说明体系强度随时间增大而变大，黏度也变大，体系较稳定。

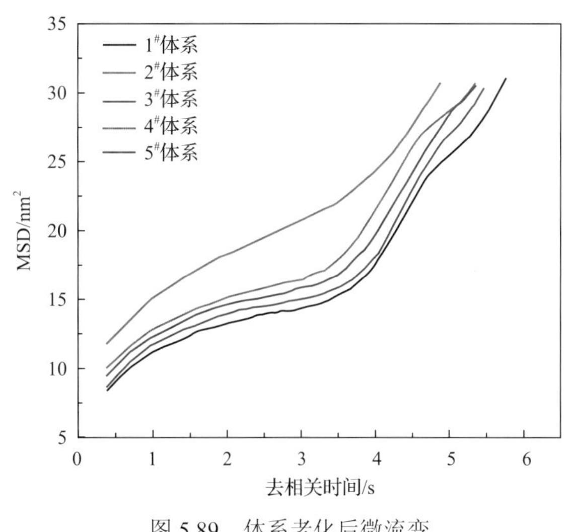

图 5.89 体系老化后微流变

(四)抗高温高密度油基钻井液的抗污染性能实验

1. 抗水污染实验

以不同水加量污染抗高温高密度油基钻井液体系，测试老化前后流变性、滤失性及电稳定性。由表 5.48 可知，该钻井液体系抗水侵能力较强，随着水侵程度加重，体系流变黏度性能先降低后增大，但切力会呈增大趋势。主要是由于随着水污染的增大，体系残余乳化剂会形成更多的乳液，增强了体系悬浮性，惰性固体的内摩擦力减小，导致体系老化前后相比污染前黏度有所下降。但超过残余乳化剂的极限，体系在水污染的情况下黏度会急剧上升。随着老化时间增加，其抗水侵能力增强，乳化稳定性受水侵影响较小。总之该体系抗水侵能力达25%以上。

表 5.48　抗高温高密度油基钻井液抗水污染性能评价

水浓度/%	老化时间/h	AV/(mPa·s)	PV/(mPa·s)	YP/Pa	初切/终切	E_S/V	FL_{HTHP}/mL	密度/(g/cm^3)
25	0	134.5	103	31.5	18.5Pa/21.5Pa	650		2.28
	16	245	125	20	8Pa/12.5Pa	410	6.6	2.30
10	0	113	93	20	11.5Pa/13.5Pa	1085		2.38
	16	245	124	21	7.5Pa/10.5Pa	600	7.2	2.41
5	0	122.5	104	18.5	12Pa/15Pa	1520		2.48
	16	235.5	126	9.5	5.5Pa/9Pa	790	7.2	2.51
0	0	117	101	16	9Pa/11Pa	2047		2.50
	16	129.5	124	5.5	3.5Pa/6.5Pa	1850	8	2.53

2. 抗 NaCl 水污染实验

以不同浓度的 NaCl 加量污染抗高温高密度油基钻井液体系，测试老化前后流变性、滤失性以及电稳定性。由表 5.49 可见，被 30% NaCl 水污染后，体系老化前 600 转读数能读出，且破乳电压高于 400V，对体系的高温高压滤失量影响不大，老化后体系高温高压滤失量均小于 10mL。因此，该体系可以抗 NaCl 水浓度达 30%。

表 5.49　抗高温高密度油基钻井液抗盐水污染能力评价

NaCl 浓度/%	老化时间/h	AV/(mPa·s)	PV/(mPa·s)	YP/Pa	初切/终切	E_S/V	FL_{HTHP}/mL	密度/(g/cm^3)
30	0	144	122	22	11Pa/19.5Pa	741		2.47
	16				10Pa/15Pa	631	6.4	2.49
20	0	136.5	115	21.5	9.5Pa/16.5Pa	874		2.47
	16				10Pa/13.5Pa	748	5.6	2.49
10	0	139.5	119	19.5	9.5Pa/15.5Pa	967		2.47
	16				10Pa/13.5Pa	842	5.4	2.49
5	0	129.5	110	19.5	10Pa/14Pa	1022		2.47
	16				9Pa/13Pa	945	5.2	2.49
0	0	117	101	16	9Pa/11Pa	2047		2.47
	16	129.5	124	5.5	3.5Pa/6.5Pa	2047	8	2.49

3. 抗 $CaCl_2$ 水污染实验

以不同 $CaCl_2$ 加量污染抗高温高密度油基钻井液体系，测试老化前后流变性、滤失性。由表 5.50 可知，$CaCl_2$ 水污染对高温高压滤失量影响不大，高温高压滤失量均小于

10mL；该钻井液抗盐水侵达 15%以上。

表 5.50　抗高温高密度油基钻井液抗氯化钙污染能力评价

Ca^{2+}浓度/%	老化时间/h	AV/(mPa·s)	PV/(mPa·s)	YP/Pa	初切/终切	E_S/V	FL_{HTHP}/mL	密度/(g/cm^3)
20	0	129.5	109	20.5	10.5Pa/14Pa	730		2.47
	16				5.5Pa/9Pa	652	8.2	2.49
10	0	111	89	22	12.5Pa/16Pa	800		2.47
	16	141	128	13	6.5Pa/9.5Pa	720	7.6	2.49
5	0	121	99	22	11.5Pa/15Pa	850		2.47
	16	143	130	13	6.5Pa/9.5Pa	712	5.6	2.49
0	0	125	112	13	7Pa/10Pa	2047		2.5
	16	145.5	136	9.5	4Pa/6.5Pa	1910	4.8	2.53

4. 抗膨润土污染

以不同膨润土加量污染抗高温高密度油基钻井液体系，测试老化前后流变性、滤失性。由表 5.51 可知，体系在被土污染后，切力、破乳电压会有所下降，主要是因为膨润土为亲水材料，加入到体系中会吸收乳液中水相，破坏基础乳液体系，导致体系破乳电压下降和切力降低。

表 5.51　抗高温高密度油基钻井液抗膨润土污染性能评价

土浓度/%	老化时间/h	AV/(mPa·s)	PV/(mPa·s)	YP/Pa	初切/终切	E_S/V	FL_{HTHP}/mL	密度/(g/cm^3)
3	0	123	118	6.5	6.5Pa/9Pa	720		2.50
	16	151	150	1	2Pa/3.5Pa	400	8.2	2.53
2	0	125.5	119	6.5	6.5Pa/9Pa	1750		2.5
	16	148.5	148		2Pa/4Pa	680	7.8	2.53
1	0	115	107	8	7Pa/9.5Pa	760		2.49
	16	＞150			4Pa/6Pa	630		2.52
0	0	101	92	9	5Pa/6Pa	2047		2.50
	16	143	132	11	4Pa/6.5Pa	2047	7.2	2.53

(五)高温高密度油基钻井液储层保护性能实验

配制油水比为 85∶15 的油基钻井液，配方如下：

$0^{\#}$柴油(OWR=85∶15)+0.5%(主乳化剂)(HT-MUL)+5%(辅乳化剂)(HT-WET)+5%润湿剂+0.25%提切剂+1.33%封堵剂+8%CaO 重晶石 1 号，加重至密度为 2.2～2.5g/cm^3。

实验中，岩心夹持器上分别设立 4 个测压点，将岩心分成 4 段，分别测试各段的压差，进而计算各段的渗透率，如图 5.90 和表 5.52 所示。

该柴油体系钻井液对页岩气岩心的渗透率恢复率平均达 91.06%，并测定侵入深度为 5mm 左右。

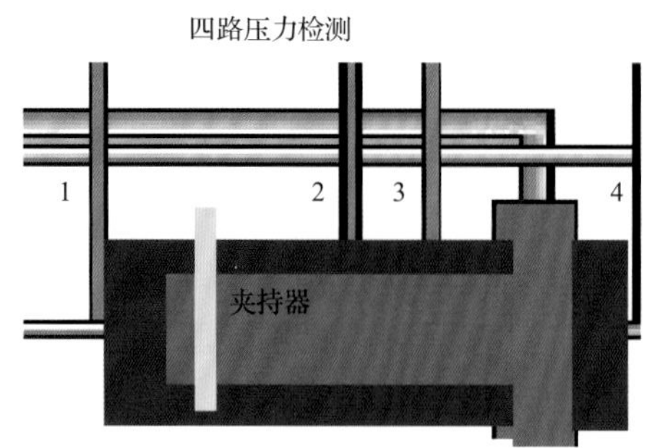

图 5.90　岩心四路压力检测示意图

表 5.52　岩心各段渗透率恢复值

渗透率	1～2 段	2～3 段	3～4 段	1～4 段
原始渗透率/$10^{-3}\mu m^2$	1.504	64.198	320.987	8.121
损害后渗透率/$10^{-3}\mu m^2$	1.441	70.536	282.142	7.395
渗透率恢复率/%	95.81	109.87	87.90	91.06

（六）稳定井壁性能测试

采用双通道泥页岩膨胀仪测定清水和钻井液中的泥页岩膨胀率来评价钻井液的抑制性。

将水化能力较强的泥岩样品粉碎成粉末，过 200 目筛子，每次取 5g 泥岩粉末装入实验筒，烘干并在 10MPa 的压力下压 5min，分别测定其在两种油水比钻井液和清水中的膨胀性，实验结果如表 5.53 所示。油包水钻井液具有较强的抑制泥岩水化能力，对泥页岩有较好的抑制分散的效果。

表 5.53　泥岩膨胀率测定结果

配方	最大膨胀量/mm	膨胀拐点/h
油基钻井液（OWR=90：10）	0.11	4.5
油基钻井液（OWR=85：15）	0.14	4
清水	0.4	2

（七）高温高压流变性能测试

为进一步评价抗高温高密度无土相油基钻井液体系的性能，进行体系老化前后的高温高压流变实验。实验用油基钻井液配方如下：

$0^{\#}$柴油（OWR=85：15）+0.5%HT-MUL+5%HT-WET+5%润湿剂+0.25%提切剂+1.33%封堵剂+8%CaO 重晶石 1 号，加重至密度为 2.2～2.5g/cm^3。

抗高温高密度无土相油基钻井液高温高压流变测试结果表明（图 5.91～图 5.96），随着温度的上升，油基钻井液体系表观黏度、塑性黏度及动切力均会大幅度下降，主要是由于高温分散、絮凝作用及高温降解、交联等作用，使油基泥浆胶凝、稀化。但体系动切力始终在 5Pa 以上，说明油基泥浆在高温高压下有较好的携岩能力，且表观黏度降低幅度大减小钻进过程中油基泥浆稠化的可能性，有利于钻井。

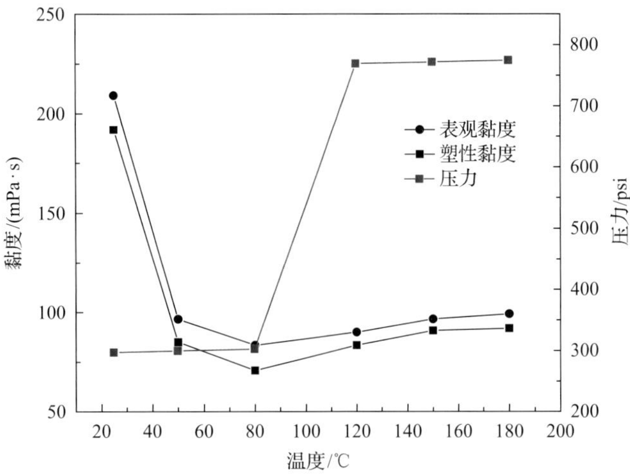

图 5.91 体系老化前表观黏度和塑性黏度随温度和压力变化

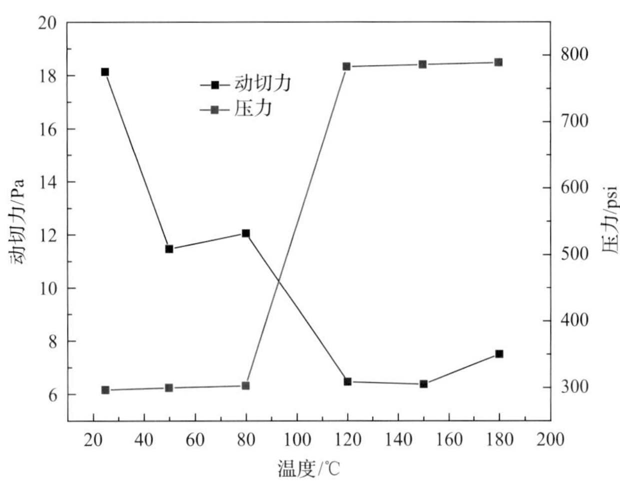

图 5.92 体系老化前动切力随温度和压力变化

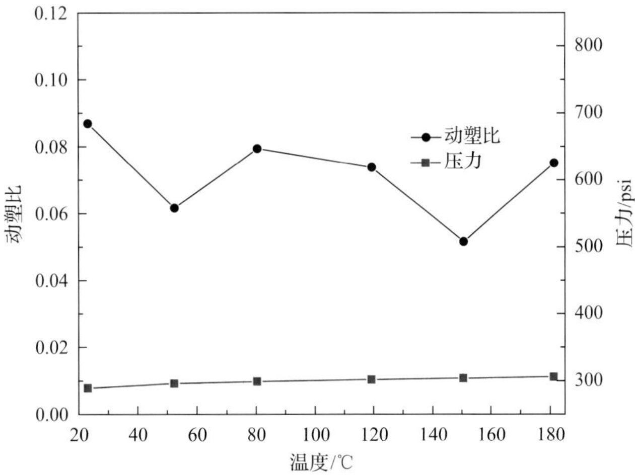

图 5.93 体系老化前动塑比随温度和压力变化

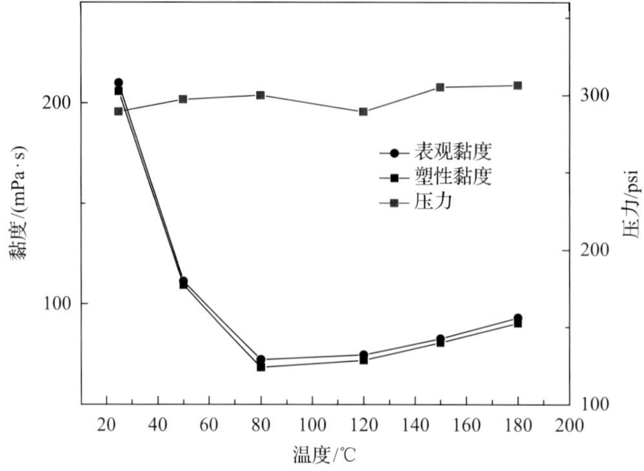

图 5.94　体系 180℃老化 16h 后表观黏度和塑性黏度随温度和压力变化

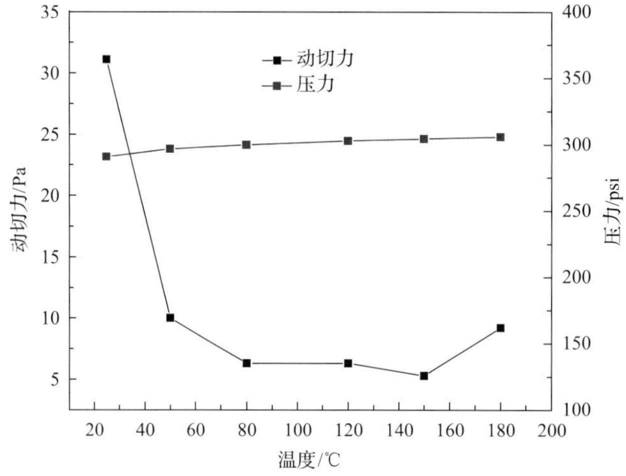

图 5.95　体系 180℃老化 16h 后动切力随温度和压力变化

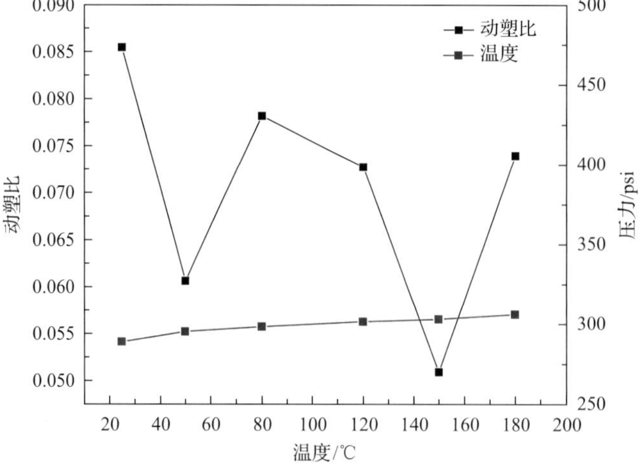

图 5.96　体系 180℃老化 16h 后动塑比随温度和压力变化

第四节 现场应用技术

该钻井液技术已在我国页岩油/气主体区块规模应用数百口井（威远和长宁页岩气区块、新疆玛湖砾岩致密油藏、新疆吉木萨尔页岩油藏等），统计数据表明，使用该技术后，井塌率、成本分别减少87.6%、38.22%，提速2.29倍以上。下面主要介绍在威204H5-6号井的应用情况。

一、在威远、长宁页岩气井上与国际著名前三大专业化公司同台竞技，优势突出

威远页岩气钻井平台位于四川省内江市威远县龙会镇。威远县全县地势西北高、东南低，自西北向东南倾斜，分为低山、丘陵两大地貌区。低山区一般海拔500～800m，丘陵区一般海拔200～300m[44-51]。

根据威远页岩气构造特征及成藏特征，页岩气开发以大位移井、丛式水平井为主。在页岩气长水平井钻井过程中，由于页岩地层裂缝比较发育，且岩石水敏性强，容易发生井塌、缩径、井漏等问题，同时因具有较长的水平段，还易造成摩阻高、携带岩屑、储层损害等问题。

（一）威204H5-6井

威204H5平台的6口水平井为威204井区内龙马溪组页岩气藏页岩气开发井，构造位置为威远中奥顶层构造南翼；龙马溪组储层非均质性、裂缝发育情况、地应力特征等因素存在不确定性，对钻井工艺要求较高[52-55]。

由于威204H5平台部署两排共6口龙马溪组页岩气水平井，井身结构相似，该平台四开油基钻井液性能具有较高的可比性，该平台6口井入井的井浆均为采用不同比例的胶液对同种老浆进行稀释处理后得到。其中，威204H5-1、威204H5-2、威204H5-3、威204H5-4和威204H5-5井采用麦克巴公司的胶液，威204H5-6采用本书成果胶液。

威204H5-6井新老浆比例最低，仅20∶80，不但说明研发的处理剂性能优良，低用量下即能显著改善井浆性能，而且研发的处理剂与其他同类处理剂的配伍性优良（表5.54）。

表5.54 兑入比例与井浆性能

井号	威204H5-1	威204H5-2	威204H5-3	威204H5-4	威204H5-5	威204H5-6
新老浆比例	45∶55	40∶60	40∶60	50∶50	45∶55	20∶80

钻井过程中，威204H5-6井的井浆流变性、破乳电压、HTHP滤失量等性能均十分稳定，现场维护处理简单；相比其余5口井，威204H5-6井浆的表观黏度与塑性最低，具有优良的流变性，保证了“安全、高效、顺利”完钻。此外，钻井液费用对比情况如表5.55所示。

表 5.55　钻井液费用对比

井号	四开井段长度/m	材料费用/元	材料费用降低率/%	每米材料费用/(元/m)	每米材料费用降低率/%
威 204H5-1	2518	366.43	49.77	1455.24	51.50
威 204H5-2	2657	304.13	39.48	1144.63	38.34
威 204H5-3	2630	280.07	34.28	1064.89	33.72
威 204H5-4	2762	288.05	36.10	1042.91	32.32
威 204H5-5	2550	265.20	30.59	1039.99	32.14
威 204H5-6	2608	184.07		705.79	

可见，威 204H5-6 井四开油基钻井液材料费用为 184.07 万元，较其他五口井的钻井液材料费用降低至少 80 万元，即 30%以上，每米钻井液材料费用为 705.79 元/m，较其他五口井的每米钻井液材料费用降低至少 300 元，即 30%以上。

(二)威远、长宁 46 口井

初步统计川庆钻探公司采用该技术在威远区块应用井 36 口、长宁区块应用井 10 口的数据，现场应用表明，该钻井液技术具有强封堵性、低滤失量、良好稳定性、强携砂能力，优势明显。与威远、长宁页岩气井以前使用的国外油基钻井液技术相比(图 5.97、图 5.98)，该技术优于国外油基钻井液，机械钻速明显提高、钻井周期大幅缩小、钻井成本大幅降低，完全可替代国外油基钻井液(表 5.56)。

表 5.56　国产化与国外油基钻井液性能对比

体系	密度/(g/cm³)	AV/(mPa · s)	PV/(mPa · s)	YP/Pa	初切/终切	φ_6/φ_3	FL_{HTHP}(120℃)/泥饼厚度	E_s/%	油水比
国外	2.10～2.20	61～101	52～83	9～18	3～4.5Pa/5.5～18Pa	6～8/5～7	1.2～2.22mL/mm/1.0mm	680～1270	80：20～90：10
国产化	2.00～2.28	59～96	51～81	8～15	3～5Pa/4～20Pa	6～10/4～8	1.0～3.2mL/mm/1.0mm	428～1350	60：40～85：15

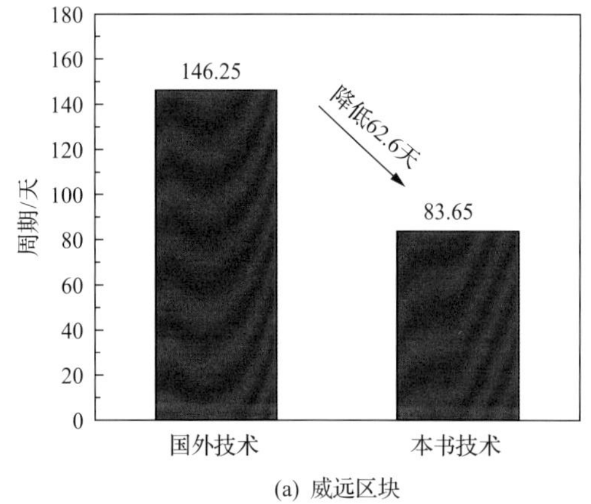

(a) 威远区块

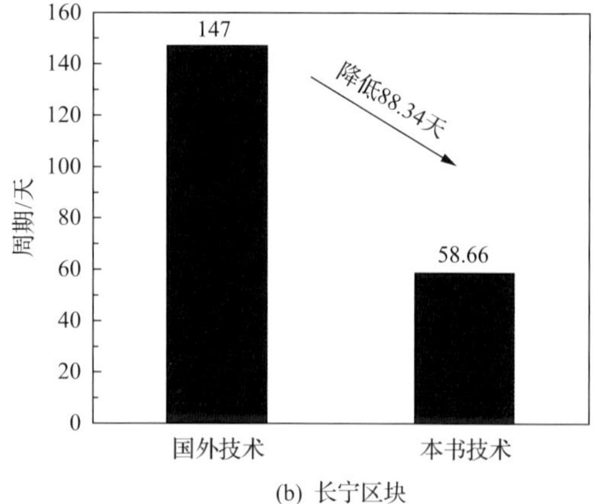

(b) 长宁区块

图 5.97　威远、长宁区块本书技术与国外技术相比(钻井周期平均降低 51.45%)

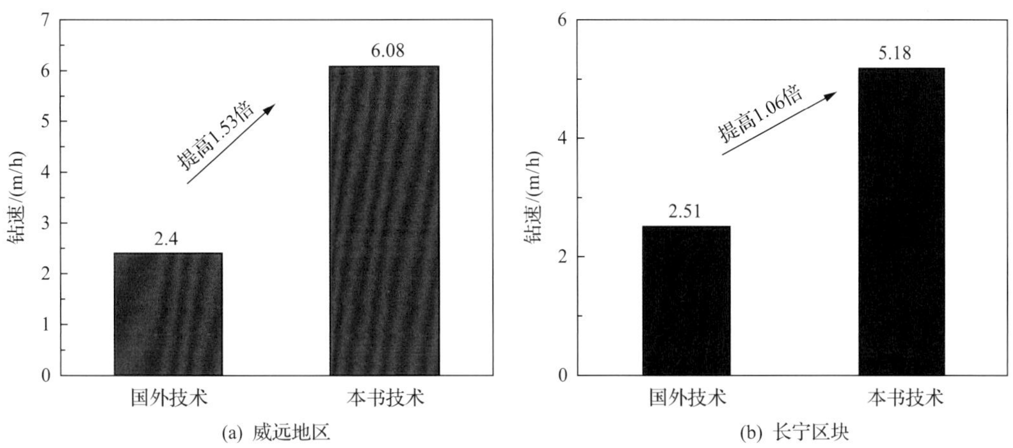

图 5.98 威远区块和长宁区块本书技术与国外技术相比(机械钻速平均提高 1.295 倍)

二、打破了新疆南缘地区“钻井死亡之海”的神话

(一)钻井液技术难题

准噶尔盆地南缘是准噶尔盆地油气资源最为丰富的地区之一，但地层情况非常复杂，主要体现在：

(1)高陡地层构造，地层倾角大，最高达到 70°。

(2)地层水敏性强、层理发育。塔西河组、安集海河组地层水敏性极强，安集海河组黏土矿物总量在 49.4%～57.7%，其中伊蒙混层含量较高，在 40%～50%左右。

(3)地应力异常：N_1s 以上为走滑断层控制，地应力比较低；$E_{2-3}a$ 为逆断层，地应力高而复杂，上覆应力和水平最小主地应力接近；$E_{1-2}z$ 为逆断层，但受拱形结构影响，地应力有所降低。

(4)地层压力高，压力系统复杂。N_1s 及以上为正常压力系统；N_1s 底地层压力略有升高，进入 $E_{2-3}a$ 顶部地层压力骤然上升，为异常高压层，最高压力系数达 2.55；至 $E_{1-2}z$ 地层压力略呈下降趋势。

(5)井底温度高，地温异常。地温梯度 2.21℃/100m，西湖 1 井试油温度 136.8℃，5000m 以上井底温度高达 135℃。

(6)胶结性极差、属严重破碎性地层，坍塌压力高，非常容易导致严重垮塌。

针对上述地层情况，钻井中面临的以下钻井液技术难题。

1. 井壁失稳

塔西河组、安集海河组、紫泥泉子组地层含有较高的黏土矿物含量，以伊蒙混层为主，混层比达 40%以上，存在强水敏性。地层微裂缝充填物基本为蒙脱石，极易水化分散。

因毛细管效应容易吸水，沿裂隙向内部扩散，致使岩结构疏松；填隙物水化膨胀后滋生次级裂缝，进一步加剧水分的侵入，导致井壁发生掉块。存在断层、破碎带，钻进过程中，井壁易出现掉块、垮塌等复杂情况。这些因素导致对钻井液的封堵性和抑制性要求极高，需要强化钻井液的封堵能力，控制黏土矿物膨胀，同时控制破碎带的掉块。还要求钻井液的密度能够维持安集海河组地层的坍塌压力，避免井壁坍塌。

2. 钻井液性能维护难

准噶尔南缘地区的下部组合埋深达6000m左右，地层压力系数和井底温度均较高，区域地层岩性多变，复杂层位多，特别是深部高温井段地质情况不清，针对高温高压的井下环境的钻井液体系和处理剂的选择、钻井液的维护处理难度大。高泉东背斜构造头屯河组压力系数为2.15，地层高陡，最大地层倾角60°，油基钻井液的密度高达2.42g/cm^3，抗温能力达200℃，造成高密度钻井液流变性能维护难度大。且当地冬季气温低，最低在–30℃左右，要求油基钻井液具有好的低温流变性[56-58]。因此，要求高温高密度钻井液具有良好的性能稳定性和可维护性。

3. 钻井液易受污染

准噶尔南缘地区的塔西河组、安集海河组地层含膏盐，临井高泉1井在吐谷鲁群组钻遇高压水层[19]，另外，固井时需使用水泥浆固井，因此高密度油基钻井液必须具有良好的抗膏盐、盐水侵、水泥和岩屑粉的污染能力和良好的电稳定性。

4. 井漏

准噶尔南缘地区某井4630～4980m井段压力系数为1.55，4980～5358m井段压力系数为1.90，5358～5408m井段压力系数为1.75，5408～5778m井段压力系数为1.95，5778～5920m井段压力系数为2.15，沙湾组和紫泥泉子组地层压力系数回落[59]。由于裸眼段地层压力系数交错，高低压互层，高密度钻井液易导致地层破裂而引发井漏，必须增强高密度钻井液的防漏堵漏性能。

（二）应用案例：齐古5井

齐古5井位于新疆维吾尔自治区昌吉州呼图壁县境内，并位于准噶尔盆地南缘冲断带齐古断褶带齐古北断背斜，是新疆南缘区块第一排构造与第二排构造中间地带、含安集海河组构造的一口风险探井，设计井深4470m。

南缘山前构造的高地应力、高密度、高陡、高压、强水敏地层等地质特点导致了该区钻井的复杂事故多、工期长、费用高等问题，多年来安集海河组一度被称为钻井“死亡之海”，各种不利因素严重制约了该区的勘探进程。

该井安集海河组以上地层属于正常压力地层，地层压力系数为1.05；安集海河组中上部地层，属于异常压力过渡段，地层压力系数为1.40；安集海河组下部—东沟组地层，属于异常高压段，地层压力系数在1.65～1.78。

三开采用本书成果（2018年11月7日～25日）后，在三开安集海河组存在32m大断层（3466～3498m）、存在潜在大面积严重垮塌风险等情况下，保证了该井顺利完钻使用本书技术前返出的岩屑菱角清晰可见，而使用本书技术后，岩屑返出正常，如图5.99、图5.100所示。钻井液性能如表5.57所示。

（1）完钻井深4500m，避免了严寒冬天油基钻井液明显增稠现象。

（2）比设计提前33天完钻（全井完钻工期60.2天）。

(3) 三开平均机械钻速 7.44m/h，较设计提速 35.52%。

(4) 安集海河组平均机速 17.36m/h，较设计最高机械钻速提速 117%(霍 101 井最高机械钻速 13.72m/h)。

(5) 三开最高日进尺 451m(霍 11 井最高日进尺 237m)，突破南缘探井日进尺最高纪录。

图 5.99 返出的岩屑菱角清晰可见

图 5.100 岩屑返出正常

表 5.57 齐古 5 井现场钻井液综合性能表

井深/m	黏度/s	密度/(g/cm^3)	φ_6/φ_3	塑性黏度/(mPa·s)	动切/Pa	初切/终切	FL_{HTHP}(120℃)/mL	E_S/V	油水比
2657	48	1.66	4/3	17	3.5	3.5Pa/6Pa	2.6	710	88 : 12
2698	48	1.7	5/4	20	4	4Pa/8Pa	2.6	854	88 : 12
2810	48	1.7	5/4	20	4	3.5Pa/7.5Pa	2.6	932	88 : 12
3181	47	1.74	5/4	20	4.5	3.5Pa/7Pa	2.6	955	88 : 12
3315	47	1.75	5/4	22	4	3.5Pa/6.5Pa	2.6	950	88 : 12
3518	49	1.75	5/5	24	5	4Pa/9Pa	2.6	1030	89 : 11
3551	60	1.79	6/5	27	5.5	4Pa/9Pa	2.4	1010	89 : 11
3765	55	1.81	6/5	25	7	4Pa/9Pa	2.4	976	89 : 11
3920	55	1.82	5/4	23	4.5	4Pa/8Pa	2.4	1105	89 : 11
4072	55	1.82	5/4	26	4	4Pa/9.5Pa	2	1075	89 : 11
4348	57	1.82	5/4	27	4	4Pa/9Pa	2	1063	90 : 10
4500	57	1.82	5/4	29	4	4Pa/10Pa	2	1121	90 : 10

此外，在新疆南缘国家重点风险探井吉探 1 井、呼探 1 井，中石油重点评价井高 101 井、高 102 井的应用表明，该技术保证了世界高难度井的顺利完钻，解决了世界难题。

三、在新疆吉木萨尔页岩油区块的应用，创造了当时非常规油气井多项纪录

该钻井液在吉木萨尔 JHW00421 和 JHW00422 页岩油井上得到成功应用，创造了多项纪录，钻井液性能参数如表 5.58 和表 5.59 所示。

表 5.58 JHW00421 井钻井液性能

井深/m	密度/(g/cm³)	黏度/s	固相含量/%	油水比	E_S/V	FL_{HTHP}(120℃)/mL	含砂/%	初切/终切	PV/(mPa·s)	YP/Pa	碱度
2758	1.54	73	26	85：15	730	1	0.3	3Pa/8Pa	46	5	2.4
2974	1.54	72	27	85：15	940	1	0.3	3Pa/8Pa	41	6	2.6
3173	1.55	72	27	85：15	1060	1	0.3	3Pa/8Pa	42	7	2.6
3402	1.55	65	27	85：15	1150	1	0.3	3Pa/8Pa	40	7	2.6
3728	1.55	63	27	85：15	1940	1	0.3	3Pa/8Pa	38	7	2.5
3847	1.55	60	27	86：14	1980	1	0.35	3Pa/8Pa	39	7.5	2.4
4015	1.55	62	27	86：14	1960	1	0.35	3Pa/8Pa	39	7.5	2.4
4274	1.55	64	28	88：12	1880	1	0.3	3Pa/9Pa	41	7	2.5
4488	1.55	65	28	88：12	1820	1	0.3	3Pa/10Pa	41	7.5	2.5
4667	1.55	68	28	88：12	1760	1	0.3	3Pa/10Pa	43	8	2.5
4902	1.55	68	28	88：12	1720	1	0.3	3Pa/10Pa	44	8	2.5
5110	1.55	68	28	88：12	1910	1	0.3	3Pa/10Pa	46	9	2.6
5340	1.55	68	28	88：12	1920	1	0.3	4Pa/10Pa	45	9	2.5
5550	1.55	68	28	88：12	2040	1	0.3	3Pa/10Pa	47	9	2.5
5730	1.55	68	28	88：12	2047	1	0.3	3Pa/12Pa	46	9.5	2.5
5830	1.55	66	28	88：12	2047	1	0.3	4Pa/12Pa	47	9	2.5

表 5.59 JHW00422 井钻井液性能

井深/m	密度/(g/cm³)	黏度/s	固相含量/%	油水比	E_S/V	FL_{HTHP}(120℃)/mL	含砂/%	初切/终切	PV/(mPa·s)	YP/Pa	碱度
2806	1.55	68	23	85：15	680	1.2	0.3	3Pa/8Pa	35	7	2
2897	1.55	68	23	83：17	680	1.2	0.3	3Pa/8Pa	31	7	2
3104	1.55	68	24	84：16	720	1.2	0.3	3Pa/9Pa	31	7	2
3350	1.55	68	24	85：15	790	1.2	0.3	3.5Pa/9Pa	38	7	2
3705	1.55	68	25	85：15	880	1.2	0.3	3.5Pa/9Pa	38	7.5	2
3923	1.55	70	25	85：15	1230	1.2	0.3	4Pa/9Pa	38	8.5	2.2
4200	1.55	70	25	85：15	1280	1.2	0.3	4Pa/9Pa	38	8.5	2.2
4420	1.55	70	25	85：15	1680	1.2	0.3	4Pa/9Pa	38	8	2.2
4700	1.55	70	26	85：15	2047	1.2	0.3	4Pa/10Pa	38	8.5	2.2
4875	1.55	68	27	85：15	1930	1.2	0.3	4Pa/10Pa	37	8	2.2
5074	1.55	70	27	85：15	1930	1.2	0.3	4Pa/10Pa	36	8	2.2
5199	1.55	70	27	85：15	1930	1.2	0.3	4Pa/10Pa	37	7.5	2.2
5334	1.55	70	27	85：15	1990	1.2	0.3	4Pa/10Pa	37	7.5	2.2
5572	1.55	70	27	85：15	1720	1.2	0.3	4Pa/10Pa	39	8	2.2
5762	1.55	70	27	86：14	1720	1.2	0.3	4Pa/10Pa	39	8	2.2
5915	1.55	72	26	87：13	1790	1.2	0.3	3.5Pa/10Pa	42	8	2.4
6030	1.55	70	26	87：13	1890	1.2	0.3	3.5Pa/10Pa	39	8.5	2.4
6230	1.55	70	26	87：13	1890	1.2	0.3	3.5Pa/10Pa	39	8.5	2.4

(1) JHW00421 井完钻井深 5830m，水平段长 3100m，创当时国内非常规油气水平井最长水平段纪录；三开井段较设计提前 7.5 天完钻(设计 32 天，实际钻井 24.5 天)。

(2) JHW00422 井完钻井深 6230m，水平段长 3500m，再次打破当时国内非常规油气水平井最长水平段纪录；三开井段较设计提前 7.5 天完钻(设计 32 天，实际钻井 24.5 天)；水平段平均机械钻速 12.3m/h，较设计提高 5.3m/h，纯钻时率提高 75.71%，油层钻遇率达 98%。

四、在新疆玛湖致密砾岩油藏的应用，创造了玛湖区块 8 项纪录

在玛湖油区采用双疏无土相强封堵油基钻井液取得了巨大成功，与原来采用的水基钻井液相比，优势突出，并创造了玛湖区域 8 项记录。钻井液性能参数如表 5.60 所示。

(1) 玛湖区域 6272m 最深井深。

(2) 3038m 最长水平段。

(3) 3506m 最长裸眼井段。

(4) 3208.8m 最大水平位移。

(5) 29.5m/h 最高机械钻速。

(6) 819m 单只钻头进尺最多。

(7) 6266m 最长完井管串下入。

(8) 77.54 天最短建井周期。

表 5.60　玛湖油区钻井液性能

井深/m	密度/(g/cm^3)	黏度/s	固相含量/%	油水比	E_S/V	FL_{HTHP}/mL	含砂/%	初切/终切	PV/(mPa·s)	YP/Pa	碱度
2780	1.45	73	22	85∶15	680	1.8	0.1	3Pa/10Pa	38	5	2.8
3165	1.49	75	25	85∶15	400	1	0.6	1.5Pa/5Pa	37	5.5	2.6
3397	1.49	105	27	85∶15	560	1	0.6	3.5Pa/10.5Pa	49	6	2.4
3861	1.49	81	23	88∶12	660	1	0.5	2Pa/7.5Pa	36	4	2.4
4041	1.49	79	25	90∶10	760	1	0.5	2Pa/7.5Pa	37	4	2.4
4470	1.49	83	28	90∶10	1200	1.6	0.3	3Pa/10Pa	39	5	2.6
4901	1.49	98	29	90∶10	1000	1.6	0.3	4Pa/11.5Pa	46	7	2.4
5244	1.49	95	28	90∶10	1100	1.6	0.3	4Pa/12Pa	45	5.5	2.2
5466	1.49	93	28	89∶11	1100	1.6	0.3	4Pa/12Pa	47	6.5	2.2
5858	1.49	96	28	89∶11	1250	1.2	0.3	4.5Pa/13Pa	44	5	2.6
6115	1.49	92	28	89∶11	1350	1.2	0.3	3.5Pa/13Pa	41	6	2.5
6272	1.49	93	28	90∶10	1500	1	0.3	4Pa/13Pa	41	6	2.2

总之，在玛湖的应用，很好地解决了长裸眼井段、长水平段摩阻大与易阻卡的技术难题，为动用玛湖优质资源储量、扩大产建规模奠定了坚实基础，为 3000m 以上水平段钻井施工积累了宝贵的经验。

此外，在准格尔盆地玛东区域的 MDHW2107 井、MDHW2108 井等也都得到非常成功的应用。

参 考 文 献

[1] 蒋官澄, 黄凯, 李新亮, 等. 抗高温高密度无土相柴油基钻井液室内研究. 石油钻探技术, 2016, 44(6): 24-29.

[2] 覃勇, 蒋官澄, 邓正强, 等. 抗高温油基钻井液主乳化剂的合成与评价. 钻井液与完井液, 2016, 33(1): 6-10.

[3] 覃勇, 蒋官澄, 邓正强, 等. 聚酯提切剂的研制及高密度油包水钻井液的配制. 钻井液与完井液, 2015, 32(6): 1-4, 103.

[4] 蒋官澄, 贺垠博, 黄贤斌, 等. 基于超分子技术的高密度无黏土油基钻井液体系. 石油勘探与开发, 2016, 43(1): 131-135.

[5] 刘均一, 邱正松, 罗洋, 等. 油基钻井液随钻防漏技术实验研究. 钻井液与完井液, 2015, (5): 10-14, 101.

[6] 李早元, 辜涛, 郭小阳, 等. 油基钻井液对水泥浆性能的影响及其机理. 天然气工业, 2015, 35(8): 63-68.

[7] 林永学, 王显光. 中国石化页岩气油基钻井液技术进展与思考. 石油钻探技术, 2014, (4): 7-13.

[8] 潘一, 付龙, 杨双春. 国内外油基钻井液研究现状. 现代化工, 2014, 34(4): 21-24.

[9] 李健, 李早元, 辜涛, 等. 塔里木山前构造高密度油基钻井液固井技术. 钻井液与完井液, 2014, 31(2): 51-54, 99.

[10] 何恕, 李胜, 王显光, 等. 高性能油基钻井液的研制及在彭页 3HF 井的应用. 钻井液与完井液, 2013, 30(5): 1-4, 95.

[11] 王韧. 新型全油基钻井液的研制与性能评价. 大庆: 东北石油大学, 2013.

[12] 王显光, 李雄, 林永学. 页岩水平井用高性能油基钻井液研究与应用. 石油钻探技术, 2013, (2): 17-22.

[13] 冯萍, 邱正松, 曹杰, 等. 国外油基钻井液提切剂的研究与应用进展. 钻井液与完井液, 2012, (5): 84-88, 101-102.

[14] 何涛, 李茂森, 杨兰平, 等. 油基钻井液在威远地区页岩气水平井中的应用. 钻井液与完井液, 2012, (3): 1-5, 91.

[15] 王中华. 国内外油基钻井液研究与应用进展. 断块油气田, 2011, (4): 533-537.

[16] 刘绪全, 陈敦辉, 陈勉, 等. 环保型全白油基钻井液的研究与应用. 钻井液与完井液, 2011, (2): 10-12, 95.

[17] 谢水祥, 蒋官澄, 陈勉, 等. 利用化学强化分离-无害化技术处理废弃油基钻井液. 环境工程学报, 2011, 5(2): 425-430.

[18] 刘振东, 薛玉志, 周守菊, 等. 全油基钻井液完井液体系研究及应用. 钻井液与完井液, 2009, (6): 10-12, 91-92.

[19] 张炜, 刘振东, 刘宝锋, 等. 油基钻井液的推广及循环利用. 石油钻探技术, 2008, (6): 34-38.

[20] 岳前升, 向兴金, 李中, 等. 油基钻井液的封堵性能研究与应用. 钻井液与完井液, 2006, 23(5): 40-42, 86.

[21] Zhang Y, Mian C, Jin Y, et al. The influence of oil-based drilling fluid on the wellbore instability and fracturing in complex shale formation. American Rock Mechanics Association, 2016.

[22] 刘向君, 熊健, 梁利喜. 龙马溪组硬脆性页岩水化实验研究. 西南石油大学学报(自然科学版), 2016, 38(3): 178-186.

[23] Yan X, You L, Kang Y, et al. Impact of drilling fluids on friction coefficient of brittle gas shale. International Journal of Rock Mechanics and Mining Sciences, 2018, 106: 144-152.

[24] Monhnot S M, Bae J H, Foley W L. A study of mineral-alkali reactions. SPE Reserv Eng. 1987, 4(2): 653-663.

[25] Kazempour M, Sundstrom E, Alvarado V. Geochemical modeling and experimental evaluation of high-pH floods: Impact of water-rock interactions in sandstone. Fuel, 2011, 92(1): 216-230.

[26] Kang Y L, She J P, Zhang H, et al. Alkali erosion of shale by high-pH fluid: reaction kinetic behaviors and engineering responses. Journal of Natural Gas Science and Engineering, 2016, 29: 201-210.

[27] Yan X, Kang Y, You L, et al. Drill-in fluid loss mechanisms in brittle gas shale: A case study in the Longmaxi Formation, Sichuan Basin, China. Journal of Petroleum Science and Engineering, 2018.

[28] Hsieh C T, Wu F L, Chen W Y. Superhydrophobicity and superoleophobicity from hierarchical silica sphere stacking layers. Materials Chemistry & Physics, 2010, 121(1-2): 14-21.

[29] He Z, Ma M, Lan X, et al. Fabrication of a transparent superamphiphobic coating with improved stability. Soft Matter, 2011, 7(14): 6435-6443.

[30] Sheen Y-S, Lin M-H, Tzeng W-C, et al. Purpuric drug eruptions induced by EGFR tyrosine kinase inhibitors are associated with IQGAP1-mediated increase in vascular permeability. The Journal of Pathology, 2020, 250(4): 452-463.

[31] Wang X, Hu H, Ye Q, et al. Superamphiphobic coatings with coralline-like structure enabled by one-step spray of polyurethane/carbon nanotube composites. Journal of Materials Chemistry, 2012, 22(19): 9624-9631.

[32] Wang H, Xue Y, Lin T. One-step vapour-phase formation of patternable, electrically conductive, superamphiphobic coatings on fibrous materials. Soft Matter, 2011, 7(18): 8158-8161.
[33] 杨明合, 石建刚, 李维轩, 等. 泥页岩水化导致油气井井壁失稳研究进展. 化学工程师, 2018, 32(10): 44-47.
[34] 王中华. 国内钻井液技术进展评述. 石油钻探技术, 2019, 47(3): 95-102.
[35] 张蔚, 蒋官澄, 王立东, 等. 无黏土高温高密度油基钻井液. 断块油气田, 2017, 24(2): 277-280.
[36] 钱志伟, 鲁政权, 白洪胜, 等. 油基钻井液防漏堵漏技术. 大庆石油地质与开发, 2017, 36(6): 101-104.
[37] 唐国旺, 于培志. 油基钻井液随钻堵漏技术与应用. 钻井液与完井液, 2017, 34(4): 32-37.
[38] 路宗羽, 徐生江, 叶成, 等. 准噶尔南缘膏泥岩地层高密度防漏型油基钻井液研究. 油田化学, 2018, 35(1): 1-7, 30.
[39] 董明涛, 张康卫, 刘刚, 等. 耐温抗盐型聚合物微球凝胶体系的制备及性能评价. 油田化学, 2019, 36(3): 405-410.
[40] 刘文堂, 郭建华, 李午辰, 等. 球状凝胶复合封堵剂的研制与应用. 石油钻探技术, 2016, 44(2): 34-39.
[41] 张凡, 许明标, 刘卫红, 等. 一种油基膨胀封堵剂的合成及其性能评价. 长江大学学报(自然科学版)理工卷, 2010, 7(3): 507-509.
[42] 何超红, 谭孝成, 黄成智, 等. 威远县地质灾害发育规律及成因分析. 防灾科技学院学报, 2015, 17(1): 7-11.
[43] 魏勇明. 川东南地区阳新统碳酸盐岩储层裂缝地震预测. 成都: 成都理工大学, 2009.
[44] 邵振滨. 页岩储层低伤害表面活性剂复配及其作用机理研究. 成都: 成都理工大学, 2016.
[45] 刘伟, 伍贤柱, 韩烈祥, 等. 水平井钻井技术在四川长宁-威远页岩气井的应用. 钻采工艺, 2013, 36(1): 114-115.
[46] 刘斌. 威远页岩气水基钻井液研究与应用. 大庆: 东北石油大学, 2016.
[47] 杜玉磊. 威远区块栖霞组井漏原因分析及堵漏措施研究. 中国石油和化工标准与质量, 2016, 36(21): 64, 65.
[48] 毛虎, 陈星宇, 李彦超, 等. 页岩气压裂井筒复杂情况初探——以威远页岩气藏某水平井为例//2017 年全国天然气学术年会, 2017.
[49] 聂靖霜. 威远、长宁地区页岩气水平井钻井技术研究. 成都: 西南石油大学, 2013.
[50] 杨火海. 页岩气藏井壁稳定性研究. 成都: 西南石油大学, 2012.
[51] 牛晓磊. 长宁龙马溪组页岩水基钻井液研究. 成都: 西南石油大学, 2015.
[52] 张馨艺. 长宁地区五峰组—龙马溪组页岩气地质特征研究. 成都: 西南石油大学, 2018.
[53] 万伟, 葛炼. 高性能水基钻井液在长宁页岩气区块研究与应用. 钻采工艺, 2019, 42(1): 7, 83-86.
[54] 万夫磊. 长宁页岩气表层防漏治漏技术研究. 钻采工艺, 2019, 42(4): 7,8, 28-31.
[55] 刘伟, 贺海, 黄松, 等. 疏水抑制水基钻井液在长宁 H25-8 井的应用. 钻采工艺, 2017, 40(3): 12,13, 84-86.
[56] 郭南舟. 准噶尔南缘地区复杂深井钻井提速关键技术研究. 荆州: 长江大学, 2014.
[57] 王新涛. 准噶尔盆地高压喷射钻井破岩敏感性实验研究. 青岛: 中国石油大学(华东), 2014.
[58] 杨天方, 王晨, 李秀彬, 等. 准噶尔盆地南缘工程复杂原因分析及对策. 录井工程, 2017, 28(3): 65-68, 157,158.
[59] 刘政, 李俊材, 蒋学光. 强封堵高密度油基钻井液在新疆油田高探 1 井的应用. 石油钻采工艺, 2019, 41(4): 467-474.

第六章　非常规油气井钻井液技术的发展趋势与展望

虽然前面已阐述利用创建的井下地层岩石表面双疏性和井壁岩石孔缝强封堵理论，分别发明了原创性的“超双疏强自洁强封堵高效能水基钻井液、无固相可降解聚膜清洁煤层气井钻井液和高温高密度双疏无土相强封堵油基钻井液”技术，并在页岩油气、煤层气和致密油气井上得到了非常成功的规模应用，但应用井基本都属于非超深井。为保障我国油气安全，必须在较长时期内确保国内原油年产量保持在 2.0 亿 t 以上、天然气年产量倍增发展至 2600 亿～3000 亿 m^3 的目标。为此，必须经济高效勘探开发 7000m 以深油气藏、4000m 以深页岩气、1500m 以深煤层气和页岩油，以及地下特殊领域资源。但钻探深部页岩油气和煤层气、油页岩、极地油气、地热资源等，必定遭遇前所未有的系列钻井液技术难题，这也将成为将来一段时期非常规钻井液技术的发展方向。

第一节　深部页岩气与煤层气钻井液技术

页岩气与煤层气在非常规油气资源中占据较大的比重，本书所介绍的技术已可满足浅层页岩气和煤层气“安全、高效、经济、环保”钻井需要(虽然已顺利完钻深层煤层气井——大平 7 井，但该井使用的钻井液微毒)，但对于深部页岩气与煤层气资源，仍有一些技术难题需解决。

一、深部页岩气与煤层气地质情况

(一)深部页岩气地质情况

页岩层埋藏深度越大，岩性越致密，页岩气保存条件越好，但开发难度也增大[1]。北美地区主要开发 3500m 以浅的页岩气，中国页岩气 3500m 以深资源占 65%以上[2]，主要集中在龙马溪组和筇竹寺组深层页岩地层。

从四川盆地及周缘下志留统底界埋深图(图 6.1)可见，四川盆地内部绝大部分地区五峰组—龙马溪组页岩气为深层页岩气，甚至有一半的地区埋深大于 4500m，浅层主要分布在盆地边部(如涪陵地区和长宁地区等)和盆地西部的尖灭带附近(如威远地区等)。四川盆地五峰组—龙马溪组深层区各井页岩中有机质丰度自下向上逐渐变低，厚度在 40m 左右。矿物组分是页岩气储层描述和评价的重要指标。美国 Barnett 页岩中的黏土矿物含量普遍小于 33.3%，以硅质为主，且普遍含有碳酸盐矿物，为硅质型页岩，难度小于我国。四川盆地深层区五峰组—龙马溪组富有机质页岩与美国 Barnett 页岩具有相似的矿物学特征，黏土矿物含量平均在 35%以下。脆性矿物含量平均为 65.4%，其中石英含量一般为 20%～50%，平均为 40.4%；长石含量为 1%～16.3%，平均为 5.2%；碳酸盐岩含量为 1%～44%，平均为 10.7%；黄铁矿含量为 0.6%～10%，平均为 3.3%。

川南深层区富有机质页岩平均孔隙度一般在5%左右。深层页岩气具有良好的保存条件，大量气体仍然保留在有机质孔隙等储集空间中，形成异常高的孔隙压力，抵御了现今上覆地层的压实作用，使页岩孔隙未被压扁和减小，孔隙度总体较高。富有机质页岩中碳酸盐矿物溶蚀产生次生孔，增加了孔隙度。

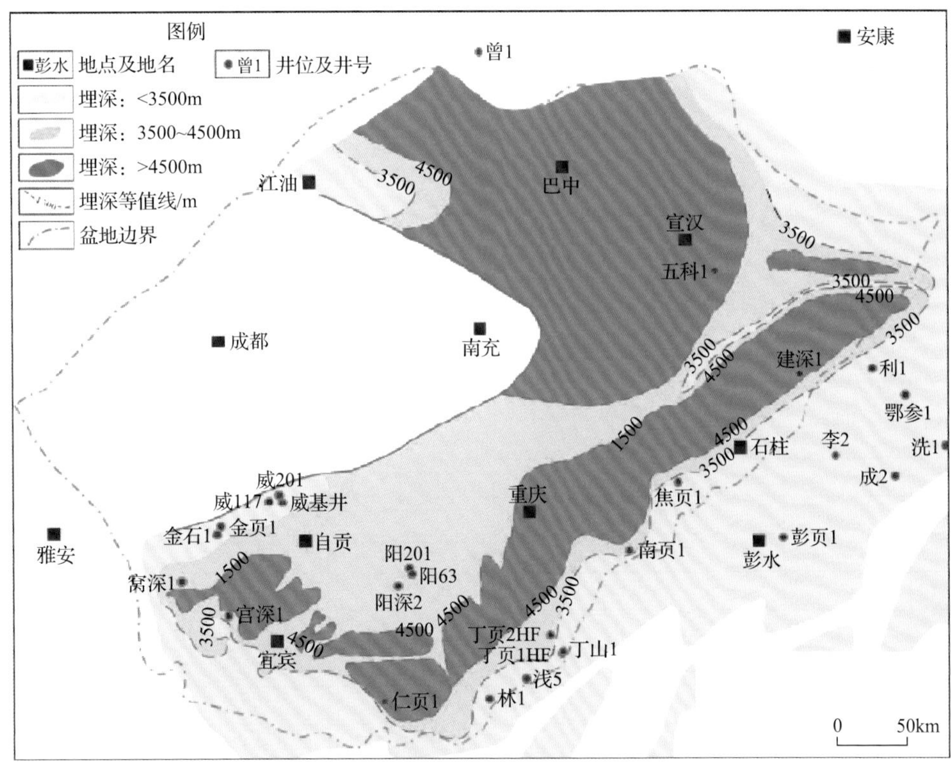

图 6.1 四川盆地及周缘下志留统底界埋深[3]

关于川南深层区资源潜力，目前还未进行专门评价。从目前对威远-荣县区块的初步分析看，其五峰组—龙马溪组一段下部优质页岩段资源丰度接近$6\times10^{8}m^{3}/km^{2}$。荣昌—永川五峰组—龙马溪组一段页岩气资源丰度大于$10^{8}m^{3}/km^{2}$。

马新华[4]研究认为，四川盆地优质页岩集中分布在蜀南地区下志留统龙马溪组黑色页岩中，深度在3500m～4000m，有利区面积为7000km^2，资源量为$3.5\times10^{12}m^{3}$；深度在4000m～4500m，有利区面积为10000km^2，资源量为$3.5\times10^{15}m^{3}$。上述资料充分证明了四川盆地南部深层页岩气资源潜力巨大，勘探开发前景广阔，但勘探开发难度大。

（二）深部煤层气地质情况

全国新一轮煤层气资源评价以煤层埋深2000m以浅为评价对象，结果表明我国煤层气地质资源量埋深1000m以浅为$14.3\times10^{12}m^{3}$；占38.9%；埋深1000～2000m为$22.5\times10^{12}m^{3}$，占61.1%。对全国3000m以浅煤层气资源量的研究发现，煤层埋深1000～1500m，资源量约$21\times10^{12}m^{3}$，埋深1500～3000m，资源量$30\times10^{12}m^{3}$，分别占总资源量的38.2%和54.5%，而1000m以浅的资源量仅占7.3%[5,6]。

我国中高阶煤渗透率通常小于 1×10^{-3}mD，低阶煤小于 3×10^{-3}mD，对比国内外煤层渗透率特征，我国多以致密煤为主，煤层气赋存及“解吸－扩散－渗流”平衡机理复杂，深部煤层在含气量、含气饱和度、储层压力、临界解吸压力及保存条件等关键地质条件比浅部煤层好。

我国煤层气高产富集区带主要位于沁水盆地环状斜坡带南斜坡的晋城地区，鄂尔多斯盆地的大宁-吉县、吴堡、韩城、乌审旗、合水-宁县、黄陵地区以及淮北-淮南地区。这 8 个有利勘探目标区的煤层为压实-热变质，煤层厚，物性好，气态烃在煤层中多呈饱和吸附状态，含气量大，封盖条件好，有利于形成大型承压水封堵和压力封闭煤层气气藏，有利勘探面积 1.4×10^4km^2，煤层气资源量 4.96×10^{12}m^3[7]。

鄂尔多斯盆地煤层气资源量十分丰富，煤层气总资源量为 107235.7×10^8m^3，占全国煤层气总资源量的 1/3。区域上，鄂尔多斯北部资源量最大，其次为鄂尔多斯东缘，鄂尔多斯西部其他依次为桌-贺、渭北、陕北和黄陇(表 6.1)[8]。

表 6.1　鄂尔多斯盆地煤层气资源分布[8]

分区	面积/km^2	煤层气资源总量/10^8m^3	不同深度下的资源量/10^8m^3		
			300～1000m	1000～1500m	1500～2000m
东缘	16310.68	19962.27	5025.69	5860.48	9076.11
渭北	7467.39	7011.02	1209.23	2134.25	3667.54
北部	46026.34	55825.61		21050.38	34775.23
桌-贺	4357.48	7829.14	1362.28	1904.38	4562.47
西部	20131.97	12732.06		3760.77	8971.29
陕北	11359.70	3732.81		3732.81	
黄陇	2213.60	142.79		40.33	102.46
总计	107867.2	107235.7	7597.2	38483.4	61155.1

沁水盆地是山西乃至全国煤层气赋存最为富集的地区之一，煤层气储量约为 6.92×10^{12}m^3(表 6.2)，蕴藏量占山西省煤层气总量的 65.8%，全国煤层气资源总量的 1/4，是目前国内勘探程度最高、储量条件稳定、开发潜力巨大、商业化程度较高的煤层气气田[9]。

盆地的沉积盖层自下而上依次为本溪组、太原组、山西组、下石盒子组、上石盒子组和石千峰组，其岩性为含砾砂岩、砂岩、粉砂岩、泥质粉砂岩、粉质泥砂岩、泥岩及煤层等，其中能够对煤层气起到封盖作用的岩性主要是泥质岩类，包括粉砂岩、泥质粉砂岩、粉沙泥质岩及泥岩。就含煤层段而言，泥质岩很发育，山西组泥岩含量在 60%左右，太原组泥岩含量在 50%以上，且变化范围不大，全区稳定发育，是煤层气吸附储集的良好盖层。

表 6.2　沁水盆地各主要煤层的煤层气资源量计算表[10]

埋深/m	煤层气资源量		
	3 号煤层/10^8m^3	15 号煤层/10^8m^3	总煤/10^8m^3
300～900	8620.363	8041.782	25709.760
900～1500	4331.57	5499.041	18813.078
＞1500	2055.006	5155.243	24712.640
合计	15006.94	18696.07	69235.48

二、深部页岩气与煤层气勘探开发技术难题

(一)深部页岩气勘探开发技术难题

勘探开发深部页岩气资源主要存在 3 大技术难点：①目标页岩埋深大，构造复杂，“甜点区”预测难；②钻井事故率高，井眼轨迹控制难，分段改造施工难度大，增产效果不理想；③地层突破压力高，目前配套工具与设备不能满足高温高压环境作业需求。四川盆地威 204H1-2 井和丁页 2HF 井等超过 3500m 的井，虽地表条件较好，但是钻井过程中井壁垮塌严重、井眼轨迹变化大，现有压裂车功率不足，压开段数少，改造体积小，单井产量不理想。

川南深层区页岩气井钻井和完井遇到比涪陵浅层区更多的困难和挑战。主要表现在：①涪陵浅层区钻井开孔地层为嘉陵江组，而深层区钻井开孔地层为沙溪庙组，因此要多钻沙溪庙组—须家河组陆相地层和雷口坡组含膏盐岩地层，其中含水层多，时而发生砂泥岩掉块，增加了钻井事故几率；②深层地温高，高密度油基钻井液性能变差，维护成本高，且工具失效率增加；③深层高压，导致压裂施工压力增加，引起水平段套管变形，需要比浅层区更强抗压的套管。在南川、丁山等深层地区，最佳靶窗宽度有 10 余米。但是，由于该类地区多处于高陡构造带及其邻近区域，构造起伏大，断裂发育，应力场变化大，地震预测的精度往往比涪陵页岩气田一期开发区差，故开发井的水平段不仅要设计成 A、B 两端点有较大高差，甚至水平段中部还要有起伏，这就导致井轨迹控制难度大，往往最佳穿行段较短。而在威远—荣县等深层地区，虽然构造较简单，断裂及高角度构造裂缝不甚发育，地震构造解释精度较高，但由于最佳穿行窗口收窄为 5m 左右，同样导致井轨迹控制难度大。因此，在深层页岩气钻完井技术攻关中，除通常要求的优化井身结构、简化工艺流程和工作量以及研制钻头、螺杆等钻井工具外，还要注重陆相多含水层段的优快钻井技术和防掉块技术研究、抗高温新型钻井液的研制、抗高压低成本套管优选，同时要加强水平井轨迹优化和钻井跟踪调整工作，形成一套低成本高效率高质量钻完井技术体系[3]。

(二)深部煤层气勘探开发技术难题

煤层气储层与常规油气储层有巨大差别，煤层具有很低的完整性并且十分脆弱。在常规储层中，烃类产生于别处地层的源岩中，经过一定时期运移到多孔储层中并被圈闭。煤岩储层也是由从富有机源岩运移来的烃类所充填的，不同的是煤岩一般能在其内部产生烃类，不需要外部来源，煤层自己就是一种富有机质的源岩。此外，煤的表面比常规砂岩或碳酸盐岩的表面有更多的化学电荷，且它的电荷随着环境 pH 而变化。该表面电荷对钻井地层伤害和生产有重要的作用。

由于煤层的特殊理化性能和地层情况，常规钻井作业并不适合煤层钻井，会引发储层伤害、井壁坍塌及卡钻等复杂事故。安全高效开发深部煤层气存在的技术难题有：车载钻机的集成、制造技术不足；丛式井的井下设备磨损较为严重、修井概率高；多分支水平井完井困难，对煤层条件的适应性较弱；钻井液导致井壁坍塌严重，携屑不

足，储层保护不足[11]。

定向羽状水平井是集钻井、完井和增产措施为一体的技术，是开发煤层气的主要手段之一，国内已具备羽状分支水平井的部分关键技术(图 6.2)。但是针对深部煤层气的定向羽状水平井技术还不成熟，尤其是缺乏分支侧钻的轨迹控制技术和煤层井壁稳定性技术。目前还没有专门描述煤层气羽状水平井开采特征的数学模型，更没有相应的模拟软件，因此应加大力度研究开发适合我国煤层气的羽状分支水平井数值模拟技术。

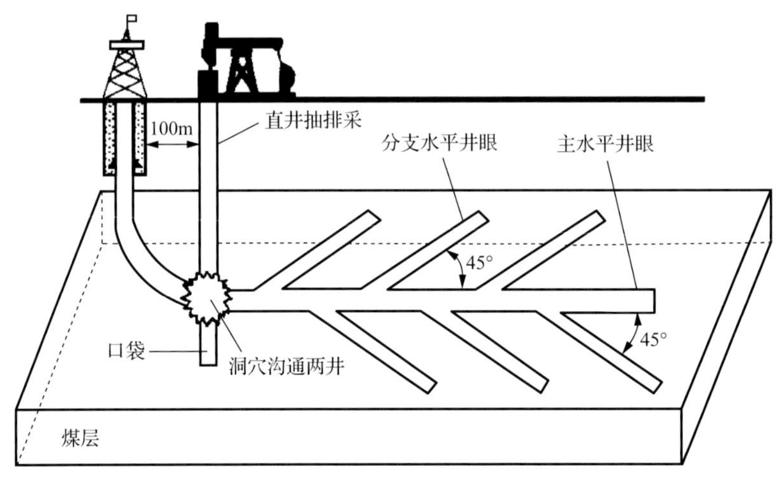

图 6.2　羽状分支水平井示意图

三、深部页岩气与煤层气钻井液技术难题

(一)深层页岩气钻井液技术难题

目前浅层页岩气水平井钻井液技术取得一定成果，水基钻井液在部分地区取得明显应用效果，如超双疏强自洁强封堵高效能水基钻井液技术，但是，针对深部页岩气，井壁失稳、高摩阻及长时间增稠的问题仍需要进一步加强，油基钻井液应用较成熟，但是在漏失和流变稳定等方面仍存在问题。

未来深层页岩气开发过程中，大型丛式水平井工厂化作业是必然趋势，钻井液密度和井底温度进一步上升，但是深层页岩气高温高密度钻井液的井壁稳定、润滑防卡、流变稳定及环保性能存在较大短板。当温度高于 150℃时，目前发明的超双疏强自洁强封堵高效能水基钻井液技术，难以保证环境可接受，难以在井壁稳定性、润滑性和保护油气层效果方面达到或超过油基钻井液水平，难以实现“安全、高效、经济、环保”的钻探目标，将来应继续向自然界学习，以大自然动植物为模本，研发抗特高温、抗污染的仿生钻井液材料，并继续在井下岩石表面双疏理论指导下，研发新型超双疏剂，将目前超双疏强自洁强封堵高效能水基钻井液技术的抗温能力大幅度提升。

1. 井壁稳定

页岩中活性黏土矿物水化膨胀与分散，特别是像蒙脱石之类的活性黏土水化膨胀与分散，对井壁稳定性会产生不利影响。页岩中活性黏土矿物的局部存在可能对页岩的整体性产生巨大伤害，特别是当活性黏土矿物在岩石中分布处于分散状态的时候。页岩与钻井液接触后，沿着高活性黏土矿物界面可能形成裂缝和延伸裂缝，或者裂缝沿着两种不同黏土矿物界面延伸。当钻井液沿着裂缝渗入页岩后，页岩中的黏土矿物发生水化膨胀和分散，导致井壁失稳。

钻井液活度不适当也会井壁失稳。对不含蒙脱石或伊蒙混层的页岩，钻井液活度对页岩水化膨胀和分散影响小。对含有蒙脱石或伊蒙混层的页岩，钻井液活度高于页岩活度时，钻井液滤液将进入页岩地层，增加孔隙压力。在活度差和钻井液压力的共同作用下，水从井眼渗入地层，将导致孔隙压力持续升高和地层吸水，钻井液支撑井壁的有效性和地层强度降低，发生井壁失稳。

因此，应深入剖析水基和油基钻井液导致深部页岩气井壁失稳的机理，通过引入其他学科先进理论和方法，研发适合深部页岩气的新型水基和油基钻井液井壁稳定剂，并使水基钻井液在高温条件下的抑制性超过油基钻井液。

2. 润滑防卡

在以后深部页岩气大型丛式水平井钻探中，由于水平段长度进一步提升，水平段的高摩阻和高扭矩问题会进一步突出。由于井下钻具和井壁的高摩阻，往往容易出现起下钻遇阻、卡钻等复杂事故，同时井下高摩阻，还会带来高扭矩、高环空循环压耗，从而极大浪费钻机的能耗，降低钻头破岩的效率。尤其对于页岩气水基钻井液，钻井液本身的润滑性能相比油基钻井液存在天然劣势，同时在深部高温的地层环境下，水基润滑剂会出现水解及解吸附的现象，润滑效果将会面临大幅度下降的难题。

虽然在“超双疏强自洁强封堵高效能水基钻井液”技术中，采用超双疏剂等已使水基钻井液在 150℃以内的润滑性超过了油基钻井液，但作用机理研究不够深入、润滑性评价不够系统，因此，针对深部页岩气井，我们不仅要进行“超润滑”或“零摩擦”机理研究，还需研发高温和超高温条件下的“超润滑”或“零摩擦”水基钻井液技术。

3. 流变稳定

由于泥页岩的高水化分散特点，页岩岩屑会在水基钻井液中逐渐水化分散，而分散后的泥页岩粒径小，难以被常规的固控设备去除；另一方面，水平井段的岩屑清除效率不足会导致岩屑被反复研磨，其粒径越来越小，更容易在水基钻井液中分散悬浮，最终导致钻井液中劣质固相含量越来越高，钻井液黏切力大幅度上升。目前页岩水平井现场作业过程中，针对水基钻井液的恶性增黏只能采取新浆稀释和替换的办法，极大增加了钻井液成本。对于深部高温页岩地层，水基钻井液的增黏情况会进一步恶化。

为此，不仅应进一步利用井下岩石表面双疏理论，完善气泡包裹“携屑”技术，还应将纳米科学引入钻井液中，加强研究纳微米固相颗粒清除技术。

4. 环保性能

随着国内外环境保护要求愈来愈严，对页岩气钻井液的环保性能要求越来越高。针对油基钻井液，目前常用的矿物油及带有芳香烃的乳化剂、流行调节剂和降滤失剂等处理剂虽然抗温性能优异，但其环保性能无法满足要求，同时其钻井废弃物的处理成本越来越高。环保型抗温水基钻井液是未来深部页岩气开采的发展趋势，但是相关核心处理剂的抗温性能还无法满足钻井需求，特别是抗高温的水基钻井液环保型处理剂。

整体而言，未来深部页岩气的开发对工程技术要求越来越高，应在机理揭示的基础上，研发钻井液处理剂新类型，以及提高相关核心钻井液处理剂的性能，突破已有的钻井液技术理论和方法，按照“化学-工程-地质”一体化思路，创建深部页岩气钻井液新理论与新技术。

（二）深层煤层气钻井液技术难题

目前浅层煤层钻井作业中，由于埋深浅、压力系数低，钻井液主要是空气泡沫、清水钻井、无固相可降解聚膜清洁钻井液等。当采用清水钻进时，若出现携砂困难情况，应在钻井液中加入适量羧甲基纤维素（CMC），以有效携带煤、岩屑[12]。

对于深部煤层气，由于地层压力系数高，泡沫钻井流体、清水钻井液、无固相可降解聚膜清洁钻井液的密度无法满足要求，需要重晶石等加重材料，或者采用加重聚合物钻井液，但它们对油气层损害严重，润滑性、井壁稳定性和环保性等问题突出，因此，应开发适合深层煤层气井的钻井液新技术。

加重聚合物钻井液的储层保护、井壁稳定及环境保护等方面存在困难。

1. 储层保护

煤的微渗透性阻碍瞬时失水通过，因此钻井液在煤的表面上不能形成滤饼。钻井液中的自由水和微颗粒会源源不断地进入煤层，从而导致井壁失稳及储层伤害，另外，由于煤的高比表面和高表面活性，煤会与钻井液中的聚合物发生明显的静电作用。聚合物钻井液主要通过化学吸附作用在煤表面形成致密的聚合物膜，达到减少滤失和提高井壁稳定性的作用，然后利用破胶剂清除煤层表面的聚合物膜[13]。但是针对深层储层，聚合物在高温下的吸附性能和破胶性能需要进一步加强，对加重材料的粒径和表面活性需要针对地层情况进行优选。

建议将研发的煤层清洁保护剂进行改性，提高抗温能力，以及基于井下岩石表面双疏理论，研发活性剂类超疏水剂，阻止钻井液中的水分进入煤岩地层内部，以这两种保护剂为核心，形成抗高温的保护煤层钻井液新技术。

2. 井壁稳定

安全钻井是钻井工程的根本，煤层安全钻井主要预防井壁坍塌和井漏的发生。煤储层坍塌和漏失的内因是：煤层割理微裂缝发育，胶结疏松，脆性大，机械强度低，钻井液液柱压力难以支撑上覆地层压力，且存在断层、破碎带构造，容易发生破裂而引起坍塌和漏失；煤层毛细效应突出，比表面大，容易吸附水；水与煤储层中含有的黏土矿物相互作用，易发生水化作用，造成突发性剥落坍塌；合适 pH 的钻井液也是煤储层安全钻井的基本条件之一，当 pH 过高时，OH^-与煤层面负电荷较高的氧原子可以形成强烈的氢键作用，加剧坍塌的可能性。煤储层坍塌和漏失的外因是：钻井液密度对煤层井壁稳定性有较大的影响。若钻井液密度过低，因煤岩抗拉强度和弹性模量引起构造应力释放，使煤层沿割理和裂缝发生崩裂和坍塌；若钻井液密度过高，在压差作用下钻井液进入煤层，不仅会将煤层中裂缝撑开使煤层结构破裂，还会对煤层造成损害；新钻开后的煤层，浸泡时间越长，煤层吸水坍塌更严重。

因此，将岩石力学与钻井液化学结合，是解决深层煤层气井钻井过程中井壁坍塌的技术思路。首先，通过岩石力学确定深层煤层气井钻井中的合理钻井液密度范围，然后研发抗高温、可自降解的煤层井壁稳定剂，结合活性剂类超疏水剂解决毛细管自吸水的难题，最后形成煤层气井井壁稳定技术。

3. 环保性能

在严格的环保要求下，煤层气钻井液需要完善其环保性能，由于煤层气的地层温度不高，目前常规的生物大分子材料及合成材料的抗温性能基本能满足要求，但是需要对环保材料的储层保护和井壁稳定性能进行系统的优化。另外，煤层气开采过程中经常会钻遇水层，产出大量的地层水，针对这些地层水的环保处理也是煤层气开发过程中的难题。

特别是对于深层煤层气，温度高，常规天然生物大分子材料难以满足高温要求，建议对纤维类物质改性，形成抗高温环保型钻井液处理剂。

综上所述，随着油气资源勘探开发难度不断加大，很多新的钻井液难题不断涌现，国内现有水基或油基钻井液技术已难以满足要求、国外先进水基或油基钻井液技术也“水土不服”，必须引入其他学科的前沿基础理论，如仿生学、超分子化学、微生物学、人工智能、大数据等，研发新型水基/油基钻井液处理剂、形成新的并适合深部页岩气或煤层气钻井需要的“安全、高效、经济、环保、智能”水基/油基钻井液技术，创建钻井液新理论和新方法，实现水基或油基钻井液技术向智能化发展的革命性进步。这不仅是国际油气工业形势发展的需要，也是油气井工程学科发展的需要。通过分析认为，应重点从以下几方面继续开展深入研究。

(1) 深部页岩气、煤层气井塌机理与井眼强化型钻井液技术。

(2) 深部页岩气、煤层气钻井液用防漏堵漏材料与技术。

(3) 深部页岩气、煤层气储层保护钻井液材料与技术。

(4) 可直接排放型高效能钻井液技术。

(5) 人工智能实时预测与诊断技术。

(6) 智能钻井液材料与技术。

第二节　页岩油钻井液技术发展趋势与展望

页岩油是页岩层系中的滞留液态烃和未转化有机质转化成的石油，是我国陆上潜力最大、最具有重大战略意义的石油接替资源，是未来石油工业的重大期待。我国陆相盆地广泛发育湖相泥页岩层系，具有资源量丰富、分布范围广、有机质丰度高、厚度大、以生油为主等特点。我国页岩油技术可采资源量初步估算在 700 亿～900 亿 t，大约是常规石油可采资源量的 3～4 倍。高效勘探开发页岩油，力争实现陆相“页岩油革命”，对保持我国在较长时期内国内原油年产量达 2.0 亿 t 以上、保障国家石油供应安全具有重大意义。

目前，我国页岩油基础研究与钻探刚刚起步，虽然“超双疏强自洁强封堵高效能水基钻井液”已在大港页岩油钻探中取得成功应用，但对于在我国不同地质情况下广泛分布的页岩油是否具有广谱性、是否满足工厂化钻井要求、是否适合深层页岩油钻探等方面都有待进一步研究。

一、概述

与页岩气相似，页岩油是以游离(含凝析态)、吸附及溶解(可溶解于天然气、干酪根和残余水等)态等多种方式赋存于有效生烃泥页岩地层层系中且具有勘探开发意义的非气态烃类[14]。事实上，页岩油的内在价值比页岩气要更高。毕竟，天然气是最下游的产品，只能用于燃烧发热，而石油则是上游产品，功能覆盖面更广。

美国是页岩油勘探开发的领头羊[15,16]。从 2000 年开始，美国已将开发页岩气的水力压裂技术用于开采页岩油，使美国成为世界上增长最快的石油生产国。在美国，页岩油产量从 2005 年开始迅速增加，目前已陆续在中西部和南方地区的上生界、中生界及新生界以海相为主的页岩层系中产出了页岩油，已经成为了非常规油气勘探开发领域中的重点[15,17]。

中国作为世界第二大经济体，一直在不懈地追求能源安全甚至能源独立。有美国页岩油的开采先例，我国已逐步重点关注页岩油资源。由于页岩油基本上可以完全依照页岩气“水平井+分段水力压裂”的开发方式，且我国对页岩气已有较为成熟的经验，开发页岩油完全具备可行性。

页岩层中的水平井钻井难点主要在于井壁易失稳、水平段易形成岩屑床、强造斜段易卡钻等。在井型设计、钻井工具、固控设备等相对固定不变的情况下，钻井难题能否解决很大程度上依赖于钻井液技术。因此，下面重点论述分析了水平井钻井液技术发展现状与未来趋势。

二、页岩油及其分布

(一)性质与分类

页岩油是泥页岩地层所生成的原油未能完全排出而滞留或仅经过极短距离运移而就地聚集的结果，属于典型的自生自储型原地聚集油气类型[14]。页岩油所赋存的主体介质是曾经有过生油历史或现今仍处于生油状态的泥页岩地层，也包括泥页岩地层中可能夹有的致密砂岩、碳酸盐岩，甚至火山岩等薄层。

在实际地质条件尤其是陆相油气地质条件下，页岩油常可与页岩气、致密砂岩气、致密砂岩油等非常规类型油气伴生共存。与页岩气、致密砂岩气及致密砂岩油等其他非常规油气资源类型相比，页岩油在其聚集条件、分布特点和规律等方面均存在较大差异(表 6.3)。在页岩油勘探开发过程中，黏稠度相对较小的常规物性油、轻质油，特别是凝析油，具有良好的综合经济效益，故在北美已开发的页岩油中，目前仍以轻质油(含凝析油)为主要对象。

表 6.3 页岩油气与致密砂岩油气特点比较

各类油气	勘探对象	主要赋存方式	储存介质	R_o/%	TOC/%	成因机理	有利埋深/m	地层压力	运移	聚集模式
页岩油	轻质油（含凝析油）	游离、溶解	页岩及夹层	0.5～2.0	＞2.0	热解、裂解	2000～5000	通常为高压	初次运移、极短距离二次运移	活塞式、置换式
页岩气	湿气、干气	吸附、游离	页岩及夹层	0.5～4.0	＞1.5	生物、热解、裂解、生物再作用	500～4500	高压、常压、低压	无运移、初次运移、极短距离二次运移	吸附、活塞式、置换式
致密砂岩气	干气为主	游离	致密砂岩储层			热解、裂解	1000～6500	高压、常压、低压	短距离二次运移	活塞式
致密砂岩油	轻质油、中质油	游离、溶解	致密砂岩储层			热解、裂解	1500～5000	通常为高压	短距离二次运移	活塞式

页岩油不以浮力作用为聚集动力，属于非常规油气资源类型，具有储集物性致密、不受常规意义圈闭控制、源内或源缘分布等典型非常规油气特点。总的来说，页岩油具有以下特点：

(1) 赋存状态。以游离、溶解或吸附状态赋存于有效生烃泥页岩层系中，主要赋存于泥页岩层系基质(微孔隙和微裂缝)、其他岩性夹层及页岩裂缝中，其赋存状态主要受介质条件、原油物性、气油比等因素控制。

(2) 储层物性。泥页岩基质孔隙度小、孔喉半径小、渗透率低，属于典型的致密物性(孔隙度小于 12%，渗透率小于 $0.01\times10^{-3}\mu m^2$) 储层。有机质微孔及微裂缝是页岩油赋存的主要空间类型，当裂缝发育时，渗透率可有较大增加。

(3) 形成条件。形成于深水、半深水环境中的富有机质泥页岩以偏生油的 I 型和 II 型干酪根为主。规模大、含油丰度低、采收率有限等是页岩油的基本特点。

(4) 地层压力。可形成多种地层压力特点，典型的页岩油常具有高异常地层压力特征。

(5) 聚集模式。属于典型的原地(就地)或自生自储聚集模式。页岩油具有源岩储层化、储层致密化、聚集原地化、机理复杂化及分布规模化等特点。

(6) 分布规律。页岩油没有明显的物理边界，常可与稠油及天然气等形成共生过渡关系。

(7) 勘探开发。页岩油特别是轻质油，常与页岩气形成共伴生关系。裂缝型甜点和孔隙型甜点，是页岩油勘探开发的重要目标。

(二) 分布情况

我国目前已在泌阳凹陷、辽河拗陷、济阳拗陷及东濮凹陷等地质单元中获得了页岩工业油流，揭示了我国陆相盆地泥页岩层系页岩油的资源潜力。依据页岩油形成条件和勘探现状，可将我国页岩油潜力区划分为 3 类：①页岩油发育条件最好，主要包括渤海湾盆地、松辽盆地、鄂尔多斯盆地、江汉盆地、准噶尔盆地、南襄盆地等；②页岩油发育条件良好，主要包括柴达木盆地、三塘湖盆地、二连盆地、塔里木盆地等；③主要是勘探程度较低、油气发现数量较少的中小型盆地，包括伊犁盆地、焉耆盆地、银额盆地、三江盆地等。总的来说，从大区分布看，页岩油资源主要分布在东部、中部和青藏等地区，其次是西部地区，南方地区油页岩、页岩油资源相对较少(表 6.4)[18]。

表 6.4 全国页岩油资源分布(按大区)[18]

大区	页岩油 资源量/10^8t	页岩油 可采资源量/10^8t
东部	167.67	57.46
中部	97.95	32.03
西部	72.78	25.94
南方	11.46	6.31
青藏	126.58	37.98
合计	476.44	159.72

注：资源量数据引自全国新一轮油气资源评价(2003~2007)。

三、页岩油气开发的低成本钻完井技术

页岩油与页岩气的开发技术可以说完全一致。从北美成熟的低成本钻完井技术可知，开采页岩油气资源的关键技术由以下几个部分构成[19]。

1. 高效率可移动钻机

为了满足井工厂作业需要，北美陆上钻井平台中有 60%具有移动能力，其中 35%是步进式移动钻机，25%是滑动式移动钻机。可移动钻机的使用将钻机在井口之间的移动时间降至 30min，大量节省作业时间和成本。

2. 井工厂优化设计

1)单井场多产层开发

充分利用一次井场，实现多产层共同开发，降低井工厂作业井与井之间的间距，增加单个作业平台井数，减少井场占用面积，通过共用土地、钻井设备、泥浆罐，水处理系统降低作业成本，并通过工厂化作业提高效率，实现区块总体效益的提升[20]。

2)灵活式井工厂模式

由于储层在几十米范围内变化很大，传统井工厂模式可能导致部分井与储层接触面积较少，或所接触的储层品质较差，产能达不到预期。雪佛龙公司开发了灵活式井工厂作业模式，通过前几口井的数据采集来实时调整后几口井的井身结构和井位，提高井工厂开发的经济效益[21]。

3. 钻井优化设计

1)尽量减少井身结构

为降低钻完井成本，井身结构最好实现“一趟钻”技术[22,23]。

2)井眼轨迹控制技术

为降低钻井成本，在地层相对简单、井底温度较低的情况下，井下工具一般使用高效实用的 MWD 和导向泥浆马达，以滑动钻进方式钻造斜段，以旋转钻进方式钻水平段。但在地层复杂、井底温度较高的区块，一般采用高造斜率旋转导向系统[24]。

3) 钻井液技术

北美页岩油气开发过程中，有 60%～70%的页岩水平井段应用油基钻井液，其他为水基及其他类型钻井液体系。采用油基钻井液体系有利于井壁稳定、降低摩阻，确保生产套管顺利下到位，但油基钻井液成本高、不利于地层及环境保护，而常规油气钻井用的水基钻井液无法满足页岩水平井钻井需要。为了降低成本，在水平段钻井过程中需针对储层特性不断评价和实施页岩水基钻井液体系，已有部分体系成功应用[25-27]。

4. 完井优化设计

1) 压裂优化设计

为了增大裂缝与储层的接触面积，提高单井产能，可采用多裂缝设计。通过加密射孔、缩短压裂间距，在同等长度水平段可以布置更多的压裂级数。

2) 完井方式优化设计

美国主要页岩盆地的生产测试数据表明，大部分产量(2/3)来自小部分主裂缝(1/3)，有 1/3 射孔簇对生产没有贡献，应减少无效压裂层段，改进完井方式，提高单井产能[28]。

四、页岩油钻井液技术

页岩油钻井液技术与页岩气钻井液技术都需要解决页岩层的钻井液技术难题，区别不大。总的来说，页岩层的钻井液技术难题集中在：井壁稳定、润滑防卡和井眼清洁等。

从我国目前页岩气钻井液使用情况来看，大多数井，特别是长水平段均采用油基钻井液体系进行作业。但随着水基钻井液技术的发展，已开始采用页岩层的高性能水基钻井液技术，特别是超双疏强自洁强封堵高效能水基钻井液在页岩气和页岩油上取得成功应用以来，采用水基钻井液钻探页岩层已是具有较大前景的一项技术，成为水基钻井液的发展方向和趋势。

五、小结

页岩油作为非常规油气资源，受到的关注日益增加。美国的成功案例激起了全世界对页岩油资源的开采热潮。比起其他非常规油气资源，如地热、油页岩、致密气等，页岩油的开采技术较为完善。钻井液是页岩油气资源开采的重要技术组成。综合来看，油基钻井液虽然目前的现场应用井数相对更多，但由于自身不环保、成本高的问题正在被逐渐替代；钻井液技术朝着水基钻井液方向发展，强抑制性、高润滑性、强携带性是进一步的发展方向，以高浓度和高价盐提供强抑制环境的水基钻井液具备成为下一代高效能水基钻井液的潜力。遵循多学科融合、多技术集成的一体化创新发展之路，以降本增效为目标，结合大数据、物联网、云计算、人工智能等其他学科的前沿理论，建立基于“化学-地质-工程-生态”一体化的钻井液理论与技术体系，促进钻井液领域的新一轮技术革命。

第三节 油页岩钻井液技术现状与发展趋势

油页岩与页岩油不同，前者可认为是上游产品，而后者则是前者经处理后得到的下游产品。具体而言，油页岩隔绝空气加热至500℃左右，其油母质热解生成页岩油、水、半焦和干馏气[29-31]。我国油页岩资源量巨大，除了用来干馏炼油外，还可用来燃烧发电，但因存在系列技术难题而未形成规模工业化开采，其中如何“安全、高效、经济、环保”钻探油页岩地层的钻井液技术目前没有很成功的案例，将是未来较长时期内钻井液技术的发展方向和趋势。

一、引言

油页岩含固体有机物于其无机矿物质的骨架内，其有机物质主要为油母质，不溶于石油溶剂，还含有少量的沥青质[32]。

页岩气的成功开采使人们不约而同地开始关注另一类与页岩相关的非常规油气资源——油页岩。油页岩是一种高灰分的含可燃有机质的沉积岩，含油率大于3.5%，因为其储量丰富而被列为21世纪重要的接替能源[33]。它与石油、天然气、煤一样都是不可再生的化石能源。在已知的所有化石燃料中油页岩的储量折算为发热量仅次于煤，位列第二。

我国已探明的油页岩储量为315.67×10^8t，非常丰富，但如何有效地开发利用却很复杂。油页岩开采技术可分为传统的地表干馏技术和地下原位开采技术。由于地表干馏技术一次性投资大、高污染、高成本等弊端，对油页岩地下原位开采技术的研究势在必行。油页岩原位开采基本技术原理是对地下油页岩层进行热处理，使油页岩中固态有机质受热裂解，生成可以在地层孔隙、裂隙中流动的液态页岩油和烃类气体，然后进行开采分离处理，得到油气。根据工艺要求，需要钻凿不同的功能井[34,35]。

显然，纵观油页岩的发展趋势，地下原位开采技术终将替代地表干馏技术，而对油页岩储层的钻井技术必成为决定油页岩这一非常规资源的开发利用程度的关键。钻井液作为钻井工程的血液，势必也将成为开采油页岩的重要且必须要发展的关键技术之一。

二、油页岩资源分布

油页岩资源在世界许多地区都有分布，但分布并不均匀，主要分布于美国、俄罗斯、加拿大、中国、扎伊尔、巴西、爱沙尼亚、澳大利亚等国家，但探明的油页岩储量还只占整个资源量的一小部分[36]。

油页岩沉积环境从海相到陆相都有分布，国外以海相为主[37,38]。中国油页岩沉积环境为陆相湖泊、海相及海陆交互相，但以陆相为主。油页岩由低等植物和高等植物及动物碎片组成。造岩矿物主要为黏土类硅铝酸盐矿物，二氧化硅、氧化铝、氧化铁含量较多，氧化钙含量较少。油页岩分布于大小沉积盆地90多处[39]，主要分布在东部、中部的平原和黄土地区，覆盖了20个省、自治区和多个矿区，我国主要的油页岩矿区见表6.5[37]。油页岩形成时代很广泛，从二叠纪至新近纪均有分布(表6.6)[40]。油页岩查明资源储量中含油率介于3.5%～5%、5%～10%、大于10%的分别占总资源量的9.1%、89.6%、1.3%。因此，含油率5%～10%的油页岩是我国油页岩的主要资源。

表 6.5　我国主要油页岩矿区概况[37]

省市	矿区	生成时代	探明储量/10^8t	备注
辽宁	抚顺东、西露天矿区	T	36.24	与煤共生
	阜新野马套海	J	1.10	与煤共生
吉林	农安矿区	K	168.94	
	桦甸矿区	T	3.60	
	汪清罗子沟	K	1.95	
山东	五图煤田	T	2.90	与煤共生
	黄县煤田	T	1.95	与煤共生
新疆	吉木萨尔	P		
	巴西坤石炭窑	P		
甘肃	窑街	J	0.24	与煤共生
陕西	铜川	Tr		
广东	茂名矿区	T	51.20	与煤共生

注：T 为第三纪，J 为侏罗纪，K 为白垩纪，P 为二叠纪，Tr 为三叠纪。

表 6.6　我国主要油页岩矿床的地质特征[40]

时代		代表性矿床	盆地类型	沉积环境	厚度/m	含油率/%
新生代	新近纪	广东茂名	断陷	湖	10.00～49.00	6.00～13.66
	古近纪	吉林桦甸	断陷	内陆湖	1.00～4.50	8.00～12.00
		辽宁抚顺	拗陷	内陆湖	70.00～119.00	6.00～10.00
		山东黄县	断陷	内陆河湖	2.00～15.00	9.00～22.00
中生代	晚白垩世	吉林农安	拗陷	内陆湖(海侵)	1.00～10.00	3.50～7.00
	早白垩世	吉林汪清	断陷	内陆河湖	0.30～3.00	3.50～7.44
	中侏罗世	甘肃炭山岭	拗陷	内陆湖	0.70～34.50	5.00～17.00
		青海小岭	拗陷	内陆湖	1.15～6.30	5.22～10.52
	晚三叠世	山西彬县	拗陷	内陆湖	0.54～15.00	4.15～8.47
古生代	早二叠世	新疆妖魔山	前陆盆地	近海相	2.00～25.00	4.65～18.91

桦甸油页岩是吉林省油页岩含油率最高的矿区，也是中国的重点油页岩矿区。桦甸盆地是位于东北聚煤盆地敦密断裂带主干断裂带北侧的小型断陷盆地。盆地内两组断裂将平缓的单斜构造形式切割为公郎头断块、大城子断块和北台子断块。桦甸油页岩的形成主要受气候和构造的控制。油页岩形成于古近系桦甸组，桦甸组共有三段：下部黄铁矿段($E_{2\text{-}3}h^1$)，中部油页岩段($E_{2\text{-}3}h^2$)，上部含煤段($E_{2\text{-}3}h^3$)。油页岩与煤共生，为潮湿气候下的产物。盆地内大型同沉积断裂常控制盆地的构造演化和古地理格局，中小型同沉积断裂往往影响矿体的厚度、结构及富集带的分布。桦甸油页岩段沉积时，盆地构造形式为半地堑式。沉积中心位于断裂带一侧(公郎头-大城子区)，厚度为 180～240m，沉降

中心与沉积中心一致，为同生沉积构造。油页岩富矿带位置也与沉积中心一致，显示了同沉积断裂对油页岩矿形成、赋存和分布的控制[40]。

三、油页岩成分分析

油页岩的特殊性体现在了岩性上，而岩性则是决定钻井液性能特点的重要因素，因此有必要对我国油页岩进行成分分析[41]。

（一）油页岩含油率的品级划分

含油率是油页岩的重要评价指标，是通过铝散干馏后测定的焦油产率，与有机质成分、碳、氢含量、变质程度等有密切关系[27,42]。按焦油产率，将油页岩分为 3 类[41]：

（1）高含油率页岩：油页岩焦油产率为 20%～40%，有时在 45%以上。有机质含量占 30%～45%，主要是腐泥质或腐殖-腐泥质。氮含量小于 1.5%，发热量为 8.4～19.0MJ/kg。这种油页岩可用于生产化工原料，可不经洗选而直接燃烧。

（2）中含油率页岩：油页岩焦油产率 10%～20%，有机质组分大多是腐泥质和腐殖质混合组成。

（3）低含油率页岩：油页岩焦油产率低于 10%，有机质含量只占 10%～15%，主要是腐泥-腐殖质，大多数油页岩均属于这一类，并常见煤和油页岩的过渡岩。

我国高含油率页岩只有桦甸四层（表 6.7）。中含油率页岩除煤以外，只有小峡、桦甸六层、依兰（富矿）。我国绝大部分油页岩均归属于低含油率油页岩。抚顺和茂名油页岩矿田为世界上有名的产地，针对我国实际情况，若把中含油率和低含油率的界限由 10%降到 8%，那么我国中含油率页岩还有茂名、桦甸八层和潭头。低含油率页岩产地有抚顺（贫矿）、华事、乌鲁木齐、汪清、农安、梅河、吴城，其含油率的下限可确定为 5%。

表 6.7　我国不同地区油页岩的化学成分[41]

序号	样号	产地	灰分/%	二氧化碳/%	有机质/%	焦油产率/%
1	3-4	桦甸（煤）	6.21	0.07	93.72	11.3
2	10-1	蒲县	9.58	0.11	90.31	23.9
3	13-1	浑源	9.73	0.44	89.83	32.1
4	14-1	中卫	32.95	0	67.05	15.69
5	8-1	黄县	34.35	5.28	60.37	37.50
6	3-2	桦甸六层	52.97	0.09	46.94	12.41
7	3-1	桦甸四层	53.03	0.13	46.84	26.41
8	3-3	桦甸八层	53.54	2.34	44.12	8.75
9	D-1	依兰（富矿）	54.08	0.02	45.90	11.33
10	20-1	华亭	60.18	0	39.82	6.76
11	7-1	小峡	62.64	0.16	37.20	12.8

续表

序号	样号	产地	灰分/%	二氧化碳/%	有机质/%	焦油产率/%
12	21-1	铜川	69.45	0.07	30.48	2.63
13	12-1	栾川潭头	72.91	0.09	27.00	8.00
14	6-1	汪清	73.45	5.21	21.34	6.40
15	19-1	茂名	73.99	2.07	23.94	9.11
16	11-1	吴城	74.63	11.08	14.29	6.50
17	D-B	依兰(贫矿)	76.23	7.55	16.22	3.59
18	5-1	梅河	78.04	1.05	20.91	5.40
19	15-1	乌鲁木齐	78.68	1.20	20.12	6.45
20	2-2	抚顺(富矿)	78.89	3.39	17.72	7.09
21	2-1	抚顺(贫矿)	79.73	4.02	16.25	6.60
22	20-2	海石湾	79.96	2.48	17.56	2.72
23	1-1	农安	85.55	0.12	14.33	5.79
24	4-1	阜新	88.80	4.48	6.72	2.50
25	17-1	围场	91.33	0	8.67	0.53
26	16-1	丰宁	94.76	0.04	5.20	0.66

(二)油页岩的灰分产率和品级划分

灰分产率是评价油页岩的重要指标，它和焦油产率及有机质含量有密切关系[43-45]。高灰分油页岩还要考虑其中二氧化碳的影响。表 6.7 按灰分高低列出了 26 个样品，从中可划出几条明显的界线：前 5 样品测定的灰分产率均低于 40%，因此均应当作煤，其焦油产率均在 11%以上，表明这几个产地煤的焦油产率较高：第 6～11 样品灰分产率为 40%～65%，有机质含量在 35%以上，焦油产率大致在 10%以上，是我国焦油产率比较高的油页岩；第 12～23 样品的灰分产率为 66%～86%，其焦油产率大部分低于 8%，有机质含量为 14%～34%，部分油页岩如依兰(贫矿)的焦油产率在 5%以下，可称为含油页岩，是我国低品位的油页岩产地；第 21～26 样品因灰分产率大于 86%，不应当作油页岩，无疑其焦油产率必然很低，无远景价值。

根据我国实际情况，按灰分产率对油页岩品级划分为二级，即[41]：低灰分油页岩：灰分产率低于 65%，其焦油产率一般可在 10%以上；高灰分油页岩：灰分产率在 66%～83%，焦油产率在 5%～10%。

(三)油页岩的灰分成分

由于油页岩的灰分产率普遍较高，在开发综合利用时必须考虑灰分的成分。参考煤炭灰分成分划分，得出我国油页岩的灰分成分分类表(表 6.8)。

表 6.8 我国油页岩的灰分成分分类[41]

灰分成分	SiO_2/%	Al_2O_3/%	Fe_2O_3/%	$CaO+MgO+K_2O+Na_2O$/%	代表性矿田	熔融性类别
硅质灰分	50～70	10～25	＜15	＜15	茂名、抚顺、铜川、乌鲁木齐、栾川潭头	中熔和难熔
铝硅质灰分	50～60	25～45	＜15	＜15	依兰(富矿)、华亭、小峡、海石湾	难熔
铁质灰分	＜60	10～25	＜15	＜15	依兰(贫矿)、中卫	中熔
钙质灰分	＜50	＜15	＞15	＞15	吴城、黄县、汪清	易熔

四、油页岩原位开采钻井工艺

油页岩开发的方式主要为地面干馏和地下原位开采两种[46]。油页岩原位开采技术是在地下原位对油页岩进行加热热解，将其中的干酪根热裂解为液态、气态烃类，再以石油、天然气开采技术进行开发。与其他开采方式相比，原位开采具有工艺流程少、成本低、开采率高、占地少的优点，是未来油页岩开发利用的发展方向。按照受热方式的不同，油页岩原位转化又分为热传导加热、对流加热、辐射加热等 3 类技术。

油页岩原位开采需要钻多口不同功能的井。以近临界水原位裂解法为例(图 6.3)，需要钻一口至多口注热井、开采井、压力控制井[47]。其中，注热井用于注入近临界水，或使用井内加热器在注热井中将水持续加热至近临界状态，从而在近临界水浸润、剥离和溶解作用下使干酪根逐渐裂解。裂解后的产物再随着循环水返出地面，通过冷却分离得到油气。

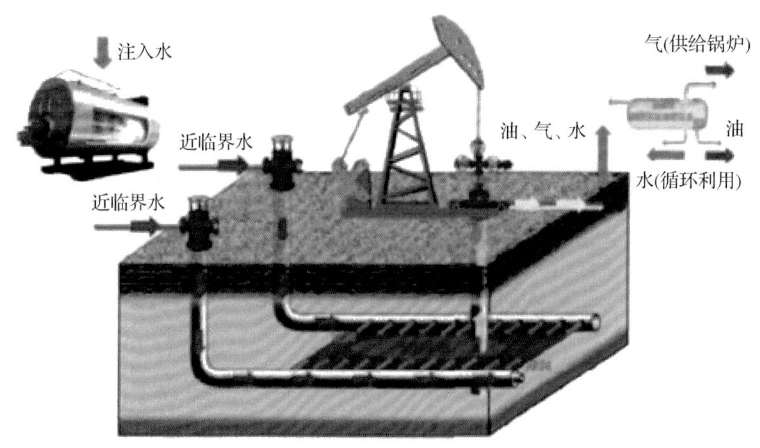

图 6.3 近临界水原位裂解工艺原理示意图[47]

针对油页岩储层的特殊性，钻井作业需要多方位考虑。目前，国内报道较少，扶余近临界水原位裂解工程采用了一套较为完整的钻井施工工艺，具体如下：

1. 钻井要求

钻 FK-1、FK-2 和 FK-3 共 3 口井，其中 FK-1 井为注热井，FK-2 和 FK-3 为开采井。FK-1 井设计井深 500m，原位开采目标油页岩层为地下 478～486m，平均含油量为 6.43%。各地层依次为：0～10m 为第四系黄砂土；10～126m 为泥砂、砂土、中细砂岩且含有大量水分；126～350m 以粉砂质泥岩为主，其中 146～148m 砂泥岩夹层含水；350～491m 为泥页岩；491～500m 为粉砂质泥岩。

2. 钻井工艺

根据试验工程的工艺要求，FK-1 井需使用直径为 244.5mm 的耐高温套管，因此，在 FK-1 井施工中采用小直径钻井、2 次扩孔的钻进工艺。

3. 钻井工程参数

油页岩层上覆地层主要为泥岩和页岩，泥岩密度为 1.5～2.0g/cm^3、页岩密度为 1.9～2.6g/cm^3、上覆地层平均密度约 2.0g/cm^3，厚度约 470m，主要岩石成分为含 SiO_2 和 Al_2O_3 的油页岩，黏土矿物成分平均占岩石矿物含量的 39.67%，因为开孔地层为松散黄土层，可钻级别在 1～3 级，所以宜采用小钻压、低转速、大泵量的钻井工程参数。

4. 钻井液设计

在钻井过程中，采用膨润土钻井液体系，膨润土含砂量不大于 4%、滤失量不大于 8mL、胶体率不小于 97%、相对密度为 1.10～1.25g/cm^3。钻井液配方：5.5%膨润土+3.4% Na_2CO_3+6.8%树脂+6.8%聚铵盐+3%～4%聚丙烯酰胺(PAM)+2%～3%部分水解聚丙烯酰胺(PHPA)+1%～2%腐殖酸钠(NaHm)。该钻井液具有滤失量低、黏结性较好、润滑性较好、抑制性好、流动性好，能够防塌护壁、清除钻屑等优点。性能参数见表 6.9。

表 6.9 钻井液的性能参数

开钻次序	井段/m	常规性能				流变参数		固相含量/%	膨润土含量/%
		密度/(g/cm^3)	漏斗黏度/s	泥饼厚度/mm	pH	塑性黏度/(mPa·s)	动切力/Pa		
开孔	0～10	1.05～1.10	80	≤0.5					
钻进	10～500	1.2～1.3	55～60	≤0.5	8～9	16～20	5～7	≤20	≤8
一次扩孔	0～500	1.2～1.3	55～60	≤0.5	8～9	8～12	3～5	≤18	≤8
二次扩孔	0～500	1.2～1.3	55～60	≤0.5	8～9	8～12	5～7	≤20	≤8

5. 固井设计与工艺

FK-1 井是油页岩的原位开采试验工程工艺井，要求 FK-1 井选用耐高温材料，保证原位工艺运行过程中井壁安全。

五、油页岩原位开采钻井液技术难题与对策

一般来说，油页岩层理构造明显、黏土矿物含量高，在钻井过程中，最易发生的井下复杂情况或事故为井壁失稳[48]。同时，通常油页岩碳化程度高、可塑性差，属脆裂岩石，仅靠化学防塌难以奏效，需结合力学手段来维持其稳定。

油页岩的成分复杂，不同的储层之间具有较大的差异，但一般认为，油页岩中的腐泥质是造成井塌的主要原因。腐泥质中富含大量的亲水质，在钻进过程中极易因毛细管吸力作用，使钻井液中的水分进入孔缝中，或者因钻井液液柱压力与孔隙压力之间的正压差作用，钻井液滤失量增大，引起水化、膨胀、缩径、孔壁与岩层之间连接强度下降，造成井眼坍塌等井下复杂情况或事故。当然，力学因素也是造成井塌的原因之一，油页岩本身塑性差、十分脆弱，受到外力波动时会掉块、垮塌，特别是我国探明的油页岩大

多数属于低含油率页岩(表 6.8)，使之岩性很贴近于煤。

目前，具备抑制防塌性能的钻井液类型大致分为油基钻井液、聚合物钻井液、硅酸盐钻井液、聚合醇钻井液、甲基葡萄糖苷钻井液、甲酸盐钻井液、饱和盐水钻井液，以及目前处于国际领先、防塌性超过油基钻井液的超双疏强自洁强封堵高效能水基钻井液。

(一)油基钻井液

一般油基钻井液分为全油基钻井液和油包水乳化钻井液，具有如下优点：

(1)抗温性高，一般温度高达 260℃时仍有良好的流变性能。

(2)比常规水基钻井液的抑制性更强。

(3)防腐性能好。

(4)钻井液比重可以低达 $0.9g/cm^3$，甚至更低。

(5)润滑性比常规水基钻井液好等。

但是，油基钻井液也存在以下缺点：

(1)初始成本高。

(2)对环境污染严重，需更严格的环保措施(排放问题)。

(3)增加测井困难。

(4)在钻井过程中，处理井漏更困难。

(5)检测气侵有一定困难(因为气体溶于油)。

(6)影响固井质量。

(7)在钻井过程中，一旦发生掉块、井塌，难以处理。

(8)携带岩屑更困难，特别是在水平井中容易形成“岩屑床”。

(9)调控油基钻井液流变参数更困难。

(10)多次重复使用后，钻井液增稠严重，且难以控制等。

针对上述主要技术难题，蒋官澄教授团队利用井下岩石表面双疏性理论和井壁岩石孔缝强封堵理论，发明了高温高密度双疏无土相强封堵油基钻井液，该油基钻井液是最先进和最前沿的油基钻井液类型，解决国际了上长期未解决的井壁坍塌、防漏堵漏、封堵、携屑等技术难题，引领了油基钻井液的发展。但因存在环境污染问题，在不能提供废弃油基钻井液无害化处理措施、无法实现“泥浆不落地”钻井作业的环境敏感地区的使用受到限制。

(二)普通聚合物钻井液

以部分水解聚丙烯酰胺(PHPA)、羧甲基纤维素(CMC)等具有一定抑制性的聚合物配制成的聚合物钻井液，在地层情况较为温和的情况下也可当作油页岩钻井液使用。如4%土+6%Na_2CO_3+0.1%CMC+0.15%PHPA+4.0%腐殖酸钾(KHA)等。稳定井壁的原理为：

(1)隔离膜原理：钻井液中的大分子物质相互桥接、吸附在孔壁上，在孔壁上形成大分子链网的隔离膜，阻碍自由水继续向地层渗漏，防塌。

(2) 堵塞原理：在钻井液中添加与地层空隙尺寸相配伍的微小颗粒，堵塞渗漏通道，降低漏失量。

(3) 活度平衡原理：使钻井液化学性质与地层化学性质相近，保持活度平衡，减少水分相互之间的运移。

(4) 特殊离子对地层的“钝化”原理：利用一些特殊离子的嵌合作用，加强黏土颗粒之间的结合力，从而使孔壁稳定性提高。

(5) 力学平衡原理：调整钻井液密度，使钻井液密度保持在合理区间，高于井眼坍塌压力等。

（三）硅酸盐钻井液

硅酸盐钻井液具有较好的防塌效果，一般通过以下三方面改善泥页岩地层[49,50]：

(1) 硅酸盐钻井液中胶体及细微颗粒，在分子作用力及钻井液与地层压差作用下进入泥页岩地层，封堵或者填充地层孔隙及微裂隙。

(2) 硅酸盐钻井液中 SiO_3^{2-}能够与泥页岩地层中 Ca^{2+}、Mg^{2+}结合，生产沉淀物覆盖在泥页岩表层，能够在一定程度上封堵泥页岩孔隙及微裂隙。

(3) 当地层水 pH 较低时，高 pH 的硅酸盐钻井液滤液进入泥页岩地层后改变黏土的物理化学性质，钻井液中硅铝组成会发生变化，导致钻井液滤液发生凝胶现象，钻井液抑制性大大提高。

典型配方为[51]：3%膨润土+5%硅酸钠+1.5%Na_2CO_3+0.5 中黏羧甲基纤维素(MV-CMC)等，该钻井液体系常规性能见表 6.10。

表 6.10 硅酸盐钻井液体系的常规性能

条件	AV/(mPa·s)	PV/(mPa·s)	YP/Pa	pH	FL_{HTHP}/mL	FL_{API}/mL
热滚前	12	9.5	3.5	10		6
120℃、16h 后	11.5	9.0	5	10	16.5	7.3

硅酸盐钻井液技术也存在一些缺点，主要体现在[50]。

(1) 硅酸盐对储层有较强的封堵能力，意味着如果储层段使用硅酸盐钻井液，会造成严重的储层损害。

(2) 硅酸盐钻井液润滑性明显不如油基钻井液，甚至低于普通水基钻井液。

(3) 硅酸盐钻井液与酯类、植物油类润滑剂配伍性较差，使得硅酸盐钻井液润滑剂的选择困难。

(4) 在硅酸盐钻井液中，当其固相含量从 30%增加到 45%时，其黏度迅速增加、滤失量也难以控制[52]，且滤失量通常也随重晶石加量增加而增加，使其难以在高密度钻井液中使用[53]。

(5) 通常往硅酸盐钻井液中加入降滤失剂时，大多数降滤失剂在降低滤失量的同时使钻井液黏度大幅度增加[54-61]，这对硅酸盐钻井液体系，特别是高密度硅酸盐体系流变性控制很不利；往硅酸盐钻井液中加入降黏剂，解决钻井液流变性问题，大多数降黏剂效果差，目前发现使用效果较好的硅氟类降黏剂[62]普遍加量不少于 2%，且成本每吨过万元。

这些限制了硅酸盐钻井液的使用，同时也为未来硅酸盐钻井液的发展指明了方向——未来高密度硅酸盐钻井液可朝着研发专用高效降滤失剂和降黏剂的方面发展。

(四)聚合醇钻井液

聚合醇钻井液是一种非油基钻井液，具有油基钻井液的特性，可以很好地取代油基钻井液，达到稳定地层、减少环境污染、不影响地质录井工作的效果。

聚合醇受到温度的影响，具有“浊点”效应，当温度高于临界温度时，聚合醇不溶于水，具有憎水性。当温度低于临界温度时，聚合醇溶于水，表现出亲水的特性。钻井过程中，地层温度随井深增加而升高，随着温度升高，聚合醇中分子链吸附在钻具及井壁上，形成一层类似油基钻井液、具有憎水特性的半透膜，能够有效阻止钻井液中水分进入地层。当聚合醇钻井液从井筒返回地表后，由于钻井液温度降低，聚合醇分子溶于水，表现出亲水性，能够减少处理剂的消耗[63]。

典型的正电聚合醇钻井液的配方组成为[51]：2%正电聚醇+0.3%高分子絮凝剂+1%降滤失剂+2%～3%正电护壁剂+3%膨润土，其常规性能见表 6.11，可以看出，正电聚合醇钻井液的塑性黏度及动切力较高，HTHP 滤失量及 API 滤失量较低。

表 6.11　聚合醇钻井液体系的常规性能

条件	AV/(mPa · s)	PV/(mPa · s)	YP/Pa	初切/终切	FL_{HTHP}/mL	FL_{API}/mL
热滚前	20.5	30.5	10.5	2.5Pa/6Pa		4.3
120℃、16h 后	20.0	32.5	14.5	2.5Pa/4.5Pa	16	5.4

虽然聚合物醇钻井液的应用在我国某些井取得了成功，解决了大斜度定向井、深井及水敏性易塌地层的钻井液润滑、防塌等问题，但是否满足油页岩井的钻井需要值得探讨，且没有在油页岩应用聚合物醇钻井液的报道。

(五)甲基葡萄糖苷(MEG)钻井液

甲基葡萄糖苷(MEG)钻井液的性能接近油基钻井液，能够很好地取代油基钻井液，其成分相对简单。

甲基葡萄苷分子结构独特，4 个亲水的羧基使得分子能够吸附在泥页岩井壁表面。随着甲基葡萄苷分子的增多，能够在井壁形成一层半透膜，同时甲基葡萄苷环状分子上具有 4 个—OH，能够与水分子形成氢键，束缚住钻井液中的自由水，使得钻井液中水分子进入地层比较困难[64]，甲基葡萄苷钻井液滤液进入地层后有一定的脱水作用。再者，甲基葡萄苷钻井液表面张力低，容易从地层中返排出来，减小对储层的破坏。钻井过程中为了减少对储层的损害及保护环境，可以使用无黏土相甲基葡萄苷钻井液体系。其典型配方为[51]：MEG 基液：水(4：6)+1%降滤失剂+0.3%Na_2CO_3+0.5%抗盐提切剂

VIS+0.1%抗氧化剂，该钻井液体系常规性能见表 6.12，其表观黏度和动切力较高，API 滤失量和 HTHP 滤失量均较低。

表 6.12 甲基葡萄苷钻井液体系的常规性能

条件	AV/(mPa·s)	PV/(mPa·s)	YP/Pa	FL_{HTHP}/mL	FL_{API}/mL
热滚前	36	19	16		2.5
120℃、16h 后	38.5	21.5	16.5	15.5	3.2

甲基葡萄糖苷钻井液的优点主要有：①防塌效果好，膜效率高。通过渗透作用降低钻井液向地层滤失是甲基葡萄糖苷的主要防塌机理，高的膜效率为防塌提供了主要效能。②可有效降低水的活度。③甲基葡萄糖苷无毒。④对高密度钻井液具有很好的流型改善作用。⑤钻井液组成简单、抗污染性强等特点。

当然，甲基葡萄糖苷(MEG)钻井液的缺点也很突出，使其难以推广应用，主要体现在：①室内评价，抑制泥页岩水化膨胀、分散的作用较弱[65]；②甲基葡萄糖苷的加量大、每吨甲基葡萄糖苷的单价和钻井液费用高；③抗温性差，大于 120℃时，会使钻井液性能急剧恶化，无法使用等。

(六)甲酸盐钻井液

甲酸盐溶液具有较宽的密度范围，在配制钻井液时可以不加固体加重剂配制低固相或者无固相钻井液，能够减小钻井液对储层的破坏，同时提高机械钻速。甲酸盐钻井液提高地层稳定性的机理为：

(1)甲酸盐钻井液滤液矿化度高，性质更接近地层水，因此与地层配伍性好。

(2)甲酸盐钻井液常使用 NaCOOH、KCOOH 和 CsCOOH 等甲酸盐配制，钻井液中含有大量的 $HCOO^-$，能够与泥页岩中黏土双电子层中正电荷相吸引，使得黏土层稳定性升高，同时钻井液中 K^+、Cs^+取代黏土中 Na^+，使得泥页岩中黏土水化膨胀能力降低。

(3)饱和甲酸盐溶液中自由水较少、活度低，水分子从钻井液中进入地层难度增大。

甲酸盐钻井液典型的配方为[51]：2%抗盐降滤失剂+0.15%XC+5%$CaCO_3$+10%甲酸盐，基本性能见表 6.13。可以看出，甲酸盐钻井液塑性黏度和表观黏度较低。但是现场使用时，若甲酸盐加量小时，性能差，通常需加入大量甲酸盐，增加了钻井液成本，且室内实验数据和现场应用效果相比，甲酸盐钻井液的抑制性与理想中的相差较大，有大幅度提升空间。

表 6.13 甲酸盐钻井液体系的常规性能

条件	AV/(mPa·s)	PV/(mPa·s)	YP/Pa	初切/终切	FL_{HTHP}/mL	FL_{API}/mL
热滚前	12.5	10	4	1.5Pa/1.5Pa		7
120℃、16h 后	10.5	9	2.5	1.0Pa/1.0Pa	21.5	9.8

（七）饱和盐水钻井液

与甲酸盐无固相钻井液类似，饱和盐水钻井液也具备低活度、低自由水含量的特点，具有很强的抑制能力。在盐膏层钻井时，饱和盐水钻井液是很好的选项。同时，相对于甲酸盐钻井液，饱和盐水钻井液使用无机盐，如 NaCl、KCl 和重晶石加重，综合成本低，在中、高密度钻井液体系中尤为明显，高密度甲酸盐钻井液必须用甲酸铯加重，成本极高，但饱和盐水钻井液可以用重晶石提高密度。

一般来说，高温盐水钻井液面临的主要问题有[66]：

1. 高温前后流变性变化明显[67]

高温作用能引起钻井液表观黏度、塑性黏度、动切力及静切力上升或下降，属于不可逆变化；高温增稠，严重时钻井液胶凝成一团；高温减稠，需要添加大量处理剂来维护，现场维护处理频繁，给施工带来很大麻烦。

2. 高温条件下滤失量显著增大[68]

地层中的离子（如 Ca^{2+}、Mg^{2+}、Na^{+}等）通过压缩黏土颗粒的扩散双电层、降低黏土的 Zeta 电位、减薄水化膜，削弱黏土矿物的分散性，使黏土颗粒不易形成端-端或端-面连接的网架结构，造成滤失量上升；同时，抗盐降滤失处理剂长时间处于高温环境，导致部分失效，滤失量增大，诱发井下复杂情况的发生。

3. 高温老化后钻井液悬浮力差

对于高温盐水钻井液来说，加重材料的沉降问题特别突出。研究表明，悬浮稳定剂在高温情况下会降解，使钻井液的悬浮能力显著降低，从而导致重晶石沉降。

4. 腐蚀性加剧

氧化物、碳酸盐和硫酸钠、钙、镁等，会通过钻井液添加水、地层水、钻井液处理剂或者钻进的某种地层等进入到钻井液中，由于大分的腐蚀过程都有显著的电化学作用，而各种溶解盐类又会增加钻井液的导电率。因此，溶解盐会加速腐蚀作用。

综合看来，饱和盐水钻井液已逐步向抗高温（>180℃）、高密度（>2.2g/cm^3）方向发展，但结合目前我国油页岩的勘探情况来看，地层的条件远要温和得多。目前饱和盐水钻井液尚未应用到油页岩钻井中，但并不排除未来在高温高压油页岩储层中的应用。

（八）超双疏强自洁强封堵高效能水基钻井液

第 3 章已详细阐述利用蒋官澄教授团队创建了“井下岩石表面双疏性理论”、“井壁岩石强封堵理论”和“仿生钻井液理论”，研发了系列钻井液新材料——超双疏材料、仿生固壁剂、仿生抑制剂、仿生微纳米封堵剂、仿生键合型润滑剂，按照“化学-工程-地质”一体化思路，结合钻遇的地质情况，创建了“超双疏强自洁强封堵高效能水基钻井液”新技术，在国际上首次实现了抑制性、润滑性和保护油气层效果超过油基钻井液水平，且环境可接受、每方钻井液成本低，解决了国际上长期未解决的钻井液技术难题，在页岩油、页岩气、致密油、致密气井上得到非常成功的应用，并在同区块与国际上先进技术进行了对比，综合效果更优，实现了“安全、高效、经济、环保”钻井，属于目前国际上最先进、最前沿的水基钻井液技术。

由于页岩油和油页岩所面临的钻井液技术难题相近，从理论分析，超双疏强自洁强封堵高效能水基钻井液新技术完全适应油页岩的钻井需要，但仍需针对具体施工井的情况做深入的研究，对该钻井液技术做进一步的改进与提高，形成成熟的油页岩专用水基钻井液技术。

六、小结

综上可知，我国油页岩资源相对较为丰富，具备开发潜力。采用多口油气井对油页岩进行原位开采势必成为未来的核心技术。一般来说，相比页岩有气井，油页岩钻井难度相对低，不仅油基钻井液可以应对，水基抑制防塌钻井液体系亦具备适用性，特别是超双疏强自洁强封堵高效能水基钻井液适应性非常强。

然而，由于目前对油页岩的开发还处于初期阶段，更未进行长水平段水平井钻井作业，钻井液技术仍会面临一定的挑战。

同时，我国尚未系统研究油页岩专用的钻井液技术，即没有把油页岩、钻井液统筹到一起考虑，从而出现了技术空白。无论从哪个角度讲，研究高效能油页岩钻井液技术已迫在眉睫。

第四节　极地油气钻探钻井液技术

当前，油气勘探开发不仅正在由中深层向深层超深层，由浅中层页岩油气、煤层气与致密油气向深层超深层页岩油气、煤层气与致密油气，由陆上向海洋延伸，并且逐步向极地油气资源延伸。极地油气的勘探开发不仅要面临钻探非极地陆上或海洋油气时的技术难题，还将面临低端低温的特殊地面恶劣条件，钻井液技术将面临重大挑战，现有钻井液技术不能完全满足“安全、高效、经济、环保”钻井需要，需开发适合极地油气钻探的高端钻井液材料、软件和工艺等关键技术，目前我国在这方面的研究较少，技术不成熟。

一、北极圈油气资源分布

根据 2008 年美国地质调查局(USGS)的环北极资源评估(Circum-Arctic Resource Appraisal，CARA)[69]，北极地未开采的石油约为 900 亿 bbl，占全球石油资源的 13%；未开采天然气约为 1670×10^3Bcf，占全球天然气资源的 30%。

目前北极圈的石油勘探开发分为陆上和海上。陆上勘探开发占整个北极圈油气资源的 2/3，但是海上还是未来的极地油气资源的勘探开发重点，各个区块的具体油气储量见表 6.14。

表 6.14　USGS CARA 油气评估结果[69]

地区简写	地区	石油/MMbbl	天然气/Bcf	凝析气/MMbbl	总油气/MMobe
WSB	西西伯利亚盆地	3659.88	651498.56	20328.69	132571.66
AA	极地阿拉斯加盆地	29960.94	221397.60	5904.97	72765.52
EBB	东巴伦支盆地	7406.49	317557.97	1422.28	61755.10
EGR	东格陵兰裂谷盆地	8902.13	86180.06	8121.57	31387.04
YK	西叶尼塞-哈坦加盆地	5583.74	99964.26	2675.15	24919.61
AM	亚美盆地	9723.58	56891.21	541.69	19747.14
WGEC	西格陵兰-东加拿大盆地	7274.40	51818.16	1152.59	17063.35
LSS	拉普捷夫海大陆架	3115.57	32562.84	867.16	9409.87
NM	挪威大陆边缘	1437.29	32281.01	504.73	7322.19
BP	巴伦支地台	2055.51	26218.67	278.71	6704.00
EB	欧亚海盆	1342.15	19475.43	520.26	5108.31
NKB	北卡拉盆地和地台	1807.26	14973.58	390.22	4693.07
TPB	蒂曼-佩歇拉盆地	1667.21	9062.59	202.80	3380.44
NGS	北格陵兰滑动边缘	1349.80	10207.24	273.09	3324.09
LM	罗蒙诺索夫-马卡罗夫	1106.78	7156.25	191.55	2491.04
SB	斯维德鲁普盆地	851.11	8596.36	191.20	2475.04
LA	勒拿-阿纳巴盆地	1912.89	2106.75	56.41	2320.43
NCWF	北楚克奇-弗兰格尔盆地	85.99	6065.76	106.57	1203.52
VLK	Vilkitskii 盆地	98.03	5741.87	101.63	1156.63
NWLS	西北拉普捷夫海大陆架	172.24	4488.12	119.63	1039.90
LV	勒拿-维柳伊盆地	376.86	1335.20	35.66	635.06
ZB	济良卡盆地	47.82	1505.99	40.14	338.95
ESS	东西伯利亚海盆地	19.73	618.83	10.91	133.78
HB	霍普盆地	2.47	648.17	11.37	121.87
NWC	西北加拿大内陆盆地	23.34	305.34	15.24	89.47
总计		89983.21	1668657.84	44064.24	412157.09

注：1bbl=0.159m^3；1Bcf=2831.7×10^3m^3；MMbbl 为百万桶，1MMbbl=1.59×10^5m^3；MMobe 为百万桶油当量，1MMobe=1.59×10^5m^3。

俄罗斯拥有北极圈储量最大的油气区块，在北极圈油气开采发展最快，主要集中在西西伯利亚盆地(West Siberian Basin)(储量第一)和东巴伦支海盆地(East Barents Basin)(储量第三)。这两处盆地的油气资源占据了整个北极圈油气资源的 50%，主要为天然气和液化天然气(NGL)。俄罗斯在北极圈的陆上油田有位于蒂曼-佩歇拉盆地(Timan-Pechora Basin)的哈里亚加油田(Kharyaga)和位于西西伯利亚盆地的亚姆堡气田(Yamburg Gas Fields)，在海上有位于东巴伦支海盆地的库页岛气田。

美国在北极圈主要油气区块位于北极阿拉斯加盆地(储量第二)、北楚克奇-弗兰格尔盆地、霍普盆地。挪威北极圈开采主要集中在挪威大陆架(73 亿桶当量油)和巴伦支海大陆架(67 亿桶当量油)。格陵兰岛在东格林兰裂谷盆地拥有 314 亿桶当量油的油气储量，在西格陵兰-东加拿大盆地拥有 171 亿桶当量油的油气储量。加拿大在北极地圈的油气区块主要在亚美海盆(197 亿桶当量油)和西格陵兰-东加拿大盆地(171 亿桶当量油)。由于开采费用昂贵，加拿大在北极圈的油气开采基本停滞，转向国内的油砂和煤层气资源。

二、极地钻井面临的钻井与钻井液技术难题

极地海水钻井比常规的海水钻井难度更大，北极圈海上钻井需要考虑水深、海流、作业季节和冰川情况。关于冰川的情况，需要了解冰川的类型、大小和冰流动速度。非极地海上钻井主要是半潜式钻井平台，但是对于极地而言，钻井船更加适合。破冰船在极地海上钻井作业中必不可少。破冰船可将浮动的冰川破碎成小块的浮冰，减少对钻井平台的冲击；当冰川太大时，需将隔水导管断开，上提钻杆，钻井船开走避开冰川，然后再回来重新作业[70]。

极地钻井作业中还会遇到井眼轨迹不明确、作业时间限制、环境保护、低温作业等问题。钻完井液在极地钻完井作业中遇到的问题如表 6.15[71]。

表 6.15　极地钻井液遇到问题、原因及处理方法[71]

问题	原因	处理方法
井径扩大	钻井液温度一般高于冻土层温度，会使冻土层中的冰融化，最终导致冻土层松软，出现井眼扩大	在冻土层钻井中，钻井液循环至地面后会经过冷却系统来降低钻井液温度
低温流变性	极地冻土层中温度低于 0℃，会使钻井液黏切力大幅上升	水基钻井液中加入一定的盐来降低冰点，油基钻井液选用恒流变钻井液体系
卡钻	极地油气资源开采多以水平井为主。由于储层埋深浅、造斜点浅、狗腿角大，容易发生卡钻的问题	钻井液需要加入合适的润滑剂
井漏	极地地层渗透率较高，岩石胶结较弱，储层破裂压力低，容易发生漏失问题	钻井液密度需要精确控制，降低循环压耗
泥页岩分散	浅层泥页岩段水化现象明显	水基钻井液需要加入高效抑制剂和包被剂

三、国外极地钻井液技术

俄罗斯、美国和挪威等国家在北极圈进行了成熟的油气开采，形成了规模应用的低温恒流变油基钻井液和淡水基环保水基钻井液技术。

(一)油基钻井液技术

哈里伯顿公司的 Sengupta[72]介绍了一种低导热钻井液，通过加入中空微球来降低钻

井液导热率。中空微球可以是有机物或者无机物，无机中空颗粒主要是玻璃珠，密度为 0.14～0.38g/cm^3，壁厚为 0.5～2.0μm，平均直径 60μm。

德克萨斯大学 Kamel[73]评价了油基钻井液、盐水水基钻井液和淡水基钻井液的抑制和低温流变性能。结果显示，油基钻井液和盐水基钻井液有更好的抑制性能、低温剪切稀释性能和切力。淡水基钻井液滤失量更低，但是在冰点附近剪切稀释性能差且切力低。油基钻井液和盐水基钻井液比淡水基钻井液更适合冻土层钻探。现场结果表明[73]，Umiat 油田使用油基钻井液的井的产量最高，盐水钻井液次之，膨润土水基钻井液产量最少，且证实在冻土层中的储层伤害，除了常规损害机理外，还有一种特殊的储层损害形式——滤液的结冰。

Friedheim 等[74]研制了 Gen-1 FRDFs 恒流变油基钻井液体系，该体系在 4.5～83℃之间黏度、凝胶强度、动切力等流变参数基本没有变化。主要是利用有机土和流行调节剂来调整流变性能。超过 150℃后，需要添加额外的稳定剂来稳定流变性能。具体流变性能见图 6.4。

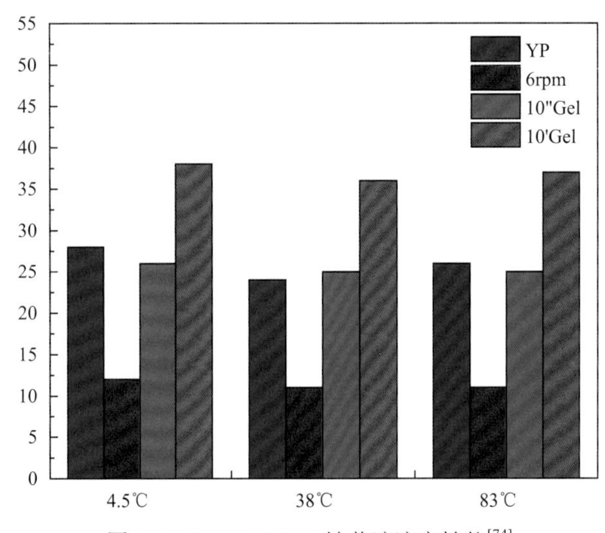

图 6.4 Gen-1 FRDFs 钻井液流变性能[74]

在 Yurkharovskoye 油田，对恒流变油基钻井液和普通油基钻井液进行对比[75]，发现恒流变油基钻井液泵速更快、泵压更低、当量钻井液循环密度(ECD)更低、开泵循环时间更短。钻井液的流变性能对比如表 6.16 所示。

位于 Yamal 半岛的 Krutenshternskoye 油田，钻井存在井壁垮塌、井漏、卡钻和高压气层气侵的难题，且钻井液安全密度窗口窄，上部技术套管温度从零下降到 35℃。温度的变化会对油基钻井液的流变性能和 ECD 产生影响。为了减少温度对钻井液黏度的影响，选择使用低温恒流变油基钻井液，结果表明，井下压力波动更小、在钻井作业中流变性能基本不变化，避免了因 ESD(当量钻井液静态密度)和 ECD 波动而导致的井壁失稳，提高了井眼清洁能力，尤其是上部大间距环空的携带岩屑性能[76]。

表 6.16 恒流变油基钻井液切力对比情况[75]

温度/℃	动切力/(100 lbs/ft²)	
	Yurkharovskoye-恒流变油基钻井液	Yurkharovskoye-油基钻井液
8	16	65
30	15	18
50	14	18
70	15	15
温度/℃	Gel(10s) /(100 lbs/ft²)	
	Yurkharovskoye-恒流变油基钻井液	Yurkharovskoye-油基钻井液
8	6.3	14
30	7.8	9.6
50	8	9
70	8	8
温度/℃	Gel(10min) /(100 lbs/ft²)	
	Yurkharovskoye-恒流变油基钻井液	Yurkharovskoye-油基钻井液
8	12.2	25
30	11.8	28
50	11.8	24
70	13	18
温度/℃	Gel(30min) /(100 lbs/ft²)	
	Yurkharovskoye-恒流变油基钻井液	Yurkharovskoye-油基钻井液
8	16	30
30	11.6	32
50	11.8	26
70	14	22

注：$1 lbs/ft^2 = 47.87Pa$。

(二)水基钻井液技术

1. 高抑制性淡水钻井液

Vankor 油田位于东西伯利亚，气候与极地类似，年平均温度是–10℃，最低温度为–57℃，冬季长达 258 天，冻土厚度达 500m，储层面积为 447km²(30km 长，15km 宽)。常用的钻井液是 10%KCl 聚合物钻井液，该体系具有以下优点：①良好的抑制性，可良好地抑制黏土分散；②能提高泥页岩井壁稳定；③流变性能良好，携屑性能良好，利于井眼清洁。但是，由于 Vanker 地区周围有许多自然保护区和国家森林公园，针对俄罗斯北部油田开采的环保条例越来越严，KCl 钻井液体系已经不满足该区域的环保条例。

针对该问题某钻井服务公司开发了一套适合 Vankor 油田使用的高抑制性的淡水钻井液，用于替换常用的 KCl-聚合物钻井液[77]。该钻井液体系包括流型调节剂(黄原胶)、降滤失剂(PAC)、碳酸钙及最核心的黏土水化抑制剂(中性的大分子选择絮凝剂和低分子量阴离子聚丙酸钠)。该体系黏度和流变性能易控制，提高了井眼清洁性能。由于不含有KCl，该体系可以稀释后直接处理。高抑制不分散淡水钻井液的抑制黏土膨胀性能与KCl-聚合物钻井液基本一样，缩短钻井周期达40%，其具体性能和配方见表6.17、表6.18。

表 6.17　高抑制性淡水钻井液性能[77]

参数	导管	技术套管	生产套管
管柱长度	0～620m	620～1730m	1730～3400m
钻井液类型	不分散水基体系	不分散水基体系	不分散水基体系
密度/(g/cm^3)	1.16	1.18	1.14
漏斗黏度/s	70～120(400～600m) 50～90(<400m)	40～70	40～70
塑性黏度/(mPa·s)	15～35(400～600m) 10～15(<400m)	10～30	10～25
Gel(10s)/(lbm/100ft^2)	15～45	15～40	10～30
Gel(10min)/(lbm/100ft^2)	10～30/25～50	6～20/9～35	5～15/9～30
MBT/(kg/m^3)	<80	<50	<50
Ca^{2+}/(mg/L)	<200	<300	<300
pH	8.5～10	8.5～10	8.5～10

注：1lbm/100ft^2 = 0.478Pa。

表 6.18　高抑制性淡水钻井液配方[77]

处理剂	浓度/(kg/m^3)			功能
	导管	技术套管	生产套管	
非离子聚丙烯酰胺	0.3	1.5	1.7	絮凝剂
丙烯酸聚合物	2	5.5	6	降滤失，稳定井壁
磺化沥青		2.5	7	抑制页岩分散
无机硅酸盐		3.5	2	抑制页岩分散
乙二醇			5	抑制剂、润滑剂
黄原胶		2.5	1.5	流型调节剂
PAC	1.5	5.5	5	降滤失
碳酸钙		60	100	加重，封堵
苛性钠	1	2.9	2.5	调节pH
抗菌剂		1	0.5	抗菌
脂肪酸混合物		6	6	润滑
羟基酰胺/磺化石蜡			5	润滑
膨润土	60			流型调节

该套高抑制不分散淡水钻井液在北美陆上油田得到成功应用，2005年在俄罗斯首次

使用，随后在 Tyumen 区域、阿尔汉格尔斯克州和科米共和国推广应用。

为进一步提高钻井液的抑制能力和提速，Kharitonov 等介绍了一种复合抑制剂的现场应用效果[78]，该复合抑制剂还兼有一定的润滑和封堵作用。复合抑制剂是一种磺化沥青和乙二醇的混合物，可以封堵微裂缝，并能在岩石表面成膜阻止滤液向岩石渗透，提高井壁稳定。现场使用方便，不需要预处理，可降滤失且不影响钻井液其他性能，加量约为 1.2%。

2. 水包油钻井液

Kharitono[79]介绍了一种应用在 Srednebotuobinskoe 油田低压储层的水包油钻井液。Srednebotuobinskoe 油田是砂岩低压储层，储层埋深 1893～1930m，储层压力梯度为 0.0073MPa/m，储层温度 14℃，平均渗透率 550×10^{-3}～$731\times10^{-3}\mu m^2$，最大渗透率可达 $3500\times10^{-3}\mu m^2$。该区域生产井主要是水平长度为 600～700m 的水平井。该油田生产井钻探于 2009 年 3 月开始，前 8 口水平井利用的聚合物-KCl 钻井液（ρ=1.02～1.05g/cm^3），井底循环当量密度达 1.13g/cm^3，由于钻井液密度高，钻井过程中出现大量的漏失现象。水包油钻井液包括 10%～40%油，密度可低至 0.95g/cm^3，该体系 2011 年开始在 Srednebotuobinskoe 油田应用，具有以下优点：钻井液密度低、减少钻井液漏失和对储层伤害、提高钻井速率、减少建井周期、环保可降解、与聚合物-KCl 钻井液兼容，其具体配方和性能见表 6.19、表 6.20。水包油钻井液中使用的矿物油为烷烃，密度为 0.74g/cm^3，芳香烃含量低于 0.05%。加入乳化剂后，可形成稳定的水包油乳液。该体系通过杀菌处理后可稳定存放几个月，便于长距离运输和不连续钻井等作业。该体系润滑系数低至 0.012，低于水基钻井液，减少水平段钻井摩阻。建井周期缩短至 12～22 天。

3. 高性能淡水钻井液（HPFWF）

2006 年，HPFWF 首次在俄罗斯 Salym 油田使用，该体系相比于 KCl-聚合物体系减少了废弃钻井液体积，降低钻井费用，并节省了钻井液处理剂费用。HPFWF 性能更加容易调整，适合复杂条件钻井。在 Salym 油田，最初的钻井作业中出现了以下问题：漏失、低钻井速率、黏附卡钻。最初的 KCl-聚合物钻井液常用于二开井段，多重复利用。为了保证钻井液的性能，需要稀释钻井液，会产生大量的稀释液和废弃钻井液。

表 6.19 水包油钻井液配方[79]

处理剂	浓度/(kg/m^3)	功能
水	740	连续相
矿物油	225	油
乳化剂	8	形成乳液
苛性钠	2.5	调整 pH
生物聚合物增黏剂	2	增黏剂
氯化钾	20	提供 K^+
碳酸钙	50	架桥粒子
润滑剂	8	润滑
杀菌剂	0.5	杀菌

表 6.20 水包油钻井液性能[79]

参数	数据
密度/(g/cm^3)	0.96～0.98
漏斗黏度/(s/L)	42～48
塑性黏度	越低越好
YP_{API}/(lbm/100ft^2)	18～22
FL_{API}/(mL/30min)	4～5
pH	7～9
Gel(10s)/(lbm/100ft^2)	5～6
Gel(10min)/(lbm/100ft^2)	7～9
Cl^-含量/(mg/L)	12000
Ca^{2+}含量/(mg/L)	＜200
MBT/(kg/m^3)	＜7
滤饼厚度/mm	≤1
含砂量/%	≤1

HPFWF 相比 KCl-聚合物钻井液有以下优点：极大减少废弃钻井液排放量、降低钻井液费用、提高井壁稳定、提高井底清洁、减少储层伤害、减少化学处理剂的使用。

在 KCl-聚合物钻井液中，部分水解聚丙烯酰胺(PHPA)作为黏土絮凝剂成功地在泥页岩井段应用，但是 PHPA 有明显的缺陷，比如高的表观黏度和剪切黏度、糊筛网、不抗钙镁离子、污染储层等。HPFWF 中使用的絮凝剂是一种分子量和离子强度优化后的聚合物，不同于 PHPA；同时 HPFWF 体系中加入少量的乙二醇和硅酸盐来提高抑制性。HPFWF 体系的配方和性能见表 6.21、表 6.22[80]。

表 6.21 HPFWF 配方表[80]

处理剂	含量/(kg/m^3)	用途
杀菌剂	0.3～0.5	杀菌
碳酸钠	0.2～0.5	减少水硬度
苛性钠	1～1.5	提高 pH，减少腐蚀
聚丙烯酰胺(特制)	1～1.5	主絮凝剂
丙烯酸聚合物	3.5～6	主降滤失剂
PAC	2～6	副降滤失剂和增黏剂
XC	1～2	提切剂
碳酸钙(根据储层空隙选择尺寸)	按需	加重剂和架桥粒子
膨润土	5～15	流型调整
重晶石	按需	加重剂
磺化沥青	0～4	页岩井壁稳定，储层禁用
消泡剂	0.2～0.5	消泡
非离子表活剂	0.2～0.4	防止钻头泥包
润滑剂	3～6	润滑

表 6.22 HPFWF 性能表[80]

参数	数据	
井眼尺寸	311.1mm(12 1/4″)	220.7mm(8 2/3″)
钻井液类型	HPFWF	HPFWF
密度/(g/cm^3)	1.14～1.16	1.08～1.14
漏斗黏度/(s/L)	37～58	42～50
塑性黏度	越低越好	越低越好
6 转读数	>6	>6
静切力/(lbm/100ft^2)	4～9/12～20	3～5/5～15
YP_{API}/(lbm/100ft^2)	18～24	12～18
FL_{API}/(mL/30min)	<8	<4.5
pH	8～9	8.5～9.5
水总硬度/(mg/L)	<400	<200
Cl^-含量/(mg/L)	<800	<800
碳酸钙/(kg/m^3)	0	30

4. 高效絮凝淡水钻井液(HPWBF)

Samarskiy[81]介绍了 HPWBF 在俄罗斯西西伯利亚 Uvat 油田钻井中应用情况。2007 年开始，Uvat 油田钻井液替换为 HPWBF，HPWBF 中使用的特殊分子量的絮凝剂不大幅度增黏，因此黄原胶的加量与常规钻井液一样，可保证低剪切下的黏度及大位移井中的携岩性能。HPWBF 使用中需要保证钙镁离子低于 400ppm。在 Uvat 油田浅部泥岩钻井中，HPWBF 中黏土含量低于 42kg/m^3，而 KCl-聚合物钻井液中黏土含量达到 140kg/m^3，HPWBF 和 KCl-聚合物钻井液的工程和成本对比情况见表 6.23。

表 6.23 HPWBF 和 KCl-聚合物钻井液的工程和成本对比表[81]

钻井参数	KCl-聚合物钻井液	HPWBF
进尺/m	2984	2887
钻井液体积/m^3	711	445
钻井液损耗/(m^3/m)	0.24	0.15
钻井液费用/美元	130699	77406
每方钻井液费用/(美元/m^3)	183.73	173.92
每米钻井液费用/(美元/m)	43.79	26.82
钻井天数/天	31	23
井斜角/(°)	39	36
化学处理剂使用量/t	144	64
漏失量/m^3	58	36
井眼扩大率(相比钻头尺寸)/%	23	17
黏土含量/(kg/m^3)	67	47

5. SPA/-PAM-K_2SiO_3 水基钻井液

Kharyaga 油田是一个陆上油田。平均气温为–20℃，最冷达–53℃。Kharyaga 油田储层深度 2850m，含有 1.2%H_2S。钻井液最初使用 SPA-PHPA-KCl 水基钻井液，后来因为环保考虑换成了 SPA-PAM-K_2SiO_3 水基钻井液。在钻井中，钻井液罐和地面钻井液循环管线需要加盖保温层，如图 6.5 所示[82]。

图 6.5　极地钻井作业中钻井液罐的保温层[82]

(三)低温防冻钻井液

目前，国外围绕极地考察和钻探，研究了在极地低温环境下的低温防冻钻井液。国外对冻土层钻井液的研究和使用情况有以下几个方面：含有石油沥青的柴油及含有烃基苯磺酸钠的氯化钙水溶液，可添加专用添加剂(可逆乳化剂)来提高抗低温钻井液的整体稳定性。

1. TC-1 型航空燃料(航空煤油等)钻井液

在南极大陆架对冰川进行科学考察时，科考人员在“友谊”基地附近进行了科学钻探，曾经以 TC-1 型航空燃料作为钻井液采用机械回转的方法进行施工钻进[83]。之后在南极东方站科学考察时，在钻进设计孔深为 2200m 和 3623m 的钻孔时，对 TC-1 型航空燃料钻井液进行了组分改进，在 TC-1 型航空燃料钻井液中加入加重剂等其他材料。南极冰层深孔钻进时，主要采用的钻井液配方是：乙醇水溶液、硅有机溶液、*n*-乙酸丁酯，以苯甲醚作加重剂[84]。在此类油基钻井液中广泛使用添加有各种加重处理剂的烃基溶液作为改进型钻井液。烃基溶液常使用气涡轮机、喷射式发动机的轻质燃料作为基液，混合工业煤油及其他溶剂。

2. 以柴油和煤油燃料为基础油的油基钻井液

此类钻井液在极地冰层和永冻土地层钻进中使用较多。但是在环境保护方面，由于煤油系列的油基钻井液的渗透性很高，在钻进过程中，由于孔壁周边有裂隙发育，在此类永冻土地层钻进时，钻井液将会透过裂隙发生泄漏[85]，导致孔壁不完整，并且钻井液的泄漏会对极地自然生态环境造成非常严重的污染。20 世纪 90 年代，列宁格勒矿学院北极研究团队与“极地-乌拉尔地质”新技术试验方法团队协作，研制并应用了 40%矿化水(含 25%$CaCl_2$ 的水溶液)和 60%“北极”型柴油混合而形成的抗低温乳化剂钻井液[86]，钻井液通过溶解的石油沥青的柴油，以及含有烃基苯磺酸钠的氯化钙水溶液，添加专用添加剂作为可逆乳化剂，来提高抗低温钻井液的整体稳定性。

3. 卵磷脂钻井液

在阿拉斯加北极地区科考过程中，在永冻土地层中，使用卵磷脂试剂钻井液进行钻进，在钻进 K-13 钻孔时取得了圆满成功[87]。钻井液中加入了一定量的聚乙烯吡咯烷酮(PVP)溶液、卵磷脂试剂和多聚物，卵磷脂试剂有吸附作用，部分吸附于冻土层表面的出露孔壁，减缓了冻土地层的分解速度，并且与冻土层已分解出的自由水和气体相结合，迅速形成新的冻土层，可有效控制气体的扩散。

4. 以乙醇水溶液为基础液的钻井液

在钻孔底部循环时采用乙醇水溶液作为钻井液，添加极地柴油与三氯代乙烯作为加重剂[88]，将形成的混合物注入钻孔内，保持了钻孔内的静压力平衡。但是钻井液存在抗低温能力差、携粉能力弱、流变性能差的问题。

5. 乙二醇和无机盐类作为防冻剂的水基钻井液

此类钻井液以乙二醇或者其衍生物来实现抗低温性能，以不同的无机盐类作为钻井液的防冻剂，对冻土层的抑制性效果较强。根据国外研究，在不影响钻井液体系的整体漏失性能和流变性能的情况下，在钻井液中加入食盐(NaCl)或甲醇可有效地抑制钻井液中水合物的形成。

此外，中国石油大学(北京)与克拉玛依钻井液公司合作，研发了–50#柴油基钻井液，很好解决了新疆油田冬天钻井过程中，油基钻井液增稠的钻井液技术难题。该钻井液是在高温高密度双疏无土相强封堵油基钻井液的基础上，直接将基础油替换为–50#柴油配制而成。

四、国内冻土层钻井低温钻井液研究

由于国内低温油气层少，针对油气钻探的低温钻井液研究也较少。但是随着对冻土层中天然气水合物的研究逐渐增多，国内对低温钻进的研究也涌现出了许多研究成果，主要集中于冻土地层钻进的方法和理论研究，并进行了抗低温钻井液体系的研究。目前对低温钻探的研究比较著名的是汤凤林、蒋国盛等学者，主要通过实验的方法研究了温度在冻土钻孔内的分布情况，用理论模拟的方式对生产条件下的钻进过程进行研究，在室内对钻进冻土样品时的岩心采取率、孔壁解冻、岩心原始结构、钻进效果与钻进条件的关系进行了实验和理论研究，并对钻进规程参数对孔壁状态的影响进行了探讨。针对冻土层可燃冰取芯钻井，钻井液现场应用主要以氯化钾聚合物体系为主，并根据地层温度和地质情况，调节钻井液的含盐量和其他复配处理剂。

随着资源勘探的逐步深入，我国启动了地质大调查科学研究项目。由于天然气水合物冻土地层钻探具有特殊性，对于钻井液的性能要求也不同。2007 年，成都理工大学王胜[89]针对冻土地层钻井液的特点，通过室内大量试验，研究出了抗低温钻井液体系，并可适用于高原冻土水合物地层钻探的施工，为之后实施的青藏高原永冻土层水合物钻探施工做好了钻井液技术方面的准备，弥补了国内在低温钻井液方面研究的不足。另外，通过对高原冻土水合物的赋存地质环境特性的调查分析，并对目前常用的钻进取心工艺技术进行研究，提出了低温钻井液体系特殊的性能要求和技术要点。以低温条件下的流体特性为研究的理论基础，在对水合物冻土层及冻土的性质进行详细分析的基础上，借鉴国外的先进经验研究，对低温钻井液基础溶液进行了基础研究，同时对低温钻井液处理剂的选择、低固相低温钻井液和无固相低温钻进液等多方面进行室内试验研究。通过诸多试验和对比分析，研究得出满足高原冻土地层水合物钻探的低温钻井液体系，并对优化后的钻井液配比方案进行了性能评价。在对高原冻土水合物地层钻探钻井液体系的研究过程中，其研究的核心技术问题是钻井液低温技术问题，通过加入合适的处理剂使钻井液在低温条件下保持良好的低温性能。在钻探钻井液体系中采用高聚物处理剂 FA 和 HT，解决了高原冻土层钻探钻井液体系的抗低温技术问题[89]。

张永勤等[90]通过钻探冲洗液在高原永冻区水合物的应用研究，对国外冰层取心和永冻土地层钻探冲洗液应用现状进行了分析。主要从冲洗液体系的抗低温能力、抗低温处理剂、抗冻剂的选择、钻井液体系对冻土层的抑制性、抗滤失性等方面，对高原永冻区水合物钻探冲洗液的研究和现场实际应用提出可借鉴的参考建议。

吉林大学冯哲等[91]结合高原冻土和冻土层赋存条件，试验研究了钻井液的耐低温特性。无固相聚合物低温钻井液体系以乙二醇作为防冻剂，配合其他高聚物等处理剂，可以满足青海地区永冻土地层勘探钻进所用钻井液的性能要求。确定的 4 种在–20℃低温条件下性能较好的钻井液配方，配方体系使用的主剂为乙二醇和 PVA。其研究的几种钻井液具有较强的抗低温能力，流变性和防塌能力也能够满足使用要求。在使用中可以根据实际条件对乙二醇加量进行调节，从而可以控制抗低温能力的强弱。通过抗低温实验，证明乙二醇溶液与几种高聚物处理剂之间能够很好地相容，并且在加入无机盐类之后，与有机处理剂之间互相配合，可以较大幅度降低钻井液的凝固点。乙二醇的浓度在 20%～30%时，钻井液在–20℃条件下仍然具有良好的流变性能。随着温度的降低，钻井液的黏度会逐渐增大，失水量明显下降，防塌性能有一定提高，可供高原冻土和冻土层的钻探施工时借鉴使用。

张永勤等[92]之后在进行中国陆地永久冻土带天然气水合物钻探技术研究的过程中，对低温钻井液体系进行了现场实践，研究的钻孔施工位于青海省木里地区，钻井液体系使用的是水合物低温盐水钻井液，钻井液以 NaCl 作为低温抗冻剂，能够在低温条件下保持良好的流动性。但是在使用的过程中发现，钻井液在抑制泥页岩及破碎地层时不够可靠，需要对配方进行调整。采用国产抗盐高聚物和美国 Baroid 公司的钻井液材料一起配置成新型抗低温高性能钻井液，钻井液配方为：纯碱 0.5～1.0kg/m^3、膨润土 8～24kg/m^3、黏土稳定剂 0.75～1.0kg/m^3、氯化钾 180kg/m^3、抗絮凝剂三聚磷酸钠 0.25kg/m^3、抗盐共聚物 1.0%～3.0%。改进后的配方性能有了很大的改善，使得钻孔比较稳定，在破碎地层取心效果较好。

吉林大学展嘉佳[93]依据高原冻土地层钻井液的使用原则，结合已有的低温钻井液现场使用经验，在无固相高聚物抗低温钻井液研究的基础上，对抗低温钻井液的不分散低固相高聚物体系作了进一步实验研究。主要对低温低固相聚合物钻井液体系中各处理剂之间组分和加量方面进行了优化选择，分别在常温和低温条件下测试了钻井液的抗低温特性、失水性能、流变性能和防塌性能等。根据各项性能优选出以乙二醇和 NaCl 作为主要抗冻剂的耐低温钻井液体系，确定了在低温条件下有较好性能的 11 种钻井液配方。钻井液配方在–20～–5℃低温条件下使用时仍能保持良好的使用性能，同时钻井液体系配方的经济性较好，成本较低，为低温钻井液的现场使用提供了更多可供选择的方案。同时针对钻井液地表制冷问题进行了钻井液降温系统设计，可以在地表对钻井液进行冷却。

陈礼仪等[94]针对青藏高原永久冻土层天然气水合物的钻探，对钻井液的低温凝固问题进行了系统研究。通过室内试验发现，随着卤盐含量的增加，其凝固点逐渐降低，黏度也随之增大，但黏度变化不大。相对而言，在同等的质量分数下，NaCl 的凝固点最低，$CaCl_2$ 次之，KCl 最高。在同等质量分数的情况下，凝固点卤盐＜甲酸盐＜有机醇。相比之下，卤盐基础液货源广，使用方便、经济、无毒，在三类基础液中占有一定优势。其中氯化钠溶液效果好，使用简单方便，价格低廉，是很好的基础液类型；氯化钾溶液具有较好的防塌性能，与氯化钠溶液组合是良好的基础液；甲酸钠溶液在钻井液中的应用也越来越广泛，其凝固点等能满足低温钻井液基础液要求，来源也比较容易并且无毒，可以作为另一种基础液。

赵宝军等[95]介绍了 3 种东北冻土层天然气水合物钻井液技术，在大直径深孔绳索取心钻探中，钻具润滑非常关键，除采用具有高润滑性能的钻井液外，必要时需在钻杆外侧涂抹专用的润滑脂。①CMC+PAM+皂化溶解油+氯化钠无黏土乳化钻井液。它具有携屑、润滑、絮凝能力强的优点，并具有一定的网状结构。它是通过调整 CMC、PAM 的含量来调节钻井液的性能，CMC 胶液的比例要大于 50%。氯化钠的加入是为了有效地控制孔底水合物的分解。其加量是控制低温钻井液冰点温度的关键，通常可控制在–10℃以下。②钠土+CMC+改性石蜡胶液+防塌剂型低固相防塌钻井液。它具有优良的防塌降失水性能，还具有一定的润滑减阻功能，在水敏地层、易垮塌地层、泥加石地层等复杂地层中使用。③CMC+PAM+皂化溶解油+氯化钾。氯化钾的添加量少于氯化钠就能达到钻井液冰点位于零下的温度要求。

李小洋等[96]介绍了青南乌丽冻土区天然气水合物钻井液技术。在该地区钻井过程中，为了防止钻井液溢流和孔壁失稳，需配制密度较大的低固相聚合物钻井液。钻井液配方为 1%黏土粉+2%SMC+5%护壁堵漏剂+3%HA-K+1%重晶石粉(易坍塌地层时需要)。钻井液性能测试结果为：密度 1.02～1.15g/cm^3、凝固点–4～–2℃、漏斗黏度 26～30s、含砂率≤2%、失水量 10～14mL/30min、滤饼厚度 1～3mm、pH 为 8.5～9.5。钻井液经制冷系统降温至 2.5℃以下。

衣风龙等[97]介绍了青海木里冻土区天然气水合物钻井液技术。通过地面钻井液制冷系统将钻井液(入口)温度控制在 2℃以内，可最大限度地满足水合物赋存的原始温压条件，即可有效抑制水合物的临时性分解。因此，施工原则上采用了高比重(增加孔底压力)、低温(抑制水合物分解)、低失水量(维护储层稳定)钻井液进行水合物钻进取心。钻井液配方：1m^3 水+25～50kg 优质钠基膨润土+10～15kg 广谱护壁剂+8～10kg 高黏防塌剂+5～8kg 磺化褐煤树脂；性能指标：密度 1.06～1.08g/cm^3、黏度 28～36s、滤失量 5～6mL/30min、pH 为 7～9、滤饼厚度 0.5～0.8mm。

涂运中等[98]研制了一套适合海洋天然气水合物钻井的钻井液体系，配方为：人造海水+2%膨润土+1%低黏聚阴离子纤维素(LV-PAC)+3%磺化酚醛树脂(SMP-2)+3%硅酸钠+

10%～15%NaCl+0.5%～1%聚乙烯吡咯烷酮(PVP)(K90)。加入 1%左右的聚乙烯吡咯烷酮能够确保在 18MPa 压力的低温环境下，20h 内管道内不会生成水合物。该硅酸盐钻井液在海洋水合物地层钻井的低温环境下具有很好的流变性(表 6.24)，能够满足钻井时保护井眼、悬浮钻屑、清洁井底的要求。

表 6.24 钻井液性能[98]

温度/℃	密度/(g/cm^3)	初切/终切	PV/(mPa·s)	YP/Pa	FL/mL
15	1.09	2Pa/2.5Pa	16	8.4	4.4
0	1.09	2.5Pa/3Pa	19	8.9	4.4
–5	1.09	2.5Pa/3Pa	22	9.6	4.4

王胜[89]研究了高原冻土天然气水合物的赋存环境特性和钻井取心工艺技术特点。在低温钻井液基础液研究的基础上，以 15%NaCl 溶液作为基础液研制了满足高原冻土天然气水合物钻探要求的无固相低温钻井液体系。其配方为：1000mL 水+0.8%SW+0.05%NaOH+15%NaCl+0.5%FA。其中 FA 处理剂为特种高聚物，是为了解决高原冻土天然气水合物钻探而研发的新型增黏剂。

第五节 天然气水合物钻井液新技术

天然气水合物(natural gas hydrate，NGH)，俗称“可燃冰”，是目前全球尚未开发的最大能源，它广泛分布于海底和永久冻土带，具有能量密度高、清洁无污染、分布范围广、资源量巨大等优点，被广泛认为是新世纪理想的接替能源。我国天然气水合物资源潜力巨大，是未来我国天然气发展的重大战略接替领域[99]。

提高水合物地层的钻井效率是实现天然气水合物工业化开采的基本前提。天然气水合物赋存于深水海域和冻土地区，钻探天然气水合物的自然环境恶劣，加之水合物的存在大大增加了钻井技术难度。由水合物地层中的天然气水合物分解(或相转变)导致钻井过程的井壁失稳、井涌与井漏的发生和成井困难，钻井液性能因水合物地层过低的环境温度引起的恶化现象，以及产量低、连续投产时间短、出砂严重、区域滑坡、环境污染等是天然气水合物地层钻井开发所面临的主要难题。因此，全球天然气水合物开发总体处于起步阶段，商业性开发利用面临技术路线选择、装备安全、生产安全和环境安全等一系列重大挑战。本节重点从钻井液的角度阐述钻探天然气水合物面临的技术难题。

一、天然气水合物储量情况及我国海洋天然气水合物特点

天然气水合物是由天然气与水在高压(大于 10MPa)低温(0～10℃)条件下形成的结晶物质，分解出的气体主要是甲烷，化学式 $CH_4{\cdot}nH_2O$。因其外观像冰且遇火即可燃烧，俗称“可燃冰”。天然气水合物燃烧后几乎不产生任何残渣，污染比煤、石油都要小得多。自然界中，天然气水合物广泛分布在温压条件适宜的陆上冻土带和水深超过 300m 的海底。据初步评价，全球天然气水合物中有机碳储量约为石油、天然气和煤炭三者总

和的两倍，可采资源量约为 $2\times10^{12}m^3$；我国天然气水合物资源量超过 $1\times10^{11}t$ 油当量，其中海域天然气水合物资源量约 680×10^8～800×10^8t 油当量、陆域天然气水合物资源量至少 350×10^8t 油当量[100, 101]。

我国海域天然气水合物主要存在于东海海域和南海海域，陆上天然气水合物资源主要集中在我国几大冻土带(青藏高原、东北冻土、祁连山冻土带)，是我国重要的潜在高效清洁油气接替资源。天然气水合物的高效开发对建设海洋强国、保障国家能源安全意义重大。

我国南海海域天然气水合物储层具有水深、埋藏浅、成岩性与胶结性差、地层强度低、渗透率低等特点，为保障南海天然气水合物安全高效钻采，加快实现商业化进程，需从实现天然气水合物商业化开采的基础理论研究入手，建立天然气水合物“安全、高效、经济、环保”型的钻采新技术。

二、天然气水合物的认识、研究历程和勘探开发现状

1. 认识、研究历程

人们对天然气水合物的认识、研究已经历了两百多年的历史，在油气工业界，天然气水合物起初被视为一种对于天然气输运极为不利的物质，经历了多年的发展，人们对水合物的认识从最初的单一的室内实验手段研究，发展到现在的室内实验与数值模拟相结合，并实现了研究成果的工业化应用，人们对于天然气水合物的认知也从最初的视之如虎的灾害变成了现在的最有应用前景的常规油气替代资源。天然气水合物的研究历程主要经历了以下几个阶段[102]：

(1) 水合物作为一种实验中的意外产物被 Davy 于 1810 年首次发现[103]，并首次以天然气水合物命名。其后一百年之间，人们在实验室内发现了非常多的可以形成水合物的气体，关于水合物的研究处于纯学术研究阶段。

(2) Hammerschmidt 在 20 世纪 30 年代中期发表的研究水合物的综述文章[104]，阐述了天然气输运管线常常在 0℃以上发生堵塞的原因正是管内天然气水合物生成造成的。标志着对水合物的研究已经不再是科研人员的探索游戏，而具备了极高的现实使用价值，研究人员纷纷从自身角度寻求切入点开始天然气水合物的研究[105]。同一时期，人们还发现，水合物生成不仅会造成输运管线堵塞，还有可能在钻井过程中影响施工作业的正常进行。此外，人们还发现，如果深水钻井过程中钻遇浅部水合物层，水合物分解会造成井壁坍塌，甚至有可能引发海底滑坡，损坏井下设备等严重问题。也是在这一时期，关于不同气体组分的水合物相平衡条件、水合物生成抑制剂、管内水合物清除技术等被大量应用于实际的天然气工业的生产中，有效保证了气体长距离高压输送的安全。

(3) 20 世纪 60 年代，天然气水合物自然成藏现象于苏联西伯利亚地区被首次发现[106]。1972 年，世界上第一块含水合物的天然气岩心在阿拉斯加北坡普拉德霍湾的 ARCO-Exxon 公司西北 Eileen 2 号钻井中被取出[107]。同年，BP 公司在加拿大马更些地区进行钻井作业时也发现了水合物[108]。自然成藏的天然气水合物的接二连三的发现，引起了包括苏联、美国在内的多个发达国家的高度重视，在冻土带进行了更多的地质调查，而其后在阿拉斯加北坡和北极群岛发现了多口可能存在水合物的油气井。因为这种水合物形成的低温高压环境在深海中也广泛存在，人们做出了天然气水合物广泛分布于世界各地的假设。

其后进行了数次航行的深海钻探计划(DSDP)证实了海底天然气水合物的存在并提出了用以探测水合物矿藏的海底模拟反射层(BSR)理论。其后，多国参与合作的大洋钻探计划(ODP)及综合大洋钻探计划(IODP)分别历经数年时间，先后进行了数次的航海探测工作，均显示世界上天然气水合物储量非常巨大，势必能有效缓解未来人类可能面临的能源短缺问题。

(4)2002年，美、日、德、印、加等国合作在马更些三角洲[109]冻土带成功进行了天然气水合物地层钻井作业，这在世界尚属首次。之后还成功进行了短期试采，证实热激法和降压法开采的确可以用在天然气水合物开采中。这次钻采作业具有划时代的意义，创造了很多第一次，天然气水合物作为未来重要的替代能源的地位再次得到了确认。随着研究的深入，各国学者不再局限于水合物钻井开发方面，研究领域已经拓展到温室效应[110]以及对海洋生物的影响等方面，还进行了如电力供应、水合物储气及二氧化碳的水合物法封存等特殊领域的研究。在盐水淡化处理[111]、废水净化[112]等方面，天然气水合物技术也表现出了良好的应用效果[108]。

总之，近年来，国内外在海洋天然气水合物开采方面已经开展了很多卓有成效的研究工作，主要包括天然气水合物成藏、资源评价、储层基础物性、水合物生成/分解动力学和水合物开采方法(如固态流化法、降压法、热激化法、置换法、化学抑制剂注入法等)。早期天然气水合物开采研究主要集中在基础理论和小规模试验上，继美国、日本、中国成功开展天然气水合物试采之后，其战略地位进一步提高，学者开始重视商业开发关键技术研究。目前，国内主要的水合物研究队伍及特色方向如表6.25所示。

表6.25 国内主要的水合物研究队伍及特色方向

研究单位	研究特色
中国石油大学(华东)	开采物理模拟与数值模拟、井壁稳定、流动保障、钻完井液
广州海洋地质调查局	水合物成藏、勘探、试采
吉林大学	冻土水合物钻采、储层改造、置换开采
中国海洋石油集团有限公司	水合物成藏、勘探试采、固态流化法
青岛海洋地质研究所	分子结构、组成、声学、电学参数
大连理工大学	储层骨架特征、开采物理模拟、数值模拟
西南石油大学	固态流化法
中科院广州能源研究所	开采物理模拟与数值模拟
中科院力学研究所	力学性质、地层稳定性
中国石油大学(北京)	开采物理模拟、相平衡、钻井液
中科院海洋研究所	水合物成藏及地质特征
中国地质大学(武汉)	地层稳定性、钻井液
华南理工大学	水合物生成动力学、开发利用
中国石油海洋工程有限公司	固井水泥浆、钻井液
北京大学	数值模拟
中科院武汉岩土力学研究所	水合物力学性质
中科院寒区旱区环境与工程研究所	冻土水合物相平衡

近年来，全球范围内掀起了天然气水合物商业化开采研究高潮，世界各国都希望占领能源发展战略的制高点。天然气水合物开采研究已进入一个新的发展阶段。

2. 天然气水合物勘探开发现状[113-118]

美、日、韩、俄、德等国在天然气水合物领域的研究起步较早、科研投入大，其中美国和日本在2010年以前走在世界最前端。

美国曾先后于2000年和2005年两次立法特别强调水合物研究的重要性。确定现阶段天然气水合物研究应主要集中在以下几个方面：①天然气水合物地层的物理性质研究；②钻采过程中的井壁稳定问题；③天然气水合物勘探方法研究；④实现商业化开采的配套技术研究；⑤天然气水合物环境风险评估。在阿拉斯加北部和墨西哥湾等天然气水合物赋存地区，美国已经开展了大量以基础研究为目标的水合物勘探开发工作，并预计在2020年实现陆上天然气水合物商业化开采，海上天然气水合物的开采也将很快展开。

国土面积狭小的日本的各类能源异常短缺，因此日本对天然气水合物持续保持了极高的关注度，并在天然气水合物研究方面投入了大量的研究经费。早在2001年，日本就对其南海海域进行了多次的水合物地调和钻探工作。研究证实简单的降压法开采就可以得到非常可观的气流。此后的多次试采(2007～2008年在Mallik的实地开采)也不断证明降压法开采的优越性。

除美国、日本的勘探开发之外，美国牵头的综合大洋钻探计划、深海钻探计划、大洋钻探计划也为进一步探索海洋天然气水合物做出了巨大贡献。

虽然我国天然气水合物方面的研究刚刚兴起不到20年，但在无数科研工作者的不懈努力下，逐步追赶上了发达国家的脚步。经过多年的调查研究，对我国东南沿海地区、青海、西藏等高原冻土地区进行了数次的钻探、地震调查勘探工作，目前已在我国南海神狐海域、东海、西藏羌塘盆地冻土带、青海木里冻土地区发现了丰富的天然气水合物资源[119,120]，并于2017年5月18日在南海神狐海域实现了60天连续稳定产气，累计产气达$30.9\times10^4m^3$，最高产量达$3.5\times10^4m^3/d$，平均日产$1.6\times10^4m^3$，其中甲烷含量最高达99.5%，持续时间之长、产气量之大在全世界尚属首例。现阶段，我国的天然气水合物勘探开发水平已经走在了世界前列。

目前，中国、美国、日本、加拿大、俄罗斯等国家对水合物试采、开采技术的研究处于你追我赶的激烈竞争状态，加强海洋水合物高效开采的理论与技术研究，抢占全球能源先机，抢占未来全球能源发展的战略制高点，为海洋水合物商业化开采提供技术准备是目前的迫切需求和任务。《中华人民共和国国民经济和社会发展第十三个五年规划纲要》中明确将推进天然气水合物资源勘查与商业化试采列入能源发展重大工程。世界主要国家天然气水合物试采情况如表6.26所示。

表6.26 世界主要国家水合物试采情况

国家	类型	年份	开采方法	持续时间/天	累计产气量/m^3
加拿大	陆域	2002	热水循环法	5	516
	陆域	2007～2008	降压法	6	1.3×10^4

续表

<table>
<tr><th>国家</th><th>类型</th><th>年份</th><th>开采方法</th><th>持续时间/天</th><th>累计产气量/m^3</th></tr>
<tr><td>美国</td><td>陆域</td><td>2012</td><td>CO_2置换法+降压法</td><td>30</td><td>3000</td></tr>
<tr><td rowspan="3">日本</td><td>海域</td><td>2013</td><td>降压法</td><td>6</td><td>12×10^4</td></tr>
<tr><td rowspan="2">海域</td><td rowspan="2">2017</td><td rowspan="2">降压法</td><td>12</td><td>3.5×10^4</td></tr>
<tr><td>24</td><td>20×10^4</td></tr>
<tr><td rowspan="4">中国</td><td rowspan="2">陆域
(青海祁连山)</td><td>2011
(自然资源部)</td><td>降压法+注热法</td><td>4.2</td><td>95</td></tr>
<tr><td>2016
(自然资源部)</td><td>水平井+降压法</td><td>23</td><td>1078</td></tr>
<tr><td rowspan="2">海域
(南海神狐)</td><td>2017
(自然资源部)</td><td>降压法</td><td>60</td><td>30.9×10^4</td></tr>
<tr><td>2017
(中国海洋石油)</td><td>固态流化法</td><td></td><td>81</td></tr>
</table>

三、勘探开发天然气水合物技术难题与天然气水合物钻井液技术现状

(一)勘探开发天然气水合物面临的技术难题与技术思路及钻井液技术的重要性

钻遇天然气水合物地层时，由于初始应力状态被打破、外来流体冲刷、钻头与地层之间的摩擦等原因，地层中的天然气水合物不可避免地会部分分解，分解出的水和甲烷气体都会进入钻井液中，而此时的外部环境其实还是处于一个低温高压的状态。如果钻井液抑制性能不足，则可能在井筒中形成天然气水合物，对钻井液体系性能造成严重影响。而如果井底温压条件不足以抑制水合物的分解又有可能造成水合物的大量分解，引发井壁坍塌，损坏井下设备，严重威胁钻井作业的安全进行[121,122]。除了损坏井下设备，如水合物不受控地大量分解，严重时可能导致海底滑坡引发海啸[123]，而分解出的气体排入大气中还会引起严重的温室效应。

此外，从国内外已开展的多个天然气水合物试采项目来看(表 6.26)，世界各国都遇到了诸多理论和技术瓶颈，单井产量远未达到商业化开采的水平。而海洋深水气田商业化开发单井日产需达 $50\times10^4m^3$ 的经济门槛，水合物试采单井产量与之相差甚远，还需做大量艰难的探索研究，才能实现水合物的商业化开采。其中，钻井工程与钻井液技术是主要技术瓶颈之一。以我国南海域试采为例，制约天然气水合物高效开发的一系列重大“卡脖子”技术难题有：

(1)南海海域试采井单产量低(日产量小于 $1\times10^4m^3$)，远未达到商业化开采的经济门槛，需探索高效开发模式、钻采方式、装备与工艺技术。如以增加储层采气面积为目标的浅层水平井、分支井、径向水平井等技术，而相关钻井液技术则是保障水平井、分支井、径向水平井等井型安全、高效钻井不可或缺的“血液”。

(2)天然气水合物埋藏在深水海底浅层，钻井地层浅(100～300m)、储层未成岩、胶结差、钻井液安全密度窗口窄、钻井过程伴随储层天然气水合物分解，导致井壁失稳、

井涌与井漏、井筒完整性失效、区域滑坡等极高风险，成井困难，给钻采安全带来很大威胁。在钻井过程中，可通过钻井液中的分解抑制剂抑制储层天然气水合物分解，继而避免井壁失稳、区域滑坡、井涌的发生；钻井液中的生成抑制剂抑制天然气水合物再生成，堵塞钻井液流动；利用钻井液中的特种处理剂实现井眼强化，提高天然气水合物井壁稳定性，保持井筒完整性和钻井液流动通畅性，充分发挥钻井液的功能。

(3) 固态水合物不同于常规油气，分解才能流动。水合物相变分解，储层结构易溃散，水合物开采过程中大量出砂，严重阻碍正常生产，并存在区域滑坡风险、渗流复杂低效、产量低，无法达到商业化开采的要求。常规防砂技术适用对象为粒度中值大于 50μm 的地层，而南海水合物储层粒度中值在 10μm 以下，如何防控这种地层在国内外都是空白。在天然气水合物钻井过程中，可依靠钻井液形成的高质量内、外滤饼，以及钻井液滤液中含有的特殊处理剂达到防砂的目的；并可利用新型钻井液处理剂形成支撑储层的“骨架”，阻止区域滑坡、提高产量。

(4) 钻完井过程中井筒多相流动存在水合物相变和沉积现象，流动安全风险高、井筒压力控制困难。往钻井液加入水合物抑制剂可抑制相变的发生，同时合理的钻井液密度也是控制压差、减少钻井风险、实现安全钻井的重要手段。

(5) 南海海域水合物储层为泥质细粉砂地层，渗透率低，导致单井产量低，需在钻井过程中，避免天然气水合物储层被钻井液损害，建立保护天然气水合物储层的钻井液新技术，提高天然气水合物单井日产量和最终采收率。

因此，通过天然气水合物试采可知，实现商业化开发，钻井液技术是重中之重，必须提出创新思路，突破一系列钻井液基础理论和技术瓶颈，创建适合天然气水合物高效开发的钻井液新理论与新技术。

(二) 面临的钻井液技术难题与亟须创建的钻井液新技术

前面论述的“卡脖子”技术难题几乎都与钻井液密切相关，多数技术难题又与天然气水合物相变而引起的井壁失稳有关。钻井过程中，天然气水合物地层的井壁失稳，一方面是由地层岩石和钻井液性质等因素决定；另一方面，天然气水合物分解或相态转变诱发井壁失稳是非常重要和特殊的因素。水合物的分解及相态转变对井壁稳定性的影响主要体现在两个方面[124]：①因为天然气水合物在地层中起到了一定的骨架支撑作用，所以天然气水合物分解会弱化地层；②水合物在有限的孔隙中分解为液态的水和气态的天然气，一方面增加孔隙含水量，加剧了黏土矿物的膨胀，降低地层力学强度；另一方面气体的出现会导致孔隙压力明显上升，影响井周岩石应力场分布，极易引发井塌卡钻等一系列井壁失稳问题[125]。除此之外，水合物分解可能导致气侵，进而引发水合物段塞堵塞井下设备的情况，给正常钻井和井控工作带来很大麻烦，也可能导致井壁失稳和地质灾害风险增加[123]、钻井液性能恶化[126-128]。因此，在含水合物地层钻进时，井眼稳定问题是面临的主要难题，在钻井过程中稳定井壁是保障天然气水合物高效开发的前提，急需研究天然气水合物钻井过程中保持井壁稳定的控制方法。

天然气水合物的成藏条件一般为高压低温环境。在这种环境中，钻井液会因低温产生性能恶化现象，如黏度、切力均会增大，特别是动切力和低剪切速率下的黏度难以控制，钻井液甚至会出现胶凝现象，由此引发的井漏、当量循环密度过高和压力控制难等一系列井下复杂情况。作为天然气水合物钻探过程的几个关键问题之一，控制低温条件下钻井液的黏度，避免钻井液低温稠化[129]的方法研究，对于水合物地层钻探工作的安全高效完成具有十分重要的理论和现实意义。也就是说，在低温环境下，如何选择钻井液的种类、调整和控制钻井液的低温性能，是保证正常钻进、避免井下复杂事故的关键因素。

因此，针对天然气水合物高效开发存在的技术难题，无论从理论研究的新颖性还是后续钻探开发的实际需求角度考虑，创建如下钻井液新技术势在必行、并迫在眉睫。

(1)抑制井筒内天然气水合物再生成的生成抑制钻井液技术。

(2)抑制储层天然气水合物分解的分解抑制钻井液技术。

(3)生成天然气水合物储层“骨架”的“骨架”再生成钻井液技术。

(4)强化天然气水合物储层井壁的井眼强化钻井液技术。

(5)保护天然气水合物储层的“超低”损害钻井液技术。

(6)具“固砂、防砂”与形成高质量内外滤饼一体化的钻井液新技术。

(7)钻井液在低温条件下流变性能恶化控制方法与技术等。

上述钻井液新理论、新方法和新技术建立可突破天然气水合物经济开发门限，实现天然气水化物“安全、高效、经济、环保”商业化开采，对扭转我国油气对外依存度持续攀升的不利局面和保障我国能源安全具有极其重要的战略意义。

(三)天然气水合物地层钻井液技术现状

如前所述，天然气水合物地层钻井液面临着钻井液用量大、井眼清洁困难[130]、井壁稳定控制难、钻井液低温流变性能不稳定、水合物在井筒内生成堵塞井下设备、地层中水合物分解等诸多问题，且目前并没有完全针对天然气水合物地层的钻井液体系，世界各大石油公司的普遍做法是通过对已有的深水钻井液体系进行微调以解决水合物地层钻井过程中的某一特定问题。下面就钻井液对水合物的这两种抑制性能，阐述天然气水合物地层的钻井液研究发展现状。

1. 天然气水合物再次生成抑制型钻井液技术

天然气水合物地层钻井过程中不可避免地有天然气进入井筒，而能否有效抑制天然气水合物的再次生成，以及再次生成的水合物对钻井液性能的影响，成为学者关注的焦点。

天然气水合物钻井液基本是在深水钻井液的基础上改造而来，因此，下面分析几大类常用的深水钻井液。

1)油基钻井液

油基钻井液的低含水量决定了它本身就能较好地抑制天然气水合物的再次生成，但由于环保要求，油基钻井液在海洋钻井中使用非常繁琐。由于油基钻井液本身难以适应日益严苛的环保要求，海洋钻井时，除了在深部高温高压地层钻井作业中使用外，油基钻井液已经越来越少地用于海洋钻井了，故近年来油基钻井液的研究也是向着高温高压高性能方向发展，而对天然气水合物地层钻井液的研究就非常少。实际上，世界上不少国家与地区已经禁止在海洋钻井中使用油基钻井液了。而从天然气水合物抑制角度来分析，除了全油基钻井液中完全不含水相之外，只要在钻井液中存在水相，那么天然气气侵发生后，都需要通过添加天然气水合物生成抑制剂来实现对水合物的生成。因此，通过向油基钻井液体系中添加水合物生成抑制剂是目前广泛认可的一种做法。

常见的水合物热力学生成抑制剂有氯化钠、氯化钾、甲醇、乙醇、乙二醇、丙三醇、异丙醇、二甘醇、氨及氯化钙等；常见的水合物动力学生成抑制剂有聚N-乙烯基吡咯烷酮(PVP)、聚 N-乙烯基己内酰胺(PVCap)、N-二甲氨基异丁乙烯乙酯的三元共聚物(VC-713)等[131]，以及表面活性剂类动力学抑制剂(主要有：聚氧乙烯壬基苯基脂、十二烷基苯磺酸钠、12-14 羧基与二乙醇胺的混合物、聚丙三醇油酸盐等)，以及其他聚合物类动力学抑制剂(酰胺类聚合物，如聚 M-乙烯基己内酰胺、聚丙烯酰胺、N-乙烯基-N-甲基乙酰胺和含有二烯丙基酰胺单元的聚合物；亚胺类聚合物，如聚乙烯基-顺丁二烯二酰亚胺、聚 N-酰基亚胺；其他聚合物，如二甲胺基异丁烯酸乙酯、1-丁烯、1-乙烯、乙烯基乙酸盐、乙烯基乙酸脂、苯乙烯聚合物)等。这些抑制剂不仅适用于油基钻井液，也适用于水基钻井液体系，且一般来说，聚合物类抑制剂效果最好，应用更广泛。

此外，防聚剂的加入也可抑制水合物的再次生成，作用原理是允许形成小的水合物晶体，但通过防聚剂防止水合物晶体聚集，将小晶体均匀分散到钻井液体系中去，抑制了水合物的生成。

为更好地发挥抑制效果，通常用热力学抑制剂配合少量动力学抑制剂和防聚剂来解决此类难题。

2)水基钻井液

目前海洋钻井中使用最广泛的水基钻井液体系包括两大类：高盐-聚合物钻井液体系和胺基聚合物水基钻井液体系。

高盐-聚合物钻井液体系经过多年的发展，目前已经形成了比较成熟的一系列钻井液体系。其常用的处理剂包括氯化钠、氯化钾、聚合醇、乙二醇等，因其体系中的高盐度，体系本身就具有较好的耐盐性能，比较适合海洋钻井作业。且氯化钠和氯化钾是效果非常好的热力学抑制剂，可以有效降低天然气水合物的相平衡温度，即在相同压力下，加入热力学抑制剂体系的水合物生成温度要低于其原本的相平衡温度。此类体系在墨西哥湾水深 697m 的海洋钻井中取得了良好的应用效果，有效抑制了水合物的生成。部分高盐-聚合物钻井液的盐度可达 20%NaCl，极高的盐度对稳定其低温条件下的流变性能也有一定的帮助。但此类钻井液体系由于过高的盐度，无法获得低密度钻井液体系，同时由于无机盐溶解度的限制，此类体系的性能维护比较繁琐。

胺基聚合物水基钻井液体系中的胺基聚合物处理剂可以很好地抑制黏土矿物相互作用，阻止其水化、分散。因此，该类水基钻井液主要用于黏土矿物含量高、易因井壁岩石水化、膨胀导致井壁坍塌严重的井，如果要使胺基聚合物水基钻井液也能抑制天然气水合物的生成，则必须加入水合物生成抑制剂，也就是说，该钻井液对水合物生成抑制没有明显优势。

总的来说，虽然钻开天然气水合物储层后，已经分解的天然气在井眼中可能再次生成水合物而阻碍钻井液流动、增加 ECD 和流动阻力等，进而诱发井下复杂情况的发生，但是，相比钻井过程中，储层天然气水合物分解而引起的井壁坍塌、区域滑坡、井漏、井涌、环境污染等井下复杂情况或事故较易处理，且目前对生成抑制剂的研究也很多、较成熟。因此，更应关注天然气水合物分解抑制钻井液技术研究。

2. 水合物生成与分解抑制型钻井液技术

不仅抑制水合物分解对天然气水合物“安全、高效、经济、环保”钻井非常重要，而且以前国内外对水合物分解抑制技术研究较少，下面重点阐述这方面的内容。

1）抑制水合物分解的方法

经过调研发现，目前主流的控制井壁上天然气水合物分解的方法，主要分为三类[132,133]：

(1) 增加井底压力。

在一定温度下，只要保证水合物层处的井内液柱压力比此温度下天然气水合物的相平衡压力高，就可以保证水合物不分解。

该方法对设备的要求很少且操作简便，是一种应用非常广泛的控制水合物分解的方法，并且可以有效防止井涌井喷等事故的发生。此方法曾在北极圈附近阿拉斯加永冻土层的 D-井钻进过程中，成功地抑制了深度 700m 和 975m 处的天然气水合物。在钻进水合物地层时，除了提高钻井液体系的密度之外，还通过降低钻井液循环速度以减少钻井液对储层中水合物的冲刷。

通过分析可知，欲抑制天然气水合物的分解，仅靠压力控制是不够的。因为钻井作业是一个完全动态的过程，井筒内部压力时刻在变化且受到多种外部因素的影响。就简单以停钻换钻头为例，起钻后会造成压力波动，如不改变钻井液密度，井内液柱压力很有可能降低至平衡压力以下，此时水合物就可能发生不受控分解；而如果每次井下施工作业都需要调整钻井液密度以配合施工时的压力变化，势必造成工序的复杂化；如果仅仅是继续增大钻井液密度以满足停钻或起钻时的压力需求，那么在正常钻进过程中或者下钻过程中就有可能使井下压力过高造成井漏。

(2) 温度控制与压力控制协同作用。

从相平衡的两个方面（即温度和压力）同时着手，在增加钻井液液柱压力的同时，通过冷却设备，在不影响钻井液性能的前提下将钻井液温度降低。

此类方法较单纯的压力控制法具有更广泛的压力适应范围。但此类方法也存在一定的局限性，海洋钻井作业一般是在钻井平台或者钻井船上完成，空间非常有限，钻井液冷却设备上船或上平台无疑会大幅增加钻井成本。由于水合物地层安全密度窗口狭窄，在保证安全压力时要保证抑制地层水合物的分解就需要更大功率的冷却设备，并且需要钻井液体系有与之匹配的低温流变性能。

(3) 通过化学方法来稳定地层水合物。

选择合适的天然气水合物分解抑制剂，抑制钻井过程中水合物的分解。

如之前讨论的，传统的物理学方法抑制地层中天然气水合物的分解存在一定的局限性，BP 公司[134]在北极圈附近的 Cascade 地区钻井时遇到了天然气水合物地层，由于地层强度低无法使用密度过高的钻井液，现场的钻井液冷却设备又无法满足要求，最终通过向钻井液中加入卵磷脂(Lecithin)和一些多聚物成功地稳定了该地层的水合物。对于该案例，国内部分学者进行了实验研究，蒋国盛等[135]提出卵磷脂分子在水合物表面吸附形成一层网状结构，通过捕获非极性分子扩展后能有效阻止水分子扩散，从而抑制水合物分解。但对于该理论，仅仅是一种设想，并未进行详细的论证。此外，陈卫东等[136]通过测定 Lecithin 存在条件下钻井液的水合物热力学平衡条件及动力学条件，得出 Lecithin 不会影响试验中的钻井液体系的热力学平衡条件，且如果控制在一定浓度范围内，也并不会对水合物的动力学特性造成影响，这就为后面的天然气水合物分解抑制型钻井液体系研究提供了一个非常好的思路。

(4)其他方法。

除上述措施外，在数值模拟方面，科研工作者也做了一些尝试。JIP 钻井(深水海底泥浆举升钻井技术，一种从浮动钻井船上进行海底钻井的新技术)过程中得到不少有用的测量结果，Birchwood 等[137]利用其中的随钻测井数据，研究了钻井过程中影响地层中水合物稳定性的关键因素。研究结果表明，钻井液的温度、井底压力、井壁处钻井液的冲刷速度等因素对水合物分解速率的影响非常大。为稳定地层中水合物，需要在地表对钻井液进行冷却，且为了保证能在井底提供足够高的压力，钻井液密度也需要达到一定水平。此外，为了降低钻井液冲刷对井壁天然气水合物稳定性的影响，还需要在保证携屑、清洁井底的前提下降低钻井液的循环速度。

2)天然气水合物生成与分解抑制型水基钻井液技术

在海洋天然气水合物地层钻井时，钻井液技术与井壁失稳、钻井施工作业安全密切相关。近年来，国内外科研工作者作出了相当多的努力，并取得了丰硕的成果。但是，在保持井壁稳定方面，目前大部分研究人员还是单纯地从抑制泥页岩水化方面着手，对于天然气水合物地层的特殊性考虑不足。与常规油气藏相比，天然气水合物储层最大的不同之处在于其在地层中是以固态形式存在的，在一定程度上起到了地层岩石骨架的作用，为保持其稳定存在需要非常苛刻的外部环境。在天然气水合物地层钻进过程中，不可避免地会破坏其相平衡，造成部分水合物分解；这种情况一方面会造成地层本身强度降低，另一方面水合物分解出的水和气体会增大地层含水量，还会增大孔隙压力，影响井周围应力场分布，极易引发井壁失稳问题。目前针对此类井壁失稳问题，主流方法依旧停留在降低钻井液温度或者提高钻井液密度以增大井底压力这一类物理控制方法层面，如前文所述，此类方法并不能完全应付所有情况，且有时会大幅增加作业成本(钻井液漏失或增加大功率钻井液冷却设备)。中国石油大学(北京)以筛选出的天然气水合物分解抑制剂为核心，结合天然气水合物钻井需求，以目前海洋钻井中广泛使用的高盐-聚合物钻井液体系为基础，首次研发了一套适用于天然气水合物地层的水合物生成与分解抑制型钻井液技术，在本章的发展趋势中也简要介绍给读者。

(1)基础钻井液体系筛选。

①海洋钻井液特点及性能要求分析。

由于深水天然气储层钻井作业的特殊性，对于深水天然气水合物层钻井液提出了以下要求[138]：

a. 耐盐性。由于作业地点特殊，海洋钻井液多以海水配置，而海水平均矿化度高达3.5%，势必对于钻井液体系的抗盐性能有极高的要求。

b. 时效性。海洋钻井以其高投入高风险著称，不论从安全角度还是经济角度来考虑，都要求快速优质钻井，因此海洋钻井液多采用低固相体系。

c. 耐低温。水合物层多位于海底泥线以下较浅的位置，环境温度很低，对于钻井液的低温流变性能要求较高。

d. 天然气水合物生成和分解的抑制性能。天然气水合物层钻井过程势必会引起一部分天然气水合物分解，分解出的水和天然气进入井筒，在低温高压环境中极易重新生成水合物，会对钻井液性能造成不良影响。此外天然气水合物地层钻井过程中还需尽量减少地层中水合物的分解，否则可能造成井壁失稳等严重问题。因此钻井液中还需适当加入此类抑制剂。

综合上面的要求，天然气水合物钻井液技术措施：第一，选择合适的钻井液体系，无机盐和硅酸盐能有效抑制泥页岩水化，能有效稳定井壁；第二，调整钻井液中降黏剂等关键处理剂加量，使钻井液流变参数保持在一个合理的范围内，可有效清洁井眼；第三，高浓度的氯化钠不仅可以抑制天然气水合物在井筒中生成，还可有效改善钻井液体系的低温流变性；第四，加入天然气水合物分解抑制剂可有效减少井壁处天然气水合物的分解量，降低钻井对水合物层的影响，从而有效保持井壁稳定。

②海洋钻井常用钻井液体系筛选。

目前并没有完全针对天然气水合物层钻井的钻井液研究成果，多是根据实际需要，以已有的深水钻井液体系为基础进行改性[139-141]。如前面所述，通过综合分析现用深水钻井液中常用的油基钻井液、胺基聚合物钻井液和高盐-聚合物钻井液的优缺点，选择高盐-聚合物钻井液体系作为基础钻井液。

选择的NaCl-聚合物钻井液体系配方如下[141]：

3%海水土浆+0.2%Na_2CO_3+0.2%NaOH+0.2%羟乙基纤维素(HEC)+0.1%黄原胶(XC)+0.3%大胺+1%仿生类抑制剂(YZFS)+1.0%降滤失剂(FLO)+1.5%泥饼改善剂(TEX)+1%润滑剂(LUBE)+20%NaCl+重晶石调整密度。

(2)天然气水合物生成与分解抑制型钻井液技术的建立。

结合深水低温条件钻井液特殊情况，首先利用天然气水合物综合实验系统，优选天然气水合物抑制剂种类和加量；然后对基础钻井液配方改进，评价钻井液体系对天然气水合物生成和分解的抑制能力；最后构建天然气水合物生成与分解抑制型钻井液技术。

①天然气水合物分解抑制剂选择。

采用天然气水合物综合实验系统，将抑制剂溶液以一定压力和速度在天然气水合物地层模型端面循环，模拟深水浅部水合物地层与钻井液相互接触的情况，通过监测模型管某一位置处的温度压力变化，同时记录该位置附近的电阻率，判断该位置处天然气水合物分解情况，确定相同温度、压力和循环速度条件下，不同水合物分解抑制剂维持水合物稳定的时间，以此判断最优抑制剂种类和加量。

实验研究中选择几种链状双性体分子进行天然气水合物分解抑制性能评价，分别是：Lecithin、十二烷酸、十八烷酸、二(十二酰基)磷脂乙醇胺。

a. 不同链状双性体分子的天然气水合物分解抑制性能评价。

分别配制浓度为 0.5%的 Lecithin、十二烷酸、十八烷酸和二(十二酰基)磷脂乙醇胺的水溶液，进行天然气水合物分解抑制性评价。实验过程中始终保持恒温箱温度设定值为 4℃、平流泵压力高于 1 号测点初始压力 0.5MPa。在 18MPa、4℃条件下，以相同的流速(9mL/min)循环几种链状双性体分子的溶液(海水配制)，以流体从填砂管端面侵蚀、分解水合物到测点 1(总长 11cm)位置处所需时间来评价抑制水合物分解的性能。各链状双性体分子对天然气水合物分解的抑制时间见表 6.27。从实验结果可知：Lecithin 溶液的总抑制时间可达 520min，远高于其他三种链状双性体分子和海水，水合物分解抑制效果最好；十八烷酸和二(十二酰基)磷脂乙醇胺也具有一定的水合物分解抑制能力，但与 Lecithin 的抑制性能相差较大。

表 6.27 各抑制剂水溶液循环时水合物分解时间

序号	抑制剂种类	测点 1 水合物融化时间/min
1	人工海水	224
2	Lecithin	520
3	十二烷酸	236
4	十八烷酸	304
5	二(十二酰基)磷脂乙醇胺	350

注：人工海水配方为，蒸馏水+2.74%NaCl + 0.33%$MgCl_2$ + 0.22%$MgSO_4$ + 0.14%$CaSO_4$ + 0.06%KCl。

b. Lecithin 加量对水合物分解抑制性能的影响。

调整 Lecithin 在人工海水中的加量，对比不同浓度时 Lecithin 的抑制时间。所有实验均是在 18MPa、4℃、端面循环流量为 9mL/min 条件下进行，结果如图 6.6 所示。

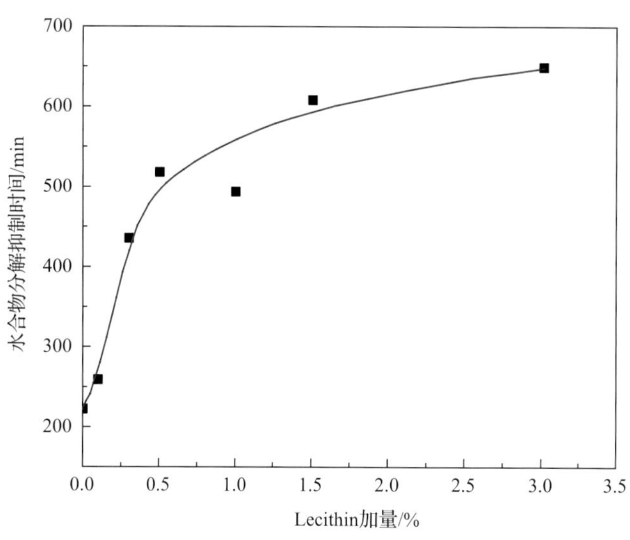

图 6.6 Lecithin 浓度对水合物分解抑制效果的影响

从实验结果可知，在浓度极低(0.1%)时，水合物分解抑制时间基本与海水相同，随着 Lecithin 浓度上升，其溶液对于水合物分解的抑制效果越来越强，在 0%～0.5%浓度区间内，水合物的分解抑制时间随浓度升高上升很快，而浓度高于 0.5%之后，其水合物的分解抑制时间虽然继续增大，但其上升程度并不明显，因此，选择 0.5%Lecithin 作为水合物分解抑制剂的使用浓度。

②天然气水合物生成抑制剂优选。

热力学抑制剂因其低廉的成本和较好的实际使用效果(一般在钻井液中加入 15%左右的热力学抑制剂就可以达到较好的效果)，被各个国家在深水低温环境下钻井中用来抑制天然气水合物在井筒中再次生成。由于基础钻井液体系含 20%NaCl，已具备较好的热力学抑制效果，在此主要选择动力学抑制剂与热力学抑制剂配合来提升钻井液的水合物抑制性能。

在 20%NaCl 溶液中分别加入不同比例的天然气水合物动力学抑制剂，取 180mL 加入高压反应釜中，抽真空，使反应釜中保持压力低于–0.095MPa 并保持 5min 以上，再将反应釜降温至 4℃后向反应釜中充入甲烷气体，使反应釜中压力达到 20MPa，待压力相对稳定后开启磁力搅拌器，并记录反应釜内压力和温度变化，持续 1200min 后记录反应釜内压力降。如果压降越小，则抑制效果越好(表 6.28)。从实验结果可以看出，天然气水合物动力学抑制剂中，0.3%三醋精+0.2%PVP 抑制剂效果最好，1200min 后压力降仅为 0.77MPa，而冰结构蛋白压力降达到 2.68MPa，效果最差。因此，以 0.3%三醋精+0.2%PVP 作为动力学抑制剂进行天然气水合物生成与分解抑制型钻井液技术的创建。

表 6.28　天然气水合物动力学抑制评价实验

序号	抑制剂	起始压力/MPa	平衡压力/MPa	压差/MPa
1*	0.5%NVP	20.02	18.64	1.38
2	0.5%三醋精	20.01	18.92	1.09
4	0.5%PVP	19.88	18.2	1.68
5	0.5%冰结构蛋白	20.08	17.4	2.68
6	0.3%三醋精+0.2%PVP	20	19.23	0.77
7	0.3%NVP+0.2%PVP	20.03	18.94	1.09

*NVP 实验进行了 792min 就因故停止，但此时其压力降不是最小。

③天然气水合物生成和分解抑制型钻井液技术的创建与评价。

为满足深水浅部地层天然气水合物层位开发的需要，以天然气水合物分解抑制剂组合物(0.5%Lecithin)和分解抑制剂为核心，对 NaCl-聚合物钻井液体系改性，形成了天然气水合物生成和分解抑制型钻井液体系(配方 1#)，并与基础 NaCl-聚合物钻井液体系(配方 2#)进行对比。

配方 1#：3%海水土浆+ 0.2%Na_2CO_3 +0.2%NaOH+0.2%HEC+0.1%XC+0.3%大胺+1%YZFS+1.0%FLO+1.5%TEX+ 1%LUBE+20%NaCl+0.5%Lecithin+ 0.1%三醋精+ 0.2%PVP+重晶石(加重至 1.15g/cm^3)。

配方 2#：3%海水土浆+0.2%Na_2CO_3 + 0.2%NaOH + 0.2%HEC + 0.1%XC + 0.3%大胺+1%YZFS+1.0%FLO+1.5%TEX+1%LUBE+20% NaC+重晶石(加重至 1.15g/cm^3)。

a. 体系基本性能测试。

测定的钻井液基本性能如表 6.29 所示。从表 6.29 可知，天然气水合物生成和分解抑制型钻井液(配方 1#)和 NaCl-聚合物钻井液体系(配方 2#)基本性能相似，均具有较好的滤失造壁性和页岩抑制性能，说明生成和分解抑制剂组合对钻井液基本性能没有影响。

表 6.29　钻井液体系基本性能测试

配方	实验条件	AV/(mPa·s)	PV/(mPa·s)	YP/Pa	YP/PV/[Pa/(mPa·s)]	FL_{API}/mL	FL_{HTHP}/mL	滚动回收率/%
配方 1#	老化前	29	22	7	0.32			
	老化后	26	18	8	0.44	5.8	9.2	87.40
配方 2#	老化前	30	22	8	0.36			
	老化后	26.5	19	7.5	0.39	5.4	9.8	82.50

注：表中热滚条件为 100℃，16h。

b. 体系低温流变性能评价。

而由于天然气水合物地层的低温条件，钻井液的低温流变性能也非常重要，使用 GDC-2 型高低温流变仪测定了基础钻井液不同温度条件下的低温流变性能，结果如表 6.30 所示。从表 6.30 可知，天然气水合物生成和分解抑制型钻井液体系(配方 1#)与基础钻井液体系(配方 2#)性能接近，流变参数均随温度降低逐渐升高，但流变参数都处于合理范围，说明此体系具有比较好的低温流变性能，适合用于深水低温钻井中，以及抑制剂对钻井液体系流变性能影响很小。

表 6.30　钻井液体系低温流变性能

体系	温度/℃	AV/(mPa·s)	PV/(mPa·s)	YP/Pa	YP/PV/[Pa/(mPa·s)]
配方 1#	20	32.5	23	9.5	0.41
	10	37.5	26	11.5	0.44
	6	41.0	29	12.0	0.41
	4	48.0	32	16.0	0.50
配方 2#	20	33.5	24	9.5	0.40
	10	39.0	27	12.0	0.44
	6	42.0	29	13.0	0.45
	4	49.0	33	16.0	0.49

c. 天然气水合物生成抑制性能评价。

使用天然气水合物综合实验系统分别评价配方 1#和配方 2#在初始压力为 20MPa、系统温度为 4℃的条件下，1200min 后反应釜中压力的降低值，结果见表 6.31。由表中数据可知，加入 0.3%三醋精+0.2%PVP 后，配方 1#在实验条件下，1200min 后系统压力降仅为 1.19MPa，明显低于配方 2#的压降(1.46MPa)，表明 0.3%三醋精+0.2%PVP 可有效增强天然气水合物的生成抑制能力。

表 6.31 钻井液体系天然气水合物生成抑制性能评价

体系	起始压力/MPa	平衡压力/MPa	压差/MPa
配方 1#	20.02	18.83	1.19
配方 2#	20.01	18.55	1.46

d. 天然气水合物分解抑制性能评价。

使用天然气水合物综合实验系统分别评价配方 1#和配方 2#的天然气水合物分解抑制性能。实验条件为外部循环压力 18MPa、环境温度 4℃、端面循环流量为 9mL/min，结果见表 6.32。结果表明，天然气水合物生成和分解抑制型钻井液(配方 1#)的水合物分解抑制时间为 294min，比 NaCl-聚合物体系(配方 2#)的抑制时间(187min)提升了近一倍，因此，分解抑制剂能够有效增强天然气水合物的分解抑制性能。

表 6.32 钻井液体系循环时天然气水合物分解时间

体系	测点 1 水合物融化时间/min
配方 1#	294
配方 2#	187

因此，形成的天然气水合物分解和生成抑制型钻井液配方如下：

3%海水土浆+ 0.2%Na_2CO_3 + 0.2%NaOH + 0.2%HEC + 0.1%XC + 0.3%大胺+ 1%YZFS + 1.0%FLO + 1.5%TEX + 1%LUBE + 20%NaCl + 0.5%Lecithin + 0.1%三醋精 + 0.2%PVP + 重晶石加重到指定密度。

该配方不仅可满足钻井工程需要，还具有很好的抑制天然气水合物分解和生成的一体化功能，解决天然气水合物钻井中井壁失稳和水合物再生成的难题，但面对天然气水合物钻井中的挑战，还需进一步提高该钻井液技术，以实现“安全、高效、经济、环保”的需要。

以上阐述的非常规油气井钻井液技术发展趋势与展望，是基于现阶段对未来油气工业发展的预判，并结合目前国内外最先进的钻井液技术而做出的论述，随着将来对非常规油气井勘探开发的实践，出现目前难以预知的钻井液技术难题是在所难免的，需要广大科技工作者结合学科出现的最新、最前沿基础理论指导下(如智能化技术、大数据、物联网、云计算等)，师从自然，发扬刻苦钻研、锲而不舍的精神，按照“化学-工程-地质”一体化思路，一定会研发出引领世界前沿的钻井液新理论、新方法和新技术。

参考文献

[1] 琚宜文, 戚宇, 房立志, 等. 中国页岩气的储层类型及其制约因素. 地球科学进展, 2016, 31(8): 782-799.

[2] 董大忠, 邹才能, 戴金星, 等. 中国页岩气发展战略对策建议. 天然气地球科学, 2016, 27(3): 397-406.

[3] 龙胜祥, 冯动军, 李凤霞, 等. 四川盆地南部深层海相页岩气勘探开发前景. 天然气地球科学, 2018, 29(4): 5-13.

[4] 马新华. 四川盆地天然气发展进入黄金时代. 天然气工业, 2017, 37(2): 1-10.

[5] 刘成林, 朱杰, 车长波, 等. 新一轮全国煤层气资源评价方法与结果. 天然气工业, 2009, 29(11): 130-132.
[6] 赵庆波, 孙粉锦, 李五忠. 煤层气勘探开发地质理论与实践. 北京: 石油工业出版社, 2011.
[7] 王红岩, 张建博, 刘洪林. 中国煤层气可利用经济储量预测与发展前景. 石油勘探与发, 2003, 30(1): 15-17.
[8] 冯三利, 叶建平, 张遂安. 鄂尔多斯盆地煤层气资源及开发潜力分析. 地质通报, 2002, 21(10): 658-662.
[9] 刘晔, 王云, 刘德超. 沁水盆地煤层气产业发展研究. 中国能源, 2008, 30(3): 42-45.
[10] 薛茹, 毛灵涛. 沁水盆地煤层气资源量评价与勘探预测. 中国煤炭, 2007, 33(5): 66-67.
[11] 李辛子, 王运海, 姜昭琛, 等. 深部煤层气勘探开发进展与研究. 煤炭学报, 2016, 41(1): 24-31.
[12] 乔磊, 申瑞臣, 黄洪春, 等. 沁水盆地南部低成本煤层气钻井完井技术. 石油勘探与开发, 2008, 35(4): 482-486.
[13] 刘保双, 杨凤海, 汪兴华, 等. 煤层气钻井液工艺现状. 石油石化节能, 2007, 23(8): 27-33.
[14] 张金川, 林腊梅, 李玉喜, 等. 页岩油分类与评价. 地学前缘, 2012, 19(5): 322-331.
[15] 钱伯章. 全球页岩油和页岩气资源盘点. 石油知识, 2015, (2): 8-9.
[16] 罗承先, 周韦慧. 美国页岩油开发现状及其巨大影响. 中外能源, 2013, 18(3): 33-40.
[17] 罗承先. 页岩油开发可能改变世界石油形势. 中外能源, 2011, 16(12): 22-26.
[18] 康玉柱. 中国非常规油气勘探重大进展和资源潜力. 石油科技论坛, 2018, (4): 1-7.
[19] 叶海超, 光新军, 王敏生, 等. 北美页岩油气低成本钻完井技术及建议. 石油钻采工艺, 2017, (5): 552-558.
[20] Courtier J, Wicker J, Jeffers T, et al. Optimizing the development of a stacked continuous resource play in the Middle Basin//SPE/AAPG/SEG Unconventional Resources Technology Conference, San Antonio, 2016.
[21] Rexilius J. The well factory approach to developing unconventional: a case study from the Permian basin wolfcamp play//SPE/CSUR Unconventional Resources Conference, Calgary, 2015.
[22] Harpel J, Barker I, Fontenot J, et al. Case history of the Fayetteville shale completions//SPE Hydraulic Fracturing Technology Conference, The Woodlands, 2012.
[23] Coletta C, Arias C, Mendenhall S. Drilling improvement in pursuit of the perfect well in Eagle Ford-more than 52% reduction in drilling time and 45% in cost in two and a half years//IADC/SPE Drilling Conference and Exhibition, Fort Worth, 2016.
[24] Poedjono B, Zabaldano J, Shevchenko I. Case studies in the application of pad drilling in the Marcellus shale//SPE Eastern Regional Meeting, Morgantown, 2010.
[25] 邸伟娜, 闫娜, 叶海超. 国外页岩气钻井液技术新进展. 钻井液与完井液, 2014, 31(6): 76-81.
[26] Puliti A, Maliardi A, Grandis G D. The combined application of innovative rotary steerable systems and high performance water-based fluids enabled the execution of a complex 3D well trajectory and extended horizontal section through a carbonate reservoir//Abu Dhabi International Petroleum Exhibition and Conference, Abu Dhabi, 2015.
[27] 刘杰, 张福东, 滕飞, 等. 油页岩含油率近红外光谱原位分析方法研究. 光谱学与光谱分析, 2014, 34(10): 2779-2784.
[28] 付玉坤, 喻成刚, 尹强, 等. 国内外页岩气水平井分段压裂工具发展现状与趋势. 石油钻采工艺, 2017, 39(4): 514-520.
[29] 傅家谟, 徐芬芳, 陈德玉, 等. 茂名油页岩中生物输入的标志化合物. 地球化学, 1985, (2): 99-114.
[30] 车长波, 杨虎林, 刘招君, 等. 我国油页岩资源勘探开发前景. 中国矿业, 2008, 17(9): 1-4.
[31] 闫澈, 姜秀民. 中国油页岩的能源利用研究. 中国能源, 2000, (9): 22-26.
[32] 李丹梅, 汤达祯, 杨玉凤. 油页岩资源的研究、开发与利用进展. 石油勘探与开发, 2006, 33(6): 657-661.
[33] 刘招君. 中国油页岩. 北京: 石油工业出版社, 2009.
[34] 陈晨, 孙友宏. 油页岩开采模式. 探矿工程(岩土钻掘工程), 2010, 37(10): 26-29.
[35] 黄志新, 袁万明, 黄文辉, 等. 油页岩开采技术现状. 资源与产业, 2008, 10(6): 22-26.
[36] 钱家麟, 王剑秋, 李术元. 世界油页岩综述. 中国能源, 2006, 28(8): 16-19.
[37] 侯吉礼, 马跃, 李术元, 等. 世界油页岩资源的开发利用现状. 化工进展, 2015, 34(5): 1183-1190.
[38] Duncan D C. Geologic Setting of Oil Shale Deposits and World Prospects//7th World Petroleum Congress, Mexico City, 1967.
[39] 刘剑, 梁卫国. 页岩油气及煤层气开采技术与环境现状及存在问题. 科学技术与工程, 2017, (30): 121-134.
[40] 佚名. 中国油页岩资源及分布现状. [2020-02-07]. https://wenku.baidu.com/view/026196397Fd5360cbb1adb0d.html.
[41] 赵隆业, 陈基娘. 我国油页岩的成分和品级划分. 现代地质, 1991, (4): 423-429.

[42] 王翠平, 潘保芝, 林鹤, 等. 油页岩含油率的测井评价方法. 测井技术, 2011, 35(6): 564-567.
[43] 裴娜. 油页岩及其燃烧产物组成的定性分析和定量计算. 吉林: 东北电力大学, 2013.
[44] 姜磊, 王晓波, 晏海霞, 等. 茂名油页岩的显微形貌及成分分析. 电子显微学报, 2006, (b08): 336-337.
[45] 王杰林. 黑龙江省依兰油页岩物质成分研究及其资源评价. 武汉: 中国地质大学(武汉), 1990.
[46] 杨萌尧. 油页岩不同开发方式生态环境影响评价研究. 长春: 吉林大学, 2012.
[47] 陈强, 郭威, 李强, 等. 油页岩原位开采井钻井工艺设计与施工. 探矿工程(岩土钻掘工程), 2017, 44(7): 9-14.
[48] 高龙, 王登治, 翟小龙, 等. 黄 36 井区油页岩段水平井快速钻井技术. 石油钻采工艺, 2015, (4): 20-22.
[49] 王森, 陈乔, 刘洪, 等. 页岩地层水基钻井液研究进展. 科学技术与工程, 2013, 13(16): 4597-4602.
[50] 南小宁, 郑力会, 童庆恒. 硅酸盐钻井液技术发展机遇与挑战. 钻采工艺, 2015, (6): 75-78.
[51] 于淼. 页岩地层常用水基钻井液体系及抑制性能评价. 西部探矿工程, 2017, 29(5): 84-87.
[52] Duncan J, McDonald M. Exceeding drilling performance and environmental requirements with potassium silicate based drilling fluid//SPE International Conference on Health, Safety, and Environment in Oil and Gas Exploration and Production, Calgary, 2004.
[53] 杨振杰. 环保钻井液技术现状及发展趋势. 钻井液与完井液, 2004, 21(2): 39-42.
[54] 蔡利山, 郭才轩. 中国硅酸盐钻井液技术面临突破. 钻井液与完井液, 2007, 24(2): 1-4.
[55] 肖超, 蔡利山. 复合硅酸盐钻井液体系室内研究. 油田化学, 2002, 19(1): 10-14.
[56] 戈罗德诺夫. 预防钻井过程中复杂情况的物理-化学方法. 北京: 石油工业出版社, 1992.
[57] 魏新勇, 肖超. 硅酸盐钻井液综合机理研究. 石油钻探技术, 2002, 30(2): 51-53.
[58] 谭愈荣. 复合胶质无固相钻井液与胶凝固壁堵漏. 北京: 地质出版社, 1994.
[59] Soric T, Marinescu P, Huelke R. Silicate-based drilling fluids deliver optimum shale inhibition and wellbore stability//IADC/SPE Drilling Conference, Dallas, 2004.
[60] 王平全, 李晓红. 硅酸钾钻井液体系的实验研究. 西南石油大学学报(自然科学版), 2004, 26(3): 20-24.
[61] 袁春, 孙金声, 王平全, 等. 抗高温成膜降滤失剂 CMJ-1 的研制及其性能. 石油钻探术, 2004, 32(2): 30-32.
[62] 李树皎, 徐加放, 邱正松, 等. 欠饱和复合盐硅酸盐钻井液 KSN 配方研究. 钻井液与完井液, 2005, 22(5): 4-6.
[63] 高杰松, 李战伟, 郭晓军, 等. 无粘土相甲基葡萄糖苷水平井钻井液体系研究. 化学与生物工程, 2011, 28(7): 80-83.
[64] 白小东, 蒲晓林. 水基钻井液成膜技术研究进展. 天然气工业, 2006, 26(8): 75-77.
[65] 吕开河, 邱正松, 徐加放. 甲基葡萄糖苷对钻井液性能的影响. 应用化学, 2006, 23(6): 632-636.
[66] 单文军. 高温盐水钻井液技术难点及国内外研究现状. 地质与勘探, 2013, 49(5): 976-980.
[67] 瞿凌敏, 王书琪, 王平全, 等. 抗高温高密度饱和盐水聚磺钻井液的高温稳定性. 钻井液与完井液, 2011, 28(4): 22-24.
[68] 王学枫, 卢逍, 李广. 塔河油田 TK1110X 井盐膏层钻井液技术. 石油钻探技术, 2008, 36(2): 77-80.
[69] Moore T E, Gautier D L. The 2008 circum-arctic resource appraisal. Reston: U.S. Geological Survey Professional Paper 1824, 2017. https://doi.org/10. 3133/pp1824.
[70] Pilisi N, Maes M. Deepwater drilling for artic oil and gas resources development: A conceptual study in the beaufort sea//OTC Arctic Technology Conference, Houston, 2011.
[71] Torsæter M, Cerasi P. Mud-weight control during arctic drilling operations//OTC Arctic Technology Conference, Copenhagen 2015.
[72] Sengupta S. Microsphere based drilling fluid to control hole enlargement during drilling in permafrost//OTC Arctic Technology Conference, Houston, 2011.
[73] Ahmed Kamel A H. A novel mud formulation for drilling operation in the permafrost//SPE Western Regional & AAPG Pacific Section Meeting 2013 Joint Technical Conference, Monterey, 2013.
[74] Friedheim J, Lee J. New thermally independent rheology invert drilling fluid for multiple applications//Offshore Mediterranean Conference and Exhibition, Ravenna, 2011.
[75] Voronin R, Valuev D, Korolev A. The oil based mud formulation improvement to reduce ERD drilling risk in the arctic conditions//SPE Arctic and Extreme Environments Conference and Exhibition, Moscow, 2011.

[76] Okishev R, Dobrokhleb P, Kretsul V, et al. First sub-horizontal well drilled in severe conditions of krutenshternskoye field//SPE Russian Petroleum Technology Conference and Exhibition, Moscow, 2016.

[77] Kharitonov A, Burdukovsky R, Pogorelova S, et al. The principles of selection and optimization of drilling fluid for drilling operations in the Vankor Field in Eastern Siberia//SPE Arctic and Extreme Environments Technical Conference and Exhibition, Moscow, 2013.

[78] Kharitonov A, Burdukovsky R, Semenikhin I, et al. Improvement to wellbore stability while drilling challenging profile wells in the Vankor Field//SPE Russian Oil and Gas Exploration & Production Technical Conference and Exhibition, Moscow, 2014.

[79] Kharitonov A B, Burdukovsky R, Pogorelova S, et al. A novel approach to fluid selection to drill pay zones in Eastern Siberia: An engineered oil-in-water emulsion//SPE Arctic and Extreme Environments Technical Conference and Exhibition, Moscow, 2013.

[80] Vasiliev M, Afanasiev O, Mekhdihanov R. et al. A drilling fluid with high inhibitory characteristics, based on freshwater contributing to increased drilling efficiency in more than 600 wells at the Salym Oil Fields//SPE Russian Oil and Gas Exploration and Production Technical Conference and Exhibition, Moscow, 2012.

[81] Samarskiy A, Gasparov S, Tenishev V, et al. High-performance freshwater flocculating drilling fluid helps to increase efficiency of extended reach drilling operations and cut costs on Uvat oilfield //SPE Russian Oil and Gas Technical Conference and Exhibition, Moscow, 2008.

[82] Fletcher H. Arctic drilling operations planning and execution: Feedback from Kharyaga field, Moscow, 2011.

[83] Grigg R B, Lynes G L. Oil-based drilling mud as a gas-hydrates inhibitor. SPE Drilling Engineering, 1992, 7(1): 32-38.

[84] 崔托维奇 H A. 冻土力学. 张长庆, 朱元林译. 北京: 科学出版社, 1985: 19-25.

[85] 博宾 H E. 冰层机械钻探技术. 鄢泰宁, 杨凯华译. 武汉: 中国地质大学出版社, 1998.

[86] 库德里亚绍夫 Б Б, 张祖培. 熔融法钻进新工艺及无套管固井. 国外地质勘探技术, 1994, (4): 48-48, F003.

[87] Zagorodnov V, Morev V, Nagornov O, et al. Hydrophilic liquid in glacier boreholes. Cold Regions Science and Technology, 1994, 22(3): 243-51.

[88] Kotkoskie T, Al-Ubaidi B, Wildeman T, et al. Inhibition of gas hydrates in water-based drilling muds. SPE Drilling Engineering, 1992, 7(2): 130-136.

[89] 王胜. 高原冻土天然气水合物钻探泥浆体系研究. 成都: 成都理工大学, 2007.

[90] 张永勤, 孙建华, 赵海涛, 等. 高原冻土水合物钻探冲洗液的研究. 探矿工程(岩土钻掘工程), 2007, 34(9): 20-23.

[91] 冯哲, 徐会文, 展嘉佳. 乙二醇复合聚合物抗低温钻井液体系的试验研究. 世界地质, 2008(1): 97-101.

[92] 张永勤, 孙建华, 贾志耀, 等. 中国陆地永久冻土带天然气水合物钻探技术研究与应用. 探矿工程(岩土钻掘工程), 2009, 36(s1): 22-28.

[93] 展嘉佳. 不分散低固相聚合物钻井泥浆抗低温试验研究及地表冷却系统设计. 长春: 吉林大学, 2009.

[94] 陈礼仪, 王胜, 张永勤. 高原冻土天然气水合物钻探低温泥浆基础液研究. 地球科学进展, 2008, 23(5): 469-473.

[95] 赵宝军, 马秀春. 东北某盆地天然气水合物钻探施工实践. 探矿工程(岩土钻掘工程), 2013, (8): 22-25.

[96] 李小洋, 张永勤, 孙建华, 等. 青南乌丽冻土区天然气水合物钻进工艺及应用研究. 探矿工程: 岩土钻掘工程, 2016, 43(6): 13-17.

[97] 衣风龙, 鲍海山, 文怀军, 等. 青海木里冻土区天然气水合物钻探施工技术. 中国煤炭地质, 2015, (2): 37-41.

[98] 涂运中, 蒋国盛, 张昊, 等. 海洋天然气水合物钻井的硅酸盐钻井液研究. 现代地质, 2009, 23(2): 224-228.

[99] Sloan E D. Clathrate hydrate measurements: microscopic, mesoscopic, and macroscopic. Journal of Chemical Thermodynamics, 2003, 35(1): 41-53.

[100] 江怀友, 乔卫杰, 钟太贤, 等. 世界天然气水合物资源勘探开发现状与展望. 中外能源, 2008, (6): 19-25.

[101] 许红, 黄君权, 夏斌, 等. 最新国际天然气水合物研究现状与资源潜力评估(上). 天然气工业, 2005, 25(5): 21-25.

[102] 史斗, 郑军卫. 世界天然气水合物研究开发现状和前景. 地球科学进展, 1999, 14(4): 330-339.

[103] Davy H I. The Bakerian Lecture. On some of the combinations of oxymuriatic gas and oxygene, and on the chemical relations of these principles, to inflammable bodies. Philosophical Transactions of the Royal Society of London, 1811, 101: 1-35.
[104] Hammerschmidt E G. Formation of gas hydrates in natural gas transmission lines. Industrial & Engineering Chemistry, 1934, 26: 851-855.
[105] 陈敏. 海洋天然气水合物元素地球化学行为模拟实验研究. 青岛: 中国海洋大学, 2005.
[106] 张卫东, 王瑞和, 任韶然, 等. 由麦索雅哈水合物气田的开发谈水合物的开采. 石油钻探技术, 2007, 35(4): 94-96.
[107] 陈光进, 程宏远, 樊拴狮. 新型水合物分离技术研究进展. 现代化工, 1999, (7): 14-16.
[108] 张凌. 天然气水合物赋存地层钻井液试验研究. 武汉: 中国地质大学, 2006.
[109] 左汝强, 李艺. 加拿大 Mallik 陆域永冻带天然气水合物成功试采回顾. 探矿工程(岩土钻掘工程), 2017, 44(8): 1-12.
[110] 方银霞, 黎明碧, 初凤友. 海底天然气水合物中甲烷逸出对全球气候的影响. 地球物理学进展, 2004, 19(2): 286-290.
[111] 刘俊杰, 马贵阳, 黄珊, 等. 一种基于天然气水合物技术的海水淡化装置: CN204111346 U.2015-01-21[2018-03-11].
[112] 熊颖, 王宁升, 丁咚, 等. 天然气水合物的应用技术. 天然气与石油, 2008, 26(4): 12-15.
[113] 陈志豪, 吴能友. 国际多年冻土区天然气水合物勘探开发现状与启示. 海洋地质动态, 2010, (11): 36-44.
[114] 王平康, 祝有海, 赵越, 等. 极地天然气水合物勘探开发现状及对中国的启示. 极地研究, 2014, (4): 502-514.
[115] 叶爱杰, 孙敬杰, 贾宁, 等. 天然气水合物及其勘探开发方法综述. 中国海上油气, 2005, (2): 138-144.
[116] 李丽松, 苗琦. 天然气水合物勘探开发技术发展综述. 天然气与石油, 2014, (1): 67-71.
[117] 刘广志. 天然气水合物——未来新能源及其勘探开发难度. 自然杂志, 2005, (5): 258-263.
[118] 宋岩, 夏新宇. 天然气水合物研究和勘探现状. 天然气地球科学, 2001, 12(1): 3-10.
[119] 王智明, 曲海乐, 菅志军. 中国可燃冰开发现状及应用前景. 节能, 2010, 29(5): 4-6.
[120] 黄朋, 潘桂棠. 青藏高原天然气水合物资源预测. 地质通报, 2002, 21(11): 794-798.
[121] Circone S, Stern L A, Kirby S H. The effect of elevated methane pressure on methane hydrate dissociation. American Mineralogist, 2004, 89(8-9): 1192-1201.
[122] 周文军. 天然气水合物钻探的井控工艺和参数计算. 青岛: 中国石油大学(华东), 2008.
[123] 赵洪鹏, 亓发庆, 王玮, 等. 天然气水合物分解对海底斜坡稳定性影响研究进展. 海岸工程, 2011, 30(3): 34-42.
[124] 宁伏龙, 蒋国盛, 吴翔, 等. 海底孔内水合物观测系统与钻井实施. 海洋石油, 2008, 28(4): 31-35.
[125] 翟成威. 天然气水合物的危害及应对措施. 科技致富向导, 2009(8X): 48-49.
[126] Klauda J B, Sandler S I. Global distribution of methane hydrate in ocean sediment. Energy & Fuels An American Chemical Society Journal, 2005, 19(2): 459-470.
[127] 宁伏龙, 蒋国盛, 张凌, 等. 影响含天然气水合物地层井壁稳定的关键因素分析. 石油钻探技术, 2008, 36(3): 59-61.
[128] Tan C, Freij-Ayoub R, Clennell M, et al. Managing wellbore instability risk in gas hydrate-bearing sediments//SPE Asia Pacific Oil and Gas Conference and Exhibition, Jakarta, 2005.
[129] 刘鑫, 潘振, 王荧光, 等. 天然气水合物勘探和开采方法研究进展. 当代化工, 2013, (7): 958-960.
[130] 何松, 邢希金. 海洋深水钻井液体系浅析. 内蒙古石油化工, 2017, 43(6): 63-64.
[131] 赵欣, 邱正松, 江琳, 等. 动力学抑制剂作用下天然气水合物生成过程的实验分析. 天然气工业, 2014, 34(2): 17.
[132] 蒋国盛, 王荣璟, 黎忠文, 等. 天然气水合物的钻进过程控制和取样技术. 探矿工程(岩土钻掘工程), 2001, (3): 33-35.
[133] 田辉. 水合物钻井过程中稳定性的理论研究. 北京: 中国石油大学(北京), 2007.
[134] Schofield T R, Judzis A, Yousif M, et al. Stabilization of in-situ hydrates enhances drilling performance and rig safety//SPE Annual Technical Conference and Exhibition, San Antonio, 1997.
[135] 蒋国盛, 宁伏龙, 黎忠文, 等. 钻进过程中天然气水合物的分解抑制和诱发分解. 地质与勘探, 2001, (6): 86-87.
[136] 陈卫东, Kamath V A. 钻井过程中水合物层化学稳定实验研究. 中国海上油气, 2006, (3): 190-194.
[137] Birchwood R, Noeth S, Tjengdrawira M, et al. Modeling the mechanical and phase change stability of wellbores drilled in gas hydrates by the joint industry participation program (JIP) gas hydrates project, phase II//SPE Annual Technical Conference and Exhibition, Anaheim, 2007.

[138] 涂运中. 海洋天然气水合物地层钻井的钻井液研究. 武汉: 中国地质大学, 2010.

[139] 邢希金. 中国天然气水合物钻井液研究进展. 非常规油气, 2015, 2(6): 82-86.

[140] Amodu A A. Drilling through gas hydrates formations: Possible problems and suggested solution. Texas A & M University, 2009.

[141] 张群. 一种海洋深水水基钻井液体系室内研究. 西南石油大学学报(自然科学版), 2007, (s1): 50-52.